関東畑作農村の近代化と商品生産

―その変遷と動因―

新井鎮久 著

成文堂

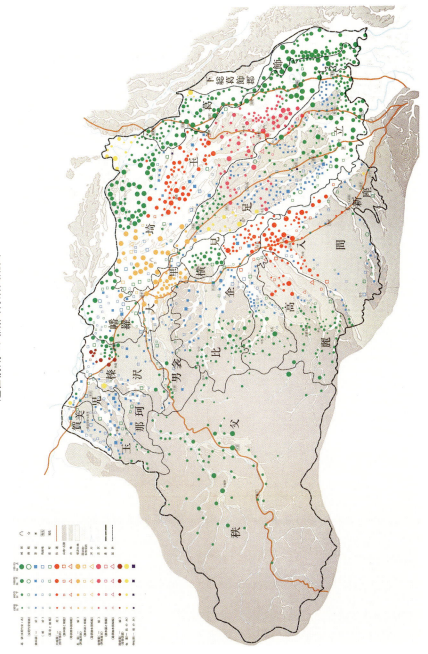

群馬用水土地改良区富士見地区の改良耕地の形状

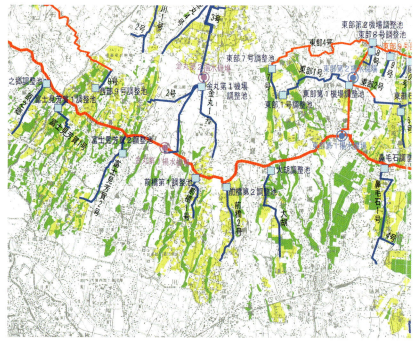

黄色：畑整理地　　緑色：水田整理地
出典：群馬用水土地改良区資料

はしがき

＜本書の総括的展望＞

　本書は、2015年出版の『近世関東畑作農村における商品生産と舟運―江戸地廻り経済圏の成立と商品生産地帯の形成―』の姉妹編として編まれた。その基本的視座は「行政と農業地域形成機能」に設定されている。この性格を反映して、本書の前半では、近世関東畑作農村の商品生産について、享保改革期の経済政策―年貢増徴策と新田開発―を通して検討する。とくに年貢増徴策主導の下での農財政の一体性が商業的農業の発展に及ぼす影響、ならびに幕領村々と商品生産地帯との整合性の形成過程を解明し、併せて、幕領畑地帯における永納年貢制・石代納制や田畑六分違の制のもたらす地域経済効果についても注目をした。このほかに、在方商人資本と河岸問屋の結節機能および金肥普及の諸問題についても、商品生産の発展および農民の階層分解を視点に考察を試みた。いわば本書の前半は、前書の補完的性格を意識して編集された部分であり、両書を統合して初めて異質の完本となる。

　本書の後半（第Ⅱ・Ⅲ章）は、本書の基幹を構成する東西関東畑作農村地域論である。西関東畑作農村では、養蚕経営の衰退と食管会計の崩壊に直面した米麦養蚕型の複合経営農村が経営環境の変化にどう対応し、先進地域性の喪失に至ったかという、戦後日本畑作農業史上の重要課題および西関東畑地帯特有の中山間地における国営畑地灌漑事業効果と限界について、行政の地域形成機能を視座に据えてそれぞれ検討している。

　東関東畑作農村では、平地林地帯の洪積土壌特性とこれに規制された土地利用特性の成立と変貌過程について、農政（畑地改良）と近代化（商品化率・経営の集約性・技術発達と生産性等）を視点に、「前近代的な平地経済林林業と林畑経営→近代中期以降の大型小作農家の成立と耐旱性作物群（桑と茶・根果菜類・芋類）の導入と粗放栽培の一般化→大戦後の常陸台地の水陸稲耐旱・湛灌水栽培の普及→急速・広範な陸田化と蔬菜園芸の発展」の経過を明らかにする。次いで歴史的な劣等地畑作における今日の施設園芸・借地型大規模粗放園芸発展の農業史的把握と先進地域性の変換点形成について、常総

i

はしがき

洪積台地の「ポテンシャル」解析を基調にして取上げる。

＜分析の視点と研究課題＞

　享保改革期の近世関東畑作における商品生産の発展と幕府の経済政策の関係、具体的には年貢増徴策の強行と新田開発の推進が幕領畑村落に対していかなる影響を及ぼしたかについて、関東畑作の小商品生産と関東領国地域論を視野に置きながら解明する。同時に関東畑方農村の特産品生産に深くかかわる金肥使用についても、流通価格とこれを規定する交通条件・地域条件を踏まえた類型化と形成要因の析出を試みる。

　また近現代関東畑作については、地域の自然条件と農政の変遷および巨大消費都市東京の影響に注目しつつ「中山間地農村の複合経営と近代化の限界」・「陸田化の類型化と要因分析」・「洪積台地のポテンシャルと先進地域性の交代」等の研究課題を設定し、行政の地域形成機能を視座に据えた「関東畑作の近代化と商品生産」の解明を試みる。

　第Ⅰ章「近世関東畑作農村の商品生産と幕府農・財政」では、冒頭で幕府農政と年貢増徴策との関係を整理し、さらに享保改革期の年貢増徴策と新田開発の分析により、近世農業史上の意義とくに関東幕領における商品生産上の優位・優越性、幕領と開発新田地域との高い整合性を明らかにする。併せて畿内諸国・中国筋幕領農村との比較による関東畑作の存在形態・意義の把握と幕府農・財政対象としての関東畑作の位置付けを試みる。

　第Ⅱ章「経営環境の変転と西関東複合経営農村の逡巡・先進性後退」では、地形的・地目的多様性の影響下に形成された養蚕主導型複合経営農村の近代化対応と経営的限界を、養蚕衰退や減反政策を視座に据え国営水利事業・陸田問題に絡ませながら解析する。

　第Ⅲ章「東関東畑作の変換点形成とポテンシャル」では、洪積土壌の豊土化を起点に進行した常総両台地畑作農村の先進地域化、ならびに農民層分解の基軸上昇を背景に成立した常総両台地畑作農村の大規模借地型露地園芸に関する比較地域論的考察を行う。

はしがき

＜本書の主要内容＞

関東畑作農村の近代化過程　　横浜開港以来、西関東における絹業圏の形成を伴う蚕糸・綿絹業地域の発展は、西関東畑作農村を農業先進地域に押し上げ、農村近代化の先駆けとなる。反面、そこでは慶応2年発生の「武州世直し一揆」に象徴される過小農・賃労働者層の析出も進行した。明治中期以降、東京の人口集中に対応して、隣接県では出荷組織・輸送手段の整備充実が進み、近郊外延農業地帯の穀菽・蔬菜生産と農村近代化に深く関与していった。また明治初期の平地経済林地域・馬牧地域の維新期救済開墾・昭和恐慌期の地主開墾・戦後食糧難時代の緊急開墾、とりわけ農地解放と解放林地開墾は、農村の民主化と著しい近代化を示すものであった。

　総合農政下の国営大規模畑地灌漑事業の展開も、畑地水陸稲湛灌水栽培の個別的普及の後を受けて、乏水性洪積台地における水の組織的獲得として括目すべき近代化となった。化学肥料・農薬・除草剤・農業用機械器具の開発と社会化は、地力脊薄なその分多面積粗放経営の東関東畑作農村に、生産性の向上をともなう顕著な近代化をもたらすことになった。水の獲得が借地型大規模露地園芸・施設園芸発展の契機となる半面、工業団地の進出や農地法の改正は農民と農地の流動化を一段と促進し、戦後自作農体制を崩壊に導く非近代化要因となった。なお、本論第Ⅰ～Ⅲ章において後述の各事項が明らかにされた。

享保改革期の畑方特産品生産と幕府農・財政　　享保改革期に新田の80％が幕領化され、うち推定20％前後の畑作を地域核にして商品生産が推進された。結果、近世関東畑作農村の発展要因として重層的な農・税制上の優遇策を検出し、同時に畑方特産品生産地帯の分布状況も図上に提示した。さらに新田分布地域と畑方特産品生産地帯の整合性の高さも明らかにし、併せて幕領率の高い畑方特産品生産地帯の高位生産力水準を反映して、顕著な西高東低型の畑地質入れ価格が形成されていく状況も把握した。結局、関東畑作農村では、幕府税政と農政の新田作付誘導策に順応して、畿内・中国筋幕領先進地域とは異質の領国地域的性格と自給的穀作に制約された小商品生産が、新田地帯を中心に立地展開を遂げることになった。年貢課徴方式や禁令を視点に、江戸と大坂に対する幕府の生産流通政策上の相違を瞥見し、その理由（財源

iii

価値と社会的重要性）として畿内・中国筋幕領農村の商品生産力の高さと綿花・菜種油等の重要商品作物に対する幕府農・財政上の扱いの違いを推論した。なお河岸と在方商人の結節機能による畑方特産地形成や在方資本の金肥前貸し商法による農民層分解を詳述し、とくに商品生産過程での金肥普及問題は、使用地域の類型化と要因分析ならびに産出・搬送まで含めた肥料論として集成した。

西関東複合経営型農村の逡巡と群馬用水事業効果の低迷　　繭価の低落を契機に西関東の先進的農業地域は、徐々に衰退の道をたどる。西関東の「養蚕・米麦複合型農村」は、衰退からの離脱を養蚕経営の近代化と水田経営の拡大に求めた。しかし1960年代始動の西関東国営農業水利事業は、計画ないし実施段階で減反政策に直面し、事業目的の大幅変更が強行され、結果、農民の対立激化と逡巡の長期化が生じた。水利事業遅滞の間に産業間所得格差の拡大と労働市場の様変わりから労働力のプッシュとプルの機能が先行し、西関東畑作農村は、養蚕・米作に執着する北部農村と都心50km圏域の兼業化指向の南部陸田農村とに二極分化した。なかでも陸田化では、複数要因―労働力不足・飯米自給・水稲モノカルチュアー・飼料自給策等々―が複雑に絡み合い、多様な地域模様を形成していった。

　一方、1970年発足の東関東の大規模畑灌事業は、受益農民との軋轢を生むことなく進行した。結果、事態は、同時進行中の青果物生産と流通の大型化に一呼吸乗り遅れた西関東農村と潜在地域性に恵まれた東関東農村の東京卸売市場占有率の差となって表面化した。この間、西関東北部の園芸農業の発展は、国有地開墾や集中的な行政投資が行われた一部農村に限定して進行した。群馬用水事業も、計画期間の長期化・状況の変化で農民の意欲が低下し、さらに緩傾斜地形と複合経営に支配された狭長・分散耕地と複合経営分割の非効率性によって規模の経営と専業化で難渋し、主産地形成上に中山間地複合経営農村独特の課題を残した。

東関東台地農村の潜在地域性と借地型大規模粗放園芸の展開　　東関東普通畑作の発展の契機は畑地灌漑用水の獲得であった。常陸台地畑作農村の水利用は水陸稲灌漑から始まり、蔬菜需要の拡大を待って園芸農業に転用され、やがて水資源機構の開発成果として借地型大規模露地園芸増大の一因を形成

することになる。一方、下総台地では水利用の当初段階から陸稲・蔬菜灌漑が併進するが、以後は常陸台地と経過を共有するようになる。

今日、規模の経営を必須としてきた低生産力土壌が完熟肥料の投入で豊土化し、かつての粗放的大規模経営を生産力形成条件に転化している。結果、近年、設備投資効率の向上や東南アジア系年雇農業労働力の効率的燃焼のため、蔬菜園芸は多毛作から不時栽培に進み、露地型・施設型の資本集約的経営が用水需要の拡大をベースに促進された。反面、園芸農業の多面的発展の結果、今日の常総台地農村は、地力障害対策としての完熟肥料投入と輪作経営等を含む持続可能な農業の再構築段階に直面する事態を迎えている。

＜本書の性格と特色＞

本書の性格は、先行性・独創性を意識した研究書的な内容構成として明確に区分できるものと、必ずしも区分できない章節とからなっている。前者の例としては、武州山之根筋を含む関東幕領地域における「幕府農・財政と商品生産地帯の形成」や関東畑作農村を対象にした「金肥使用の地域性とその類型化要因分析」および関東地方の陸田研究論文を悉皆収集し、個別研究の優れた成果を分類・整理した「関東陸田地域の成立と展開」、ならびに西関東中山間地の大規模畑地灌漑と蔬菜産地形成についてアプローチした「群馬用水事業の主産地形成と限界」関連の論稿が相当すると考える。しかし多くの章節は、より多くの読者の理解と情報の共有を目的に、概説書的・研究書的性格の両側面を意図的に併せ持つ構成となっている。

本書編集上の前提となる旧来の関東畑作地域の基本的課題は、広大な洪積台地と台地土壌の低位生産性及び乏水性の問題であり、普通畑作における生産力の低さを規模の経営と耐旱性作物選択でカバーする農村地帯という点にあった。この苛酷な自然条件の克服こそ実は東関東畑作農業の近代化プロセスの本質的な部分を占めると考えた。したがって本書は、関東畑作の近世と近現代の空隙を埋立連続性を持たせるべく、明治維新期の救済開墾から戦後の解放林地開墾までの東関東平地林地帯の開発過程を挿入し、普通畑作の展開を基軸として位置づけた。その上に、1970年代以降の国家投資の基調変化を反映した利根川・霞ケ浦からの大規模な畑灌用水の獲得と園芸農業の今

はしがき

目的躍進について、先進地域性の交代に関与する洪積台地の潜在的可能性を視点に考察する、という構造論的手法の下に組み立てられている。

戦後東関東畑作農村では、水問題とならぶ近代化（除草剤・化学肥料・中型農業機械の普及）農業の推進が、土壌悪化に起因する諸問題を広範に発生させてきた。平地林時代の有機農法との共存関係は無機質農業の導入によって放棄され、かつての水陸稲栽培を核とする耐旱性・深根性作物栽培型の普通畑作は、水の獲得を契機に、軟弱蔬菜の不時栽培にまで発展し、ついに前述の土壌悪化問題に直面することになった。近代化の到達点に発生した「持続可能な農業の確立」に対する知的共有も、今日きわめて重要な研究課題となっている。

一般に近世以降の多くの関東農業・農村研究は、江戸・東京中心の南北視点に基つく関東研究であったが、本書では、「東・西関東ならびに内奥部・臨海部」という地域設定にも特色の一つを据えた。この地域性を視点にした研究の成果が、近世肥料論や畑地水陸稲灌漑史の出発点となり、平地林開拓史や先進農業地域性の交代論の契機となったものである。なお、近世関東畑作農村を始めとする各章節の膨大な参考文献・史資料の発掘も、貴重な学問的財産価値を持つものと理解している。

行末となったが、本書の調査執筆に際して、配慮と助言を頂いた関東諸都県の公立図書館・官公庁職員の方々ならびに関東各地の農家の皆様には、記して深甚の謝意を表したい。また文献引用に際し、編・著者の敬称を割愛させて頂いた失礼も併せて深謝申し上げる次第である。

出版事情の厳しい中刊行の機会を与えて下さった成文堂書店社長阿部成一氏、ならびに図版が多く面倒な地理学書の編集業務を担当していただいた編集部飯村晃弘氏にも心から感謝申し上げる次第である。最後に筆者の地理学人生で、学問の厳しさと楽しさを教えて下さった内田寛一先生と籠瀬良明先生に衷心から御礼のご挨拶を申し上げ、ご冥福をお祈りいたします。齢85才の今日まで、筆者の自称「調査研究」という名の道楽に、呆れつつも辛抱強くつきあってくれた妻にも心からのお礼とともに本書を贈呈し、擱筆の辞としたい。

目　　次

はしがき……………………………………………………………………… i

第Ⅰ章　近世関東畑作農村の商品生産と幕府農・財政
——年貢賦課方式および金肥普及と特産地形成——……………… 1

はじめに…………………………………………………………………… 1

　　課題設定と研究の視点…………………………………………… 1

第一節　近世前・近世関東畑作農村の発達史………………………… 3

　1．律令・荘園時代の関東畑作農村の発達史…………………… 3

　　＊　律令時代の関東畑作…………………………………… 3

　　＊　荘園時代の関東畑作…………………………………… 10

　　　農業開発と年貢代銭納化の進展……………………… 18

　2．近世の関東幕領畑作農村の発達史…………………………… 23

　　享保改革以前の関東畑作農村と「武州山之根筋」…………… 23

　　享保改革期の幕府直轄開墾と平地林地帯…………………… 30

　　西関東畑作の優位性と商品生産……………………………… 32

　　小商品生産の展開と幕府農・財政…………………………… 35

第二節　近世関東畑作の商品生産と年貢増徴策
　　　　——近世農業史の変換点——………………………………… 39

　1．幕府財政の危機と再建策……………………………………… 39

　2．享保改革期の年貢増徴策と関東畑作農村…………………… 41

　　年貢課徴方式の変遷と関東畑作農村………………………… 41

　　享保期幕府農政と商品生産…………………………………… 47

　　関東綿作の特質・限界と関東畑作…………………………… 50

　　幕府の作付奨励策と重要商品作物生産政策の変遷………… 54

　3．年貢課徴方式と納入方式……………………………………… 55

　　定免制と検見制………………………………………………… 55

　　買納制と石代納………………………………………………… 57

vii

目　次

関東畑作と年貢課徴方式‥‥‥‥‥‥‥‥‥‥‥‥‥‥60

4．関東幕領の成立と開発新田の幕領編入‥‥‥‥‥‥‥‥‥63

関東筋の幕領成立と陣屋支配‥‥‥‥‥‥‥‥‥‥‥‥63

開発新田の幕領編入と商品生産‥‥‥‥‥‥‥‥‥‥‥68

5．関東幕領畑作農村と商品生産の軌跡‥‥‥‥‥‥‥‥‥74

幕領分布と商品生産地帯の形成‥‥‥‥‥‥‥‥‥‥‥75

6．西関東幕領畑方農村の商品生産と農村工業‥‥‥‥‥‥81

7．関東幕領畑作農村の商品生産と年貢増徴策

　　──畿内諸国との比較検証──‥‥‥‥‥‥‥‥‥86

小括──関東畑作農村の優位性と年貢増徴策──‥‥‥92

第三節　近世関東畑作の商品生産と肥料事情‥‥‥‥‥‥‥‥‥95

1．近世関東畑作農村の商品生産と舟運‥‥‥‥‥‥‥‥‥95

河岸問屋の展開と結節機能‥‥‥‥‥‥‥‥‥‥‥‥‥95

河岸の立地形態・性格と商圏の成立‥‥‥‥‥‥‥‥‥96

2．畑方特産品生産地帯の展開と主要肥料‥‥‥‥‥‥‥‥101

自給肥料と購入肥料‥‥‥‥‥‥‥‥‥‥‥‥‥‥‥101

関東畑作農村と肥料事情‥‥‥‥‥‥‥‥‥‥‥‥‥103

3．基幹的肥料の生産過程と流通‥‥‥‥‥‥‥‥‥‥‥105

江戸の廃棄物と下肥流通‥‥‥‥‥‥‥‥‥‥‥‥‥105

魚肥の生産と流通‥‥‥‥‥‥‥‥‥‥‥‥‥‥‥108

魚肥普及の地域性と前貸し流通‥‥‥‥‥‥‥‥‥‥114

第四節　近世関東畑作と施肥事情の地域性‥‥‥‥‥‥‥‥‥115

1．干鰯・〆粕専用の常総型農村地域‥‥‥‥‥‥‥‥‥115

2．干鰯・〆粕（主）糠（従）混用の野州西南部型農村地域‥‥‥118

3．糠（主）干鰯・〆粕（従）混用の上州・武州・野州南部型

農村地域‥‥‥‥‥‥‥‥‥‥‥‥‥‥‥‥‥‥‥120

4．糠・灰専用の武蔵野新田型農村地域‥‥‥‥‥‥‥‥126

5．下肥専用の江戸近郊型農村地域‥‥‥‥‥‥‥‥‥‥132

葛西船の稼働空間と下肥集配荷機構‥‥‥‥‥‥‥‥132

江戸近郊の下肥事情の地域性‥‥‥‥‥‥‥‥‥‥‥138

　　　　下肥流通事情の変貌と終焉……………………………………… 142
　　6．江戸ごみ使用の下総台地型農村地域……………………………… 148
　　　　江戸のごみ処理…………………………………………………… 148
　　　　分別収集と農業利用……………………………………………… 150
　　7．野州石灰使用の北関東型農村地域………………………………… 154
　　8．荒川氾濫土の馬背客土と大宮台地型農村地域…………………… 161
　　9．自給肥料専用の北毛型農村地域…………………………………… 166
　結語　商品生産の発展と金肥使用地域の類型化……………………… 170
　　　　【幕府農財政と関東畑方特産品生産地帯の展開】………………… 170
　　　　【金肥使用地域の諸類型と形成要因】……………………………… 172

第Ⅱ章　経営環境の変転と西関東複合経営農村の逡巡・
　　　　先進性後退
　　　　──陸田経営の諸相と複合経営農村の国営水利事業対応──

　　　　………………………………………………………………… 185
　はじめに……………………………………………………………… 185
　　　　関東畑作地帯の土地利用とその特色…………………………… 185
　　　　問題の所在と課題設定…………………………………………… 186
　第一節　農業水利事業の展開過程と畑地灌漑……………………… 188
　第二節　畑地灌漑事業の歴史的・地域的展開と近代化のプロセス…… 191
　　1．畑地灌漑の意義・諸方式と発達史……………………………… 191
　　　＊　畑地灌漑の意義…………………………………………… 191
　　　＊　畑地灌漑の諸方式………………………………………… 192
　　　　地表灌漑…………………………………………………… 192
　　　　地下灌漑…………………………………………………… 193
　　　　散水灌漑…………………………………………………… 193
　　　　湛水灌漑…………………………………………………… 193
　　　＊　畑地灌漑の発達史………………………………………… 194
　　　　明治～昭和初期の畑地灌漑……………………………… 194
　　　　戦前期の畑地灌漑………………………………………… 194

ix

目　　次

　　　　　高度経済成長期以前の畑地灌漑‥‥‥‥‥‥‥‥‥‥‥‥‥‥ 195
　　　　　高度経済成長期以降の畑地灌漑‥‥‥‥‥‥‥‥‥‥‥‥‥‥ 198
　　　　　小括‥‥‥‥‥‥‥‥‥‥‥‥‥‥‥‥‥‥‥‥‥‥‥‥‥‥ 201
　　2．東関東畑作農村の基幹作部門と変遷
　　　　（畑地陸稲作→畑地水稲作→蔬菜作）‥‥‥‥‥‥‥‥‥‥‥‥ 202
　　　　　関東普通畑作地帯の陸稲・麦栽培‥‥‥‥‥‥‥‥‥‥‥‥‥ 202
　　　　　陸稲畑地栽培と水稲畑地栽培の展開‥‥‥‥‥‥‥‥‥‥‥‥ 203
　　　　　国営畑地灌漑事業の展開と常総巨大園芸基地の成立‥‥‥‥‥ 206
　　3．関東畑作の共通基幹部門（水陸稲）栽培の地域性‥‥‥‥‥‥‥ 210
　　　　　作物選択上の共通性と異質性‥‥‥‥‥‥‥‥‥‥‥‥‥‥‥ 210
　　　　　大間々扇状地の畑作と畑地灌漑‥‥‥‥‥‥‥‥‥‥‥‥‥‥ 210
　　　　　西関東畑地灌漑と地域効果の二極分化‥‥‥‥‥‥‥‥‥‥‥ 214
　　　　　下総台地の畑作と畑地灌漑‥‥‥‥‥‥‥‥‥‥‥‥‥‥‥‥ 216
第三節　迷走する減反政策と陸田経営の動向‥‥‥‥‥‥‥‥‥‥‥‥‥ 219
　　1．畑地利用の諸方式――陸田化とその周辺――‥‥‥‥‥‥‥‥‥ 219
　　2．関東陸田地帯の成立と展開‥‥‥‥‥‥‥‥‥‥‥‥‥‥‥‥‥ 224
　　　＊　中川水系自然堤防帯と大宮台地北部の陸田地域‥‥‥‥‥‥ 224
　　　　　中川水系流域の豊富な揚水事情と陸田化の早期進展‥‥‥‥ 224
　　　　　大宮・岩槻台地北部の陸田成立と都市化・減反政策‥‥‥‥ 230
　　　＊　関東山地東麓荒川・神流川扇状地の陸田地域‥‥‥‥‥‥‥ 235
　　　＊　関東造盆地運動中心部の陸田地域‥‥‥‥‥‥‥‥‥‥‥‥ 238
　　　　　鬼怒川中下流域と猿島・結城台地の陸田化‥‥‥‥‥‥‥‥ 239
　　　　　渡良瀬川・利根川合流地域の陸田化‥‥‥‥‥‥‥‥‥‥‥ 245
　　　＊　那須野ケ原扇状地の「水田」発達史と開田‥‥‥‥‥‥‥‥ 248
　　　　　栃木県南部の陸田化と北部の「開田」‥‥‥‥‥‥‥‥‥‥ 248
　　　　　那須野ヶ原の水田化過程と揚水開田‥‥‥‥‥‥‥‥‥‥‥ 250
　　　＊　小括――陸田成立の社会的背景と地域性――‥‥‥‥‥‥‥ 256
第四節　西関東中山間地の大規模畑灌（群馬用水）事業計画の策定と
　　推進‥‥‥‥‥‥‥‥‥‥‥‥‥‥‥‥‥‥‥‥‥‥‥‥‥‥‥‥‥ 260
　　1．米麦養蚕型複合経営農村と群馬用水事業‥‥‥‥‥‥‥‥‥‥‥ 260

目　次

群馬用水事業の評価と受益農村の農業地域的性格……………… 260

群馬用水事業の成立前史と派生的諸問題……………………… 262

事業目的の変転理由とその背景………………………………… 265

水利事情と農業経営の概況……………………………………… 266

2．群馬用水受益農村の近代化と行政の地域形成機能…………… 267

計画変更と農家の動揺…………………………………………… 267

農業近代化過程の課題と対策…………………………………… 268

構造改善事業と県営大規模圃場整備事業の発足……………… 269

一・二次構の誤算と変更………………………………………… 269

県営大規模圃場整備事業の大幅修正…………………………… 271

第五節　西関東中山間地の「米麦養蚕型複合経営農村」と畑灌事業

効果……………………………………………………………… 272

1．養蚕慣行と経営転換の努力・実績 …………………………… 272

養蚕経営のしがらみ……………………………………………… 272

経営転換の努力と足跡…………………………………………… 273

利水改善グループの成立展開と評価…………………………… 275

利水開始以降の受益農村の変貌——センサスからの接近——

………………………………………………………………… 279

行政施策と農村の対応…………………………………………… 284

2．西関東内奥畑地灌漑農村の発展と群馬用水受益農村の低迷…… 287

結語　群馬用水事業と主産地形成——制約因子分析をめぐって——…… 293

第Ⅲ章　東関東畑作の変換点形成とポテンシャル
——洪積台地の潜在的可能性と借地型大規模露地園芸——…… 303

はじめに…………………………………………………………………… 303

本章の位置づけと研究地域の概要……………………………… 303

課題設定とその背景……………………………………………… 306

第一節　近世常総台地の平地林分布と土地利用……………………… 308

1．常総台地の地形・土壌・植生分布の概況…………………… 308

常総台地の地形と土壌…………………………………………… 308

xi

目　　次

　　　　常総台地の平地林……………………………………………311
　　2．近世常総台地（平地林地帯）の開墾と限界………………314
　　3．常総台地の平地経済林林業と林畑…………………………316
　　　　常陸台地の新田開発と平地経済林林業………………………316
　　　　常総台地開墾と平地経済林林業地域の成立…………………319
第二節　近代の平地林開墾と畑作農業近代化の黎明………………320
　　1．常総台地開墾と近代的地主―小作制の成立…………………321
　　　　常陸台地の士族授産開墾と地主制……………………………321
　　　　下総台地の窮民救済開墾の挫折と近代的巨大地主制………323
　　　　下総開墾地域の社会階層と特殊性……………………………324
　　2．近代的地主―小作制の展開と小作争議の発生……………326
　　　　茨城県の地主支配と洪積台地農村の農民運動………………326
　　　　千葉県の地主―小作関係の展開と特質………………………331
第三節　戦後の緊急食糧難対策・農地改革と平地林開墾…………337
　　1．緊急開拓事業の展開と下総台地農村の農地改革…………338
　　2．緊急開拓事業の展開と常陸台地農村の農地改革…………341
第四節　東関東畑作の展開過程と近代化……………………………345
　　1．常総台地畑作の特質と近代化………………………………345
　　　　維新期の常総台地開墾と商業的農業の成立・展開…………345
　　2．下総台地畑作の特質と近代化過程の深化…………………347
　　　　基幹作物栽培の成立基盤と流通………………………………347
　　　　下総台地の落花生と甘藷栽培の社会経済効果………………348
　　3．常陸台地畑作の展開と近代化………………………………353
　　　　商品作物の導入と展開…………………………………………353
　　　　甘藷栽培および澱粉工業と養豚経営…………………………356
　　　　栗栽培地域の展開要因と現代的評価…………………………361
第五節　東・西関東畑作農村の農業様式の変遷と先進地域性の交代……367
　　1．蚕糸業地帯の衰退と蔬菜生産地帯の発展…………………367
　　2．養蚕衰退期と高度経済成長下の西関東畑作農村の基本的対応……372
　　3．西関東南部畑作農村の都市化と陸田発達…………………376

目　次

　　4．畑地灌漑事業展開の東西地域性と蔬菜産地形成………………… 383
第六節　東関東畑作農村における借地型大規模露地園芸の展開……… 386
　　1．借地型大規模露地園芸の成立史………………………………… 386
　　2．借地型大規模露地園芸の実態と特質…………………………… 388
　　　現代下総台地の借地型大規模露地園芸の経営内容と特質…… 388
　　　成田市大沼地区農家の経営展開過程の事例研究……………… 392
　　　現代常陸台地の借地型大規模露地園芸の経営内容と特質…… 395
第七節　借地型大規模露地園芸の比較地域論的考察………………… 400
　　1．常総台地の借地型大規模露地園芸の比較分析成果と要因…… 400
　　　自然的・歴史的背景に関する検討……………………………… 400
　　　商品生産と流通組織の近代化に関する検討…………………… 402
　　　洪積台地の畑地灌漑と近代化過程の深化に関する検討……… 412
　　2．常総台地農村の借地型大規模露地園芸の相違点と農民気質… 425
　　　常総台地における農業的土地利用の特徴的性格……………… 425
　　　常総台地農村の借地型大規模露地園芸の異質性……………… 426
　　　常陸台地農村の借地型大規模経営の積極的展開と農民気質… 428
結語　東関東畑作農村の近代化と後進性の逆転………………………… 432
　　　【常総台地畑作の近代化過程】…………………………………… 432
　　　【常総台地畑作の特殊性と生産力の逆転現象】………………… 440
　　　【大規模営農の形成史と洪積台地のポテンシャル】…………… 443
　　　【東関東畑作農村の今日的課題と非農業資本の農業進出】…… 448

xiii

第Ⅰ章　近世関東畑作農村の商品生産と
幕府農・財政
──年貢賦課方式および金肥普及と特産地形成──

はじめに

課題設定と研究の視点　　近世関東畑作とりわけ商品生産において、享保期以降の幕府年貢賦課にかかわる基本方針（米納・石代納）ならびに徴収の技術的方式（検見法・定免法）が果たした役割は、それぞれ大きいと考える。同時に畑新田における商品作物の扱い、あるいは本田畑における特定作物の勝手作の禁止とその転換にみられる規制強化策・奨励策の導入等々、年貢増徴財政と一体化した幕府農業政策の展開が、幕領農村ひいては関東畑作農村における商業的農業の発展と産地形成に及ぼした影響も大であったと考える。

商品生産の発展とその地域的拡大─農業の地域分化と主産地形成─要因としての舟運発達と河岸を拠点とする在方商人たちの活動も、商品作物と肥料の出し入れを通して、江戸と関東畑作農村の結節機能を強力に発揮しつつ、最終的に江戸地廻り経済圏の成立に深く関与していくことになる。その際、緑肥とその後の厩堆肥を主とする自給肥料の多様化ならびに元禄享保期以降の魚肥・糠灰・糟粕類等の金肥流通の展開が、商品生産の普及発展に与えた画期的影響も無視できないものと考えた。

本章の前半では、上記の展望に基づいて享保改革期を視点に関東とくに幕領畑作農村における「年貢課徴制度の意義および幕府農政の時系列的・地域的展開過程」を考察し、次いで肥料と農産物流通を手中に収め、商品生産の拡大に深く関与する「在方商人の前貸商法と農民層の分解」と商品流通を通して江戸と関東畑作農村を結合した「河岸問屋・在方商人の結節機能」を再検証し、後半で「主要商品作物と金肥使用の地域性およびその形成要因」の分析と整理を試みることにした。なお近世関東畑作農村研究（幕府農・財政と商品生産）で享保改革期を中心に課題を設定したのは、享保期研究史上の第二段階における「農民的剰余の成立」と「幕藩体制の危機」をめぐる大石

慎三郎、辻　達也、津田秀夫らの一連の研究成果（大石　学 1980 p27-43）・『藩政改革の展開（藤田　覚）p6-7』に触発された結果である。

　幕府農財政史とくに商品生産を軸に年貢課徴制度論と金肥普及問題の両領域ををを取り上げた論文・著書のうち、本書の執筆過程で多くのご教示を受けた作品は少なくないが、とくに本城正徳の労作『近世幕府農政史の研究』は緻密な論証と先行性において近年稀有の書である。著者の研究目的と共通する部分があるため、取り上げ方には重複を含めて十分配慮する必要があると考えているが、多くの点で農業地理学領域の筆者の作業に的確な指針を与えてくれる作品であった。

　後半の「関東畑作の商品生産と肥料事情」に関する体系的な研究としては、近世武蔵野新田における主雑穀生産と糠・灰投入の社会経済効果を分析した伊藤好一の先行研究『江戸地廻り経済の展開』、伊藤好一・木村　礎『新田村落』、江戸近郊農業の成立展開と下肥の関係について詳述した渡辺善次郎の『都市と農村の間』・『近代日本都市近郊農業史』等の労作がある。加えて荒居英次の干鰯・〆粕の投入効果と商品生産の発展ならびに農民層分解にかかわる一連の研究（前掲）と丹治健蔵の関東全主要水系の水運を網羅した研究書群の存在は、これらを抜きにしては、関東農業の生産と流通問題は到底論じきれないほどの代表的な高著労作とみることができる。

　諸外国とくに先進的農業地域ヨーロッパの有畜・牧草輪作・休閑を重視する三圃式農業と比較したとき、肥料依存度が高く、連作型の日本（関東）畑作には多くの問題点が歴史的にも地域的にも内包されてきた。農業様式上の日本的特殊性については、糠・灰・下肥以外にも干鰯・各種醸造品や油の絞り粕等の購入肥料とともに、多くの伝統的自給肥料の利用にともなう諸課題への接近、中でも地理的領域からの検証、が不十分である感を禁じ得ない。加えて火山灰土壌地帯を広く抱える関東畑作農村特有の土壌改良剤の投入や洪積台地上の運搬客土、あるいは商品生産地帯における自給肥料型農村の成立、さらには立地条件とりわけ交通条件に大きく規制されると思われる肥料使用上の地域性の抽出と類型化、個別的な事例研究の一般化など、取り上げるべき課題がまだ残されている感は否めない。

　本章の後半では上記の諸問題を中心に、近世前期の自給肥料段階、享保期

の新田開発と商品経済進展期以降の金肥普及段階、近世末葉から近現代にかけての農砿水産物肥料の導入段階のそれぞれに対応する肥料事情を通して、関東地方の湖沼・大河川流域の平場穀萩農村地帯、山地・丘陵附き畑方特産品生産地帯、江戸（東京）近郊農村地帯の各地域的動向を考察したいと考えている。

なお農産物と肥料の流通に深く関与する舟運発達と在方商人の肥料前貸商法については、前著『近世関東畑作農村の商品生産と舟運』第二節「水運機構の整備拡充と商業的農業地帯の成立」、第三節「商品生産の展開と肥料前貸し流通の浸透」を加筆補強して論述内容を再構成した。したがって、関東諸河川の舟運発達に関する生産と流通の研究史ならびに斯界の研究水準を形成する文献についての言及は割愛した。

第一節　近世前・近世関東畑作農村の発達史

1. 律令・荘園時代の関東畑作農村の発達史
＊　律令時代の関東畑作

遠藤元雄「関東古代史序説 p11-26」によると「律令体制は水田農耕を基本とし、農耕生産物・農閑期の手工業的生産物を収取し調庸としたものである。人民は班田収授法により一定額の口分田が強制的に割り当てられ、人民の貢納と貴族と官人によるその運用で体制は維持された。一方民間による耕地開発のための墾田制が実施され、9世紀にはこの中から私営田領主としての在地土豪層が成長してくる。10世紀には私営田領主に従属する奴婢や班田農民の中から自身の保有地と生産手段を持ち農業経営を実現する田堵・名主が成立する。

関東地方において古代的支配の顕著なものは条里制・防人制・調庸制であるといわれる。古代的収取では現物負担よりも労働負担の方が重かった。ことに関東の様な後進地域における労働収取は一段と厳しかったようである。労働力把握のための戸籍の整備は、班田制の前提であり、律令支配の基本であった。

関東の条里水田は、国衙・郡衙付近と河川流域に集中的に立地し、河川の

用水灌漑と乾田農法の完全実施を目指して開かれた。また調庸は安房・上総の一部を除くとすべて織物であった。織物は8か国とも絁・布・帛であったが相模のみこれに綾が加わっていた。調庸は正丁を基準に割り当てられたが、織物・染物の場合は女性労働に依存することが多かった。

11世紀からの古代後期は、領主の大規模開発、農民の小規模開発、さらに村落共同体による開発とまさに大開墾の時代を迎える。律令体制下では水田が中心に据えられたが、この段階の開墾は田畠が同等に扱われ、関東では丘陵性台地に刻み込まれた谷が主要な耕地となった。こうした田畠の農民的開発と領主的開発が結合して、新たな主従関係の成立をともなう封建的在地領主が出現することになる」。いわゆる原始社会から古代抜きで中世社会の成立を見るわけである。

奈良朝・平安朝の為政者の関心は水田造成に向けられ、租税も稲に求められた。畠地の成立や課税対象としての畠作物の存在感は薄い。古島敏雄『概説日本農業技術史 p200』は、貴族社会における農業は稲作が国の経済の基礎として特別の発展を遂げ、畠作は百姓の生活を支える生業として新しい農具を使用することも出来ず、粗放な経営状態に停滞していた。この状況が封建時代の後期に至るまで、秩父地方や奥多摩地方の僻遠の山村に、焼き畑ないし焼き畑同様の粗放な自給的農業技術形態を存続させた、としている。

律令制・荘園制社会の税制・農業問題が地域的に把握される事例は、辺境の地関東にあっては史料的にも大きく制約されている。とくに関東平野は近世から近代に及ぶ幾多の河川改修によって、中世的な耕地景観が大きく変化している地域なので、地理的・考古学的手法によっても耕地景観の復元は困難であり、古代・中世東国農業の把握は至難の作業とされてきた『新編埼玉県史 通史編2 p852』。以下、古代・中世関東畑作に関する筆者の限られた知見の下で、史料的制約も踏まえながら、租税と畠作農業発達の史的・地域的整理を試みたい。

大宝律令における耕地に関する規定「田令」37ヶ条のうち田地以外の規定は、15条の園地条、16条の桑漆条、17条の宅地条の3ヶ条のみである。ここに律令国家の土地政策・農業政策の基本的姿勢を窺い知ることができる『日本農業史（木村茂光）p47』。このような水田米作社会ではあるが、「園地

第一節　近世前・近世関東畑作農村の発達史

条」や「桑漆条」から明らかなように、畠地農業がなかったわけではない。律令に規定された宅地回りの園地は畠であり、令外の格に定められた陸田も畠であった。霊亀元（715）年の「詔」によれば、陸田には備荒対策として麦・粟などの穀物栽培が命じられていた。園地は支給面積が確定されていないが、居住地周辺の未開地を均分に支給し、畠として開発させたものとみられている。その後養老3（719）年に「陸田」という地目が設定され、蔬菜栽培地の園地から切り離されて粟などの雑穀栽培指定と義倉目的の粟が課税されることになる『武蔵の古代史　国造・郡司と渡来人・祭祀と宗教（森田悌）p180』。

　畠作については、持統7（693）年の桑・紵・栗・梨・蕪等の栽植奨励策、霊亀元（715）年の麦禾2反の耕作令、養老3（719）年の「天下の民戸に陸田1町以上20町以下を給し、地子を輸すこと反粟三升也」という詔などがみられる。いずれも律令制国家の本格的始動期における畠地雑穀作奨励策について、養老6（722）年の「良田百万町歩」にみる太政官奏の開墾計画（陸田中心）とともに、古代律令制国家の水田稲作偏重の農業政策―条里制施行前―における注目すべき畠作の動きとして、さらに畑租の実態として、木村茂光は捉えている。同時に、平安時代の畠作農業技術を、大名田堵の作物編成と農具、内膳司の園の経営における多種の蔬菜・果樹栽培に投入された肥料と施肥技術の高さならびに租税納入などから勘案すると、少なくとも畿内を中心とする西日本の先進的畠作経営は、平安中期までに一定の水準に達し、これらの経営技術が、やがて中世荘園制社会を作りだすことになったとみている『前掲農業史　p56-57』。

　この間、関東地方において律令制支配を経済的に支えてきた農業・農民に関する中央史レベルの言及とくに畠作の記述はなく、租、庸、調の貢納負担と雑徭・雇役という労働徴発に関しても、断片的な情報しか存在していない。前者の労働徴発は地方で服務し、後者は中央で務めるものであった。雇役は畿内および近隣諸国で調達されるため、実際には関東地方の農民が徴発されることは少なかったようである。その他、防人や衛士で有名な兵役勤務では、とくに東国の農民が多く赴任させられたことで知られている『栃木県史　通史編2古代二　p87-96』が、語るべき史実は、兵役・貢納負担・労働徴発の

第Ⅰ章　近世関東畑作農村の商品生産と幕府農・財政

いずれについてもごく限定的であった。

　このうち貢租負担については、田租の稲、庸・調の麻が重要農作物として生産され、これに充てられた。同時に律令制社会の土地制度の根幹として班田収授制が採用され、各地に条里地割をともなう耕地が広く成立していく。関東地方の条里耕地の分布は、上野と下野の南部および常陸中部の主要河川の後背低地や国衙・郡衙の周辺河川流域の沖積地帯に集中し、なかでも東国の中心地上野における条里水田の集積は著しいものがあった「火山灰の上にできた国（能登　健 p27）」。その目的とする水田水稲作の展開は、律令制社会の農業と税制の基礎を象徴的に示すものであり、かつこの頃の関東における農業生産力の地域配置を物語るものとなっている。

　一方、関東農業の特質や生産力を理解するためには、畑作の検討が必須の事項と考える。とくに森田悌が問題視する7〜8世紀の多段階的な雑穀作奨励政策や木村茂光・遠藤元男等が指摘する11世紀から古代後期にかけての田畑開墾の併進策などの実態と評価については、とくに注目する必要があると考える。当時、畑地として知られるのは、陸田・園地などである。陸田（畑）では麦、粟、稗・豆などの雑穀類が栽培され、園地では田令の規定で桑・漆が植栽されることになっていた。なお宅地の空隙部分とともに蔬菜類や雑穀も栽培されたことが考えられている。

　古墳時代後期の上野では、榛名山麓黒井峯・西組遺跡から連作障害や地力低下を防止するための切替畑と思われる、土地利用景の異なる3種類の同規模耕地が発見されている「発掘された中世前夜（能登　健）p42-44」。黒井峯遺跡の畑の形態から見て、栽培作物は豆や野菜が想定され、有馬条里遺跡ではプラントオパールの検出から陸稲栽培が判明している。古墳時代の遺跡で穀類が出土する例は多い。有馬条里遺跡では住居内から大小豆の出土があった。能登　健は、これら雑穀類の出土率の高さから主食に近い評価を考えているが、だからと言って当時の社会が畑作志向であったとはいえないとし、5世紀の畑作耕地が6世紀には傾斜地を含めて水田化され、陸稲から水稲への移行が急速に進んだこと取り上げている。これらの事実から、能登　健「前掲書 p47-48」は、条里遺跡の歴史的性格は水田志向にあることを改めて指摘している。

6

第一節　近世前・近世関東畑作農村の発達史

　下野国の場合、畠作物としては中男作物の種類から紅花、麻、芥子などが、また交易雑物の品目から紫草などの栽培が推測され、さらに「延喜内膳式」にみえる韮、葱、蒜、瓜、芋、等の類の栽培も想定している『前掲県史　古代二　p297-298』。また武蔵の場合、森田　悌によると、雑穀栽培地の陸田以外に、麻の栽培を園地で行うこともあれば、桑・漆のように適宜未開地を開いて植栽することもあるとみている。その産地は『万葉集』歌や調・庸として正倉院に納められている布帛の墨書銘から、麻・調布・庸布とも北武蔵産の可能性を推定している『武蔵の古代史　国造・郡司と渡来人・祭祀と宗教（森田　悌）p181-182』。また『続日本紀』によると、和銅6（713）年、相模・常陸・上野・武蔵・下野の五国では、従前の布を調品目としていた在り方を改め、今後は　絁と布で納めさせることにしていることから、この頃
あしぎぬ
から養蚕が関東に普及し、桑の強制植付けが定着したものとみている。ただし絹の貢納がすべての国に課された事情と異なり、武蔵は漆の貢納国ではなく、したがって漆の強制的植付けが行われた可能性は低いという。なお、延喜主計式で武蔵国が貢納する調庸と中男作物は、緋帛・紺帛・黄帛・橡帛など多彩に及び、作物では麻・紙・木綿・とくに紅花・茜の染料植物に特色が見られた。武蔵で盛んに行われていたとみられる紙については、近世の和紙製造と異なり工人（職人集団）の成立が想定されている。『前掲書（森田　悌）p183-196』

　千葉市緑区の7世紀の椎名崎古墳からは畠の畝が発見され、近くの7世紀の住居跡からは、山椒・桃・米と一緒にまとまった量の麦が発見された。さらに天平2（730）年の「安房国義倉帳」によると、飢饉に備えて粟を義倉に貢納しているが、稲・大麦・小麦・大豆・小豆の代納も許されていたことから、農民食としての雑穀栽培の普及が考えられている。この事情に和銅6（713）年の麦・粟の栽培奨励、養老7（723）年の大麦・小麦の栽培奨励をはじめ、8〜9世紀を通じて、粟・稗・蕎麦・大小麦・大小豆・胡麻などの畠地雑穀栽培が奨励されたことを加えると、この頃の関東畠作に対する為政者の基本的姿勢は、田租課税地の拡大は当然のことながら、納税者農民の再生産能力と義倉食を確保し、あるいは貢納用有用草本作物の生産の場として、畠作の発展にも農政努力を傾注したことが考えられる。事実、条里水田の造成と同

7

第Ⅰ章　近世関東畑作農村の商品生産と幕府農・財政

時に、多くの地域で畠地が開かれていったようであり『武蔵の古代史　国造・郡司と渡来人・祭祀と宗教（森田　悌）p178-179』、さらにこれらのことから当時の畠作物の概要も把握できるとみられている『千葉県の歴史　通史編古代2　p435-436』。

既述のように北関東と南関東の畠作物の概要は、色染・紡織等の衣料加工素材及び衣料原料の麻・絹と雑穀類に大別され、少なくとも品目的には、近世畑作物に類似した段階に至っていることが指摘できるが、一部が商布として流通する麻以外の衣料関連品目の用途は、貢納が目的で、近世のような商品流通品目ではないことが決定的な相違点となっていた。ちなみに衣料素材と色染原料の全国的な供給関係は、前者麻・苧が関東地方、後者紅花・紫草も同じく関東地方、黄檗だけは遠江以西がそれぞれ中心的産地となっていた『日本歴史地理総説　古代編　p224-225』。ただしこれらの産物のすべてが、畠作の所産であるかもしくは野草採集を含むかについては必ずしも定かではない。

奈良・平安時代においては、雑穀類が農民の自給用に供されたことも近世と共通するが、住居跡の出土品をみると鎌・鍬・鋤などの鉄製農具が、八千代市村上込の内遺跡・千葉市緑区高沢遺跡・東金市山田水呑遺跡等から発掘されている。ただしその出土状況の品目的偏在から当時の房総農村の農耕技術水準は、鉄製小型農具鎌のレベルにとどまり、鋤・鍬の使用は階層的に限定されていた模様であることを千葉県史は推定している『前掲県史　古代2　p436-437』。一方、武蔵の場合、近年県内20ヵ所以上の発掘成果を見ると、奈良・平安期の竪穴住居集落から鉄製の「鎌・鋤・斧」が出土しており、かなり在地に普及していたことが推定されている。これらのことから、西関東では、花園町台遺跡・蓮田市御林遺跡のタタラ工房の存在と相まって、鉄製農具の普及は、8〜9世紀を通じて開墾や耕作を容易にし、班田農民の再生産活動の推進力となったことが考えられている『新編埼玉県史　通史編Ⅰp556-558』。

延喜式記載の貢納品や平城京跡の出土の荷物木簡から、様々な産物が貢納品として都に運ばれたことが明らかである。とくに上総の望陀布と安房の鰒が注目される。関東諸国の村々では、調・庸の貢納品として「絁」と

第一節　近世前・近世関東畑作農村の発達史

いう粗織の絹布が広く織られていたが、望陀布は糸幅が細く織り目が細密で、幅の広い高価・高級の麻織であり、贈答品として律令国家を代表する織物であった『前掲県史　古代2 p435-454』。ちなみに、「延喜式調の織物」に基づき、貢納すべき布帛を国別に単純集計すると、もっとも多いのが絹を主とする肥後国の2,775単位、次いで絁を主とする常陸国の1,893単位、三位が布を主とする上総国の1,199単位となる。武蔵国・上野国・下野国がこれに続く『前掲県史　古代2 p443-445』ことから、関東地方は布帛生産地域ということになる。関東地方における布帛生産の発展は、交易雑物の制の変更・手工業の進展以外に、畑作地帯であることと都との距離が遠く、調・庸の貢納品は輸送が容易な軽量財に限定されたことが考えられる。この傾向は後述のように中世まで受け継がれ、遠江国を境に、東日本では絹・布が、西日本では米がそれぞれ軽重三貨として貢納されていた。

　野良仕事が男性によって主として行われ、紡織の仕事が農閑期や夜なべを中心に女子の副業として行われたことを考え合わせると、律令時代の関東畠作農村の労働形態は、近世後半以降の西関東畑作農村の商品生産地域に近い性格を持っていたこと、ならびに律令時代の関東畠作は、東国という地域枠を超えて予想以上の水準に達していたことが考えられる。事実、当時の東国には、調・庸布の貢納と「交易雑物」として交易用の麻布（商布）を多量に生産するための技術と経済力があった、とする指摘『前掲県史　古代2 p468』もみられる。これに上述の西関東における鉄製農具の普及や上野の国衙周辺の河川型条里水田地帯と赤城南麓から大間々扇状地周縁の湧水・溜池型水田地帯を加えると、西関東それも上野国における関東屈指の農業・農村生産力水準を推定することも可能となろう。

　当時の農民は、農業生産とともに手工業生産も活発に行っていた。このことは麻作りや養蚕の成立を背景にして、調庸の貢納と深く結びつくものであった。「続日本紀」によると和銅6（713）年に「相模、常陸、上野、武蔵、下野の5国の輸調は、元来是れ布なり。自今以後、絁、布並びに進れ。」との命令が出され、調として布のほかに絁も貢するようにという措置が取られた。ただしこの段階では、素材の生産や織物技術の面でこれらの5国は、綾・錦の生産に至らず、絁の生産にとどまるものと見られたが、和銅7年の正月に5

9

国は「始めて絁の調を輸さしむ」となった。それまでは下野の場合も、麻の繊維を紡いで麻布を織り出すことが一般的な姿だったようで、他の4国と同じく「布を輸さんと欲するものは許せ」の状況であった『前掲栃木県史 古代二 p300-301』。ともあれ麻栽培の続いた関東畑作に養蚕が加わる段階を迎えたわけである。

　律令制社会の経済基盤となる稲系列の租税つまり田租・出挙・義倉は、水田水稲作に直結し、庸・調・中男作物のいわゆる物産系列の賦課は、布帛類・特産物の生産を通して手工業や農業発展に深くかかわることになる。上野国の場合、8世紀の地層から紡錘車の出土が急増し、律令国家の税制収奪の強化と付随する布帛生産量の増大を示唆する手工業の発展を物語っている。布帛生産量の拡大は、上野国が貢納すべき布帛の量が肥後、常陸、上総に次いで全国第4位であったこと『千葉県の歴史 p443-445』や延喜式にみられる上野国負担物産一覧『群馬県史 通史編2（佐藤宗淳作表）』からも明らかである。理由は交易雑物の制が、当初の養老令では金・銀・綾・錦のような高級、珍奇なものを対象としていたことから、8世紀後半以降、絹・絁・布など本来調・庸として徴収すべきものにまで拡大され、その結果としての生産量の増大であった。紡織及び布帛生産の担い手は、和銅6（713）年の格「男は耕耘に勤しみ女は紝織を治む」に示される通りであった『群馬県史 通史編2 p340』。

　そもそも中世社会の農業技術・生産力に関する研究は、木村茂光によると、ほとんど古島敏雄・宝月圭吾の成果に依拠しており、付加しうる研究はごく限られているという「中世成立期における畠作の性格と領有関係（木村茂光）p122」。また律令制発足以来、支配階級が支配の対象として本格的に組み込むことがなかった畠地経営にかかわる技術史的研究についても、木村は泉谷康夫の論考「奈良・平安時代の畠制度」が唯一本格的な研究と評された「荘園公領制の形成と構造（網野善彦）」ほどに薄い存在であるとしている。その背景として考えられる文献史料の限界・考古学的接近の困難さについてはすでに述べた通りである。

＊　荘園時代の関東畑作

　中世には、律令国家や官衙が主導する画一的な開発ではなく、地域の事情

第一節　近世前・近世関東畑作農村の発達史

に応じた自律的な開発が増えていく。中世初期の開発は利用が難航した「荒野」の再開発として活発化する。井原今朝男の「災害と開発の税制史」を引用した中澤克明によると、「荒野」とは旧所有権を消去し、新所有権者の開発を公認するための政治的地目である、という。こうした中世初期の耕地開発を象徴するのが、12世紀初頭に赤城南麓から大間々扇状地高位段丘（Ⅰ面）にかけて掘削され「女堀の発掘調査（能登　健）p118-120」、今日もその遺構を13kmにわたって残す女堀であり、その他としての下総国葛飾郡の江戸川河口や利根川流域にかけて形成された葛西御厨・大河戸御厨さらに相模国の引地川流域の大庭御厨などの低湿地帯の御厨群であった「生産・開発（中澤克昭）p74-76」。

　天仁元（1108）年浅間山の大噴火で上野・下野は壊滅的打撃をうける。荒廃した大間々扇状地扇端部の湧水低湿地帯を再開発して、新田荘の基礎を築いた新田一族も歴史にその名を深く刻んでいる。北関東屈指の荘園新田荘と渕名荘のうち前者は、「空閑の郷ごう」と呼ばれた開発可能の土地19郷「荘園の成立（峰岸純夫）p136-140」（後に新田義重の私領郷となる）を含む39郷からなり、古代律令制下の新田郡が、災害復旧過程で新田荘に転化したものである。ただし能登　健は「空閑の郷ごう」を水田が放棄されて畑作だけの地域を意味するとしている「女堀の発掘調査　p121」。状況的には能登説が理解しやすいとみられるが、両説とも本質的な違いは認められない。後者渕名荘は、佐位郡が浅間火山災害の復旧過程で荘園化したものとされるが、新田荘のような詳細にわたる史料は存在しない。

　そもそも10世紀ころから貴族や社寺によって開発され成立した墾田地系荘園に対して、12世紀ころに成立する東国の荘園は寄進地系荘園がほとんどである。天仁元年の浅間山大噴火で壊滅的な打撃を受けた上野・下野地方では、豪族たちが進めた田畠の再開発いわゆる噴火降灰地域の立荘ラッシュで生まれた耕地が、伊勢神宮領（高山御厨）・（青柳御厨）・（園田御厨）・（玉村御厨）・（梁田御厨）、金剛心院領（新田荘）・（渕名荘）、安楽寿院領（土井出・笠科荘）ならびに寒河御厨・児玉荘などとして寄進され、荘園となった。いずれも浅間火山以東の降下軽石量5〜20cmの楕円形堆積地域であったが、災害復旧過程で地域差が生じた渕名荘と新田荘を分けた条件は、テフラ堆積量ほぼ10cm

第Ⅰ章　近世関東畑作農村の商品生産と幕府農・財政

（当時の降下量はこの3倍とみられる）『新田町史　通史編　p224（中世の東国（峰岸純夫）付図)』の境界線であった。北関東の寄進地系荘園の地目構成を立荘当時の渕名荘でみると、田109町5段・畠18町2段（法金剛院寺領目録）、新田荘では田296町・畠100町6段（嘉応2（1170）年　新田荘在家注文）とあることから、降下火山灰の下に埋没した大間々扇状地の扇端湧水帯の水田再開発成果を反映して、「空閑の郷ごう」と称され畠地帯化した地域の割には、かなり高い水田率（複旧状況）を示していた『境町史　歴史編　p111-122』。

　余録になるが、能登　健の女堀調査報告によると、浅間Bテフラで埋没した浅間火山東方の水田地帯、換言すれば、上野国国府周辺の条里水田地帯に次ぐ水田集中地区とされる赤城南麓と大間々扇状地（Ⅰ面）扇端部では、女堀掘削当時の排出削土下の水田はそのまま今日まで放棄され、しかも火山灰降下後に畠作による農業生産の確保が一斉に図られていたことが明らかであるという「女堀の発掘調査（能登　健）p120-121」。左記の両地域は元来の溜井・溜池地帯でともに壊滅的な打撃を受けたところであった。これらのことから、能登　健（前掲書）は水田放棄と台地上での畠作開始がほぼ同時的に進行したとみている。

　一方、大間々扇状地Ⅱ面南西部の「空閑の郷ごう」でも水田の潰滅と放棄ならびに放棄水田の畠作地域化が進行した。しかしここでは、水田の再開発が12世紀後半までにかなり進行した点で、赤城南麓・大間々扇状地Ⅰ面とは明らかに異なっていたようである。理由は新田荘の中で北西部19郷が「空閑の郷ごう」と呼ばれ、その立地がBテフラ堆積量のより大きい西寄りの地域であったため、激しい荒廃と混乱の中でいち早く新田義重による再開発と私郷化が進み、初期新田荘の成立を見たことが推定できるからである。いわば早期の再開発が可能なレベルの荒廃地域であったことが、考えられるわけである。「空閑の郷ごう」よりさらに西寄りの渕名荘では、新田荘に比べて郷数の多さに反して田畠数が約半分であることも、災害の大きさと復興が遅れたことを示唆するものであり「荘園の成立（峰岸純夫）p134-136」、同時に女堀用水を必要とする切実な事情が垣間見えている。前掲の女堀調査報告の内容とも本質的に一致する事柄であり、噴火地点からの距離に比例した災害事情を明示している。

第一節　近世前・近世関東畑作農村の発達史

　結局、この地域の中世は、畠作地域と化していた耕地を水田に再開発するという荘園経営―立荘過程に始まった、と能登　健「発掘された中世前夜p64」は総括する。しかも早くも嘉永2（1170）年には再開発水田を中心とする村落が出現している。しかし全般的に展望すると、浅間山の天仁大噴火による水田の衰退と畠地の増加は今日までその影響を残し、このことに天明3（1783）年の大噴火降灰と中近世・近現代の平地林開発が加わった結果、田畠作の複合農村として、近世の穀菽農村→近代の米麦養蚕型複合農村→現代の主穀 Plus 蔬菜園芸農村もしくは主穀・兼業農村の基盤形成に関与することになったと推定する。

　畿内・西日本では水田経営で二毛作が成立し、牛馬耕・水車・鉄製農具の開発、品種改良と作期分散などの経営技術の前進、刈敷・草木灰・人糞投与など肥培管理技術の向上等々、多くの面で中世農業は進化していった。地域によっては水田耕作以上に畠作の比重が高い地域も成立し、雑穀類・蔬菜類・樹木工芸作物類の種類の多さと栽培技術の高さにおいて、近世中期における商品生産発展期の基礎的段階の成立を示唆するものであった「生産・開発（中澤克昭）p77-78」・『ハタケと日本人（木村茂光）』。

　ちなみに、酒井　一の指摘によると「近世の社会経済史の研究において、最近新たに開拓されようとする部門に、封建貢租の問題がある」『日本の近世社会と大塩事件 p43』といわれているように、この領域の研究はすでにこの頃から立遅れていたとみることができる。律令社会・荘園社会の貢租研究それも畠貢租問題の研究実績は少なく、検索に苦労したのも筆者が門外漢の理由だけではなかったようである。その意味でも木村茂光の報告『日本農業史 p106-109』は貴重な果実であった。

　荘園制社会における二毛作技術の成立は、元永元（1118）年に初見が確認され、文永元（1264）年には関東御教書によって裏作麦の西日本への広域的普及が推定されるに至り、室町期には三毛作の出現を見るまでになった「14-15世紀の日本（今谷　明）p53」。米→麦→蕎麦の三毛作は水田経営技術の所産と考えるが、当時の畠作においても多毛作体系の成立がほぼ同時進行したことは、一部前述のように、農業一般における牛馬耕・肥灰使用の普及・金肥使用・単婚小家族の成立と集約的農業の展開「前掲書（今谷　明）

第Ⅰ章　近世関東畑作農村の商品生産と幕府農・財政

p54」等から見て、容易に想定できることである。

　一方、中世東国においても畠作の地位は、経営内容から見ても一定のレベルに接近していたことが考えられる。技術的進展に若干の遅進を感じるが、香取社領の応仁2（1486）年以降の畠地売券から畠地二毛作の存在が知られ、戦国期の検地書出でも「夏成六五文、秋成百文」とあることから、畠地二毛作が改めて確認されている。武蔵国の場合、応長元（1311）年、下河辺荘新方近辺所在とされる万福寺畠所当銭注進状には、夏秋ともに反別250文の所当が課されている。新編埼玉県史『通史編2中世　p866-868』は、この史料から14世紀初頭の武蔵では畠地二毛作が低湿地帯でも成立したとし、鎌倉時代中期頃には、畠地多毛作が展開したことを推定している。

　砂田・岡田などの乾田を推測させる中世の用語に「田成畠」・「畠田」がある。「田成畠」に関する史料は、『前掲県史　p867』によると、応永3（1396）年、武蔵国佐々目郷関係の「鶴岡事書日記」に見ることができる。これは「淵木町田成畠大（堀溝付屋敷）」と「畠清次郎内壱段小（領家屋敷付）」とを永代相博（所領交換）している史料である。田成畠大（240歩）と畠壱段小（480歩）を「両方倶に一同也」としていることから等価交換したものと考えられる。面積の小さい田成畠と大きい畠の等価交換は、前者が水利事情の良い年には畑から田に替りうる可能性を持つがゆえに成立するもので、生産性、年貢とも高いことを示唆している。こうした事例は、鶴岡八幡宮領相模国岡津郷、武蔵国渋口郷、同下河辺荘狐塚などにも見られる。田成畠の経営経験は、その後の水利技術の発達を待って、乾田技術に継承され、水田二毛作技術を準備する段階として評価される意義を持つことになる。

　ここで中世期農業生産の特徴を『日本農業史　p82-96』に従って整理すると、1)まず中世成立期における開発は、領主層による大規模開発と大小田堵による小規模開発の二面性をもって進行した。2)12世紀初頭に水田（米・麦）と畠地（荏胡麻・麦）の二毛作が成立し、集約経営の展開が促された。3)この時代の畠作物は、ほとんど近世の主雑穀類と同様のものが作られ、とくに地子や米の代用食になる麦は、大豆とともに重要作物とされ、また麻・苧麻などの繊維加工原料の栽培も普及した。4)農具としては、鋤・鍬・犂を基本としていた。以上の4点にまとめることができるが、農具については、

第一節　近世前・近世関東畑作農村の発達史

水田二毛作の成立にともなう麦の作付増大が考えられることから、「今昔物語集」や「宇治拾遺物語」に記録される鎌も見落とすべきではないだろう。なお、その後の鎌倉・南北朝期の農業でもっとも大きなかつ重要な変化は商品経済の浸透であり、それも荘園における銭貨の流通が畑作地帯を先駆けに進行したこと、および近世中葉以降と類似する絹・布・糸などの畑地農産物の代銭納が文永年間（1264-1274）に始まったこと、の2点は特筆に値する事項であろう。

畑作穀菽類の貢租化の進行は、一定の栽培規模をともなう生産量があって初めて荘園領主の経済的な安定を保証するものである。少なくとも焼き畑のような不定規模の生産形態から生み出される安定ではない。このことは明らかに連作形態の普通畑作の普及を想定させる状況である。ことに冬作の麦が各地で貢租対象となり、一枚の畑で裏表作としての大豆と麦が賦課対象になっていく事実は、畑地2毛作の確立を物語る重要な事項である。平安・鎌倉・室町時代を通じて荘園制下の畑作物が貢租対象になることは、稲作とともに当時の段階における施肥技術の下で、畑作が順調な発展を遂げた結果であると古島敏雄『前掲概説農業技術史 p207』は推定している。具体的な施肥技術の記述は見られないが、この後に続く近世初中期になると、相対的な農業後進地帯の関東地方でも自給肥料段階の成立が確認されていくことから、近世以前の西日本の先進的農業地帯において、すでに肥料の多様性や施肥技術の一定レベルの確立を推定することは困難なことではないと考える。

荘園制下の主穀畑作の発展を予測させる事項は、1)治水・利水技術水準の低い時代の水田開発が適地を限られ難航したこと、2)畑地二毛作技術の展開で畑の生産性が上昇したこと、3)水田農業発達史上画期的とされる米麦二毛作体系が成立したこと、4)奈良時代までの大麦は米と等価交換されていたこと等々である。私見を加えれば、関東地方では、洪積台地・自然堤防・河岸段丘などの畑作地形の占める比率が格別に高かったことも、為政者と農民の関心を大麦栽培に向けたことが考えられる。結果、次第に大麦生産量の増大を示唆する相対的価格の低下が進行し、平安時代には1対1.5、室町時代には1対1.870、近世初期には1対2となり、大麦生産量の増大を反映する価格関係となっていく『菊地利夫 新田開発下巻 p375』。こうして鎌倉時代以降、畑

第Ⅰ章　近世関東畑作農村の商品生産と幕府農・財政

地二毛作技術の成立や田麦栽培の普及を背景にして、開墾と栽培技術の相対的に容易な大麦は、荘園領主の賦課対象としても農民の自給的主穀対象としても、重要畑作物の地位を高めこそすれ損なうものではなかった『前掲書p375』。こうした経済的評価と栽培技術の容易性が、荘園制社会における畑地穀作発展の一因として考えられてくるわけである。

　全国的に見ても畑地率の高い関東において、荘園制社会の畑作物大麦の評価が一段と増大する中で、貢納布・交易商布としての布帛の地位もまた安泰であった。平安時代以降、東国における基本的荘園年貢は苧麻であった。織りあげられたものが白布で、これを紫・藍系統の花を摺って染めた製品の代表が「忍もじ摺」である。朝廷や幕府から僧侶に布施として大量に与えられるきわめて需要の高いものであった。村々では、畑から麻屋敷分を除いた畑に麦が賦課され、屋敷と一体化された経営的にもっとも便利なところに苧麻は栽培された。屋敷廻りの畑に苧麻を栽培したのは、収穫、織出しの手間がかかることが考慮された結果とみられている。上総国では、この他に綿（真綿）、雑布、油などが年貢とされ、茜・紅花も栽培されていた。いわば米麦、雑穀、苧麻等が律令時代に次いで重要農産物となっていたことが知られる。この他に関東では、常陸、下野、武蔵、下総の荘園で絹布の賦課例が見られたことから、養蚕と桑園の存在も肯定できるが、重要部門とはまだ考えられていなかったようである『千葉県の歴史　通史編中世　p1073-1075』。

　しかしながら近世中後期以降の先進養蚕地域上野では、奈良時代から麁糸国、絁の貢納国にかぞえられ、中世には桐生付近の仁田山絹、藤岡付近の日野絹として名が知られていた。一部はすでに室町時代から商品化された徴証もあり『群馬県の歴史（山田武麿他）p128』、16世紀末葉までに吾妻郡原町、伊勢崎、沼田、下仁田、桐生に糸市が相次いで創設され、商品として流通している『群馬県蚕糸業史　p44-45』ことから、上野の養蚕は、少なくとも面的には、全上野規模に近い展開を示していたことが推定される。なお、関東畑作地域の様相を大きく変える木綿栽培が導入されるのは、この後間もない戦国時代のことであった。

　荘園制下の畑地主雑穀生産の発展とともに、中世末期における木綿栽培の成立発展も、戦国時代を代表するきわめて重要な事項であった。木綿栽培の

第一節　近世前・近世関東畑作農村の発達史

発祥は三河国とされ、16世紀初頭に栽培が確認されているが、木村茂光「『日本農業史 p133』は、永原慶二『苧麻・絹・木綿の社会史 p323-324』に従って発祥期を15世紀後半とみている。関東で確認されるのは畿内と同じく16世紀後半の武蔵野国越生郷、熊谷郷、下総国、および16世紀前半の相模国三浦郡の事例が知られている。関東地方では煙草、養蚕と並んで木綿栽培は、洪積台地や沖積微高地の畑作農民たちを商品貨幣経済の荒波に揉ませることになり、畿内では菜種と一緒に水田水稲作さえ駆逐して、先進的農業地域を商農経営に巻き込んだことは、あまりにも有名な農業事情であった。

　これまで、権力闘争と戦乱に明け暮れした関東中世史を農業生産的側面から重点的に考察してきた。ここでは、16世紀後半における後北条氏の領国支配体制の中から、時代を象徴するような特徴的な農民の生活面を、東京百年史『第一巻 p40-414』に依拠し抽出してみたい。後北条氏の農民支配のうち年貢収取は、検地で把握された田畑の面積に基準数値（田一反500文・畠一反165文）を乗じて貫高が確定する。そこから控除分が引かれて実質年貢量が算出される。通常の納法は貫高百文当たり、米では一斗四升・麦では三斗五升とされていた。年貢以外に農民に賦課したものは、懸銭・反銭・棟別銭等の役銭と陣夫・廻陣夫・大普請等の夫役および物資納入の雑公事であった。

　天文19（1550）年の税制改革で後北条氏とくに氏康は、従来の諸公事、諸点役を廃して，「百貫文の地より六貫文の懸り」という反銭（役銭）を設定し、同時に万雑公事を吸収した貫高4％の懸銭を創設する。両者を合わせて1割の税率確定となるわけである。その後間もない弘治元（1555）年、増し反銭として増徴となり、本増合計で8～9％の反銭となった。反銭・懸銭の他に改定棟別銭（35文）を加えて三税とも呼ばれたが、5年後の弘治元年には正木棟別銭20文が新税として付加されている。

　氏康の税制改革（年貢 Plus 三税）が、当時の農民収奪の総体を為していたとするかぎり、しばしば繰り広げられた「欠落」の決定的要因とは考えにくい。そうであるとすれば、新編埼玉県史『通史編2中世 p603-605』記載の「夥しい課役に旱魃や水害などの悪条件が重なると、郷村の農民は生活や経営がたちいかなくなり、欠落、詫言、逃散に及んでいる。」に見るような総合的要因の下に発生する事態との考えに至るわけである。藤木久志『戦国社

第Ⅰ章　近世関東畑作農村の商品生産と幕府農・財政

会史』の研究成果を引用して、新編埼玉県史は「逃散とは、有力農民主導の下に、郷村の全農民がまとまって領主・代官に抵抗したものであり、貢租過重を主因とする個別的・散発的欠落は、下層農民の消極的対応とされている。」とし、両者の性格の大きな相違点をのべている『前掲県史　通史編2中世　p603-604』。さらに藤木は『日本経済史大系　2中世』の一節で「(欠落)は、大名の領国支配の持つ矛盾の展開、本質的に体制を揺るがす闘争に外ならず、その故にこそ、大名は「御国法」の強制を以て抑圧しなければならなかったのである。」と明快に指摘している。

　また欠落の形態・機能によって、1)偶発的な戦乱を契機にした農村離脱(欠落)、2)在地土豪に抵抗した農民の意識的・組織的欠落、3)貢租過重による広範な個別散発的な欠落、に分類している。欠落の定義に混乱を感じるが、著者の問題か、引用者の問題か判然としない。欠落先は、百姓地から宿中に欠落する事例が多く、武蔵府中や江戸に逃げ込むものが多かったという。後北条氏も逃散・欠落に対して、諸役免除と扶食支給を条件に、「召返しは国法たり」と積極的に「還住」を図ったが、事態の収拾には難渋したようである『東京百年史　第一巻　p409-414』。その後、江戸後期の北関東を中心にした農村荒廃期にも、多くの農村で逃散・欠落が頻発するが、体制の存続と農民層の生命をかけた対立つまり大規模な一揆や騒動を背景に持つこと、移動の距離と移動の人数が格段に大きいこと、商業資本の収奪介在が重要な意味を持つこと等から、両者の性格は桁違いの規模と相違をもつものであった。

農業開発と年貢代銭納化の進展　　項末として、東国. 武蔵国を中心とした農業開発と年貢の代銭納化について、新編埼玉県史『通史編2中世　p852-866』・『日本農業史（木村茂光）p82-88』・『市場の形成（桜井英治）p199-213』等の所説に若干の私見を交えて整理検討し、荘園制社会の関東畑作農業史の小括としたい。

　まず鎌倉時代の頃の開発を見ると、「開発領主」、「大開墾時代」に象徴される古代から中世への移行期を反映して、荒川・渡良瀬川・利根川乱流地域ならびに入間川流域における治水のための「堤修固」とその周辺の荒れ地の再開発を特徴とする事業が進行する。この時期の開発は、一般に領主層と田堵等による大小事業規模の下に進められたとされるが、武蔵国では、鎌倉時

第一節　近世前・近世関東畑作農村の発達史

代初期の太田荘（利根川）・樽沼（入間川）の堤の修復、末期の下河辺荘（利根川）の堤の修復が、ともに鎌倉幕府による大規模な事業として進められた。他方、こうした幕府管掌事業にしばしば対置される、武蔵七党（丹・児玉）による神流川扇状地開発が施行された。幕府執行の大規模開発に比べると、この事業は、規模的には劣るが、在地領主層によるきわめて画期的な用水・利水技術を駆使したことに特徴があった。13世紀前葉の開発命令の頻発もこの時期の特徴とされている。地頭に依る荒野開発の頻発は「寛喜の飢饉（1230-31）対策」と捉える向きもある『前掲農業史 p97』。

12世紀頃の上野国赤城南麓では、大胡郷—大室荘から渕名荘北部にかけて渕名荘連合によるとみられる大規模な用水事業が着工されたが、結局、女堀の名前と13kmに及ぶ巨大な堀跡だけ残して未完成で終わっている。この女堀開疏の狙いを地理学の立場から追認すると、赤城南面から大間々扇状地高位段丘（Ⅰ面）にかけて進められた水田開発のうち、赤城南面は赤城山麓の渓流水利用で開かれ、段丘（Ⅰ面）の中下流部は扇端の湧水利用で開かれたとみられる。後者の浅間爆発降下灰（Bテフラ）で被覆された開析谷を含む段丘Ⅰ面の荒廃水田地帯が、再開発時代の立荘モードに乗って、女堀用水計画に基づく開田対象地域として浮上したものと考える。

戦国時代の武蔵国開発は、原野の開発ではなく、自然条件によって荒廃田化したところを再開発する事例が多かったようである。開発の推進階層は、形式上は自由に任されていたが、実際は土豪層が中心的位置を占めていたという。再開発耕地は一定期間の免租が認められ、また旧入間川流域の井草郷では、荒れ地の再開発は緑肥源の減少を招くことから、「散々野成さるべき事」『新編埼玉県史 資料編中世2—1118』とあるように、荒野と田が切替畑のように交互利用される場合もしばしばみられたようである。

中世武蔵の開発は水田開発の比重が高く、それも再開発を主流とする傾向が認められた。この状況も踏まえて、戦国時代の検地書出等から耕地を見る限り、武蔵北部の扇状地と末端部低湿地では田方の割合が多く、足立、埼玉、葛飾等の武蔵東部低湿地帯では、畑方が圧倒的に多かったという『前掲県史通史編2中世 p865』。戦国時代における目覚しい軍事土木技術の発展が、治水・利水に応用され、瀬替えをともなう中川水系流域の水田開発を進展させ

第Ⅰ章　近世関東畑作農村の商品生産と幕府農・財政

るのは、幕藩制社会発足以降のことであった。

　上述の如く、中世荘園制社会の農業開発は、すでに成立した耕地を保護するための堤塘改修とその周辺の荒れ地の再開発を特徴としていた。荘園領主にとっての再開発効果は耕地の原状回復と年貢の安定化に過ぎず、年貢増徴の余地は一般に少ない。とはいえ、年貢の確保は重要な問題であった。一方、農民にとっては、生産性の低い耕地が荒れ地化したことで年貢対象から外され、加えて荒廃地の成立は、緑肥供給地として歓迎すべき状況であったことが考えられる。当然、両者の間には利害関係の対立が生じることになる。しかもその対立関係と荒れ地開発は、後北条氏滅亡後の家康の関東入封後においても領国支配に継承される『前掲県史　通史編2中世　p602-603』ほどの大きな開発課題だったのである。

　農地開発の前進には土木技術の発達が労働力や金銭調達以上に重要な問題となる。とくに水田開発では開田・用排水技術以前の問題として治水の確立が強く求められることになるが、周知のように荘園制社会は、水田耕境を大きく前進させる諸力を欠く段階であった。このため関東地方では、近世になっても摘み田や直播田が、洪積台地の開析谷や大河川後背の低湿地帯に残存し、灌漑排水可能ないわゆる麦田の成立は、上野・武蔵の西関東以外では限られた状況であった。そこで耕境拡大の停滞に替って進行したのが中世前半期における水田二毛作、畠二毛作を内容とする集約的農業経営の展開であり、外延的拡大から内面的拡充策への移行であった。結果、室町時代の農業の特徴は、前期の畠二毛作の確立を受けて、文永年間（1264-74）の畠作の進展を反映した代銭納化の開始となって表面化することになる『前掲農業史p106-109』。

　代銭納化進展の基礎は賦課基準の設定に負うところが大きい。中世農民たちの畑地二毛作をめぐる闘争は、二毛作における夏麦年貢の納入拒否や減免を求めるものであったが、水田裏作の夏成麦については、比較的早期に農民の依估（取分）となっていた。畠二毛作賦課基準は、万福寺所当銭注進状には「三段七百五十文」とあり、夏分・秋分とも同率（反当250文）とみられるが、戦国期北条家検見書出には「秋成段別百文宛　夏成段別六十五文」とあり、一般に秋成（夏作）の賦課率が高かったといわれている。夏成は在地に

第一節　近世前・近世関東畑作農村の発達史

留保され、再生産に宛てられる重要な部分であった『前掲県史 通史編 p872-873』。

　銭納化は、13世紀後半以降、尾張冨田荘・茜部荘で絹の代銭納が初見とされている『前掲農業史 p106-107』。荘園における銭貨の流通が畑作地帯を先駆けに起こっていること、絹・布・糸などの畑作物を中心に代銭納が始まったこと『前掲農業史 p106-107』等を考えると、この時期に畑作生産に大きな進展がみられ、関連して商品経済の浸透が進んだとみることが出来る。こうして中世末期の農業は、集約化、多毛作化、商品作物の特産物化等の特色を整え『前掲農業史 p85-88・99-104』、近世農業とくに近世畑作の特徴的性格—商品生産—の基礎を準備することになる。同時にその推進力の一端を米麦・絹・漆販売型の中上層農とともに担った零細小農たちの畑作依存—雑穀・蔬菜の生産販売—を前提にした地子銭貢納が、零細農民の貨幣経済との接触を作りだしていくことになった、とする若狭国太良荘の商品流通と階層性に関する佐々木銀弥（1964）の指摘ならびに木村茂光の畑作重視の姿勢『前掲農業史 p106-109』は、「近世の小農自立と商品生産の展開」の萌芽的成立を示唆するきわめて重要かつ説得力の高いものであった。

　結語として、荘園公領制的流通構造のうち、本節の叙述に直結する「主要年貢とその地域性」・「代金納制と商品流通」について、『市場の形成（桜井英治）p199-215』に依拠しながら以下に紹介したい。中世前期の年貢について網野善彦『日本中世の民衆像』は、畿内近国・瀬戸内海周辺諸国・西海道諸国・北陸道諸国では米年貢が多く、美濃・尾張以東では米年貢は例外的となり、関東に限れば、常陸・下野が絹、相模・武蔵・上総・上野ではいずれも布が卓越する。若干の例外もあるがおおむね西日本では米、東日本では繊維製品という傾向が見られたという。この他瀬戸内島嶼地域の塩、山陰・山陽道諸国の鉄、但馬の紙、伯耆・出雲の莚、陸奥の金、陸奥・出羽・下野の馬など各地域、国ごとに多様な年貢品目が見られる。これら年貢諸品目の地域別斉一性に着目し、網野は11世紀ころの貢納物が慣習的に一定の品目に整えられたことを指摘し、さらに勝山清次『中世年貢制成立史の研究』は、中世年貢（封物）の多様性の原型は、11世紀中葉の公田官物率法に見出すことが出来るとしている。

21

第Ⅰ章　近世関東畑作農村の商品生産と幕府農・財政

　桜井英治によると、勝山清次が11〜12世紀の東大寺・東寺の封戸関係文書群の整理から得た結果は、西日本の米に対して東日本それも関東に限れば、武蔵の絹、甲斐・上野・上総の布など、収納品目は中世年貢と同じ地域的傾向を示しているという。勝山はその背景に産業構造の地域的特化傾向の成立を想定し、その形成は朝廷の需要、自然条件、輸送条件等に規制されて11世紀初頭に成立したとしている『前掲市場の形成　p201』。その後も中世年貢は、封物（10〜12C）、新猿楽記（11C）、荘園年貢（12〜13C）、庭訓往来（てい きん おう らい）（14C）とそれぞれ文献ごとの変化を示しながらも、最終的には西日本の米、東日本の絹・布の三貨によって代表されることになる。軽貨と重貨の分岐点は輸送費に基づいて遠江国と目されていた『前掲市場の研究　p204』。

　律令政府による銅銭鋳造事業が958（天徳2）年を最後に中断して以来、銭は急速に信頼を失い、11世紀の流通途絶を経て12世紀半ばまで、絹布と米に依存する商品貨幣（実物貨幣）の時代を迎える。その後まもなく、12世紀後半に再び金属貨幣時代が到来することになる。北宋銭流入による金属貨幣時代の再来であり、この中国銭への依存は17世紀後半の寛永通宝の鋳造が軌道に乗るまで継続する。

　中国銭の流入を契機にして、ほぼ同時期に畠作地帯で絹布・糸などの畑作生産物を中心に代銭納が始まり、次いで米年貢に波及していった。計数性能と輸送性能に優れた銭貨の流入と代銭納制の成立が、中世流通経済の発展に与えた影響の一つは商品市場の拡大であり、とくに遠隔地流通の発達にとって、代銭納の成立は画期的なものであった。もう一つの影響は、米と銭というほぼ対等な貨幣を得たことで人々の間にシャープな計数観念が発達し、結果、京都と地方農村の価格変動に注目し、バランスシートの輸送費をみながら米納と銭納を利に応じて選択する農民を含めた（と考えられる）請負代官的な業者が出現したことであった『前掲市場の研究　p210-213』。計数能力を商品化する業者集団の成立後、百姓自身が年貢売却、換金を行う例が多数成立してくる。まさに近世畿内棉作農村の商農的農民経営に比肩される段階の成立であった。さらにもう一点、桜井英治は大山喬平『日本中世農村史の研究』の指摘を引用して、「代銭納は米作地帯よりむしろ米作に適さない山間地帯から始まった」とする見解を述べている。このことも、近世関東畑作

第一節　近世前・近世関東畑作農村の発達史

地帯において石代納制が、ことの軽重は不詳ながら、早い段階から広域的に展開する事実に申し合わせたかの如く見事に対応するものであった。

　以上、古代・中世の畠作農業を生産物から特徴的に整理すると、律令制時代では麻の栽培と調、庸の貢納品としての絁・望陀布の生産が盛んに行われたこと、あるいは「延喜式調の織物」を単純計算すると関東地方の畠方は布帛生産地帯であったことから、当時の畠作は衣料原料とその加工素材という流通貢納品生産と主雑穀類という自給消費財生産に大別され、基本的に近世関東畑作の原型成立を窺うことが出来る状況を呈していた。

　一方、荘園制社会にあっては、基本的荘園年貢としての苧麻と貢納布・商布生産の地位が確立されていたことと畑地二毛作の普及を示す麦―大豆の裏表関係の作型成立とあいまって、近世関東畑作の共通基盤を準備する重要な事項となるものであった。また12世紀までの商品貨幣時代（東日本の絹・布、西日本の米）の重軽貨流通に対して、12世紀以降、中国宗銭流入とともに畠方では絹布・糸の代銭納が普及していく。鎌倉・南北朝期の畠作農村でもっとも大きな変化であった。やがてこの状況は元禄―享保期の商品貨幣経済の発展期に潜上することになる。

　1226（嘉禄2）年の宗銭流通の強化策とその後の代銭納化の普及によって、畠作農産物とその加工品および米をめぐる流通経済の発展期が到来する。その実態は元禄から享保にかけての近世商品経済の発展期と質的な点で酷似するものであった。換言すれば近世商品経済の基盤と流れは、中世後期にはすでに整っていたと考えられること、それが享保期まで顕在化することがなかった理由は、幕藩体制が石高制と自給経済の上にひとときの安定を維持し得た結果に他ならなかったからであろう。

2.　近世の関東幕領畑作農村の発達史

享保改革以前の関東畑作農村と「武州山之根筋」　　近世関東畑作の発達史を商品生産を軸にして捉えるとしたら、まずその冒頭に近世初頭の「武州山之根筋」を中心に上野国甘楽・多胡・緑野郡から相模国津久井郡に及ぶ広汎な地域における永高制の検地と永銭換金にかかわる在方市の叢生状況を、指摘する必要があるだろう（図Ⅰ-1）。和泉清司の研究（1981（上）p1-17）によ

第Ⅰ章　近世関東畑作農村の商品生産と幕府農・財政

ると、徳川氏は関東入封当初から、武州山之根筋一帯で永楽銭を基準とする永高制の全面的導入を図ってきたという。永高制検地は慶長3年をピークに文禄期から延宝期にかけて、武蔵の場合では大久保長安・伊奈忠次両代官頭によって秩父・児玉・比企・入間・高麗・多摩の6郡53郷村のいわゆる「武州山之根筋」を中心に実施された（武蔵国近世初期永高制検地一覧　前掲論文 p6-9）・『近世山村史の研究（加藤衛拡）p16-18』。

「武州山之根筋」の範囲は、関東山地から関東平野への移行部分と考えられてきたが、加藤衛拡はその範囲を史実に基づいて具体化し、多摩郡西部の村々、高麗郡・比企郡、および両郡に挟まれる入間郡西部山付の諸村、ならびに秩父郡の外秩父と男衾郡の竹沢村域にまとめている『前掲山村史の研究 p18-20』・（図Ⅰ-1参照）。その多くは天領であった。

ここで重要なことは、永納換金の場として成立していた初期在方市の存在と機能および後世への影響力であろう。和泉清司は、「武州山之根筋」の22ヵ所の六斎市などの初期在方市が、貫高制を採用する後北条氏時代からある程度調えられていたこと、この前提の上に徳川氏も金納原則と徳川領国経済の発達段階に相応しい永楽銭納入を打ち出せたとし、しかもこの在方六斎市は近世商業史上の推移動向に反して、「関東の山間地域では徳川氏の金融政策でみる限り、農民にとっても余剰生産物の売り出し、領主側にとっても年貢米や現物年貢の地払いなど換金の場として依然存続の必要性が高かった」とみている（前掲論文（上）p6-11）・（同（下）p35）。その結果、もっとも重要な状況─商品貨幣経済との他律的接触と初期在方市の交換機能─を通して、秩父・男衾・比企・高麗・入間・多摩の6郡68ヵ村に、紙船役の記載にみるような和紙生産が広く成立する『武蔵田園簿』。その後、和紙の生産は原料楮の不足・買占等で需給関係が逼迫し、楮の供給は林産資源の略奪集取から畑作も重視するようになっていく。延宝7（1679）年、「武州山之根筋」延長線上の上野国甘楽郡青倉村の楮栽培は畑地の11％に及んだ『日本歴史地理総説 近世編 p273』。しかしながら最終的には山之根筋の和紙生産は、細川紙（小川・東秩父）だけが特産地化することで存続し、他の産地は名栗・高麗川上流の飯能・吾野を含めて衰退し、替って元禄・享保期以降の西川林業地域・武蔵生絹機業圏（越生・小川）・八王子・村山機業圏の成立等の商品生産

第一節　近世前・近世関東畑作農村の発達史

図 I-1　「武州山之根筋」における近世初期永高制検地帳現存地域と在方市

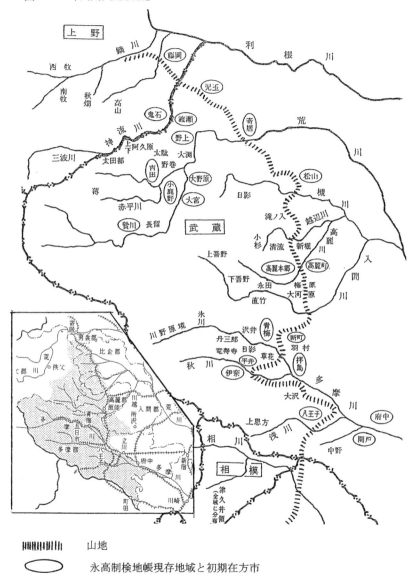

||||||||||||　山地

◯　永高制検地帳現存地域と初期在方市

出典：「埼玉地方史　第10号」（和泉清司）と『近世山村史の研究』（加藤衛拡）より筆者合成して編集

第Ⅰ章　近世関東畑作農村の商品生産と幕府農・財政

農村発展の環境作りを促進していった『飯能市史　通史編　p323-326』・『日本歴史地理総説　近世編　p274-275』。

　上述の武州山之根筋一帯の諸性格は、上州の幕領農村地帯としての山中領を含む神流川流域から鏑川右岸地方と上流域の南牧・西牧領まで分布域に包摂し、近世中期以降、緑野・多胡・甘楽諸郡の幕領山間部に多くの信州米穀市『群馬県史　通史編5近世2　p592-604』とその前面の農山村接触地帯に近世初期在方市の叢生と後々の鬼石・藤岡・吉井・富岡・下仁田等の有力在方市の展開をもたらすことになった。いずれの地域も幕領であること、近世初頭から漆・桑・楮・櫨が採取・栽培され村高に算入されて金納貢租の対象にされていたこと『前掲群馬県史　p27-28』から、おそらくこの地域も相模の津久井郡域とともに永高制・永納年貢制地域であったものと考える。こうして商品生産の早期発生、永納年貢制、初期在方市の成立などを基盤にして、近世中期以降の麻・煙草・養蚕織物・大豆の西関東先進的商品生産地帯の一角が形成されていくことになる。

　近世前半の関東地方の農業・農村発達史を見ると、近世初期では、武蔵東部の大河川下流低地帯と見沼溜井を中心にして田方新田開発が、また享保改革期には幕府直轄事業として、櫛挽野・笠懸野・武藏野等の洪積台地で畑新田開発が進められ、さらに同時期、商品生産の急速な拡大を通して、江戸地廻り経済の成立・展開とその対極に早くも近世封建社会の転機を示唆する状況が明らかになってくる。幕府が年貢の全面的収奪を強行し得なくなった第二段階（享保期）の措定以降にかかわる転機説は、幕藩制段階論の中で学会の主流を占めることになっていく。

　藤野　保『幕藩体制史の研究　p702-707』に従って、幕藩体制の基礎過程に占める享保期の歴史的な意義をいくつか取り上げると、極度の財政窮乏状態に陥った幕府は再建策として上米制と享保改革における年貢増徴策に着手した点をまず指摘出来る。前者上米制は、1)幕藩体制の中央集権的性格が、参勤交代制・改易と転封策の弛緩を通して変質し始めるという政治的な重要問題を内包し、後者年貢増徴策の強行は、2)農民支配政策の基調として、定免制の採用、新田開発の推進、商品生産と農家副業の奨励という税政・農政にかかわる経済的な問題を通して推進された。

第一節　近世前・近世関東畑作農村の発達史

　年貢増徴政策における定免制とその終焉後における有毛検見方式の採用の
背景を、藤野　保『p704』は生産力の変化にあるとし、近世初期検地段階
における生産力に照応的な田畑位付け・石盛が、生産力の上昇にともなって
実情と乖離したことに起因するという。その一環として実施されたのが享保
11年新田検地条目であり、それは統一方針によって全面的に実施しただけに
とどまらず、下記にみるごとく生産力発展段階相応の徹底した年貢増徴政策
であった。

　一、旱損水損之申立有之候共、一切聞上ヶ不申、其土地相応之位付たるへき事
　一、両毛作片毛作地無其差別、土地相応之石盛可相極事

　幕府直営の新田開発は関東に限定した場合、見沼溜井の干拓8,000石・見
沼代用水掛りの村落303ヶ村、その合計は水田面積にして12,500町歩に達し
たという。伊奈流・紀州流治水土木技術を駆使した新田開発は中川水系流域
でも展開され、また洪積台地の畑新田開発も武蔵野新田をはじめ各地で推進
されるが、詳細については必要に応じて後述する予定である。
　筆者の能力的な限界だけでなく、近世関東畑作史の考察を享保期に絞り込
んだ理由の一端も、実は近世封建社会の転機を示唆する以上の歴史的意義に
あったのである。左記の「開発と商品生産の進展」は「税制と商品生産の進
展」とともに、今後の本書の展開においてとりわけ重要な分析視角となると
ころであるが、農業・農村発達史的には、これに地域と歴史の主人公として
の為政者と農民層の動向を据える必要があると考える。
　本城正徳によると、17世紀前葉の幕府検地条目（慶安検地）には商品作物
に関する統一的な規定は登場しないが、慶長期の幕府個別検地にあっては、
四木と麻・藺草の栽培が近世貢租体系への組み込みを前提に公認されるとい
う重要な事実を認めている。つまり「石高制は、これまで非米作生産とその
発展に対して抑圧ないし阻止条件として捉えられてきたが、少なくとも幕府
農政における実測検地に基づく石高制は、石高を結ぶ過程において商品作物
生産をその内部に組み込んでいたのである。こうした商品作物生産における
システムとしての柔軟性と有効性は、石高制の特質として注目すべきことで
あり、石高制理解の上で重要な論点になる」ことを指摘している『近世幕府

27

農政史の研究 p74-79』。冒頭まずこの文言を掲出しておきたい。

　その後の寛永の大飢饉は、幕府の農政を転換させる重要な契機となった。年貢の減収を恐れた幕府は、寛永19（1642）年5月以降農村布告を再三繰り返し、本田畑への煙草の作付禁止、酒造の禁止・制限、奢侈の制限等々の生産と生活全面にわたる指導・干渉に及んだ。その半面で米麦以外の甘藷栽培等の奨励も試みている。同時に幕命を受けた大名・旗本たちも灌漑用水整備・新田開発などの農業振興策に努力を傾けた。加賀藩の改作法は大名農政の代表とされる業績であった。

　翌20年3月の「土民仕置覚」において、煙草の本・新田畑作付の禁と田畑永代売買の禁令が出され、以後の小農維持の基本法例として機能することになる。さらに全国的な飢饉発生を契機とした生産力停滞の防止策、農民層分解の抑止策等の細部に及ぶ幕府の指導・干渉策を集約したものが、慶安2（1649）年2月公布の「慶安の御触書」であった。触書の中でとくに注目すべき内容は、田畑の「永代売禁令」と次三男の分家耕地を検地帳に登録し、彼らを年貢納入対象（本百姓）に据えたことであろう『東京百年史　第一巻 p638-649』。

　寛文検地当時の次三男の分家問題について、中野達哉は『近世の検地と地域社会 p393』で、「領主側によって政策的に創出された高持百姓の多くは、村内有力農民によって持高を吸収されていく。これに対して、農民によって自主的に創設された分家の高持ち百姓は、ほとんどがそのまま新たな村の構成員となっていくことを指摘し、存続の背景として、本家からの有形、無形の経済的援助に負うところが大きい」と述べている。ともあれ、近世村落における小農（高持百姓）の成立は、検地における領主側の恣意的な小農設定と村側の必要性が一致した場合に、検地で形成された小農が存続していくことを確認していることになる『前掲書（中野）p392-393』。中野の認定には、「結章」を見る限り、定量的な考察を欠くため詰めの甘さは残るが、傾聴に値する報告内容である。

　古島敏雄は『近世経済史の基礎過程 p86-88』の中で、御触書にかかわる「五人組帳前書」に触れ、個別の農民の生活についての制限項目は多くなく、内容も多岐にわたっていないとする一方で、農民の耕地・耕作に関する規定

はかなり詳細であることを指摘している。たとえば、手余地の届出に関する
規定では「田畑壱部の所も荒らし申すまじく候、もし作面の所余り候はば、
毎年正月中に御代官まで申し上ぐべく候。さようこれなく荒らしおき候はば、
御年貢世並御取りなされ、その上に曲事に仰せつけらるべき候」としている。
退転（欠落）百姓の跡地問題については、「小百姓の退転いたし候跡の田地
を持添にいたし候事御法度」と決めつけ、禁令の理由を説明するなかで、
「百姓2,3人分の田地を持添え、よき所ばかり作り、悪所を荒申に付御法度
に仰付けられ候。」と駄目押しをしている。なお、分地制限についての規定
はこの前書には見られないが、2年後の寛文13（1673）年6月付けの禁令の請
書控を見ると、「名主百姓名田畑持ち候大積り、名主は20石以上、百姓は10
石以上、其れより内に持候者は石高みだりに分け申まじく候」と明らかに規
制している。ちなみに古島はこの時の禁令を初見とみている『前掲経済史の
基礎過程 p88』。

　栃木県史『通史4 近世1 p685-686』によると、（関東地方では）一般に17
世紀後半、ほぼ寛文・延宝期頃までに生産力の発展、隷属農民の自立闘争、
幕藩領主の小農自立策とくに寛文延宝期検地等によって、彼らは幕藩体制の
支持基盤となるまでに成長を遂げるとみている。こうした家父長制的大経営
が解体され、単婚小家族経営が支配的となっていく過程こそ近世的村落社会
の成立過程そのものだったのである。

　17世紀前葉．寛永の大飢饉を契機とする小農自立政策の展開と本百姓の成
立、18世紀以降の検地の停止傾向と村高の固定化および定免制の普及『日本
農業史（木村茂光）p154-156』、単婚小家族制下の人力深耕方式の集約的農
法の成立、江戸の人口集積と農産物消費需要の増大、農具改良と魚肥使用の
普及等々、商品貨幣経済化に向けた農業農村の発展要因は重層的な構成を示
すものであった。しかしながら17世紀末から18世紀初頭の元禄期における経
済・社会・文化の発展に対して、間もなく、幕府財政は明暦の大火以降支出
が増えて厳しい財政難に陥ることになる。幕府三大改革のはしり享保改革は、
こうした状況を背景に取り組まれた。財政難を元凶とする享保改革は、本書
で問題とするように、その税収源を即効性の高い年貢増徴策とやや中長期的
手法の新田開発に求め、さらに農民の担税能力を強化するために農家副業の

第Ⅰ章　近世関東畑作農村の商品生産と幕府農・財政

奨励などの農村政策を加えて始動することになった。

享保改革期の幕府直轄開墾と平地林地帯　　汎日本的には焼畑、切替畑のようなきわめて初期的・粗放的な農業は、僻遠の山村や離島に比較的近年まで限定的に残存したとされるが、関東畑作に限って検討すると、もっとも畑作可能地域が広範に分布する常総洪積台地でも、平地経済林利用と切替畑利用が明治維新以降まで拮抗し（立石友男 1972 p14-15）、その間両総台地の広大な馬牧開墾も成果は上がらなかった。景観的には広大な平地林地帯となっていた。北総台地を除いて、関東畑作地域の過半を占める常総洪積台地が、近世を通じて経済林利用や切替畑利用段階に停滞してきたのは、そのこと自体の合目的的な経済性とともに、地力瘠薄な火山灰土壌帯の全面的な畑地化が農学的に克服できなかっただけでなく、むしろそれ以上に、乏水性台地が生活用水面で人々の進出を長期にわたって拒み、アネクメーネ化してきた結果と考える。

　反面、この問題を常総台地の土地利用から見直したとき、平坦面が広く分布する成田・八街周辺等の一部台地以外では、台地開析谷が樹枝状に発達し、限られた湿田型の谷津田の成立とそこでの居住を中心に人口圧とのバランスが保たれていたことも、開発の停滞にとって無視できない状況であったと考える。少なくとも西関東の諸台地に見るような開析谷が未発達の地域とは、若干地形の様相が異なっていた。したがって、武蔵野台地開墾に見られた封建領主の井戸掘削金助成やマイマイツブリ井戸の掘削、野火止用水のような開拓用水路建設、武蔵野新田雑穀溜代金、村々取集穀払代、各種貸付仕法、潰百姓の立ち返り料等々の新田開発安定策『埼玉県の歴史 県史11 p193』を見出すことはできなかったし、その必要性も薄かったといえる。

　東西関東平地林地帯における耕境前進上の地域差は、台地の規模や形態、利水条件の差に還元されるだけではなく、幕府の開墾に対する基本方針とこれを受け止める幕藩領主の姿勢の違いにもよることが考えられる。その結果、18世紀以降、常総台地では鬼怒川・利根川・霞ケ浦の舟運の利便性を駆使して、江戸の薪炭市場の建値を形成するほどの平地経済林経営が、本格的な農地開墾に先行して進められた『日本農業史（木村茂光）p231』。他方、幕府直轄の積極的な武蔵野開墾や新河岸川水運成立の背景となった江戸糠・灰の

第一節　近世前・近世関東畑作農村の発達史

搬入と麦類・雑穀の搬出『埼玉県史　第五巻　p423』などは、東関東常総台地開墾では見ることのなっかった商品経済との接触スタイルであった。

　明治維新以降の常総台地開墾では、土壌適性の高い陸稲以外は、耐旱性の芋類・根菜類・樹木作物等を植え付け、さらに相対的に大きな経営規模で、入植当初の低生産力段階を切り抜けてきたが、以来、土壌豊土化を達成した近年でも、耐旱性作物栽培慣行が技術的・経済的発展の制約因子となって常総台地農業を規制し、主要部門の地位に留まり続けてきた。この状況には、畑作農業発達史上の重要な問題が内在することを指摘する必要がある。それは東関東畑作農村における緑肥と堆肥施用に偏向した伝統的な耐旱性作物栽培と不安定な主雑穀栽培の歴史は、「穀菽 Plus 工芸品生産」と結合した一部沖積低地の自然堤防帯たとえば桜川、小貝川、鬼怒川、那珂川、中川水系流域などを除き、近世中期以降近代中期まで、限られた地域の限られた工芸作物（茶・煙草・干瓢など）以外に商品作物生産を実現できなかったことである。自給的性格の濃厚な東関東普通畑作農村には金肥購入能力も乏しく、結果的にしばしば商品貨幣経済下の負のスパイラル構造―在方仲買商人による播種期の金肥高値貸付と収穫期の生産物不当価格買い付けがもたらす貧困の悪循環―に陥り、農業技術的発展を長期にわたって停滞させるマイナスレガシーとなったことが推定されるからである。歴史的にも東関東農業は、低湿な谷津田を広くかかえた生産性の低い米作地帯として推移してきたところであった。

　一方、近現代まで開墾が持ち越された常総台地に対して、西関東の武蔵野台地では、近世初中期に小農自立政策・幕府財政再建政策の一環として新田開発が広汎にわたって推進されてきた。西窪・吉祥寺・連雀の各近世初期新田の場合、ここでは鍬下年季の配慮、養料金や井戸掘り費用の下付とともに、小前百姓で4町6反から5町1反の草地を含む農地が短冊形の形状の下に与えられている『新田開発下巻（菊地利夫）p382』。当時の自給肥料型畑作では、一般的に言って、主雑穀類の剰余発生が考えられる規模とは言えないが、武蔵野新田の場合は、享保期の商品経済の発展の下に新河岸川舟運、甲州街道・青梅街道で江戸に結ばれ、糠・灰と大小麦・雑穀類の出し入れを通じて、近世農村としては相対的に生産力の高い恵まれた畑作農村地帯が形成された

第Ⅰ章　近世関東畑作農村の商品生産と幕府農・財政

と考えられている。伊藤・木村『新田村落 p260-261』も近世中期以降の畑
作経営の優位性について、醸造・製粉・製紙・絹綿業などの農村工業の展開
に支えられて、畑作地帯における商業的農業が発展したと考え、そこに関東
畑作の優位性が形成される契機があったとみている。

西関東畑作の優位性と商品生産　　西関東畑作の優位性は、武蔵野新田農村
ほどの優れた立地条件・開発条件も存在しない赤城南麓（大間々扇状地高位
段丘面）赤堀村間野谷地区でも指摘されている。赤堀村間野谷地区は群馬県
内屈指の年貢関係史料（元禄3～慶応4年、年貢割付状・年貢皆済目録）の残存
する幕領畑作農村である。元禄3年の年貢割付状によると97％は畑であり、
この数字は幕末までほとんど変化していないという。変化がないのは総検地
が施行されていないことによると考えられ『赤堀村誌 p274-275』、実際に
は831.7町歩に及ぶ広大な平地林（明治5年 郡村誌）の存在から推定されるよ
うに、切添開墾と増歩（歩延び）は十分考えられるところである。たとえば
隣接の前橋藩領では、元禄10年、幕府に願い出て新田2万石を本高に加算し
15万石の領有となったが、すべて切添開墾によって創出された石高であった。
元禄11年以降も切添新田の開発は進み、享保元（1716）年までの19年間に
1,343.5町歩の耕地拡大となった『群馬県史 通史5近世2 p24』。個人的で普
遍的な切添開墾特有の自作耕地の地先開墾という特殊性が、後々隠田問題の
温床となり、現代の歩延び問題につながっていくことになる。農民の剰余形
成にかかわる歩延びの問題については稿を改めて言及したい。

　赤堀村誌によると、享保改革期以降の年貢増徴策の強行下にもかかわらず、
畑には検見引きはほとんど適用されていない。これは畑の生産力が安定して
いることと同時に、「畑方之義は夏秋之作引分り其上品々作付仕候ニ付、縦
損毛有之御見分被成候とも損毛分合て当不仕ニ付、御引方不被下置」という
ことの結果である。定免法になって以来、天明年間の浅間山焼けとその後の
飢饉に遭遇しても数回の破免を除いて、高水準の年貢を安定的に収め続けて
きたことを、村誌では、畑作における生産力の高さと副業を含む農家経済の
安定性と捉えている『前掲村誌 p276-286』。萩原進『西上州・東上州
p187-195』が指摘する東上州綿業地帯の中でも赤堀村は西端に立地するこ
とが、木綿糸撚り・機織り女稼ぎ村々の分布から読み取れる（安政2年館林領

第一節　近世前・近世関東畑作農村の発達史

書上帳）。このことも農家経済の安定性と無関係ではないだろう。ただし水田経営では、用水事情が不安定のために付荒・不作地が多く、検見引きや破免を願出る必要も多かったようである『前掲村誌　p283・289』。

　明治初年の同村下触地区の明細帳には、

　一、百姓農間稼、男ハ薪伐縄、女ハ木綿糸より布織仕候
　一、畑作、大麦・小麦・大豆・小豆・粟・稗・芋・大根の類作り申候

と記されているが、男の農間稼ぎはそのままとしても、女の稼ぎは、綿花栽培のみられない、かつ綿業都市舘林・足利からも遠隔で原料綿供給も困難と考えられる明治初年の下触地区では、糸撚り・布織り仕事が自給生産の枠を大きく超えることは考えにくいところである。2里ほど南の利根川流域の沖積低地農村世良田・安養寺、あるいは下流の古海・小泉などの村々では、18世紀以降、商品目的の綿花と藍栽培は認められる『尾島町誌　通史編上巻 p458』・『大泉町誌　歴史編　p1014-1015』が、洪積台地上の農村では綿花栽培は不適とされ、女稼ぎの綿業も農家経済を十分担いうる存在にはなり得ないことが懸念される。むしろ赤城南面の下触地区を含む赤堀村・東村などは、近世後半以降、製糸・養蚕地域の傾向を強めていたことが推定され、この面での女子の余業収入が、農家経済の一部を担うようになっていたことは十分考えられることである。カカア天下と国定忠治を生んだ風土の形成期に差し掛かっていたとみることができる。ともあれ、農村工業の発展が西関東畑作農村の商品生産を支える経済基盤となっていたことは、すでに多くの研究者の指摘するとおりである。

　この状況とともに、赤城南麓農村や利根川流域農村の小麦や大豆が、重要商品作物として預り手形で広域にわたって流通し、平塚河岸を中心に積み出された『近世関東畑作農村の商品生産と舟運（新井鎮久）p231-239』ことを併せ考えたとき、はじめて年貢増徴策に耐え抜いた安定畑作農村の実態が確認されることになる。さらに赤堀村堀下地区における在方市の開設が、境・伊勢崎・桐生・大間々などの近隣在方町の市日と競合して紛争の火種になったことも、赤城南面農村の旺盛な商品生産活動を背景に発生した流通問題として、畑作の高い生産性を吟味する上で欠くことのできない大きな意味を持

つことになる『前掲書（新井鎮久）p236-237』。

　その後、赤堀村下触地区の農民に対して明治新政府は、近世の畑年貢水準を上回る高賦課額を畑に課すことになる。ここにも18世紀中葉以降の西関東畑作農村における水田質入れ価格を、ときに2倍以上も上回る畑地入質価格『群馬県史 通史編4近世1 p564-565・通史編5近世2 p136』・『前掲書（新井鎮久）p260-262』の形成と、高い生産力水準が証明されていると考えてよいだろう（表Ⅰ-1）。なかでも明和7（1770）年、絹市の取扱高が上野一の実績を誇る藤岡町では、全体的に畑が田の5〜6倍の高値を示し、絹市の繁栄と商品貨幣経済の発展を直接反映していた。前掲群馬県史『近世1 p565』も上野全般における畑質入れ価格の相対的高さと、近世末期にかけての価格上昇傾向の形成理由として、畑の相対的な低年貢と煙草・麻・桑等の商品栽培の有利性を指摘している。ちなみに商品生産が未発達な東関東鹿行台地農村におけるこの時期（安永〜文化期）の田畑質入れ価格は、西関東全般の事例と全く反対で、畑地については「代直段相定不申候」と預かる業者もなく、わずかに流通しても半値ほどであった『鉾田町史 通史編上巻 p515-516』。なお、西関東とくに上野国の畑質入れ価格と商業的農業の発展との相関関係については、拙著『近世関東畑作農村の商品生産と舟運 p260-263』でも取り上げた。

　享保期に農村工業の展開（ならびに商品流通の発展）に支えられて、畑作地

表Ⅰ-1　近世後期における上州村々の田畑質入れ反当価格

郡名	村名	年次	上田	中田	下田	上畑	中畑	下畑
碓　氷	東上磯部	明和7	3分	2分	1分2朱	1両1分	1両	3分
緑　野	藤　　岡	明和7	1両1分	1両	3分	7両	5両2分	4両
群　馬	中室田	天保9	1両1分	3分2朱	2分2朱	1両2分	1両	3分
吾　妻	矢　　倉	文政7	5両	4両	2両2分	7両	5両	3両
吾　妻	箱　　島	天保8	1両1分	2分2朱	2分	1両2分	1両	3分
利　根	平　　川	寛延4	4両〜3両2分	3両〜2両2分	2両〜1両2分	5両2分〜4両	4両〜3両	2両2分〜2両
勢　多	下箱田	天保11	1両〜2分	3分〜2分	3分〜2分	1両〜3分	1両2分〜1両	3分〜2分
邑　楽	川　　俣	弘化3	1両2分	1両1分	1両	2両	1両2分	1両1分

出典：『群馬県史 通史編4近世1（田畑勉）』

第一節　近世前・近世関東畑作農村の発達史

帯に商業的農業が進展するといういわゆる藤田五郎『封建社会の展開過程』、伊藤好一・木村　礎『新田村落』等の指摘する商品生産契機論や、畑作経営優位論成立の背景となる状況が出現することになる。この実態は、同時に武蔵野新田開発に対する幕府の大規模な保護奨励策としての寛文検地の特徴的な性格の結果であり、それは当時の幕府貢租政策の基本的姿勢と小農自立体制の完成を意味する事柄でもあった『前掲新田村落　p18-20』。

　栃木県史『通史編4　近世1　p685-689』によれば、17世紀後半、ほぼ寛文・延宝期までに北関東農村では、小農経営の社会的基盤が確立したとみている。それは、小農自立を推進した農業生産力の発展が背景にあって初めて可能なことであった。安良城盛昭は「太閤検地の歴史的意義」のなかで、中世末から近世前期にかけて生産力の発展を担いうる典型的な経営形態を、「1町歩以下の保有耕地と単婚小家族労働力に依拠し、主に鍬・鎌の人力農具をもってする小規模農民経済」であるとし、それこそが小農自立を推し進め、近世社会を成立させる生産力向上の基礎である、とした。当時手作り地主が使用した牛馬牽引型の長床式の犂は、深耕に不適であった。これに対して、小農の鍬は相対的に安価な人力農耕具にもかかわらず、1単位家族労働力と深耕に適合し、十分近世的有肥・連作農業を発展させることができたのである。その後、鍬は耕起用・中耕用などの用途に応じて機能分化しながら発達を遂げ、近世小農経営の基本的生産用具となっていくことになる『日本の近世　第4巻生産の技術（葉山禎作）p32-34・205-206』・『江戸時代論（佐々木潤之介）p214-215』。

小商品生産の展開と幕府農・財政　　石高制社会における領主の農業技術に関する関心は稲作に集中し、灌漑用水の確保や自給肥料給源としての採草地の管理も稲作・貢租米との関連で施行される。農民の自給のための穀菽用畑作には自己調達肥料も十分には回せない状況となる。古島敏雄も指摘するように、こうして畑作農業の発達は施肥農業の導入から隔離され、作物とくに豆科作物との組み合わせが唯一の地力維持策となる。地力の低い畑地では蕎麦・大根のような栽培期間の短い作物すら1年1作に留め置かれるというきわめて粗放的畑作経営となるわけである『概説日本農業技術史　p208』。西関東の場合、皆畑村ないしこれに類する丘陵・台地・山地附村々からなる畑作

35

第Ⅰ章　近世関東畑作農村の商品生産と幕府農・財政

地域が置かれた過酷な状況の中から、商品化率の高い畑方特産品生産や工芸品生産が成立展開し、貨幣経済との接触を深めていくことになるのである。

　幕藩体制の貢租収奪の強化と石高制の崩壊を示唆する徴収方式の変更—畑作地帯における石代納制の一般化や願石代納の普及—とともに、参勤交代制と舟運の発達を背景に進行した享保期以降の商品経済の農村浸透が、畑作農業に与えた影響は大きい。その結果洪積台地の広大な分布に主導されて畑作地帯関東農村を特徴付ける農業生産が、各地の自然条件を反映しながら、河川流域における平場沖積低地の穀菽生産地帯と西関東機業圏を含む中山間地農村の畑方特産品生産地帯で展開し、さらに内奥部山村では17世紀後半に西川林業地帯、18世紀には常総台地の平地林業地帯、18世紀中期から後期にかけて鬼怒川筋と那珂川筋に林産物供給圏の形成が促進されていった。そこでは幕府・諸大名の助成と干渉、商業資本の吸着と農民層分解、江戸地廻り経済圏の成立等のドラスチックな変動が、生産の地域的分業（産地形成）をともないながら進行することになる。

　近世中期以降の関東畑作における養蚕業の発達と煙草栽培地域の拡大は、かなり僻遠の農山村まで巻き込んで産地形成を進め、商品貨幣経済との接触の契機をもたらした。しかし養蚕・煙草作・綿作に関する公私領地域での作付禁令とその後の新田誘導型の産地育成策に制約され、畿内・中国筋以外の多くの畑作農村の商品生産は、農家平均1～2反規模以内の僅少な作付面積の枠を出ることはなく、関東畑作農村の紅花・藍・麻・綿花・煙草・甘藷等も畑面積の10～30％枠にとどまり、その例外ではなかった（表Ⅰ-2）。畑方特産品産地に入込む仲買人たちによって、1単位駄荷物にまとめられることで、かろうじて産地の体裁を整えることになる。商品作物の少量生産こそ実は当時の石高制貢租体系と課税比率の重さが、畑作農家をして生活維持のための雑穀中心農業に追い込んだ元凶であった『明治前日本農業技術史 p661-662』。この小商品生産構造は、幕領や旗本知行地の多い関東畑作農村の場合、関東領国地域的性格も関与して一層厳しい足かせになっていたことが考えられる。天領・私領混交の桜川流域の綿花栽培、大宮台地菅谷村の紅花栽培、西毛本宿村の麻栽培等の中核的産地では、部分的ながら畿内・中国筋に迫る作付率4～6割という高率商品生産地域の成立も見られ、留意する必

第一節　近世前・近世関東畑作農村の発達史

表Ⅰ-2　関東畑作農村における主要商品作物の作付率

作物	作付率	栽培地域	栽培記録年次	出　典
綿花	30〜40%	桜川流域農村	18世紀後半〜19世紀初頭	茨城県史＝近世編
	8.0(平均)	笠間藩5か村	元禄期	同上
	7.5	真壁郡塙世村	元禄10年	真壁町史料近世編1
	30.1	筑波郡太田村	寛保4年	筑波町史史料集第7篇
	62.7	同上	文化9年	同上
	35.0	筑波郡大形村	文化2年	同上
	30.9	同上	文政1年	同上
	10.7	埼玉郡小久喜村	寛政3年	近世武蔵の農業経営と河川改修
	8.0	埼玉郡葛梅村	正徳6年	同上
紅花	29.2	足立郡南村	天保4年	上尾市史通史編上
	44.1	足立郡菅谷村	同上	同上
	21.5(平均)	足立郡中分村	天保6〜9年	近世武蔵の農業経営と河川改修
	12.8	同上	慶応3年	新編埼玉県史(通)4近世2
	25.4(推定)	足立郡久保村	天保10年	近世武蔵の農業経営と河川改修
藍	13.5	大里郡下手計村	延享3年	同上
麻	14.5	都賀那塩山村	明和〜天明期	栃木県史(通)4近世1
	30	同上	明治初期	同上
	30	上都賀郡	明治19年	商経論叢Ⅶ-4
	10.8	河内郡	同上	同上
	12	吾妻郡矢倉村	明治2年	岩島村誌
煙草	4.6(推定)	芳賀郡小貫村	元禄15年	栃木県史(通)4近世1
菜種	17	足立郡中分村	慶応3年	新編埼玉県史(通)4近世2
甘藷	21	入間郡上富村	文政元〜5年	近世武蔵の農業経営と河川改修
	8.9	足立郡中分村	天保6〜12年	同上

作付率　畑地総面積対商品作物作付比率（筆者作表）

要を感じる（表Ⅰ-2参照）。ただし、本図の作付率は個別農家の場合と村落規模の場合が一律に併記され、結果、作付率の大きい地域の作物には個別農家＝豪農の事例が多いことを付記する必要が含まれている。

　貢租支払いのために肥料の大部分を水田稲作と商品畑作にに投入した農家には、畑地雑穀作に自給肥料すら回せる余地はなかった。こうした事情の下に、粗放的な自給穀作の対極に労働と肥料を多投する集約的な特産品栽培が同時並列的に展開する姿こそ、近世中期以降の関東畑方特産品生産地帯の実態であった。同時に特産品生産地帯の商品生産が小商品生産で、しかも穀萩生産との結合が基礎になっている限り、小農生産の貨幣経済化には限界があ

第Ⅰ章　近世関東畑作農村の商品生産と幕府農・財政

り、半自給性を克服することはできなかった『江戸時代論（佐々木潤之介）p222』。その点、畿内・中国筋の水田水稲作まで巻き込んだ専作的な綿花栽培は、幕領集中地域の有力商品作物として幕府の保護奨励対象に据えられ、「商農的な農民意識」の形成とともに、石高制社会において特殊な地位を確立した姿であった。

　一方、関東地方では、本田畑に対する綿作の侵入を史料的に確認することはなかった。少なくとも享保11年の新田検地条目に示される畑作への賦課は植物の如何にかかわらず耕地の品等による、としていることをみると、商品作物栽培は、基本的にあるいは一般的に幕府の誘導策に従って新田に立地したことが考えられ、その点菊地利夫の考察（後述）とも一致している。この状況を反映して、関東地方における本田畑への商品作物の侵入は、管見する限り、幕末期西関東地方における「あわせなみ」仕法に先導された桑園の広域的な本畑侵入『新田開発　改訂増補（菊地利夫）p373-377』、文政年間の沼田藩の桑苗本畑植付け禁令『沼田市史　通史編2近世　p411-412』・『沼田市史　資料編2近世　p588』および18世紀末葉から19世紀初頭にかけて水戸藩の紅花栽培禁止令『常陸太田市史　通史編上　p662-664』・『茨城県史＝近世編　p375-376』と煙草作付け規制『茨城県史＝近世編　p367』以外にその例をみることはなかった。

　こうした煙草・紅花・桑園の本田畑侵入の軌跡は、関東全域的に見た場合、決して多くないと考えてよいだろう。その結果、菊地の総括的な展望は、「近世の商品作物の栽培地は初期に本田畑に侵入して立地し、その隆盛期には新田開発によって栽培地を拡大している。それは幕藩の商品作物奨励が、本田畑での栽培禁止、新開田畑での栽培奨励策を堅持した結果であり、しかも南関東以南の新田の自然条件が，甘蔗以外の商品作物の適性と一致したからである」『前掲書　改訂増補　p379-380』としているが、これに関東畑作の自給的性格と関東領国論的見解を加味すれば、幕末期以前、それほど執拗な商品作物の本田畑侵入が認められなかった事情の一端は理解できるであろう。

　前項の律令制社会・荘園制社会の畑作農業発達史を展望する過程でも明らかにされたように、年貢課徴制度と農業・農民政策の展開には、現代社会とは異質の互いに絡み合う相互関係が見られた。この関係は、以下に述べるよ

うに、近世幕府政治においてより強固で複雑な相互依存関係—石高制の維持に影響する年貢制度の変質と賦課方式の変更、とくに田方非米作の承認や商品生産の保護奨励策をともなう年貢増徴策の強行—の下に推移することになる。しいて状況を単純化すれば、幕藩体制は体制発足の初期段階から構造的な体制内矛盾を抱えていた。この矛盾を克服するための財政政策の手段として、もしくは体制存続上の妥協策として農政が位置つけられ、そこでは農業を政策課題とする農政の独立性を見出すことは困難な状況であった。このことを指摘して本項の小括とし、第二節への導入としたい。

第二節　近世関東畑作の商品生産と年貢増徴策
——近世農業史の変換点——

1. 幕府財政の危機と再建策

　一般的に言って、近世日本畑作における農業生産とくに商品生産に関与する基本的条件としては、自然条件を除いた場合、1)農業経営様式の在り方を規制する租税制度の性格およびその性格と一体化した農業の規制・干渉と奨励策、2)近世畑作の集約的経営技術の成立と肥培管理過程にかかわる肥料の生産・流通と施肥技術、3)耕耘過程と収穫調整段階の作業能率を左右する新農具開発・改良、4)在方商人の活動と舟運組織の発達が織りだす結節機能とくに産地形成効果、5)産業の社会的分業・地域的分化をともなう近世中期以降の商工業発達と商品貨幣経済の深化、などを指摘することができる。ここでは1)享保改革期の幕府財政と関東畑作農村との関係について年貢増徴策と新田開発を視点に検討し、幕領農村における商品生産の地域的諸相—特産地形成—を把握したい。

　周知のように享保年間の初期までに、幕府財政は改革を必須とするほどの危機的状況に陥る。将軍吉宗は財政再建の手段に年貢の確保を選び、享保改革の基軸を年貢増徴策に据えることになる。改革の推進と並行して支配機構の整備と確立を目的とする足高の制（人材登用手段）と一統化政策（行政機構の改革）に着手する。後者の一統化は、全国各地の旧習を否定し、勘定所の機能拡大と行政規範の統一を図ることであった。一統化政策は、享保6年

第Ⅰ章　近世関東畑作農村の商品生産と幕府農・財政

の幕府法令によると、代官の勤務評定の結果から導き出されたものであり『徳川実紀　第八編　p242』、旧習否定は、代官支配における「古来の習風」否定とも一致するものであった。結果、新代官たちは、近世初頭以降、関東支配に名を残した伊奈氏の農政をも「古法」・「ぬるく候」と否定し、「際限もこれなき」強引な年貢増徴を実施していった『越谷市史　第一巻　p524』。しかも享保改革におけるこの政策は、各地の「旧習」を否定しつつ一国一郡規模で展開され、ついに大岡役人集団の吸収を推し進めることで勘定所の一統化を果すことになる『幕藩制改革の展開（藤田　覚）p46-49』。

　勘定所機構・地方支配機構の整備に次いで、改革の具体的目標として「納り方之品」と「新田取立」という基本方針を打ち出した。結果、享保7（1722）年、破免規定をともなう年貢増徴策が高率固定の定免制の下で実施され、さらに石高増大を目標に据えた新田開発が展開することになった。こうした政策は、享保10年代の前半にかけて一定の実を挙げ、享保14（1729）年、幕府の年貢総収納高は、対享保6年比23％増の160万石台となった。しかし10年代後半には享保の凶作・飢饉の影響もあって、新田開発による石高の増大にもかかわらず年貢高は減少し、元文元（1736）年、ついに享保6年の水準に逆戻りすることになる。「去年格別之風雨も不相聞候処、御取箇夥敷引候、（中略）近年ハ隔年位破免候間、定免之詮無之、」といわれるほどに増米定免法が機能不全状態に陥ったためであるという『近世民衆運動の展開（谷山正道）p51-52』。

　幕府はこうした事態の中で、勝手掛老中松平乗邑・勘定奉行神尾春央を登用し、収奪体制の再強化を目指して年貢再増徴策を進め、延享元（1744）年の最高年貢徴収高の実現に至ることになる。この神尾春央の実績が、彼の西国幕領巡検―年貢増徴の長行脚―によってもたらされ、その背景が寛保3（1743）年に始まる関東幕領での有毛検見法採用の成果にあったことが確認されている。しかもその実務を担当したのが、武蔵国埼玉郡西方村の「旧記」、

　（寛保3年）見取御検見請け奉り候処、以の外、伊奈様御検見と相違いたし、年々御取箇相増し左の通り、（中略）右之通五ヶ年見取御検見入にて御取箇相増し、中々以て此上何程相増し候哉、際限もこれなき様子（下略）

40

第二節　近世関東畑作の商品生産と年貢増徴策

に名がみえる、関東郡代伊奈半左衛門から支配の「引替」の結果新任された
代官柴村であった『前掲書（谷山正道）p53-59』。ここに享保改革が掲げた
定免法は第4期（元文～延享期）に終焉を迎え、有毛検見法の時代に移行する
わけである『享保改革の経済政策（大石慎三郎）p166-167』。なお定免制の
利点並びに関東郡代伊奈氏の破免規定を含む定免制年貢徴収の実態について
は、小沢正弘『関東郡代伊奈氏の研究』の詳細な報告がある。参照されたい。

　ともあれ、18世紀後半以降の商品貨幣経済の進展の下で、とくに先進的畑
作農村畿内・中国筋では、畑作農民の商品生産意欲は本田畑侵入となって急
激に加速していった。このような畑作農民たちの経営意識の変化は、幕府財
政当局との対応関係に対立を生み、最終的に商品作物の禁圧から条件付き容
認を経て田方非米作にまで至ることになる。近世畑作農業の決定的変換点を
形成した商品生産は、徳川政権の基盤である石高制の形骸化に通じる年貢賦
課過程と収納過程の変質をともないながら、後述のごとき内実の下に進展し
ていったのである。

2. 享保改革期の年貢増徴策と関東畑作農村

年貢課徴方式の変遷と関東畑作農村　　　従来、享保改革期の幕府財政政策は、
年貢増徴策の強化を通して、終始一貫、農業政策の展開を規制・誘導し、時
に必要とあれば奨励策も併用してきたことが指摘されている。ここでは年貢
課徴制度の在り方・展開を中心に、必要かつ可能な範囲内で幕府農政と関東
畑作とのかかわりを検討する予定である。以下、幕府農政と関東畑作の実態
について、本城正徳の「田畑勝手作の禁」にかかわる問題提起を中心に『近
世幕府農政史の研究』に依拠しながら検討を進めたい。行論の前提となる関
東幕領地域は、寛永の地方直しなど支配替えが頻繁に行われ、かつ史料年度
にもズレがあって、一定期間の幕領分布を正確に把握していないという弱点
を持つが、さいわい幕領分布は、畑作地帯・大規模新田開発地域・重要鉱
山・江戸隣接の武蔵と相模・関東周辺部の交通と軍事の要衝地域に多く、そ
こでの村落支配替は相対的に少ない地域となっていたことは僥倖であった。

　農家と村落の耕地面積と圃場別生産力（石高）は検地によって把握され、
さらに検見に基づいて具体的年度の具体的年貢課徴額が村請で確定される。

41

第Ⅰ章　近世関東畑作農村の商品生産と幕府農・財政

　年貢課税の仕方は検見法と定免法がある。そのいずれが農民にとって良法で
あったかは俄かに判定しかねる性格の問題であった。近世初期の具体的な村
請決定額を決める検見法（色取検見）は、作柄に応じて奥寄せした高にそれ
ぞれに相応した租率を乗じて年貢を算出する仕法で行われた。この段階では
租率は可能な限り高く決められ、年貢高が定められた。

　検見取法は農村に疲弊をもたらしたことから、17世紀中葉の寛永飢饉を契
機に、幕府農政は小農保護育成策に転じ、田畑の「永代売り禁令」を始め各
種の保護・奨励策を実施するとともに、税制面では初期の定免高制（相対立
毛検見取法）に替って畝引検見法を導入することになる『近世徴租法と農民
生活（森　杉夫）p4』・『日本史大事典 5巻 p660-5』。これは不作年には、坪
刈りをして不足分だけ反別を減ずる（畝引き）ものである。畝引検見法では
生産力の発展に応じて年貢を増徴しようとしても不可能な規制があった。法
定収穫率を超える収穫は不問に付し、不作の場合は減免するという農民に
とっては相対的に有利な徴租法であった。畝引検見法が行われたのは、寛永
年間以降享保改革期までの期間であった。

　この間、本城正徳によって問題提起された「田畑勝手作の禁」つまり煙草、
木綿、菜種に関する「寛永期三作物一括作付制限令」が、寛永飢饉の緊急対
策―食糧増産と年貢米確保―の一環として「郷村御触」に登場することにな
る。具体的には煙草作は本田畑作付禁止、新田は容認されている。上方幕
領・私領に出された寛永19年令には、畑作付は禁止されておらず黙認されて
いたとみられる。菜種作については、19年令、20年令とも「田畑共」が規制
されたが、綿作は両令とも田方綿作だけが規制対象であった『近世幕府農政
史の研究 p27-32』。同時に小農保護策の下での畝引検見法の導入は、半世
紀ほどの間に元禄期を中心に農業生産力の著しい発展や全国的な特産品生産
と流通の進展を促した。結果、三都や地方都市で貨幣経済が活発化し、経済
の成長が促進されていった。

　これに対して享保期（1716-1736）は、「米価安の諸色高」という経済変動
が起こり、米中心の経済が低迷した時代であった。この間（元禄〜享保期）
の農業発達について、木村茂光『日本農業史 p202-205』は農書成立と絡め
た佐藤常雄『日本農書全集 第36巻』の所見を援用しながら、以下のように

第二節　近世関東畑作の商品生産と年貢増徴策

解説している。

　1）小農技術体系の確立。当該期は新田開発、耕境の拡大が飽和点に達し、農業生産力の発展方向が、単位面積当たりの生産力を増強する内包的拡大、つまり労働集約化による土地生産性に向かっていく。その集約農法の担い手が単婚小家族制下の小農たちであった。限定された規模と錯圃の下で、改良された農具を用いて深耕、脱穀調整、肥培管理、品種選択等を行い実績を挙げる家族労作型の小農技術体系が確立した。

　2）農民的剰余の発生と確保。寛文・延宝期（1661-1681）に幕藩領主の年貢徴収が後退し、農民の手許に富の蓄積が可能になった『江戸時代論（佐々木潤之介）p78』。努力次第で生産力を高め、富を増やせる状況が与えられたわけである。

　3）商品生産の発展。元禄期以降、都市と農村の社会的分業が成立し、畑作物の商品化が進んだ。四木（茶、楮、漆、桑）三草（麻、藍、紅花）ならびに木綿、菜種などの工芸作物栽培が、自然条件を選んで各地に成立した。

　木村茂光は上記の3点を、近世中期農業の発展を象徴する特質として取り上げているが、より正確には、金肥使用の普及と年貢課徴制度の在り方（検地の放棄と検見の変質）を取り上げる必要もあると考える。

　寛永飢饉を契機にして進行した「作徳地主小作関係」や「質地小作関係」の成立、あるいは生活・生産共同体的性格の成立と強化などの社会的変動に対して、幕府・大名は対応を迫られることになる。まず寛文―延宝期の全国的な検地で小農民の耕作権を認め、年貢納入を義務つけて本百姓とした。同時に宗門改めで事実上の戸籍を作成し、本百姓体制の保護と存続のための「分地制限令」が設けられた『前掲書（佐々木）p78-79』。

　経済の発展が低迷期を迎える享保期頃から、一定期間課税額を据え置く定免法の採用が増えてきた。関東幕領における定免制は享保3（1718）年頃から準備され、同6・7年頃から施行されたとされるが、武州多摩郡府中領のように、正徳3年には定免実施について代官と交渉している農村もみられた。旗本領ではこれより若干遅れて進行したといわれる。定免法の採用理由を日本史大事典『（5巻 p660-665）』は、享保期以降の生産力の安定に求め、北島政元『東京百年史 1巻 p835-837』は、享保改革の基本方針の一つ「納り方

第Ⅰ章　近世関東畑作農村の商品生産と幕府農・財政

之品」つまり幕府財政の悪化対策としての年貢増徴策に求めている。近世経済史の流れでみると後者を妥当な考え方と理解するが、相違点を統一的に理解するためには、埒外の筆者の知識では不十分である。ともあれ、この段階の租税課徴方針は、農民に剰余の蓄積を可能にする余地を残したといわれ、商品貨幣経済を農村に引き入れる要因の一つになったことが考えられるが、関東幕領の場合はどうであったろうか。本多利明の『西域物語 下 p150』に次のような一文が記されている。

　上方、中国、西国は密密にして間引子もすれ共、東諸国の様にはなく、租税は
　定免とて年々の年貢に定数あるゆへ、耕耘・菌肥に力の限りを尽し、豊作する
　を人々手柄と心得たる風俗故に、（中略）一ヶ年上納皆済なり。
　関東諸国は検見して取箇辻を極ると云制度にて、豊凶作の差別なく五公五民の
　法とて、（中略）夫食の残迄には及ざれば、農外の稼穡をして其不足を償ふとい
　へども不叶して、良田畑としれ共廃して亡所とするは至極其筈也

　これによると、西の国々では定免制のお陰で農民は働き甲斐があり、年貢も皆済している。一方、箱根以東の関東・東北地方では検見取り法の実施により、剰余は残らず、生活も極度に困窮していたことが窺える。『西域物語』が世に出た寛政10（1798）年頃の、本多利明の目に映った税法上の地域差とその経済効果について、精度を云々するに足る十分の史料には、これまでのところ筆者は触れていない。

　定免制は、享保改革の一環として年貢増徴策に登場するが、やがて元文～延享年間（1736～1747）に検見制と交代し、終焉を迎えるとする大石慎三郎『享保改革の経済政策』の所説、ならびに定免制の実質的な終期を寛政4（1792）年とする小沢正弘の認識（後述）の間には約40年のズレが見られる。ズレの発生理由は、享保改革期における定免制採用と近世全般における幕府税政の定免制採択という、いわばスパン設定の異なる問題から生じたものと考える。当然、武蔵国下丸子村の事例に見るごとく、年貢課徴方式は流動可変的のため、前提の不明確な定型化は困難であり、意味も少ない。

　検見制への移行期に関する吟味はさておいて、本多利明の指摘にある通り、検見制の施行自体が地域農村経済に悪影響を及ぼすものであるならば、では

第二節　近世関東畑作の商品生産と年貢増徴策

　なぜ享保改革時に農民を苦境に追い込む年貢増徴が、苛斂誅求策の検見法を避けて、定免制の下に採用されることになったのか。歴史学的素養のない筆者があえて推定するならば、税法の可否は制度の問題ではなく運用にかかわる問題であるという結論に帰着することになる。異なる税法の社会経済効果を運用論で黒白付ける以外に、地域経済を左右する主要な要因を多角的に分析するためには、以下のような時間的・場所的限定性の篩にかけることも必要であろう。

　例えば、北関東における浅間山焼けやその後に続く冷害、または東北三陸地方のヤマセ冷害や津波のような激烈な自然災害、あるいは東北的性格が濃厚とされる北関東農村の発達段階と商人資本の収奪関係の特殊性、さらに東日本における二毛作田率の低さ等々の面からも検証の必要を認めると同時に、その反証についても注目する必要があるだろう。

　反証の一例として、享保改革期の関東畑作農村でも定免制が施行され、その剰余形成機能について、武蔵野新田農村における以下のような報告例がある。伊藤好一・木村　礎『新田村落 p330-335』によると、享保期（改革期）以降の定免制の採用は、関東畑作農村例えば武蔵野新田においても相応の成果を残したとされる。即ち武蔵野農村では、生産力の上昇にほぼ同調して年貢―取り永―も上昇していった。しかし享保―宝暦期頃、土壌豊土化が進み土地生産力水準も上昇した古村と、生産力の上昇がまだ不十分の段階の武蔵野新田農村との両者に対して、定免制が施行されることになった。生産力が一応の段階に達し、定免に移行した古村では年貢増徴の意図は達成されることになるが、武蔵野新田のようなまだ生産力が上昇過程にある農村の場合では、剰余の蓄積において明らかに異なる結果が生じた。それは年貢増徴策としての定免制の実施で、領主的成果を収めた古村の場合に対して、上昇過程の生産余力を定免制で掌握し得なかった武蔵野畑作新田の場合は、定免制の施行が、雑穀商品生産地帯として近世後半に大きく発展する要素になったことである。

　この状況は文政12（1829）年、定免制下のはじめての一律増徴の際にも、年貢賦課率は古村・近世初期新田・享保期新田の順となり、また幕末期から明治初期における武蔵野新田の雑穀反当収量は明らかに古村を大きく超えて

いた『前掲書 p332-333』。享保期新田いわゆる武蔵野新田の1農家当たりの耕地所有規模が格段に大きいことを考慮すると、武蔵野新田農村の経済的優位性は一層明らかとなる。天保14（1843）年、再び増徴が企てられた。「武蔵野新田之儀近来地味立直リ候ニ付」という理由に基づき、一挙に15文の増徴が命じられたが、新田農民の反対は激しく、増徴は取りやめになった。剰余部分の確保に成功した年貢増徴反対運動の成果は、この頃になると生産力の上昇を知りながらも、これに見合う増徴が貫徹できない社会的緊張の存在することを領主に自覚させるものであり、結果、近世中期の関東畑作地帯（幕領農村）において定免制が依然継続施行され、『西域物語』指摘事項に反し、平均的な北関東普通畑作農村赤堀村の事例（後述）とともに、定免制が畑作新田農民に有利に働いたことを指摘している。

　享保12（1727）年、幕府は代官を督励した結果、定免村が幕領全体の過半数に達し、同年の年貢収納高は162万石という例のない額を記録している『東京百年誌 1巻 p838』。このことを年貢増徴策の苛斂誅求の結果とみるか、生産力の上昇の成果とみるかは別として、無視することの出来ない数値であった。享保12年には定免施行村率が幕領の過半に達したとされるが、関東畑作農村における定免率の時間的・空間的推移は、近年の県市町村史編纂事業の進展にもかかわらず、小沢正弘の研究『関東郡代伊奈氏の研究 p382-517』を除いて、権威筋からの総括的な史料提示を見るに至っていない。小沢正弘はその著の中で、幕府の定免制の施行準備期を享保3年9月の「定免法施行準備触書」以降とし、施行は『刑銭須知』324号に基づき享保7年としているが、施行時期は地域的に一律ではないとも述べている。定免法の実施期間は享保9（1724）年から寛政4（1792）年とし、その間を前・中・後期に分けて論じている『前掲書 p386-389・512-517』。

　既述のように、定免制施行の地域性とその社会経済効果について言及した本多利明『西域物語』は、定免制施行地域を上方、中国、西国とし、関東諸国は検見取であったと述べている。このことに関連して古島敏雄『日本封建農業史』は、近世前期に全国的状況であった飢饉が、後期には関東以北の地域的現象化する要因の一つに定免制の普及問題を取り上げ、税法の差が農民に及ぼす影響の大きさを指摘している。少なくとも近世中後期（19世紀前後）

までの関東幕領農村や旗本の知行地では、かなりの村落で定免法が施行され、商品生産の発展と生活基盤の安定を示す状況やそれを推定させる史料に触れる機会もさほど稀なことではなかった。その後の展開も税法の如何に拘わらず、そして関東に関する限り、北関東に卓越する農村荒廃期の出現以外には特段の変貌を見ることはなかった。これらのことから、古島敏雄の見解を肯定する一方で、寛政10（1798）年刊行の『西域物語』の説には、部分的ながら疑念を抱かざるを得ないということになる。疑念の内容についてはすでに触れた。

享保期幕府農政と商品生産　　寛永飢饉以降享保改革時までの幕府農政を本城正徳『近世幕府農政史の研究　p76・110・236-237』に従って総括すると、以下のようにまとめることも可能である。17世紀初頭の慶長検地において下記作物（四木とくに茶及び六草とくに藺草・麻）の商品生産を含む本田畑作付を、幕府は上田・上畑を上回る高斗代の下での石高制への組み込みを前提に容認した。17世紀後半には、商品生産の発展に対応して、商品作物（四木系グループ）に対する制度化された統一的な方針が段階的に設定されるようになり、さらに元禄検地段階では、畑方四木以外に田方での麻・藺草の作付が広く容認されている。商品作物の本田畑での石高制への組み込みは、高斗代設定方針の採択を条件に、以下に述べるような規制の下に作付が容認されることになったのである。

　すなわち藺草・麻は麁田では生育が芳しくなかった。したがって田を選んで栽培すると次のように税制上扱われることになり、木綿も同然であった。

　夫ゆえ藺田・麻田は石盛を上ゝに附る、藺田は勝手作に付、検見の節ハ稲の上毛並に合附をいたす、尤も所により藺の跡に稲を植え、両毛作になる場所もあり、麻田・麦田ハ両毛作なり、木綿も田に作るハ勝手作なれども、五畿内・中国筋綿検見ある国ゝにてハ、木綿ばかり田に作りても畑綿同然に木綿検見に差加ゆるなり、尤も綿検見なき国ゝにて田に木綿作れバ、稲の上毛並に成る『地方凡例録　上巻（大石慎三郎校訂）p96』。

さらに四木三草の畑作年貢については、享保11年の新田検地条目によって次のように決められていた。

第Ⅰ章　近世関東畑作農村の商品生産と幕府農・財政

桑畑・楮畑・漆畑・茶畑・麻畑は上ゝの畑なり、此内桑・楮・漆・茶は四木と
云、紅花・藍・麻を三草と云て四民とも暫くもなくて叶わざる日用第一の品物
なり、右の七品は上畑石盛に一箇上り、又は上畑並に附し処もあり、慶長年中
美濃国検地帳に桑畑・楮畑は上畑に一上りにて十三、麻畑茶畑ハ上畑並にて十
二の石盛に見えたり、然れども前に述るごとく、享保以来新田の条目には植物
は当時のこと、石盛は土地の位たるにより、植物に拘わらず地味の善悪に随い、
位相応に石盛を定むべしとのことなり『前掲書 p98』。

なお、両毛作の年貢扱いは以下のようになっていた。

両毛作りの田ハ元来土地宜しからずしてハ両毛とも不出来になるものなり、故
に関東の土地ハ両毛作少なし、併し武州・上州などハ両毛作の処も余程あり、
五畿内・中国筋にハ田に木綿を作る、之は出来方稲と同時節のものゆへ、両毛
作にてハなし、（中略）勿論租税は両毛作の場合ハ何れも高免なり、片毛作の所
ハ麦作を取らざるだけ、取箇も下免になくてハ百姓も立行きがたし、故に検見
等致すとも其心得肝要なり『前掲書 p122』。

慶長検地の際の四木系グループに対する本田畑作付の条件付き容認、17世
紀後半（寛文～延宝期）の本田畑作付に対する統一的方針の段階的設定、元
禄検地段階での本田畑作付に関する広域的確認の実施等々をみると、幕府農
政の浸透はかなり時間をかけて進められたことが推定される。しかも畿内諸
国や中国筋と関東では、商品化の進展状況には大きな差が見られ、高年貢率
体系への組み込みを前提に商品生産が本田畑を巻き込んだ前者に対して、後
者では幕府の新田誘導策をかなり神妙に守っていたことが、平均2反レベル
の商品作物の導入率、主雑穀生産主体の農業経営などからも推定される。畿
内・中国筋農村の商品生産はきわめて商業的性格の強い専業型経営の下に進
められ、関東畑作の商品生産は幕領新田を中心に副業・余業生産レベルで展
開したとみることが出来る。両者の差異に関しては、関東領国地域論的な視
点の設定が状況を説明するキーワードになると考える。後述の幕末期沼田藩
領等における「あわせなみ」仕様による桑園の本畑侵入も、商品生産上の関
東畑作の保守的性格を明らかに示していた。

第二節　近世関東畑作の商品生産と年貢増徴策

　たとえば私領沼田藩の「沼田領桑畑規制触書（文政9年6月）」『沼田市史　資料編2近世　p588』に、後述のような桑園の本畑侵入状況が記載されている。近世後期、先進的商品生産地帯の一角を形成した北毛農村では、19世紀前葉になっても、関東畑作型の自給的穀作の枠内での小商品生産が行われていたことが明らかである。

　　御領分村々古来上畑中畑二者、桑並無之処、近年上中下畑之無差別、猥二桑
　　苗植込、或者桑原等仕立、多分二蚕をいたし百姓肝要之夫食耕作者疎略二いた
　　し候故、（中略）一体雑穀取入少キ事与相聞、甚不埒之事二候、以来上中下畑共、
　　桑苗植候義致間敷候、下々畑山下々畑或者悪地等二而、作物難実入場所二而も
　　役所江伺之上、桑苗植候様可致候、

　四木系以外の三草（木綿・紅花・藍）については、すでに出羽（紅花）、山城（藍）が主産地を形成していたが、幕府は近世前期から、石高制への組み込みを前提に紅花・藍の畑方作付を容認してきた。藍については主産地山城の場合、田方藍作まで公認している。両作の近世貢租体系への組み込み方の基本は、本年貢賦課（本田畑の本途物成）であり、検地の際に高斗代が設定される増徴方式は見られなかった。ただし山城の場合、幕領, 私領を問わず作付石高に対して定率（80%）の高率年貢が賦課され、麻・藺草・四木とともに二重年貢の賦課徴収となっていた。

　新田検地条目（享保11年）『徳川禁令考Ⅵ（石井良助編）p314』における関東畑作新田の商品生産に対する取扱い「其植物に不搆、土地相応之位付」・「両毛作片毛作地、無其差別、土地相応之石盛」は、年貢対象としての新田における特定重要商品作物栽培の普及がすでに一般化し、経営的にも安定していたことが考えられるが、近世前期の先進的商品生産地帯, 山城国のような田方藍作や高率年貢賦課・二重年貢課徴方式の採用はこの時期になってもまだ見られなかった。

　本城はその後の享保改革期における商品作物政策の展開を、主に貢租増徴策および作付奨励策に注目しつつ明らかにした。これによると、享保18（1733）年、幕府は、商品作物に対する増徴策を、旧来の検地による高斗代設定方式から高年貢率方式への切り替えと、この方式に基づく畑方永免仕法

49

第Ⅰ章　近世関東畑作農村の商品生産と幕府農・財政

と田方勝手作仕法の採用で進めた。とりわけ田方勝手作仕法による田方非米
作商品生産（商業的農業）に対する増徴が強く意識され、加えて延享元
（1744）年、畿内・中国筋田方綿作にまで適用され、全国令化することにな
る。

　以上のような商品作物に対する幕府の増徴政策は、他方において、紅花・
藍・木綿を含む商品作物（四木五草）の作付奨励をともなうものであり、享
保18年以降、より積極的な奨励策が展開されたことを本城正徳は指摘してい
る。いわばこの段階の幕府の農業政策を、商品生産にかかわる年貢増徴策と
生産奨励策をセットにした政策展開として捉えている『前掲農政史
p227-230』。察するにセット方式の実体は並立ではなく、農業政策としての
生産奨励策は、年貢増徴策の手段として位置つけられたと考える。

関東綿作の特質・限界と関東畑作　　　享保18年以降、商品作物の生産奨励策
とセットで進められた年貢増徴策は、先進的商品生産地域を重要な標的にし
てまず展開したと考えることが出来る。先進的商品生産地域として幕府農財
政の対象に設定されたところは、石高制の否定を意味する本田畑での綿花を
始めとする商品作物栽培の容認地域．畿内と中国筋の農村と考える。一方関
東畑作における近世中後期の代表的商品作物とくに綿花栽培は、幕府農財政
の対象としてどう扱われ、その実態と経緯はどう展開したであろうか。綿作
の実態と経緯の中に関東畑作の本質的な性格を読み取ることが可能であろう
か。左記の疑問に対して以下順次検討をしてみたい。

　関東綿作地域は、武蔵東部の大河川乱流域の自然堤防帯（図Ⅰ-2）と鬼怒
川・小貝川間の砂質土壌帯ならびに桜川流域氾濫原に集中し、この他には九
十九里浜の八日市場周辺と久慈川下流の常陸太田周辺に分布がみられた。綿
花地帯の空間的な広がりは比較的大きいが、少なくとも個別農家の作付規模
は小さかったことが考えられる。たとえば、嘉永3（1850）年、下野国芳賀
郡真岡周辺の幕領村々の場合、畑3,040町歩のうち18.5％が綿畑であった。
また天保4（1833）年東沼村の綿作規模別状況は、2反以上18戸、2反未満29
戸で綿作農家率は90％であった。村別の畑地綿作率は東沼村11％、横田村
9％となっていた。下記の村々を含めたこれら村々の綿作の地位は、麦類・
豆類・雑穀類に綿花をほぼ等分に組み合わせたいわゆる関東地方通有の自給

第二節　近世関東畑作の商品生産と年貢増徴策

図Ⅰ-2　明治前期埼玉県東部綿作町村の分布と微地形

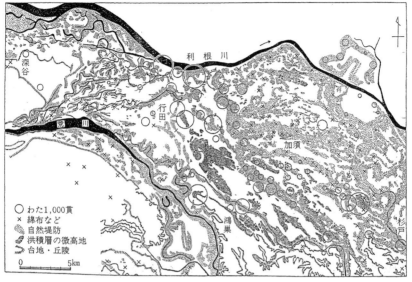

出典:『荒川　人文Ⅲ　荒川総合調査報告書4（籠瀬良明）』

型経営を示すものであった「真岡木綿（青木虹二）p250-252」。事例農村は史料年度が不統一のため総括的な比較が困難な面もあったが、少なくとも畿内や中国筋の先進的な綿作地域の綿作率（畑90％、田50％）に比べるとその差は一目瞭然であった。

　関東綿作についてさらに具体的な史料を挙げておこう。武蔵東部綿作地帯の中心埼玉郡正能村の慶長11（1606）年の検地帳には畑綿作率27.3％とあり、対する下流の綿作地帯縁辺部の新川通村他近隣村々では、明治3年、穀菽類栽培面積80％の残り20％の中で野菜類・雑穀類に交じって綿花が栽培されていたにすぎない『大利根町史　通史編　p274-275』。元禄10（1697）年、常陸国真壁郡塙世村の指出帳でも畑の10％ほどの綿作率であった『絹・苧麻・木綿の社会史（永原慶二）p318-319』。反当生産量も少なく、『百姓伝記』の著者が、「遠江から東は木綿の作り方を知らない」と述べたことや、『会津農書』が綿作北限における自給生産地帯の低い技術状況を問題にしていることからも明らかなように、植物学的に見ても気候適性に若干の問題（本来、綿

51

第Ⅰ章　近世関東畑作農村の商品生産と幕府農・財政

花は排水良好な土壌と成長期に高温多湿（30℃前後・無霜期間200日以上）、成熟・収穫期に乾燥を好む植物である）があったと想定される。生産性がきわめて高い畿内綿作では反当実綿50～60貫匁を収穫しているのに、大名農政のモデル加賀藩で18貫匁、甲府付近で10貫匁、関東では畿内の半分ほどという表現にとどまっていた『苧麻・絹・木綿の社会史　p310-312』。

　江戸地廻り経済の形成上きわめて重要な地位を占める関東綿作について、税制面から言及した論考はきわめて少ないように見受けられる。管見する限り、慶長11（1606）年の関東幕領新田検地に際して、武蔵国埼玉郡正能村の畑綿作は上・中・下畑とも石高制への組み込みにおいて通常の畑作物として扱われ、綿畑としての高斗代設定は行なわれなかった。同様に慶長6年の甲斐国の検地でも、山梨郡万力筋大工村の検地帳を見ると、綿田は一般の上・中・下田作付として扱われ、綿田としての高斗代設定はなされていなかった『前掲農政史研究　p116-117』。その後、近世前期段階の検地において実施される一部地域の高斗代設定方式も、享保11（1726）年の新田検地条目によって停止される。18年から畑方永免仕法ならびに田方勝手作仕法の下で、紅花・綿花・藍を含む四木六草を対象にした高年貢率方式の増徴策が採用されることになるが、当時の関東綿作地域は、主雑穀生産主体のいわゆる普通畑作の中での商品作のために、一般に生産性が低く個別平均耕作面積も近世を通して限定的であった。この主穀生産の枠内での限定された小商品生産こそ関東畑作農村の特徴であり、限界だったのである。作付地も大中河川流域の砂質土壌畑地帯に限られ、綿作そのものはとくに有利な商品作物ではなかったという見解さえみられる『栃木県史　史料編近世三　p48-49』。もちろん本田畑への展開もなかった。ただし桜川流域3村の自家用と記載された作物、なかでも太田村の実綿882.7貫はかなり作為的な操作を感じる数値であった『筑波町史　史料集第7編』。

　文政2（1819）年芳賀郡西高橋村では、肥料高米価安の中で、農家子女の織り出す綿布1か月分の工賃が米1石分に相当したことから、女子の労働評価が水田作業を軽視するほどに高まっていった。連動して綿繰、綿打、糸挽、晒などの諸作業の工賃も上がったことから綿作も盛んになっていった。結局、木村茂光『日本農業史　p251-252』も述べているように、収穫された綿価の

第二節　近世関東畑作の商品生産と年貢増徴策

有利性というより木綿加工がもたらす収入（付加価値）の増大で農村の副業
部門がそれなりに潤っただけで、前述の栃木県史の指摘にある通り、収穫さ
れた綿花価格の有利性が栽培農家にもたらす結果そのものではなかったよう
である。

　少なくとも関東の綿花生産地域の性格は、畿内・中国筋綿作のように全国
レベルの供給力が評価され、貢租上の優遇措置が延享元（1744）年まで継続
した地域とは異なる、あるいは美作・佐渡の幕領村々での木綿作奨励（美
作）、新田開発と組み合わせた商品作物奨励（佐渡）などの保護育成型後進
地域『前掲農政史研究 p213-230』とも異なる中間型地域であった。結果、
関東綿作地域の年貢賦課方式も、綿作普及初期段階における普通作物扱いの
年貢組み込みから、検地による高斗代設定方式の採用（後述）を経て、享保
18年以降は高年貢率方式の新増徴策が施行されるようになったと考える。な
お、地方凡例録『上巻 p178-179』「木綿検見の事」所載の「五畿内・中国
筋の他は綿検見はなく、余国の綿作ハ外畑作同様なり」を見る限り、田方綿
作と畑作木綿検見は関東に及んでいなかったとみられる。

　畿内農村や中国筋農村に見られた各地各様の控除設定「綿免」に準ずる扱
い『前掲農政史研究 p331-336』に比べて、関東綿作が幕府お膝元の江戸地
廻り経済圏の早期確立問題と財政悪化の狭間でどう評価されていたのか。江
戸市民社会の経済的成熟化や金肥普及とともに生産力を挙げていく関東綿作
の動向は、農業地理学研究者としても興味深い問題であるが、その地位は必
ずしも高いものではなかったようである。

　ちなみに、「綿免」設定の趣旨は、綿作先進地帯畿内の綿生産力が、全国
市場を支配するほどに重要部門化していたこと、および生産費が異常に高く、
たとえば明治21年河内国丹北郡の場合、米作の反当購入肥料代金0.72円に対
して、綿作では5.63円の高額支出となっていたことにある「農村構造の変遷
より見た近世経済政策（北村貞樹）p142-143」。収支両面における金額の大
きさと綿作専業化が、綿業経済の極度の発達と綿作農民の商農的性格を作り
だしていたことの中にも、関東の領国地域的性格「関東地域史研究と畿内地
域史研究の展開（落合 功）1997」、関東畑作の小商品生産者的性格ととも
に、関東畑作の限界を示す反証が潜んでいると考えることは、さほど軽率な

行論ではないと思われる。

幕府の作付奨励策と重要商品作物生産政策の変遷　享保改革期の地域政策
として、大石　学『享保改革の地域政策』も指摘するように、幕府が必要と
する菜種などの物資を、江戸周辺農村あるいは関東幕領農村から納入させる
作付奨励策が実施される。幕領村々に対する商品作物の作付奨励策としては、
正徳3（1713）年、関係諸国の養蚕奨励（御触書寛保集成）、享保13（1728）年、
関八州の唐胡麻作付奨励（徳川禁令考）、享保14（1729）年、油菜作付奨励
（御触書寛保集成）、天保5（1834）年、関八州・駿河・伊豆・加賀の油菜作付
奨励（御触書天保集成）、甘藷栽培の奨励普及等多岐にわたるものであった。
とくに江戸地廻り経済の形成過程の中で菜種油の需給が逼迫し、一世紀後の
再奨励策となったことは、注目すべき灯油の流通事情を示すものであった
『近世農政史料集　幕府法令上　p133・189・191、下　p223』。菜種油の増産奨
励は享保14（1729）年から天保14（1843）年にかけて計10回にも及んだ『新
田開発　改訂版（菊地利夫）p371』。

　出荷要請をともなう油菜作付奨励策のうち享保14年の例をみると、幕府は
代官等を通じて、関東各地の百姓の助成名目で作付奨励を進めているが、百
姓たちは全く助成の話を聞こうとしなかった。理由は「菜種ニ格別之年貢運
上等可掛哉と邪推仕」であった『享保改革の経済政策　増補版（大石慎三郎）
p166』。この理由の中に享保改革期の幕府農政の本質ともいえる年貢増徴策
が垣間見えるわけである。その後年月をかけて、菜種栽培地は本田畑の畦畔
立地から本新田の裏作として拡大立地していくことになる『前掲新田開発
p373』。

　菜種油の出荷要請とともに、大坂から江戸への繰綿廻送が近世全期を通じ
て継続したことを勘案すると、関東綿作には、江戸地廻り商品としての自給
能力が最後まで欠落していた節が管見されることである。こうした流通事情
や百姓の微妙な意向を背景にして、享保18（1733）年以降、既述のような、
より積極的な商品作物の作付奨励策が展開することを本城正徳（前掲農政史
p227-230）も指摘している。

　ここで幕府の重要商品作物政策に関する本城正徳の総括に対して、菊地利
夫の見解『新田開発　下巻　p386-395』を年貢増徴策との絡みを外し、単純

第二節　近世関東畑作の商品生産と年貢増徴策

化して整理すると、当時（近世中後期）の重要商品作物、たとえば煙草・綿花・菜種・桑の本田畑栽培に対する幕府・領主の基本的姿勢は、本田畑作付禁止→条件付き許可たとえば「新田畑誘導（煙草）、栽培面積の半作取潰し（煙草）、本田畑の裏毛誘導（菜種）、本・新畑の＜あわせなみ＞植付け黙認（桑）」→本田畑全面作付許可という経過のなかに見ることができる。この間、煙草作では、寛文7（1667）年から元禄15（1702）年にかけて、10回の禁令がほぼ毎年のように出された。桑園化の進行も安政の開港前の＜あわせなみ＞に対して、開港後の生糸市況に影響されて本・新畑への全面侵入（桑原の成立）の激化と1864年の禁令を経てようやく本畑の桑園化が黙認されるようになる。煙草や桑園の本田畑侵入の激しさから農民たちの執拗ともいえる強い栽培意欲と商品貨幣経済の発展をうかがい知ることができる。また畿内・中国筋での現況優先扱いの下に、1回の禁令とその後近世中期には解禁される綿花栽培、ならびに禁令一回で以後奨励策に切り替えられた菜種栽培のいずれも、幕府財政への貢献度ないしは社会的必要性が認められて農政化されたものであった。

3. 年貢課徴方式と納入方式

定免制と検見制　「米納年貢制下において、年貢米生産条件の縮小・放棄を是認しつつ年貢増徴を実現するためには、貢租納入形態・納入過程の制度的改革が必要となる。その際、主要対象となるのが買納制度ならびに石代納制度の改革であり、とりわけ願石代納制の検討が重要になる。」本城はこう指摘している『前掲農政史 p237』が、前者は年貢増徴を目的にせず、後者は貢租増徴を目的に展開したことを併せ述べている『前掲農政史 p251』。なお、この問題については後程改めて取上げたい。

　享保改革期の年貢増徴策において定免制が採用される。定免制の採用による年貢増徴効果は著しく、その結果、延享元年には、幕府の年貢収納高は180万石を超え、江戸時代を通じて最高の水準に達し、その増加率も享保元（1716）年に比べ約30％の伸びを示した『東京百年史 1巻 p842』。「胡麻の油と百姓は、絞れば絞るほど出るもの也」『西域物語（本多利明）p189』という言葉は、この段階の年貢課徴方針を如実に示すものであった『世界大百科

第Ⅰ章　近世関東畑作農村の商品生産と幕府農・財政

事典 17 p516-517』・『日本史大事典 5巻 p660-5』。

　享保3年に準備にかかり、7年に広範囲にわたって実施される定免法は、発足段階から破免条項が付けられていた。破免の条件は「一村の百姓全員が願出たときに検見の上で年貢を決める」というものであり、その状況は「一国一郡にも及ぶほどの大凶作」を意味していた。その後次第に破免規定を緩め、享保12年には5分以上の損耗、翌13年には4分以上の損耗、15年には畑の麦作と夏秋作を半分つつに分け、それぞれに4分以上の損耗が発生した場合に破免検見を行うようになる。享保19年にはついに3分以上損耗までが対象になるが、この時から畑作は対象から除外されることになる。理由は米の一毛作に対して、畑作は多毛作のため災害対応力があると認定された結果である『関東郡代伊奈氏の研究（小沢正弘）二 p391-396』・『享保改革の経済政策 増補版 p128-129』。

　周知のように、かつて検見法がもたらした官僚の不正と腐敗に対応すべく定免法が採用された。しかも破免条項の頻繁な改善をともなう定免法は、延享元年には史上最高の180万石に達する年貢収納実績を挙げたにもかかわらず、この直後の延享4年に幕府から検見法への施策転換の指示が下り、翌寛延元（1748）年実行に移された。理由は定免法は農民に有利で幕府には不利であるというものであった。この間の事情について『日本の江戸時代―舞台に上がった百姓たち―(田中圭一) p129-140』は「定免法」を百姓（村）と幕府の契約、と捉え独特の史観で考察している。

　いずれにせよ、幕府の年貢課徴の基本的性格は、時代を超えて、持高に比例して賦課されたことから、小百姓になるほど負担が重くなり、農民層分解の構造的要因となった『世界大百科事典 17 p517』ことは、年貢賦課方式とその運用をめぐる関東畑作地帯の特質（とくに関東特有の貢租形態―畑方永納法）が、農民たちを没階層的に商品貨幣経済に引き込む契機となったことと同様に重要な意味を持つものであった。

　本城正徳『前掲農政史 p238』は、近世日本封建社会の存立基盤となった石高制を廃棄し、年々の実収穫に賦課する寛保・延享期の有毛検見法の採用が、近世貢租体系の転換を意味することを、多くの先学の研究を整理集約する作業を通して明らかにしている。有毛検見法の実施時期は、畿内・中国筋

56

第二節　近世関東畑作の商品生産と年貢増徴策

で延享元（1744）年、関東ではこれに先立つ寛保3（1743）年に幕領地域で施行されている。有毛検見法の施行農村野州河内郡下神主村の惣百姓が領主に差し出した定免願書（宝永六年）をみると、

　一、神主村の儀、馬草場ござなく候て、田畑共にたすけ入れ申す様ござなく、
　　　ほしか・こぬか大分買申し、仕付申す事に御座候へハ、作徳一円ござなく困
　　　窮仕り候こと、

採草地がないため、金肥がかさんで作徳が上がらず、困り果てている、という理由の下に色取（有毛）検見を止めて定免制を実施するよう願い出たが却下された。一方、定免切り替え時に継続願を提出しなかった下丸子村では、検見取り法が採用された。その内容は「引き方」扱いの耕地が減少し、しかも「引き方」扱い耕地にも低率ながら年貢が賦課された。このため定免制の頃に比べ取り米で7石余、取り永で500文余の増徴を受けることになった。その後さらに取り米10石の増徴が追加されている『近世関東の村落支配と農民（松尾公就）p152-163』。

　金をかけても収量の増加を図り、定免制の下で作徳を得ようとする農民に対して、領主は色取検見を採用し、坪刈りで把握した実収量に基づいて年貢高を引き上げ、金肥投入による生産力の増強分を可能の限り吸収しつくす姿勢で臨んだ。しかも他方では、生産物の商品化や余業稼ぎが本田畑の耕作と年貢完納の妨げにならない限り、領主もこれを黙認し時に奨励さえして、農民の年貢上納を補完する姿勢を示した『栃木県史　通史編4近世1　p710-712』のであった。

買納制と石代納　　ここで享保改革期の貢租増徴政策における買納制と石代納制について、本城正徳『近世幕府農政史　p245-251』に従って、石高制＝近世貢租体系の変容転換を視点にして整理したい。周知のように畑が卓越する関東幕領とくに「武州山之根筋」では、家康入封当初から永高制検地に基づく永高制（永納制）をとっていた（和泉清司 1981 p1-5）が、買納制をともなう制度的な意味での関東幕領の石代納は、宝永5（1708）年が第一期とされ、対象品目は大豆・苧・糯米の3品で、固定的ではないが以後も品目的な限定は続けられた。石代納の許可条件は、自然災害による納入不能と品質劣

第Ⅰ章　近世関東畑作農村の商品生産と幕府農・財政

化ならびに作付無しの場合となっていた。ここで留意したいことは、幕府の
現物経済重視の建前に反して、農民たちは畑作物の石代納を望んでいたこと
である。

　　　　差上申一札之事
荏・大豆納之儀、当寅年ゟ作り候村方計上納仕候ニ被仰付奉畏候、拙者村方ニ
而者荏之儀ハ一切作リ不申候、大豆之儀作リ申候ト共、玉川通リ年々水入之場
所故、大豆出来方悪敷御座候故、上納大豆ニ不罷成候故、只今迄買納ニ仕候、
依之御免被為下候様ニ奉願上候、以上
　　　　享保七年　　　　　　　　　　　　　　　　　　　下丸子村
　　　　　　　　　　　　　　　　　　　　　　　　　年寄　名主

　松尾公就『近世関東の村落支配と農民 p190-193』によると、石代納の際
の代納値段は、当該年度の張り紙値段に三両増しで納入する。三両増しは必
ずしも固定的ではないが、願石代の場合はすべて三両増しとなる。この場合、
三両増しになるかならないかの分岐点は、農民の要望による時は願石代とし
て三両増しになり、代官の命による場合は定石代として張り紙値段の高とな
ることが明らかである。『地方凡例録（大石慎三郎校訂）上巻 p247』にも
「関東米納めの内、幷に甲州郡内領田米定石代金納あり、之は冬張紙直段を
用ゆ、又子細ありて定石代のほかに、願石代とて金納するときハ、張紙直段
の上䑛増ありて、口米等ハ張紙に三両高なり」と記されている。

　結局、品質劣化の品目は、買納をするか三両増しで石代納にするか選択を
強いられることになるわけである。言い換えれば、願石代納値段の統一的引
き上げという形での貢租増徴が実施されたことになる。松尾公就『前掲書
p183-193』の指摘「農村に浸透しつつあった貨幣経済を実際の年貢増徴の
段階で吸収しようとした」は、この問題の意図するところを端的に総括して
いる。

　近世前期成立の幕領買納制の基本は、「1)納入不足米の購入による再納入
制度である。2)成立は17世紀後半とみられ、史料的にも確認できる。3)買納
は村方からの出願により幕府が許可するが、許可理由の範囲は、自然的・技
術的条件によるやむを得ざる年貢米不足発生に限られる。4)購入米の品質に

第二節　近世関東畑作の商品生産と年貢増徴策

ついては、当該村方の所在する国が基準とされ、同国米ないし同国米相当の
原則を適用する。」以上の内容からなっていた。

　これに対して、享保改革期の幕領買納制の制度的変容のうち注目すべき事
項は、主穀生産に食い込むレベルでの商品生産（田方綿作）に起因する買納
を、享保10年代に幕府が制度的に公認することである。

　一、所出生米悪敷、上納ニ難成御米、又ハ、棉作多ク、御米不足仕候ハ、御
　　断申上、買納支度旨、御願可申上候、自然村方之内ニ被仰渡相背（略）所出
　　生米を他国米ニ摺かへ、又ハ、出生米而も拵麁抹ニ仕、惣体不埒之義御座候
　　ハ、（略）如何様之越度ニも可被仰付候

結局、米納年貢制の形骸化ともいえる享保改革期の買納制度の変容は、貢租
納入制度における重要な制度的変更ではあるが、貢租増徴をともなうもので
はなかった。一方、同じく貢租納入制度の改変であっても、享保改革期の石
代納制具体的には願石代納制の改変は、一貫して貢租増徴を目的に展開した
ものであった『前掲農政史　p251』。

　その後、延享2（1745）年令「三分の二直段御定法」に至って、願石代納
許可理由の事実上の自由化をともなう形の下に、六分方米納に食い込むレベ
ルの貢租増徴策が、検地に基づく石高制を放棄した新仕法＝有毛検見取法を
ともなって始動することになる。ここにおいて享保改革末期の幕府貢納増徴
策は、前述のような近世貢租体系の枠組みの放棄つまり石高制の転換段階に、
貢租賦課過程のみならず納入過程まで含めて到達することになる。さらに本
田畑での商品作物作付の全面的公認を指摘するまでもなく、そのターゲット
が各地幕領における商品生産の展開に置かれていたことを、本城正徳によっ
て明らかにされることになる『前掲農政史　p272-277』。極論すると享保改
革期の幕府年貢政策は、田畑どこでも商品作物を自由に栽培してよろしいが
高率年貢を徴します、というものであった。この場合、後述するように「田
畑六分違い＝安石代」の畑租優遇策が、商業的農業の発展に与えた意義は大
きかったようである。留意すべき事項である。

　ここで年貢賦課過程と納入過程に論題を戻したい。上記の幕領を含む租税
課徴方式の事例として、年貢関係史料がよく残されている幕領武蔵国下丸子

59

第Ⅰ章　近世関東畑作農村の商品生産と幕府農・財政

村の例を参照『近世関東の村落支配と農民（松尾公就）p155-173』して整理すると、近世幕領の年貢課徴方式には、検見法―定免法―検見法復活（有毛検見法）―定免法回帰の流れを認めることができる（図Ⅰ-3）。ただし年貢課徴方式の基本である検見法と定免法の設定には二つの基準が考えられる。具体的設定過程の一つは、代官によって若干の相違はみられるが、大筋では、幕府勘定方の財政政策あるいは幕府の農業政策が基準になったとみる考え方であり、もう一つは凶作の発生年もしくは定免制の改定年における農民と為政者の減免と増徴をめぐる激しい攻防の末にもたらされるとみる流れである『前掲村落支配と農民 p155-173』。

関東畑作と年貢課徴方式　　小野信二（1976 p12-13）に従って、この間の関東畑作と年貢課徴の実態を中心に見直しておきたい。畑には二毛作、三毛作があり夏成の麦で主として豊凶を定めた。畑では一般に水・旱の被害が少ないので課徴の仕方も定免で行われた。また田畑六分違いといって、田米一斗、畑米六升の租としていた。租率は時代によって変動し、幕領内に比べると諸藩の変動は大きく、とくに17世紀の幕藩体制の完成期には性急な増税策が講じられていた。理由は参勤交代制の確立と商品経済の発展による藩財政の窮乏によると思われる。ただし税率変動幅は、およそ四公六民から五公五民の範囲内に定まっていったようである。

　　田畑租の差を「地方落穂集」（二、石盛仕出之事幷算法）には

一、田畑六分違いといふは、田高六斗は畑高一石に当る、取箇は田米壱斗は畑

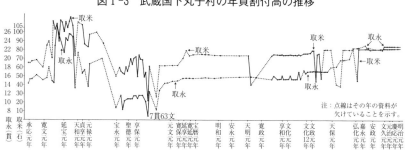

図Ⅰ-3　武蔵国下丸子村の年貢割付高の推移

出典：『近世関東の村落支配と農民（松尾公就）』

米六升と同前なり、依て田畑六分違と云うなり、（下略）

と述べている。

また租率については、「地方要集録」に

一、四分上納、六分作徳と申す事、古来之定法ニ候得共、当時ハ大方五分宛之
　積ニ候、（下略）

とあり、「地方凡例録」（三）には

一、五公五民之事
　　検見之法ニ五公五民と云う事は、其年之出来米を公儀地頭江半分、百姓作
　　徳半分取を云、（中略）往古は四公六民ニ而、四分年貢に納、六分作徳なり、
　　（中略）今の五公五民の法は、何頃より始しにや、いずれの書物にも不見当、
　　若享保年中色取検見に成りたる以後、始まりたる儀にも有之哉、また天和
　　貞享の頃追々の御政治も改まりたる由，其砌より五公五民の法発りたるか、
　　濫觴雖不詳、当時は天下一統御領私領共、五公五民之取箇定法になる、上
　　丼方筋両毛作之分は、五分取ニ而も宜しけれ共、関東は不宣、其上片毛作
　　多く、麦田無之処、五分取ニ而は、百姓甚及困窮に付、四分取と心得、五
　　公五民にても、検見之節右之心得を以て、可有勘定事也、

と記され、何時の頃からか、公私領とも五分取りとなったが、二毛作田の多
い上方地方ではともかく、麦田の少ない関東では農民の困窮が甚だしく、そ
のことも心得て検見に当るようにということになった。

　同時に耕地条件の劣悪な農山村で自給的穀菽農業を営み、さらに石代納制
に対応する換金作物用の畑地を確保することは、物理的にあるいは階層的に
著しい困難をともなう問題であった。こうした状況を克服して、煙草・蒟
蒻・麻・紅花・綿花・藍・干瓢等の販売単価が高く、しかも多肥・多労を要
する集約的農業が山峡の河岸段丘、平野部の洪積台地・沖積微高地に成立し、
他方、和紙・江戸家具・養蚕織物のような家内工業あるいは用材・薪炭林業
等の余業生産が、北関東の八溝・足尾山地周辺、沼田・中之条盆地、関東山
地前面の山麓台地と丘陵地帯、丹沢山地前面等に平野と山地を区切って広域

第Ⅰ章　近世関東畑作農村の商品生産と幕府農・財政

的に展開することになる。集約的な商品栽培は、当時の山附農村としては極限近くまで高められた耕地利用の姿であったことが考えられ、家内工業と余業生産の導入は、それでも不足する農業所得を補充し、ときには農業的土地利用に見切りをつけた生業転換であったとみることができる。

　関東畑作農村における石代納制下の「田畑六分違い」の租率優遇策が、幕領農村の畑地換金作物栽培で、少なからず有利な展開をみたことは察するに難くないことである。たとえば、正徳5（1715）年の天領小貫村の収納米の一部は四斗三升替えで石代納されたが、畑永は二石五斗替えで固定されていた（史料6）。その後宝暦6（1756）年、笠間藩領から天領に再編入されたときの目録には、田高168石余、畑高128石余に対して田高の石代金64貫836文、畑永15貫854文とされ、石当たり畑永は石代納に比べて3分の1に過ぎなかった（史料7）。日光県小貫村の明治元（1868）年から3年までの年貢皆済目録では、畑永だけは二石五斗替えの安石代が依然として踏襲されていた（史料13・14・15）。また明治5年宇都宮県移管の旧天領・佐久山領の年貢皆済目録を明治3年の目録と比較すると、畑永が2倍以上も増額されている。関東地方の畑永が、安石永であったことへの明治政府の最初の対応がここに示されている（史料16）『栃木県史　史料編近世三　p10-13』。

　既述のように享保期の関東では多くの幕領で定免法が採用されていた。定免法は承応2（1653）年、藤堂藩による試行が嚆矢とされるが、関東幕領で採用されるのは寛保3（1743）年のことであった。その後寛延2（1749）年、幕府が享保改革の年貢増徴策として採用して以来全国的に普及した。定免法の利点は、地方役人の不正防止、検見諸費用の節減、収量増加分の剰余化、生産意欲の向上、年貢の固定化による農業計画の策定可能等々が指摘されている『日本史総合辞典　p536』・『日本農業史　p156』・『関東郡代伊奈氏の研究二　p382-386』。定免法は一般に農民に好まれることが多い課税方式とされ、研究者によっては、18世紀以降の検地の放棄（切添え新田・隠田・縄延び耕地等の放任）と定免法の採用ならびに畑租における安石永が、農民の剰余創出に貢献する側面を評価し、同時に商品貨幣経済の農村浸透の契機として、商業的農業の発展に少なからず関与したとする見解もみられた『日本農業史　p154-156』。筆者もこうした考え方について、近世関東畑作農村史を展望す

る際の重要な切り口断面の一つと考えている。

4. 関東幕領の成立と開発新田の幕領編入

関東筋の幕領成立と陣屋支配　　　天正18（1590）年家康が関東に移封された当時の徳川領国は、武蔵、相模、下総、上総、上野（真田領を除く）、下野（足利・梁田・都賀郡の榎本領）に伊豆を加えた7カ国・合計240万石といわれた。この間家臣団に知行地の配分が行われ、直轄支配地は100万石となる。さらに関ケ原戦後の慶長7（1602）年に佐竹領の常陸を、同19年に里見領の安房を転封・改易により領国化し、伊豆を海道筋に入れたことで関東筋8ヵ国が成立した。幕領支配は郡代・代官による直接支配地、遠国奉行などの出先機関支配地、大名に支配を委ねる預り地のいずれかであるが、関東では周知のように郡代・代官らによる陣屋支配が行われることになる。

　幕領の推移は政治・経済・軍事的視点から近世を通して一国幕領、江戸城・大坂城周辺幕領のように不変のところも存在したが、多くの幕領は大名の改易・転入封・加増・減封あるいは上知・給地等の際の調整機能として変動を繰り返すことになる。とくに開発による新田石高の幕領編入増加分と寛永・元禄地方直し等による旗本知行分の増加が影響し合い、幕領の変動性をさらに高めていたこと、ならびに近世初期の代官は年貢請負制の職分からしばしば不正に手を染め、元禄段階までにその多くが粛清され、世襲代官から官僚代官に交替していったことの2点には留意する必要があろう。こうして全国の幕領は、近世初期（正保・慶安期）に約320万石、元禄段階400万石、延享元（1744）年に463万石を記録するが、以降は400万石前半で推移するとされている。幕領の変動は、18世紀中葉までにほぼ大名領の移動や地方直しが峠を越えたことで、以後比較的安定した状態が続くことになる『栃木県史通史編5近世2 p753-754』。

　そこで以下、和泉清司『徳川幕府領の形成と展開 p5-77』の論考を参照しながら、江戸時代初期・中期（享保期）の自給経済基調から商品貨幣経済に向けて大きく変貌していく西関東を中心に、幕領の空間配置と開発過程について接近することにした。とくに注記がない限り和泉清司（前掲書）に拠った。

第Ⅰ章　近世関東畑作農村の商品生産と幕府農・財政

（武蔵国）　武蔵では享保期以降、積極的に開発が進行し、検地も享保から明和にかけて頻繁に施行され、新田高は幕領に組み入れられていった。これらの新田高はその後幕末まで他の支配に変わることは少なかった。ただし幕領全体では、天保期にかけて減少し、その後幕末に向かい増加していく。地域的には武蔵北部で藩領と旗本知行所が増加し、南部では幕領が増加傾向を示していた『新編埼玉県史　通史編4近世2 p174-177』。なかでも小田原北条氏の松山城支配時代の遺産を意識した（と考えられる）一郡天領の横見郡は、正徳期の42か村から享保・元文期以降宝暦年間までに、若干の朱印地以外すべて旗本知行地として分与された『吉見町史　下巻 p11』・『吉見町史　上巻 p516-517』。代官の分割支配と支配空閑の異動が激しい中で、秩父地域ほど一円支配が長期にわたって行われたところもなかった『前掲県史 p181-183』。

　江戸開府後の関東幕領支配は、関東総奉行・代官頭によって行われ、武蔵国の場合は、伊奈半左衛門と大久保長安が支配した。代官頭伊奈忠次の小室陣屋を中心にした関東幕領支配圏は、武蔵の足立・葛飾・埼玉・秩父・橘樹・久良岐郡、下総の葛飾郡などに及び、とくに足立・葛飾・埼玉にかけての荒川・利根川・渡良瀬川・江戸川・庄内古川・綾瀬川などの氾濫原の新田開発と忠次の次子忠治の関東郡代としての地位の確立、その子孫たちの関東幕領支配の中心としての実績は著しいものであった。慶長5（1600）年忍城主松平忠吉転出の後、同領10万石は上知、幕領となり、地方支配は伊奈忠次等が行った。この他、慶長19（1614）年羽生領も領主大久保忠隣の改易で上知、幕領となり、代官大河内久綱の支配下となるが、寛永10年に忍領とともに松平信綱領となった。

　初期の陣屋支配は伊奈氏とともに大久保長安によって進められた。武蔵西部の山間地域にも直轄領が集中していた。大久保長安による一円的な代官支配を受けた西部の山間地域には、秩父領・鉢形領・玉川領・茂呂領・高麗領・加治領などの領が存在し、支配単位を形成していた。いわばこれらの領域が、一円的に直轄領化されたわけである。領の分布域は、同時に永高制が施行された「武州山之根筋」と呼ばれる地域でもあった。『新編埼玉県史　通史編3近世1 p208』。

第二節　近世関東畑作の商品生産と年貢増徴策

　大久保長安は、多摩郡八王子陣屋を本拠に高麗本郷の高麗陣屋、青梅の森
下陣屋、玉川郷の玉川陣屋などに陣屋を置いて管轄地の武蔵多摩・入間・新
座郡、上野緑野・甘楽郡などいわゆる「武州山之根筋」を中心に秩父山地と
丘陵・台地、丘陵・台地と平野の各接点に立地する谷口集落を中心に支配を
行った『小川町の歴史 通史編上巻 p404-417』・『日高市史 通史編
p434-435』。長安の陣屋はこの他にも飯能の中山、越生の今市、秩父盆地の
上小鹿野にも置かれ、さらに桐生新町陣屋を拠点に桐生領54か村を含む広大
な幕領を管理掌握していた『群馬県史 通史編5近世2 p276』。結局、伊奈、
大久保両代官頭を中枢とする近世前期の武蔵の代官陣屋は、総計21地点に及
ぶきめ細やかな支配網を形成することになるのである『前掲小川町の歴史
p405』・『新編埼玉県史 通史編3近世1 p208-210』。

　相模浦賀陣屋の長谷川長綱は、多摩川以南の武蔵橘樹・久良岐郡の一部を
支配した。前者伊奈忠次の支配地は西関東の初期水田開発新田地帯として、
後者大久保長安の支配地は享保期の畑新田開発による先進的商品生産地帯と
して、また長谷川長綱の支配先は多摩川南部水田地帯として、それぞれ有力
な幕領農村を形成していく地域である。上記地域を始め代官頭たちとその配
下の陣屋は総計すると、近世初期においては少なくとも武蔵で34か所、相模
では13か所で確認されている。

　「武州山之根筋」と呼ばれ、江戸時代初期に永高制検地が行われた高麗・
入間・比企・多摩・秩父・児玉郡と上野甘楽・緑野郡ならびに相模津久井郡
等の幕領村々（和泉清司 1981 p3-4）のうち、多摩郡の山間部では慶長18年
から寛永元年頃（1613-1624）まで青梅森下陣屋の乙幡重義らが支配し、鉢形
領も入封以来成瀬正一らが支配してきたが、いずれも寛永の地方直しで旗本
領に割愛され支配地域は減少した。長谷川長綱配下の橘樹郡小杉陣屋の小泉
吉次は、慶長2（1597）年から二か領用水・六郷用水を開削し、多摩川流域
の新田開発を進めた。吉次の支配地は同郡神奈川・稲毛・川崎・六郷・子
安・小机の6領5万石余に及んでいたが、孫義綱の代に不行届の廉で知行地は
没収されている。

　ちなみに近世前期の1600年頃まで幕領として陣屋が置かれた地名を並列す
ると、青梅の森下・府中郷（多摩郡）、高麗本郷・栗坪村（高麗郡）、御所村

65

第Ⅰ章　近世関東畑作農村の商品生産と幕府農・財政

（横見郡）、玉川郷（比企郡）、内宿村（男衾郡）、妻沼村（幡羅郡）、杉田村・金沢村（久良岐郡）、小杉村（橘樹郡）、小机村（都筑郡）、土屋村（足立郡）、大川戸村・小菅村（葛飾郡）などであった。1600年代頃までに断絶、廃止、移転若しくは旗本領に割愛されるなど、変転の歴史をたどる陣屋が多かったこと、ならびに郡代・代官頭の陣屋は武蔵と相模にすべて集中し、陣屋と幕領分布たとえば武州山之根筋や武蔵野新田さらに中川水系流域あるいは多摩川南部等の新田開発地帯を直に反映した立地を示していたことは特徴的であった（図Ⅰ-4・口絵参照）。

17世紀中葉（正保・慶安年間）の武蔵幕領484,800石（武蔵田園簿）は、初代関東郡代伊奈忠治の277,100石を筆頭に、20人の代官を中心に江戸総町年寄を加えて支配されていた。48万余石の武蔵幕領は、徳川時代初期の関東幕領百万石のおよそ半部を占めていたことになる。20人の代官には20,000石以上を治めるものが5人以上も含まれ、また総町年寄は、江戸の生命線神田・

図Ⅰ-4　近世前期の武蔵国村落支配図

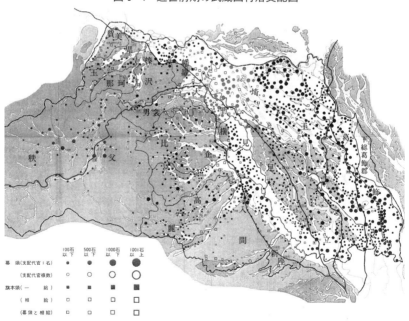

出典：『新編埼玉県史　通史編3近世1』（付録）

第二節　近世関東畑作の商品生産と年貢増徴策

玉川両用水と沿道の村々を支配する代官たちであった。

（相模国）　中原宿（大住郡）に伊奈忠次配下の坪井・成瀬・中川・興津・大谷・有谷等の陣屋があり、ここは中原街道沿いで東海道に近い交通の要衝にあると同時に関東南部幕領の統括陣屋でもあった。二宮村（淘綾郡）でも東海道沿いに陣屋が置かれていた。藤沢宿の大久保町（高座郡）、熊坂村（愛甲郡）、根小屋村（津久井郡）にも陣屋は置かれたが、いずれも17世紀後半に廃止された。津久井郡では一郡全て（5,000石）が幕領であった。

　相模では関ヶ原以降大名領は小田原藩（65,000石）のみで、他は旗本領と幕領であった。入封以来岡津陣屋の代官頭彦坂元正が相模中部幕領を支配してきたが、慶長11（1606）年彦坂は失脚した。東部では藤沢（高座郡）の大久保陣屋を中心に複数の代官が順次支配の任に就いた。（その後）中部では大住郡の中原陣屋が中心になり、多くの代官による立会支配が行われた。三浦郡は入封以来の代官頭長谷川長綱の死後、中原代官の支配下に入った。根小屋陣屋を含めこれらの幕領は、寛永の地方直しにより旗本の知行地に割かれて減少していくことになる。慶長19（1614）年小田原藩は改易のため一時期（1614-1632）幕領となる。代官支配の期間は慶長19年から寛永9（1632）年であった。

　正保期の推定幕領は66,000石とみられ、国高226,000石の約30％を占めていた。支配の中心は中原陣屋であった。この陣屋には、初期には多数の代官が詰めていたが、寛永13（1636）年以降は成瀬重治・坪井良重の相代官支配となる。その後寛文年間には中原代官の支配地を始め、初期には比較的幕領の多かった三浦・鎌倉・高座郡でも、大名領や寛永地方直しで旗本領が増え幕領の減少が見られた。

（上野国）　慶長6（1601）年大久保長安配下の大野尊吉が、桐生新町の町立てを行い陣屋を置いて桐生領54ヵ村（山田・勢多郡）、永高2,351貫文余、石高換算11,700石余を支配した。また緑野郡高山領・山中領と甘楽郡南牧・西牧地方は、武蔵秩父郡大宮陣屋の伊奈忠治配下とその後は大河内久綱が支配した。前者は神流川、後者は鏑川の各上流山村であったが、一時的な変更を経て、以後幕末まで幕領支配が継承される。信濃への抑えと林・砿産資源の掌握が目的であった。関ヶ原以降の慶長年間に大名の再編成があり、幕領も

67

第Ⅰ章　近世関東畑作農村の商品生産と幕府農・財政

増減を繰り返した。

　変遷を経て17世紀後半（寛文8年＝1668）の上野幕領は、岡上景能の19,800石を筆頭に7人の代官で56,800石（上野国郷帳）が支配されていた。とくに近世前期の上野幕領支配では、岡崎陣屋の代官岡上氏の業績が出色とされ、岡上用水の開削にともなう大間々扇状地扇頂、扇央部の笠懸・大原新田の開発に名を残した。開発による幕領組込高は、2万石以上・29か村に上った『徳川幕府領の形成と展開 p76』とされるが、『群馬県史 近世2 p90-94』にはこのことに関する言及は見られない。古村の持添新田としてすでに開発されていたものが「笠懸野新田開発図」（寛文11年陣屋役所作成）中の25％・574町歩を占め、残り1,744町歩に「野中8か村」の大原・久宮・桃頭・山之神・六千石・権右衛門・溜池・大久保の8新田村落が形成されたにすぎない。それでも巨石交じりの砂礫層に火山灰が載った大間々扇状地の自由地下水層は、最深部の久宮では30mに及び、新田開発場に水を引く事業の苦労と効果は大きく、後々代官岡上景能は村人から神として敬愛されることになる。補足事項であるが、足尾銅山から新田郡平塚河岸に至る銅街道の整備も彼の仕事の成果であった。なお、洪積台地の岡上用水に対して、慶長15年完成の利根―烏川間の沖積低地帯での越中堀延伸工事は、代官頭伊奈忠次によって成就した用水事業であり、後年の開発効果を含めると代官堀（越中堀）分惣石高は9,516石に達するという『群馬県史 近世2 p89-90』。

　その後17世紀後半の沼田藩改易、安中藩・吉井藩・高崎藩の転封入等の際の上知、幕領化によって、元禄16（1703）年の頃の上野の幕領は旧沼田藩領の19,400石、旧前橋藩領勢多郡の22,300石、旧舘林藩領邑楽郡の25,000石、新田郡の25,700石、旧来の幕領甘楽郡の15,000石を始め総計約131,000石であった（上野一国高辻）。元禄の地方直しで旗本領が61か所に新規設定されているが、それでも上野の幕領は国高の22％を占めていた。以後、これらの幕領地域を中心にして、後に詳述するような麻・煙草地域（旧沼田藩領・甘楽郡）、綿花・綿業地域（旧舘林藩領邑楽郡）、大豆・養蚕地域（旧前橋藩領勢多・新田郡）等々の畑方特産品生産地域の形成が進行することになる。

開発新田の幕領編入と商品生産　　菊地利夫『新田開発（改訂増補）p151-152』によると、関東地方における新田開発は、正保の惣石高約404万石、明

第二節　近世関東畑作の商品生産と年貢増徴策

治の惣石高510万石、その間の石高増加は106万石に達し、新田率は21であった。石高・新田率ともに低い地域は伊豆・三浦・房総半島と利根川中流域である。一方、石高・新田率ともに著しく高いのは、利根川上．下流域・支流の渡良瀬・鬼怒・小貝川流域低湿地帯で、石高にして41万石、新田率は25の田方新田である。水田主導型の新田開発は、関東流（伊奈氏）と紀州流（井沢氏）治水・利水土木技術の成果であった。

　近世関東の新田開発は二つのピークを形成しながら進行した。近世初期の盛行期は、石高制社会の基盤強化を目的に田方新田が大河川流域に成立し、第二のピークは、享保改革期の畑新田開発として、商品貨幣経済の急速な発展と畑作の経済評価の高まりを背景に、洪積台地の平地林地帯に展開した。相模野台地1.7万石・新田率37、武蔵野台地における石高増加は11.2万石・新田率では42に達していた。近世初期の見沼溜井の干拓・見沼代用水の開疏と並ぶ享保改革期の双璧となる事業であった。なお常陸台地と両総台地の開発は近世前期に進行したと菊地は指摘するが、その成果には問題が多く、近世の馬牧開墾・維新期の失業救済開墾・近代の解放林地開墾を経て、近現代の規模拡大開墾に持ち越された地域も少なくなかったことを補記する必要がある。近世の新田開発による石高上昇は、その後8.3万石の減少を招くことになる。理由は、天保期の水戸藩の再検と北関東の村落荒廃の影響によるとされている。結果、本章の趣旨から考えると、菊地利夫による以下の2点の指摘、即ち新田開発による石高増加分の80％が幕領に編入されたこと『前掲　新田開発　改訂増補　p152』、ならびに元禄・享保期以降の商業的農業の推進力として新田の特産地形成機能（政策効果）が大きく働いたこと『新田開発下巻（菊地利夫）p386-388』の歴史地理学的意義はきわめて大きいということになる。

　開発新田の所属については、享保7年9月の新田可耕地の領有権確定に関する法令（御触書寛保集成1359号）で以下のような通達が出ている『近世農政史料集　幕府法令上（児玉幸多）p164』。

惣て自今新田畑可有開発場所ハ、吟味次第障り無之においてハ、開発可被仰付候、（中略）乍然私領一円之内に可開新田ハ、公儀より御構無之候、為心得此段

69

第Ⅰ章　近世関東畑作農村の商品生産と幕府農・財政

相通し候、

　この御触書は、同一領主の支配地に完全に取り囲まれいるところつまり「私領一円の内」以外の山林・原野・空き地・干潟などに対する幕府の領有宣言を意味するものである。この御触書に基づいて、以後の開発にかかわる地元藩との争論は処理され、越後紫雲寺潟・信州松本平・岡山藩児島湾等の大規模開発も進行した『享保改革の経済政策　増補版（大石慎三郎）p186-187』。関東の新田開発も基本的にこの法令に準拠して進められたものと理解する。

　ここで関東幕領の動向の一端を、村落支配の由緒が明白な大間々扇状地南半部の上州新田郡と武州桶川近傍の事例に基づいて概観すると、大間々扇状地南半部の場合、幕藩体制成立当初ではほとんどの農村が幕領として発足するが、間もなく寛永の地方直しで、過半数の幕領は旗本知行地と大名領に知行替えとなる。次いで万治年間に開発新田の幕領編入が行われ、さらに元禄の知行替えで大名領は消滅し、多くの旗本領と一部の天領が成立する。近世末期の最終的な様相は、相給支配の旗本領を中心に少数の復活大名領と藩領ならびに新田由来の天領でほぼ村落支配網は完成していた『新田町史　通史編　p436-438・付図1.』。いわゆる関東領国化政策の所産として、地域秩序の確立に向けた幕府の関東支配体制の総括を示すものと理解する。

　一方、大宮台地北部を占める桶川近傍村々の村落支配の推移をみると、享保12年の14ヵ村のうち、幕領3ヵ村、旗本知行地6ヵ村、幕府と旗本若しくは寺院の相給領3ヵ村、川越藩領2ヵ村であったが、1世紀半を経た明治元年においてもほとんど変化は見られず、わずかに舎人新田と篠津村が川越藩領から幕領に移管され、小針領家村が旗本の相給地に替ったにすぎなかった。関東各地で繰り返された地方直しにもかかわらず、幕領からの知行替えは皆無であった『桶川市史　通史編第1巻　p319-324』。所領支配の固定性は、江戸城周辺の城付村々に対する地域秩序の維持という必要性の所産と考えることが出来る。

　結局、近世初期の武蔵では、幕領新田率が著しく高い東部中川低地帯3郡（葛飾18%）・（埼玉4%）・（足立11%）に対して、足立・埼玉2郡の中北部とくに洪積台地帯では新田希薄地帯が形成されていた『関東郡代伊奈氏の研究

第二節　近世関東畑作の商品生産と年貢増徴策

（小沢正弘）p13 付図1』。それでも前述の如く、幕領と幕府に忠実な旗本領
の分布は、近世を通して散在的ながら確実に存続していた。この状況は大
間々扇状地南半部の上州新田郡の場合も同様であった。

　ちなみに天領から旗本領への知行替えの細則規定「知行割之儀御定書」に
よると、

　一、地行割之節、関東米方永方割合之儀、大概高百石ニ米方拾六七石より弐拾
　　　石位迄割合、相残分は永方相渡候事（地行割之儀御定書）

関東で知行地を支給する場合は、支給高100石につき田（米方）16〜7石より
20石位、残りは畑（永方）としている『刑銭須知310号』。この数字が当時の
関東における地目別構成比率の輪郭とみられ、この基準と保持を必要とする
地域秩序を勘案しながら、開発と土地改良の進行に合わせて地方直しが施行
されたと考えることができる。

　必要条件を満たせない幕領村落は、支配替えの対象から外れ、結果的に西
関東畑作農村の「武州山之根筋」や武蔵野新田のような皆畑村に近い幕領
村々成立・存続の一因になったものと推定される。近世初期の相給を除く幕
領村落（1村複数代官支配を含む）の多い武蔵諸郡は、葛飾（166か村）・足立
（142）・多摩（134）・埼玉（124）・秩父（72）・橘樹（51）・高麗郡（49）等で、
中川水系流域の田方新田地帯と武蔵野台地の畑新田地帯に集中的であった。
旗本知行地では、足立（130か村）・入間（60）・多摩（48）・児玉（38）・榛沢
郡（38）等であった『江戸幕府の権力構造（北島正元）第3・8表』。いずれも
幕藩制地域秩序の形成と新田開発史を地域的に反映していた。なかでも葛
飾・久良岐・横見・高麗・秩父5郡では、333か村のほとんどが幕領で、その
50％以上が代官一給（一村一代官）支配であった『前掲江戸幕府の権力構造
p386』。

　西関東の新田地帯では、近世中期以降、後述のように多くのところで商品
生産の展開が見られた。しかしながら大間々扇状地南半部（中世荘園起源の
南部水田地帯と近世新田起源の北部畑作地帯）の田畑作地帯ように、米麦・雑
穀型の普通畑作農村として知行地適性が高いところ『前掲新田町史
p539-546』では、必ずしもすべての新田農村・幕領農村に積極的な意味で

71

第Ⅰ章　近世関東畑作農村の商品生産と幕府農・財政

の商業的農業地域が成立し、四木五草型の狭義の商品生産が展開したわけで
はない。大豆を始めとする手形流通の活発化をともなって成立した上利根川
十四河岸後背圏の穀菽産地とともに、江戸の膨張と需要の増大が扇状地南半
部農村を官道銅街道経由平塚河岸に結び、結果的に主雑穀と薪炭の生産・移
出を活発化したことが、平塚河岸問屋の荷主分布や出入り穀商の分布先から
明らかにされている『境町史　歴史編上　p422-428』。

　このように14河岸後背圏の穀菽産地を始め、新河岸川水運で江戸に直結し
た武蔵野台地の主雑穀産地、江戸屎尿搬入圏の中川水系から大宮台地にかけ
て成立した主雑穀産地と近郊園芸産地は、舟運の発達と在方市の成立（表Ⅰ
-3参照）を背景にして、重要な商品生産地帯として把握すべきところとなっ
ていた。以上のことから、畑方特産品作物を有しない幕領や旗本知行地も少
なくない関東畑作農村において、商品貨幣経済の展開を検討する場合、関東
平野中央部の穀菽生産が重要な留意事項となるものと考える。

　一方、近世後半以降、武蔵のなかではもっとも新田村落が少ない大宮台地
北半の桶川近隣村落を始め隣接岩槻台地や入間台地においても、紅花栽培や
甘藷の商品生産が進んだ『近世関東畑作の商品生産と舟運（新井鎮久）
p311-326』。いずれの台地でも切添新田以外に大規模な新田開発や幕領の成
立はなく際立つ相違は見られないが、所領関係では中山道の走る大宮台地の
旗本知行地を挟んで、東に岩槻領と西に川越領が分布する。また中川水系上
流の砂質土壌帯には、近世初期の新田が集中的に分布する葛飾・埼玉両郡北
部と寛永9年に川越藩領となる旧私市藩28か村を中心に綿花栽培地域が成立
している。つまり近世中期以降の商品生産は、新田地帯においてのみ発展し
たのではなく、綿花生産上の土壌・気候条件、紅花生産上の自然的・市場的
条件に少なからず規定されて成立発展を遂げたことを、ここでは指摘してお
きたいわけである。

　関東における正保期以降明治までの新田石高は概算106万石を占め、新田
率は21であった。この数値とくに新田率と近世中期以降明治初年までの主要
商品作物の導入状況のうち、村々の平均作付率（畑地総面積に対する商品作物
の作付割合）を作物別に表化すると表Ⅰ-2（参照）となる。商品作物の作付
状況は、時代により、場所により、階層により必ずしも一様ではない。当然、

第二節　近世関東畑作の商品生産と年貢増徴策

商品栽培上の歴史的・地域的要因に支配されるからである。しかしこれを平均的に把握すると、どの商品作物も10〜30％あたりに分布することが明らかとなる。算術平均を取れば20％である。出羽国最上川流域の紅花・阿波の藍・畿内中国筋の綿花のような卓越した主産地形成や水田米作に食い込むような専作型農村の出現は、関東の商品栽培では、大豆生産と結合した桜川流域農村のようなごく一部の小規模産地以外認められない。たとえば太田村では、明和3（1766）年綿花と大豆の作付率が77.8％、文化9（1812）年では実に87.3％に達していた。大形・小和田村でも60％台を占めていた（茨城県史＝近世編 p352-353）。しかしここで問題とすべきは、むしろ「武州山之根筋」や武蔵南東部大河川乱流地帯などにに見られる、新田分布地域と畑方特産品生産地帯の整合性の高さこそ注目に値する事柄であろう。

　このことは、少なくとも関東では、幕府農政の新田作付誘導策・奨励策に忠実に順応しながら、小規模経営の商品生産地域が、新田地帯を中心に立地展開を遂げた可能性の高いことを示唆するものと考える。関東新田石高の80％を幕領化新田農村が占めたことも、関東領国論とともに、この考え方を支持する一因となるであろう。この他、政治的理由以外の、近世畑作農業が本来的に具備する自給的性格が、生活を担保する主雑穀栽培を中核に据え、残余の耕地で Plus アルフアー一部門としての小規模商品生産を選択せざるを得なかったことも、先の主雑穀生産に関する留意事項とともに考慮すべき問題であろう。

　それは商品作物がいずれも金肥需要と投下労働量の大きいしかも価格変動性の高い、したがって小農経営にとって換金性の高い半面、きわめて不安定な経営対象だったからである。このことについて黒須茂『近世武蔵の農業経営と河川改修 p109-131』も、一般的に見て近世後半の武蔵畑作農村における綿花・紅花・甘藷等の商品生産は、大農の場合、多くの商品作物が多肥・多労と多面積投入によって経営されるているが、小農の場合は、不十分の金肥と小面積の畑で商品生産が行われてきたとし、総体的には自給的主穀生産を中心に通説のような小規模商品生産の枠内に留まるものであったとみている。

　こうした黒須茂の見解に対して、享保20年の上野国甘楽郡本宿村の麻栽培

73

は、村ぐるみで品等枠を超えて各平均40〜60％の高作付率を示していた『群馬県史 通史編5近世2 p552-554』。関東畑作農村の自給的主雑穀生産を主体にした小商品生産を基本的な農家群像とみて比較した場合、それは異質的なというよりむしろ畿内綿作農村の専業的・商農的農家経営であり、かなり高度化された貨幣経済に身を置く畑作農村の姿といえるだろう。高率作付の理由は、ほかに有力商品作物が存在しないことと幕領であること以外に思いつく節はない。両者の因果関係も不明である。ともあれ、「普通畑作 Plus 商品生産敷衍すれば米 Plus 商品作物」経営は、高度経済成長期に「モノカルチュアー・規模の経済」が市民権を獲得するまで、日本農村が追及してやまなかった永遠の課題でもあった筈である。

5. 関東幕領畑作農村と商品生産の軌跡

　ここで山林・畑方地域・新田村落の目立つ関東幕領の分布状態について、近世中期以降の商品生産との関連を視点に展望しておきたい。関東地方の近世村落に対する幕藩制支配は、通説のごとき地域秩序の下に展開した。概括すると、幕府直轄支配の中核武蔵国では惣石高66万石のうち50万石（76％）ほどが幕領であり、その周辺に位置する相模・伊豆・上総・下総等の国々でも、多いところで半分、少ないところでも3分の1程度の村々が、直轄領に編入され、結果、関東幕領の惣石高は、100〜120万石（40〜50％）と推定されている『群馬県史 通史4近世1 p324-325』。江戸の外周諸国例えば上野では、直轄領は約11％（上野国郷帳）に過ぎず、下野にしても芳賀・那須両郡を中心に11％（旧高旧領取調帳）と差はない。常陸の場合も辺境を抱える大藩水戸領の成立で、直轄領や旗本知行地の配置に特段の意を用いる必要は少ないと考えるが、詳細は史料的制約のため不明である『茨城県史＝近世編 p154』。

　関東地方の幕領では、幕藩制社会の成立段階から、畑租を貨幣納つまり石代納とするところが多かった。商品生産の発展が著しい近世中期以降の北関東の場合、直轄地設定は必ずしも多くはなかったが、反面変動量もまた少なくなかった。結果、地方直し以降の幕領減少が目立つことになるわけである。結局北関東は、関東直轄支配の中核武蔵に次いで相模・上総・下総にも一段階差をつけられた幕領率の国ということになる『群馬県史 通史編4近世1

第二節　近世関東畑作の商品生産と年貢増徴策

p28-30』。

幕領分布と商品生産地帯の形成　　西関東（相模・武蔵・上野）一帯の幕領
分布と、これらの諸地域が近世中期以降の商品生産地帯としていかなる展開
を示したか、拙著『近世関東畑作農村の商品生産と舟運―江戸地廻り経済圏
の成立と商品生産地帯の形成―』を参照しながら一瞥しておきたい（図Ⅰ-5）。

　近世初期の上野～武蔵にかけての幕領分布は、後期に養蚕・穀萩中心の皆
畑型農村となる利根川中流域から大間々扇状地経由足尾銅山までの渓谷一帯
が、銅街道付き村々として幕領に組み込まれ、足尾陣屋ともども岩鼻陣屋
の管轄下に置かれていた。近世中後期に麻・煙草・養蚕の農山村として沼田
藩真田氏の改易後に幕領化された北毛も、岩鼻陣屋管下の幕領であった。西
毛の山中領、高山領、南・西牧領、秩父地方も近世初期には和紙の産地とし
て、その後中期以降は麻・煙草・蚕糸・絹織物・上野砥などを産する農山村
『群馬県史 資料編9近世1 p1004-1005』として、秩父大宮陣屋支配下の幕領
であり、同じく八王子陣屋を拠点とする代官頭大久保長安支配の東毛桐生領
54か村も、近世前期の和紙生産地域を経て、桐生新町の町立とともに織物産
地の地位を固めた幕領であった。

　西関東の八王子陣屋管下の「武州山之根筋」とこれに東接する新田卓越地
帯を中枢とする武蔵の多摩・高麗・入間・比企・新座諸郡・上野の緑野・甘
楽各郡も、近世前期は主雑穀型農村地帯として推移するが、その後、農家子
女の農間稼ぎ（養蚕・糸紡ぎ・機織り）を基礎にして、近世後半以降に青梅・
五日市・所沢・村山・八王子を集散拠点とする機業圏の成立を通して、横浜
開港後にその地位を一躍高めた養蚕・綿絹織物産地の幕領であった『徳川幕
府領の形成と展開（和泉清司）p57-60』。この「武州山之根筋」には、近世
前期の東秩父・小川・都幾川・飯能・吾野などの伝統的な和紙の産地形成と
ともに、近世後期には高麗川・槻川流域に越生・小川を中心とする武蔵生絹
機業圏の成立が見られた『日本歴史地理総説 近世編 p275』。「武州山之根
筋」における林産物起源の伝統産業や機業圏の発展基盤は、後北条氏の支配
時代以来、山村と農村の産物を谷口集落で交換交易する経済的必要性と歴史
的慣行が、農民と支配者の両方にとって存在したこと、加えて幕府の永高制
検地・永納年貢制が村々を近世早期段階から貨幣経済に引き込んだことに

75

第Ⅰ章　近世関東畑作農村の商品生産と幕府農・財政

図Ⅰ-5　近世後期．関東畑作農村における商品生産地域の分布

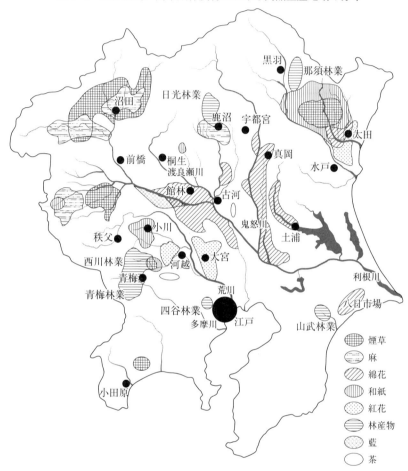

出典：
『日本歴史地理総説　近世編挿入図幅』を補筆・修正して編集。
補正資料1)群馬県史　通史編4近世2。2)千葉県の歴史　通史編近世1。3)茨城県史＝近世編。4)栃木県史　通史編4近世1・同通史編5近世2。5)新編埼玉県史　通史編3近世1。その他。常陸太田市史上巻・館林市誌・尾島町史上巻・小川町史上巻・西上州・東上州（萩原　進）。武州の紅花（上尾市教育委員会）。羽生市史上・下巻。
二次補正資料1)群馬県史　資料編9近世1。2)鬼石町誌。3)新編高崎市史　通史編3近世。4)飯能市史　資料編X。その他。交流の地域史（地方史研究協議会）・近世の北関東と商品流通（井上定幸）。

第二節　近世関東畑作の商品生産と年貢増徴策

よって一段と促進されていった。前掲『小川町の歴史 p404』でも、山之根筋の丘陵・山間の村々を支配した八王子陣屋代官頭大久保長安の業績として、「谷口集落や盆地に町や市を設定して、物資の集散や年貢上納のための換金を行わせ、山間地域の商品流通を進行させた」ことを取り上げている。

　重要な関所を抱える関東北部・西部の利根・吾妻・南北甘楽・秩父郡では、大名領や旗本知行地との再度の入れ替えを経験する沼田領、一時期忍藩の支配下に組込まれる秩父地方のような所領変遷地域に対して、西毛山中領や東毛桐生領のように近世を通して幕領であり続けたところも存在した。また、武蔵北部地方では、鉢形に隣接する内宿村に陣屋がおかれ、大河内金兵衛が支配したという。金兵衛の支配圏は秩父地方と利根川流域の妻沼・羽生領辺にも及び、伊奈忠次親子と並ぶ実績を流作場開発に残した。ここも近世中期以降の藍と綿花栽培で一躍名を挙げる幕領農村地域の一角であった『新編埼玉県史　通史編3近世1 p211』。なお、武蔵南部の幕府直轄領は、江戸湾に面する武蔵3郡の橘樹・都筑・久良岐と相模の三浦郡に集中的に展開する。しかしその他の地域を商品生産の視点でみると、煙草栽培の秦野盆地（大住郡）および絹業圏の成立とその内部の社会的・地域的分化や薪炭生産で有名となる相模川流域の津久井郡と中津川流域の愛甲郡に限られ、武蔵・上野のような集中連続的な商品生産地帯の成立は見られず『神奈川県史　通史編2近世1』、残りは雑穀生産の山間部と穀萩型水田農村となる。

　他方、東関東における商品生産は、水戸藩領の常陸北部山村と中部台地農村に久慈川・那珂川を地域核とする和紙・煙草・紅花・蒟蒻の産地が形成された。さらに鬼怒川・小貝川・桜川流域自然堤防上の幕領と旗本知行地を含む村落に綿花産地が、また桜川流域では藺草産地が成立するが、なかでも下野最多の幕領村々を抱える芳賀郡の真岡以南には、野州木綿の産地形成が進んだ。山一つで常陸と境を接する烏山藩では、関東畑作農村としては珍しく米納制をとっていた。農民たちは長年石代納制に改めさせるべく闘争を組んできたが、天領への領地替えを機に漸くこれを勝ち取ることになる『栃木県の歴史　県史シリーズ9 p206-207』。この地も煙草と和紙の特産地帯の一部であった。

　東関東南部の房総地域では、上総木綿と山武杉の名で知られる綿花と杉材

77

第Ⅰ章　近世関東畑作農村の商品生産と幕府農・財政

の産地がやや広域的に展開したにとどまる。前者は藍の産地と重合し、後者
は家具の産地をともなって、近世中後期の特産品生産地帯を形つくっていっ
た『千葉県の歴史　通史編近世1　p106』。ただ上総木綿の産地は、山辺・武
射・長柄・匝瑳4郡の洪積台地上に自給生産目的で発生したものが、その後
の水田開発で用水源を失った九十九里平野の旧砂質水田地帯において、温暖
な気象条件と魚肥に恵まれ、商品生産地域として拡大したものである『前掲
県史　近世1　p105-106・1014-1018』。ここでも開発新田は幕領に編入された。

　常陸中北部の和紙・蒟蒻・煙草・綿花・紅花の特産品生産地帯の発展ある
いは江戸市場の建値を形成するほど有力な林産資源については、親藩水戸藩
の専売制や江戸会所の設置をともなう殖産興業策および保護と干渉策が、領
主的商品流通の下で、大きく影響したことを指摘しておく必要があるだろう。

　西関東畑作農村の場合、いずれの地域も、限られた耕地の多くが商品生産
に投入されたこともあって、穀類生産の不振農村として、隣接地域の信州
米・越後米・会津米ならびに近郷からの作徳米や年貢払い米流通に依存する
地域となっていた『群馬県史　通史編5近世2　p580-629』。畑作が卓越する地
域ではないが、武蔵東部中川水系流域の低地帯も伊奈忠次・忠治によって大
規模な田方新田地帯が開かれ、武蔵野畑新田と並んで幕領の拡大に寄与し、
その財政基盤と権力基盤の強化に貢献した地域である。ここは江戸屎尿の搬
入によって近郊農村外縁の穀菽農村を形成し、近郊蔬菜農村とともに江戸市
民直結型の商品流通をともなう幕領集中農村地帯となっていたことは、図
Ⅰ-4（参照）ならびに「神奈川県史　通史編2近世1」の本文挿入図からも容易
に推定可能である。

　移入米依存によって石代納が比較的容易に促進されたこと、つまり商品貨
幣経済との接触に重大な障害がなかったことに加えて、定免制の利点と畑の
租率が低いことや幕領の年貢収奪が相対的に苛斂誅求性の弱いものであった
こと『栃木県史　史料編近世三史料（13・14・16）』・『東京百年史　第一巻
p664-670』・『沼田市史　通史編2近世　p18』が関与して、有利な商品生産を
実現した関東畑作農村の農業経営は、農民的剰余の成立を封建的危機の指標
ととらえた大石慎三郎『享保改革の経済政策』ならびに年貢率の低下を封建
的危機と位置つけた津田秀夫『江戸時代の三大改革』の所説の一端を引き合

78

第二節　近世関東畑作の商品生産と年貢増徴策

いに出すまでもなく、想定以上の安定性を持つものであった『幕藩制改革の
展開（藤田　覚）p3-49』と考える。同時にこの新たな商品生産地域の成立
は、江戸地廻り経済圏の成立過程に見られた地方市場の形成と地方市場間流
通の成立を明確に示すものであった。主雑穀生産条件に恵まれない青梅・飯
能・吾野の山附・渓谷附村々が、穀萩・漆・和紙生産から林業農村への生業
転換を実現した西川林業地域『日本産業史大系　関東地方編　p186』と武蔵
野新田間の主穀流通、秩父盆地の養蚕と絹織物の産地形成を可能にした熊
谷・忍の払い米・作徳米の流通、桐生織物と足尾銅山経営の発展を支えた幕
領佐野・足利方面からの米穀流通、茂木・笠間・真岡・久下田等の米穀集荷
市場から米価の高い山間紙業農村に向けた流通の成立等々事例には事欠かな
い。

　さらに18世紀以降検地制度が停止・閑却化された結果、西関東の農家の耕
地は、最終検地の縄延び分として切添開墾の拡張分や隠田が付加され、年貢
賦課対象外の耕地が存在したことで、金肥普及を背景とした畑方特産品生産
地帯の成立展開を、各地の農家が有利に促進し、一部農家の剰余の蓄積を可
能にしたこともきわめて重要な問題であった。洪積台地の平地林・中山間地
の山麓緩斜面林・沖積低地帯の流作場を主力対象にした新田村々あるいは近
隣の本村では、最終検地以降、長年にわたって地先切添耕地を開いてきたこ
とは既成事実だったのである。切添開墾の余地が大きい地域に限らず、たと
えば余地が少ない前橋藩でも、元禄11年から享保元年までの18年間の新田増
加高は3,374石、新田率2.9％とされ、また館林藩でも、安政2年の新田高は
743石、新田率5.8％を示した。把握されたこれらの開発新田の多くは、切添
新田とみられている『群馬県史　通史編5近世2　p83-87』。

　大規模計画的な新田開発のうねりが収まり、新田開発の主流は切添新田に
移行する。最終総検（元禄検地）以降、地先開墾型の切添開墾は代官領主に
とって把握が難しく、結果的に隠田と歩延び問題を内包するものとなる。こ
れが一般論としての現地と台帳とのズレいわゆる「歩延び」の主要内容であ
り、その規模たとえば群馬用水土地改良区の新里団地武井地区の場合、区画
整理区域465haの中に登記簿面積の2倍以上の歩延びが含まれていた『赤榛を
潤す（群馬用水土地改良区）p139』ことにも如実に示される。この歩延び

第Ⅰ章　近世関東畑作農村の商品生産と幕府農・財政

の存在が、享保改革以降の年貢増徴策に対応する関東畑作農村の抵抗力の一部を構成していたことは明らかである。もとより、基本的な状況として、畑作地帯の石代納制と代納のための貨幣入手を容易にした「武州山之根筋」の在方市やその後の在方町・城下町の市立ても無視できないことであった。

　ところで前述の石代納と同じ状況、つまり「畠作経営と商品経済の農村浸透」が鎌倉・南北朝期の西日本各地においてすでにみられた。木村茂光『日本農業史 p106-109』によれば、絹・布・糸などの農産物を中心に「代銭納」が始まっていること、さらに荘園における銭貨の流通が畠作地帯で先行的に発生していることは、代銭納の成立と銭貨の流通が畠作の進展を前提に進行したことを示していた。佐々木銀弥『荘園の商業』の研究の意義に関する木村の評価については既に報告した。

　幕府直轄領を一つの視点にして、近世関東とくに西関東畑作農村と商品生

表Ⅰ-3　近世後期武蔵南東部田方新田・西部畑新田の在方市と商品

南東部中川水系流域村々			西部武蔵野台地村々		
郡名	市立地	主要取引商品	郡名	市立地	主要取引商品
足立	鳩ヶ谷宿	諸物	入間	所沢村	穀物
	蕨宿	時用の物		扇町屋村	穀物・絹
	浦和宿	穀物・木綿布類		川越城下	絹
	桶川宿	米穀		坂戸村	絹
	原市村	米穀・前栽		今市村	絹
	与野町	穀物	高麗	飯能村	絹・穀物
埼玉	岩槻町	木綿	比企	小川町	絹・穀物・炭木材・楮
	越ヶ谷宿	時用の物		松山町	穀物・織物
	粕壁宿	諸品	秩父	坂本村	楮皮
	菖蒲町	米穀・農具		本野上村	絹・煙草
	久喜町	穀物・木綿		大宮郷	絹・黄麻・諸品
	町場村	木綿		下吉田村	絹・煙草・諸品
	忍城下町	木綿		皆野町	絹・繭・生糸
	上新郷	諸品	新座	引又町	穀類・諸品
葛飾	平沼村	雑穀・農具			
	三輪野江村	穀物			
	幸手宿	穀物・諸品			
	杉戸宿	時用の物			
	栗橋宿	穀物・諸品			

出典：『新編埼玉県史 通史編4近世2（黒須　茂）』編集して筆者作表

産との関連性について整理を試みてきた。これに補足するとすれば、3項
「関東幕領の成立と開発新田の幕領編入」で述べたように、いわゆる幕領新
田型の武蔵南東部中川水系低地帯における穀菽・蔬菜の江戸向け農村の存在
も、近世初中期の主雑穀生産地帯から中後期に養蚕・製糸・絹綿織物地帯に
比重が移行する武蔵野新田農村や工芸品生産と絹業圏の成立及び林産物（木
材薪炭）・砿産物（石灰砥石）の生産採掘量が顕著な武州山之根筋の村々とと
もに、西関東畑方商品生産地帯の中枢を形成する地域と考えている。これら
の農村は、近世中期以降の在方市の成立展開と深い共存関係の下に、商品生
産地帯の性格をさらに強めていくことになる（表 I -3）。

6. 西関東幕領畑方農村の商品生産と農村工業

　これまで幕領を中心に地域視点で商品生産を取り上げてきた。ここでは幕
府農財政の影響力が幕領に準じて支配的な旗本知行地を含む西関東畑作農村
の重要商品作物、とくに養蚕ならびに穀菽農産物の麦・大豆と繊維原料の綿
花・蚕繭を取り巻く諸状況について触れておこう。

　西関東は東関東に比較すると麦田の割合が高く、しかも北毛・西毛・南毛
の利根川流域は皆畑村が広く分布する畑地卓越地帯であった。井上定幸の渋
川以北の畑作山村分析『群馬県史 通史編5近世2 p191』によると、「畑作で
生産性の低い地域ほど養蚕業の比重が高く、このため採桑能力を超える蚕種
掃き立の結果、買桑農家（山中領中山郷）の発生も見られた」という。買桑
や桑市の成立は、延宝元（1673）年の北毛沼田新町の記録『沼田市史 通史
編2 近世 p410』や享保初年の高麗郡梅原村の記録『幕末社会の基礎構造
（大舘右喜）p92』等各地に見られた。この事情は、本田畑作付禁止令で、山
村としては比較的有利な養蚕経営の比重を容易に高めるすべのなかったこと
を示唆するものであった。

　養蚕経営の比重の大きさについては、養蚕成立の歴史が古く、かつ養蚕経
営の家計寄与率が高い西関東の「武州山之根筋」とその前面の台地畑作地域
の場合も、代表的な地域であったといえる。これらの地域は劣悪な耕地条件
と低位生産性の結果、男女の農間稼ぎの必要性が高く、女子の紡織、男子の
薪炭稼ぎが普遍的に行われ、ついには糸紡ぎと織物の家内工業の成立を基礎

第Ⅰ章　近世関東畑作農村の商品生産と幕府農・財政

に、上州や八王子にみるような地域性を帯びた絹業圏の形成を通して、生産工程と生産地域の分化をともなう蚕業地域の発展をもたらすことになっていく『日本歴史地理総説 近世編 p274-276』・『群馬県史 通史編5近世2 p291-294』・「日本産業史大系関東地方編 p260-262」。その際、養蚕経営と農村家内工業の間のスパイラルな相乗効果の発生が、伊藤好一『東村山市史 通史編上 p706-715』や大舘右喜『幕末社会の基礎構造 p51-61』らによって指摘されている。

　スパイラルな相乗効果は、農村婦女子の農間稼ぎとしての養蚕・製糸・織物の一貫工程から次第に分化・専業化し、ついに幕末期の桐生に見るような高機を採用し多数の奉公人を雇用する専業機屋（マニュファクチュアー）の叢生と多くの織子を抱える問屋制賃機経営の成立いわゆる農村家内工業地域の形成に至ることになる。

　反面、横浜開港以来、絹業圏の成立の下で一段と好況期を迎えた養蚕・綿絹織物地帯では、商品貨幣経済との接触を深めた農民層の分化・分解が進み、大舘右喜『武州世直し一揆 p7-30』によると、西川林業地域、飯能・扇町屋の木綿縞産地、同狭山茶産地、越生・玉川の蚕種産地、玉川・寄居の和紙産地、寄居・八幡山の養蚕・絹織物産地、秩父盆地の養蚕地域などの小規模特産品生産地帯の過小農や賃金労働者たちは、直接的には、在方六斎特産市の結節機能を掌中に収めた豪農・在方仲買商人たちによって、流通面を前貸し支配され、やがて鬱積した不満と生活苦は、慶応2（1866）年、巨大なエネルギーを持つ同時多発的な「武州世直し一揆」となって、山之根筋や武蔵野畑作農村に吹き荒れることになる。

　幕藩制支配の地域秩序とくに幕領と旗本知行地を地域核にして、武蔵野台地や沼田盆地さらに赤城南面の前橋藩領を始めとする西関東各地の上水・渓流河川を利用した享保期以降の水車稼業の叢生も穀菽農業に付加価値をもたらし、両者発展の相乗効果の創出を実現していた。このうち近世後期の上州では、北毛の利根入り・西入り・東入り、南毛の粕川・広瀬川、北・西毛の隣国米流入地域を中心にして、近世創設起源の100基を超える水車の稼働が見られ、主に城下町の武家・町人や地元社会の需要に対応した『前掲群馬県史 p152-154』・（丸山清康 1957 p16-24）。他方、武蔵野新田村落では、新河

第二節　近世関東畑作の商品生産と年貢増徴策

岸川水運や青梅・甲州街道の陸運を利用して精白・製粉された五穀の江戸地
廻米穀問屋出荷が、在方商人・直売水車稼人たちによって活発に推進された
『東村山市史　通史編上　p706-715』・『前掲群馬県史 p152-154』。安政4年正
月、江戸特権米穀商人たちに勝訴した武蔵野新田農村の水車稼人たちが結ん
だ「仲間取極議定書」によると、南部は多摩川の北岸より西部は府中周辺ま
で、北部は川越往還を境とする武蔵野南北水車稼人の総数は、多摩・荏原・
新座3郡を中心に93名に及んだ。武蔵野新田の代表的作物は大麦・小麦であ
り、麦作の展開から成長した在郷商人として、大舘右喜は肥料商・穀商とと
もに水車稼人を挙げている『幕末社会の基礎構造 p51-61』。

　近世の農業用水車は南北武蔵野新田のほかに、江戸の末期には湧水―渓流
の見られる山手方面とくに麻布・小石川に集中していたとされ、両区の合計
扱い量は、明治21（1888）年には20万5千余石に達していた。同じ頃、郡部
の水車は荏原郡60か所、南豊島郡38か所、北豊島郡27か所で操業され『東京
百年史　第二巻 p1042-1043』、南北武蔵野新田農村や三多摩地方の農業用水
車とともに、西関東畑作農村の主雑穀生産に寄与したことが推定される。な
お、麻布・小石川の場合は江戸・東京市民の消費生活を支えた水車稼業とみ
られるが、郡部の水車は畑作農民の生産活動（付加価値の創出→主雑穀類生産
の発展）に貢献したことから、それぞれ性格の異なる水車稼業といえる。

　ちなみに、『玉川上水と分水4（小平史料集　第26集）』から要約すると、玉
川上水の多くの分水に掛けられた水車は、天明3年現在で32か所、設置時期
は18世紀後半以降であった。賃稼ぎの内容は小麦・大麦・米穀の製粉・精米
のための農業用目的で、賃借経営も少なくなかった。この経営形態は、一般
農民には設置費がかさみ、設置の許可・容認をめぐる代官との折衝・分水目
的の「呑み水」・「田水」と設置水車の利用をめぐる下流集落との「水行」争
論発生で、政治的あるいは村落規制に対応できる有力商人・上層農民の手に
水車の設置がゆだねられる場合が多かった結果と考える。

　近代に入ると日本型水車の利用範囲は、精米・製粉以外に器械製糸・ガラ
紡・伸線業に拡大した。明治初期（1886年）全国の水車場は59,289を算した
が、その三分の一以上は「関東東山」地区の内陸県長野・山梨・岐阜・栃
木・群馬に集中していた。20世紀になっても東京三多摩地方では台地・丘陵

83

第Ⅰ章　近世関東畑作農村の商品生産と幕府農・財政

地形と渓流・河川を利用して水車の増設が続き、精米用を中心に、製粉・製糸・撚糸等に活用された『日本史大事典　第四巻　p16-19』。

　一方、関東の綿花・綿業地域は、平野中央部の河川流域の沖積砂質土壌帯を中心に、幕領・旗本知行地を地域核として展開する。関東綿作の立地条件は、少なくとも気候的には恵まれていたとは考えられないが、その分肥沃な沖積土壌と作付体系・作物編成を有効利用し、金肥投入量を抑えた産地形成を進めてきた。たとえば、鬼怒川・小貝川・桜川とくに湖北桜川流域等において、綿花栽培上の輪作体系に組み込まれた大豆・小麦生産は、その品質が評価され、利根川・霞ケ浦沿岸に銚子・野田・館林・古河・土浦等の醬油醸造業地域の成立発展を促す重要な基盤として、また江戸地廻り経済の牽引力的存在として相乗効果を発揮することになる。同様に上利根川14河岸後背圏の皆畑地域を中心にして、大麦と結合した大豆生産も、北関東特有の酸性ローム土壌に適合する重要作物として評価され、預り手形で平塚河岸を中心に広く流通した『近世関東の水運と商品取引続々（丹治健蔵）p108-122』。結果、上記醬油醸造業地域と江戸の需要を支える有力な存在となっていった。

　真岡木綿で知られた常陸・下野地域の綿業については、化政期以降、足利・佐野の高機・紡車導入綿業に圧倒され、いざり機段階の真岡木綿の現地生産は衰退が進み、地域的にも工程的にも完結性のない繰綿移出地域に変質していった。この間、鬼怒・小貝・桜3川流域で白木綿の生産が農間余業地域として余命をつなぐ間に、真岡綿作地域の西域外縁地帯には紬・絣の特産地が、伝統的技術基盤の上に、あるいは新興綿業地として小商品生産地域に発展していった『日本産業史大系　関東編（青木虹二）p252-255』。ちなみに真岡綿作地域からの繰綿の移出先は、足利・館林・中野等の両毛方面と武蔵野西部の綿絹織物業地帯であった。この傾向は足利・佐野・館林での高機普及と綿織物生産の発展に連動して、真岡綿作地帯に一段と明瞭に表れる状況であった。

　こうして非原料立地型の武蔵南部の蕨宿や芝村さらに武州山之根筋から武蔵野新田にかけての村々では、主として新河岸川舟運で搬入されたとみられる常州・野州の繰綿・原料綿糸に全面依存する青梅・所沢・蕨などの新興綿業地域が成立していった。この場合、西国筋の下り繰綿が江戸経由で流入し

84

第二節　近世関東畑作の商品生産と年貢増徴策

たことも推定可能であるが、史料的には確認できていない。

　結果、真岡綿作地域における原料綿産地と新興綿織物業地域の相乗効果は、絹業に比較すると相対的に低く、限定的なものであったことが考えられる。関東綿業地域で農工（原料産地と加工地域）間の相乗効果が明らかに確認できるのは、中川水系上流域岩槻木綿地域における武蔵藍の産地形成と伝統的な青縞織りの産地拡大であった。もとよりその背景は綿花栽培地域の拡大に負うものであった。青縞織の流通は、近世後期から明治初期にかけての産地の拡大傾向を反映して、騎西―加須―羽生へという特産品集散市場の増加と盛衰をともないながら変遷していった。

　19世紀初頭、従来の麻・絹織物から綿業に転換した両毛織物業地域では、高機導入と綿替制による問屋制家内工業が成立し、木綿白絣の足利・紬の館林・中野絣・佐野縮等の伝統的技術で近代初期までその地位を維持してきた。近世末期、両毛綿業地域で織元による賃機生産者の前貸し支配が盛行していた頃、織元の出機支配圏は綿花栽培と無縁の伊勢崎付近にまで達し『日本産業史大系　関東地方編（青木虹二）p255』、両毛綿業関連工程の波及効果が、想定外に遠隔の農村経済にまで、少なからぬ影響を及ぼしていた論考を見出すことも出来る『赤堀村誌　p276-286』・『西上州・東上州（萩原　進）p187-195』。

　一般的には養蚕・製糸業地域に包括される武蔵西部の非原料立地型綿業地域の成立では、同業間の相互効果としての養蚕・製糸・絹綿織物関連のノウハウ（生産技術と流通組織）の転用利が考えられるが、それ以上に木村茂光の農間余業選択における農家の姿勢（余業選好）に少なからず影響されているとする以下の指摘「農家の生業は耕作 Plus 諸稼ぎの複合体であるが、真岡木綿の産地下野国芳賀郡の場合（でさえ＝筆者注）、農耕で生計が維持できないため、やむなく諸稼ぎを始めたのではなく、就業機会や収入拡大に誘引され、自ら諸稼ぎに参入した」『日本農業史　p250-253』とする見解には十分反芻の価値がある。たとえば、文政2（1819）年、芳賀郡西高橋村では、農家の80％で農間婦女子稼ぎの木綿織出しが行われ、勤勉な女子は月平均3〜4反を織りだし、この収入は米一石に相当したという。この観点に立てば、生産性の低い真岡木綿地域のいざり機段階の農間余業さえ、男子の耕種農業

85

第 I 章　近世関東畑作農村の商品生産と幕府農・財政

収入を超えるほどであった。そこには地力をつけた農村家内工業地域の姿を認めることが出来る。

　さらに青梅の青梅縞・所沢の木綿絣（双子織）の産地農村も、安政の横浜開港に張り合い、生糸輸出景気が世間を風靡する間を生糸と共存し続けた個性的な産地であった。その個性的な競争力をもって武蔵西部の綿織物工業地域は、外部産繰綿の全面的移入、たとえば利根川・鬼怒川・桜川流域産の繰綿を志木宿（新河岸川舟運）から移入『所沢織物誌 p5』・『下館市史 p714-715』）する不利を克服し、明治初期には洋綿糸導入と愛知・和歌山等の先進綿工業地域との競合を経て、なお綿工業地域として成長する余力を残していたことが、新河岸川舟運の下り太物搬送量（老川慶喜 1990 p68-93）から推定できる。

　農村家内工業展開地域の経済力は、外部の工業原料産地からの荷引き能力のしたたかさに示されるだけでなく、幕末期の野田・銚子醤油が江戸に次ぐ有力売り込み先に、西関東養蚕・絹綿織物業地帯いわゆる結城・足利・桐生・伊勢崎・藤岡を結ぶ西関東特産品生産地帯を選定した営業姿勢『日本産業史大系 関東地方編〔荒居英次〕p108-109』の中にも、経済力を蓄えた地域市場の成立として再確認する必要があるだろう。同時にこの状況は、18世紀後半以降、西関東畑作農村における商品貨幣経済の顕著な進展を反映し、対東関東畑作農村ならびに西関東内部の畑地対水田の顕著な質入れ価格差となって現象化することも、改めて指摘しておきたい重要事項である。（表 I -1参照）。

7. 関東幕領畑作農村の商品生産と年貢増徴策——畿内諸国との比較検証——

　貨幣経済の進展期である享保年間（1716-1735）の幕府の全貢租量に対する石代納の割合は、3割前後であったが、時代とともに石代納は増大し、宝暦2（1752）年約4割、その後再び低減して天保12（1841）年3割4分となった。私領の場合は一般にこれより高いといわれる。その理由は、年貢米を担保にした大坂商人からのいわゆる大名貸や有力農民に肩代わりさせる年貢先納金調達が、領主経済を一層悪化させたた結果であり、同時に農民たちの代金納部分の増大となって貨幣経済の進行を早め、商品生産の拡大を促したことも見

第二節　近世関東畑作の商品生産と年貢増徴策

落とせない問題であった『日本史大事典　第五巻　p661-662』・『日本史総合辞典　p534』。宝暦期頃になると、石代納も先納金賦課の動きをともなって、野州芳賀郡小貫村の事例に見るような、貢納形態によって強制された小農経営の貨幣経済化への巻き込みが進み、「願石代」形式をとらせた幕府の米価引上げ政策は、畑作農民の再生産条件を悪化させる一つの契機となって農村荒廃への道をたどらせることになった『栃木県史　通史編5近世二　p114-115』。

　年貢は領主財政収入の基本部分を構成していた。18世紀半ば頃から小物成・諸役を貨幣で収めさせ、領主によっては、田の年貢さえ金納制をとる地域が増え、農民たちは貨幣入手の必要性を一段と強化されることになった『東京百年史　第一巻　p878』。

　田方代金納の推進は、畿内・中国筋における先進的田方綿作（正確には勝手作）地域の事例であって、関東地方でその事実を示す確かな文献にはまだ出会っていない。わずかに、新治郡の山根八ヶ村（土浦藩領）と筑波・相馬郡の山方八ヶ村（天・私領）に関する藺草栽培の史実（米納年貢制）に触れただけである『茨城県史＝近世編　p371-374』・『近世農村産業史（井上準之助）』。しかもこの地方の藺草栽培は、宝永2（1705）年上記十六ヶ村に生産地域が限定され、流通も長期にわたって浅草・弾左衛門の一手買取りとなっていた。

　井上準之助『近世農村産業史　p66』によると、桜川流域の藺草栽培は旧暦10月に水田または湿地に植えられ、翌年6月の土用に収穫されるという。明らかに冬期作であるが、夏期の水稲作については言及がない。藺田の設けられるところは、以下の史料を見ると限られていたようである。

　　八ヶ村いくさ田之儀は百姓屋鋪之下、或は山陰、或ハ冷田等ニて、稲作申ても
　　実乗不申所へ古来よりいくさ作り申候、尤上中之場所故、稲作実乗り可申所ニ
　　御座候得は、いくさ作可申様無御座候、依之いくさ田之新田と申ハ無御座候、
　　只今迄いくさ作申候田ハ藺草作不申候得は稲は難作、荒地ニ仕候成儀ニ御座候、

　つまり、正徳3（1713）年、山根八ヶ村名主連名の幕府評定所あての願書は、「米のよく穫れる田には藺草は作らない。藺草を作らない場合には荒地

第Ⅰ章　近世関東畑作農村の商品生産と幕府農・財政

になってしまうような日当たりの悪いところだけに作付する」という趣旨である『前掲産業史 p369』。これでみる限り藺草の片毛作と理解できる。果たしてそうであろうか。

　一方、前掲産業史『p100』に『諸問屋再興調』からの引用文「安値に灯心を売り、高値の米を買って上納（田方分）している」が記載されているが、享保10年の幕領買納制は、田方非米作生産のための代納制であって、その後の年貢増徴をともなう願石代納制とは異なるものと考える。山根・山方十六ヵ村の場合は前者に該当するとみ見てよいだろう。なお、山根八ヵ村と江戸蝋燭屋仲間との往復書簡にも、以下のような文面を見ることが出来る『前掲産業史 p102』。

> （前略）藺草作付候田地より米ニ而御上納仕、殊ニ外田地之儀は違作の年柄は夫々御引方も被成下、御年貢米相減し候得共、藺草田之儀ハ御引方も無之、御定免御上納ニ付、藺草作付候而は引合兼候ニ付、村々追々減作ニ相成候ニ付、（後略）

　この史料は、米と藺草の両毛作ないし藺草の片毛作の存在を示唆する文言とみられるが、そのいずれを指すかについては、特定すべき史料を欠いている。ただし少なくとも、この頃の桜川流域では、藺草栽培による田方非米作が行われていたが、畿内・中国筋の畑作木綿検見のような藺草に対する幕府の配慮はなかったようである。藺田の年貢徴収の際に上田判定が多かったことに関しても、その判定が新田検地条目に基づく「植物の如何に依らず位相応の石盛を定むべし」によるものか、「藺・麻・麦田を両毛作とし上田の部に査定する」結果であるのかも不明であるが、作付時期が冬作であることから、文脈的には両毛作と考えることが出来る。

　このように桜川流域水田の藺草の栽培様式と年貢課徴方式は、史料的に不明の部分が多かったが、『徳川禁令考（石井良助編）』における新田検地条目の関東畑作新田の商品生産に対する取り扱いによると、「植物・両片毛作の如何に拘わらず土地相応の石盛を定べし」として処理され、少なくとも上田なみに高年貢徴収されたと考えるのが妥当のようである。

　正徳年間の山根八ヵ村の藺田面積は16町7反8畝で、うち13町3反が上田で

あった『前掲産業史 p370-373』。しかも村方史料では収益性は米作に劣る
とされているが、幕府は十六ヵ村以外への藺草栽培の伝播を厳禁してその保
護を行っていることと藺草・灯心の社会的重要性を考慮すると、流通面にお
ける浅草・弾左衛門との確執、江戸蝋燭屋仲間との取引関係や土浦藩の専売
仕法との差しもつれ、灯心手挽きの禁止等々収益性にかかわる難問題の存在
にもかかわらず、さほど儲けの少ない作物とは考えられない。灯心脇売り、
残り藺草の灯心作り、指定産地以外の藺草栽培等々の発生、あるいは在村仲
買層の広範な進出『前掲産業史 p30-31』等もその証左の一部と考える。

　年貢増徴策の対象としての藺草の存在感は、畿内・中国筋の田方綿作に比
肩するべくもないが、あるいは桜川流域農村の大豆・綿花ほどの重要作物で
はないが、おそらく、元禄検地の際に全国レベルで麻、紅花とともに藺草の
水田栽培も容認されている『前掲農政史研究 p76』ことから、菊地利夫の
指摘『日本歴史地理用語辞典 p24』を待つまでもなく、近世前期末葉にお
ける先進的商品生産地帯のように、上田を上回る高斗代で石高制への組み込
みを前提に容認されていたと考えるのが至当であろう。この他、久慈川流域
と武蔵越辺川流域の入西3ヵ村（戸口・粟生田・塚崎）にも藺草の産地が成立
していた記録はあるが、入西3ヵ村の藺草は深田の表作で、年貢も桜川流域
の藺草栽培と同様であったことが考えられている。ただしここでの藺草栽培
は、通称蓙場村が示すように地元坂戸六斉市で集散する地域・用途限定流通
に過ぎなかったようである『坂戸市史 通史編Ⅱ p73-76』。久慈川流域産藺
草の詳細については不詳である。

　これまで述べてきたように享保改革期の幕府農政と年貢増徴策は、明らか
に綿花・藍・甘蔗・菜種等の商業的農業の発展が顕著な畿内・中国筋を中心
に展開されてきた。その理由は、幕府財政の危機的状況にとって剰余蓄積の
予測される商業的農村地帯は格好の標的となる存在だったからであり、同時
にここが関東に次ぐ幕領の高率分布農村地帯であったことも、反発の予想さ
れる年貢収奪の推進にとって、農民の管理掌握上好都合の条件であったこと
が考えられる。一方、本章の主対象とする関東畑作農村が、享保期以降の商
品生産の広域的展開のなかで、なにゆえに享保5年の年貢収奪の先行的実績
地域にもかかわらず、以後の強行収奪地域から外れたのか。以下、関東幕領

第Ⅰ章　近世関東畑作農村の商品生産と幕府農・財政

畑作農村における商品生産の地域的性格について、畿内農村・中国筋幕領農村との比較地域論的な整理を試みてみたい。その前に関東地方では商品栽培の進展が幕府税政上どう扱われてきたか、『徳川幕府県治要略（安藤　博編）』に依拠して簡単に再整理しておきたい。ただしこれらの租税にかかわる諸規範は、関東幕領で施行されたというより、畿内・中国筋の一部品目を除き、関東を含む幕領一般の例規と考える。

「桑畑　楮畑　漆畑　茶畑」此四種を四木と云ひ、上上畑とし、「紅花　藍　麻」を三草と云ひ、之を耕作する畑を上畑とし、其の穀盛に尚ほ一つを加へ若くは上畑並とす、而して四木栽培の畑は享保年中改正条目以来植物に関せず、土地の等位により石盛を定ることとなれり。

「両毛作」田に麦又は木綿又は菜種の類を耕作し、再び稲を作るを両毛作と云ふ、両毛作の田は片毛作、即ち稲禾一種を作る田より稍々租額を進ましむ。（両毛作、片毛作、無其差別土地相応の石盛可極事。（11年検地条目）

「勝手作」人民の自由により、田地に畑作物を栽植するを云ふ、勝手作は内見合毛付には、必上位の等級に編入せしむ。（11年検地条目）

「藺田　麻田　麦田」此種類は両毛作の地にして、石盛を付するに方り上田の部に査定するものとす。

関東中央部の穀菽型田畑作農村では、藺草と並んで麻・綿花・藍・紅花などの工芸品生産が盛んに行われていた。しかしその規模は多くの場合、県市町村史等の先行論文を集約すると、平均1〜2反レベル（対畑地作付比10〜30％）に停滞し、穀菽農業の中に半分埋没したような経営であった（表Ⅰ-2参照）。養蚕とともに関東畑作を二分した観のある綿花栽培も、桜川流域以外はその例に漏れないものであった。一方、最先進的な畿内綿作では、16世紀末〜17世紀初頭に、すでに半田（掻揚田）形式の田方綿作が成立し、禁令を無視して爆発的に普及していった。大坂近郊平野郷の場合、宝永3（1706）年、総耕地363町余の作付内訳をみると米34％、綿花62％の比率を示していた。田の半分以上に綿作が行われ『近世の農村生活（高尾一彦）p54』、若江郡荒本村の田方綿作率は平均50％（寛延―天保期）、畑方綿作率は畑地の平均95％（寛延―文政期）にも達していた。また、購入肥料については、米

第二節　近世関東畑作の商品生産と年貢増徴策

作で反当銀35匁〜46匁仕込、綿作では銀78匁から100匁の仕込であった「商業発展と農村構造（安岡重明）p111-113」。

　この数値は、筆者の知り得た範囲でも畿内綿作の平均値に近いものと考える。金肥投入量も格段に大きく、生産性もきわめて高かった。そのうえ生産工程の社会的・地域的分業も確立していた。結果、畿内綿作の生産性は、近世後期には反当で実綿50〜60貫を挙げるまでになっていた。一方、加賀藩領では繰綿18貫（18世紀初頭）、甲府盆地では実綿10貫（時期不明）に過ぎなかった『苧麻・絹・木綿の社会史（永原慶二）p310-311・327-329』。ただし加賀藩領産の反当繰綿18貫は、実綿である可能性を含むという。

　また明治21年の「農事調査資料」から河内郡の金肥投入状況をみると、反当の総肥料は米作の92銭に対して、綿作では実に6円32銭に及んでいた「農村構造の変遷より見た近世経済政策（北村貞樹）p142」。この頃の畿内綿作が、規模的な減少と集約化による反当収量の増大を実現しつつあったとはいえ、金肥投入量の差は大きすぎるように思われる。

　こうした畿内他の状況に対して、関東綿作を比較すると、平均的には1〜4反の範囲内に限定され『近世関東畑作農村の商品生産と舟運 p165』、しかも大中河川中流域自然堤防帯の砂質土壌の畑方綿作だけである。畿内田方綿作地帯における用排水に配慮した半田型集約経営も見られなかった。作物編成上の性格は、冬作の麦類に対応する夏作の大豆・綿花・藍を主とするその他作物群の中から、輪作体系を考慮しながら選択され作付られたと考えてよい。

　畿内綿作と異なり、関東綿作は投入する労働量と金肥購入量でみる限り、そして管見する限り、水稲・紅花・藍・綿花・煙草・麻等の商品作物群とほぼ横一線で並ぶかに思われ、いまだ畿内綿作に見るような突出した生産費と生産性を史料的に確認するに至っていない。おそらく『百姓伝記』（1680〜1682作）の「遠江から東は木綿の作り方を知らない」と指摘する事態には、技術的な問題だけでなく、気象条件も影響していたのかもしれない『前掲社会史 p310』。同時に近世中後期になっても、依然として大坂から繰綿と綿製品が大量に江戸へ送り込まれていた事実『流通経済史（桜井英治）p262』を見ると、江戸市場の成熟にもかかわらず、そして江戸地廻り経済

91

第Ⅰ章　近世関東畑作農村の商品生産と幕府農・財政

の発展にもかかわらず、関東綿には畿内・中国綿との競争力が十分に育まれていなかったことが考えられる。栃木県史『史料編近世三　p48-49』の指摘「棉作そのものはとくに有利な商品作物ではなかった」はその裏付の一つといえるだろう。幕府農政あるいは経済政策が関東畑作に注目するようになるのは、幕末以降急速に発展の軌跡を描き始める西関東養蚕経営と関連する絹・綿農村工業の展開期、いわゆる先進的農村地帯確立期以降のことであった。

小括——関東畑作の優位性と年貢増徴策——　近世の関東畑作の特質を、綿作を除く一般論としてその「優位性と年貢増徴策」を視点に整理すると以下のようになる。まず関東では九州と並んで畑地が卓越し、その結果、幕藩体制の基盤とされる石高制の実施に際して、幕府は、畑作における「石代納制」という年貢課徴政策を関東幕領畑作農村で実施し、また先進的商品生産地帯の畿内・中国筋では三分の一銀納制の下に、それぞれ採用することになる。

　幕領の多い関東畑作地帯の「石代納制」の選択は、商品生産の推進、小農制の確立、幕藩体制の早期安定、あるいは江戸地廻り経済圏の形成のためにも当然必要な措置であったと考えられる。幕領畑作農村における石代納制の実施に先立って、家康入封当時から「武州山之根筋」では、永高制検地と永納年貢制が実施されていた。後北条氏時代に起源をもつこの方式は、領主と農民にとって交易換金のための在方市の必要性とその創設が求められてきたこともあって、近世以前にその発生をみたものである。このことを前提にした幕藩体制下の山之根筋村々は、家康入封の近世初期段階から、生活のための交換経済との接触と年貢皆済のための接触の二面性を以て、22か所の初期在方六斉市とかかわりを持つことになっていく。この状況が後々元禄—享保期以降の西関東幕領畑作農村の商品貨幣経済の環境作りに、谷口集落の町立・市立を通して、大きく影響することは多言を要しないことであろう。

　一方、幕領村落における石代納のための換金も、やがて農民たちを商品貨幣経済の渦中に投げ込むことになる。商品経済との接触の時期は、少なくとも上野・武蔵以外の麦田のきわめて少ない関東水田農村では、代金納制の畑作地帯より若干遅れたことが考えられる。時期的には近世中期以降の魚肥使

第二節　近世関東畑作の商品生産と年貢増徴策

用の普及にともなう水稲生産力の上昇が画期となったとみてよいだろう。こ
れに対して、有利な商品生産を実現した畑作農民たちは金肥購入をめぐる前
貸し制で、また換金すべき販売作物を持たない農民たちは、わずかばかりの
主雑穀類の窮迫販売で、いずれも商人資本の厳しい収奪を受け小農分解の淵
に立つことになる。同時に享保期以降の商品生産の進行に対して、これを年
貢増徴策で余すところなく吸収しつくそうとする幕府の財政策が、農民に与
えた影響も大きかったとされてきた。もっともこの通説は、18世紀以降の検
地の停止・放棄策による台帳不記載農地（最終検地以降の切添新田や隠田の存
続にかかわる縄延び分）が存在することから、とくに林野の多い新田開発地
域では修正される必要があるとみなければならない。

　享保改革末期の延享期に至って、幕府は貢租賦課過程における石高制無視
の有毛検見法を採用し、他方、貢租納入過程においても賦課過程と同様の意
図のもとに、田方綿作に対する買納の制度的公認を意味する新しい「願石代
納法」を設定する。こうして石高制の変質つまり米納年貢制の形骸化を意味
する非米作商品生産—とくに田方綿作における買納とセットの「願石代納」
制—が、本田畑での商品作物栽培の容認と引き換えに制定される。以来、畿
内・中国筋の綿作とりわけ田方綿作に対する近世前期以降の優遇措置も、改
革末期の延享期に至ってようやく停止されることになる。この間、関東畑作
農村では、畿内・中国筋の先進的商品生産地帯と大きく異なり、商品生産は
畑新田地帯への誘導策を規範に進められた。本田畑への商品作物侵入が激し
さを増すのは、一般に商品経済の発達が顕著に進行し、反面幕府の指導管理
体制が弛緩する幕末期以降のことであった。ただし享保11（1726）年、新田
検地条目で、畑新田に課される年貢は、植物のいかんに拘わらずその土地の
評価によって決定されることになる。このことは畑新田における商品生産の
普及一般化を前提にした措置と推定される。その後享保18年、本田畑での重
要商品作物に対する年貢賦課方式は、畑方永免仕法と田方勝手作仕法の採用
をともなう高年貢率方式で発足し、延享元（1744）年に全国令化されて幕末
に至ることになるが、関東畑作では藺草栽培を除き特段の影響は考えられな
い全国令化であった。

　麦田の少ない関東では、年貢増徴策としての「願石代納」は、必ずしも畿

93

第Ⅰ章　近世関東畑作農村の商品生産と幕府農・財政

内・中国筋に見るような田方非米作まで包括した、主産地形成上の経営転換条件とはならなかったが、石代納、「田畑六分違い（安石代）」の規定、18世紀以降の検地の放棄（切添新田・隠田・縄延分の黙認）、定免制の採用などを巧みに利用して、西関東幕領畑作農村を中心に広範にわたる商品生産地帯の形成が進み、武蔵野新田農村に例示されるような剰余の蓄積を実現した農民層も一部には成立するようになる。ただし田畑六分違の制については、浮田典良の「一五之法」によって無力化されたとする見解もある『日本歴史地理用語辞典　p351』ことを添えておきたい。

　幕領や旗本知行地の新田を中心とする麻・養蚕・煙草などの商品生産の発展は、対水田比・対東関東比でみた場合、上野における畑質入れ価格の顕著な上昇を引き起こすことになった。日本農業史の中で畑地評価額が田のそれを大きく上回るのは、近世後期の西関東農村以外では、近現代の東京湾岸地帯・大阪湾岸地帯・東海道等のメガロポリス近郊農業地帯とその内縁の都市化進行地域にほぼ限られた現象であった。

　ここで注意しておかなければならないことは、西関東幕領農村を中心にした商品生産の進展は、狭義の四木五草の商品化だけでなく、上利根川十四河岸後背圏の大豆生産に特化した穀萩農村、新河岸川舟運で江戸と直結した武蔵野台地の主雑穀作新田農村、中川水系流域の台地・自然堤防帯・沖積低地帯からなる田畑米麦作新田農村、霞ヶ浦北部中小河川流域の醸造業と結合した穀萩（大豆・小麦）農村等々において、干鰯・糠・灰・江戸肥の投入で生産力を高め、商品経済に参入した農民たちの活動も、近世商品生産の基盤を構成する重要な存在として見落とせないことである。

　石代納制の強化や先納金の強制をともなう年貢米収奪率の増大、金銀方収入の著増と年貢金銀とのアンバランス等は、貨幣経済の深化と幕府財政（石経済）の破綻ならびに農村荒廃に向けた足取りを示唆するものに他ならない。結局は松尾公就『近世関東の村落支配と農民　p197』が指摘するように「幕府の年貢収納実績は、元文から宝暦にかけての収納高が享保改革末期の幕府の年貢増徴政策を反映してもっとも高くなっている。この流れの中で、常陸国桜川領域の旗本領でも、元文から宝暦期にかけて、年貢徴収法の転換による年貢増徴が図られてきた。結果、宝暦期頃から北関東農村では徐々に構造

変化（農村荒廃現象）が見られるようになるが、年貢増徴政策をその前提と
みることも出来るのである。」享保改革の底流に触れた、かつ近世農・税政
史上の転機を示す重要な事態を迎えることになる。この享保改革のもたらす
転機の実態と意義の解明こそが、本節設定の主旨だったのである。

第三節　近世関東畑作の商品生産と肥料事情

1．近世関東畑作農村の商品生産と舟運

河岸問屋の展開と結節機能　　関東平野には、本邦のいかなる平野にも見ら
れない細密な河川網が、比較的バランスよく分布し、これら河川の侵食・堆
積作用を受けて広い農耕空間が形成されている。しかも諸河川の流向はその
多くが南流し、江戸ないし江戸方向に河口を開いている。こうした河川環境
を基盤に、江戸地廻り経済の確立を意識する幕府の利水政策によって、利根
川・荒川・那珂川幹線水系を中心にした関東舟運体系が成立する。幕藩領主
たちの廻米輸送にはじまる公荷輸送は、参勤交代の制度化によってその量を
増し、領主的流通の色彩を濃厚にしていった。国境付近の陸継をともなう鬼
怒川・那珂川・利根川などの有力河川では、奥羽内陸から信越地方まで江戸
地廻り経済圏に組み込んだ舟運の発展をみることになる（図Ⅰ-6）。

　河岸の整備をともなう領主的流通の進行も、近世中頃になると、商品生産
の発展と輸送量の増大によって、脇往還の開削や新道整備と新河岸の増設に
象徴される農民的流通の時代へと移行する。農民的流通の時代における河岸
の機能と変化について、これを江戸地廻り経済の展開とのかかわりの中でみ
ると、農業生産に必要不可欠な肥料と同じく農民生活に欠くことのできない
塩や生活物資が河岸に揚げられ、在方商人の手で各地に配荷されていく。一
方、在方商人たちは農村から穀類や畑方特産商品を河岸まで搬出し、江戸に
向け河岸問屋の手を経て出荷する。つまり江戸と関東畑作農村の商品流通上
の結節点であることが、より重要な河岸の存在意義となっていくことになる。
もっとも近世中期頃までの河岸は、領主的流通と結合した荷積問屋機能だけ
の存在でしかなかったが、天保期頃までには農民的流通の発展を背景にして、
利根川上・中流部河岸問屋のように中継業者化し、市立まがいの経営が上利

第Ⅰ章　近世関東畑作農村の商品生産と幕府農・財政

図Ⅰ-6　近世関東河川交通図

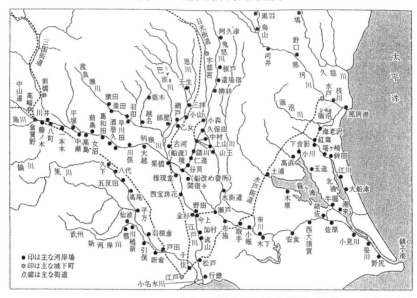

出典：『近世関東の水運と商品取引―続々―（丹治健蔵）』

根川各地の河岸で行われるようになる。河岸場を中心として商品流通も活発化し、米・大豆などの農産物が預り手形で取引され、野田の醬油醸造業地域や江戸の穀問屋へ大量に送り出されていった。

　河岸問屋の機能的変化は、新河岸川舟運における川越五河岸・引又河岸などにも明瞭に認められた。いわゆる近世後期に進行した河岸機能の交通運輸的性格から商業的性格への変化を示すものであり、それはまた、河岸機能の複合化をともなう結節機能の一層の強化を意味する状況ともいえるものであった。補足的事項であるが、在方商人による自立小農層の分解と地主階層の成立については、前著『近世関東畑作農村の商品生産と舟運』に譲りここでは触れない予定である。

河岸の立地形態・性格と商圏の成立　　河岸の分布形態は、河川によってかなり特徴的な変化を示す。変化の背景は、後背地農村（ヒンターランド）の広狭、特産物を含む地域生産力の大小、競合河岸の有無、地形的障害の有無など多面的である。河岸分布にみられる特徴は、上利根川中流部右岸と新河

第三節　近世関東畑作の商品生産と肥料事情

岸川右岸の集中的立地に最も顕著に表れている。前者は主雑穀・萩類生産を主体とし、これに利根川・会の川の自然堤防帯を基軸とした藍・木綿の商品栽培と紺染め木綿平織の青縞生産に、幕末以降急速に発展する養蚕を加えた、西関東型先進的商品生産地帯の流通の窓口となり、地方市場と江戸に対する結節地域機能を形成していた。具体的には、文禄3（1594）年の会の川締切りを契機に進めた新田開発、河川整理、用水開削などで地域農業の生産力基盤を整えた羽生領・忍藩の平場田畑作農村『羽生市史　上巻　p539・577-578、下巻　p222-255』を商圏とし、後者は主・雑穀栽培に特化した武蔵野新田をはじめとする洪積台地上の畑作地帯を取引圏として成立した。

　上利根川中流右岸の酒巻—栗橋両河岸間に立地する河岸の多くは地廻り河岸とみられる。たとえば、明和・安永期における領内他所船との争い、行徳領・東葛西領他所船との出入り『古河市史　通史編　p333』、商人荷輸送をめぐる栗橋船・前林船・境船との競合、権現堂・栗橋・幸手などの武州商人による古河の穀市での買い付けと他所船での江戸積み、さらには権現堂河岸問屋と大越河岸問屋の得意先営業権をめぐる出入りの発生などなど、古河を発火点とする多くの紛争にほとんど巻き込まれることがなかったことにも、固定的な商圏で成り立つ地廻り河岸の性格を読むことができる。それでも、利根川中流右岸地域での相対的な過集積傾向の発生は、丹治健蔵の指摘「協定を結ぶことによって、接近した河岸同士の得意先をめぐる過当競争を防止しようとしたものであろう」『羽生市史　上巻　p675-676』に見るとおりである。一方、新河岸川河岸群はほとんど右岸に展開し、武蔵野台地上の農村と江戸を結んで雑穀・薪炭と糠・灰の出し入れをもって、経済的な関係を作り上げてきたことを明示している。近世後期になって仲買商人的性格を次第に強めてきた河岸問屋の営業圏は、過集積気配の河岸展開に影響されて、武蔵野台地内奥部の奥武蔵丘陵附きの村々に向かって、年々拡大されていった（図Ⅰ-7）。

　上利根川14河岸群もかなり集中的な立地を示ものであった。集中的な河岸立地を可能にした経済的基盤を箇条に整理すると、1)倉賀野河岸の持つ上・信諸藩に及ぶ広大な後背圏と五料・川井・新各河岸の前橋藩・沼田藩全域にわたる影響圏の深さをまず指摘することができる。とくに遡行終点河岸上流

97

第Ⅰ章　近世関東畑作農村の商品生産と幕府農・財政

図Ⅰ-7　引又河岸問屋西川商店の取引範囲とその推移（天保期―弘化・嘉永期）

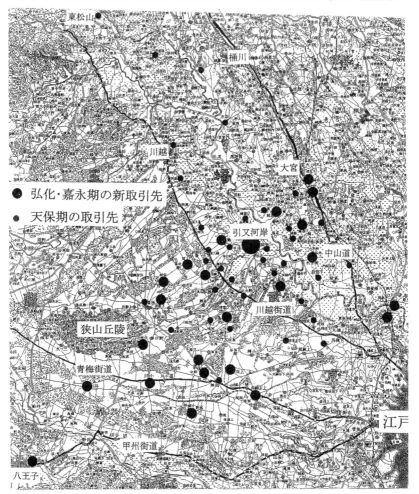

出典：『近世関東の水運と商品取引（丹治健蔵）』を元に筆者作図

には、赤城南面から北毛にかけて農山村が広く展開し、特産品生産具体的には麻・煙草・大豆・繭とその製品を産出する経済的空間を形成していた。
2)上利根川上流部西方一帯の農村は、関東畑作農村の中でもっとも先進的な畑方特産品生産地帯とされ、麻・煙草・蒟蒻・大豆・藍・生絹等と糠・魚

第三節　近世関東畑作の商品生産と肥料事情

肥・塩との交易を通して14河岸への輸送荷の提供と受け入れを継続してきた。3)その結果、14河岸では、過集積の弊害と思われるような事態、たとえば荷扱いをめぐる同業仲間間の争論などは、一本木河岸が近隣河岸を相手取って出訴した一件以外その例を聞かない。そこには、新河岸・新道開設拒否あるいは組合仲間の結束と得意先分割など、14河岸組合仲間に過集積の弊害が及ぶことを避けるべく制定された議定効果を認めることができる。

　渡良瀬川筋にも、4か所の留まり河岸の成立と河岸後背圏の狭さが物語るように過集積傾向の発生が見られた。明和年間に足利織物の生産量の増加と葛生石灰の流通量が増加し、登り荷としてのくさ樽、塩の流通を加えて渡良瀬川舟運は盛んになっていく。この状況のなかで河岸問屋衆は、文化6（1809）年に「河岸分け」協定を締結する。ともあれ、渡良瀬川筋にも河岸の過集積傾向が認められ、上記の河岸分けとともに、古河船渡河岸のような商圏確保のための先行的対応が画策されたことも明らかである。

　河岸には用途に応じた各種の類型を見出すことができる。もっとも一般的な河岸は、荷主の求めに応じて所定の送り先へ荷物を送付する荷積み河岸（問屋）である。ほとんどの河岸問屋はこの形態といえる。次いで各地でよく見かけるのが中継河岸である。この河岸は多くの場合、江戸直行船の遡行終点で積み荷を艀舟に積み替え、上流河岸に中継ぎするための河岸である。積替え河岸ともいう。中継河岸と可航終点河岸間の荷物の上下は艀船が分担する。天明の浅間山焼け以来、一段と浅川化の進んだ平塚―倉賀野河岸間に、漁猟船や作小舟が瀬取り船として活躍することになる。いわゆる所働船（ところばたらきぶね）の出現である。中継河岸は那珂川の下江戸河岸にも該当し、野州の飯野～烏山間6河岸に主として干鰯が継送られた。その他、思川の友沼・網戸・乙女の3河岸は、高瀬船から小鵜飼船への積み替え中継河岸であり、また思川と巴波川の合流点には新波・部屋両中継河岸が機能していた。中継荷物は登り荷では江戸からの糠・塩、銚子方面からの干鰯が多く、下り荷は米・麻・煙草などが主なものであった。この他、舟運成立初期段階の中継河岸としては、鬼怒川の山川河岸、渡良瀬川の古河船渡河岸などを上げることができる。渡良瀬川では、その後、舘林藩主による河川改修の影響で河床上昇箇所が生じ、結果、奥戸・野田両河岸が積み替え中継河岸になったといわれる（奥田　久

99

第Ⅰ章　近世関東畑作農村の商品生産と幕府農・財政

1976 p57)。

　浅瀬化を主因とする艀舟への積み替え河岸以外にも、輸送手段の変更にともなう「Ｎ字型」水運から陸継への「Ａ字型」ショートカットの際の積み替え河岸として、鬼怒川の久保田河岸、中利根川の布施河岸などを取り上げることができる（図Ⅰ-8）。Ｎ字型水運とは、鬼怒川久保田河岸─利根川境河岸間の陸継をしないで、利根川合流点経由で境まで遡り、そこから江戸川に乗るコースがＮ字に似ていることに由来する名称である。他方、Ａ字型水運は、鬼怒川久保田河岸の陸継をしないで利根川合流点まで下り、そこからＮ字型水運の代わりに北総布施河岸─江戸川加村河岸間の陸継を経て江戸川水運に乗るコース形態を借用した名称である。どちらも市民権を得た名称ではない。関係諸河岸の盛衰を左右する重要な輸送手段の変更をともなうものであり、それだけに多くの争論が繰り返されることになったのである。

　小括に替えて遡行終点河岸つまり留まり河岸について付言する。舟運の発達は限りなく上流へと可航部分を引き上げ、河岸の設置を試みてきた。関東地方のように江戸地廻り経済の推進が急務とされたところでは、特産物生産はもとより、林産資源の開発と利用が強く求められることになる。しかしながら、北関東の鏑川・利根川支流吾妻川に見るごとく積年の悲願が実り、河岸の開設をともなう舟運が成立してもその恩恵を享受する間もなく、洪水被害で一朝にして荒廃に帰するのが通例であった。荒川上流秩父盆地の舟運利用は、平賀源内の努力をしてもついに果たされることはなかった。利根川本流上流・吾妻川・荒川上流などいずれも筏流し（木の川）で終わっている。

　それでも那珂川支流黒川のように、白河藩廻米輸送のために津出しの片道舟運だけでも成功させたいという願いを込めて、白河に向けて1寸刻みに水路を延伸していった例もみられた。遡行終点でしかも舟運河川の延伸不能の場合、たとえば鬼怒川最上流の阿久津・板戸河岸、那珂川最上流の黒羽河岸、久慈川最上流の塙河岸、信州中馬の進出と結んで広大な商圏を確立した利根川水系最上流の倉賀野河岸等では、主要街道の利用・脇往還の開削などによって信越・奥羽内陸と駄送を用いて結びつきを深め、江戸地廻り経済圏の拡大、商品生産地帯の成立と進展に一段と深く関与することになるわけである。

第三節　近世関東畑作の商品生産と肥料事情

図Ⅰ-8　鬼怒川・利根川・江戸川筋の新河岸・新道争論関係図

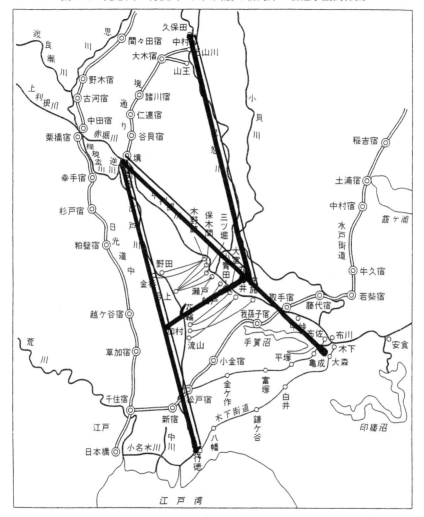

出典:『河岸に生きる人びと（川名　登）』を加筆して編集

2. 畑方特産品生産地帯の展開と主要肥料

自給肥料と購入肥料　日本史大辞典『第5巻 p1117』によると、日本における最初の肥料は苗草であって、登呂遺跡出土の田下駄はその踏み込み用具

101

第 I 章　近世関東畑作農村の商品生産と幕府農・財政

と考えられてきた。苗草は8世紀の頃から一般化したとされるが、その後の基本的肥料は、苗草にあたる青草と肥灰と呼ばれる山野の草木灰が用いられた。厩肥は延喜式記載の内膳司の園の蔬菜栽培に用いられているが、人糞尿の使用記録は見られなかった。中世に入ると一般の農民たちが家畜を舎内で飼育するようになったことから、厩肥の重要性が広く認識されるようになる。ことに畿内・山陽道では、緑肥を厩舎に入れたり草木灰として施すようになっていく。『青良記』が遅効性肥料論を展開し山野草利用問題に言及していることは、刈敷が当時の主要肥料であることを示すものであった。

　この状況は近世になってからも変わらず、年貢生産と自給栽培では刈敷・厩肥・堆肥・灰が基本肥料で、人糞尿も重要だが補助的地位に留まるものであった。三都を核とする都市発達は商業的農業を発展させ、蔬菜や工芸用作物の販売は、農村外部からの金肥購入を促進することになった。購入肥料の中心は糟粕類・魚肥・人糞・灰などの主として有機質系肥料であった。明治中期以降は大豆粕が新たに登場し、魚肥とともに購入肥料の首座を占めることになる。明治の末期からは、輸入肥料の過燐酸石灰ついで硫酸アンモニウムが、昭和恐慌後の国産化学肥料の最盛期まで重要な地位を占め続ける『日本史大事典　第5巻　p1117』。今日、肥料の主流は化学肥料であるが、魚粕・大豆油粕なども需要が多く、施設園芸で多用されている『旺文社百科事典（エポカ）15 p228』。また堆肥・厩肥・緑肥・草木灰なども耕地の肥沃化に好ましいものとして高く評価されている。

　土壌肥料学的に見た場合、日本と西欧の大きな相違点は、肥料の投入と牧草輪作の欠如であろう。この点について M. Fesca『日本地産論 p362』は、「独英の如きは輪作法に依り作物を栽培するを以て肥料の大分は主要作物の一.二種のみに施用し、他は別に施用せず。若し一の主要栄養分を要するときは人造肥料を以て補うことあり。然るに日本に於ては毎作物に糞培し且つその肥料を数回に分割して施肥す」。つまり欧米の施肥は土壌肥沃度の増加補助手段であるが、日本では作物生産の原料つまり生産手段として外部から各種肥料を持ち込んで施用するとしている。ちなみに水田裏作としてレンゲ・ウマゴヤシ・青刈り大豆栽培も江戸時代から行われてきたが、水稲との輪作が主要な農業形態として定着する前に、金肥時代に入ってしまった『日

本農業発達史　第9巻　p429-430』。

　近世農業は米麦の主穀生産を基本にしながらも、地域によっては各種の商品生産を展開していた。主穀生産を支えた近世前期の肥料は、一般的に言って緑肥（刈敷）・堆肥・厩肥・人糞であったが、17世紀中ごろ以降は商品生産の高まりとともに、次第に購入肥料の使用が見られるようになり、幕末期までには地域的・階層的にかなり一般化していく。関東畑作地帯で主に使用された購入肥料は、干鰯・鰯〆粕・などの魚肥と油粕・米糠・灰などの植物性肥料であった。用水管理の中に天然の地力培養効果が組み込まれていた水田経営に比べると、もともと肥沃度の極めて低い畑作経営は、手を加えない限り略奪農法の範疇に入れるべきものであり、そのうえ優先度の高い水田経営に肥料を奪われるという構造的な弱点を二重に内包するものであった。なお、自給、購入の如何を問わずそれぞれの肥料の適性と効用、あるいはその施用技術等については、特産品生産地帯の形成およびこれにかかわる投入肥料の地域性を検討する際に、必要範囲の言及を予定しているが、あえて付言すれば、当代に使用されたと思われる肥料全般にわたって、詳細に論述された『農稼肥培論（大蔵永常著）・培養秘録（佐藤深淵筆）日本農書全集　第69巻』の存在を紹介して小括に替えたい。

関東畑作農村と肥料事情　　近世の関東において、もっとも早い段階で商品生産に組み込まれていくのは江戸近郊農村であろう。しかも江戸近郊農村における施肥事情が明らかになるのは、18世紀に入ってからであるという。以下伊藤好一の先行研究「江戸と周辺農村　p378-382」に依拠しながら肥料事情を概括すると、江戸周辺農村の主要肥料は比較的多様であるが、次第に自給肥料から購入肥料に比重が移行し、かつ購入肥料は下肥、糠・灰、干鰯・〆粕が中心となり、それぞれ特化作物、地形土壌、地方市場、輸送事情などの影響を受けながら、使用上の地域的特徴を形成していく。

　近郊農業地域の性格上、もっとも経済的に有利な肥料は下肥とみることができる。下肥使用地域は江戸から3〜5里ほどの近郊農村で盛んに用いられてきたが、水運の便のあるところでは、10里も離れた中川水系流域農村でも利用が見られた。端的に言えば東の江東葛飾地方、北の足立埼玉方面の低湿な水田地帯と自然堤防上の葉菜型畑地帯ならびにその外縁部穀菽型農村に盛ん

第Ⅰ章　近世関東畑作農村の商品生産と幕府農・財政

に搬入利用されていくことになる。これに対して武蔵野新田地域の下肥利用は価格上昇に影響され、停滞というよりむしろ後退し、替って糠と灰が下肥使用の後退した地域や内奥部雑穀作地帯に広く普及していった。この間、干鰯の使用は下肥使用地域の縁辺部（中川水系中流域、江戸南部の相模地方）に採用される傾向を強めていった。物流の原則「重量比価」を反映する江戸近郊農村地帯の金肥使用上の圏構造配置は、地方大都市金沢でも報告（後述）されていることである。

　江戸近郊農村で早期段階から流通してきた下肥は、肥効特性の優れた肥料として代価の発生をみながらも、その経済性から広域的に使用されてきた。同時にその重要性に鑑み、幕府も下肥の搬送では、唯一農民が街道を自由に駄送する権利を認めている。幕府の下肥輸送に関する保護的扱いは中川水系諸河川で認められ、それは特権的水運見沼通船においても同様であり、灰船とともにどこでも自由に通航することができた『見沼代用水沿革誌 p1126』。幕府の江戸地廻り経済の確立を重視する政治的配慮でもあった。

　江戸近郊ないし近郊外縁部の農業発展を支えた下肥と糠については、多くの先行研究を見ることができるが、灰に関する具体的考察は少ない。小泉武夫「世界に類なし江戸時代の灰買い・灰利用 p77-81」によると、灰の用途は広く、肥料を始め酒・和紙・陶器製造や染物等の必須材料であり、これを扱う「灰屋稼業」は、室町時代前期に成立し、世界でも類例のない商売であったという。井原西鶴『好色一代男』の世之介のモデルになったのは、ほかでもない豪商灰屋紹由であった。隆盛を極めるようになるのは江戸時代前期と記されているが、農業的に普及するようになるのは、城下町川越の灰市の並やや新河岸川舟運の登り荷に見るごとく、おそらく元禄享保期の武蔵野新田開発以降のこととみるべきだろう『近世関東畑作農村の商品生産と舟運 p326-350』。火山噴出物起源の酸性土壌の改良剤として、また麦・雑穀栽培のためのカリ補給肥料として重用された草木灰は、葛西や六郷の水田地帯の稲藁灰が主に水運で江戸西郊の新田地帯に搬入されたものである。

　江戸近郊の街道や河川で通行の自由が保障されていた下肥も、関東地方レベルで考察すると、多くの市町村史・先行論文で指摘されてきたように、ごく一部の町方以外では完全に自給肥料として、草肥・駄肥とともに高い需要

第三節　近世関東畑作の商品生産と肥料事情

下に置かれてきた。同時に江戸近郊とその外縁部において穀菽農業地帯の商業的性格を強め、かつ蔬菜作農業地帯に高収益性と安定性を担保することになったのも間違いない事実であった。一方、関東地方全域を展望した場合、元禄享保期以降、煙草・木綿・麻・大豆などの畑方特産品栽培を契機に、商品経済に引き込まれていく関東畑作農村では、干鰯・〆粕、糠、灰さらに各種の糟粕類投与が各地で急速に進展した。なかでも九十九里浜を中心産地とする鰯の一次加工製品は、多肥多労型の工芸作物の質量を左右する肥料として重用されることになった。

　いわば下肥と魚肥（鰯一次加工品）は、商品生産地帯の形成と江戸地廻り経済の展開を連結する関東畑作の基幹的肥料の双璧といっても過言ではないと考える。以上の観点に基づき、以下江戸近郊農村において、干鰯投入と並んで、多肥多労の近世集約農業の確立に関与した下肥利用、ならびに在方商人による前貸し営業の結果、小農分解と農村荒廃をもたらすことになった魚肥流通について取り上げ、両者の生産と流通にかかわる社会経済的意味とその変遷について考察と整理を試みることにした。

3. 基幹的肥料の生産過程と流通

江戸の廃棄物と下肥流通　　江戸市民の生活の中から雑多な廃棄物が排出される。塵芥・屎尿・糠などで，いずれも江戸ごみ・江戸肥・江戸糠などの品名の下に流通していった。このうち、塵芥類については、林　玲子（1974 p80-86）によると、「享保期以前は埋め立て処理が一般的であったが、その後、近郊農業の発展とともに、一部は肥料として農家に引取られるようになった模様である。もっとも商業的農業が発展していた大坂に比べると、その利用は量的にも組織的にも著しく遅れていたといえる。海路を廻船で房総に送られ、名産薩摩芋などの栽培農家で活用されるようになるのは、近世末期以降のことであるが、これまでの間の塵芥に対する幕府の処理方針・方式・機構等については明らかでない。」という。『明良帯録』にも「葛西権九郎、日々辰之口に船二艘懸りで、御城内ごみ芥を積みて葛西に送る」と記載され、野菜どころの肥料に用いられていたことが推定される。事実、文化期頃の亀戸村では商品作物栽培のために畑地に下肥と芥（江戸ごみ）が、田地

105

には下肥がそれぞれ用いられている『江東区史 上巻 p587』。また、伊藤好一は、天明期の中田新田で、温床の発熱材として江戸ごみを利用して促成栽培がおこなわれるようになったことを報告「日本産業史大系 関東地方編 p63』し、その後、寛政年間になると、江戸ごみを利用した温床促成栽培技術は、砂村を中心に古利根川を遡上して粕壁あたりまで普及し、再三の禁令にもかかわらず、初物として江戸へ送られていった『前掲産業史大系 p63』・『前掲区史 p584-585』。

　江戸糠は品質的に優れた下り糠とともに、武蔵野台地の新田村々に駄送あるいは新河岸川舟運で運ばれ、灰といっしょに主雑穀栽培に広く用いられていった。一方、江戸肥は、近世中期にあっては、江戸西郊の畑作地帯で盛んに使用されていた『越谷市史 第一巻 p743』が、その後、後述の理由から東郊と北郊で蔬菜・水稲の生産力上昇に不可欠な肥料として導入されるようになり、葛西船によって葛飾・足立・埼玉諸郡の農村深く浸透していった。

　専業の屎尿汲み取り業者や屎尿流通業者が発生する以前には、近郊の蔬菜農家が自家用の屎尿として特定の商家や武家屋敷に出入りして、汲み取り仕事を行っていた。当初段階の汲み取りは互恵の立場で行われていたが、屎尿需要の増大つまり近郊農業の発展と近郊外縁部の水田農村での広域普及の結果、単なる廃棄物が経済財に転化し、その入手は渡辺善次郎が「都市屎尿の回収機構」で詳述するように現物謝礼から貨幣購入に変化した『都市と農村の間 p304-320』。同時に家主と農家の関係も随意の自由契約から下肥汲み取り権が独立して、抵当や売買の対象になることで一種の株のような性格を持つに至る（野村兼太郎 1940 p101）。流通形態も近郊農民と江戸市民の相対交渉に基づく個別的搬出から、流通量の増大・流通範囲の拡大を背景にして、問屋の成立と専門運輸業者の出現を見るまでになった、というのがおおよその経緯とみていいだろう。

　江戸近郊蔬菜作農村ならびにその外縁水田農村では、肥効性の高い屎尿利用地域が形成されていた。利用地域の範囲は、西郊で日本橋から30kmあたりまでの近郊蔬菜栽培地帯、北郊で洪積台地南端と中川自然堤防帯、高・低位三角州近辺までの近郊蔬菜と水稲作地帯、さらに東郊では江戸川前面の葛飾地方から北総台地にまで及ぶ近郊蔬菜と稲作地帯を含むものであった。下肥

第三節　近世関東畑作の商品生産と肥料事情

利用地域は、近世中期以降、需要増大にともなう下肥価格の上昇で、江戸西郊では30km圏外帯からの後退が生じ、東郊ではさらなる需要増加と地域的拡大を背景にした価格引き下げ争論が発生する。肥料商人と対決した東郊の村々は、南葛飾・北葛飾・東葛飾のほぼ全域に及んだ。下肥需要圏から脱落した西郊では、糠を代替え肥料として採用し、最終的には武蔵野新田地域の糠使用圏に同化吸収されていくことになる。一方、東郊では、下肥投入で水稲生産力を上げ、生活の安定を担保しながら、経済的に不安定な蔬菜の商品生産に傾注していった。

　ここで金肥普及上の問題点をみておこう。大田区史『中巻 p226』によると、享和2（1802）年、下丸子村では「田方1反歩について干鰯1石ほど、下肥17〜18荷ほどを必要とするが、近年では、肥料が米穀値段より高値となり引き合わない」ことを取り上げ、また同年、八幡塚村の明細帳でも「田方1反歩について〆粕1石ほどと下肥40荷ほど、畑方で下肥25荷を入れるとしているが、下丸子村と同様に肥料代の高騰で経営が圧迫されている」という記録がみえる。魚肥・糠などの肥料の購入は春先に前借し、出来秋に代金または現物で返済する方法がとられた。収穫期にかかる小農の負担は重く、小作料と肥料代に収穫の大半が当てられ、災害・凶作・基幹労働力の病気などに直面すると経営破たんは目に見えていた。こうして18世紀以降の金肥高騰による自立小農の分解と直小作が増加し、奉公人の賃金高騰によって富裕農家層の手作り経営から小作経営への変質が進行した『前掲区史 p250-253』。

　近郊農村の逼迫した肥料事情や労働力事情は、南郊に限ったことではなく、西郊の村々でも一般的に見られる現象であった。元禄・享保期以降、小農経営の変質解体が進行した。小農経営の崩壊にともなう余剰労働力の発生は、江戸への流出または農間余業化され、地主経営の成立基盤を弱体化させていった『新修世田谷区史 上巻 p712-724』。限られた区史分析の結果として得られた二つの傾向を要約すると、労働市場江戸を控えた近郊農村の荒廃は北関東のそれに比較したとき、一村退転や欠落・堕胎のような悲惨にして激烈な状況が見られないこと、ならびに近代日本農業が求め続けた基本的経営形態「米プラス商品生産」を、きわめて有利な舟運体系の下で、しかもきわめて有効な下肥の投入を以て実現した江戸東郊農村については、一歩深めた

第Ⅰ章　近世関東畑作農村の商品生産と幕府農・財政

評価を与える必要性があると考える。

　反面、下肥と魚肥を組み合わせた経営の場合、農家の経済負担が大きく小農の分解滑落要因になっていった。分解に際して発生した余剰労働力の去就を見ると、江戸への流出が目立ち、農業雇用賃金の上昇とともに富裕農家の手作り経営の不安定要素の一つになったことが理解される。江戸近郊農村における余剰労働力の発生は、階層分解の結果他律的に生じた場合と、零細農家の再生産維持手段として自律的に放出し、農業経営を放棄する場合が考えられる。後者は相対的に余業・余作・雇用機会に恵まれた江戸近郊農村ならではの対応であり、とくに後者基幹的労働力の放出は「偽農民層分解」ともいうべき江戸近郊農村独特の生計手段選択肢の一つであった。

魚肥の生産と流通　　近世初頭以降における関西漁民の関東出稼ぎ漁業の進展は、当然地元民の漁業進出の契機となり、沿岸村落の漁村化が進んだ。結果、近世中期の元禄・享保期までには、両者の間で激しい競合・対立が生じることになるが、間もなく元禄16（1703）年の大津波で漁村と漁網は壊滅し、享保末年には出稼ぎの漁師・干鰯商人ともども消滅した『近世の漁村p366-373』。出稼ぎ漁民の生産物. 干鰯を上方に中継転送する機能の下に成り立っていた浦賀干鰯問屋も、出稼ぎ漁業の衰退とともに没落する運命にあった。

　荒居英次『近世の漁村 p372-381』によると、関西出稼ぎ業者に代わって鰯網漁に進出した地元漁師の網総数は、関東臨海5か国の合計が1,200～1,300張に達したという。大量の漁獲鰯は中小商人によって集荷・加工され、鹿島灘産の干鰯は北浦諸河岸への駄送を経て、さらに河岸から大船津や銚子に運ばれた。そこから九十九里浜北部産の干鰯と一緒に有力商人（地元干鰯問屋）の手で高瀬船に積まれ、江戸・境・関宿の干鰯問屋に出荷されていった。九十九里浜中南部産の干鰯流通も中期以降は地元商人によって行われた。搬出は主に浜附後背地農民の駄送によって房総半島を横断し、江戸湾の千葉海岸諸港から江戸の干鰯問屋に送られた。ごく一部は外房の先端を回って、浦賀・江戸の干鰯問屋まで海上輸送されていった。こうした地元漁民による干鰯生産と流通の発展を背景にして、新興の江戸・境・関宿の干鰯問屋があいついで出現し、浦賀干鰯問屋にとって代わる形勢を示した。と

第三節　近世関東畑作の商品生産と肥料事情

りわけ網主への前金貸与をともなう干鰯の入荷独占によって、浦賀干鰯問屋
を圧倒していった江戸干鰯問屋の発展はめざましく（志村茂治 1938 p94）、
享保末年には200万俵前後の干鰯入荷高を確保するに至っている。荒居英次
『近世日本漁村史の研究 p504』もすでに指摘するところである。

　以上に挙げた干鰯流通の基礎となる産地と干鰯問屋の配置問題は、利根川
水系舟運と荒川水系舟運による干鰯流通を前提にしたものであるが、荒居論
文のこの把握の仕方には、那珂湊干鰯問屋の成立をはじめとする那珂川・久
慈川水系における干鰯流通問題が欠落していると思われる。ちなみに上記常
陸の独立水系への魚肥の積み出しは、鹿島灘ならびに奥州産で充当されてい
た。こうして近世中期以降、各地に成立した干鰯問屋から河岸の荷積問屋に
よって積み出され、さらに在方商人の前貸し営業の手を経て、生産者農民の
需要に応えることになるわけである。

　近世中期以降の干鰯・〆粕流通は幕末期に大きく変化する。魚肥流通形態
を変化させた社会的条件は、需要の拡大であった。近世前期の関東畑作農村
では農業生産は自給肥料によって展開されてきたが、中期の元禄・享保期以
降、畑方特産品生産地帯とともに穀萩生産地帯においても魚肥使用は一般化
し、とくに緑肥に乏しい平場農村や新田農村に広く普及した。関東地方にお
ける金肥の普及は、後述するように魚肥に限らず、糠・灰・屎尿など種類別
分化と地域性をともなって進行した。魚肥の場合、地域的な普及にもかかわ
らず、反当投入量は畿内の水準より格段に低く、享保期の西摂津村々の反当
3俵に対して、干鰯普及の先進地下野農村の場合でも、米麦二毛作田で1〜2
俵、一毛作田で1俵にすぎなかった。しかしその後、次第に投入量を増しな
がら、山間農村にまで普及範囲を拡大していった（荒居英次 1970 p45）。反
当投入量の増加が反当収量の増大と剰余の発生を招き穀商・穀市の成立を通
して、平場農村の農産物（米麦）流通を進展させることになっていった（荒
居英次 1961 p126-128）・『近世の漁村（荒井英次）p384』。魚肥需要の増大は、
農産物流通の進展と同時に干鰯流通形態上の大きな変質をもたらした。

　江戸の干鰯問屋は、すでに天保改革時の株仲間解散令で大きな打撃を受け
ていた。立て直しを図る暇もなく、浜方漁村と地方農村を結ぶ新流通ルート
の成立拡大によって、干鰯荷受量は急激に減少していった。そもそも近世中

第Ⅰ章　近世関東畑作農村の商品生産と幕府農・財政

期以降の江戸の特権的干鰯問屋の前貸し仕入れは、ほぼ得意先が地域別になっていて、江戸干鰯問屋は銚子・東上総・安房・九十九里浜を、関宿・境干鰯問屋は九十九里浜・銚子から鹿島灘にかけての地域と三陸海岸までを、さらに浦賀干鰯問屋は相模・安房・東上総の3地域をそれぞれ得意先地域にしていた。得意先漁場の網主に対する問屋の支配形態は、経営資金に対する丸仕入・半株仕入・三分株仕入など前貸し額の割合に応じて、積送らせるものであった『近世の漁村　p386』。こうした特権的干鰯問屋の網主前貸し支配も、幕末期になると、在方干鰯問屋の成長と特権干鰯問屋を経由しない直取引によって大きく崩され、流通形態の変質に連なっていった。結果、中継河岸境の衰退の一因とされた農間商いによる魚肥取扱量の増大、領主権力による直買いと直送、新興商人の抜け荷買い、浜方で直接仕入れて利根川を遡行し、北関東・西関東農村に直売するいわゆる産地問屋の通売り商法の出現等々流通経路の多様化が進行した。とくに幕末維新期における通売り商法の新展開は、在方干鰯商人の経営にも大きく影響し、18世紀的な前貸し生産物決済方式は様変わりすることになった『江戸地廻り経済と地域市場（白川部達夫）　p136』。

　荒居英次は、近世中後期．元禄から宝暦期にかけての関東農村の村明細帳の分析を通して、魚肥使用の実態解明を試みている。結果を要約すると、近世中期以降、関東地方の平場農村では、農家の階層と特産品生産の有無を超えて広汎な普及が見られたという。しかも「村方書上」事項扱いが明示する普及の一般化ならびに他肥料との併用の多様性から、魚肥使用上の一定の施肥技術段階の成立を想定している『近世日本漁村史の研究　p518-519』。さらに延享3年の境河岸干鰯問屋史料『諸荷物船賃・駄賃定帳』（小松原家所蔵）によると、干鰯の舟運価格は金壱分につき上州行20俵、鬼怒川行50俵、同じく〆粕は上州行15俵、鬼怒川行35俵となっている。また比較的近距離の巴波川積換え河岸の部屋、思川積換え河岸の乙女が干鰯1俵につきそれぞれ18文、古河河岸が12文となっている。これらのことから、少なくとも18世紀中ごろの延享年間には、北関東の上州・野州にも魚肥の使用が浸透していたものとみてよい。事実、思川筋の場合、元禄・享保期からすでに干鰯の流入が知られている『近世日本漁村史の研究　p522』。ここで一つ指摘しておきたいこ

第三節　近世関東畑作の商品生産と肥料事情

とがある。2倍を超える野州と上州の魚肥価格差の問題である。この差が上州の金肥使用を糠・魚肥混成型にし、さらに北上州畑方特産品生産地帯における異例ともいうべき自給肥料型経営の大きな成立要因になっていると考えるからである。

　魚肥流通は境干鰯問屋だけの専売事項ではない。当然、江戸干鰯問屋でも扱ってきた。一例をあげれば、元禄10年、上州富岡町坂本家の干鰯仕入れ事例を示すことができる。安永5年、上州平塚河岸史料の関宿干鰯問屋からの仕入れも例示することができる。魚肥使用の普及が、近世中期以降、関東地方の農村において広範に展開したことは明白な事実であった。問題は商品生産としての主穀生産地帯における魚肥使用の場合である。荒居英次は、商業的農業が展開しなかった関東田方農村で、干鰯・〆粕使用がどのような意味と内容の下になされたか、という問題意識に対して、「代金出来秋払いの建前をとっていたからである」と自答している。後に寄生地主制の成立を通して農村荒廃の一因となる肥料前貸し制は、ここにも展開していたとみている。

　出来秋払いにしても、米麦の一定量の商品化が可能な再生産構造を持っていなければ干鰯・〆粕の使用はできない。野州都賀・南河内郡での農産物（主穀）の商品化はこのことを明らかにしている（荒居英次 1961 p116-119）。この場合の農産物商品化はわずかな剰余の範囲内に限定される。当然、魚肥の購入額と施肥量にも限度が生じることになる。それにもかかわらず、主穀農村の零細農民たちはしばしば限度枠を超えた窮迫購入に及び、滑落の危機にさらされることになる。ただし経年的には、前述のように幕末期にかけて漸次使用量を増しながら普及範囲を拡大し、生産力を上げていった『近世の漁村 p384』。生産力の上昇は剰余の発生に結果し、米麦の商品流通の展開とこれに依存して成長した在方商人の活動と在方町での穀市の成立をみることになる。

　鰯に並ぶ重要な魚肥源は鰊である。荒居英次『近世の漁村 p387-404』によると、北海道で鰊漁業が始まるのは享保年間とみられ、爆発的に盛大となるのは、幕末期に大網（建網・曳網）が公然と使用されるようになってからである。西日本における干鰯・〆粕の払底と価格高騰に対応するものであった。鰊市場で廉価を保ち、鰯に対抗して広く農村に進出し得たのは、鰊生産

111

第Ⅰ章　近世関東畑作農村の商品生産と幕府農・財政

と流通が仕入れ商人と場所請負人によるアイヌ人に対する激しい収奪によっ
て、価格形成が安価または無償に近い形で実現したことにあるという。結果、
鰊の漁獲高は幕末の15万石、明治24年22万石、同8年49万石、同15年98万石
に急上昇し、完全に鰯魚肥を凌駕するようになる。鰊の内地への大量移出は、
近世末期初頭の文化年間あたりから北前船で緒に就いたと考えられる。移出
先は北陸から大坂にかけた西廻り航路の諸港であった。鰊魚肥の移入港から
さらに問屋─仲買人の手を経て他国の港や後背地農村に拡散していった。

　西廻り航路を往く北前船によって、北陸・西日本地方が鰊と鰯の魚肥使用
を並立していた頃、関東地方では特権的干鰯問屋の独占的な流通形態が突き
崩され、在方干鰯問屋の成長をともなう新たな形態の下で鰯魚肥流通が進展
していた。しかしながら関東の魚肥流通は、近世中期以降、鰯依存の性格に
変更はなかった。たしかに三陸沿岸地方から鰯以外に鮪・鰹などが、五十集
商人の前貸し支配を受けながら、東北を通り越して関東に送られていた『近
世関東畑作農村の商品生産と舟運 p374』。にもかかわらず、近世関東諸河
川の舟運荷物の中に「五十集」・鰊の文字を見出すことは、那珂川水運以外
には皆無であった。おそらく当時としては、流通の量と地域がきわめて限定
されていたことを示唆するものと考える。さらに荒居英次の見解『近世日本
漁村史の研究』を引用して、『那珂湊市史料第三集 p32』は「鰊魚肥が東北
地方に移出されなかった理由を、農業生産の発展が一般に低く、移入並びに
使用を必要とする段階にまで達していなかった」ためであるとしている。ま
た文化年間に蝦夷地物産取扱人の手を経て、鱈・鱒・鰊等の〆粕が野州農村
に移入・使用されたが、その後の展開は明らかでない。天保9年にも太田近
在で鰊粕を使用した記録はあるが、これも以後常用の形跡はない『前掲市史
第三集 p32』。

　近世初期段階の東廻り海運は、那珂湊─北浦経由および銚子入り内川廻し
で江戸に向かう。その後、川村瑞賢による寛文11（1671）年の房総廻り航路
が開設され、ここに江戸に到達する東廻り海運が完成する。加えて田沼時代
の寛政11（1799）年、堀田仁助を用いて品川─宮古─厚岸航路を開き、東廻
り航路に新機軸がもたらされる。結果、関東農村にも北海道産鰊の流通が見
られるようになる。昭和初期の上武養蚕地帯で、掃き立回数が年4～5回に増

第三節　近世関東畑作の商品生産と肥料事情

え、専業的養蚕農家群の集約的経営が普及するにつれ、舟運史・県市町村史関連の文献でも、鰊の流通と桑園施肥記録を目にする機会が急速に増していく。

　たとえば、明治30（1897）年3月の南・北埼玉、北葛飾三郡の農事調査結果を見ると、明らかに北海道産魚肥と思われる北海道搾粕、樽前粕、厚岸小鰊、鰊粕、樽前粉などの肥料名が羅列されていた。ただし、この時の施肥量調査には干鰯、樽肥（わた樽）の名は上がっているが、鰊を始めとする北海道産魚肥の名は見られない『新編埼玉県史　資料編21　p441-444』。鰊の施用が、まだ普及段階に達していなかったためであろうか。ほぼ同じ頃、東京府下荏原郡、東多摩郡、南豊島郡の近郊農業地帯では、主要肥料の人糞に加えて鰊〆粕が干鰯、糠・灰と並んで使用されていた『明治中期産業運動資料7-1東京府Ⅰ　p10-11』。肥効性に優れた鰊魚肥の早期投入は、畿内農村と同じく東京近郊農家の商業的性格によることが推定される。

　大正時代になると、養蚕以外に畑方特産品生産の見られなかった、というよりむしろ自給的性格の残る関東山地附きの穀萩農村飯能町でさえ、自給肥料だけでは不足し、満州大豆粕、糠とともに鰊・鰯〆粕の他に過燐酸石灰や硫安等の化学肥料が、掃き立回数の増加をともなう集約的養蚕経営のため、もっぱら桑園を中心に施された『飯能市史　資料編Ⅹ　p98-99』。当時蔬菜の桑園間作が町村の勧めで各地に推進されたが、鰊を始め肥料投入目的はあくまでも集約的養蚕経営のための桑葉の確保であった。桑園間作との相性が良い商品作物とくにほうれん草の栽培に成功したのは、産地市場の成立で流通条件を整備した伝統的蔬菜産地（深谷市中瀬地区や対岸の境町）の皆畑村と、かなり遅れて成立する赤城南麓中山間地帯富士見村以外には寡聞にして知らない。ともかく当時の北武蔵山附きの養蚕農山村にまで魚肥の鰊が普及したことは確かなことであった。むしろ当然の成り行きというべきかもしれない。ちなみに近代初期から上武・両毛養蚕地域で、鰊・大豆に次いで普及する魚肥は「くさ樽」であった。

　その後昭和10年代、利根川流域の蚕種生産で名高い島村に隣接する皆畑農村で、少年期を過ごした筆者の記憶に残ることは、身欠き鰊の桑園鋤き込みとおやつは数の子だけという日常の思い出であった。満州大豆肥料の移入と

113

ともに、西関東養蚕地帯における北海道産魚肥需要の盛期を示す一齣であったように思われる。

魚肥普及の地域性と前貸し流通　近世関東の金肥普及には明らかな地域性が見られる。境河岸から上州・野州への干鰯の輸送費は2倍に及ぶ地域格差を示していた。仕入れ価格は同一とみられるから、地域格差を形成する現地農村での販売価格は、基本的には、舟運費用に河岸から現地農村までの駄送費用と在方商人の儲けを加算した額で決まるとみてよい。ところで農村で金肥を使用する場合、いくつかの採用決定条件が考えられる。1)輸送費を含む販売価格、2)作土の土壌学的性質、3)金肥の肥効特性、以上の3点でほぼ決まると考える。1)浜からの遠近・河岸からの遠近・水陸輸送手段の違い・在方商人の販売方法などは輸送費と前期的商業資本の運動法則を通して販売価格に投影される。2)土壌粒子の粗細と化学性とくに新開地の多い関東畑作地帯では、酸性の強い火山灰土壌の問題が金肥採用にも影響すると考える。3)商品作物の多様性は作物の数だけ肥料の効用も多様化するものと考えておく必要がある。この場合、実際の金肥投入では、施用の時期・量・回数・複数肥料との組み合わせなどのうち、とくに組み合わせの問題は伝統的な自給肥料が重視され、これとの組み合わせをはじめ、各種醸造品の絞り粕、油粕などの利用が複雑に組み合わされて施肥内容が構成されていた。

　上記3点を踏まえながら関東畑作農村の金肥使用上の地域性について概説する。その際、北関東農村において象徴的に現象化した農村荒廃とその因子、とくに金肥流通と一体化して農民層分解の直接的契機となった「前貸し商法」の有無についても確認することにした。また、近世日本のどこよりも経済活動の広がりと地域性の創出において、関東地方ほど河川網の配置と利用が有効に機能してきた単位地域は、他にほとんど例をみないであろう。そこで左記の前提に基づいて、近世関東畑作地帯の金肥普及の地域性に関する試論を、水系（舟運）と畑方特産品生産を一つの手がかりにしてすすめることにした。なお、関東地方の大豆産地と醤油以外の醸造業の立地は、消費地指向性に規制されて広く拡散した結果、使用上の地域性を形成することがなかったので、ここでは大豆と糟粕類については検討対象から除外した。

第四節　近世関東畑作と施肥事情の地域性

1.　干鰯・〆粕専用の常総型農村地域

　漁場のある九十九里浜・鹿島灘などの浜方に近接した農村地帯にみられる干鰯・〆粕使用卓越型地域である。この1)型地域には、干鰯を多投する藍・綿花の栽培が成立した八日市場を中心に、下総から上総にかけての地域も、当然包括されるとみてよい（表Ⅰ-4）・『千葉県の歴史　通史編近世1　p1016』。自分馬などによる駄送が多く、干鰯流通も内陸部のように在方商人の前貸し制で牛耳られる事例は少ないと推定するが、確証となる史料は見られない。この他にも、煙草・紅花産地の久慈川および那珂川流域と同流域中流部諸河岸から分水嶺越で、主雑穀栽培の盛んな鬼怒川東部一帯にも干鰯が送り込まれ、卓越型地域が成立している。万延元（1860）年、那珂川流域農村の野々上郷における肥料事情を見ると、水田稲作では数種の自給肥料と鰯粕、畑作でも下糞をはじめ各種の自給肥料と鰯粕を中心にして、菜種・荏・酒の〆粕が適宜組み合わされ使用されている『茨城県史＝近世編　p358-359』。田畑作のうち、主雑穀と綿花や菜種のような商品作に鰯粕の使用が普及していることは当然としても、粟・稗・蕎麦から蔬菜類に至るまで金肥が投入されていることは、鰯漁村が近く、金肥の入手が極めて容易であることによるものと考える。なお、分水嶺越の干鰯・〆粕流通は、鬼怒川舟運との競争に押され、近世後期の文政期中頃までにはほぼ終焉期を迎える。各水系農村地帯における17世紀後半以降の干鰯普及と、結果としての小農生産力の上昇も、干鰯商人の前貸し商法で剰余発生分はあらかた吸収され、農民層の分解を通して、18世紀後半の農村荒廃に連動していくことになる。

　干鰯・〆粕専用の常陸型地域として、鬼怒川水系上流部と鬼怒川左岸の野州農村も編入することができる。鬼怒川水系流域一帯では、近世中期以降、那珂川経由で干鰯が流入したが、文政期の中頃からは、鬼怒川経由の干鰯・〆粕が流域農村の魚肥使用農家を支配するようになっていった。魚肥流入は、享保・元禄期以降の綿作・煙草作・穀萩生産の成立展開要因となっていくが、反面、ここでも在方商人による前貸し商法で、農民層分解と農村荒廃が進行

第Ⅰ章　近世関東畑作農村の商品生産と幕府農・財政

表Ⅰ-4　九十九里平野村々の農間渡世と施用肥料

国	郡	村	年	農間渡世	肥料
上総	武射	蓮沼	1721（享保6）	漁猟鰯網・日用取・木綿織・塩掃	干鰯・厩肥
下総	香取	万力	1731（享保16）	莚・縄・木綿織	厩肥・土肥・干鰯
上総	武射	小堤	1732（享保17）	秣・薪・縄・木綿織	刈草・地糞・干鰯
下総	匝瑳	野手	1745（延享2）	魚猟網拵・塩焼稼・木綿稼・網糸麻賃稼	―
下総	匝瑳	下富谷	1745（延享2）	縄・莚・木綿稼	―
下総	匝瑳	時曽根	1745（延享2）	縄・莚・木綿稼	―
下総	香取	古山	1745（延享2）	莚・縄・木綿稼	―
下総	匝瑳	母子	1745（延享2）	縄・莚・木綿稼	―
上総	武射	蓮沼	1746（延享3）	漁猟鰯網・日用取・木綿織・塩掃	干鰯・厩肥
上総	山辺	東金町	1760（宝暦10）	木綿糸・機	―
上総	長柄	高根本郷	1761（宝暦11）	木綿・縄・莚	―
下総	匝瑳	椿	1778（安永7）	縄・莚・木綿糸	干鰯
上総	長柄	牛込	1788（天明8）	漁猟・塩稼・木綿糸・織	―
上総	長柄	北日当	1793（寛政5）	縄・莚・糸・はた	―
上総	長柄	椎木	1793（寛政5）	干鰯・莚	―
上総	長柄	東浪見	1793（寛政5）	魚漁塩浜稼	―
上総	長柄	小萱場	1793（寛政5）	薪取・木綿織	―
上総	武射	蓮沼	1793（寛政5）	船乗漁猟稼・塩稼	干鰯・厩肥
上総	長柄	北日当	1800（寛政12）	なし	―
下総	匝瑳	東小笹	1802（享和2）	浜稼・糸・木綿	干鰯・粕
下総	匝瑳	横須賀	1802（享和2）	縄・莚・木綿織	干鰯・糠・粕類・踏草
上総	長柄	関	1802（享和2）	縄・木綿織	厩肥・下肥・油粕・干鰯
下総	匝瑳	横須賀	1805（文化2）	縄・莚・木綿織	干鰯・糠・粕類・踏草
上総	長柄	総寿新田	1816（文化13）	浜稼・糸・はた	―
下総	香取	万力	1817（文化14）	莚・縄・木綿織	厩肥・土肥・干鰯
上総	武射	小堤	1828（文政11）	薪取・秣・木綿織	―
上総	山辺	片貝	1828（文政11）	魚漁・地曳網麻糸	干鰯
上総	長柄	椎木	1837（天保8）	干鰯・莚	干鰯
下総	匝瑳	東小笹	1838（天保9）	浜稼・糸・木綿	干鰯・魚粕
上総	山辺	片貝	1850（嘉永3）	魚漁・地曳網麻糸	干鰯
上総	長柄	中里	1851（嘉永4）	塩稼	干鰯
上総	長柄	総寿新田	1868（慶応4）	浜稼・糸・木綿	―
上総	長柄	小泉	1872（明治5）	漁猟日雇取・糸取・木綿売	―
上総	長柄	小泉	1874（明治7）	糸・はた	―
上総	長柄	幸治	1874（明治7）	漁業・紡績	―
上総	山辺	片貝	不詳	魚漁・地曳網麻糸	干鰯・人馬の糞

出典：『千葉県の歴史　通史編近世1（井奥成彦）』

第四節　近世関東畑作と施肥事情の地域性

することになる。なかでも煙草作における魚肥投入量は大きく、その分、商業資本の支配は深く及んだとみられる。商業資本の農村支配は、金肥依存度の極めて高い綿花栽培においても推進され、支配は真岡木綿の加工過程に行われる前払い金制によって流通面にも及んだ。同様にして和紙生産にみられた在地問屋の前貸し金制度（船前制度）も生産と流通面の支配を貫徹させるものであった。わけても新興商人層（小僧言人）の台頭と彼らの強力な前貸し支配は、生産者の意欲減退と産地衰退の遠因となるものであった。

　北浦・霞ケ浦・下利根川流域周辺の村々も、干鰯・〆粕などのいわゆる魚肥需要農村であった。なかでも霞ヶ浦沿岸地方の園部川・恋瀬川・桜川流域の醸造用大豆・小麦の有力産地では、土浦・府中（石岡）・小川などを中心にして活発な流通が展開し、顕著な魚肥需要圏を形成していた「銚子醤油醸造業の開始と展開（林　玲子）」・「醤油原料の仕入れ先及び取引方法の変遷（井奥成彦）」。たとえば東茨城郡の四箇村では、「生鰯・干鰯浜方五里ほど罷り越し調え申候」とあり、中野谷村でも「田畑こやしには専一干鰯生いわし五六里来て調候」と差出帳に記載されている。両村とも鹿島灘沿岸の浜方に比較的近い村であった『茨城県史＝近世編　p225』。

　霞ヶ浦・北浦周辺の小麦・大豆生産の発展は、品質的に優れていたことが大きな要因とされているが、同時に醸造業産地の順調な発展が原料作物の高い需要を喚起するというプラスのスパイラル関係を創出していたことも大きい。野田を含む醤油原料需要の拡大は、近隣優良産地を超えて川通りの下総台地からさらに北関東農村一帯に波及していった。下りものを圧倒する第一号の醤油つくりは、こうした状況を背景に成立し、やがて江戸地廻り経済の牽引力を発揮することになっていく。ただし使用される肥料には霞ヶ浦周辺農村と北関東農村では明らかな差異が見られる。理由は後に触れる予定であるが、金肥価格差と作土の違いおよび綿花栽培にあると考えている。

　湖岸地方の河川流域では、醤油醸造原料産地と綿花栽培の盛んな地域とが重合する場合も見られる（表Ⅰ-5）。ちなみに大豆・小麦に特化した地方、言い換えれば魚肥流通圏を列記すると、霞ヶ浦地方では、茨城郡・新治郡・筑波郡・信太郡・真壁郡を挙げることができる。同時に、川通り（利根川沿いの下総地方）の諸郡にも同様の傾向を指摘することが可能である。結局、

117

第Ⅰ章　近世関東畑作農村の商品生産と幕府農・財政

表Ⅰ-5　筑波地方の畑夏作物の構成比(%)

村名	年度	木綿	大豆	稗	粟	芋	小豆	荏	大角豆
太　田	寛保1年	30.1	33.4	21.6	8.0	3.3		1.4	2.2
	文化9年	62.7	24.6	6.2	2.4		1.5	2.6	
大　形	文化14年	26.9	29.5	19.7	13.1	2.8	3.1	2.9	
小和田	文政10年	28.5	40.1	18.4	4.0	1.5	2.2	2.9	

出典:『筑波町史 資料集第7編』

　常総農村では、近世後期以降、魚肥—大豆・小麦・綿花—醤油の三者がリンクした流通構造の存在を想定することができる「前掲井奥成彦 p126-127」。リンクの実態は地域・農家の経営構造・経営選好等によって多様である。補記するならば、文化年間の太田村の綿作率62.7%は、個別農家それも豪農に準ずる農家の実績と推定され、畿内綿作に比定される産地形成を意味するとは考えられない。

　ここで魚肥の流通過程を見ると、鹿島灘の魚肥が北浦諸河岸への駄送を経て下利根川筋を遡上し、九十九里浜北部の魚肥は銚子湊から利根川を直送されたものとみられる。魚肥需要農村は領国的には下総・常陸の一部を占め、米麦・大豆を代表的農産物とする穀菽農業地域である。本来、近世前期の自給的農村社会の基幹作物が、後に地域を代表する商品作物に変化した背景には、近世中期以降の魚肥増投と結果としての生産力上昇—剰余の発生—商品経済の深化—江戸地廻り経済の発展という一連のうねりがあったのである。このうねりの中で、関東各地の有力農家が地域特産商品の買い付けと肥料の販売を前貸し商法で推進したように、地元常陸国筑波郡山口村の小豪農清水家でも穀類と肥料の買い付け・販売を一体化した「利貸経営」いわゆる「前貸し商法」を進めている（青木直己 1978）・「醤油原料の仕入れ先及び取引方法の変遷（井奥成彦）p125-126」。もっとも、この時（幕末期）の前貸しは集荷目的の金子貸し付け（収穫時現物返済）であって、一般的な魚肥の高利現物貸し付けではなかったようである。ただし貸付と返済にかかわる詳細については不明である。

2.　干鰯・〆粕（主）糠（従）混用の野州西南部型農村地域

　この地域の農民流通を担う舟運河川は、鬼怒川（右岸）・思川・巴波川・

黒川である。このうち後者3河川は極めて小規模な河川であるが、元禄・享保期以降、肥沃な農村部での主穀生産と鹿沼扇状地を核にした有力商品作物.麻生産の発展を背景にして活発な舟運を展開していた。

　これらの諸河川流域への登り荷は干鰯・糠・塩の占める割合が高く、とくに足尾山地東麓の鹿沼地方の農村では、麻栽培のために大量の干鰯が搬入された。麻の栽培には、麻の裏作に導入される荏の絞り粕利用も重要であったが、産地における荏搾油業の展開と麻栽培との相互依存関係は、必ずしも発展的なものではなかった『栃木県史 通史編5近世2 p105』。野州西南部への主要登り荷は、江戸から糠・塩が関宿河岸問屋を経て古河船渡河岸に運ばれ、さらに干鰯・〆粕などの魚肥類は、下利根川を遡上し、境河岸の干鰯問屋を経由して、糠などと一緒に船渡河岸から麻および主穀生産地帯に分荷されていった。この地域における金肥需要の類型を干鰯・〆粕（主）型に分類したが、根拠は地域の中核商品作物野州麻栽培にとって、魚肥需要が他のいかなる商品作物にもまして高いこと、さらに野州南西部平場農村では一般に水田稲作経営農家が卓越し、もっとも重要な購入肥料は干鰯・〆粕とされていたことの2点である。稲作における干鰯、麦・大豆作における糠それぞれの重要性は、春先に干鰯と〆粕を前貸しし、秋口に糠を前貸しする、という米麦の栽培方法の違いに合わせた取引の仕方にもよく表れている。

　当然、野州麻以外の商品生産は米穀に偏し、糠を不可欠とする麦類・萩類の栽培は、畑作の比率が高い上州に比較すると確かに少ないことが考えられる。こうした状況の中にあって、糠の需要を支えていたのが、鬼怒川下流域における表作の大豆と裏作の麦類であった『茨城県史料＝近代産業編Ⅰ p18-19』・『北下総地方史 p683』・『近世関東畑作農村の商品生産と舟運 p147-162・190』。加えて白川部達夫（2012 p112-119）の検討成果によると、魚肥と糠の使用割合は年度によって変動するが、その差は必ずしも大きくはない。価格的に見て干鰯と糠はほぼ等しく、〆粕はその3倍ほど高いが、使用量を経年的に見ると、〆粕の販売量が明らかに増大している。これらのことから、魚肥（主）と糠（従）の関係が形成されたとみることができる。

　古河船渡河岸を発着点とする上下荷を破船史料から検討すると、糠の書上史料が少なからず存在するが、登り荷の場合、行き先が北関東農村として一

括して扱われ、上州・野州の区別はなかった。しかし難波信雄（1965）の境河岸問屋小松原家文書（延享3年船賃駄賃定書・天明4年訴訟文書）の分析結果によると「上州・鬼怒川筋・乙女川方面へ塩魚・干鰯・粕が送られる。上州方面へはそのほか糠・穀物が送られている」とあるが、このことが渡瀬川水運で遡上した米が大間々—根利道経由で東入り地方に送られていたことを指すのか、あるいは、上州の農業地域的性格—南・北上州での皆畑地域の広域的分布、北上州・西上州における信・越米の買米農村の広汎な存在、多種類肥料の普及にみる先進的特産品生産地域の形成—を総括的に指摘したものかについては、「船渡河岸経由」という記録の有無で決まる問題である。どちらにしても、野州では糠の重要性が上州に比べて相対的に低いことを反証する文言であることには変更はないだろう。

　ちなみに黒川・思川上流域の野州麻生産は、厳しい経営上の性格と中農肥大化という階層変動上の特色を持っていた。前者では、1)資本と労働の集約性が金融面で商人支配を受けやすくしていること、2)麻の流通がきわめて複雑な資金ルートの上に成立していること、3)分業関係の発展と販売市場の拡大が困難であることなど、生産と市場の両面から規制されながら産地の性格が形成されていた。後者については、商品生産の進展の中での階層分解の低位性＝中農肥大化がしばしば指摘されてきた。結論だけ紹介すると、前貸し経営で麻場農民を掌握した前期的商業資本は、付加価値生産の大きい加工業の現地展開を否定することで吸着と保身を図り続けた。結果、麻場農村では小農の欠落、農村荒廃と特産地化の進行、余業機会の増大という事態の中から、地主手作り経営の困難さと質地—小作関係の停滞が同時発生し、そこから中農肥大化傾向が浮上したわけである。生産・流通から産地の構造的支配にまで及んだ前期的商業資本の展開がもたらした社会の姿である。

3. 糠（主）干鰯・〆粕（従）混用の上州・武州・野州南部型農村地域

　この地域一帯への金肥供給は、上利根川・中利根川・荒川・渡良瀬川水系・江戸川等の諸河岸の舟運によって行われた。金肥を多用する商品作物とその産地を整理すると、西上州の煙草と麻ならびに大豆が指摘され、また赤城南面、利根川流域から北武蔵にかけての畑作地帯では、大麦と結合した大

豆も重要な畑方特産品作物であった。とくに平塚河岸を中心に上利根川14河
岸から積下げられた大豆は、活発な「預り手形」流通を展開しながら江戸な
らびに野田の醬油産地に送り込まれていった『上里町史 通史編 上巻
p788-793』・『伊勢崎市史 通史編2近世 p347-348』・（山田武麿 1960 p7-8）。

　大豆栽培が盛んな地域と糠の需要が大きい地域との整合性については、伊
勢崎市史（前掲市史 p355）がその一端を下記のように示唆している。「江戸
時代の半ば頃になると、いわゆる金肥が入るようになるが、その多くは糠
で尾州糠が多かった。同時に魚の腸、干鰯、大豆粕というものが入ってきた。
とくに糠と干鰯の利用は多かった」。この状況は利根川舟運の上下荷物（表
Ⅰ-6）にも如実に表れている。

　さらに文政年間における穀莢預り手形の預け人の分布からも、上述の傾向

表Ⅰ-6　利根川舟運の上下荷物

河岸	年次	上り荷物	下り荷物
島　村	安永3	塩、糠、油など	近河岸廻米、炭薪穀物、板貫など
伊勢崎	明和8	塩、ぬか、水油	米、大豆、薪
	寛政5	糠、しほ、干か	御城米、殿様米、商人もの、炭竹木類
	文化	小間物、俵物、大坂糖、塩、八斗島、苦塩、赤穂塩、ふすま、干鰯	
新河岸	明和8	糠、干鰯、繰綿、太物、小間物、油、塩、茶、肴	米、大豆、板木、上荷物、沼田多葉粉
		（上下10,030〜10,040駄）	
	文政12〜天保2	塩、茶、糠？、干鰯、綿、太物、水油、小間物 （文政12　2,500駄 　　13　2,100 　天保2　1,920）	御城米、大豆、炭、綿、御廻米、板木、たばこ （文政12　2,000駄 　　13　1,900 　天保2　2,100）
川　井	文政12〜天保2	塩、茶、糠？、干鰯、綿、太物、水油、せと （文政12　250駄 　　13　350 　天保2　420）	御城米、大豆、小豆、炭、板木、柏皮、大角豆 （文政12　320駄 　　13　450 　天保2　560）
倉賀野	明和8	塩、茶、小間物、糠、干鰯、綿、太物 （22,000駄）	米、大豆、麻、紙、多葉粉、板貫 （30,000駄）

出典：『群馬県史 通史編5近世2（田中康雄）』

第Ⅰ章　近世関東畑作農村の商品生産と幕府農・財政

を読むことができる。たとえば、伊勢崎（7人）、茂呂（9人）、今泉（5人）、
伊與久（19人）を中心とする伊勢崎周辺で計43人、境町（10人）、木島（15
人）を主とした境町周辺で計35人、境町北部で7人、その他前橋・武州で3人
の分布が見られる。なお他の史料に手形預け人の居村として植木、柴宿、田
部井、花香塚、蓮見、堀口等の村名がみえることを勘案すると、大豆の核心
的産地として、伊勢崎台地と伊勢崎・境町北部の大間々扇状地桐原面ならび
に赤城南面台地の両南端村々を挙げることが可能である。当然、これらの
村々は、糠の多用農村と考えることができる（前掲山田武麿論文 p7-8）。近
世末期以降、北西関東地方で急速に発展する養蚕経営が集約的な桑園栽植を
出現させ、鰯・鰊の魚肥使用を促進するのは明治後期以降のことであった。

　平場水田作・田畑作地域の展開する中利根川・江戸川流域の武蔵南東部一
帯における特産品生産も大豆を含む穀菽生産に大きく特化し、生産物は近隣
在方町・城下町などの穀市や在方市出入り商人たちによって集荷され（表
Ⅰ-3参照）、古河船渡河岸・大越河岸・権現堂河岸などから野田積み・江戸
出しされていった。とくに明和・安永期の中利根川流域なかでも古河藩領内
の農村では、大豆生産がことのほか活発に展開され、これらの船積荷物をめ
ぐって、安永3年、古河船渡河岸と行徳領・東葛西領他所船との間に出入り
の発生を見るにいたる『近世交通運輸史の研究（丹治健蔵）p157-159』。古
河船渡河岸の主要船積荷物にまで成長した大豆生産の地位は、糠の施肥効果
によるところが大きいと推定する。この推定は、天明6年「諸荷物口銭割付」
『古河市史 資料編近世 p570-571』記載の船渡河岸の肥料陸揚げ高の内訳と
して糠13,658俵、これに対する〆粕・干鰯1,718俵に依拠したものである
『前掲運輸史の研究 p186-187』。あえて推定に留めたのは、これら肥料の積
送り先が「北関東農村」とだけ記載され、上州・野州・両毛あるいは船渡河
岸差配の21か村のいずれとも明記されていなかったためである。ただし交通
運輸史の泰斗丹治健蔵の見解は、明らかに野州思川・巴波川流域農村に渡良
瀬川流域の両毛地区を加えることで、北関東農村という地域概念が構成され
ると考えているようである。換言すれば、船渡河岸の機能を見るかぎり、彼
の言う北関東には、利根川水系を地域軸とする上州の大部分は含まれていな
いということになる。

第四節　近世関東畑作と施肥事情の地域性

　武州の糠・干鰯混用型地域としては、先進的商品生産地帯西上州の連続地域と考えられる、児玉・幡羅・埼玉・葛飾諸郡の利根川沿岸村々で栽培された北武蔵藍産地をまず取り上げる必要がある。ここでの藍栽培は、上州産酒粕が対岸平塚河岸から中瀬河岸に送られ、そこから干鰯・〆粕とともに北武蔵藍産地に配荷され用いられた。地元では上州産酒粕が肥料として重視されてきたようであるが、それ以上に栽培農家の中には、「藍葉のあがり具合を決めるのは干鰯投入にかかっている」、という考え方が浸透していたことから、その使用と評価は小さくはなかったことだけは確かであろう。

　荒川平方河岸を中心に江戸向け出荷されていった紅花の産地は、大宮台地を中心に西は入間台地・東は岩槻台地に及ぶ広汎なものであった。紅花栽培に使用された肥料は、慶応3（1867）年における中心的産地中分村矢部家の場合、糠・干鰯・油粕・灰などが挙げられ、その施肥割合は紅花畑1反歩に付き糠6斗（金3分）、干鰯4斗（金壱両壱分）・油粕2斗（代3貫文）・灰弐拾笊（金壱両）であった。量的には糠・灰が多く、金額的には干鰯の比重が高かった。しかも野州水田農村のように干鰯と下り糠の価格差がほとんどない事例も見られたことを考え合わせると、紅花栽培において、魚肥と糠の比重の大小を軽々に論じることには困難な面があると思われる。しかし普及段階でみると、南村では近世中期の商品経済の発展とともに糠・灰ならびに干鰯・〆粕がほぼ同時期に採用された農家と、逆に輸送条件的により有利な糠・灰・油粕などの導入が先行した農家が見られた。とくに植物性金肥の買い入れ先では、中山道の継立と荒川の舟運に恵まれた大産地江戸に依存するだけでなく、元文2（1737）年の上尾宿農家の事例に見るように、油粕は近在の油屋から、糠は岩附・川越・原市から、さらに灰は越谷・行田など、いずれも近隣の町場からの仕入れで賄っている事例も見られる。したがって商業機能の整備された中山道宿場町桶川・上尾近在の村々では、伝統的にも魚肥以上に植物性金肥の持つ意義が大きかったと言えるだろう『上尾市史　第六巻通史編上　p657』。この場合の植物性金肥とは、明確な指摘はされていないが、洪積土壌帯の畑作に共通する糠（灰）と考えるのが妥当であろう。なお、この他に大宮台地北半部には薩摩芋の産地が成立し、南半部には長芋の産地が形成されていたが、肥料事情については不明である。

123

第Ⅰ章　近世関東畑作農村の商品生産と幕府農・財政

　糠（主）干鰯・〆粕（従）という地域中核肥料の使用上の差に基づく分類
は、これを定量的に判定する根拠に乏しい。しかし定性的に判定する文献・
史料に出会う機会は少なくない。たとえば、文化5（1808）年に伊勢崎河岸
で荷揚げした主な登り荷を見ると、「4月から糠・干鰯の入荷が始まり、10月
まで続く。この間、5月から9月まで塩はほとんど見られない。干鰯は5月に
入荷しただけで、以後、10月までの登荷は糠一色となる。」『伊勢崎市史　通
史編2近世1　p493』。このように糠依存度の高い村々は、赤城南面、伊勢崎
台地、ならびに広瀬川沿岸・利根川左岸の皆畑型農村などの穀萩 Plus 養蚕
型の複合農村地域である。平塚河岸問屋自身も明和5（1768）年の名細帳
（北爪家文書）に「こやしは小ぬか・わらを使い、ここが畑作地帯ゆえ、それ
らはすべて他所より買い入れている。」と記載している『近世日本水運史の
研究（川名登）p184』ことも、上記の事情を傍証するものである。

　糠の使用に関する限られた定量的史料としては、明治23年、東京糠問屋扱
いの出荷分61,020俵のうち、下総10％、上野10％、残りの80％は下野に配荷
された記録がある『明治中期産業運動資料　＜第1集＞農事調査第7巻-1
p421』。この数字を正確なものと見る限り、明治中期の上利根川諸河岸での扱
い量はそう多くない。むしろ多くは下野南部農村に向けられたことが容易に推
定される。しかしながら史料年度が明治20年代であることを考えると、近世関
東畑作地帯の商品生産の行論には近世資料を優先すするという大前提がある。
以下、この前提のもとに糠（主）・魚肥（従）型農村について検討を進める。

　古河船渡河岸周辺で難破した船の上州向け荷物を見ると、糠の積載量が格
別に高い数値を占めていた。この状況は、渡良瀬川水運経由で少なくとも両
毛地方にかなりの糠が搬入されたことを推定させるものであり、さらに上州
平場農村では上利根川14河岸を結節点にして、糠と穀萩類の出し入れを通し
て江戸地廻り経済の一翼を構成していたことを示唆する多くの史料が存在する。

　例えば上利根川14河岸後背圏とくに広瀬川舟運登り荷に関する、文政9
（1826）年前後の塩・糠直積みをめぐる奥川船積問屋と14河岸問屋組合との
出入り一件も、上武地域の糠需要の重要性を明らかにする出来事であった。
このときの紛争の背景ならびに14河岸問屋組合と奥川船積問屋との交渉経過
は、議定書（平塚河岸問屋北爪家文書）等によると以下の通りである『関東河

川水運史の研究（丹治健蔵）p142-146』。

　　　　議定書
一、糠・塩の儀者人□助之品ニ付、御入国巳来御府内仲買問屋ゟ買取直積致来
　　候所、此度新規積問屋方江引請蔵舗口銭請取運送仕候、
　　今般塩仲買問屋を相手取奉出訴候、右様成行候而者余分之口銭相懸リ拾四河
　　岸町々在々一同難儀仕候間、先年之通り直積相成候様御□申候、入用之儀者
　　塩・糠俵数割ヲ以差出し可申候、為後日連印一札如件、
　　　　　文政九戌年四月

　その後の経緯は、塩仲間行事から伊勢崎河岸、平塚河岸、徳川河岸、下堀
口河岸の各問屋に宛てた書簡（前出北爪家文書）によって一層明白となる。
それによると、これまでも奥川船積問屋から直積出訴の申し入れがなされて
きたが、「御地筋之儀ハ河岸々船々江引合直積多分ニ御座候、然候而は此度
積問屋申出候趣ニ而者積方も差支可申候、（前出北爪家文書）」との有様なの
で、現地河岸問屋方々も考慮の上、奥川船積問屋仲間と話し合ってほしいと
いうものであった。
　塩仲間行事からの勧告に対して、奥川船積問屋行事は上利根川諸河岸に下
記のような申し入れ「右躰直積等被成候而ハ当仲間渡世ニ差障、且又問屋名
目も不相立候間、何卒此段御高考被成下、塩・糠荷物者勿論、其外諸荷物共
問屋ゟ直積幷船頭相対積御止メ、御互ニ渡世之宜ニ御座候間、何分御地御問
屋衆中宜御閙済、御荷主様一同江可然様御取持被成下、」を改めて行うこと
になる。丹治健蔵が問題視するように、なぜこのように事態が膠着し両者の
対立に発展したのか。最終的に文化6（1809）年の株仲間公認という幕府権
力を背景とする奥川船積問屋の影響力をもってしても、塩荷物の15河岸限定
の直積譲歩を含めて、ついに直積差止要請が達成できなかったことは、いか
に糠が塩と並ぶほどの上利根川諸河岸の重要登り商品であったかを示すと同
時に、普及度の高い有力金肥であることを物語るものであった。なお、塩仲
間行事からの奥川船積問屋との話し合い招請状の宛先河岸が、広瀬川・利根
川左岸河岸に絞られていることから、あるいは直積の動きが、糠需要の大き
いこれらの河岸問屋にとくに強かったことも考えられる。平塚河岸後背圏の

第Ⅰ章　近世関東畑作農村の商品生産と幕府農・財政

大豆が預り手形で活発な流通を展開（大麦・大豆産地形成と糠消費量の拡大）
したことと無関係ではないように思われる。ともあれ乏しい資料環境の中で
ひとまず整理すると、大小麦・大豆などの商品性の高い穀類や麻・煙草など
特産品栽培に特化した北関東で、糠の需要量が大きかったことは注目する必
要があるだろう。

　少なくとも大麦（冬作）と大豆（夏作）を軸にした近世畑作における作付
体系の確立は、糠の投入効果を抜きにしては語り切れない普遍的な問題であ
ろう。上州から武州にかけての平場農村には河岸段丘や沖積微高地が多く、
東関東における洪積台地の甘藷に対応する大豆産地として指摘する研究者は
少なくない。もちろん西関東洪積台地での大豆生産は、伊勢崎台地をはじめ
周辺諸台地でも、活発に行われていたことはすでに述べたとおりである。大
豆需要が江戸ならびに利根川沿岸の野田・銚子の醸造業の発展によって触発
されたことは言うまでもない。なお、平塚河岸問屋と中島村手舟稼ぎ人十兵
衛との干鰯商いをめぐる度重なる争論発生からも明らかなように、干鰯も重
要な金肥であったことも改めて指摘しておく必要がある。結局、以上の状況
と上利根川・広瀬川諸河岸の上下荷物流通とを根拠にして、「糠（主）干
鰯・〆粕（従）」型の地域類型を設定したわけである。

4. 糠・灰専用の武蔵野新田型農村地域

　元禄期にはじまり享保期に一般化する糠・灰の普及で、武蔵野台地の新田
集落の経営は安定する。糠は地廻りの江戸糠と摂津・尾張から送られる上質
の下り糠が流通した。新宿を始め甲州・青梅街道沿いの角筈・柏木・中野
村・柏木成子町・柏崎淀橋町には、武蔵野台地、多摩丘陵地帯の農村相手の
糠屋が多く立地していたという『江戸の宿場町新宿（安宅峯子）p137』。

　火山灰土壌地帯における糠の使用は、酸性土壌に不足しがちの燐酸分を補
給し、灰は酸性土壌の中和剤としてまた不足しがちなカリ肥料としてもきわ
めて有効な投与であった。元来、日本の土壌は放置すると酸性化の傾向があ
るため灰を投入する必要があった。灰は炭酸カリウムを含むので水に溶かす
とアルカリ性になる。中和剤として石灰岩を焼いた石灰を用いることもあっ
たが、灰は肥料も兼ねるため需要が多かったという『大江戸えころじー事情

126

（石川英輔）p86』。野州石灰が北関東に広く運ばれたのも火山性噴出物を起源とする酸性土壌の中和剤に利用されたものである。ただし野州石灰が武蔵野新田地方に配荷された記録はない。

糠・灰の大量流通期と一致する武蔵野の新田開発は、適正耕地規模の大幅縮減が示すように、糠と灰の使用によって生産力の上昇を実現していった。菊地利夫に従って、生産力の上昇を大麦の反当収量の増加をもって表現すると、近世初期に6斗（指数100）、中期に8斗（指数133）、末期に10.3斗（指数171）となる。菊地利夫はこの状況推移に基づいて、武蔵野新田の適正耕地規模も近世初期2町7反3畝余歩、中期1町9反1畝歩、末期1町6反2畝歩と試算し、幕府勘定所が畑作新田の適正規模として示した近世初期4〜5町歩、享保期1町7反2畝歩の妥当性についても検証している『前掲新田開発 下巻 p377-383』。

土壌適性の面だけでなく一般的な生育管理面から見ても、大麦をはじめ雑穀類の生産にとって、糠・灰のもたらす肥培効果は大きかった。酸性土壌の武蔵野新田では、灰の果たす酸性土壌の改良効果とともに、カリ質肥料としての側面も見落とせないことであった（埼玉県農林総合研究センター資料）。このことに関して、伊藤好一の一連の研究では、糠・灰を同列に論じているが、新座市史『第五巻通史編 p528-530』では、武蔵野新田が商品貨幣経済に巻き込まれていく第1要因として灰の導入を挙げている。なかでも麦作にとって灰は不可欠なものとされ、南関東の畑作地帯に流通した肥料の中で、灰が中心の地位を占めていたことを強調している。前掲市史の中で灰と糠が同列に論じられるようになるのは、18世紀末以降のことであった。おそらく酸性土壌の改良効果が出るようになるまでの間は、灰の投入が糠に優先されるのは妥当な見解とみることができる。

武蔵野新田地方の農業生産にとって不可欠な糠・灰は、初期には駄送されたが、18世紀後半以降は、新河岸川舟運で搬入されるようになる。また地域的には、青梅街道・甲州街道あたりを境に以北では新河岸川舟運で搬入し、在方商人あるいは仲買業者化した諸河岸の荷積み問屋の手で、武蔵野の村々から奥武蔵前面の山附きの村々にまで配荷されていった（図Ⅰ-9）。ちなみに河岸問屋の仲買・小売り業者化の動きは、天保期以降、越辺川筋を含めて無株の舟運業者が叢生し、横行したことから表面化する。やがて安政5年の

第Ⅰ章　近世関東畑作農村の商品生産と幕府農・財政

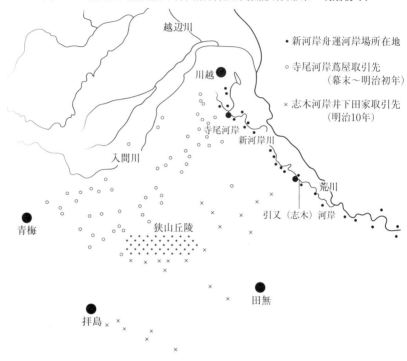

図Ⅰ-9　新河岸川船問屋の仲買業者化と商圏形成（幕末～明治初年）

出典：『歴史評論 第111号（児玉彰三郎）』を加筆修正して筆者作図

争論発生を契機に、川越五河岸をはじめ新河岸川の河岸問屋は、舟運業から後退して仲買中継業者の性格を強めていくことになるわけである（児玉彰三郎 1959）・「江戸周辺農村（伊藤好一）」。

　帰り荷は山村の炭と武蔵野の主・雑穀類が主要荷物であった。街道以南の南武蔵野の村々でも出入りする商品は北武蔵野の場合と同様であったが、輸送手段が駄送という点で異なるものであった。元禄・享保期以降に顕在化するこれらの上下荷は、天保7（1836）年の寺尾河岸問屋蔦屋の荷揚げ量で見ると、糠が11,477俵、灰が5,022俵に上っていた。その後、嘉永4-5（1851-1852）年の引又河岸西川商店の「覚書」から売掛商品名を整理すると、総数29件中糠が15件、〆粕が6件を占め、売掛金の大半が糠ではなかったかと考えられるほどである『関東河川水運史の研究（丹治健蔵）p381』。

第四節　近世関東畑作と施肥事情の地域性

　武蔵野農村における糠・灰重視姿勢は、明治になっても変わらず、化学肥料が登場する明治26（1893）年の下新河岸問屋伊勢安では、糠3,092俵、灰8,008俵を河岸揚げしていた（伊藤好一 1958 p2）。なお幕末期に近くなると、ときおり、干鰯と〆粕の荷揚が新河岸川舟運にみられるようになる。しかしその用途については、入間台地の紅花栽培、武蔵野台地の麦・雑穀栽培、新河岸川左岸の水稲栽培等が考えられるが、いずれも確証はない。しかし天保期と弘化・嘉永期の引又河岸の取引先を丹治健蔵『近世関東の水運と商品取引 p295-321』に従って検証すると、新河岸川左岸の水田農村にも拾指を超える取引先が存在することから、入間台地の紅花栽培とともに干鰯・〆粕の使用を推定することは容易である。

　糠・灰で生産力を上げ、発生剰余分の主雑穀を売り出すことで商品流通の契機をつかんできた武蔵野新田農村では、この主雑穀類こそ、貨幣経済の浸透に対する北関東での畑方特産品生産と同じく、さらには関東平場田畑作農村における大麦・大豆主体の穀菽生産と同様に、存在理由を共有する（むしろ武蔵野農村の相対的優位性を示す）特産品作物に他ならなかったのである『新田村落（伊藤・木村）p260-261』。

　武蔵野新田農村における穀類生産も、伊藤好一（1958 p5-6）が指摘するように、「在方肥料商人たちは、糠の前貸し販売と価格操作をともなう穀類の買い入れによって、近世中期以降、わずかに増大した農民の剰余を吸収していった」という。ただし、肥料前貸し商法にともなう農民階層の分解、とくに農間余業者の叢生と農村荒廃の進行については、上記の論文では触れていなかった。武蔵野新田農村の小農分解について論究しているのは、伊藤・木村がその後にまとめた『新田村落 p286-289』においてであった。要点のみ抄録すると以下のようになる。

　幕末期になると江戸向け穀類生産地帯としての武蔵野新田農村では、繭・茶・藍などが商品作物として新たに加わり、仕向け先の変更をともないながら漸次入れ替わっていく。武蔵野穀作農村の新しい動きに連動して、織物生産が展開する。狭山丘陵南麓では、肥料商に代表される在方商人の土地集積は、天明期をピークに次第に頭打ちとなり、代わって化政期以降、新たな商品生産の差配として織物業者の土地集積が展開する。彼らの経済的実力は、

第Ⅰ章　近世関東畑作農村の商品生産と幕府農・財政

賃機業からマニフアクチュアーへの転換過程で養われたものであろう。結果、地元の小農たちは、商品生産の多角化，深化と質地関係の成立を介して階層分解に追い込まれる機会が増えていった。

「江戸表又者在々商人方より右肥糠灰借り請仕仕付、麦作肥代者秋作之力を以返済」（児玉彰三郎 1959 p26）・『江戸地廻り経済の展開（伊藤好一）p87』が示すように前貸し制の展開も見られた。こうした状況を踏まえて伊藤・木村は、武蔵野新田では代金納制の実施で早くから雑穀類の商品化の機会に触れ、さらに明和・安永・天明期以降の商品経済の普及で農民階層の分解はある程度進行したとしながらも「近世中期以降の畑作農業の優位性を畑地の増加、畑地における商品作物の広域的普及、農村工業の進展が原料需要の増大を通して畑作の商品生産を促進していることなどから説明し、さらに武蔵野畑作農村では，一村退転に至るという激しい村落窮乏の状態は見られなかった」と結んでいる『新田村落 p258-261』。

明治20年代における埼玉県内の貨物輸送は、日本鉄道の開通によって一部河川の舟運は衰退したものの、新河岸川・荒川・中川水系などの舟運は増加傾向にあった。ここでは酒井智晴（1995 p67）に従って、明治前期の武蔵野新田農村の肥料事情の変貌について、下新河岸問屋「伊勢安」の肥料流通を視点に整理したい。新河岸川舟運成立期以降の主要舟運流通荷物は、周知のように塩と糠・灰を入れて穀物と薪炭を出すというものであった。もっとも、明治20年代の志木河岸の中心的河岸問屋井下田廻漕店のように、出荷商品金額の過半数を太物が占めるような場合もないわけではなかったが、これは明治10年代の新興織物問屋の台頭によってもたらされたもので、武蔵野新田の近代初頭の肥料事情・商品流通一般を示す本流ではない。この点については、小括としての老川慶喜の志木（引又）河岸井下田廻漕店の出入り荷物分析から触れる予定である。

明治24〜26年の伊勢安の収支内訳をみると、卓越するのは肥料収入である。これは下り糠（地糠を含む糠類）と灰類（東京灰、舟堀灰、木灰、葛西灰）、干鰯、わた樽などの販売収益で、各年とも10,000円を超え、全収益の50%前後に達していた。元禄享保期の肥料事情と本質的に相違のない状況であった。肥料販売利益に次ぐのが金融業関係の収益であり、貸金の伸びも著しかった。

第四節　近世関東畑作と施肥事情の地域性

支出も肥料代金と貸金で過半を占めていたが、鉄道投資を含む有価証券の購入・銀行預金などの近代的な資金運用「貸金簿（斎藤家文書）」を行いつつも、廻漕業を超える特定商品の売買で創業以来の家禄を維持してきたのである。

　ここで伊勢安の経営内容の中核を占める商品売買に次いで、本来の河岸問屋としての廻漕業務の収支である船賃について目を向けてみたい。結論的に述べると、収入における船賃は、駄賃を加えても収支ともに1割にも満たず、回漕業が伊勢安の主要業務とは到底言えない、と酒井は強調している（前掲酒井論文 p72）。併せて問題は船賃収支の多寡ではなく、舟運という低運賃の運輸業を営んでいたからこそ、肥料商伊勢安が成り立ち発展することができたのであり、仕入れ―輸送―販売という独自のルートが形成できたことこそ重要である、とみている。廻漕業の基盤の上に基幹的な営業部門となる仲買・小売り兼務の事業形態を確立することが可能であり必要だったのである。

　次に伊勢安の糠・灰の販売先について整理してみたい。伊勢安の販売圏は、およそ8割までが入間郡の不老川南西部に集中している。とくに伊勢安の立地する高階村を始め福原・堀兼・入間の村々に集中度が高い。明治22〜25年の間の売掛分を見ると、糠と灰の割合は約6対4となるが、俵数では単価の低い灰が多い。伊勢安の取り扱う商品の売買圏＝商圏について酒井（前掲酒井論文 p73）は、不老川沿いを中心に隣接する高麗郡や西多摩郡を含むが、その北限はほぼ入間川沿いにあたり、南限は三芳・三ヶ島・富岡・宮寺の各村を推定している。

　伊勢安から糠・灰を購入した入間郡の農民たちは、平均耕地経営規模が1町3反と県内最大で自作農家も多く『埼玉県統計書（明治24年）』、さらに新河岸川舟運の経済性を反映して、肥料の流通価格も低かったこと「後掲　埼玉県農事調査」が、武蔵野新田農村の施肥額の大きさに連動したことも考えられている。このような農家層が「各自最寄ノ問屋或ハ商店ニ就キテ現金ヲ以テ購求シ」『明治中期産業運動資料 埼玉県農事調査第5巻1』ていたことからも明らかなように、伊勢安の肥料購買者としての肥料小売商とともに多数存在していたことが推定されている（前掲酒井論文 p73-75）。

　明治20年代に入っても新河岸川舟運の実勢は衰えず、伊勢安の肥料商売も糠・灰を主体に変化はなかったが、明治28年の川越鉄道の影響で大きく変

第Ⅰ章　近世関東畑作農村の商品生産と幕府農・財政

わっていくことになる。明治28年の糠・灰の販売総額12,366円に対して32年
のそれは9,070円に減少する。指数で73％への落ち込みを示していた。この
趨勢変化に対して伊勢安は、肥料の経営的地位の低下分を金融業者としての
性格を強化する方向に求めることになる。同時に肥料市場の再編成に対応し
て満州大豆や化学肥料の取り扱いを始め、明治40年代には再び肥料商いの比
重も回復基調に向かうことになる。この状況は、新河岸川舟運の登り荷物と
新設川越鉄道荷物に反映され、ひいては武蔵野農村全体の新しい肥料事情の
動向を示すことになっていくわけである。

　一方、老川慶喜（1990 p68-93）の研究によると、近世中期以降、福岡河岸
や志木河岸などの中河岸においても、新河岸と同様に、穀類を始めとする農
林産物と糠・灰などの金肥ならびに日常生活物資の出し入れで商品流通が成
立し、近世末期以降も衰退基調ながら流通商品の種類変化は軽微であった。
後に問題となる太物等の工産品も、依然幕末期までは登り荷物であった。し
かしながら、明治10年代になると商品流通に大きな変化が出てくる。これま
で志木河岸上下荷物の主流であった糠・灰と穀類に替って、東京・横浜方面
からの登り荷の洋糸と所沢・青梅地方産の太物が下り荷の中心となっていく。

　流通商品の変化は、武蔵野農村とくに所沢・青梅地方の綿織物業の発展と
いう生産構造の大きな変化に基づくものである。その結果、新河岸川舟運が
一般水運地域と異なり、慶応年間から明治15年頃にかけて最盛期を迎えるこ
とになるのは、新興織物問屋に主導された国内綿布市場形成のための流通機
構の一端を担い得たからであるという。その後の新河岸川舟運の動向は、松
方デフレの影響で国内綿布市場が縮小傾向をたどり、加えて明治22年甲武鉄
道、28年川越鉄道の相次ぐ開設に影響されて、再び繁栄を取り戻すことはな
かった（前掲老川論文 p90-93）。こうして明治20年代末期には、志木河岸で
は他の諸河岸に比べると、相対的にも糠・灰流通の比重がかなり低下減少し
たことから、武蔵野新田村々の伝統的な舟運主導の米糠専用型農村地域の終
焉を周辺農村に先駆けて迎えたものと推定される。

5. 下肥専用の江戸近郊型農村地域

葛西船の稼働空間と下肥集配荷機構　　　ここで幕末期の中川水系諸河川にお

第四節　近世関東畑作と施肥事情の地域性

ける下肥船の稼働状況をみておこう。はじめに史料の比較的よくそろっている明治初年の東京府下の河川別肥船数を総観する。肥船の分布は、中川612艘、舟堀川267艘、江戸川240艘、荒川126艘、綾瀬川69艘、小松川67艘等の河川に多く稼働していたことが明らかである『都市と農村の間（渡辺善次郎）p317 付表』。総計1,600艘ほどの肥船は、一度に7-8万荷の輸送力を持っていたとみられている。この数字は、府下のみの肥船数とみられることから、実際の中川水系諸河川の稼働肥船数は、地元埼玉の肥船を加算する必要があると考える。当然この場合、埼玉に登ってくる肥船は、府下の肥船が圧倒的に多いと考えなければならない。地元埼玉の河岸を拠点にする下肥船（川下小舟）の数は正確な統計でみることはできないが、たまたま表面化した数字を見ると古利根川の松伏河岸近辺で9艘、綾瀬川の藤助河岸で19艘という事例にであった『越谷市史 第一巻 p753-754』。実態はかなりの数に上ることが考えられる。

　そこで明治初期の『武蔵国郡村誌』に目を向けてみた。結果、足立郡63艘、埼玉郡29艘となり、江戸近接2郡に集中していた。村別では早瀬50艘、内谷12艘、八潮地方の大瀬・大曾根・木曽根が各5艘と比較的まとまっていた。足立郡の場合は荒川本流と新河岸川、埼玉郡の場合は古利根川と綾瀬川のそれぞれ合流点に分布が集中している。幕末期、この2地点が肥船の拠点として活動していたことは明らかである『新編埼玉県史 通史編4 近世2 p472-473』。結局、この数字に武蔵葛飾郡の肥船と府下から登ってくる葛西船を加えたものが、本書で扱う中川水系流域諸河川の下肥船の稼働数ということになろう。

　ここで江戸北郊の場合、中川水系諸河川経由の稼働肥船がどこまで遡上し、どの範囲まで配荷したかについて以下の史料で検討してみた。江戸川区史によれば、弘化2（1845）年の時点で、二合半領・松伏領・新方領・八条領・平柳領・戸田領等の58か村に江戸屎尿が供給されたという『前掲県史 p473』。この文言を若干具体的に見直してみよう。弘化2年当時の下肥陸揚げ河岸が56か所判明している。このうち目的に合致した水系に限り取り上げた。江戸川通りでは小金領の6か村、二合半領の7か村、古利根川通りでは二合半領の2か村・松伏領の1か村・新方領の1か村・八条領の1か村、荒川通り

133

第Ⅰ章　近世関東畑作農村の商品生産と幕府農・財政

では平柳領の1ヵ村・上下新倉領の2ヵ村・戸田領の1ヵ村、芝川通りでは平柳領の3ヵ村、綾瀬川通りでは淵江領の草加宿が、それぞれ陸揚げ河岸となっていた『都市と農村の間　p318 付表』。これでみると、中川水系諸河岸のうち最奥部の陸揚げ河岸は、古利根川通り松伏領の松伏村ということになる。実際の配荷圏は、陸揚げ河岸から本川や排水河川を舟運で進入し、あるいは駄背で送り込むため、さらに上流と内陸に拡大することが考えられる。松伏河岸の下肥問屋から仕入れた備後村森泉家の場合もその一例である『春日部市史　近世資料編Ⅳ　p779』。さらに天保14（1843）年の下肥値下げ運動の際の署名簿「天保14年 乍恐以書付奉願上候『諸色調類集』17」から最上流部地域を抽出すると、弘化2（1845）年の松伏河岸の屎尿配荷圏は次のようになる『都市と農村の間　p301-303』。

　松伏河岸下肥配荷圏のうち河岸周辺から内奥にかけて分布する村々は、川藤・下赤岩・上赤岩・下内川・上内川等であるが、江戸川筋の配荷圏と洪積台地にさえぎられて内部への広がりは制約されている。一方、上流に向かっては、牛島・新川・藤塚・銚子口・赤沼・大川戸等の10ヵ村落が展開するが、最上流部の屎尿配荷地域と考えられるのは、粕壁宿上手の新川村となっている。なお、二合半領地域が、9河岸村落を含む81ヵ村を挙げて下肥価格値下げ運動に参入しているのは、主穀全面依存型農村の屎尿依存度の強さを物語る状況と同時に下肥流通圏をも示すことが考えられる。安永年間の江戸屎尿の搬入が古河船渡河岸の内陸部まで行われ、地元舟運業者との間に物議をかもした事例を仮に例外的な一件としても、すでに粕壁あたりまで下肥の日常的搬入圏であったとみることができる。少なくとも丹治健蔵『近世交通運輸史の研究　p162-163』は、江戸近郊の船持ち・船頭が江戸の糠・干鰯、行徳領・東葛西領の肥・灰を積んで船渡河岸集配荷圏に進出し、帰り荷として大豆・薪炭などを積んで帰る船稼ぎが恒常化されつつあると指摘している。

　蛇足を承知で筆者がこの問題を、斯界の権威の見解に反してあえて例外的一件としたのは、管見する限り、その後、粕壁を超えて下肥が北上する事例を文献上に見出すことができなかったからである。理由は不明であるが、下肥価格の高騰で武蔵野新田の下肥利用圏が後退した事情は考慮に値すると考える。わずかに久喜市史『資料編Ⅱ近世1-175』所収、安政5年、除堀村船主

竹次郎の「差上申御鑑札証文事」に以下のような記述がある。

　一、新規近郷通用川下ヶ小船壱艘
　右之船武州埼玉郡除堀村竹次郎出水用心船ニ新規ニ造立仕候船、此度勝手二付
　川下ヶ近郷弐三里之間肥等積通船ニ支度、（以下省略）

　通船願いの中にみえる肥とは、肥料としての干鰯や下肥等が考えられることから、竹次郎はそのいずれかの運搬を目的にしたものであろう。ただし、かりに下肥としても江戸から廻送されたものか、近隣の町場から持ち込まれたものかについては不明である。

　下肥は、肥料としての効力が強く、しかも肥焼けを起こすことがなく、米や蔬菜の肥料として不可欠のものであった。価格的にも近世中頃までは十分小農層にも手の届く商品であった。その後、肥培効果の高さは価格の発生と高騰を呼び、舟運業者の不正の横行と下肥価格の高騰をめぐって下肥問屋と農民との間に多くの争論対立を発生することになった。もともと下肥価格は、田作や麦作の仕付け期に高値となる傾向にあった『越谷市史　第1巻　p744』が、幕末期には異常の高値になった。これを反映して、農民をもっとも大きく結集させたのが下肥価格引き下げ運動であった。寛政元年，武蔵・下総1016ヵ村を結集した値下げ運動、同じく天保14年、283ヵ村の全村署名を取り付けた値下げ嘆願は、史料的意味が高い運動であった。なかでも下肥価格値下げ運動参加村々の分布から下肥流通圏の把握がある程度可能であることは重要な事柄であろう。

　ただし下肥の搬入には往路の蔬菜搬出が必然的に伴うものとの考え方から、値下げ運動に不参加の戸田周辺農村について、下肥船売り業者からの買い入れをもって蔬菜生産の停滞と論じる戸田市史『通史編上　p942-945』の理解の仕方には、近世中後期以降の武蔵南東部とくに中山道周辺における商品流通上の実態把握が不十分であるように思われる。たとえば、肥料流通に限っても「油粕は近在の油屋より、米糠は岩附町・川越町・原市等より、灰は越ヶ谷、岩附・行田町等4，5里離れたところから、真土は近在1，2里のところから買い、馬屋肥えは自家で作っている。」（元文2年、上尾宿御書上）『上尾市史　第6巻　p657』とあることから、城下町・宿場町・市場町等かなり広

第Ⅰ章　近世関東畑作農村の商品生産と幕府農・財政

域にわたる流通圏の成立が明らかとなる。ここに記載される町方はもとより、川口・戸田・蕨・与野・大宮などの町場が戸田周辺村々の農産物消費市場になることも十分考えられることである。いうなれば戸田周辺を含めた武蔵南東部は、江戸近郊農村地帯のうちでも、地産地消的性格に近い独立空間を微弱ながら形成していた地域といえるかも知れない。

　論旨を下肥価格引き下げ運動に戻そう。値下げ運動の効果に関する評価は三分され、あまり効果はなかったとする越谷市史『第1巻 p744』、見事に一割の値下げに成功したとする江戸川区史『第一巻 p430』、個別交渉という限定的状況の下に運動を展開したため、不徹底な面を含みながらも一定の成果は見られたとする新座市史『第五巻 p538』等いずれの見解も微妙に異なっていたが、新座市史の見解がもっとも正鵠を射たものであろう。

　一方、江戸近郊農民と屎尿流通業者との対立関係の高揚期を寛政・天保期とする見方に対して、商業的農業が摂河泉一帯に広く展開していた大坂の場合は、早くも元禄期に町方の下肥仲間と生産者農民との間に汲み取りの権利をめぐって対立が発生し、安永期までには大坂町内の汲み取り権は在方下屎仲間の手に握られ（林　玲子 1974 p46-47）、商業的農業の発展段階の格差を示していた。

　次いで、渡辺善次郎『都市と農村の間 p304-307』に従って都市下肥の回収機構について整理しておきたい。江戸武家屋敷の上質な下肥を入手できたものは、さまざまな農産物資の供与を引き受け、そこに出入りしていた上層農民たちであった。彼らは一般に実際の下掃除は下請人に委託し、入手した下肥は転売して利益を得るという仲買人的性格の存在と考えられてきた。しかしその後の江戸の発展は、町方人口の増加によってもたらされた。都市人口の膨大な部分を構成する彼らもまた、農産物資の需要者であり屎尿の供給者であった。この小口需給には一般農民も対応できた。結果、有力農民と都市屎尿の汲み取りを共有できることになったわけである。有力農民の上納品と大名屋敷の下掃除権に対応するのが一般農民の現物供与と町屋の下掃除権であった。渡辺はこうまとめている。「夥しい数の農民と町屋の間に汲み取り関係が形成されれば、屎尿と礼物をめぐって次第に一般的交換比率が成立する成り行きとなる。かくして下肥は商品となった。」『前掲書 p307』。

136

第四節　近世関東畑作と施肥事情の地域性

　下肥流通の一般化・広域化にともなう専門業者の成立と性格ならびに下掃除人の階層性に関して、渡辺善次郎『前掲書 p309-313』は次のような指摘をしている。吉祥寺村「下掃除場所書上」作成の際の議定書に「当組合之義は葛西領始、川附村々船肥運送之場所と違ひ，馬附・担・小車ニ而自分遣丈ヶ之下肥運取候義ニ付、格別之荷数ニも無之候得共」とあるように、江戸からの下肥輸送は東郊では船、西郊では馬・人肩・小車によっていた。往きの空桶の上に野菜・薪炭・草箒等を積み、大半は市場に出し、一部は汲み取り先に渡して下肥を持ち帰ることになる。都市が発展し、市域が拡大するにつれ、近郊農家が直接汲み取りに行くことは次第に困難となる。そこに専門の業者が発生する余地が生まれる。東郊でも事情は同じであるという。江戸の下肥を手に入れるためには、船や人手などの面でかなりの資力を必要とした。結果、一船50荷を積稼ぐ彼らの輸送力は格段に高く、そこにまた下肥仲介人的性格が生まれる素地があった。天保9（1838）年、下総の国葛飾郡稲荷木村の場合、村民42人中11人が下掃除人になっていた。下掃除人の持ち高は一般に高く、10石以上の農民10人中の8人が下掃除人となっていたことは、多分に階層性の高い仕事であることを示している。しかも11人中の9人までが「炭薪舟商売」を兼ね、青物も積んだ。江戸の青物市場で「綾瀬口の荷」とよばれた野菜は、葛西船が運んでくる野菜類であった。

　本項の結びとして、葛西船をはじめとする中川水系諸河川の舟運効果を流域農民の農業経営を視点に整理し、小括としたい。下肥といえば葛西が想起される。ことほど左様に両者の関係は緊密である。たとえば江戸向け蔬菜供給上の主導権を一貫して掌握してきたのが東郊の葛西地方であった。葛西地方の蔬菜供給力の基盤は、屎尿を主体とした金肥投入で高めた水田生産力によって生活の基礎を確保し、その上に価格変動幅の大きい投機的な蔬菜栽培を導入したことで実現したといえる。この状況は近代化過程の近郊園芸農業を支え、この地方に昭和初期における独立自営農民の形成（鎌形勲 1950 p272）を生み出す基盤となるものであった。また細密な水路網に恵まれたことで葛西船の活動に見るように江戸肥の利用がきわめて容易となり、さらに蔬菜の江戸出しでも、馬背搬送に比べると大量かつ荷傷みの少ない状態で出荷することができた。野菜荷船に対する中川番所の夜間通行許可という特別

扱いとともに、この面からも米作り・蔬菜作りに果たした貢献度の大きさを理解することができる。江戸川区史『p405』も東郊の農業を以下のように捉えている。「水田稲作によって米を確保し、畑作によって野菜を生産することができたことは、地方の単一農業地帯に比べ非常に恵まれた立場にあったということができるであろう。ここに江戸川区農業の特色を見出すのである。」上述の一連の状況は、江戸北郊の中川水系流域南部の近郊農業地帯にもほぼ適応する条件であったが、この問題には、日本の小農経営が理想的形態として長期にわたって追及してきた発達史上の理念と画期が含まれていた。つまり小農経営の「米 Plus 商品作物」に対置される「商品作物モノカルチュア」が、規模の経済の実現を目指して、流通と消費の巨大化に対応する主産地形成論の本流として浮上するまで、日本農業近代化の基本的・理想的形態だったのである。

江戸近郊の下肥事情の地域性　　江戸東郊の武蔵葛飾郡・下総葛飾郡にかけてのいわゆる葛西3万石と呼ばれた地域の下肥事情をまず整理したい。渡辺『都市と農村の間 p289-300』はこれらの地域で江戸から2-3里の最近郊地帯を、以下に示すように下肥専用型の農村であるとしている。享保6年・笹ヶ崎村「田畑こやし、田方壱反に付下ごへ30荷つゝ、此の代金3分ヅツ、畑方壱反に付下ごへ60荷つゝ、此の代金壱両弐分、是は麦作夏作共之積りに御座候。」江戸から4-5里の村々になると、下肥を中心に他の肥料も併用するようになっていく。享和3年・宮久保村「肥之儀、下屎・馬屋こえ・小ぬか等重ニ相用ひ、其外えんとう油かす等相用ひ申候。」となる。この距離段階では、下肥の反当投入量も半減し代りに魚粕が加えられている。

　寛延3年、清水村の明細帳によると、「田畑肥之儀、手前下肥、灰、厩肥用、干鰯、糠之儀は江戸表より積廻り候を買調、下肥も右同断、灰之儀は弐三里程行、二郷半領と申所ニて薪と取替仕候、其外肥求不申候、」この約90年後、天保12年、「村明細書上帳」には「田畑こやしは、下肥、わら灰等ヲ相用申候」とあることから、渡辺『前掲書 p292』は、舟運を基盤とする江戸下肥の流通機構が整備されるにつれ、舟運の便に恵まれた同村が、他の金肥から次第に下肥への依存度を強めてきたことを推定している。さらに遠く離れた三ツ堀・神間村等では、購入肥料としての下肥は姿を消し、自給の草肥を中

心に、不足分を干鰯、粕、糠等の購入肥料で補充する施肥形態となっていると述べ、江戸肥の最大利用地帯の東郊農村においても、下肥利用圏の範囲はほぼ5里の圏内にあり、河川輸送の便があっても、せいぜい8-9里が限界であると小括している『前掲書 p292-293』。

これに対して江戸北郊の足立・埼玉・武蔵葛飾郡にかけての村々では、下肥を主体にして他の金肥を含む肥料との併用が一般的である。なかでも大宮台地・岩槻台地の畑作農村にはこの傾向が顕著に見られ、糠・灰の施用が普及している。また北郊では東郊地帯の最近郊圏でみたような下肥専用の村々は見られない。さらに以遠の村々になると、自給肥料と干鰯の比重が高まってくる。中川水系流域の市町村史を悉皆調査しても、粕壁以北の村々にときに下肥投入の記載を見かけるが、江戸肥と明記されたものに出会うことはなかった。上尾宿の下肥も近隣の町屋からの供給肥料であった。

元禄15年の大室村明細帳には「当村こやしの儀秣場無御座候へ而干鰯買調壱反ニ付弐俵三俵と入こやし仕候」とあり、正徳6（1716）年の葛梅村では、「田畑こやし之儀不足ニ御座候ニ付関宿河岸二而干か買申候但シ村中ニ而壱ヶ年ニ金弐拾両程ツヽ調候大積以書上申候」と記され、この地域の肥料不足を干鰯の購入で補っていた。ところで、武蔵3郡の江戸近接地帯と中川―江戸川間の早場米を特色とする二合半領・松伏領・新方領の穀作地帯の江戸肥史料は全く見出すことができなかった。少なくとも天保14（1843）年の下肥値下げ運動の嘆願書に記載されている松伏領北部の村々は、当時下肥使用農村であったことが十分推定されるところであり、実際、「葛西船の稼働空間」の項で吟味した史料にも現れている。ここは江戸からすでに8-9里も離れ、粕壁宿を北に越えた村々であり、渡辺善次郎の「江戸北郊の下肥利用圏は4～5里の地点で終わっている」（表Ⅰ-7）とする見解『都市と農村の間p293』とも大きく異なる実態であった。

西郊については、伊藤好一『江戸地廻り経済の展開』が1960年代にすでに指摘しているように、下肥が無償ないしわずかな現物謝礼で入手できた頃は、雑穀生産のための江戸下肥が駄背搬送によって武蔵野深く運び込まれていた。その範囲は渡辺善次郎『都市と農村の間 p296-298』によると、江戸から8～9里の小川村から砂川村に及んでいた。その後下肥価格の発生と高騰で、

第Ⅰ章　近世関東畑作農村の商品生産と幕府農・財政

表Ⅰ-7　江戸北郊農村の肥料事情

（距離単位：里）

国郡	村	年　代	肥　料	距離	資　料
武蔵国足立郡	川口町村	享和4(1804)	干鰯、下肥、灰、糠、刈草、下水	3.5	『武蔵国村明細帳集成』
	根岸村	享和4(〃)	〆粕、豆腐から、下肥	3.5	〃
	代山村	安永9(1778)	馬屋肥、灰、油粕、干鰯少々	7	〃
	染谷村	延享3(1746)	干鰯、酒粕、荏粕、糠、灰、馬星肥	8	〃
	上尾宿	元文2(1737)	油粕、米糠、灰、真土、馬屋肥、下肥	9	〃
埼玉郡	八条村	元文2(1737)	干鰯、下肥、酒粕	5	『日本歴史』373.利根論文
	小久喜村	延享3(1746)	灰、干鰯、糠、馬星肥	12	『武蔵国村明細帳集成』
	除堀村	文政2(1819)	干鰯、酒粕、荏粕、灰、その他「手前雑肥」	12.5	〃
	江面村	寛政10(1798)	蚕豆、豌豆、馬屋肥、掃溜肥、大豆、灰	13	〃
	葛梅村	正徳6(1716)	干鰯	14	〃
	〃	享保14(1729)	干鰯、馬屋肥		〃
	大室村	元禄15(1702)	干鰯	14	〃
	〃	文政3(1820)	干鰯、酒粕、馬屋肥、灰、豌豆		〃

出典：『都市と農村の間（渡辺善次郎）』

　西郊の村々は19世紀前半頃までに下肥市場から完全に脱落し、糠・灰市場に交替していった。このことは、武蔵野附拾弐ヶ村・武蔵野新田拾三ヶ村惣代の「乍恐以書付奉願上候」に「江戸ゟ陸附八九里ゟ拾里位相隔候村方ニ御座候ヘ者下肥等者相用不申糠者土地ニ相応仕候ニ付重ニ肥ニ相用候」（多摩郡小川村小川家文書）とあるように、穀類相場の下落に対して重要肥料の糠相場が上昇し、糠使用型村々で農業経営に難儀している旨の配慮方願書の中にも見ることができる。これより西域の五日市等の奥武蔵地方になると、もはや糠、灰の使用も見られなくなり、明治期になってもほとんど刈敷段階に停滞していた『五日市町史 p483』。近世末期、青梅扇状地農村における川越五河岸経由の糠・灰の浸透普及にもかかわらず、多摩川渓谷の林業山村の畑作経営は、逆に秣場、茅野等の入会地利用にかかわる共同体規制の強化を選

択することになる『新田村落 p280-281』。結果、江戸から14里の沢井村の
ような山村では、山野の草木に依存する自給肥料地帯に移行する。宝暦5年、
沢井村明細書にも、「一、畑方肥の義、山野幷畠畦ニ而草苅所々、其の外落
葉等肥ニ仕候。一、田方肥シ、畠畦・田畔草苅肥シ仕候。」と記されている
『前掲書 p298』。古島敏雄の指摘する肥料事情の規制要因は、輸送手段と輸
送費の問題だけでなく、用材・薪炭生産等の林業発達とその後の養蚕織物業
の発展が山村経済に支配的影響力を及ぼすようになり、耕種農業（雑穀作）
の相対的地位の低下―林業の補助的役割への変質―をもたらした結果である
と考える。

　さらに渡辺善次郎は、東京区史・神奈川県史・村明細帳の研究から、江戸
南郊の村々では、江戸下肥の利用圏はせいぜい5～6里地点を限界とみている。
具体的には、橘樹郡菅村・市場村辺りと推定している。近郊の村々ではやは
り江戸の下肥が肥料の中心であったが、海運によって江戸から糠等を購入し
えた都筑郡今宿村のような村々以外、津久井郡・愛甲郡などの内陸部村々で
は、近隣から灰を入れることはあっても、ほぼ全面的に草木肥・厩肥に依存
していた。愛甲郡煤ケ谷村の享保14年の村明細帳にも「田畑こやし草木、落
葉、草かりとりこやしニ仕、少々大住郡辺江道法三四里之場所江真木、薪持
参、灰に取りかへこやしに仕候」と記載されている『前掲書（渡辺善次郎）
p298-300』。林業発展と養蚕織物生産の展開に影響された奥武蔵地域と同じ
耕種農業の停滞地域―自給肥料中心の普通畑作農山村―ということができよ
う。その意味からいえば、山附きの北毛・秩父盆地に共通する皆畑型の米穀
移入地域として、農業経営上もっとも自給的性格の強い畑作農山村といえる
かもしれない。江戸南郊外縁部の愛甲・津久井地方は、商品経済との接触は
もっぱら農間余業としての薪炭生産や織物に依存する地域であった。

　ここで古島敏雄による地方大都市金沢の肥料事情を紹介して小括としたい。
江戸近郊に限らず、城下町金沢の事例を見ても、「城下町にもっとも近い場
所では人糞尿や侍の厩から出る馬糞を買い取り、販売用の蔬菜を作る。金沢
から1里以内の地では、武家屋敷の小便・厩肥を主に用い、3里までの土地は
糞尿・油粕・干鰯を用い、4里ほどのところでは人糞・灰・干鰯・生鰯を用
いている」『江戸時代の商品流通と交通 p32-33』と述べ、江戸近郊の肥料

141

第Ⅰ章　近世関東畑作農村の商品生産と幕府農・財政

事情を規制する「重量比価」原則の存在を金沢の事例で傍証している。

下肥流通事情の変貌と終焉　　東京の屎尿問題には二つの視点が考えられる。一つは江戸時代を中心とした近郊農業視点つまり農民の下肥需要を強く意識した観点であり、他の一つは、近現代の大都市東京の環境衛生に視点を置いた行政需要に基づく観点である。両視点の分岐点は、昭和19（1944）年、東京都知事の武蔵野・西武・東武三民鉄への屎尿列車稼動要請に求めることができる。

　まず、分岐点以前の戦前型ともいえる、農家の必要性を契機とした肥船中心の流通事情を、中川水系流域の八潮市域の事例から見ておこう。その前に全国レベルの肥料事情を見ると、大正期の肥料販売状況は、鰊・鰯などの魚肥に替って大豆・菜種等の糟粕類が増加した。また過燐酸石灰・硫安・石灰窒素などの化学肥料の使用が大正末期から急増し、昭和期には本格的な発展を示すようになる。前者は満州を支配下に置いたことにかかわる問題であり、後者は日露戦役以降、日本資本主義が独占段階に入ったことにかかわる大規模近代工場の成立によってもたらされた。しかしながら具体的な農村たとえば八潮市域では、依然下肥依存度が高く、以下に述べるように、大規模近代工場がもたらした肥料事情とは多少性格を異にしたものであった『八潮市史通史編Ⅱ　p526-529』。

　八潮市域潮止地区では大正期に（下肥）肥料共同購入組合が小字を単位にして4地点に作られ、大正2～3年の購入量は7～8,000石、3,000円前後の購入額であった。共同購入の詳細は不明であるが、少なくとも大家・差配―流通業者（商人）―農家という旧流通形態から一歩抜け出した購入組織だけは、近代化の片鱗として評価できることである。商人資本と農業団体との交代をともなう流通形態の変化の中で、大正13年の有機質・無機質を総括した販売肥料消費高は2倍に伸びたが、その99％は人糞尿で占めていた。江戸時代同様の下肥依存度の高さから、この時期の下肥がいかに肥料として高く評価されていたか、舟運の発達がいかに下肥の価格形成に大きく関与していたか、を改めて示唆する資料である。

　大正時代の下肥流通は、中川水系流域の一部農村地域の場合、農民たちによる協同購入組合の結成と組織的活動として進行した。この頃（大正末期）

第四節　近世関東畑作と施肥事情の地域性

になると、農家が逆に一軒当たり50～80銭ほどの汲み取り代をもらって汲む
ようになっていく。需給関係の逆転現象は、化学肥料の普及と東京市域人口
の激増で屎尿供給が過剰傾向を強めた結果であった。協同購入組合の組織的
購入活動はこうした需給関係の基調変動を追い風にして進行した。

　昭和初期以降、埼玉県農会主導で東京市の屎尿配給が広域的な活動を開始
する。昭和6年以降の東京市の屎尿は、昭和10年頃から始まった自動車輸送
の普及の影響を受けて、陸路輸送が60％、残りは水運で運ばれた。水路は近
世と同じく、江戸川から新河岸川間のすべての河川・用排水路が利用された。
汲み取り人の職業・輸送手段・搬出先は図Ⅰ-10に掲載の通り、府下西部で
陸運、東部で水運と明確に区分される。

　農業の近代化や化学肥料の低廉化で、1950年代末期までに下肥舟運搬送の
歴史はその幕を閉じる。その間、昭和10年頃から始まった自動車搬送の東京
市直営分を見ると、市域の中心からほぼ40km圏域まで深くカバーするもので
あった（後述）。貨物自動車と船舶の併行搬送の成立は、東京屎尿の増大分
が近世以降の手車・牛馬車・船舶等の農民的対応能力と東京近郊農村の需要
を超えたことを意味するものであるが、同時に昭和35年には屎尿収集総量の
20％にも満たない農村消費量の大幅減少に直面『東京農業史（仲宇佐達也）
p105』したことと無縁ではなかった筈である。激しい屎尿争奪戦を繰り広げ、
100％の収集屎尿が農地に還元される時代はすでに去っていた。その結果、
東京市の屎尿問題は、物質循環の再構成を目指して利用圏の極大化を求める
という構図の中で、汲み取り農民・汲み取り業者・輸送受託業者・農業団
体・東京市民・東京市等多くの組織・集団と複雑な流通形態を形成しながら、
近郊県農政対象の殻を一枚つつ剥がされ、首都圏整備法の制定にともなう国
政レベルの大都市環境衛生問題に格上げされていくことになるわけである。

　本論の屎尿の自動車輸送問題に話を戻そう。昭和初期の自動車輸送範囲は、
西部では入間郡の高萩・伊草・元狭山、北多摩郡の拝島・箱根ヶ崎、南多摩
郡の日野・八王子、北部では北足立郡の桶川、南埼玉郡の杉戸・日勝、猿島
郡の境、東部では相馬郡と千葉郡にまで達するかまたは諸郡を包括するもの
であった。そもそも東京近郊の蔬菜・屎尿搬送用トラックの普及は、西郊に
密で東郊・北郊に疎の傾向を示していた『農業経済地理（青鹿四郎）p196-

143

第Ⅰ章　近世関東畑作農村の商品生産と幕府農・財政

図Ⅰ-10　東京市屎尿の輸送手段別搬入農村

1点：7,000石
農家および民間営業者による搬入分
出典：『農業経済地理（青鹿四郎）』を一部改訂して編集

197』。同様に青鹿四郎の研究を援用すると、人力・畜力・自動車などの陸送手段を多用する地域と舟運卓越地域及び鉄道利用地域が画然とした地域分担を形成していた。河川水路の分布形態と地形発達が流通手段の地域分担に及ぼす影響は大きかった『前掲経済地理 p195-203』。

　この頃（昭和13年）の下肥流通の実態を埼玉県農会主管の配給概況で見ると、配給先市町村は北足立・入間・南埼玉・北葛飾4郡と川口市の129か町村

で、内訳の日配給契約量は、自動車輸送が4,742石、船舶輸送が2,995石と
なっていた。この数字は東京市配給総量の36％に当たり、受給府県（東京・
埼玉・千葉・茨城・神奈川）中の最大量であった『新編埼玉県史 資料編22
p277-278』。

　昭和9（1934）年12月22日実施の国道6号（陸前浜街道）・7号（東京街道）の
交通実態に関する幸田清喜（1936 p45-46）の調査結果によると、葛飾橋と市
川橋を通過した農村発東京行き貨物の筆頭は蔬菜積載車両で約30％、逆に東
京発農村行き貨物の筆頭は雑貨類積載車両で、屎尿は2位（約15％）を占め
ていた。貨物自動車輸送が盛況期を迎えていた当時とはいえ、通行車両の
15％を屎尿が占めていたことは注目に値することであり、千葉県近郊農業の
発展とこれに貢献した屎尿投入の有効性を示す状況といえるだろう。同時に
千葉県蔬菜園芸のように遠郊の産地では、共同出荷組織の成立が進み行政の
指導例も見られたが、近郊産地では、産地市場の成立と個人的対応が生産と
流通の両面を深く支配していた分だけ、さらに地形的に下肥舟運輸送の便に
も恵まれなかった分だけ、貨物自動車の利用言い換えれば業者依存状況を招
いたことも考えてみる必要があるだろう。

　戦後間もない頃（推定1948～49）の東京都の屎尿処理状況を、小川武
（1923～24 p17-19）に従って整理してみた。小川は水洗式で処理される分を
除く屎尿のうち、人為的な処理分は海洋投棄と農村還流であるという。この
時期の海洋投棄分は人為的処理分の2％に過ぎず、大部分は農村に送られ、
家庭菜園を含む農業肥料として処理されていたという。東京都清掃課の日配
給計画によると、東京45.3％、埼玉40.0％、千葉8.6％、神奈川5.6％、茨城
0.3％となり、大部分が都内と埼玉の農家によって汲み取られ、消費されて
いたことが明らかである。もっとも大量の消費先は、埼玉の北葛飾・南埼
玉・北足立三郡で、多くは鉄道・貨物自動車・船舶・馬車・リアカー等に
よって搬入された。

　農民汲み取りに対する都直営汲み取り分は、全体の23.5％に過ぎないが、
その70％近くが船舶輸送である。船舶輸送は都内16か所に設けられた屎尿取
扱場から都の直轄船、農民組合船、業者船によってそれぞれ指定の配給地へ
搬送された。このうち都の直轄船で搬出された屎尿は、日取扱総量5,497石

第Ⅰ章　近世関東畑作農村の商品生産と幕府農・財政

のうち埼玉40％、東京29％、千葉28％、茨城1％、神奈川0.5％となる。直営
汲み取り分は、都が農村の貯留槽まで搬送して1石30銭で売却していたが、
翌21年には3円となった。農村まで運搬したことから生じた輸送費の徴収分
である。一方、農民汲み取りの場合は、農民が自家まで運ぶ料金として1石
50銭を東京都が農民に支払った『東京都におけるし尿処理の変遷（小島幸
一）p276-277』。屎尿流通における都市と近郊農村の関係に基本的変化がす
でに生じていたことが理解できる。

　都の直轄船による搬出量は、農民汲み取りの場合と比較して、かなり顕著
な相違を示すが、その理由は舟運利便性の地域的差異によるものであり、結
果、前者の中川水系利用の南埼玉郡と江戸川利用の千葉県東葛飾郡における
近郊農業地帯の成立に反映されていくことになる。農民汲み取り地域の重心
が東京都の東北部にあり、直営汲み取り地域の中心が東京都の西南部に分布
するのも、ともに対照的であることを小川（前掲論文 p18）は指摘している。
さらに補足すると戦後の屎尿の配荷空間は戦前最盛期に比べ、都心距離60km
から30余kmにまで半減されたこと、その理由として小川は東京の人口減少
（屎尿生産量の低下）と自動車輸送能力の低下を重要事項として析出していた。

　上述のように、終戦直後は、化学肥料が皆無に近く、しかも緊急食糧難の
時代であったことから屎尿はきわめて貴重な肥料であった。当然、都県農業
団体経由の農民同志の争奪戦の的となり、そのほとんどが農地に還元された。
しかしながら農村の需要は、昭和23年をピークに急減し、同35年の需要は収
集量の20％にも満たない状況となった。最大の理由は硫安・尿素・加里など
の化学肥料の普及であった。化学肥料は近世以降の江戸（東京）近郊農業と
農家の経営・生活環境を一変する技術革新の下に進行した。

　仲宇佐達也『東京農業史 p107-108』によると、化学肥料は安価・清潔で
かつ運搬・施肥の容易なこと等によって普及したものであるが、人糞施用蔬
菜に辟易した駐留米軍指導部が、清浄蔬菜栽培を強く求めたことも契機の一
つになった。昭和22年、調布水耕農場が生産を開始する。水耕圃場面積22ha、
土耕圃場面積104haを利用して、多種類に及ぶ清浄蔬菜栽培に取り組み、専
用の保冷列車で米軍基地に送られていった。民間の清浄蔬菜栽培は昭和29年、
多摩丘陵の鶴川村でレタス・カリフラワー・セルリーなどが、また30年には

第四節　近世関東畑作と施肥事情の地域性

西多摩郡瑞穂町でもサラダ菜を対象に始まっている。

東京近郊鉄道の下肥輸送は、武蔵野鉄道・東武東上線でも戦前期から行っていた。埼玉の場合、大正11（1922）年、入間農会と入間郡購買販売組合が東京市と契約し、また加治村でも、加治農会と産業組合が窓口になり東京市の屎尿を受け入れてきたが、昭和3年東京市委託の屎尿輸送は廃止された『武蔵野鉄道開通（飯能市郷土館）p32』。その後昭和8（1933）年、東京市は、一荷（2樽）25銭で処理する汲み取りの有料化を開始する『江戸東京年表（大浜・吉原）p202』。ここで歴史的な伝統を持つ屎尿の流通は、従来型の都市―農村間の物質循環にメスが入れられ、近世以降の伝統に根本的な変更を来すことになったわけである。

戦時中の昭和19年、ガソリン統制で自動車輸送は潰滅的打撃を受け、屎尿の鉄道輸送が再開される。鉄道輸送の再開は、昭和19年9月9日附け毎日新聞の報道によると、「トラック不足で東京の汲み取り事情は急速に悪化し、1日36,500石の処理予定に対して26,000石しか処理できない事態となった。この事態に対して自動車区域72万戸を30万戸に減らし、残り42万戸中の12万戸を船（海洋投棄）で運び、20万戸は下水道投棄とした。最終的な残り2万戸は農会斡旋の農家汲み取りで処理することにし、都の外周部8,000戸は素掘りの穴に投棄処分することになった。」という内容の下に実施された。

青木栄一（1992 p110）によれば、有名な糞尿列車は、東京都民の屎尿を鉄道沿線農家に肥料として輸送したもので、東京都知事の要請に基づいて、武蔵野・西武・東武東上の各民鉄路線が戦後の昭和28（1953）年3月まで継続的に実施した。とくに食糧増産株式会社を併合して成立した異色の旧武蔵野鉄道（池袋線）の屎尿搬送量が多かったという。上述の戦中〜戦後の都市屎尿の近郊農村への転送利用を最後に、近世以降江戸（東京）近郊圏の蔬菜園芸と穀菽生産を強力に促進してきた屎尿の農村還流、言い換えれば、世界に比類なき物質循環もここに終焉の日を迎えることになった。近郊鉄道による農村転送は昭和30年に最終的な廃止を迎え、東京都の直営汲み取りの増加と入れ替わるように比重を低下させていった農民委託汲み取りも、30年代半ばにはついに消滅することになる『東京都における屎尿処理の変遷（小島幸一）p299-301』。

147

第Ⅰ章　近世関東畑作農村の商品生産と幕府農・財政

大正〜昭和初期における屎尿輸送手段としての鉄道の登場は、「東京市託送」という言葉が暗示するように、都市と近郊農村の両者にとって、屎尿処理問題が少なくとも平等互恵の関係を想定させるものであった。しかしながら戦中ならびに戦後の復興達成期以降では、「東京都知事の要請」が示すように、環境行政課題としての屎尿問題解決の場を農村に求めていることから、従来の物質（屎尿）循環上にコペルニクス的変換が持ち込まれたと考えることができる。たとえば大正末期には、農家は東京市民からくみ取り料をもらう立場となり、昭和8年、東京市民の屎尿清掃は有料化され、受益者負担の原則が適用されることになる。さらに戦後の屎尿需要の高騰期でさえ農民汲み取りは、都から搬入代金を支払われる仕組みになていた。このことを含めて東京と近郊農村の立場の逆転を総括すれば、都市排泄物の処理に比重をおいた農村転送は、農業生産力の向上を都市環境整備の下に位置つけること、つまり都市環境問題解決のための手段視を意味し、その後の受益者負担原則の導入による近代的環境行政の確立と首都圏整備法の制定に基づく広域終末処理構想に、連動結実する契機となるものであった、ということができるだろう。

6. 江戸ごみ使用の下総台地型農村地域

江戸のごみ処理　　「ごみ」いわゆる塵芥とは生活廃棄物全般を指す言葉である。この「ごみ」を公認の塵芥請負人は、金物芥、燃料芥、肥料芥に分別し、肥料芥は船で千葉地方に輸送し、燃料芥その他の有価物は湯屋その他の需要者に売却された。このうちの肥料芥が俗にいう生ごみであり、官僚的表現を借りれば厨芥となる。厨芥を狭義に捉えれば、料理残渣と食べ残しであり、本論の要旨となる部分でもある（福渡和子 1999 p78-79）。なかでも江戸っ子たちは、日本橋の魚河岸から出る魚の骨腸類に限って、江戸肥に対する江戸ごみと呼んでいた。実際には、近世・近代にかけて関東各地の農村に舟運で持ち込まれた「くさ樽」がいわゆる魚腸であり、その供給源は、魚河岸に限らず町の魚屋・料理屋を含むものとみてよいだろう。

伊藤好一（1992 p38-45）の考察によると、幕府が江戸の人々にごみを永代島に捨てるように決めたのは、明暦元（1655）年のことであった。それまで

第四節　近世関東畑作と施肥事情の地域性

江戸の人々は、自分の住むところに近い堀や川あるいは空き地に捨てていた。武蔵野台地と前面の隅田川によって形成された三角州上の低地に造成された江戸の町は、いたるところに堀と川が流れ、空き地はどこの町にもあった。当然、ごみの捨て場に困ることはなかった。結果、江戸の発展とともに水路や空き地ににごみがあふれ、舟運の展開と都市計画の推進を阻害することになった。

　この間（正保5～宝暦5年）、幕府の塵芥処理にかかわる問題意識は、江戸町触の集成『正宝事録』でみる限り、上水・道路の清掃、塵芥の不法投棄、焼却の禁止などに限られ、最終的な処理に関しては述べられていない。『正宝事録』に初めて塵芥の捨て場が示されるのは、既述の明暦元年の触れであった。以来、享保前期までは永代島が主な捨て場に指定され、その後は一時、本所猿江町の幕府材木蔵跡入堀が指定されたが、まもなく再び永代島に戻った。享保15（1730）年から深川越中島が捨て場に指定されることになる。その結果、木場町15万坪、6万坪築地、10万坪築地などと呼ばれる埋立地が次々に成立し、18世紀後半までに38万余坪が築きたてられていった（林　玲子　1974 p72-86）。

　ごみの埋立てによる土地の造成は、江戸期を通して江東デルタ一帯で行われたが、造成地は限りなく南下を続け、明治以降にまで及んだ（笹沢琢自1999 p118）。この間、次に述べるような4点に及ぶ町方の塵芥処理に関する法令が出される。法令の制定を背景にして、享保19年、ごみ捨て請負人76名は、株仲間を結成して独占的な業務運営を図るようになる。こうした町方のごみ処理法の確立に対して、大名屋敷では、出入りの百姓にごみ処理を請け負わせることになる。持ち出した塵芥は永代島へ船で運ぶこともあったが、村へ運んで肥料にすることも行われていたようである。おそらく塵芥肥料化の走りがここにあったとみてよいだろう『江戸学事典 p293-294』。

　こうして江戸市民の生活に必要な物流を確保するための手段として、水路機能の確保を主要目的とする明暦元（1655）年の塵芥捨て場にかかわる法令が出されることになった。江戸ごみの廃棄先を永代島に指定することにともなって、塵芥処理は蒐集（大芥溜）・運搬（芥取船）・処分（埋立新田）の三過程に整備され、改役所の設置、芥取り請負人の発生、都市計画の推進へと組

149

第Ⅰ章　近世関東畑作農村の商品生産と幕府農・財政

織化されていった。江戸肥の処理が、近郊農業の発展を通して江戸の人々の
食糧と環境問題に貢献したことに対して、江戸ごみの処理は、後述するよう
な近郊農業の高度化ならびに大都市の環境衛生の向上と都市計画の推進へと
発展していくことになる。

　明治初年頃の塵芥清掃業務は、区務所が上納金と引き換えに請負人たちに
作業を一任していたが、まもなく業務は民間委託となり、下肥の場合と同じ
く、地主・差配人が芥業者を選任し、塵芥搬出業務を進めるようになった
(福渡和子 1999 p79)。明治10 (1877) 年、政府は「市街地清掃規則および厠
構造並屎尿汲取規則」を制定、これを受けて、東京市は同20年に「塵芥取締
規則」を公布する。ここに近代的な塵芥関連法の基礎が法制化されたことに
なる。その後明治33年、「汚物掃除法」を制定し、汚物の収集と処分を東京
市の義務とした。翌34年、深川区平久町の埋立予定地にごみ投棄場を設定し
露天焼却を開始する。一方、明治43年、越中島地先第一号埋立地に塵芥投棄
場 (7万3000坪) を設置して埋立を開始する。こうして悪名高き焼却と埋め立
ての2本立てでごみ処理体系が整備され、処理作業が発足することになった。
この後、大正末期から昭和初期にかけて、府下の各地に塵芥焼却工場が建設
されるが、処理能力が小さく、煙害の発生もあって、ついに東京市のごみ処
理問題は社会問題化し、婦人運動の標的となっていった。婦人運動の主導者
が市川房枝であり、運動の具体的主旨は分別収集の実現であった。

分別収集と農業利用　　東京都でごみの分別収集が始まったのは昭和6年と
される。具体的には厨芥と雑芥の2分別収集であった。分別の最大の狙いは
厨芥の分離にあった。このうち厨芥は、飼料として都市養豚農家へ持ち込ま
れ、さらに江東デルタ農村における促成栽培の温床熱材あるいは肥料・苗床
の温床熱材として舟運経由で千葉に搬出された。江東デルタの温床熱利用に
よる促成栽培は、寛政期に始まり化政期に最盛期を迎えている。当時の市民
生活は一般に貧しく、したがって厨芥、雑芥等の生活系の廃棄物は少なく、
頻繁に火災に見舞われた江戸 (東京) では、建設廃材 (土石・木材) が多
かったとみられていた (笹沢琢自 1999 p118)。ちなみに近現代の分別収集は、
戦時中の中断を経て戦後再開されるが、その実態を昭和32年の処理記録 (福
渡和子 1999 p81) でみると、焼却7.7%、埋立88%、残り4.3%が肥料と都市

150

養豚飼料に宛てられていた。

　話題は若干遡るが、日本橋の魚河岸から出る骨腸は当時の最高の生ごみであった。同様に町々の魚屋、料理屋から出る魚腸類もきわめて貴重な肥効性の高い生ごみであった。これらは近世中期以降少量ずつではあったが、「くさ樽」・「わた樽」という商品名の下に肥料として、関東各地へ舟運網を介して樽詰めで送られていった。とりわけ明治以降の東京の近代化過程にともなう人口増加と魚の需要増大を背景にして、わた樽の出荷が著増したようである。明治初期、渡良瀬川下流部10河岸中6河岸で魚腸が盛んに揚げられている。用途は桑畑の肥料で、両毛地域で最も重要な登り荷物とされ、両毛線開通後も、その重量と腐臭から舟運上の価値が失われることはなかったという『栃木県立足利高等学校地歴部「両崖 p9-11」』・『栃木県史 通史編7近現代2 p558』。同様にして、近世関東畑作農村唯一の自給肥料型特産品生産地帯の北上州にまでわた樽が持ち込まれ、煙草と麻栽培に使用されるようになるのは、明治期後半になってのことであった『桃野村誌（月夜野町誌第一集）p301』。

　江戸郊外の江東地区砂町周辺で塵芥肥料（江戸ごみ）が蔬菜の促成栽培に使用されるのは、伝承によると、寛文年間、中田新田の篤農家松本久四郎が嚆矢とされている。当時の促成栽培は、生ごみを発熱材料にした温床を油紙で被覆して成長を早めたものや、炭火を利用した囲い栽培で季節を早取りしたものなどであった『江東区史 上巻 p585』。「野菜物等季節不至内売買致間敷旨」天保13年『藤岡屋日記』記載の町触れにみるとおり、促成栽培の普及は、ついに天保年間の栽培・取引禁止の触れを招くことになる。最近、初物好みが過激となり、料理茶屋などが競って買うのは不埒であるというものであった『江東区史 上巻 p658-659』。

　江戸川デルタの新田農村砂町周辺で促成栽培技術が開発される以前に、千葉県への江戸ごみは、承応2年から万治2年（1653-1659）頃に導入されたことが推定され、甘藷導入が宝永7年であったことから、当初は米麦類の栽培に利用されたものと考えられている（千葉県農会報 10号 p14）。商品貨幣経済の急速な進展期（元禄〜享保期）に先立つこと30〜50年ほど前のことであった。江戸東郊における江戸ごみの使用目的は、ようやく需要の高まり始めた

151

第Ⅰ章　近世関東畑作農村の商品生産と幕府農・財政

蔬菜類の肥培と、その後の近郊農業発展期における茄子や胡瓜の促成栽培用の温床踏み込み材料に用いられた。その後、江戸川区や葛飾区では蔬菜作りは一層盛んになっていくが、肥培用には下肥が、また促成用温室熱源としては生ごみが、それぞれ主な用途として使い分けられていったことが考えられる。同時に水田では下肥がまた畑では下肥と江戸ごみが、それぞれ水稲作と蔬菜作を目的に使い分けられていった『江東区史　上巻　p587』。

　江戸ごみの利用農村は江東地区に次いで千葉県に拡散する。「37.8年戦役後、東京市の発達に伴い塵芥の排出亦漸次増加す、(中略) 入札を以て塵芥全部の除却を請負はしむ。請負人は之を4千円乃至5千円にて全部を千葉県組合に売却す。(中略) 1年7千万貫を得、之を選別し2千万貫を肥料として千葉県に致し、他は全部月島埋め立て地とす。(一説市当局は5千万貫を肥料とする談話あり、之真に近し。) (前掲農会報 p16)。なお、既述の福渡和子の報告と比較した場合、埋立用と肥料用の比率が大きく異なるのは、後者が雑芥を含まないことによるものと考える。

　大正初期における県下の塵芥集積状況は、船橋町五日市、葛飾村西海神、津田沼町谷津・鷺沼・久々田、幕張町検見川・馬加・稲毛、千葉町登戸・黒砂の合計10カ所、置き場面積3町6反1畝を占める状況であった。大正2年の調査 (千葉県農会報29号) によると、塵芥肥料を使用する町村は、千葉郡西南部ならびに東葛飾郡南部の13町村、6,557名の農家に普及していたが、この他にも江戸時代の子供の玩具が出土することから、花見川・浜田川流域にも搬入されたことが推定されている『千葉県野菜園芸発達史 p82』。平均塵芥肥料投入金額は、反当4〜7円、主な施肥対象作物は麦、米、甘藷、大根などであった。当時まだ千葉県内では、江戸川デルタ農村のような蔬菜を対象にした経営は成立していなかったとみられ、施肥量が少なくしかも肥培効果の高い甘藷栽培を中心に使用されていたことが明らかである。ちなみに、千葉県農会では、竹木・土石の除去以前の塵芥でも、水分26％、有機質15％、窒素0.18％、燐酸0.42％、加里0.29％との分析結果に基づき、甘藷肥料としての適性を評価している。金額的にも塵芥300貫匁と配合肥料10貫匁とが1.5円で均衡していた (前掲農会報 第10号 p18)。

　塵芥使用に関する千葉県農会資料解析に次いで、千葉県野菜園芸発達史

152

第四節　近世関東畑作と施肥事情の地域性

『p82-83』からさらに補足しておきたい。千葉県における江戸ごみの導入と普及は17世紀中ごろから18世紀中ごろにかけて進行した。江戸ごみの使用は継続的に行われたようであるが、その間の事情を示す確たる史料は見出されていない。その後、明治～大正期に入ると、江戸ごみ使用は、千葉地域の甘藷栽培とくに作付率の上昇と増産効果ならびに甘藷苗・蔬菜苗の育成・産地化に貢献することになる。明治30年の資料によると、千葉郡の畑6,321haのうち夏作では甘藷が3,476ha、冬作では麦類が4,932ha栽培されていた。これに対して明治末期の千葉郡を主体とした江戸ごみの投入圃場面積が、後述するように4,000haを占めていたことから、当時の普及率の概略を推定することができる。一方、発熱温床材料としての生ごみ依存度も高く、江戸ごみ移入の核心地千葉郡の野菜苗の場合、全県苗床面積48万4,600坪の35％を占めていた。大正4年、千葉県農会主催県下篤農家懇談会の席上で幕張町の湯浅幹は甘藷栽培を論じた際、育苗用の塵芥踏み込みと本畑投入に10a当たり563kgの使用を述べている（前掲農会報 29号）。

　明治末期において千葉郡を中心に搬入された東京塵芥26万トンのすべてが千葉県内に配荷され、これを選別すると、7万5,000トンが受け入れ地域農村4,000haに投入されたことになる『千葉県史 明治編（石井・小笠原・白浜）p327』。これは10a当たり500kgに相当する数値である。結果、明治31年の甘藷の東京移出量はもとより、蔬菜類でも東京市隣接の東葛飾郡を超える東京出荷量を記録している。このことを千葉県野菜園芸発達史では、塵芥利用の蔬菜生産への波及効果と捉えている『前掲発達史 p83』。大正初期には、県農会の塵芥成分分析結果の公表もあって、塵芥需要が一段と高まり、それまで中心的な地位を占めていた厩堆肥に替る状況となった。同時に価格の高騰も進んだため、再び厩堆肥への切り替えが奨励されることになった。

　大正12（1913）年の関東大震災は、東京塵芥の処理方法を一変させた。焼け跡の膨大な塵芥量は、深川地先で埋め立てと露天焼却された。焼却塵芥を購入して堆肥・醸熱材料にすることが東京府下農村に普及し、船と自動四輪車で搬入された。距離が離れた千葉郡下では、輸送費がかさみ高価になったことから、県農会は堆厩肥・金肥の使用を奨励しために、東京塵芥利用はその比重を急速に低下させることになっていった。

153

第Ⅰ章　近世関東畑作農村の商品生産と幕府農・財政

　昭和6（1931）年に開始された分別集収の成果『東京都清掃事業百年史（都清掃局）p81-88』を同9年の資料でみると、旧市域全域の42万戸を対象に毎日実施され、このうち分別された厨芥は35.4%を占めるに至った。分別された大量の厨芥の有効利用として、養豚事業が江東区の露天焼却場で5頭を対象に実験的に開始される。成果は良好で事業化のめども立った。昭和9年、足立区南堀之内に保険局養豚場が設置され、当初38頭、8か月後に110頭を数える好成績を残した。この間、4万7,000貫の厨芥が使用されている。厨芥養豚は民間にも普及し、昭和9年度の厨芥払い下げ量は、200万貫（7,500 t）に達した。厨芥養豚の推進と同時に、昭和8年、深川塵芥処理工場に3,000貫/Day の処理能力を持つ発酵堆肥化装置が設置され、1年半で5万3000貫を生産した。ただし肥料化事業の展開は、化学肥料の普及や塵芥焼却、とくに埋立材料化等の理由で十分の成果を見ることはなかったようである。結局、生活排出物の塵芥は、下肥に比べると、農業生産に及ぼす影響は格段に微地域的なものに終わっていたといえる。

7.　野州石灰使用の北関東型農村地域

　関東地方における石灰石の産出地域は比較的広範囲にわたって分布する。江戸時代から築城ならびに武家屋敷や商家の土蔵の建設材料（漆喰）として、急速に需要が増大する石灰の銘柄は、八王子石灰と野州石灰および江戸牡蠣殻灰であった。このうち、早くから産地として名が知られていたのは八王子石灰である。八王子石灰とは、武蔵野国多摩郡上成木村・北小曾木村・高麗郡上直竹村で生産された石灰である。『人つくり風土記 (9)栃木 p145-149』をめくると以下のような記述を見ることができる。慶長11年、幕府から江戸城普請の御用石灰を命じられ、以後江戸での独占販売を認可されることになる。この八王子石灰の独占する江戸市場に、近世中期以降進出してきたのが野州石灰と江戸牡蠣殻灰であった。足尾山地の南部に馬蹄形に分布し、生産される野州石灰のうち、葛生石灰はとくに有名で、その後野州石灰の生産・流通の本流を形成することになる。牡蠣殻灰は、深川・本所から芝にかけての江戸内湾産であった。なお、石灰の用途は、建築材料（漆喰）を中心にして酸性土壌改良剤、媒染剤、蒟蒻・豆腐凝固剤、酒造の際に利用されてきた。

154

第四節　近世関東畑作と施肥事情の地域性

　ところで本項の目的は、石灰の土壌改良剤としての諸問題を総括すること
である。近世以降、関東諸地域に産出した石灰を大観しても、土壌改良剤と
しての施用上の側面を取り上げた論考はきわめて限られている。限定的以上
に、これまで畑作における石灰施用の意義は、肥料あるいは土壌改良剤など
様々で、かつ曖昧のまま今日まで使用されてきた観がある。肥料論を取り上
げてきた本章が、近世以降、関東畑作で経験則に基づいて広く用いられてき
た石灰を、肥料としてではなくあえて土壌改良剤とした理由は、この曖昧さ
を解消することであり、そのために1900年代初頭の一連の土壌肥料学的研究
成果を整理し援用することにした。

　「1900年代初頭の土壌を介した石灰施用の問題は、肥料の化学的ならびに
生理的反応が注目され（内山）、次いで大工原および大杉らによって、土壌
酸性の原因・分布・および改良に関する研究が広汎詳細に追及された結果、
酸性中和というまったく新しい見地から検討されるに至った。このように鉱
物酸性土壌の本質が究明されたことで、土壌の塩基置換に基づく肥料成分の
吸収現象が注目され、水素イオン濃度測定法（長谷川米蔵）や施肥による土
壌の反応（大杉）等の報告が行われた。また植物に対する酸の影響が検討
（小野寺）されたが、大工原は農作物を土壌酸性に対する抵抗力によって5分
類し、作物と土壌反応との関係を明確にした。酸性土壌に関する一連の研究
は、全国各地の不良土の開発ならびに畑作の施肥改善にきわめて重要な貢献
をした」『日本農業発達史 9 p463』。

　上述の酸性土壌の改善という新しい土壌肥料学領域の確立が示唆するもの
は、石灰投与は、施肥効果の確認ではなく土壌の酸性改善効果の確認である
こと、ならびに日本屈指の火山灰土壌地帯に展開する関東畑作農村の生産力
増大と農家経営の発展に展望をもたらすことであった。とりわけ常総台地の
近代開墾や戦後の解放農地開墾と開拓開墾に果たした土壌肥料学上の役割は
大きかったことが考えられる。

　野州石灰関係者は、江戸における八王子・野州・江戸内湾の三産地間の競
合激化に対して、流通統制目的の「改所」の設置で緩和する努力を試み、内
部的には新規業者の発生にともなう競争・対立問題に「野州石灰改所」の設
置で対応した。内憂外患の厳しい業界において、寛政11（1799）年、石灰売

155

第Ⅰ章　近世関東畑作農村の商品生産と幕府農・財政

捌き制限の解除が行われ、江戸市場参入希望業者は全て願出て承認されれば、問屋株を取得して売り場を確保できることになった。追い打ちをかけられるような状況の出現にもかかわらず、野州石灰側は八王子石灰側ほどの危機感を持たなかったといわれている。理由は北関東を中心とする農村部に農業用石灰の売り込み体制を成立させていたためである。

このことは、文化5年の記録に基づいて奥田　久が作成した図Ⅰ-11にも良く表れている、と同時に奥田（1961 p19）の指摘「文化年間（1804～1816）の野州石灰の商圏は、土壌酸性度の高い関東平野北部農村において独占的地位を保っていた」からもさらに納得することができる。ただし奥田の作図では、野州石灰の遡上終点は、上利根川筋の中瀬河岸までの指摘に終わっているが、積み替え河岸の性格上、対岸の平塚河岸とともに艀に積み替えられて、さらに上流畑作地帯に送り込まれたことが予測される。また奥田の云う野州

図Ⅰ-11　文化年間の野州石灰荷揚げ河岸

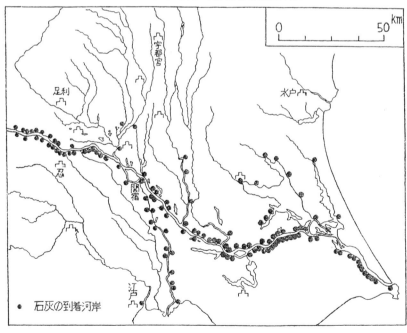

出典：「宇都宮大学学芸学部　研究論集第10号（奥田　久）」

第四節　近世関東畑作と施肥事情の地域性

石灰の北関東における独占的地位については、明治3（1870）年の上利根川右岸農村一帯の登り荷の流通状況を、平塚河岸問屋河田家の「預り荷物仕訳書上帳」から考察した丹治健蔵によると、各地で八王子石灰・牡蠣殻灰の動きが認められ、さらに明治5年の上州積問屋発上利根川筋河岸揚げ主要荷物の中に、糠に次いで干鰯と並ぶ牡蠣殻灰の記載が見られることから、三銘柄の石灰群が上武両州の重要商人荷物であったことはもとより、少なくとも野州石灰の独占的市場とは言えない状況であったことが明らかである。丹治は、これらの競合石灰群を肥料用であると判定していたことも付記しておきたい『関東水陸交通史の研究（丹治健蔵）p101-117』。

　天保年間（1830-1843）の大飢饉が野州農村に農業用石灰利用を一層促進したことも農村部への売り込み体制を補強するさらなる機会となった。天保期の大凶作、飢饉に際して、石灰使用地方は相当の収納を確保し、石灰肥料の効果が顕著なことを示した結果であった『栃木県石灰工業協同組合創立百周年記念誌　p173』。いわば天保期は、江戸市場依存期と北関東市場確立期を分ける大きな画期となったといえる『近世日本石灰史料研究Ⅸ（川勝守生）p2-4』。似たような事情は、信州伊那郡小野村にも見られた。安政4（1857）年、小野村が石灰焼許可を求めた際の訴願に、「右石灰の儀は当時専ら田方養ひニ相用候」とあり、紺灰から肥料への転換がみられた。天保期を画期とした肥料需要の爆発的拡大に比して、紺灰の重要性が低下していたことが考えられる。したがって、信州・上州へ染色用石灰を供給していた小野石灰は、七輪窯による大量生産を梃子にして、信州一円への肥料供給の画期的流通転換を図ったとみることができる『近世日本における石灰の生産流通構造（川勝守生）p439』。

　葛生を中心とする野州石灰の生産は、明治初期になっても増加趨勢が衰えることはなかった。上記の留まり4河岸中でも秋山川の越名・馬門両河岸からの積下げ荷物は、農村向け石灰が首座を占め続け、明治13（1880）年頃には未曽有の繁栄期を両河岸水運にもたらしたという『栃木県史　通史7近現代2　p559』。野州石灰の独占的ともいえる農村部進出は、酸性土壌改良剤の必須要件とされる苦土含量が著しく高いことにあった『栃木県大百科事典p411』。

第Ⅰ章　近世関東畑作農村の商品生産と幕府農・財政

　明治末期から大正時代にかけて、農業目的の石灰投与に対する土壌肥料学的評価が確立されていく。大工原らによる科学的実証的研究によって、酸性土壌に対する酸性中和問題が検討されるようになり、やがて広く日本畑作地帯の開墾・生産力向上に貢献することになる。経験則的評価に終焉を告げる時代が近ついていたことを予見させる状況であった。しかしそれまで（明治初期）の石灰投与の学問的評価は、水田の有機物分解のために緑肥と共用し、あるいは盛夏の田面散布で水質をアルカリ性にして窒素を有効化することにおかれ、まだこの時点では、畑地酸性土壌を矯正するための学問的知識・技術は知られていなかったとみられる『日本農業発達史 9 p436』。

　土壌肥料学的成果が確立・承認される過程において、明治31（1898）年、鹿児島県令をはじめ西日本の各県令から石灰使用の禁止令が出される。当時の石灰禁止令の多くは石灰の乱用を戒めるものであったが、実際には絶対禁止令として機能し混乱を招いた事件であった『日本農業発達史 9 p436-438』。この2点を記憶の片隅において、近現代過程の野州石灰の動向を山本訓志（2013 p71-78）に従ってまとめてみたい。

　大正時代前半の石灰生産量は、大部分が農業用に宛てられていた。葛生の吉沢家資料（文書147）の「葛生駅発送石灰噸数調」をみると、大正3（1914）年10月から翌年9月までの移出実態が明らかとなる。葛生駅発全送付先は216駅に及び、その範囲をみると北は青森から西は長野に達し、東日本をほぼ網羅していた。主要送付先を県別に上げると群馬の14,000余噸を筆頭に、東京、栃木、埼玉、茨城が多く、いずれも2,000噸を超えている。月別出荷量の推移は東京が年間一定で、その他の県では4～7月にピークが来る。この違いは東京のセメント工業用とその他諸県の農業用という用途の差を示すものであるが、同時に農業用需要期の内容が、年間需要総量を左右する重要な意味を持っている。

　そこで大正時代の農業用石灰を取り巻く環境についてまず展望する。明治37（1904）年、埼玉県東北部の利根川旧河道の氾濫原に立地する志多見村の役場から、同村平永区長　川島栄吉宛の文書（川島家文書519-2）を以下に掲げる。

第四節　近世関東畑作と施肥事情の地域性

　第985号

従来我国農家ハ稲作肥料トシテ石灰ヲ施用スル者有之

殊ニ本年ハ時局ノ為メ肥料ノ供給不充分ナル結果

石灰ヲ所々ニ施用セラルルヲ見ル

元来石灰ハ直接植物ノ栄養トナルモノニアラズシテ

土中有機物ノ分解及肥料ノ不溶解成分ヲ可溶解トナス等ノ作用アルモノナレバ

施用量ヲ誤ルカ若シクハ毎年之レヲ継続施用スルトキハ

土壌ヲ痩薄ナラシムルノミナラズ収穫物ノ品質ヲ粗悪ナラシムルモノナレバ

其容量ヲ一反歩三十貫ヲ超エザル様尚石灰ノミヲ施用セズ

必ス直接肥料（大豆大豆粕〆粕厩肥緑肥等）ヲ加用ナス様

其筋ヨリ注意有之候条御区内農業者ヘ無漏御注意相成度

此段及御移牒候也

　明治三十七年六月二十九日

　　　　　　　　　　　　　志多見村役場

　大字平永区長

　　川島栄吉殿

　このことは、水田水稲作における石灰施用効果を触媒的効果に限定し、併せて継続的施用の弊害を指摘したものである。石灰生産業者とこれまでの経験則的な石灰肥料観に支配されてきた農民にとっては、抑制的な環境下に置かれたことが考えられる文言であった。その後10年ほど経た大正5（1916）年に、近隣の高野村農会からもほぼ同様の通知が届いている。北埼玉郡志多見村や高野村はこのような情報を送らざるを得ないほどの石灰施用被害を受けていたのである。明治30年4月の南・北埼玉、北葛飾3郡の埼玉県知事宛農事調査報告書にも、その状況を示す以下のような文言が見られる（新編埼玉県史　資料編21　p442-443）。

一、　石灰ノ使用如何

　石灰ハ数年ハ水田ニ無二ノ肥料トシテ施用シタリシカ年々之ヲ施用シタルノ地ハ第一光沢ヲ失ヒ著シク米質ヲ損ジ従テ砕米ヲ多ク生ジ為メニ市価貴カラサルニ依リ近年殆ント全ク之レヲ用イサルニ至レリ、実ニ賀スベキノ至リナリ。

159

第Ⅰ章　近世関東畑作農村の商品生産と幕府農・財政

凡テ石灰ノ性質タル元来肥料トナス可キモノニアラスシテ唯一時ノ興奮剤トシテ用ウ可キモノニ過ギス、即チ窒素質ニ富ミタル肥料ヲ年々多量ニ施シタル場合或ハ非常ニ有機物ノ含有シタル所等ニ一反歩ニ三貫目乃至五貫目位ヲ施セバ大イニ前年来ノ有機質ヲ速ニ分解シ以テ植物ニ必要ナル養料トナサシムルニ至ルノ効アリテ石灰其物ノ養料トナルニアラザルナリ。故ニ石灰ヲ年々使用スルニ於テハ地盤ハ堅硬質ニ変ジ即チ漆喰土トナリ以テ作物根ノ蔓延ヲ妨ゲ（中略）前記ノ如クスデニ其ノ悪キヲ知リ今日ニテハ殆ド全ク之ヲ行ワザルノ状況ナリ、之レ実ニ賀スベキノ状況ナリトス

　明治末期から大正初期にかけてのこうした状況の下で、大正元（1912）年、野州石灰製造同業組合は、さらに静岡・岐阜・福井・石川・富山・新潟・長野・山梨の各県に関係者を派遣し、情報の収集を行った。結果、上記8県中5県で酸性土壌の改良効果が話題となり、野州石灰の将来に大きな期待と指針を与えることになった。このことを踏まえて、『野州石灰組合40周年史』は次のように述べている。「県農事試験場にて試験を重ねし結果によれば、本県のごとき酸性土壌の多き地方は、その加用により中和せらるるを知り、農作物に及ぼす影響を考え却って土地によりては、奨励しつつあり奇観を呈せり。然り酸性土壌問題一度起こりて農業界に一大警報を伝ふるや、各種試験の結果石灰にあらざれば、中和の効を奏せざる事明白となるに及んで、（石灰使用）禁止令や制限令の旧思想の誤りたるを知りたりといふ。（後略）」（山本訓志 2013 p75）。

　こうして野州石灰製造同業組合では、酸性土壌の中和剤として、石灰の正しい認識を周知徹底させるべく、『石灰の新用途』なる小冊子を発行し、その中で「石灰は濫りに単用すべきものにあらず、他の肥料と共用してこそ効果を収むべし、他の肥料も亦石灰の加用を待って完全の効果を奏すべきものあるを記せざるべからず。」と結んでいる。同業組合は大正5年にも『石灰の研究』を刊行し、酸性土壌の改良効果に重点を置いた啓蒙活動と合わせて、土壌改良の上にさまざまの肥料投入効果が期待されることを強調していた。田・畑作両方に敷衍する認識である。こうした野州石灰に関する役所、研究機関、業界の努力については、大正2（1913）年から同9年までの需要変動期

にあって、生産量の減少にもかかわらず生産額が上昇するという動向、ならびに大正時代終盤における石灰生産者の増加傾向の2点から、一定の評価を与えることができると考えられている（前掲山本論文 p77-78）。

なお、石灰使用効果としての酸性土壌中和作用が、その効用を最も鮮明にしたのは、戦後の緊急食糧難対策としての火山灰台地入植開墾と農地改革にともなう旧軍用地ならびに未墾地開墾とくに常総台地開墾の際であった。石灰質肥料と堆肥の投入無しには、関東畑作地帯における自作農体制の安定、緊急食糧難の解決等はきわめて困難な事態であったといっても過言ではないだろう。

8. 荒川氾濫土の馬背客土と大宮台地型農村地域

運搬客土の方法と目的はところによってそれぞれ異なる。関東地方でも小規模局所的な客土はこれまでにも各地で行われてきた。たとえば大宮台地内部だけでも、鴻巣市の郷地農家のように、元荒川から水中の泥土を鋤簾（じょれん）でさらい上げて乾燥させ、霜枯れ時期に畑に散布する作業もドロツケと呼び、また桶川市の江川流域でも、水中の泥土をさらって田畑に入れて養い肥にすることが、『耕稼春秋 日本農書全集4巻』に記載されている、との報告が見られる。このうち江川流域のドロツケを『耕稼春秋』から引用している件については、『耕稼春秋』は加賀農書であること、江川とは固有名詞ではなく用水路を指すこと、の2点に基づく再検討が必要かもしれない。

ともあれ大宮台地の鴻巣、北本、桶川、上尾、大宮周辺の荒川寄りの耕地に対して行われた、荒川氾乱堆積土の馬背客土いわゆる「ドロツケ」は、全国的にも類例がないほどの規模で展開された。有機質に富む微砂質の氾濫土壌は、脊薄軽鬆（せきはくけいしょう）な関東ローム層の堆積する台地上の耕地に、燐酸肥料分の供給（坂井信行）と風害・霜害抑止効果をもたらした（柴　英雄・佐々木清郷）。とりわけ、坂井信行（1949　埼農叢書）・吉川国男（1975 p120-128）.『荒川　人文Ⅲ p185-200』は麦作効果を強調し、柴　英雄・佐々木清郷（1960 p3）は、陸稲、大小麦の場合では1.5〜2割ほどの増収効果を指摘し、併せて陸稲の干害減少と客土後は減肥しないと過剰生育の懸念さえ生じることを述べている。また鴻巣市史『民俗編 p280-281』は、大豆・麦の出来が

第Ⅰ章　近世関東畑作農村の商品生産と幕府農・財政

良くなったことを取り上げている。これらのことから、ドロッケは施肥効果と土壌改良効果の両面を持つ客土法であることが考えられるわけである。

一方、富山県黒部川扇状地の流水客土は、地下浸透の激しい扇状地の砂礫質水田の減水深を抑え、収量の増大に貢献した。また北海道の運搬客土は、馬そりに始まり、軌道利用のトローリーを経て、昭和16（1941）年からは小型機関車を利用する大規模事業で、泥炭地帯の水田化に画期的な実績を挙げてきた『日本地誌 2北海道 p84・301』。

吉川国男の聞き取り調査『荒川 人文Ⅲ p185-188』では、ドロッケ作業は、麦播きの終了後から翌春3月までの間に、男性とくに作男らの仕事として行われ、鴻巣市史『民俗編 p280』でも、冬場の奉公人（若い衆）たちの仕事であったとしている。土取り場は私有地以外ならどこでも支障がなかったようである。しかしながら、上尾市中分矢部弘家の荒川流作場の「土取場議定書写帳」（文政9年）『上尾市史 第三巻 資料編3近世2-121』によると、「近年領家村流作場荒地多出来致候ニ付」との理由から「然上は面々所持之流作地なり共荒地立直り候様、右壱ヶ所限り外勝手之儀ニ土取仕間敷候筈、一同議定連印仕候所、為後日仍而件如」私有地でも領家村勇吉所有の土地以外は、勝手に土取りは致さぬこととあり、私有地の土取りについては、結構強い村落規制がかかっていたことが考えられる。さらに領家村勇吉所有の流作場から、これまで中分・小泉・小敷谷三ヵ村で土取りをしてきたが、このたび荒川縁から1里半も離れた井戸木村も加わることになり、議定書を取り交わしている。井戸木村の新規加入には種々の問題があったようで、村役人・組頭・名望家の複数寺院の仲介ならびに領家村百姓衆へのお礼を含め、12両もの大金を支払って解決に漕ぎつけている。その後何度も土取り争論が生じ、その都度過怠銭を課し内済に至っている（黒須　茂 1990 p50-51）。「領家村百姓衆へのお礼」や「私有地の土取りにかかわる争論発生と過怠金徴収」の件も、ともに村落社会の規制力の一端を示すものといえるであろう。

黒須　茂（前掲論文 p50-54）は、近世末期のこの状況から、1)客土は村ぐるみの組織的な作業で、強い村落規制の中に組み込まれて行われてきたこと、2)文政期の井戸木村参入の事例から見て、遠隔の村をも巻き込むほどの強い推進力の下に畑土壌の肥沃度を高める必要性があったこと、言い換えれば、

第四節　近世関東畑作と施肥事情の地域性

　天保6年以降の矢部弘家の作付帳を見るまでもなく、菜種・紅花・甘藷・小麦等の商品作物の導入が示唆する商品貨幣経済の進展と、広汎にわたる客土（ドロッケ）の普及とは決して無関係ではないこと、の2点を析出している。

　1日の土取り回数は、畑と河川敷の距離にもよるが、4～12回に及び、1駄30～50貫の運搬量であった。冬場に運び込んでおいた泥は、麦の播種期に人糞、大豆粕、堆肥などと一緒に畑に散布したと吉川は報告しているが、農家によっては、麦の条間に施肥と同様の投入も行われていたようである（前掲柴・佐々木論文 p2）・（黒須　茂 1990 p49）。1回の散布量は、平均するとせいぜい1cmの厚さであったが、長い間に積もり積もって、鴻巣市原馬室で50cm、北本市高雄で平均40～50cm、桶川市川田谷で平均60cm、上尾市藤波で50cm、大宮市指扇で60cmを示している。荒川河川敷に近い北本市石戸宿や桶川市川田谷字原では、最大1mに達する畑もあるという。

　ドロッケを必要とする理由について、吉川は大宮台地西部では開析谷が刻み込まれ、出入りと起伏が多い地形のために黒色の腐植土層が20～25cmと薄いことに起因するという。耕土の腐植土層が薄いのは被覆植生（赤松，小楢）と冬季の卓越風に原因を求めている『前掲荒川　人文Ⅲ p188』が、肥沃な表土の流亡と乾燥化を促進する乏水性の傾斜地形にも一因があるように見受けられる。なお吉川は、腐植質土壌の薄いことをドロつけの最大理由としているが、その分布域を規制する要因として、荒川からの距離4km以内と浸食谷の介在が3筋以内の地域に限定している。この条件がドロッケの投下労働量と農作物の増収量とが見合う限界線である、との理解によるものである。

　埼玉県は、かつて三麦（大小裸麦）の生産量が日本一であった。麦作県埼玉のさらに核心的産地がドロッケ地域と一致する。近世以降「足立の大麦」、「中山道麦」の銘柄『上尾百年史 p264-266』で、江戸穀物市場の建値を形成するほどの人気があり、「桶川宿のうどん」とともに人口に膾炙したという。吉川の検証『前掲荒川　人文Ⅲ p194』によれば、ドロッケがすでに半世紀以前に終了していた昭和47（1972）年産麦が、10a当たり県平均で大麦358kg・小麦329kgに比し、桶川市では大麦404kg・小麦426kgを記録し県内随一であった。まだ地力にドロッケ効果の余力が十分残っていることを窺わせる数値である。

第Ⅰ章　近世関東畑作農村の商品生産と幕府農・財政

　次いで、ドロツケの理化学的効果を柴・佐々木（前掲論文 p195-197）の研究から考察し、結果のみ抄録すると以下のようになる。

1）　火山灰土に沖積土を混合することによって、霜柱の生成が防止される。客土による粘性・可塑性等の増加は風食に著しい好影響をもたらしていると考える。

2）　化学性の変化がもっとも著しく、作物に影響していると考えられる項目としては、(A)燐酸吸収量の減少および溶出量の変化、(B)置換性塩基の増加、(C)易溶性アルミナの低下、(D)置換性マンガンの増加であろう。

以上の専門的な分析結果を、吉川の付言『前掲荒川　人文Ⅲ p197』に従って一般化し以下に紹介する。ドロツケの大きな効果としては、1)火山灰土壌の不良性の矯正、とくに霜柱生成の減少・風食の防止、2)作物に対する均衡のとれた栄養分の補給、3)酸性土壌の中和等に役立っていた、と結論つけることができる。

　ドロツケの行われた地域は、大宮台地では鴻巣市大間・原馬室～北本市高雄・下石戸下～桶川市上・下日出谷～上尾市小泉・浅間台～大宮市中釘・五味ヶ谷戸を結ぶ線の西側と武蔵野台地では朝霞市上・下内間木の台地上の畑である（図Ⅰ-12）。実施総面積は大宮台地が南北20km、東西4kmで32,000万㎡、武蔵野台地が南北2km、東西2kmで200万㎡と吉川は算出しているが、柴・佐々木等は、大宮台地上の客土面積を2,445町歩と概括していた。この違いは両者の分布域の把握方法、もしくはドロつけ圃場の実施率推定値に基本的な認識の差があるように見受ける。なお吉川は、客土面積の算定に際し、ドロツケ作業は雇用労働力を有する地主層や篤農家が主として行い、小作農家や手馬を持たない下層農家には普及していなかったことを勘案して、大宮台地40％、武蔵野台地50％という普及率を推定し、これに基づいて試算している。この場合、荒川から遠隔化するにつれて、客土面積と客土量が明らかに低減する傾向にあることを、普及率算出の根拠に加えているかどうかは文献上不明である。なお両者の武蔵野台地におけるドロツケ農村の把握範囲にかなり相違が認められることも付記しておきたい。

　客土の行われた時期については、これを明確に示す資料はない。ドロツケ研究の先達吉川国男もいくつかの根拠によって、幕末期を大幅に遡る可能性

第四節　近世関東畑作と施肥事情の地域性

図Ⅰ-12　大宮台地のドロツケ地帯

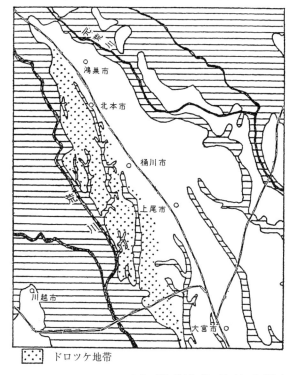

出典:「埼玉民俗　第五号（吉川国男）」

を指摘するにとどまり、黒須　茂も文政九（1826）年の上尾市矢部弘家文書からおよそこの年代と推定処理をしていると考えられる。柴・佐々木論文の明治中頃説は、黒須論文によって事実上否定されたと理解する。ドロツケの終末期は、吉川はほぼ大正末年頃とみているが、一部の精農家では昭和30年代まで継続していたという。柴・佐々木説も吉川と同じ時期を終末期としている。最盛期については、柴・佐々木（前掲論文 p2）が明治～大正期としている以外に論究された事例はないようである。ちなみにドロツケ衰退要因として柴・佐々木（前掲論文 p2）は、化学肥料の普及と河川改修で客土材料が減少したことを挙げ、吉川は化学肥料の他に運搬能力の低い馬から牛への役畜交代が進んだことと河川管理規則の変更を指摘していた『前掲荒川人文Ⅲ

165

第Ⅰ章　近世関東畑作農村の商品生産と幕府農・財政

p192』。

　いずれにせよ、大宮台地西部農村では、近世後期以降近現代にかけて、お
よそ1世紀を超えるとみられる大規模な畑地馬背運搬客土（ドロツケ）が進
められてきた。ドロツケは大宮台地に限らず、洪積台地と台地開析谷・旧河
道が併存・並走する中川流域には格別珍しいことではない。ただし大宮台地
の場合は例外的な規模で展開した。大規模なドロツケを可能にした荒川の洪
水土壌堆積は、利根川・渡良瀬川が河川勾配のごく小さい造盆地運動の中心
部を通過する間に、かなりの流送土砂を沈積すること、さらに利根川東遷の
結果、利根・渡良瀬川旧河道の諸河川が用排水河川として人間の管理下に組
み込まれ、暴れ川の性格を失なったこと等に比較すると、荒川の溢流頻度と
溢流時の運搬堆積量ともに多大であったことによると考える。なお下流域の
洪水対策としてのＴ字型突き出し堤の建設は、洪水時の氾濫土壌を堤外耕地
に広く堆積したが、河道近辺の溢流堆積量を高めてドロツケ農家の土壌採掘
現場となることはなかった。

　おそらく荒川中流農村のドロツケは、日本畑地運搬客土史の中で前例のな
い規模の下に、施肥効果と土壌改良効果の二面性の目的をもって推進された
ものである。しかもその狙いが、畑作地帯の商品生産としては、これも異例
の主穀生産の発展に主として設定され、その生産効果と銘柄効果も時代を超
えて引き継がれてきた、まさに「土地に刻まれた歴史」の感が深い事業で
あった。なお、水路の泥土客入については、酒匂常明『日本肥料全書
（1888）』の古典を紹介して本項の結びとしたい。

9.　自給肥料専用の北毛型農村地域

　畑方特産品生産地帯の成立にとって、干鰯・〆粕あるいは灰・糠の導入は
不可欠に近い重要事項である。それゆえにこそ、各地の小農たちは、一家の
浮沈をかけて在方商人の苛酷ともいえる前貸し経営と向き合ってきたのであ
る。北上州の吾妻川流域や沼田盆地周辺に成立した麻と煙草の産地でも、荷
主問屋による生産物をはじめ桑・田畑に至るまで質草とする金融支配と生産
物支配が行われてきたが、関東農村のほとんどすべての特産品生産地帯で、
普遍的に存在した肥料前貸制による農民支配は、筆者の調査からは見出すこ

166

第四節　近世関東畑作と施肥事情の地域性

とができなかった。理由は一つ、北上州の村々では商品生産の展開にもかかわらず、金肥導入の明確な足跡が存在しなかったことによるためである。倉賀野・五料河岸上流部への舟運が成立不能であったこと、その結果としての代替え駄送費が、商品の販売価格に大きく食い込む状況であったことなどが思料される。とりわけ、天明3(1783)年の浅間の山焼け以来、火山噴出物の堆積で利根川の浅川化が進み、中瀬・平塚両河岸上流への遡行は荷物積み替えの必要が発生し、付随して運賃も倍増したこと『関東水陸交通史の研究（丹治健蔵）p113-114』も、魚肥の北上に少なからず影響したと推定される。ちなみに、浅川化にともなう水運条件の悪化は、上利根川14河岸とその近隣村々に小船257艘、所働き船243艘を算するまでになり『群馬県史 資料編14 史料番号345・346』、さらに中瀬河岸から本庄、藤岡、倉賀野、高崎等の西上州商品流通拠点への駄送ルートの成立展開（図Ⅰ-13）の契機となり、周辺村々20か村の手馬稼ぎ132人を擁するほどの盛況を見るに至った『関東水

図Ⅰ-13　中瀬河岸の主要取引圏(明治3年頃)

● 1870年の荷主所在地
出典：『関東水陸交通史の研究（丹治健蔵）』

第Ⅰ章　近世関東畑作農村の商品生産と幕府農・財政

陸交通史の研究　p264』ことも付言する必要があるだろう。丹治健蔵もこの状況を陸継専用の布施河岸の駄送体制に比肩しているほどである。

　北毛産の麻・煙草の搬出に必然的に付随するとみられる、帰り荷としての金肥の導入が見られないことは、金肥流通価格上の問題だけでなく、重要商品作物の煙草の一部と麻の大部分が上利根川諸河岸に向かわず、峠を越えて越中・越後の地域市場に流れたこと『西上州・東上州（萩原　進）p200-205』、および利根東入り産の煙草と麻が根利道経由で大間々に向かい、流通バランスを欠いていたことも軽視できない問題点と思われる。峠越えの陸送は、西上州麻の岩村田継立江州移出にも見られた『近世の北関東と商品流通（井上定幸）p293』が、主流は上利根川14河岸から舟運に乗ったとみるべきであろう。

　北毛地域にきわめて自給肥料的性格の強い畑方特産品生産を成立させたのは、自給肥料の確保が相対的に有利な状況—新田開発の余地がきわめて少ない山附の村々—であったことが見落とせない地理的背景として考えられる。同時に、北関東内奥農村における商品生産を東北型自給肥料段階とする歴史的認識も確認しておく必要があるだろう。結果、堆肥・厩肥・蚕糞・人糞を主体とする自給肥料に、需要のごく一部を満たすに過ぎない沼田・中之条・原町等の城下町や在方町の屎尿・酒粕ならびに水車稼業の糠類などの地場産金肥を加えて、北毛の畑方特産品生産地帯の肥料基盤が形成されたと考える。したがって、北毛の肥料事情は、基本的には古島敏雄も指摘するように、東北農村型『概説日本農業技術史　p549-551』の自給肥料依存度の高い商品生産段階に対応するものであった。麻の場合、これに土地条件と気象条件が優れた吾妻川流域の郷原、岩下、矢倉3か村の上畑が選ばれて、産地の中枢地区が形成されたわけである『岩島村史　p594』。このため経営条件の良くない利根郡の東入り地域では、下等品質の麻しか生産できなかったし、煙草作においても、西上州の館煙草に比べると、世評は必ずしも十分でない状況であった。これに対して西毛地区の麻は、上・中・下・山畑を問わずほぼ均等規模で栽培され、北毛の場合とは対照的であった『群馬県史　通史編5近世2　p547・553』。農産物商品化に占める麻の比率もきわめて高かった（図Ⅰ-14）・『群馬県史　通史編5　p553』。この違いは、自然条件および金肥普及上

第四節　近世関東畑作と施肥事情の地域性

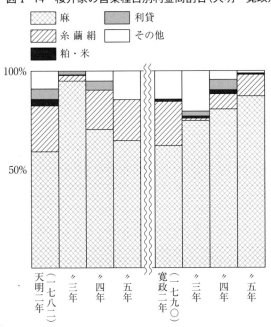

図Ⅰ-14　桜井家の営業種目別利金高割合（天明〜寛政期）

出典：『近世の北関東と商品流通（井上定幸）』

の地域差によってもたらされたことが推定される。

　近世中期以降、畑方特産品生産地帯の広域的成立状況の中で、自給肥料に依存する経営を継続したのは、木村・伊藤『新田村落 p280』の指摘にもあるように、林業（用材、薪炭）ならびにその後の養蚕・織物業の発展で、農業依存度の低下した関東山地沿いの秩父・奥武蔵地方の山村以外には、北上州の山村だけであった。関東中央部の平場農村のように、穀萩農業だけで貨幣経済の浸透に対応できる農村と異なり、あるいは西上州の鏑川・神流川流域農村のような先進的畑方特産品生産地帯と異なり、北上州農村では、上層農家層による限られた町場の糟粕・下肥（金肥）使用と中小農家層の刈敷、堆肥、糞尿、蚕糞を主体とする自給肥料だけで、畑方特産品生産を継続しなければならなかったのである。ちなみに奥武蔵の山附農山村のうち、村明細帳で自給肥料農村と指摘されているのは、多摩郡沢井村と同五日市村であっ

第Ⅰ章 近世関東畑作農村の商品生産と幕府農・財政

た『前掲概説技術史 p572』。

　前期的商業資本とりわけ在方商人による商品生産と流通の支配は、関東各地の諸河川本支流域において、かなり顕在化しながら進行したことが考えられる。しかしながらごく一部の地域では、在方商人による前貸し支配が必ずしも顕在化しなかった事例も見られた。利根川最上流部の北上州農村と荒川左岸の大宮台地農村もその一例とみることが可能であろう。前者の場合は、自給肥料型農村固有の問題として顕著な金肥前貸し制の成立を見出せなかったことが考えられ、結果、農民層分解まで十分論及されることがなかったのかもしれない。一方、陸運・舟運・地方市場に恵まれた大宮台地農村では、紅花をはじめ薩摩芋と長芋の商品生産が積極的に展開され、小農層の紅花問屋への金肥仕入れのための融資依頼がそれなりに行われた筈にもかかわらず、質地小作関係の成立や農民層の分解現象の報告事例は、必ずしも多くなかったと理解する。研究者の論調も比較的穏やかで、あるいは一揆の発生や農村荒廃が、南関東ではその例をみない『八潮市史 通史編Ⅰ p966』もしくは相対的に激烈でなかったことを反映した結果と考えることも可能であろう『近世関東畑作農村の商品生産と舟運（新井鎮久）p314-316』。

結語　商品生産の発展と金肥使用地域の類型化

【幕府農財政と関東畑方特産品生産地帯の展開】

　近世関東地方には広大な畑作地帯が形成されていた。元禄―享保期の関東畑作地帯では、農業生産の商品化と幕府税政の展開が、農政と一体化することによって一層密接な相互関係を構築しながら進行していった。むしろ税制に規制された農政といったほうが適切かもしれない。同時に関東地方の畑作には、以下に述べるような理由に基づく多様な特徴が認められた。

　たとえば、畑作地帯が広範に展開すること、この畑作地帯には最多規模の幕府直轄領（元禄期の総幕領石高400万石のうち、関東筋幕領119万石）と多くの旗本領が存在したこと、自然特性並びに江戸幕府の政治的・経済的・軍事的後背圏であったこと等の推定理由の下に、幕藩体制発足の初期段階から石代納方式が認められていた。この他に、「武州山之根筋の近世初期永高制検地

結語　商品生産の発展と金肥使用地域の類型化

と在方市の叢生」、「近世後期の新田・幕領集積地域の在方市の稠密展開」、「畑地商品作における田畑六分違扱い（安石代）の成立」、「関東での定免法の高い普及率と後半期における剰余形成」、「大規模な保護奨励策をともなう武蔵野新田開発」、「新田畑の幕領編入と商品作物の新田誘導策」、「新田検地以降の地先開墾と縄延び分の発生」等々とともに、関東畑作の商品生産地域には、関東以外の農村あるいは江戸肥・舟運利用農村以外の水田農村と比較したとき、結果的に多くの経済的優位性の存在を推定することができた。享保改革期を除けば、一般論としての幕領年貢の私領年貢に対する相対的な緩さも無視できないことであろう。

　新田増加分の80％が幕領編入され、幕領の20％前後の耕地で商品作物が栽培されたと推定される。在方市多発や在方商人の活動を紐帯とした新田分布地域と商品生産地域との整合性の高さは注目にあたいする状況を呈していた。上記地域の農業生産力は意外に高く、赤城南面の旧赤堀村の年貢関係史料によれば、年貢増徴策にもよく耐えてきたことが指摘され、また前橋藩領高井村の畑年貢割付状の上昇傾向を生産力の向上と畑反別の増加によるとし、「田をあえて畑にする理由を、畑の経営が収入面で上位にあった可能性に求めていること」『前橋市史　第三巻　p294-295』も西関東畑作農村の商品生産にかかわる特徴とみるべき事柄であろう。

　結果、生産力の高い西関東とくに上野全般の畑質入れ価格は、田の2倍水準を一貫して維持し、反面、商品生産の未熟な東関東鹿島台地農村の場合、畑の質入れ相場自体が成立しないほどの不人気であった。結局、関東畑作農村では、幕府税政と農政の新田誘導策・奨励策に忠実に順応しながら、畿内・中国筋の田方綿作や商農的性格の強い農民に主導された先進地域とは異質の、言い換えれば、関東の領国地域的性格と自給的穀作に制約された小規模商品生産（作付率20％）地域が、新田地帯を中心にして立地展開を遂げたと考えることが出来る。

　関東地方の河川網は江戸方向に向かって南流し、河川密度・水量・流向ともに舟運価値の高いものが多く、なかでも西関東の利根川水系・江戸川を含む中川水系・荒川・新河岸川筋に成立した河岸とこれを拠点とする在方商人との結合は、幕領新田・旗本知行地を中心に、商品の出し入れを通して、各

171

地に畑方特産品生産地帯と穀萩農村の成立（特産地形成）ならびに活発な商品流通を促し、江戸地廻り経済政策を背景に、より強力な産地形成力を発揮することになる。そして何よりも重要な点は、広大な畑作地帯における代金納方式の適用が前掲の諸要因とともに、後進的な関東畑作農村を急速かつ広域にわたってに商品経済に巻き込み、以下に示すような肥料使用地域の類型化をともないながら、特産品生産地帯形成上の発展要因として、関東畑作農村の商品貨幣経済化と同時に農民層の分解を促す重要な契機となっていったことである。

【金肥使用地域の諸類型と形成要因】

　関東畑作農村の金肥使用には明らかな地域性が見られた。地域性の形成要因としては、次のような事項が考えられる。1)作物別必須肥料の存在、2)作土の土壌学的諸性質、3)肥料の種類別・地域別価格差、4)輸送手段の東西性、5)河況変動（浅川化）による割増運賃の発生、6)地理的隔絶性の6点である。このうち1)は作物別施肥効果の問題である。複数種類の施肥において、栽培作物に異なる投入効果が生じた場合、以後当然、最適肥料を選択使用することが考えられる。結果、それぞれの金肥使用地域にも肥料使用上の個性が生じ、類型化が可能になるとみられる。しかしながら、糠あるいは〆粕・干鰯ともに、紅花・藍・煙草・麻などの商品作物にとって甲乙つけがたい有効肥料であった。したがって、関東畑作農村において認められた肥料使用上の地域性は、3)の肥料の種類別・地域別価格差と5)の浅川化による割増運賃の発生を主力要因として形成されたとみることができる。

　肥効特性に基づく生育の差を明確に示した肥料は、武蔵野新田地方における2)の土壌特性に反応した灰と糠であった。後述するように、その他の地域において認められた肥料使用上の地域性も、2)の土壌学的諸性質（洪積土壌・沖積土壌）に少なからず規制されながら形成されたと考える。もとより武蔵野新田農村の肥料選択には、3)の販売価格が作用していることも明白である。

　ところで、2)に関する限り、火山灰起源の洪積土壌地帯では、投与する肥料に土壌改良効果を期待することになる。当然、沖積土壌帯の場合とは異なる肥料が投入され、金肥使用上の地域差—類型化を生じることになる。しか

結語　商品生産の発展と金肥使用地域の類型化

も関東地方のように同じ火山灰土壌でも、北関東の浅間・赤城・榛名系火山
群の堆積物と南関東の火山灰土壌を形成した富士・箱根系の火山群の堆積物
とは土壌の性質が微妙に異なり、堆積量も異なる。今回の埼玉県内研究機関
に対する調査では、両火山灰土壌の理化学的性質に関する具体的データは、
必ずしも十分得られたとはいい難い。しかしながら、奥田　久の指摘（1961
p19）「野州石灰が土壌酸性度の比較的高い関東平野の北部の農村において独
占的地位を保っていた」にもあるように、文化年間以降、関東西部の中川水
系・荒川・新河岸川を除くほとんどすべての河川諸河岸に葛生石灰が送り込
まれた。その際、糠・干鰯混用型を示す上州畑作地帯の麦・大豆・雑穀栽培
における糠・灰の積極的使用と一緒に、石灰が投入されたことが考えられる。
事実、若干年代は下がるが、明治27年に北埼玉郡役所が実施した調査による
と、肥料の反当投入量の一部に、灰10〜20貫目、石灰10〜30貫目という数字
が見られることから、洪積台地の存在しない利根川沿いの武蔵地方でも、明
らかに使用された形跡を認めることができる『羽生市史　下巻　p229』。他方、
葛生石灰の受け入れも八王子石灰の搬入も、全く記録上に見られなかった西
関東の火山灰台地武蔵野農村では、糠と一緒に大量に持ち込まれた灰が、酸
性土壌の改良材として効果を上げていたことが推定される。

　元来、近世関東の畑作地帯と初期の水田裏作において盛んに栽培されてき
た小麦は、酸性・過湿などの不良土壌にやや強く、また大麦は排水良好で比
較的肥沃な石灰質土壌を好むとされているが、同時にきわめて風土環境への
適応性が強く、加えて生育期間が短いこと、秋播きであることなどから、水
田裏作や畑作において大豆栽培との結合性が高いという性質を持っている
『平凡社大百科事典3・9巻』。つまり大麦・小麦とも若干の土壌改良資材の投
入で十分関東畑作地帯に適応できる作物であった。とくに緑肥・堆肥・厩肥
などには酸性中和効果が含まれていることから、中和剤を兼ねた自給肥料と
して、少なくとも葛生石灰の投入が普及する文化年間以前からその効用が自
覚され、北関東畑作農村の穀菽農業に使用されていたことが想定される。

　干鰯・〆粕等の魚肥と灰の併用は、〆粕に不足するカリ分を補いかつ分解
を促進することからきわめて有効な施肥技術と思われる。なかでも、糠や干
鰯にはリン酸・窒素分が多く含まれ、火山灰土壌地域におけるリン酸分の補

第Ⅰ章　近世関東畑作農村の商品生産と幕府農・財政

給とともに大切な施肥技術とされていた（埼玉県農林総合研究センター資料）。一方、関東西部の武蔵野地方では、石灰の搬入実績は皆無に近いが、その分、灰と糠が村々の隅々まで大量に送り込まれていた。糠・灰と雑穀の出し入れで武蔵野台地の商品経済は成り立っていたほどの重要肥料であった。灰は酸性土壌の中和効果が期待され、糠は酸性土壌に不足するリン酸分を補うために投入されたものである。作土の土壌学的性質を踏まえた糠・灰と魚肥の混合使用地域はこうして成立し、類型化地域として把握されることになった。

　3)の肥料の品目別・地域別価格差によって生じる類型化の問題は、干鰯・〆粕の産出地からの距離の差、つまり交通条件の可否にともなう価格差を反映した類型化地域—たとえば下利根川・霞ケ浦・那珂川・鬼怒川各流域の魚肥単独使用型地域から外側に向かって魚肥・糠混合利用地域への移行、あるいは江戸東郊での下肥利用地域ないし西郊での糠卓越地域の分布は、その典型的事例である。境干鰯問屋から積み出される鬼怒川行干鰯代金、金壱分に付50俵と上州行20俵『近世日本漁村史の研究 p521』の差が、南部を除く野州農村を干鰯単独使用地域化し、上州農村を糠・干鰯混合利用地域化した一因になったことは疑う余地もないことである。なお、4)の江戸近郊の東西で認められる舟運と駄送上の輸送量の格差、具体的には下肥2荷（駄送1単位）対50荷（葛西船一艘）の格差に象徴される下肥利用圏と糠灰利用圏の成立については、改めて説明するまでもないことであろう。

　5)の浅川化の進行にともなう船賃の割増料の発生（表Ⅰ-8）も物流上の障害となり、運賃の地域間格差を拡大した。利根本流における浅川の進行は、天明3年の浅間山焼けで噴出した火山起源の堆積物によって引き起こされた。艀や農舟に積み替えるため中瀬—倉賀野間の運賃は倍増しとなった。このため利用効果の低下した舟運を避け、商品生産の活発な烏川・利根川右岸地域には、並走する陸上交通路が中瀬河岸から本庄・藤岡・倉賀野・高崎にかけて開かれ、盛況を呈したほどであった。しかも下流の赤岩—中瀬・平塚河岸間も浅川化による曳舟を必要としたために、ここでも新たに輸送費が発生した。

　一方、江戸川—利根川—鬼怒川の分岐・合流地域には、物理的理由による緩流区間や相互干渉によって緩流化する地点が発生した。緩流地点は土砂堆

結語　商品生産の発展と金肥使用地域の類型化

表Ⅰ-8　上利根川筋行き船賃表

河岸名	元運賃 1割込み	太　物	綿古手	紙荷物	赤尾張糠
（倉賀野）	800文	1貫文	900文	850文	850文
岩　鼻	〃	〃	〃	〃	〃
南藤ノ木／朝負	600	800	750	700	
河合／八丁／新料／五料／伊勢崎	570	715	700	650	
三　友	550	750	665	625	
山王堂島	500	680	680	600	
八斗島	475	650	600	550	
一本木／中瀬／徳川館／大島	425	550	500	425	
出来島	300				
高　林	〃				
妻沼／古戸／古海	200				

出典：『関東水陸交通史の研究（丹治健蔵）』

積の発生しやすい構造的欠陥を持っていたための浅川化であった。この障害区間を超えるための艀（はしけ）併用のＮ字型輸送は時間的ロスと出費がかさみ、陸継輸送によるショートカット方式のコース選択では出費が増すことになる。結局、時間的ロスの少ない布施河岸を中心とする陸継経由江戸川舟運利用のＡ字型コースが選択されることになった。こうした舟運上の障害発生は船賃を圧迫し、各種肥料価格の地域差を形成する要因となった。いわゆる肥料使用地域形成上の類型化要因の成立である。

　6)の「地理的隔絶性」の問題は、関東内陸という距離的条件の他に、上流部河川固有の舟運条件が加わることで、マイナス事情は絶対的障壁となって物流の成立を阻む存在となっている。急流と河床の巨石群を指摘するまでもなかろう。さらに自給肥料型の内陸農山村北毛の場合、生活圏はもはや峠を越えた山向こうの国々との間に成立し、米穀と麻・煙草の出入りに見るとお

第Ⅰ章　近世関東畑作農村の商品生産と幕府農・財政

り人的交流と物流は密となっていく。結果、利根川遡航と陸継経由で形成される、上利根川諸河岸と沼田盆地・中之条盆地との間の駄送交通において、帰り荷の発生を減退させ、駄賃の高騰要因、物流の衰退要因となりかねない懸念も生じることになる。倉賀野河岸と沼田間の運賃表に干鰯の記載が認められるにもかかわらず、搬入された形跡が全くなかったこともこの問題と無縁ではなかろう。

　以上に述べた金肥利用上の地域区分は、その内部に主穀生産地帯と畑方特産品生産地帯を包括させながらこれを地域化したものである。その意味では前掲の「舟運の発展と特産生産地帯の形成」換言すれば「江戸地廻り経済の展開」の総括的展望に対して、「金肥普及の地域性と形成要因」では、金肥使用上の地域性を形成する要因というレンズを通しその分類と地域化を試みたものである。両者は「対」の問題であり、同時に近世関東畑作地帯の商品生産と農村工業の展開を通して、江戸地廻り経済の地域的課題にアプローチするための試論の一部でもあった。

引用文献と参考資料

青鹿四郎（1980）:『昭和前期農政経済名著集 ⑱農業経済地理』農山漁村文化協会.

青木栄一（1992）:「西武鉄道のあゆみ」鉄道ピクトリアル第42巻第5号.

青木虹二（1959）:「真岡木綿」地方史研究協議会編『日本産業史大系 関東地方編』東京大学出版会.

青木直己（1978）:「幕末期関東後進地帯における豪農経営の一事例」関東近世史研究第10号」.

赤堀村誌編纂委員会（1978）:『赤堀村誌 上』.

上尾百年史編纂委員会（1972）:『上尾百年史』.

上尾市教育委員会（1995）:『上尾市史 第3巻資料編3近世2』.

上尾市教育委員会（2000）:『上尾市史 第6巻通史編上』.

安宅峯子（2004）:『江戸の宿場町新宿』同成社.

網野善彦（1991）:「荘園公領制の形成と構造」『日本中世土地制度史の研究』塙書房.

網野善彦（1998）:『日本中世の百姓と職能民』平凡社.

荒居英次（1961）:「近世野州農村における商品流通」日本大学人文科学研究所紀要第三号.

結語　商品生産の発展と金肥使用地域の類型化

荒居英次（1970）:『近世の漁村』吉川弘文館.

荒居英次（1963）:『近世日本漁村史の研究』新生社.

新井鎮久（2015）:『近世関東畑作農村の商品生産と舟運』成文堂.

安良城盛昭（1959）:『幕藩体制社会の成立と構造』お茶の水書房.

安藤　博（1971）:『復刻　徳川幕府県治要略』柏書房.

安藤光義（2005）:『北関東農業の構造』筑波書房.

井奥成彦（1990）:「醤油原料の仕入先及び取引方法の変遷」林　玲子編『醤油醸造業史の研究』吉川弘文館.

石井良助編（1959）:『徳川禁令考Ⅵ』創文社.

石川英輔（2000）:『大江戸えころじー事情』講談社.

和泉清司（1981）:「近世初期関東における永高制について（上・下）」埼玉地方史第10・11号.

和泉清司（2011）:『徳川幕府領の形成と展開』同成社.

泉谷康夫（1992）:「奈良・平安時代の畠制度」『律令制度崩壊過程の研究』高科書店.

伊勢崎市編（1993）:『伊勢崎市史　通史編2近世』.

五日市町史編纂委員会（1976）:『五日市町史』.

伊藤好一（1958）:「南関東畑作地帯における近世の商品流通」歴史学研究第219号.

伊藤好一（1959）:「江戸近郊の蔬菜栽培」地方史研究協議会『日本産業史大系』東京大学出版会.

伊藤・木村（1960）:『新田村落』文雅堂.

伊藤好一（1966）:『江戸地廻り経済の展開』柏書房.

伊藤好一（1974）:「江戸と周辺農村」西山松之助『江戸町人の研究　第3巻』吉川弘文館.

伊藤好一（1984）:「塵芥」『江戸学事典』弘文堂.

伊藤好一（1992）:「ごみ処理　永代浦の埋め立て」歴史読本　1992年8月号.

井原今朝男（2002）:「中世善光寺平の災害と開発」歴史民俗博物館研究報告96.

井原今朝男（2004）:「災害と開発の税制史」歴史民俗博物館研究報告118.

今井隆助（1974）:『北下総地方史』峯書房出版.

井上定幸（2004）:『近世の北関東と商品流通』岩田書院.

井上準之助（1980）:『近世農村産業史』明石書店.

茨城県史編纂委員会（1985）:『茨城県史＝近世編』.

茨城県史編纂委員会（1969）:『茨城県史料＝近代産業編Ⅰ』.

今谷　明（1994）:「14-15世紀の日本（南北朝と室町幕府）」『岩波講座　日本通史第9巻』岩波書店.

岩橋　勝（1988）:「徳川経済の制度的枠組み」早水・宮本編『経済社会の成立

日本経済史第一巻』岩波書店.

岩島村誌編集委員会（1971）：『岩島村誌』.

西山松之助編（1984）：『江戸学事典』弘文堂.

江戸川区史編纂委員会（1976）：『江戸川区史　第一巻』.

遠藤元男（1989）：「関東古代史序説」遠藤元男編著『関東の古代社会』名著出版.

老川慶喜（1990）：「新河岸川舟運と商品流通」交通史研究第23号.

大石　学（1980）：「享保期研究の成果と課題」関東近世史研究第12号.

大石　学（1996）：『享保改革の地域政策』吉川弘文館.

大石慎三郎（1961）：『増補版　享保改革の経済政策』お茶の水書房.

大泉町誌編集委員会（1983）：『大泉町誌　歴史編』.

桶川市史編纂委員会（1990）：『桶川市史　通史編第1巻』.

大田区史編纂委員会（1976）：『大田区史　中巻』.

大舘右喜（1981）：『幕末社会の基礎構造』埼玉新聞社.

大舘右喜（2017）：「世直し層の生産条件と階層分化」近世村落史研究会『武州世直し一揆』慶友社.

大浜・吉原共編著（1993）：『江戸東京年表』小学館.

大橋博編（1979）：『明治中期産業運動資料＜第1集＞東京府農事調査第7巻-1』日本経済評論社.

大橋博編（1979）：『明治中期産業運動資料＜第1集＞東京府農事調査第7巻-2』日本経済評論社.

大橋博編（1980）：『明治中期産業運動資料（埼玉・群馬・茨城・千葉・栃木・神奈川・長野県農事調査）第5巻-1』日本経済評論社.

大山喬平（1978）：『日本中世農村史の研究』岩波書店.

岡島　健（1997）：「近代日本の内陸水運に関する研究の動向と課題」国士舘大学文学部人文学会紀要第30号.

小川　武（1923-24）：「東京都におけるし尿処理について」社会地理第19号.

小川町（2003）：『小川町の歴史　通史編上巻』.

奥田　久（1961）：「内陸水路としての渡良瀬川の歴史地理的研究」宇都宮大学学芸学部研究論集第10号.

尾島町誌専門委員会（1993）：『尾島町誌　通史編上巻』.

落合　功（1997）：「関東地域史研究と畿内地域史研究の展開」関東近世史研究会編『近世の地域編成と国家―関東と畿内の比較から―』岩田書院.

旺文社百科事典【エポカ】14（1983）：旺文社.

旺文社百科事典【エポカ】15（1983）：旺文社.

小野信二（1976）：「江戸時代の年貢と農民」海外事情1976年6月号.

小沢正弘（2009）：『関東郡代伊奈氏の研究二』小沢正弘.

結語　商品生産の発展と金肥使用地域の類型化

籠瀬良明（1988）:「河川地形と綿作」埼玉県県民部県史編纂室『荒川　人文Ⅲ』.

春日部市教育委員会（1987）:『春日部市史　近世資料編Ⅳ』.

勝山清次（1995）:『中世年貢制の成立史の研究』塙書房.

神奈川県県民部県史編集室（1981）:『神奈川県史　通史編2近世1』.

鎌形　勲（1950）:「東京近郊の蔬菜作りの性格」農業総合研究4-4.

上里町史編集専門委員会（1996）:『上里町史　通史編上巻』.

川勝守生（2007）:『近世日本における石灰の生産流通構造』山川出版.

川勝守生（2016）:『近世日本石灰史料研究Ⅸ』岩田書院.

川名　登（1984）:『近世日本水運史の研究』雄山閣.

関東近世史研究会（1980）「78年度大会報告特集（享保期の諸問題）」関東近世史研究第12号.

菊地利夫（1958）:『新田開発　下巻』古今書院.

菊地利夫（1977）:『新田開発　改訂増補』古今書院.

北島正元（1964）:『江戸幕府の権力構造』岩波書店.

北島正元（1979）:「享保改革と三多摩農村」東京都百年史編集委員会『東京百年史　第一巻』ぎょうせい.

北本市史編纂委員会（1994）:『北本市史　第一巻通史編』.

北村貞樹（1955）:「農業構造の変遷より見た近世経済政策」宮本又次編『商業的農業の展開』有斐閣.

木村茂光（2000）:「中世成立期における畠作の性格と領有関係」木村・井原編著『展望日本歴史8　荘園公領制』東京堂出版.

木村茂光（1996）:『ハタケと日本人』中央公論社.

木村茂光（2016）:『日本農業史』吉川弘文館.

久喜市史編纂室（1986）:『久喜市史　資料編Ⅱ近世1』.

組本社編（1989）:『人つくり風土記(9)栃木』農山漁村文化協会.

黒須　茂（1990）:「近世期上尾地方における荒川氾濫土の客土について」上尾市史調査概報創刊号.

黒須　茂（2015）:『近世武蔵の農業経営と河川改修』さきたま出版会.

群馬県蚕糸業史編纂委員会（1955）:『群馬県蚕糸業史』群馬県蚕糸業協会.

群馬県史編纂委員会（1977）:『群馬県史　資料編9近世1』.

群馬県史編纂委員会（1986）:『群馬県史　資料編14』.

群馬県史編纂委員会（1991）:『群馬県史　通史編2原始古代2』.

群馬県史編纂委員会（1990）:『群馬県史　通史編4近世1』.

群馬県史編纂委員会（1991）:『群馬県史　通史編5近世2』.

『刑銭須知』「検地取斗幷新田吟味知行割之部」310号.

小泉武夫（2002）:「世界に類なし江戸時代の灰買い・灰利用」農山漁村文化協会編『江戸時代にみる日本型環境保全の源流』農山漁村文化協会.

第Ⅰ章　近世関東畑作農村の商品生産と幕府農・財政

古河市史編纂委員会（1982）：『古河市史　資料編近世』.

越谷市史編纂委員会（1975）：『越谷市史　第1巻』.

小島幸一（1961）：『東京都における屎尿処理の変遷』みやこ出版社.

幸田清喜（1936）：「江戸川橋上に於ける交通調査に就いて」地理学評論第12巻第8号.

江東区史編纂委員会（1997）：『江東区史　上巻』.

鴻巣市史編纂調査会（1995）：『鴻巣市史　民俗編』.

小平市中央図書館編（2001）：『玉川上水と分水4　小平市史料集第26集』.

児玉彰三郎（1959）：『江戸周辺における商品流通の諸段階』歴史評論第111号.

児玉幸多編（1966）：『近世農政資料集1　幕府法令上』吉川弘文館.

児玉幸多・杉山　博（1969）：『東京都の歴史　県史シリーズ13』山川出版.

埼玉県史編纂委員会（1936）『埼玉県史　第五巻』.

埼玉県県民部県史編纂室（1982）：『新編埼玉県史　資料編21』.

埼玉県県民部県史編纂室（1986）：『新編埼玉県史　資料編22』.

埼玉県県民部県史編纂室（1987）：『新編埼玉県史　通史編1原始・古代』.

埼玉県県民部県史編纂室（1988）：『新編埼玉県史　通史編2中世』.

埼玉県県民部県史編纂室（1988）：『新編埼玉県史　通史編3近世1』.

埼玉県県民部県史編纂室（1989）：『新編埼玉県史　通史編4近世2』.

埼玉県県民部県史編纂室（1988）：『荒川　人文Ⅲ』荒川総合調査報告書4.

埼玉県県民部県史編纂室（1993）：『中川水系　人文Ⅲ』中川水系総合調査報告書2.

坂井信行（1949）：「客土による火山灰質洪積畑土壌の改良」『埼農叢書』.

酒井智晴（1995）：「新河岸川筋船問屋の経営と肥料流通」埼玉県史研究第30号.

酒井　一（2017）：『日本の近世社会と大塩事件』和泉書院.

境町史編纂委員会（1996）：『境町史　歴史編上』.

桜井英治（2002）：「市場の形成」桜井英治・中西聡編著『新体系日本史　流通経済史』山川出版.

佐々木銀弥（1964）：『荘園の商業』吉川弘文館.

佐々木潤之介（2005）：『江戸時代論』吉川弘文館.

佐藤常雄（1994）：「農書誕生—その背景と技術論—」佐藤・徳永・江藤編『日本農書全集第36巻』農山漁村文化協会.

下館市史編纂委員会（1968）：『下館市史』.

柴　英雄・佐々木清郷（1960）：「異種土壌の混合による土壌の理化学的性質の変化に関する研究」埼玉農試研究報告第16号.

下中　弘（1993）：『日本史大事典　第四巻』平凡社.

志村茂治（1938）：「初期肥料市場の研究」日本大学商経研究会　経済集志第11巻第1号.

結語　商品生産の発展と金肥使用地域の類型化

白川部達夫（2001）:『江戸地廻り経済と地域市場』吉川弘文館.

白川部達夫（2012）:「近世後期主穀生産地帯の肥料商と地域市場」東洋大学文
　学部紀要第65集（史学科篇第37号）.

新修世田谷区史編纂委員会（1962）:『新修世田谷区史　上巻』.

世界大百科事典 13（1966初版）:平凡社.

世界大百科事典 17（1967・初版）:平凡社.

世界大百科事典 22（1988・初版）:平凡社.

創立百周年記念実行委員会（2010）:『栃木県石灰工業協同組合創立百周年記念
　誌』栃木県石灰工業協同組合.

高尾一彦（1958）:『近世の農村生活』創元社.

田代　脩　他（1999）:『埼玉県の歴史　県史シリーズ11』山川出版.

田中圭一（1999）:『日本の江戸時代』刀水書房.

立石友男（1972）:「関東平野における平地林の分布とその利用」地理誌叢第13
　号.

谷山正道（1994）:『近世民衆運動の展開』高科書店.

丹治健蔵（1984）:『関東河川水運史の研究』法政大学出版局.

丹治健蔵（1996）:『近世交通運輸史の研究』吉川弘文館.

丹治健蔵（2007）:『関東水陸交通史の研究』法政大学出版局.

丹治健蔵（2017）:『近世関東の水運と商品取引（続々）』岩田書院.

千葉県産業課（1913）:「塵芥肥料に就いて」千葉県農会報10号.

千葉県産業課（1915）:「篤農家懇談会記事」千葉県農会報29号.

千葉県（石井・小笠原・白浜）編（1962）:『千葉県史　明治編』.

千葉県史料研究財団（2001）『千葉県の歴史　通史編古代2』.

千葉県史料研究財団（2007）『千葉県の歴史　通史編近世1』.

千葉県史料研究財団（2007）:『千葉県の歴史　通史編中世』.

千葉県野菜園芸発達史編集委員会（1985）:『千葉県野菜園芸発達史』.

地方史研究協議会（1959）:『日本産業史大系　関東地方編』東京大学出版会.

塚谷晃弘・蔵並省自（1970）:「本多利明・海保青陵」家永三郎他編『日本思想
　大系44』岩波書店.

東京都清掃局総務部総務課（2000）:『東京都清掃事業百年史』東京都環境整備
　公社.

東京百年史編集委員会（1979）:『東京百年史　第一巻』ぎょうせい.

東京百年史編集委員会（1979）:『東京百年史　第二巻』ぎょうせい.

徳永光俊（1996）:「農稼肥培論・培養秘録」佐藤・徳永・江藤編『日本農書全
　集69　学者の農書1』農山漁村文化協会.

所沢市史編纂室（1984）:『織物沿革誌・所沢織物史』所沢市史調査資料別集6.

栃木県立足利高等学校地歴部（1973）:「渡良瀬川の水運」両崖第12号.

181

第Ⅰ章　近世関東畑作農村の商品生産と幕府農・財政

栃木県史編纂委員会（1975）:『栃木県史 史料編近世三』.

栃木県史編纂委員会（1980）:『栃木県史 通史編2古代二』.

栃木県史編纂委員会（1981）:『栃木県史 通史編4近世一』.

栃木県史編纂委員会（1982）:『栃木県史 通史編7近現代二』.

栃木県史編纂委員会（1984）:『栃木県史 通史編5近世二』.

栃木県大百科事典刊行会（1980）:『栃木県大百科事典』下野新聞社.

戸田市史編纂委員会（1986）:『戸田市史 通史編上』.

仲宇佐達也（2003）:『東京農業史』けやき出版.

中澤克昭（2010）:「生産・開発」高橋慎一朗編『史跡で読む日本の歴史6 鎌倉の世界』吉川弘文館.

那珂湊市史編纂委員会（1978）:『那珂湊市史料 第三集』.

中野達哉（2005）:『近世の検地と地域社会』吉川弘文館.

中村・藤井編著（2002）:『都市化と在来産業』日本経済評論社.

長倉　保（1972）:「北関東畑作農村における農民層分化と分業展開の様相」神奈川大学経済学会 商経論叢第7巻-4号.

永原慶二（2004）:『苧麻・絹・木綿の社会史』吉川弘文館.

難波信雄（1965）:「近世中期鬼怒川―利根川水系の商品流通」歴史第30・31輯.

新座市教育委員会市史編纂室（1987）:『新座市史 第五巻通史編』.

新田町史刊行委員会（1990）:『新田町史 通史編』.

日本史総合辞典（1991）:東京書籍.

日本史大事典 第五巻（1993）:平凡社.

日本地誌研究所（1979）:『日本地誌 第二巻北海道』二宮書店.

沼田市史編纂委員会（1997）:「沼田市史 資料編2近世』.

沼田市史編纂委員会（2001）:『沼田市史 通史編2近世』.

農業発達史調査会（1956）:『日本農業発達史8』中央公論社.

農業発達史調査会（1956）:『日本農業発達史9』中央公論社.

能登　健（1989）:「火山灰の上にできた国」能登・峰岸編『よみがえる中世5』平凡社.

能登　健（1989）:「女堀の発掘調査」能登・峰岸編『よみがえる中世5』平凡社.

能登　健（1989）:「発掘された中世前夜」能登・峰岸編『よみがえる中世5』平凡社.

野村兼太郎（1940）:「江戸下肥取引について」三田学会雑誌34巻11号.

萩原　進（1978）:『西上州・東上州』上毛新聞出版局.

羽生市史編纂委員会（1971）:『羽生市史 上巻』.

羽生市史編纂委員会（1975）:『羽生市史 下巻』.

林　玲子（1974）:「近世における塵芥処理」流通経済論集第8巻第4号.

林　玲子（1990）:「銚子醤油醸造業の開始と展開」林　玲子編『醤油醸造業史

の研究』吉川弘文館.

葉山禎作編（1992）：『日本の近世 第4巻生産の技術』中央公論社.

飯能市史編集委員会（1985）：『飯能市史 資料編Ⅹ産業』.

飯能市史編集委員会（1988）：『飯能市史 通史編』.

飯能市郷土館（2015）：『武蔵野鉄道開通』.

東村山市史編纂委員会（2002）：『東村山市史 通史編上巻』.

常陸太田市史編纂委員会（1984）：『常陸太田市史 通史編上巻』.

日高市史編集委員会（2000）：『日高市史 通史編』

福渡和子（1999）：「昭和6年、生ごみ分別収集は始まった」月刊廃棄物第25巻第12号.

藤岡謙二郎編（1975）：『日本歴史地理総説 古代編』吉川弘文館.

藤岡謙二郎編（1977）：『日本歴史地理総説 近世編』吉川弘文館.

藤岡・山崎・足利編（1981）：『日本歴史地理用語辞典』柏書房.

藤木久志（1965）：「大名領国の経済構造」永原慶次編『日本経済史大系 2中世』東京大学出版会.

藤木久志（1974）：『戦国社会史論』東京大学出版会.

藤田五郎（1952）：『封建社会の展開過程』有斐閣.

藤田 覚（2001）：『幕藩制改革の展開』山川出版.

藤野 保（1961）：『幕藩体制史の研究』吉川弘文館.

古島敏雄（1949）：『明治前日本農業技術史』時潮社.

古島敏雄（1951）：『概説日本農業技術史』養賢堂.

古島敏雄（1978）：『近世経済史の基礎過程』岩波書店.

鉾田町史編纂委員会（2000）：『鉾田町史 通史編上巻』.

本城正徳（2012）：『近世幕府農政史の研究』大阪大学出版会.

本多利明（1798）：『西域物語 日本経済双書巻12』.

前橋市史編纂委員会（1975）：『前橋市史 第三巻』.

真壁町史編纂委員会（1985）：『真壁町史料 近世Ⅰ』.

松尾公就（2016）：『近世関東の村落支配と農民』大河書房.

丸山清康（1957）：「北関東における水車の出現とその発達」歴史学研究4巻206号.

溝口常俊（2002）：『日本近世・近代の畑作地域史研究』名古屋大学出版会.

見沼代用水土地改良区編（1957）：『見沼代用水沿革史』.

M. Fesca（1891）：『日本地産論』地質調査所.

峰岸純夫（1989）：「荘園の成立」能登・峰岸編『よみがえる中世5』平凡社.

桃野村誌編纂委員会（1961）：『桃野村誌（月夜野町誌第1集）』.

森 杉夫（1993）：『近世徴租法と農民生活』柏書房.

森田 悌（2013）：『武蔵の古代史 国造・郡司と渡来人・祭祀と宗教』さきたま

第Ⅰ章　近世関東畑作農村の商品生産と幕府農・財政

　　出版会.

八潮市史編纂委員会（1989）:『八潮市史　通史編Ⅱ』.

八潮市史編纂委員会（1989）:『八潮市史　通史編Ⅰ』

安岡重明（1955）:「商業的発展と農村構造 p111-113」宮本又次編『商業的農業
　　の展開』有斐閣.

山田武麿（1960）:「利根川平塚河岸における幕末の商品流通」群馬文化4巻12号.

山田武麿他（1974）:『群馬県の歴史　県史シリーズ10』山川出版.

山本訓志（2013）:「大正時代における農業用野州石灰の状況」栃木県立文書館
　　研究紀要第17号.

吉川国男（1975）:「大宮台地のドロッケ＝客土農法」埼玉民俗第五号.

吉川国男（1988）:「ドロッケ」『荒川　人文Ⅲ』荒川総合調査報告書4.

渡辺善次郎（1983）:『都市と農村の間』論創社.

第Ⅱ章　経営環境の変転と西関東複合経営農村の 逡巡・先進性後退

──陸田経営の諸相と複合経営農村の国営水利事業対応──

はじめに

関東畑作地帯の土地利用とその特色　　関東平野には洪積台地が広く分布している。とくに高度経済成長期以前の東関東の栃木・茨城・千葉には、陸稲、甘藷、豆類、麦類などのいわゆる関東平坦普通畑作地域が展開していた。ここには斜面林はもとより多くの平地林が残存し、台地農村集落の平均的耕地経営規模の拡大や有機物の畑作供給源として重要な機能を果たしてきた。とりわけ、かつての地力脊薄なるが故の平均経営規模の大きい地域が、今日完熟堆肥の投入と輪作をともなう地力向上効果によって大規模経営の優良農村地帯に変化している。いわゆる潜在的地域能力の発現が顕著な地域である。

　本来、北関東洪積台地を除く関東畑作地域は気候的に二毛作が可能な地域であり、また、東京市場に近接することから栽培作物も多種にわたっている。このうち冬作物は、戦前から麦類の特産地として突出した地位を誇ってきた。一方、夏作物は年代と地域による変遷が著しかった。戦前は桑園をはじめ陸稲、大豆の作付も多かったが、戦時中は甘藷が支配的作物となった。戦後は漸次、陸稲、落花生等に変化してきた結果、とくに東関東では、太平洋沿岸地帯の甘藷農村、西部の陸稲農村、中間の落花生農村の3類型への地帯分化が進行した。一方、畑地二毛作が不可能とされてきた北関東の洪積台地でも、戦後、西瓜の接木栽培と白菜の練床栽培を結合させた二毛作体系が完成し、重量比価が低く輸送能性の小さい重量蔬菜産地の形成を促進することになる。その後高度成長経済期以降は蔬菜の比重が次第に高まり、作型を複雑多様化させながら、総体的に今日の卓抜した園芸農業地帯に移行していった。いわば普通畑作農村から近郊ないし近郊外縁農村の色彩を強めてきたことが指摘できる。

　この間、西関東では赤城南麓〜北武州型の養蚕、麦類、水稲つまり桑園・

185

畑・水田の構成比が平均1：2：1からなる複合農業地域が成立し、春・秋労働力競合の激しさ、養蚕経営の指導的地位を指標として、周辺に純複合および亜複合農業地域を広く形成することになる。別称「米麦養蚕複合型」地域の形成である。この地域における高度経済成長期以降の蔬菜産地形成過程の迷走は、群馬用水（利根川）・鏑川・荒川中部・埼玉北部（神流川）各国営畑地改良事業の導入に際して、事業計画地域農民たちがとった対応—畑地灌漑方式の否定ともいえる田畑輪換方式と養蚕への強いこだわり—のなかに見ることができる。ただし事業計画は、1970年以降の減反政策に規制され、畑地灌漑と既成水田の補助用水ならびに若干の開田に修正施行されることになる。

問題の所在と課題設定　　近世・近現代を通して、わが国における土地改良事業の展開は水田地帯に集中し、管見する限り、終戦前期の畑作地帯での土地改良は、東海・近畿・瀬戸内地方の砂質土壌帯における夏季干害防止用の湿潤灌漑が、また関東・九州地方などの火山灰地帯では麦、牧草の冬季保温灌漑がいずれも小規模事業として実施された以外には、ほとんど取り上げられることがなかった『日本における畑地灌漑の特質（予報）p3-5』。戦後の事業も、洪水防止や緊急食糧難対策を掲げた国土総合開発政策が、ニューディール政策下のTVAを模して河域方式で導入されたが、国の農業政策の一環としての大規模畑地改良事業は、相模原台地、豊川地区、愛知用水地区、綾川地区、笠野原台地、群馬用水地区、荒川中部の7件以外に特段の例を見ることはなかった。他方では食糧難対策のための畑作振興策として、陸稲栽培の安定化を中心に麦類・蔬菜等に対する灌漑技術の研究が、各地の研究機関を挙げて積極的に進められていった『畑地灌漑に関する研究集録Ⅰ・Ⅴ（農林省振興局研究部）』。結局、灌漑技術研究の積極的推進にも拘わらず行政の畑地灌漑投資が緊急食糧難対策の枠を超えることはなかった。

この間に養蚕経営の構造的不況が、西関東畑作先進地域にかってないほどの危機的状況をもたらすことになる。ほぼ軌を一にして科学技術の発達と普及に基づく水田水稲栽培の飛躍的発展が、生産力の地域的個別的平準化を通してコメの余剰化傾向を全国的に鮮明化していく。同時に国民経済の向上にかかわる農産物消費構造の変貌と農産物輸入事情の発生とが国内産コメの余剰化をさらに鮮明化し、食管会計を圧迫していった。結果、コメ減反政策の

出現を挟んで、水田から畑への農政比重の移行と畑作重視を象徴する「畑灌事業」およびプロテクティーブ型農産物重視政策が、生産・流通・消費の大型化の下に展開していくことになる。農政の基調は、基本法農政下の構造改善事業と選択的拡大再生産政策から総合農政下の適地適作政策に変更され、やがて改正農地法を手がかりにして、農地改革が創出した戦後自作農制度の否定につながる巨大借地経営成立への途を拓くことになっていった。

　関東農政局管内でも米の余剰化が表面化する1950年代中期頃から、常総の洪積台地・西関東北部の洪積台地を対象に、群馬用水事業を始めとする農業用水の畑作利用が農政課題として浮上し事業対象化されていく。畑地用水事業の展開は1970年あたりを分岐帯にして、東西関東で10年ほどの時差を以て進行する。分岐帯の形成は養蚕危機に直面した西関東農村対策に起因することが考えられる。この10年そこそこの違いが、西関東洪積台地農村を減反政策の渦中に巻き込み、群馬用水事業に象徴されるような事業計画の変遷・遅滞を見ることになるわけである。西関東における用水事業の構成内容は、既存水田の加用水確保、畑地灌漑の実施・田畑輪換田の造成が主体であり、計画当初の開田予定は受益農民との激しい対立の末に縮減ないし削除された。この間の西関東洪積台地農村の農業水利事業に対する抵抗と逡巡が、後々東京中央卸売市場の占有率の低下につながり、東関東畑作農村に水をあけられる一因となっていった。ともあれ、これら一連の事業導入は土地改良史上の画期的な変化を含むものであり、中でも群馬用水地域では、米麦養蚕複合型農村地域という歴史的性格、中山間地特有の地理的性格など用水事業効果を規制する興味深い問題を内包する事業として実施された。

　一方、1960年頃から農民資本による陸田造成が余剰桑園の転用・高米価水準・農業労働力の流出対策などの理由から、中川水系、利根川、鬼怒川、荒川、那珂川等の沖積微高地と一部の洪積台地において急速に進行した。当時の現象を戦後農業技術発達史『第三巻 日本農業研究所 p878』は、以下のように受け止めている。「揚水機など各種機材の発達から、地下揚水利用が容易となり、灌水方法も簡易化したため、各地に水利用による陸田化、畑地灌漑施設の導入が目立ってきた。今後の畑地の発展方向は、陸田化と畑地としての水利用とに二分されると思われる。」いわば陸田の造成問題は当時の

第Ⅱ章　経営環境の変転と西関東複合経営農村の逡巡・先進性後退

米価政策や開田政策を総合的に象徴化したような事柄であった。しかし事態は迷走する減反政策の軌跡が示すとおり、今日までそう単純に進行していない。少なくとも状況は、事例研究の一般化を前提にしたひとまずの整理と展望が求められる段階に来ていると考える。

　そこで本章では、上述の問題意識とくに西関東畑作農村を先進地域化してきた養蚕経営とその後の衰退対策としての国営用水事業に対する西関東北部受益農村の対応、ならびに西関東南部畑作農村における陸田造成の広範な普及に対して、先進地域性の後退—蔬菜園芸農業の導入展開の遅れと伸び悩み—を解明するために以下のような課題を設定し、同時に第Ⅲ章の課題解明に必要な有機的連関性を担保した。1)我が国の土地改良史の中に占める畑地改良の評価と変遷過程を展望し、併せて関東畑作農村における畑地湛・灌水栽培の成立と発展過程について地域性を踏まえながら通史的に集大成する。2)関東全域の湛水栽培としての陸田分布の実態を総括し、次いで農家資本型の陸田造成に関する展開過程とその地域的性格の検討を通して、これまでに蓄積された個別的事例研究の一般化とその地域的意義を解明する。3)群馬用水地域における用水事業効果とその限界について考察する。その際、中山間地型赤城南麓農村一帯の養蚕経営を核にした「歴史的複合経営農村」の変貌過程に関する要因分析と併せて、西関東内奥部畑地灌漑農村における準高冷地型農業の成立動向との比較地域論的な検証を試みる。なお本章の最重要課題への収れん・「養蚕衰退とその後の対応における畑作農民の逡巡と先進地域性の後退」については、必要に応じて各所で触れるにとどめ、最終的には第Ⅲ章第五節「東西関東畑作農村の農業様式の変遷と先進地域性の交代」で、常総台地農業のポテンシャル論との対の問題として取り上げることにした。

第一節　農業水利事業の展開過程と畑地灌漑

　戦後の土地改良問題を展望すると、農地改革後の暗渠排水事業の推進が乾田の増加という土地改良効果をもたらし、昭和30（1955）年頃から水稲早期栽培が中川水系見沼代用水地域を中心に広く普及するようになる。しかしな

第一節　農業水利事業の展開過程と畑地灌漑

がらその後の高度経済成長期の利根川・中川水系流域における水稲早期栽培が内包する労働配分の合理性は、中大型機械化体系の普及や利根川中流域農村における陸田水稲栽培の急速な発展と相まって、むしろ水田農村の反農業的変貌に直結する労働力流出を介して、経営の受委託関係の成立と農民層分解の方向に機能することになっていった。

　農地改革がほぼ一段落した1949（昭和24）年5月、自作農制を基盤にした土地改良法が成立した。土地改良法の制定と事業展開の意義を玉城哲の見解を中心に要約『土地改良百年史 p234-249』すると、第1点は、土地改良事業が農業・農村に対する補助金政策の根幹をなすに至ったことである。第2点は、土地改良法の成立が、耕境の拡大から既耕地の改良へと大きく転換したことである。第3点は、土地改良制度の確立が食糧管理制度と結合して、戦後の農政にこれまで以上の水田偏重政策をもたらしたことである。後にこの問題点は、米生産過剰時代の出現と、畑作改良や畜産振興等の問題との間に著しいアンバランスを生み出すことになる。

　土地改良事業の本格的展開は、各種の特定地域立法の制定をともなう国・都道府県・団体営等の多段階事業体系化とその進展を促した。この段階は、新規発生水源を新設ダムに依存するという既成の水利体系の次元を超えた土地改良史上の近代化を形成するものであった。同時にこの時初めて農業水利の近代化過程に、多段階体系方式による畑作改良のための水利事業が登場することになる『水利の社会構造（玉城　哲）p44-46』。

　農業水利の近代化は、いずれも戦後のわが国の水田農業に大きな影響を与えた。とくに東北日本を中心とする新規開田と関東諸県の陸田（畑転換田）造成は、既成水田の経営安定とともに食管会計のひずみを広げ、減反政策成立の大きな引き金になった。加えて高度経済成長期の労働力流出を加速する省力技術体系の確立に対して、その基盤を提供し、結果的に兼業農家の増大と、今日見るような水田経営における巨大な生産関係の地域的組織化を促進することになっていった。その後の改正農地法の成立や土地改良法を揺るがす素因は、すでにこの時、請負耕作の肥大化の中に胚胎されていたとみるべきであろう。かくして高度経済成長期の基本法農政は、農地改革によって創出された独立自営農民たちの分解と自作農体制の崩壊を通して「戦後農政の

189

第Ⅱ章　経営環境の変転と西関東複合経営農村の逡巡・先進性後退

終わり」を端的に告げるものとなっていったのである『戦後日本農業の史的展開（三橋時雄）p335-336』・『水利の社会構造 p47』。

　1960年代末期に日本経済と農業を取り巻く環境は大きく変化した。こうした状況変化の中で、基本法農政を補強・修正した総合農政が1969（昭和44）年、登場した。策定された政策内容は、周知のような食管制度の見直しと減反諸施策、離農、農村工業化、農業者年金制度、農地流動化政策ならびに農産物貿易自由化への積極的対応などであった『水利の社会構造 p117-118』。なかでも1975（昭和50）年策定の改正農地法は、自作農主義から借地農主義への移行を農地流動化と非農業法人の農業参入によって推進しようという、コペルニクス的転回をともなうものであり、現代農業課題の双璧—戦後農地制度の解体と巨大借地型露地園芸農業成立の起点となるものであった。

　この間にわが国の水田農業の生産力配置は、西高東低型から戦中・戦後の地域的平準期を経て、ついに1960〜70年代には地域間格差を逆転し、明らかな東高西低型を示すようになる。とくに戦後の農地改革の成果とされる創設自作農民たちの生産意欲は高く、寒冷地向け稲作技術（藤坂5号・保温折衷苗代）の開発とあいまって、著しい増産効果を北国にもたらし、生産力配置上の逆転の原動力となった『土地・水・地域（新井鎮久）p31-35』。

　基本法農政から総合農政への方針転換とともに土地改良事業も大きく変更される。一つは開田の抑制と田畑輪換経営の基礎となる汎用水田化の追求であり、他の一つは、予算費目名の食糧増産対策費から農業基盤整備費への変更に象徴される土地改良内容と重点の変更である。結果、土地生産性の向上を追求した従来の灌漑排水事業に替って、労働生産性向上のための乾田化と30アール区画化を含む圃場整備事業が1960年代後半から急激に増加し、68年の逆転を経て、ついに1975（昭和50）年には、3倍近い事業投入量を実現する。農業機械化技術の普及と労働力流出に対応する変化であった。

　一方、従来立ち遅れていた畑地改良事業が、適地適作を標榜する総合農政下において、農業の選択的拡大や生産性向上との関連で急伸する。まず1968（昭和43）年に畑作振興特別土地改良事業制度が創設される。翌1969年に畑作振興のための土地改良事業費が大幅に認められ、さらに1970年には生産流通の組織化・合理化のための広域営農団地整備事業が創設されて、大規模基

幹農道整備の方向が打ち出された。こうした動向や畜産・乳製品・青果物需要の増大と高度化を反映して、1960年代前半の田・畑別の土地改良事業費は7対3の比率から、1970年代半ばにようやく5対5の関係に修正されることになる『水利の社会構造 p118』・『土地改良百年史（玉城　哲他編）p304』。

　エネルギー食品からプロテクティーブ食品への需要移行社会の成立が、畑作重視・畑地改良重視への農業政策の変更要請を通して、商品作物の生産・流通・消費における大型化というきわめて現代的な状況を形成していくことになった。1970年代以降の畑作農業にかかわる総合的評価の上昇は、近世中後期以降の商品生産の発展にともなう畑作の地位の質的変貌とともに、関東畑作農業の発達史上の重要な画期を形成するものとなった。

第二節　畑地灌漑事業の歴史的・地域的展開と近代化のプロセス

1. 畑地灌漑の意義・諸方式と発達史

＊　畑地灌漑の意義

　灌漑施設を必要不可欠とする水田農業に比較すると、天水依存型の畑作農業には「水利秩序の形成—集落共同体機能の成立—地域生産力の発展」という文明史上の上向プロセスを欠くために、停滞的劣等地的農業の性格が強く、特殊な商品生産以外では一般に低生産力地帯として推移してきた。

　田中　修『利根川上流地域の開発と産業 p140』の畑地灌漑の効用と意義を要約すると、「これまでの小農段階の日本農業には、西欧農業社会に見られたような典型的有畜複合農業・合理的輪作体系の展開はその例が少ない。しかし近年の畑作と水との結合は、従来からの畑地の劣等地的認識を根底から転換し、畑作農業発展の道筋を明らかにしつつある。畑地灌漑の整備充実は、畑地灌漑の保険的機能を超えて、生産の質量的向上、作物の立地選択範囲の拡大、合理的輪作体系確立の基礎となる複数年度に及ぶ生産計画の実現などを通して、モノカルチュアーの欠陥回避と経営複合化・集約化に連動する可能性を持つに至っている」ということになる。

　水田稲作偏重思想が優先されてきたわが国において、畑地灌漑が注目され

第Ⅱ章　経営環境の変転と西関東複合経営農村の逡巡・先進性後退

るようになった歴史はきわめて浅い。少なくとも地理学界では、管見の限り，中島峰広（1964）の日本地理学会での総括的研究「わが国における畑地灌漑の発達」発表の意義は大きく、畑地灌漑に関する時系列的・地域的考察は、農林省農業改良局（1953）『日本における畑地灌漑の特質』、山口・長谷川編（1959）『畑地灌漑』、佐藤俊朗（1966）「利根川流域の陸田の成立と発展」などの先行的研究とともに、以後の畑地灌漑研究に大きな意味で興味と方向性を与えることになった。

　わが国は東南アジアモンスーン帯に位置し、比較的降水量にも恵まれている。このためこれまで関東地方の畑作農民たちは、農業的な劣等地とされる東関東の洪積台地、西関東の洪積扇状地・沖積微高地などにおいて、降水条件の範囲内で収穫量の安定が見込まれる耐旱性作物、たとえば深根性樹木作物の桑、茶、栗あるいは旱魃に耐える芋類、根菜類、果菜類を栽培してきた。作物の立地選択範囲は限られたものであった。そのうえ農民の自給的作物である麦類は厳冬期の烈風と乾燥で、また陸稲は8月の日照り続きと高温で、その収穫はこの上なく不安定であった。とくに陸稲栽培は、洪積土壌中でも保水力の高い豊土化された土壌を必要とするため、ごく限られた圃場の反復使用の結果、嫌地現象を生じることも多く、経営的な苦労も少なくなかった。水田を所有しない洪積台地の新田村や北関東の皆畑村では、状況はことのほか厳しいものであった。

＊　畑地灌漑の諸方式

　限定された作物群から安定的に収穫を確保するためには、ときどきの技術に見合う栽培の仕方や畑地灌漑の実施が不可欠だった。畑地灌漑の手法には一般的に言って、地表灌漑、地下灌漑、散水灌漑、湛水灌漑の4方式が考えられる。

地表灌漑　　圃場内に用水を流入させる方式であるが、労力を要すること、圃場整備を必要とすること等の理由からこれまで広域的に普及することはなかった。モンスーン型の多雨気候地域日本では土壌侵食、微地形変化が起こりやすいことから、大規模平坦地形は存在しないことも制約因子となっていた。越流式と畝間式が代表的な灌漑方式とされる。果樹園灌漑や小面積灌漑に適するといわれるが、展開事例はすくない。相模原台地の畝間灌漑は大規

第二節　畑地灌漑事業の歴史的・地域的展開と近代化のプロセス

模畑地灌漑事業の代表例であった。

地下灌漑　耕土の下に導水して根域に給水する方法である。省力的である
が工費が高く普及していない。地下導水の点では、一見似ている灌漑方式に
カナートがある。これは西南アジアや北アフリカの乾燥地で、山地の地形性
降雨の浸透地下水（山麓扇状地の伏流水）を隧道で圃場まで導水して灌水す
るものである。灌漑方式は畝間型ないし越流型のいわゆる地表灌漑である。

散水灌漑　大規模灌漑方式として一般に普及している。この方式は水圧を
かけた用水をノズルから雨滴状または霧状にして散布する。散水方法は、人
力移動、埋設定置、自走式の各方式に高・中・低の各水圧方式が必要に応じ
て組み合わされて、実際の散水方式が設定される。1980年段階でもっとも普
及していたのが中間圧人力移動式散水灌漑であったが、その後も中枢的地位
を失っているとは思えない。散水灌漑は地表灌漑などと違って圃場整備をす
る必要はないが、高圧式（散水直径50m）を使用する場合には、50〜100a規
模の団地を造成し、ローテーションブロックごとの間断灌漑が有効である。
豊川用水地域、愛知用水地域、笠野原台地などは好例といえる『土地・水・
地域（新井鎮久）p38-39』。また果菜類の施設栽培では雨滴灌漑が一般的あ
る。いわゆるチュウブ式といわれるビニール多孔管灌漑である。なお、昭和
45年当時では、地表灌漑の主流は陸稲栽培に対応する畝間灌漑とされ、散水
灌漑の主役はスプリンクラー灌漑であった。後者の灌漑方式の普及期は昭和
35年頃からといわれ、その間、群馬、千葉のようなスプリンクラーの普及県
も見られたが、全般的には茨城をはじめ神奈川、栃木に見るように畝間灌漑
が卓越していたようである。昭和41年度における両者の構成比は、小野敏忠
によると、概算4,000ha対8,000haであった『戦後農業技術発達史（日本農業
研究所編）第三巻　p438』。

湛水灌漑　1960（昭和35）年頃から関東地方を中心に急速に普及した湛水
型の畑地灌漑技術いわゆる陸田水稲栽培方式である。小野敏忠『前掲技術発
達史　第三巻　p441』によれば、「畑地水稲散水栽培は、湛水型栽培技術の成
立から若干遅れて、昭和31年頃に神奈川県で実用段階を迎えた」としている
ことから、意外に歴史の新しい方式である。（ただし加賀見　宏『前掲技術発
達史　p54』は、畑地水稲栽培への移行期を昭和34年としている）。比較的早い段

193

第Ⅱ章　経営環境の変転と西関東複合経営農村の逐巡・先進性後退

階での陸稲散水灌漑栽培の広域的普及の影響で、むしろ陸田水稲栽培こそが最新の栽培方式であると錯覚されている向きも多い。

＊　畑地灌漑の発達史

明治～昭和初期の畑地灌漑　　関東地方では開拓の歴史が浅く商品生産も遅れたことから、畿内地方や瀬戸内に見るような綿井戸・野井戸と呼ばれる素掘り井戸灌漑の歴史が普及することはなかった。とりわけ近世大坂三郷周辺の綿花・菜種地帯や畑場八ヵ村を中心とした蔬菜地帯、さらに近代の大阪近郊.旧大和川河床の果菜産地に見られたような、溜池・井水灌漑とは比肩するべくもなかった『近世・近代における近郊農業の展開（新井鎮久）p190-193』。むしろ第一次世界大戦を契機とする日本資本主義の急速な発達と東京への人口集中の結果、南足立・南葛飾両郡の水田地帯では、近郊蔬菜栽培の普及が堀上畑を出現させ、また花畑運河掘削残土利用の水田埋め立てによって53.8haの畑地が成立している『近世・近代における近郊農業の展開 p8』。灌漑畑とは真逆の土地利用であった。この時期、畑地灌漑が蔬菜栽培のために盛んに行われた地域は、大阪近郊、木津川沿岸、奈良盆地、静岡県原町などであった『畑地灌漑（農林省農林水産技術会議編）』。

　わが国の畑地灌漑の発達過程については、すでに中島峰広（1980）の詳細な論文がある。以下中島論文を主体に拙稿『土地・水・地域』も参照しながら、昭和初期以降の畑地灌漑の発達過程を簡略に整理したい。

戦前期の畑地灌漑　　戦前期段階のわが国における畑地灌漑を概観『日本における畑地灌漑の特質（農林省農業改良局）』すると、推定実施面積は約2,000ha、当時の畑地総面積250万haの0.1％未満である。100ha規模を超える灌漑地域は全国でも10指に満たず、関東地方には該当地域無しであった。灌漑の目的は、干害防止が大部分であったが、湧水に恵まれた岩手山麓・富士山麓・蓼科山麓などでは、牧草、麦、蔬菜の冬季引水栽培を採用しているケースも見られ、さらに特異な例としては、熊本県合志台地における冬季養分補給用の河川水圃場引き込みも見られた。中島の指摘（前掲論文 p17）に従って灌漑地域を地形的に要約すると、砂丘地がその物理的性質からもっとも多く、次いで火山緩斜面、山地・丘陵緩斜面と並ぶ。関東地方で卓越する洪積台地は含まれていない。

第二節　畑地灌漑事業の歴史的・地域的展開と近代化のプロセス

　この頃の関東地方の畑地灌漑地域は、栃木県日光町（蔬菜、湧水、沖積地）、大沢村（蔬菜、湧水、山地・丘陵緩斜面）、群馬県神流村・新町（陸稲・桑、地下水・畝間灌漑、台地）などが知られ、この他千葉県岩井町・中郷村、神奈川県相模原町、栃木県塩原村・今市町などで試験的に行われた記録がある。このうち湧水利用は溢流灌漑方式を採用し、かけ流すことで地温上昇を図っていた。また地下水利用は一般的には、風車や撥ねつるべで揚水した後に、圃場まで担送し散水灌漑を行う場合が多い。神流川下流域の浅井戸地帯では、1ha未満の耕地に1本の割合で堀井戸を設け、口径3インチの渦巻きポンプと電動機で揚水し、夏期の陸稲栽培圃場に畝間灌漑を行っていた。記録によると堀井戸数は70本にも及んだという（前掲中島論文 p18）。改めて述べるまでもないが、この堀井戸が、戦後の陸稲散水栽培に援用され、さらに昭和35年頃から陸田水稲作の発展の基礎的条件となっていくことになる。

高度経済成長期以前の畑地灌漑　　戦後間もない時期には、緊急食糧難時代という世相を反映して、関東をはじめとする畑作卓越地帯を中心に、陸稲、甘藷、蔬菜等の灌漑効果に関する試験研究が、各地の農業試験場、国立大学農学部の研究スタッフによって盛んに進められた。とりわけ水陸稲の用水試験がめだった『畑地灌漑に関する研究集録Ⅰ・Ⅴ（農林省振興局研究部）』。この期間の畑地灌漑の進展も著しく、未調査の北海道と沖縄を除く全国260万町歩の畑地のうち3.2万町歩（1.2%）で実施をみている。戦後の緊急食糧難対策の一環として、畑作振興ならびに畑地灌漑が浮上した結果である。この段階における大規模畑地灌漑事業に、1948（昭和23）年着手の相模川畑地灌漑事業計画があった。陸稲栽培の安定的確立のために GHQ がらみで推進された2,700町歩の畑地畝間灌漑は、大きな歴史的意義と社会的評価とともに当時の農政レベルでは別格の大事業でもあった。歴史的意義では、その後の国営畑地灌漑事業の第一号として多くの先駆的成果を残したこと、とくに社会的負の評価として、事業半ばに都市化・工業化の波及と大都市近郊農業（養鶏業者）の大量拡散転入によって、農地の転用と農民の営農意欲の減退が進行し、結果的に農政上の失点とされたことの責任は大きい。一部稼働地域における畝間灌漑方式の非効率的な労働力需要も技術的な反省点となった『土地・水・地域（新井鎮久）p41-43』。筆者は、昭和40年代に相模原台地の

195

第Ⅱ章　経営環境の変転と西関東複合経営農村の逡巡・先進性後退

中央部に転居し、以来25年間暮らした。そこで農業地理学徒が目にした産業遺跡（水路残骸）は、まさに異様な姿と雰囲気を醸し出していたことを今でも鮮明に覚えている。

　この段階のもう一つの特徴は、国庫補助をともなう立地誘導策の展開で、畑地灌漑が全国的広がりの下に急速に進展していくことである。たとえば1952年、都道府県営事業においても畑地灌漑が採択されるようになり、さらに翌1953年、畑地農業改良促進法や海岸砂丘地帯農業振興臨時措置法が制定され、20〜100ha未満の団体営事業にも補助が与えられるようになった。

　そもそも国の農政は、自然的な劣等地に対して歴史的差別政策をとり続けてきた。結果、田畑間の生産力格差は拡大の一途をたどることになる。こうした累積状況に初めて変化が生ずるのは、1950年代後半のことであった。以下、拙稿『土地・水・地域 p44-47』の一節を抜粋引用する。

　この頃、コメの増産が緊急不可欠性を失いつつあったこと、水田偏重投資の結果、水田豊土の地域的平準化と生産力の個別的平準化が進んだことなどを背景にして、畑作振興策・適地適産施策が打ち出され、これにともなって田畑輪換（鏑川・荒川中部）を含む畑地灌漑事業が土地改良の新しい事業形態として浮上してくる。結果、1957（昭和32）年以降の3年間に鏑川・荒川中部・濃尾用水・宮川用水・道前道後平野・綾川・笠野原の7国営事業区に畑地灌漑が採用される。高度経済成長期を迎える直前のことであった。

　しかしながら一旦は軌道に乗りかけた新しい水利用方式・土地利用方式も、実際には計画が縮小・変更される事態が続出する。このことは県営、団体営に限らず、国営鏑川・鹿島南部事業にも波及し、ついに群馬県営碓氷川沿岸土地改良事業のように工事半ばで計画中断の事態を迎える事業も発生する。田畑輪換を根幹とする畑地灌漑事業が順調に進展しえなかった根本的原因は、米価が支持価格制度で高値安定している状況下において、不安定な畑作部門を導入することに農民の危惧と反発があったからである。田畑輪換をめぐる農民の反発は、食糧管理会計の破綻を前にした政府との間に激しい綱引きを演じることになるが、結局は減反政策によって封殺される破目となる。それでも国営畑地灌漑事業は、1957年以降1960年代末までの間に、関東農政局管内の8事業（18,278ha）を始め、全国農政局管内で合計16事業（30,821ha）の

第二節　畑地灌漑事業の歴史的・地域的展開と近代化のプロセス

実施をみた。

　その後、開田指向農民たちの反対の動きも、1970年の減反政策の導入で拒絶され、基幹事業半ばあるいは付帯県営事業段階半ばまでに、畑地灌漑と既成水田の補給水事業に途中変更されることになる。1960～70年代における全国16地域の事業展開状況は、関東地方が全国事業面積の56％（1.8万ha）を占め、なかでも茨城県でその半分が推進された。この他栃木、千葉、群馬、神奈川4県がいずれも1,000ha以上を占め，これら4県に比肩されるのは全国でも愛媛1県（1,327ha）に過ぎなかった。

　中島論文（1980 p24-27）によれば、関東地方で畑地灌漑率が20％以上の卓越地域は、利根川中流～江戸川流域の台地、鹿島台地、相模原台地などであった。利根川中流～江戸川流域の台地とは、大間々扇状地、邑楽台地、猿島・結城台地、北総台地などをいう。いずれも陸稲旱魃や陸田減反政策で激しく揺れた地域である。大間々扇状地以外は河床面からの比高が10～20m前後の低い台地である。これら諸地域では、1951年旱魃を契機に国の補助を得て畑地灌漑が発展の緒に就くことになる。取水方法は、ヒュウガルポンプと発動機によって打込み井戸から浅層地下水をくみ上げ、陸稲畑の灌漑に用いた。1965（昭和40）年当時、舘林に2,500本、板倉に1,200本前後の打込み井戸が掘られ、1井当たり15～20aほどの陸稲を灌漑していたという（前掲中島論文 p24）。一方、鹿島台地の畑地灌漑用水は西瓜、ピーマン栽培に宛てられていた。

　この時期の関東地方における畑地灌漑面積の増大は、砂丘地での一層の発展と自由地下水の得やすい低い洪積台地での普及に負うところが大であった。普及の背景には、揚水機の比較的安価な流通価格と、打込み井戸による取水が豊富かつ経済的にも容易に得られたこと等の社会的・自然的性格を認めることができる。その結果、畦間灌漑や散水灌漑によって苛酷な担送労働から解放されたことは、陸稲収量の安定とともに畑作農業の前進と近代化の黎明を意味する重要な事項となった。なお、段階的ながらほぼ昭和35～40年頃にかけて、陸稲栽培の安定化の後に陸田水稲栽培の急速な普及が続くことになるが、少なくとも1965（昭和40）年当時の邑楽台地や神流川扇状地等の打込み井戸が、陸稲栽培の基礎的条件であるとの考察には説明不足を感じる。畑

地灌漑発達史のなかでは、この時期はすでに陸田盛行期のほぼ直前段階に到達していた筈であり、当然、井水利用も両者によっておよそ折半共用されていたと考えるからである。

高度経済成長期以降の畑地灌漑　高度経済成長期以降、水稲栽培にかかわる土地改良政策の投資効果や農薬・殺虫剤・化学肥料・農業用機器等の多面的技術発達を受けて水稲生産力は飛躍的に上昇し、水田農家の技術的平準化と生産力の地域的平準化を背景にした「畝どり（反収10俵）農家」の普及を見るまでになる。他方、高度経済成長にともなう農産物需要と貿易の構造的変化は、コメの生産過剰と食糧管理会計の破綻を一方の極に招き、他方の極に蔬菜・果樹・畜産物需要の高度化を推し進めることになった。

　こうした巨視的状況変化に対応して農政基調も基本法農政下の選択的拡大再生産政策から総合農政下の適地適産政策に移行する。この間の農政基調の変更は、エネルギー食品からプロテクティーブ食品生産へ、水田稲作から園芸畑作への重点移行を示すものであった。農政の基調変化を反映して、1968年に畑作振興特別土地改良事業制度が創設され、まもなく始動する1970年度の減反政策と連動して、畑地灌漑事業実績の急上昇期を現出することになる。農政移行期の基調変化の実態を田畑別土地改良予算額の推移（一部既述）から読んでみよう。1966（昭和41）年度を基礎年度とし、数字はシエア，カッコ内は伸び率を示している。これによると昭和41年度の水田関係投資額比64.6％（100％）に対して、畑関係投資額比は30.7％（100％）であったが、46年度には水田59.1％（186.8％）から畑40.5％（268.0％）へとその差が縮小し、さらに51年度には水田50.7％（313.7％）に対して畑は46.5％（602.6％）とほぼ投資額比率の均等化と顕著な伸び率の上昇を示していた『土地改良100年史（今村奈良臣他編）p304』。

　高度経済成長期の直前（1957〜59）に田畑輪換を含む7国営畑地灌漑事業が採択される。水田水稲作を信奉する農民たちは畑作経営の導入を危惧し反発したが、紆余曲折を経て、最終的には開田中止を含む農林省案が通過する。事業計画の難航問題に引き続いて、畑地灌漑事業は新たな問題に直面することになる。2度目の問題は1970年の減反政策と絡み合って表面化する。それは開田の否定を前提にした米生産調整策の展開と畑作の見直し策を受けて、

第二節　畑地灌漑事業の歴史的・地域的展開と近代化のプロセス

畑地帯総合土地改良事業が発足したことである。農政の基調変化を背景にようやく本格化した畑地改良政策の中で、核心となったのが畑地灌漑事業であった。その結果、1970～1972年までに国営23事業（62,233ha）が着工ないし全体実施設計をみるに至った。

　ここで事業主体を視点に、1973年着工までの国営畑地灌漑排水事業（全体実施設計を含む）展開の諸相を通観してみよう（表Ⅱ-1）。まず時系列的に見ると、1970年の減反開始年度を挟んで、以前のものに水田用排水改良、圃場整備、開田・開畑などを含む多目的事業が多く、以後になると畑地灌漑単独目的の事業が目立つようになる。事業目的も1970年以前のものには、まだ桑、茶、主・雑穀類などの経営安定を指向する地区も少なくないが、以後は果樹、蔬菜、飼料作物等のいわゆる成長部門が大部分を占めるようになっていった。その他の国営事業には国営施設整備事業があり、関東地方関連では両総用水（畑地灌漑3,753ha）がこれに含まれていた。

　国以外の大規模畑地灌漑事業体としては、この他に水資源機構と緑資源機

表Ⅱ-1　関東農政局管内の国営畑地灌漑事業地区一覧

事業区	施工年度	灌漑面積	事業形態	土地利用（灌漑対象）
新 利 根 川	1946～1965	655ha	多	畑（野菜）
鏑 川	1958～1970	865	多	桑園、田畑輪換
荒 川 中 部	1959～1966	4,225	多	田畑輪換
大 井 川	1947～1967	510	多	茶園
三 方 原	1960～1970	3,829	多	畑、果樹園（茶・ミカン）
石 岡 台 地	1970～1976	3,532	多	畑（飼料・野菜）
鹿 島 南 部	1967～1974	1,581	多	畑（甘藷・タバコ）
渡良瀬川沿岸	1971～1977	1,398	多	畑（野菜・飼料）
埼 玉 北 部	1967～1973	955	多	桑園、果樹園（ナシ）
釜 無 川	1965～1973	2,052	多	桑園、果樹園（モモ・ブドウ）
笛 吹 川	1971～1977	5,812	単	果樹園（ブドウ・モモ）、桑園
中 信 平	1965～1973	2,847	多	桑園、果樹園（ブドウ・ナシ・リンゴ）
天 竜 川 下 流	1967～1976	2,806	多	畑（野菜）、茶園
静 清 庵	1971～1977	7,470	単	果樹園（ミカン）、茶園
北 浦 東 部	1973～1979	3,600	単	畑（野菜）、果樹園（クリ）
伊 那 西 部	1971～1978	2,649	多	畑（飼料・野菜）、果樹園（ナシ）、桑園

多：多目的事業　単：畑地灌漑単独事業
出典「国営かんがい排水事業要覧（1971）」

第Ⅱ章　経営環境の変転と西関東複合経営農村の逡巡・先進性後退

構がある。前者には赤城南麓・榛名東麓における田畑輪換（287ha）、畑地灌漑（2,780ha）、水田補給（444ha）を最終内容とする群馬用水事業を始め、北総東部用水（畑地灌漑3,676ha）、東総用水（同2,304ha）、成田用水（同1,438ha）、霞ヶ浦用水（8,720ha）などが採択された。2015（平成27）年当時、国営・水資源機構営とも基幹事業はすべて完工し、団体営事業の終了地区では使用効率に問題を残しながらも、すでに畑地灌漑の実用段階に入っている。

　当時の全国レベルの事業成果を前掲中島論文（1980 p26-31）から引用すると、1975年の畑地灌漑面積10.6万haは1960年の灌漑面積3.17万haの3.3倍に相当し、全国畑地面積の4.5％を占めるものであった。この間における畑地灌漑を内包する大規模用水事業を挙げると、昭和23年を着工年度とする相模川畑地灌漑事業をはじめ、群馬用水、釜無川地区、三方原地区、豊川用水、愛知用水、綾川地区、笠野原地区他15事業地区で、国・水資源開発公団営事業に一部ユネスコ資金を導入して進められ、1975年度までに完工をみている。畑地灌漑実施面積は総計3.7万haに及んだ。なお関東地方で昭和21（1946）年以降53年までに着工された事業（畑地灌漑を含む）は、茨城県3事業（5,768ha）、栃木県3事業（3,029ha）、千葉県3事業（7,576ha）、群馬県3事業（6,860ha）、埼玉県3事業（5,714ha）で、比較的バランスの取れた事業量となっていたが、神奈川県の相模川畑地灌漑事業については、中島論文の作表には含まれていなかった。

　畑地灌漑の全国的動向を踏まえて、関東諸県を展望すると以下のようになる。1975年までの状況は、豊川・愛知・濃尾用水などの大規模畑地灌漑用水事業の施行された愛知県が畑灌施設面積13,779ha・畑灌施設率40.5％で第1位を占め、ついで長野県7,317ha、静岡県6,071ha、鹿児島県5,967haの順に並んでいた。

　これに対して関東地方では茨城、栃木、神奈川で逆に減少が見られた。減少理由は、陸稲作灌漑畑から水稲作陸田への移行にともなって増加した陸田面積が、減反政策の下で名目・実質ともに水田扱いを受けるようになった結果と考える。群馬・千葉両県の畑灌面積が増加しているのは、陸田の面積そのものが少なく（千葉では陸田の成立をほとんどみていない）、したがって水田面積算入にともなう畑灌実績の減少分が発生しなかったこと、ならびに群馬

200

第二節　畑地灌漑事業の歴史的・地域的展開と近代化のプロセス

用水と下総三大畑地灌漑用水事業にかかわる増加分が大きかったことによるものである。とくに千葉県では、戦後から今日までの畑地灌漑総面積は、一部年度の重複を含むと、下総台地を中心に概算8,176haに達していた。関東他県の陸稲灌漑と異なり、その多くは蔬菜灌漑に使用されてきたことが特色として推定される。

　駒村正治『畑の土と水─湿潤地域の畑地灌漑論　p24-25』によれば、1970年段階の畑地灌漑設備を整えた畑面積は10.6万haとされ、これは全畑地面積240万haの4.4％を占める数値であった。大規模畑地灌漑用水事業を展開してきた東海地方でさえ畑地灌漑面積率は21％に過ぎず、青果物の大消費市場を控えた関東地方、新興果樹産地を擁する九州地方、オレンジベルトの瀬戸内地方が、若干水をあけられた形で追随する。その後1980年以降になると畑地灌漑率は大きく上昇し、全国平均で18.1％、オレンジベルトや東海地方では40％を超える実績を示すまでになった。

小括　戦後に関東地方で実施（一部施行中）された国営農業基盤整備実績を、関東農政局（関東農業マップ）と茨城県農地局（国・県営事業一覧）の資料で総括すると、平成20年現在、25事業（149,792ha）に達する。事業内容の推移は、1970年頃を境にそれ以前には水田用排水関係の改良事業が多く見られるが、以後は畑地灌漑と水田加用水がセットの事業展開となる。1960年代前後の事業に田畑輪換をしばしば見出すことができるが、最終的には減反政策と抵触し、開田および開田型の田畑輪換事業は中止ないし大幅に規模が縮小されている。なお、山村地域には緑資源機構によって耕地造成が進められてきたが、特徴的なことは畜産酪農と結合した草地造成が進んでいることであり、今後の実績拡大が期待される部門である。

　こうした状況の推移と同時に、畑地灌漑に関する理解や社会的要請も大きく変化してきた。たとえば近年における畑地灌漑は、作物への水分補給や旱害発生時の保険効果だけでなく、営農用水、地域用水を含めた概念として位置つけられ、農村地域活性化の起爆剤とも考えられるようになってきた。ごく近年では、環境保全や生態系にも配慮した畑地灌漑の在り方も検討され始めている。問題の性格と本質は、農業的評価の枠を抜け出た社会的評価へのスライドアップを意味するものとなっている。

201

2. 東関東畑作農村の基幹作部門と変遷（畑地陸稲作→畑地水稲作→蔬菜作）

関東普通畑作地帯の陸稲・麦栽培　　わが国で陸稲栽培が目立つようになるのは明治中期以降であるといわれる。最盛期とみられる1950年代後半までは、陸稲を圧倒し駆逐することになる陸田水稲作も黎明期にあり、同じく高度経済成長期の蔬菜需要の大量形成もまだ初期段階にあった。陸稲栽培に退潮の兆しが見え始める1960年代中期のデータによると、主要陸稲栽培地域は関東地方を筆頭に南九州と東北が続き、全国陸稲作付面積の60％、面積にして7万余haを関東地方が占めていた。関東では上位3県茨城（3万2千ha）、栃木（1万6千ha）、群馬（9千ha）が80％を独占していた『戦後農業技術発達史　第三巻畑作編（日本農業研究所）p385』。ただしこの統計「農林省統計調査部.作物統計」の上位10県から、関東勢6県中で千葉県だけが欠落していることには注目する必要がある。ちなみに麦作は一貫して畑地陸・水稲の後作として不動の作物であり続ける存在であった。

　元来、陸稲は農家の飯米用の性格が強かった。なかでも南九州や関東では小面積栽培農家で飯米用「粳米」の作付が多かった。旱魃、雑草、連作障害に弱い作物ではあるが、市場価格は畑作物中の高位優良作物であり、とくに「糯米」の商品価値は高かった。このため昭和40年頃でも「糯米」の作付率が高い関東地方の茨城、栃木両県では商品化率も75％に達していた『戦後農業技術発達史　第三巻畑作編　p386』。

　戦前期の関東畑作農村では陸稲、甘藷、大豆が主要夏作物で、このうち沖積畑には大豆が、洪積畑には甘藷が多く栽培されていた。当時の輪作体系は基本的には甘藷、大豆の後に麦類が作付され、その間作として陸稲が適宜組み込まれていた。戦時中から戦後数年間は、食糧確保の必要上、桑園から普通畑への転換や開墾が多かったので、跡作に適応性を有する陸稲が普及した。その後、大豆の作付減少、蔬菜・飼料作物との交代、陸稲早期栽培の導入、果樹園の造成等が進むにつれ、輪作体系は一段と複雑になっていった。

　1950年代中頃から大豆の作付がさらに減少を始め、沖積微高地上の畑地では陸田水稲作の進行で、大豆跡作の陸稲も次第に排除されていくことになる。その後1960（昭和35）年あたりから落花生が増加し、跡作に陸稲が採用される例が生じてきた。この頃、東関東畑作農村では地帯形成が見られるように

第二節　畑地灌漑事業の歴史的・地域的展開と近代化のプロセス

なり、陸稲中心型の複雑な輪作体系から甘藷地帯、落花生地帯、陸稲地帯に
分化し、それぞれ連作傾向を強めていったという『戦後農業技術発達史　第3
巻畑作編　p424-425』。普通畑作地帯の地域分化傾向は、東関東畑作農村の
臨海寄り台地の甘藷、台地中央部の落花生、台地内陸部の陸稲という地域パ
ターンの下にかなり明瞭に出現した。

　ところで陸稲栽培の際の注意点は、耐旱性、連作障害、土壌酸性度の3点
である。したがって農家はまず旱魃被害の受けにくいところを選んで作付す
る。たとえば凹状畑や地下水位が高く適湿な畑が選ばれる。また土性から見
ると、保水力の小さい沖積砂質土壌畑より、洪積台地の壌土質で耕土が深く
堆肥が十分投入され、保水力も高い熟畑が選ばれる。酸性（pH5.7〜6.4）を
好むことから、長野県烏川流域（大迫輝通 1967 p519-534）や関東地方のよ
うに桑園転換畑あるいは開墾直後の畑がしばしば利用されることになる。当
然こうした条件を満たす圃場は限られるため、連作障害の発生にも連なるこ
とになる。陸稲栽培率の高い関東では、自然条件の必ずしも適性でない畑ま
で作付地が拡大した。ここに肥培管理技術の採用と発達が進むことになる。
それが畑地灌漑技術の進展であり、深耕栽培、移植栽培、早期栽培・マルチ
栽培・雑草排除等の干地農法であった。もとより長年にわたる品種改良の努
力や化学肥料・除草剤投与効果も陸稲栽培の晩期、言い換えれば、陸田発達
期には欠くことのできない技術発達をもたらすものであった『前掲技術発達
史　畑作編　p23-24』。

陸稲畑地栽培と水稲畑地栽培の展開　　陸稲栽培における畑地灌漑効果は、
多くの農民が等しく認めるところであった。しかしながら旱魃時に水を運び
灌水した例はあるが、その面積はきわめて少なく、戦前には灌水栽培はほと
んどなかったと考えてよい『前掲発達史　畑作編　p437-438』。畑地陸稲灌漑
が官民の話題に上るようになるのは、戦後の緊急食糧難に対する増産要請に
従って、旱魃対策、畑作振興が政策課題化した結果であった。1949（昭和
24）年相模原台地に陸稲栽培を目標に掲げた国営畑地灌漑の第一号事業が発
足する。次いで1953年、畑地農業改良促進法が制定され、以降畑地灌漑施設
化が積極的に進められ、陸稲灌漑が普及していく。その後間もなく高度経済
成長にともなう主食を含む農産物需要の構造的変化で、陸稲栽培のトーンダ

203

第Ⅱ章　経営環境の変転と西関東複合経営農村の逡巡・先進性後退

ウンと蔬菜・畜産酪農に畑作農民の関心が移行することになる。この状況も、やがて除草剤・マルチ栽培の普及と生産者米価の上昇ならびに農家労働力の流出に対する省力経営と価格選好によって様変わりし、再び陸稲栽培への回帰現象が表面化することになる。

　陸稲の灌水栽培研究は第二次世界大戦後に始まるが、もともと耐旱に向けて育成された陸稲品種は、灌水栽培のための適性に欠けるところがあり、また品質・食味の点でも水稲に及ばなかった。かくして水稲の畑地灌水栽培へと局面は転換することになる。この試験的栽培は、1956（昭和31）年に神奈川県で実施されたのが嚆矢とされている『前掲技術発達史 畑作編 p438』。その後、昭和37年ごろから千葉、茨城に普及し、間もなく関東全域で1,000haを超える畑地水稲灌水栽培地域が成立し、43年頃には水陸稲灌漑栽培面積の総計は6,000haを超えるまでに増加した。栽培方法の内訳は、畝間灌漑が3,112haでその過半数を茨城が占め、スプリンクラー灌漑1,513haの突出県は存在しなかった。なお後年、関東6県のスプリンクラー灌漑総面積4,077haのうち2,564haは、千葉・群馬を中心とする蔬菜栽培用に振り向けられ、また群馬・埼玉に畝間灌漑が存在しないことと神奈川にスプリンクラー灌漑が皆無であることは、前者が陸田型地域、後者が非施設園芸地域であることを反映した結果と考える。

　陸稲の灌水栽培は、旱魃被害を受けやすい生育期に最低限度の灌水を行い、安定収量の確保を求めるものである。一方畑作水稲は、灌水を含めた集約的な栽培方法によって、陸稲栽培を大きく超える収穫をあげるようになる。陸稲の灌水栽培が多くみられる地方は、茨城県西部、栃木県南部、群馬県東部で、その後の陸田地帯とほぼ一致するところである。このうち茨城県西部では平年は灌水せず、旱魃年のみ灌水したという。灌水方法には畝間灌漑とスプリンクラーによる散水灌漑とがある。散水灌漑は昭和35年頃から普及をはじめ、それ以前はもっぱら畝間灌漑が支配的であった。

　スプリンクラー散水灌漑は群馬県から普及し始めた。灌水時期は平均的に言って梅雨明けから行われ、8月下旬まで5〜6日間断灌漑をする。他方、畝間灌漑は地形の高所から順次高度に沿って畝を立て一畝ずつ灌漑する。陸稲の灌漑栽培目的は、競合する商品作物との関係や畑地率の高さによっても異

第二節　畑地灌漑事業の歴史的・地域的展開と近代化のプロセス

なるが、中島峰広（1967 p1・5・23）によると群馬の場合、大間々扇状地農村では自給的、県東部の邑楽台地では商業的な性格が明瞭であるという。また畑地灌漑の事業規模も大間々扇状地農村の場合は組織的・個人的の両者が混在するが、邑楽台地と近隣自然堤防帯では用水の賦存状態に恵まれ、個人的な打抜き井戸や排水路から揚水し灌漑をすることが報告されている（前掲中島論文 p11-12）。

　栃木県南部の畑地灌漑では、構造改善事業展開期における県内最大規模といわれた南河内村の畑地灌漑事業が注目される。事業は旱魃常襲地域の洪積段丘宝木面の畑地172haで実施された。薬師寺台土地改良区で40a区画の圃場整備を、またスプリンクラー灌漑施設は県営でそれぞれ担当した。この結果、どの圃場にもトラクター、テーラーが入れるようになり耕耘部門の機械化が促進され、農業経営の多角化と干瓢・陸稲・蔬菜の輪作体系が確立した。1958年の揚水機所有数4台から見ても、畑地湛水（陸田化）・灌水農業がほとんど成立していなかったと考えられる当時の南河内村としては、おおよそ10年後のスプリンクラー灌漑事業の展開は括目すべき変革であった。『南河内町史　第7巻通史編　p682』。

　一方、水稲の畑地灌水栽培は、1956（昭和31）年頃から神奈川県農業試験場によってはじめられた。良好な試験結果を受けて千葉・茨城県を中心に普及した。畑作水稲は主にスプリンクラーによって散水しているが、一部地域にはレインガンなどの大型散水機が使用され始めた。一般に陸稲に比べると水稲は水不足に敏感である。水分生理からみて水稲は陸稲より出穂後の水消費量が多いため、水管理には細心の注意が必要とされる。水稲は浅根性のために一度に多量の灌水をするより、灌水間断日数を詰めて4〜5日間隔で、かつ若干陸稲より少なめの灌水が必要効果的である。畑地水稲作を労働力面から見ると、千葉、茨城の平均で年間の作業時間は10a当たり80時間とみられている。水田経営に比して若干少ないのは直播によると考えられている。

　畑地水稲作の導入普及が作付体系に及ぼした影響を前掲技術発達史『p445-446』から寸描すると、畑地水稲作が導入されているのは落花生 Plus 蔬菜地帯・甘藷地帯に多く、1960年頃になって陸稲地帯に入り始めた。したがって畑地水稲作の導入以前の夏作物は、落花生か甘藷が主体で陸稲は一般

205

第Ⅱ章　経営環境の変転と西関東複合経営農村の逡巡・先進性後退

に少なく10％程度に過ぎなかった。千葉では蔬菜や酪農などがあるので、畑作水稲は耕地面積の30％以下に抑え、連作障害を考慮した作付体系が組みたてられていた。他方茨城では畑作水稲の作付率が50％を超える農家が主流で、野菜はきわめて少なかった。畑作水稲と競合する落花生・甘藷の普通作が多いため必然的に連作体系型となっていた。冬作は両県とも二条大麦に入れ替わり畑地水稲作上有利な土地利用体系になっていった。

　とくに当時の茨城では畑地水稲が連作になる場合が多く、ときには水陸稲の畑地栽培を交互に行っている農家も見られた。しかし一般には畑作水稲を基幹に組み込んだ普通畑作型経営が多く、千葉では畑地水稲と蔬菜または酪農との複合経営が行われていた『前掲技術発達史　畑作編　p446』。現今における両県の巨大園芸農業基地化の前触れはまだ茨城には見えていなかった。

　上述のように関東地方の畑地水陸稲栽培は、当初干地農法を基礎に置く畑地陸稲作として出発する。その後早期栽培等の消極的な回避技術的対応を経て、1951（昭和26）年の大旱魃以降、畑地水稲栽培は、資本と技術を投入した畑地陸稲灌水栽培をしのいで、ついに関東畑作の基幹部門としての地位を確立することになる。ただし畑地水稲栽培の採用は、一部上層農家や革新的な開拓農家に限られ、多くの農家では依然として干地農法的陸稲栽培が踏襲され『前掲技術発達史　p446』、1960年代初頭の陸田化と畑地水稲栽培の普及を待ってようやく新栽培方式（畑地水稲灌水栽培）と交代することになる。

　関東地方の畑地水陸稲栽培地域では、最終的には、関東造盆地運動の中心周辺部3県（群馬・埼玉・茨城）と栃木県北部那須野ヶ原における1960〜70年代の陸田化（実態は東北型水田造成）を迎えることになる。陸田化は農村恐慌期に中川水系上流農村において成立し、しばらく期間をおいて、高度経済成長期あたりから周辺洪積台地にまで瞬く間に拡散して、食管会計を破綻に導く有力な地方的因子となるものであった。除草剤の普及をともなう陸田化の進行は、発生余剰労働力の農業外放出と集約的な蔬菜園芸の採沢に一部向けられ、関東畑作農業の光と影を象徴する次なる段階—東京市場の巨大園芸基地形成と農民層分解の帰結としての戦後自作農体制の崩壊—への道を歩むことになるわけである。

国営畑地灌漑事業の展開と常総巨大園芸基地の成立　　高度成長経済期以降、

第二節　畑地灌漑事業の歴史的・地域的展開と近代化のプロセス

土地改良にかかわる多面的効果と技術発達によって水稲生産力は飛躍的に上昇し、農家の技術的平準化と生産力の地域的平準化が出現する。結果、コメの生産過剰と食糧管理会計の破綻が進行することになる。その間、農政基調も基本法農政から総合農政に移行し、施策方針も選択的拡大再生産から適地適産へと変化した。この変更にともない1965年頃から土地改良投資も水田改良から畑地改良へと変更されていった。こうした状況を反映して、高度経済成長期直前（1957～59）に早くも田畑輪換を含む7国営事業が採択される。その後の国営事業の展開は、1970（昭和45）年を境にして前期の開田畑、用排水改良、圃場整備などの多目的型から畑地灌漑単独型が目立つようになり、事業目的も桑、茶の工芸作物および米麦主穀型からプロテクティーブ型農産物生産にシフトされていった。

　1970年代以降今日までの間に、土地改良投資の基本方針変更を反映して、常総台地畑作農村を主体にした茨城・千葉両県では、畑地灌漑を重視する国営灌漑排水事業、県営畑地帯整備事業が相次いで着工する（表Ⅱ-2）・（表Ⅲ-11参照）。このうち茨城県では、鹿島開発に絡んで鹿島南部用水が、また水田用水改良目的の鬼怒川南部用水が、それぞれ1970年以前に着工されたが、その他はすべて畑地灌漑を主目的にし、水田補給を副次目的にして1970年以

表Ⅱ-2　茨城県における国営灌漑排水事業の実績

事業名	関係市町村	関係面積（畑の内数）	工期	備考
霞ヶ浦用水	下妻、土浦、常総、笠間、結城、つくば、石岡、桜川、筑西、八千代、境、古河	19,294（8,375）ha	S50～H26	実施中
那珂川沿岸	水戸、ひたちなか、城里、茨城、東海、那珂、常陸大宮	5,544（2,455）	S62～H26	実施中
鹿島南部	神栖	2,285（1,609）	S42～H3	完了
石岡台地	石岡、かすみがうら、行方、笠間、小美玉、茨城、鉾田	7,405（3,229）	S45～H元	完了
新利根川沿岸	河内、稲敷	7,030（265）	S56～H4	完了
鬼怒川南部	結城、筑西、下妻、八千代、坂東、古河、常総、真岡、二宮、小山	9,428（0）	S40～50	完了

括弧の内数には畑地・樹園地を含む
出典：「茨城県農林水産部農地局資料」（筆者作表）

207

第Ⅱ章　経営環境の変転と西関東複合経営農村の逡巡・先進性後退

降に着工された事業である。千葉の水資源機構営の成田、東総、北総東部3
事業も時期、目的とも左記に準ずる事業であった。なお国・水資源機構営基
幹事業の付帯事業として、県営畑地帯総合整備事業による畑地灌漑が推進さ
れてきた。事業実績は千葉県の場合が下総台地を中心に4,556ha、茨城県で
は比較的各地域均等に1,954haの事業が実施されたが、蔬菜生産のとくに盛
んな坂東（5事業）、八千代（3事業）、結城、古河、筑西、などの8市町村をは
じめとする県西に14事業区・1059.6haが若干集中的に展開している（茨城県
農地局資料. 2008年現在）。

　関東主要畑作県（千葉・茨城・埼玉・群馬）における畑の作付構成とその変
化を見ると、都市化、陸田化、樹園地切替等で高度経済成長期以降の10年間
余りのうちに、普通畑面積の33%、14万haが減少した。この変化を特徴的
に整理すると陸稲、雑穀、豆類、麦類などの普通畑作が後退し、替って作付
率30〜50%の高率化と主産地交代をともなう蔬菜栽培の増加が、需要の大量
化と高度化をともなって進行した。蔬菜生産の発展は東関東の千葉を中心に
埼玉、茨城、群馬と続き、傾向的には地域分化と階層的特化を示す動向で
あった『戦後農業技術発達史 続第二巻畑作編（工業原料作編）p157-158』が、
まもなく東西両関東の先進的農業地域性の交代を象徴する埼玉の後退と茨城
の躍進によって、序列は大きく変更されていくことになる。茨城の追い上げ
は、利根川架橋と陸運体系の整備や近郊産重量葉物蔬菜の立地移動を背景に
進行し、埼玉の凋落は急速な都市化の結果であった。

　養蚕不況とその後のコメの生産過剰期ならびに高度成長経済期の到来に対
して、第Ⅲ章でも問題視するように、洪積台地農業の潜在的地域能力（低生
産力ゆえの経営耕地規模の広さと完熟合成肥料による土壌の豊土化）を引き出し
た東関東畑作農民に対して、伝統的な養蚕と米作りに拘泥し、農産物市場の
変化に一呼吸乗り遅れた西関東農民の対応の違いが、東京卸売市場のシェ
アーにおいて茨城、千葉に水をあけられる一因となったと考える。西関東複
合畑作経営地域における養蚕経営への執着は、群馬用水事業効果分析にも認
められ、赤城南麓地域農民が養蚕に見切りをつけ、ほうれん草、胡瓜（施
設）、大根、葱等の蔬菜栽培に軸足を移す『赤榛を潤す―群馬用水誌―
p378-382』のは、東関東洪積台地農村での露地蔬菜栽培の確立から20年も

208

第二節　畑地灌漑事業の歴史的・地域的展開と近代化のプロセス

遅れた昭和60年代半ば以降のことであった。西関東畑作農民たちの米作と養蚕へのこだわりについては、後述予定の水資源開発公団営．群馬用水事業や鏑川・神流川（埼玉北部）・荒川中部各用水事業計画ないし計画修正過程も明確に物語っている。

　中川水系中〜上流域の自然堤防帯を中心に、1960〜70（昭和45）年にかけて爆発的に増加した陸田と呼ばれる畑地水稲湛水灌漑面積は、同流域だけでも1万haを超えていた。1970年以降の減反政策によって陸田化の勢いは停止したが、その実態は地域によって様々な対応が見られ、一様ではない。陸田は、もともと汎用水田の可能性を本来的に有し、転作には何ら障害もない筈であるが、依然水田としての存続理由は強固である。労働力を失った農村・農家の存在形態を規定する米作兼業の見えない鎖の縛り効果は強い。減反政策の迷走論だけでは片附けられない困難な問題もみえかくれする。

　減反政策に対応する陸田地域のうち、1960年代の館林・板倉地区にみられたような蔬菜の嫌地発生防止効果（中島峰広　1967　p24）を田畑輪換経営において発揮し、蔬菜生産の発展に寄与した形跡を他地域で見ることはなかった。関東各地に推進された国・水資源開発公団等の大規模用排水事業の主目的の一つとされる畑地灌漑・田畑輪換効果についても、行政のプロパガンダを差し引くと実情は必ずしも手放しで称賛できない側面も含んでいる。このことは、東関東畑作における主要商品作物が伝統的な耐旱性作物依存を抜け切れていないことにも表れている。しかしながら、少なくとも近年の大規模畑地湛水・散水灌漑事業の普及地域では、確実に畑地水陸稲栽培が消滅したことも事実である。

　本来、沖積土壌の生産力からみて蔬菜生産の適性が十分高いと考えられる西関東自然堤防帯の陸田化の動向に対して、関東畑作農村の蔬菜生産は、今日、東関東洪積台地農村を中心にして展開している。なかでも常総台地農村では、3haを分解基軸とする上向農家層に株式会社等を加えた大規模営農組織体による生産が進展し、巨大化した東京市場の蔬菜基地の様相を深めている。洪積台地農村における蔬菜生産を支える条件の一つが、国営農業用排水事業の系統的展開の成果—畑地灌漑効果—にあることは、定性的には否定する余地はないことである。これらの件については、第5章の群馬用水事業地

209

第Ⅱ章　経営環境の変転と西関東複合経営農村の逡巡・先進性後退

域の利水効果分析において比較検討する予定である。

3. 関東畑作の共通基幹部門（水陸稲）栽培の地域性

作物選択上の共通性と異質性　　多言を要しないことであるが、関東畑作農業全般に共有される特色の一つは、作物選択における耐旱性作物群（根菜類・芋類・豆類・樹木性深根作物等）の重点的採用であろう。これらの耐旱性作物群は、固有の歴史性とそれなりの人文的、自然的、社会的影響を受けながら地域特性（特産地）を形つくってきた。しかしその中にあって畑地水陸稲栽培は、自給的主食作物という地域を超えた必然性の下に、地域を選ぶことなく普及してきたことが考えられる。しかし現実的には、少なくとも西関東大間々扇状地と東関東下総台地では、水陸稲栽培を中に挟んで明瞭な相違が見られた。そこで以下異質性の実態と原因について畑地灌漑を視点に検討することにした。

大間々扇状地の畑作と畑地灌漑　　西関東の畑作地帯は主として洪積扇状地、洪積河岸段丘、大河川沖積低地に発達する。大間々・寄居扇状地、沼田・中之条・相模原河岸段丘、利根川中流沖積低地の皆畑村などが代表的な畑作地域であり、旱魃多発の村々であった。このうち大間々扇状地と東に延びる邑楽台地ならびに赤城南麓と榛名東麓とりわけ前者の村々が、水利事情に恵まれないかつ栽培目的を異にした陸稲地域であり、旱魃常襲型農村であった。中島峰広（1967 p3）の報告によると、とくに佐波郡東村、邑楽郡粕谷村、中野村の旱魃被害は大きかった。陸稲を中心にした旱魃被害の発生地域は畑地灌漑の普及度も高くなる。これら諸村のうち東村の周辺では笠懸、綿打、大間々、藪塚本町、生品がそれぞれ10〜50％、赤堀が10％以下の灌漑率であった。水源は扇頂部3町村の渡良瀬川水系大間々用水受益地以外はすべて地下水灌漑地域である。地下水位は藪塚台地久宮地区の30m以深が最も深く、扇状地上位面（桐原面）に立地分布する赤堀村、東村では5〜15m前後の比較的浅いところに自由地下水層が見られ、揚水灌漑発達上の立地条件は恵まれていたというべきであろう。

　農産物販売額1位部門を1960年世界農林業センサスから見ると、同じ群馬県東部洪積台地農村でも邑楽台地を含む町村では、米麦が突出し、大きく下

がって2位が蔬菜または畜産となる。一方大間々扇状地では、養蚕が支配的な地位を占め、以下少々の割合の下に蔬菜、酪農、畜産が並ぶ。前者邑楽台地では畑作水陸稲の商品化率が高く、この商業的な性格がやがて陸田化の動きに連動していく（中島峰広 1967 p1）。扇状地農村でも畑地灌漑率のきわめて高い東村、逆にもっとも低い赤堀村の両者とも、典型的な畑作水陸稲の自給型農村であった。

　大正用水の充足状況に地域差が見られはしたが、水田率でほぼ共通する赤堀・東両村で畑地灌漑率だけが大きく異なり、そのうえ赤堀村南部の市場地区には県費補助事業による15.5町歩のビニール水田が造成されている『赤堀村誌 p804-805』。これに対して、藪塚本町では1955～65年にかけて陸田造成が行われてきた「畑地灌漑と群馬の農業（田中　修）p153」。これらの問題について、その理由を現地の聞き取り調査（2016年6月）を中心に整理してみた。

　両村の対照的な土地利用上の選択理由のうち、赤堀村のビニール水田の普及は、村人の意見を集約すると、集落の農家藤生良次のリーダーシップに負うところが大きかったようである。一方、東村における畑地灌漑の高率分布は、当時大正用水末流部のため用水不足で開田が進まなかった地区農民たちが、リーダー不在のなかで個別的、集団的に畑地水陸稲栽培を選択したことが考えられる。両村ともに陸田が経営された形跡はないが、赤堀村南部のビニール水田造成や東村の高い畑地灌漑率を見ると、両村とも水稲栽培に対する強い意欲を持っていたことだけは確かであろう。

　しかも地下水分布層が比較的浅い両村に陸田造成の事実がなく、逆に地下水層が極めて深い扇央部藪塚本町にその分布がみられたことは、畑地土壌の保水力以外にその原因を求めることはできないと考える。つまり藪塚本町が載る大間々扇状地扇央の藪塚面と扇状地西部の桐原面との土壌地質の物理的性質の相違に行きつくことになるが、今のところ実証資料は持ち合わせていない。もっとも、1970年代に近隣町村に先駆けて、藪塚本町で深井戸揚水による施設園芸の先駆的導入が見られることを考えると、赤堀村のビニール水田地域の成立と同じく、多分に人間的な事情によることも想定してみる必要はあるだろう。

第Ⅱ章　経営環境の変転と西関東複合経営農村の逡巡・先進性後退

　大間々扇状地における唯一の灌漑作物陸稲は、灌漑導入以前の平年作で3俵、旱魃年で1俵、それが導入後は5俵の収穫が得られるまでになった。それでも農家は水稲収量に及ばないこと、除草の手間が大きいこと等から生産性の低さは否めないとしている。結果、農家は飯米自給以上の効果を畑地陸稲灌漑栽培に求めようとしなかった。余剰耕地を西瓜、メロン、南瓜、苺、大根、飼料作物などの商品生産に転用することに経営的な意義を求めていたためである。

　1968（昭和43）年当時、水田15.2％、畑51.5％、桑園33.1％ときわめて水田の少ない佐波郡東村では、畑地陸稲灌漑栽培の進展は、飯米自給と商業的作物の導入の二面で有効な経営選択となっていた。相対的に畑地率の高い東村では芋類11.0ha、豆類3.0ha、野菜139.0ha、飼料作物195.0haの作付が見られ、また販売金額1位の主要な部門は、養蚕777戸、稲210戸、蔬菜類177戸、酪農110戸、畜産44戸が主なところであった『東村誌 p783』。

　自給的性格の濃厚な東村の昭和8年の陸稲栽培は、水稲（水田）の169町歩に対して249町歩に及んでいた。また水陸稲の裏作に入る小麦は442町歩、足尾出荷の多い蔬菜類は311町歩であった。自給部門の中枢として農家の経済・経営に占める陸稲の地位と商品化部門としての養蚕の地位はともに重要なものであった。それだけに旱魃に強い桑樹に比べて、とりわけ弱い陸稲の常習的な被害に農家は心を痛めた。たまたま気象災害資料の得られた昭和恐慌期の被害状況を旱魃に限って見ると、被害は1931（昭和6）年（水稲3割）、7年（水稲6割・陸稲4割・蔬菜3割）、8年（水稲8割・陸稲8割・蔬菜5割）、9年（水稲7割・陸稲2割・蔬菜2割）、10年（水稲免訴560筆）とまさに追い打ちをかけるように連続した『東村誌 p903-904』。さらに旱魃発生状況を大旱魃発生年の1951（昭和26）年以降の10年間で観察すると、発生年度は26年、30年、33年、35年春・冬・夏、と断続し、収穫皆無換算面積は水陸稲を中心に総計7,932ha、被害評価額総計19,009万円に達した『前掲村誌 p764-766』。

　昭和35年、旱魃をはじめ凍霜害、冷害、雹害の多発に対して、東村当局は「東村農業災害対策特別措置条例」の制定に踏み切っている。並行して、頻発する農業気象災害に対して村当局は、1946（昭和21）年4月．群馬県園芸試験場の前身となる東村立指導農場を創設し畑作技術研究に努めた。指導農

第二節　畑地灌漑事業の歴史的・地域的展開と近代化のプロセス

場は翌22年．佐波共同農事試験場、同29年．東村立試験場を経て、31年10月に群馬県園芸試験場に昇格した。その間、陸稲・小麦の灌漑栽培に関する研究を中心に扇状地農業の発展に大きく貢献することになる『前掲村誌p733-748』。

　同時に東村では、これに先立つ昭和29・30年度の土地改良関係事業として、畑地灌漑対策を進めた。灌漑対策事業から明らかにされた事実は、東村でも1951年の大旱魃発生を契機に、村内各地で畑地灌漑を導入する農家が増えていくが、その後29・30年の事業成果概算349.8haからみて、東村における1960年段階の畑地灌漑面積480.8ha（対畑地率68.9％）の大半は、このときに実現したと考えることができる。さらに畑地灌漑事業は土地改良区や速成ながら組織的な共同事業として施行され、57本の井戸掘削から明らかなようにⅠ井平均6.1haを灌水する地下水揚水型灌漑地域となった。これは中島峰広（1967 p12）の報告事項の東小保方地区が100haで33本、三百石地区が90haで28本の水源配置から推定される、一井当たりの灌漑規模平均3haを大きく超えている。ただしコンクリート水路を整備した本格的な畝間灌漑方式であったが、不充分の区画整理と交換分合抜きの事業結果から排水路は長大となり、関係農家の負担増が不評の原因となった（前掲論文 p12-13）。1960年代中頃以降、東村をはじめ大間々扇状地農村の畑地灌漑農家では電化が普及し、個人的な灌漑方式に替っていったが、陸田の成立を見ることはなかった。この頃、三百石や東小保方等いくつかの土地改良区では142haの開田が進行し、その水源を地下水に求めるという陸田化と紛らわしい土地改良が行われ、同時に大正用水末流部における用水不足水田でも、揚水補給で対応しようとする試みがみられた『前掲村誌 p728-730』。

　総括的に言って大間々扇状地の畑地陸稲灌漑栽培は、多くの地域で表流水事情が厳しく、とりわけ大正用水末流部の東、赤堀両村でも畑地灌漑に転用できる水量を持たなかった。当然、地下水に依存することになった。一方、大間々、新里、笠懸等の扇頂部町村では、大間々用水（昭和42年完成・受益面積456ha）を利用して、当時としてはきわめて近代的なスプリンクラー灌漑がおこなわれていた。1区画1.8haが4区に分けられ、1日1区の間断灌漑を経て4日で一巡するローテーションブロック方式である。作物は陸稲に限定

213

された。同じローテーション方式のスプリンクラー灌漑地域でありながら、昭和35年始動の鹿児島県笠野原台地の国営畑地灌漑事業の知名度に比較すると無名に近いが、規模の差だけに還元できない、南薩シラス台地灌漑事業の先験的性格いわば限界地農業の存続と発展をかけた挑戦『自然環境と農業・農民（新井鎮久）p175-196』と比肩される、歴史的意義を持つものであった。その後、減反政策以降の大間々用水畑地灌漑事業は、笠懸村を中心に畑地水稲栽培から茄子、里芋栽培等に変更され、群馬県内有数の蔬菜産地として存在価値を発揮していくことになる。

西関東の畑地灌漑と地域効果の二極分化　　一方、高度経済成長期の西関東地方では、内奥部を中心に、伝統的な米麦・養蚕に高冷地・準高冷地・平場の各自然条件に立脚した蔬菜、酪農、畜産経営が定着し、次第に拡大していった。これらの農業の発展を支える畑地灌漑事業が、インフラ整備の一環として各地に導入され普及していくことになる。東関東畑作地域で個人ないし共同事業として水陸稲栽培を主目的にした畑地灌漑が推進されていた頃、西関東畑作地域では、国または水資源開発公団による大規模灌漑事業が発足する。群馬用水（昭和38～44年）、鏑川（昭和33～46年）、神流川（埼玉北部．昭和42～55年）、荒川中部（昭和34～41年）の各洪積扇状地や河岸段丘の畑地灌漑に採択された4事業である。いずれも計画段階では、開田（輪換田を含む）と桑園整備を柱とする事業が多かったが、養蚕不況の深化、米生産過剰等から事業目的の変更が続出し、受益農民との摩擦対立を経て、最終的には畑地灌漑と水田補給水目的で決着することになる。この間、西関東中北部山麓台地の農業水利事業の展開をめぐる農政の混乱、受益農民の逡巡が、西関東南部農村の陸田化・都市化の激しい進行とともに、後々園芸農業の展開において、東関東畑作農村に較べると後述のような遅れを西関東畑作農村にもたらしたことは否めない事実であろう。

　群馬県における畑地灌漑事業の進捗状況は、1988（昭和63）年時点で10,910ha（34.3%）に達するが、それでもまだ道半ばで、今後に待つところが大きかった。主な事業は、上述の水資源開発公団営の群馬用水、国営の鏑川、渡良瀬川（藪塚台地）、赤城西麓の諸用水事業を始め、県営灌漑排水事業の片品川地区、赤谷川地区、赤城北麓地区、大間々用水地区、応桑用水地

第二節　畑地灌漑事業の歴史的・地域的展開と近代化のプロセス

区、追貝平地区、藤岡地区、さらに県営畑作地域総合開発事業の大立沢地区、大正用水東部地区等であり、合計畑地灌漑面積は10,051haに及んでいる「畑地灌漑と群馬の農業（田中　修）p146-147」・『群馬県耕地事業史（鈴木吉五郎）p201-242』。この段階までに、蔬菜産地形成で常総台地農村に後れを取った観の否めない西関東2県でも、畑地灌漑の対象は水陸稲から蔬菜に移行していった。群馬県と埼玉県北部における畑作振興の基盤は、この頃までに形成されたといっても過言ではないだろう。なお1990年代初頭の北関東にも、緑資源機構によって水田補給と畑地灌漑目的の大規模事業が、奥久慈、利根沼田両地区で推進されている「関東農業構造の変動（白石・岡部）p344」。

　結果的に、労働市場に必ずしも恵まれていない準高冷地赤城北麓の利根・昭和（ウド、アスパラガス）の特産地形成、高冷地浅間北麓の嬬恋（キャベツ）などの主産地形成、あるいは水陸稲散水灌漑の枠を超えて、大間々扇状地扇央部村々のように施設園芸（果菜類）と露地園芸（ほうれん草、レタス、アスパラガス）の併進型産地形成や県域東端部館林・板倉における施設きゅうりの専作型特産地形成などをみたところも少なくない。ちなみに平坦部洪積台地農村の渡良瀬川（藪塚台地）畑地灌漑事業効果と準高冷地赤城北麓の昭和・利根村の先駆的畑地灌漑事業効果については、田中　修の先行論文「畑地灌漑と群馬の農業 p139-156」、群馬県農業総合試験場・同農政部耕地建設課他『藪塚台地農業の展開と畑地灌漑』ならびに群馬県農政部『畑地灌漑農業の展開』による主産地形成の優良事例が報告されている。

　しかしながら一部地域、たとえば関東北西部の核心的養蚕地域を形成していた群馬用水、鏑川、神流川（埼玉北部）等の諸用水地域では、蔬菜産地形成の動向は緩慢で、むしろ土地基盤整備や補給水の確保に基づく水稲省力経営をバネにした労働力流出（兼業農村化）が進行し、また赤城南麓、榛名東麓、富岡、藤岡等の西関東の農村集落内部には、畑地灌漑をめぐる導入効果の中に蔬菜産地化と兼業農村化という二極分化の傾向をみることができる。ただし早くから産地市場が成立し、伝統的蔬菜産地を形成してきた深谷地方の荒川中部用水事業地域（櫛挽・本畠地区）では、蔬菜園芸の発展が顕著に認められる。著者の知見によると、深谷、岡部、中瀬等の産地市場と産地仲

第Ⅱ章　経営環境の変転と西関東複合経営農村の逡巡・先進性後退

買商人の集出荷活動のもたらす産地形成力の影響を多分に受けた結果と考える『産地市場・産地仲買人の展開と産地形成（新井鎮久）p85-200』。

　なお前掲田中論文では、群馬用水にかかわる畑地灌漑事業の意義と役割についても論究しているが、この件については、筆者も利水と蔬菜主産地形成―伝統的「米麦養蚕複合経営」からの離脱―に絞って検討し、章節を改めて報告する予定である。

下総台地の畑作と畑地灌漑　　　一般的に見て関東畑作地帯における畑地灌漑農業は、水陸稲灌水栽培の比重が高く、農政ならびに大学・公立農業試験場の重点指導事項もこの趨勢を指導支援する体制をとっていた。しかし東京近郊農業県千葉の場合は、この時期、灌漑対象作物において若干異なる地域性を示していた。まず中島峰広（1980 p15-19）に従って全国的に展望した場合、戦前の畑地灌漑は、砂丘地や火山緩斜面等の特殊な自然条件を利用したものが多く、灌漑方法も溢流、湛水、撒水等多岐にわたっていた。生産の単位も小規模な特産地を形成するにとどまっていたという。他方。千葉県の場合は、中島峰弘（前掲論文）の報告にも、1945（終戦時）年以前の該当地域の記載はなく、わずかに鎌形　勲の安房郡千倉町での風車灌漑の事例『千葉県野菜園芸発達史 p592』と君津郡中郷村、安房郡岩井町の試験圃場の記載を管見するのみであった。今日の下総畑地大規模灌漑地域の片鱗も見えなかった。以下、千葉県における畑地灌漑の発達過程とその特徴について、『千葉県野菜園芸発達史』を中心に展望してみたい。とくに注記がない限り『発達史』に依拠して記述する。

　千葉県の畑地灌漑事業は、大旱魃年の1951（昭和26）年以降、戦時中の小規模で個人的なものから次第に規模が大型化し、近年では県営畑地帯総合土地改良事業を中心に施行されるようになっている。昭和20年代に行われた畑地灌漑総面積は342.5haで、いずれも下総台地に集中し、河川、湖沼水を利用した畑地陸稲栽培のための畝間灌漑であった。1957（昭和32）年、一宮町に団体営の畑地蔬菜灌漑圃場が造成される。県下で最初の浅井戸揚水型のスプリンクラー方式で47haを灌漑した。一方、下総台地の丸山町、干潟町等では、まだ小規模の畝間灌漑もおこなわれていた。この頃、千葉県農業改良課と農業試験場の協力のもとに畑地灌漑の確立に向けた努力が傾注され、さ

第二節　畑地灌漑事業の歴史的・地域的展開と近代化のプロセス

らに32年には畑地灌漑実施25地区の関係者を糾合して「畑地灌漑地区連合会」の結成を図る等行政の対応も積極的なものが見られた。

　1956（昭和31）年、新農村建設事業が7か年計画で発足する。補助事業に乗って多古町、千葉市、佐倉市等で相次いで深井戸（100ha）揚水によるスプリンクラー灌漑が始動する。新農村建設事業で造成された陸稲と露地蔬菜の畑地灌漑面積は、昭和31〜35年までの間に、下総台地を中心に47カ所・827haに及んだ。こうして千葉県における洪積台地のスプリンクラー方式の畑地灌漑は、昭和30年代にほぼ一般化することになる。このことは同時に、千葉県における畑地灌漑農業発展の基盤もこの段階で固まったことを意味するものであった。

　昭和30年代後半になると、農業構造改善事業の発足と畑水稲栽培技術の発展とあいまって、畑地水稲作を作付ローテーションの中枢に据えた畑地灌漑事業が各地で活発化していく。事業は八街町の沖（39年・100ha）、同滝台（40年・175ha）、同西タ（39年・100ha）のように比較的大規模事業もみられ、陸稲、畑水稲のスプリンクラー方式の散水灌漑が積極的に推進された。下総台地農村における畑地陸水稲栽培と蔬菜栽培の発展は、多毛作の輪作体系の確立を通して、土壌の肥沃化と蔬菜の主産地形成に寄与することになる『千葉県野菜園芸発達史 p89・129』。いわゆる田畑輪換効果の成立である。

　昭和40年代になると、施設園芸が導入され始め、ここに畑地灌漑による露地蔬菜の増収効果と重複して、千葉県における昭和44年の農業粗生産額は、米と蔬菜の地位が逆転し、以後、蔬菜王国の地位を確保し続けることになる。この間、下総台地関係6郡の蔬菜栽培面積は、1960（昭和35）年の24,277ha（県比77％）から36,140ha（県比82％）に激増し、対県内的にもその地位は一段と強化されていく『前掲発達史 p22・89』。しかも主穀栽培と蔬菜栽培の二面性を帯びた畑地灌漑の進行も、食糧事情の質量的変貌と政府の食糧管理会計の危機的状況に基づく変更によって、次第に方向転換の兆しを強めていった。この時期、下総台地農村の畑作は、蔬菜灌水栽培の強化と産地形成に向けて確実にその速度を速めたことを改めて指摘しておきたい。

　千葉県の畑地灌漑事業地区数は、減反政策が実施される昭和45（1970）年までに、下総台地を中心に145地区．3,478haとなり、さらに下総台地に展

217

第Ⅱ章　経営環境の変転と西関東複合経営農村の逐巡・先進性後退

開される成田、東総、北総東部三大用水事業にかかわる県営畑地帯総合整備事業によって4,556haが加算され、概算合計8,034haの規模となった。昭和27〜45年度の埼玉県における土地改良費に占める畑地灌漑事業費の割合は平均すると2.9%に過ぎない『新編埼玉県史　通史編7　p602』。比較の単位が異なるにしても両県の差は歴然である。千葉県における概算合計値は、1970（昭和45）年度以降、畑水稲が政策的に消滅（前掲発達史 p594）したとする見解に従えば、今日では、ほぼすべてが蔬菜生産に振り向けられたことになる。ただし陸稲栽培は、その後も小規模ながら継続的に栽培されたことが統計的には確認されている。

　以上を小括すると、千葉県の畑地灌漑事業は下総台地を中心に展開した。その際、戦後初期段階では河川、湖沼からの揚水で進められ、まもなく深層地下水（100mレベル）利用期に移行する。この早い段階での深層地下水利用は、下総台地でもとくに中央部印旛地方の地下水位が深いことに関連して、千葉県の畑地灌漑事業が一般に県営、団体営事業のように比較的大型事業として進められた結果である。同時に地下水の賦存状態が個人的に対応できる状況になかったことを示すものである。関東地方に広く展開する浅井戸揚水利用が、管見する限り、下総台地に普及した形跡が認められないこと、ならびに畑地水陸稲栽培と蔬菜栽培の二本立てで推進されたことは、下総台地畑地灌漑事業の発展期の特徴として留意する必要があるだろう。

　下総台地では、個別経営と思われる面積的にまとまった水陸稲灌漑記録は発見されていない。したがって蔬菜灌水栽培の早期展開や揚水困難な水源事情等以外に、千葉県が関東6県中で陸稲栽培上位10県に唯一ノミネートされない県であること、さらに関東6県中陸田造成形跡が認められない県であることを考えると、千葉県≒下総台地では、水陸稲栽培が必ずしも普遍的でなかったことが推定される。たとえば神奈川県で開発された畑地水稲栽培が、昭和31年ごろから千葉、茨城に拡がりを見せるが、畝間灌漑、スプリンクラー灌漑の受益面積1,718haのうち水陸稲作付面積は516ha（作付率30%）に過ぎなかった。おそらく残り70%は主に蔬菜栽培と一部飼料栽培に宛てられたものとみられる『戦後農業技術発達史　第三巻畑作編（日本農業研究所）p438-439』。

218

東関東洪積台地農村県でも隣接茨城県が関東最大の水陸稲灌漑栽培県であることを考えると、千葉県の蔬菜生産基地としての性格が、早い段階から土地利用に表現されていたとみて大過ないだろう。前掲技術発達史『p445-446』も千葉県の畑地灌漑農業を「千葉県では、蔬菜作や酪農経営があるので水陸稲は3割以下にし、連作障害を考慮した作付体系が組み立てられ、畑水稲と野菜または酪農との複合経営がおこなわれている。他方、茨城県では畑水稲の作付が5割を超え、残余の耕地で落花生、甘藷の普通畑作物を栽培する。蔬菜栽培は少ない。結果、普通畑作物の連作型となるので、必然的に（連作）障害が多くなっている。」と比較考察している。示唆に富む重要な文言である。

第三節　迷走する減反政策と陸田経営の動向

1. 畑地利用の諸方式―陸田化とその周辺―

戦後農業技術発達史『第一巻水田作編 p1159-1160』によると、「陸田とは、畑を地均（じなら）しして湛水灌漑あるいは間断灌漑をすることができるようにした耕地」をいう。水稲を作っているときにはとくに水田と区別がなく、水利権を持たないのが普通である。陸田は、昭和10（1935）年埼玉県羽生市（旧三田が谷村）で始められたといわれ、当時「おかだ」と呼ばれた。戦後埼玉県東部を中心として急激に広がり、最近では群馬、栃木、茨城の各県から東北地方『前掲技術発達史 p1181』まで普及している。元来陸田という言葉はなく、農民が呼びならわしたもので、戦後のコメの供出逃れや税金逃れの呼称であったものが、一般的となった。

ちなみに東北地方では畑の水田化を開田と呼んでいる。しかも東北地方における現代の開田は、1950年代後半から1960年代末にかけての高躁地型大規模開田が、「岩手大学農学部方式」によって大きな実績を残している。ただしここでは、個人的に土地と用水機能が整備された畑地の水田化を陸田として限定し、ブルドーザー等を用いた大規模組織的ないし行政参画の畑ないし丘陵台地からの水田化（開田）は陸田として扱わないことにした。この定義は玉城　哲「首都圏における農業用水 p93」の見解「用水の取得方法は、

第Ⅱ章　経営環境の変転と西関東複合経営農村の逐巡・先進性後退

ほとんど例外なく小型揚水ポンプに依存する。取水対象は地下水が多く、必ずしも常時湛水をともなわない。陸田造成には大規模公的な事業形態はとらず、個人または小人数の共同事業として行われ、農家経営に密着したきわめて農民的色彩の強い事業形式である」によってさらに補強され一般化されることになる。なお、東北地方の開田と中川水系流域の陸田成立の諸条件については、元木　靖の多くの研究が学会のレベルを形成する優れた業績となって集積している。とくに本項と関係が深いと思われる実績の一部「減反政策下の開田（1976）」、「農民資本型開田（1977）」、「水田開発の機構（1979）」、「水田開発の動向（1981）」、「開田研究史（1981）」は参考文献として紹介しておきたい。

　陸田は、水源の取得が容易な畑を簡易造成して湛水を可能としたもので、その水源は水田地帯の排水路の残水や浅井戸が多く、ポンプ利用が普通である。「陸田の用水量は、当初50〜100mm/dayで間断灌漑を余儀なくされるが、3〜4年で30mm/day程度になって水廻しも楽になるのが普通である。したがって2〜3年の間は水田に比べて浸透水の動きが活発であり、根の伸長に好都合で根腐れがなく秋まさり的の好ましい環境が保たれる。そのため多肥栽培が可能で倒伏の恐れも少ない。また、畑の雑草が絶滅し水田雑草の発生も少ない。収量は近傍の水田に比し初期の生育遅延が影響して穂数は少ないが、1穂粒数と粒重の増加により10〜30％の増収が見込まれる。」という『戦後農業技術発達史　水田作編（日本農業研究所）p1159-1160』。

　残余の陸田解説内容については、以下要約して箇条に記載する。陸田は畑地灌漑に比較すると労力的にも経済的にも手軽である。水田地帯のように作業日程等で周囲の制約を受けることがない。一般に田植えは水田の後に行うため、排水路の残水も多く便利である。前掲技術発達史『p1160』の陸田に関する記述は、まさに簡にして要を得たものであるが、成立期が若干曖昧であること、減反政策との関連性に触れていないことの2点に問題が残る。しかし、それ以上に分担執筆者永田正董の指摘「陸田は3年もすれば溶脱の進行で地力低下が懸念されるようになるが、コメに対する農家の執着が薄れるにつれ、逐次田畑転換に切り替わることも考えられる」について、今後の動向との整合性を注意深く見守る必要があると考える。ただしこれまでの経過

第三節　迷走する減反政策と陸田経営の動向

を見る限り、永田正董の予察と現況の乖離は著しい。

　畑転換水田を陸田と呼ぶのに対して、田畑輪換と呼称される水田の畑地利用がある。水田転換畑は田畑輪換という土地利用方式によって一時的に畑地化された水田の呼称である。まぎらわしい呼称のため、あえて『農業水利秩序の研究（農業水利問題研究会）p636-638』に従って換言すれば、一定年間水稲栽培の時期に畑作物を栽培し、のち再び水稲栽培に戻して一定年間これを続ける土地利用方式である。経営的には水田輪換とも呼ばれ、一般に水田期間が3〜4年、畑期間が1〜2年設定される。ただし定型はない。設定理由と畑作物の如何によって期間は決まるが、通常輪換面積は水田総面積の10〜20％で、5〜10年間のうちに全耕地を輪換するといわれる。輪換圃場の輪栽体系は地域の条件や農家の事情にもよるが、水稲―蔬菜型、水稲―特産物型、水稲―飼料作物型などに大別される。

　田畑輪換の経営的、技術的意義つまり有利性について要約すると、第一に、田畑輪換によって土壌の物理的・化学的性質が改善され、還元田の水稲反収が増え、秋落ちが解消する。第二に、水田の畑地利用により、畑作物の収量が増大する。西瓜、茄子、トマト、ほうれん草のような連作障害の生じやすい作物の嫌地発生を抑制することができる。第三に、田畑輪換方式の採用によって、蔬菜、飼料作物等を作付体系に組み込むことで、労働配分の合理化、経営組織の改善を通して収益の増大が期待できる『前掲書 p637』。ただし田畑輪換経営の導入には、水田における自由な用水管理が確立されていること、つまり用排水分離水田であることが必須条件であり、そのためにも乾田であることが先行条件となる。同時に輪換畑と水田との境界の畦を補強し平行して排水溝を設け、畑作は高畝栽培とするなどの方法も検討する必要がある『戦後農業技術発達史　第一巻水田作編（日本農業研究所）p1158-1159』。これらの条件を整備することで初めて隣接水田からの横浸透が防止でき、輪換畑の経営的・技術的独立性が確保されることになるわけである。いわゆる「汎用水田」の造成を示す実態である。米生産調整政策下の転換田が集団的に指定、運営されるのもこの問題の難しさへの対応といえる『土地・水・地域（新井鎮久）p87』。

　今日行われている田畑輪換は、米作付調整政策の下で施行される転作目的

221

第Ⅱ章　経営環境の変転と西関東複合経営農村の逶巡・先進性後退

の集団的田畑輪換以外は、農民の自由意思に基づいて個別的に実施される場合が一般的である。しかしながら田畑輪換の先駆的形成史は、近畿、瀬戸内の用水不足・過剰開田地域において他律的性格の濃厚な水利慣行として発達したものであり、その形成過程の中に典型的な特徴が認められる。

　用水不足を契機に発達した田畑輪換は、奈良、兵庫で典型的事例を見ることができる。なかでも明石台地溜池地帯の水不足から発生した「歩植え」と称する配水慣行は著名である。「歩植え」の結果畑地として利用することになった水田は「揚田」と呼ばれ、耐旱性の大豆、甘藷、煙草、西瓜などが過去栽培されてきた。一方、他律的な水利慣行に対して残された唯一の自由な水利用は地下水汲み上げであった。地下水利用は個人または共同出資によって進められた。1948（昭和23）年における大旱魃は一挙に揚水機設置率を高め、明石郡下の堀井戸508か所、発動機114台、電動機135台、馬力合計466HP、灌漑合計反別1,504反の実績を挙げることになった。地下水汲み上げ実績の推進力は、戦後の闇景気で得た収益の投入成果であったという。結局、乏水台地での規制力の強い水利慣行に対応する農家の地下水利用は、堀井戸対象の人力撥ねつるべ段階から、農民資本の投入による機械揚水段階を経て、溜池レベルの大規模共同揚水段階を迎えたことで、他律的な水利慣行を打破して計画的・主体的な田畑輪換方式の確立に至ったものである『農業水利秩序の研究（農業水利問題研究会）p636-645』。

　また、奈良盆地でも田畑輪換の発生起源となる節水灌漑の歴史は古く、掘り抜き井戸とバーチカルポンプが普及する1935年頃まで、いわゆる「三分水」が実施されていた。「三分水」とは水田経営面積の三分の二を犠牲田とし、残る三分の一の水田をなるべく溜池の近くにある持田で作付するものである。米作不能となった水田には、江戸時代には綿花が、また大正期以降は高畝を仕立てて大和西瓜などが栽培されてきた。三分水はその後も旱魃のたびごとに復活し、ときには二分水の年度も見られた。こうした揚田や三分水と称する節水灌漑方式を通じて、田畑輪換の先駆的姿をそこに見出すことになる。

　その後、水利慣行の所産ともいえる先駆的田畑輪換は、京阪神近郊農村の優れた立地条件を背景にした地下水揚水の普及や水稲早期栽培の普及と結合

222

第三節　迷走する減反政策と陸田経営の動向

した蔬菜生産の拡大によって、収益の増大を目的とする自主的な田畑輪換に移行することになる。やがてそれも用水事情が改善され、交通発達で近郊産地の独占的有利性が失われると、田畑輪換経営は急速に減少し、1960年代にはほとんど消滅してしまった『土地・水・地域（新井鎮久）p87-90』。

　なお、1960年から70年頃にかけて、国・水資源機構などによる大規模農業水利事業の中で推進された田畑輪換の多くは、畑作農民の強い開田意欲と旱魃常襲地帯での経営組織の再編と合理化に応えようとしたものであったが、完成段階の附帯県営・団体営事業展開に至る前に、当初計画が変更され、畑地灌漑を主体にし、これに既成水田の補助用水を加味した事業に変質する事例も少なくなかった。以上、畑地の水田化と水田の畑地化について、その歴史的性格ならびに意義と二面性を中心に考察した。以下陸田地域の形成過程と成立条件について概要の整理と一般化を試みておきたい。

　関東地方の陸田分布地域は、埼玉県中川水系中上流地域の自然堤防帯と大宮台地北半部一帯および荒川下流地域、群馬県東部の邑楽郡の台地および近隣自然堤防帯、茨城県西部の鬼怒川中流地域自然堤防帯と猿島・結城台地および那珂川下流地域、ならびに栃木県那須野原地方と県南部に比較的集中して分布する。言い換えれば、一般に多くの陸田は、自由地下水面が高くその流動も本川と自然堤防で連結していることが多く、結果的に沖積微高地が広く形成される関東造盆地運動の沈降帯とその周辺域の洪積台地上にまとまって成立している。同時にこれらの地域はいずれも旱魃常襲地帯であり、かつ歴史的には陸稲栽培の比重が高い地域であった。いわば畑地灌漑史の延長線上に陸田発達史が接続するという歴史的、地理的把握も可能な地域である。上野福男（1964 p37）の発生段階における陸田成立観もこの考え方と軌を一にするものと理解する。すなわち、戦中期の夏期主要作物陸稲は、本来的に収量が低いことに加えて旱魃被害を受けやすいこと、さらに多大の除草労働力を必要とした。この解決策として陸田が成立したという。

　その後の陸田発展のプロセスは、以下の3条件を基本的要因にして進行したと考える。1）、高度経済成長期以降の労働力の激しい流出対策として、省力経営の必要性が高まっていたこと、2）、特産商品作物の定着が見られない一般農村地域では、食糧管理会計で高値安定した米作依存傾向が一層強化さ

223

れていたこと、3）、1）・2）の必要条件に対して、水条件の良い地域では、比較的安価な畑地灌漑技術とくに浅井戸掘削技術と電気揚水技術の社会化という実現可能条件を獲得したことで、それまで問題を抱えながら存続してきた陸稲と桑園を一挙に駆逐し、広範な陸田地域を形成することになったものである。したがって上野論文（前掲論文 1964 p37）の指摘に見られる「急激な陸田化の進行の結果、節約された余剰労働力が当時発生していた労働力需要に吸収され、兼業化が促進された。」とする見解は一面的であって、実際の農業労働力の需要と供給関係は、プッシュ要因とプル要因の力学的関係の下に進行したと考える。

　陸田経営の展開は、減反政策の影響を受けて1970年あたりをピークにその後低迷期に入るが、除草剤、中型農業用機械器具の普及に基づく省力経営技術の確立と農村社会のしがらみも作用して、減反政策の圧力と迷走に反して、陸田面積の減少は必ずしも顕著ではない。陸田経営農家の階層的、地域的特化傾向も一部の都市化地域を除いて表面化していない。一方関東畑作地帯では、陸田形成の一要因と考えられる激しい労働力流出、水田経営における経営受委託関係の成立、改正農地法の下での水田貸借流動性の発生等によって、きわめて現代的な形態の階層分解が進行している。新しい農民層分解は、土地持ち兼業小農の大量発生と借地型大規模農家の台頭となって東関東平地林地帯を中心に表面化している。なお、陸田経営に影響を及ぼしている減反政策については、必要に応じて本文中で触れ、本項では荒畑克己『減反廃止』の的確、詳細な先行研究を紹介するにとどめた。

2. 関東陸田地帯の成立と展開

＊　中川水系自然堤防帯と大宮台地北部の陸田地域

中川水系流域の豊富な揚水事情と陸田化の早期進展　　これまで明らかにされてきた限りでは、陸田の成立は、農村恐慌期における中川水系流域羽生市（旧三田谷村）を起源とすることが定説化し、その先駆性に関する限り疑問の余地は少ない。しかし佐藤俊朗（1966 p36）の報告「明治末期．寄居扇状地末端部吹上町に湧水や自噴井を利用した陸田が成立し、その後湧水枯渇の結果、揚水機利用の陸田経営が行われてきた」も無視することはできない。中

第三節　迷走する減反政策と陸田経営の動向

川水系流域に成立した陸田の定着段階の動向は、研究者によって理解が異なり、埼玉県農業試験場の伊佐山悦治（1609 p25）は「昭和10年、真下鉎三郎の畑地水稲作技術が、同13年に熊倉虎雄に継承されて完全なものとなり、真価が認められ近隣にいち早く普及した。」とし、また羽生市史『下巻p944-945』の記述には「昭和7・8年に三田谷村大字弥勒の畑地で石油発動機を使用し、排水路の水をポンプ揚水して開田したのが埼玉県の陸田の起こりである。戦後の食糧難時代であったため、この方法は各地で急速に普及発展した」とある。こうした急速な普及説に対して、佐藤俊朗（1966 p35）は、陸田の起源については、昭和7・8年の三田谷村説を支持するが、当初の動向では「当時この地方は養蚕が中心で、米作はそれほど重視されていなかったため、陸田経営はあまり普及せず、一部の地主層で行われていたにすぎなかった。」と述べ、前2者とは異なる見解をとっていた。

　中川水系流域での陸田発生の時期や地域は巷間流布説の通りであるが、当初の普及状況には曖昧なところが見られた。しかし普及の速度は別問題として、少なくとも農村恐慌期に生糸価格の暴落＝養蚕の衰退にともなう桑園改廃跡地利用を主たる理由として、陸田が各地で経営されるようになったことだけは確かである。主たる理由とする背景は、当時陸田発達地域では陸稲、大小麦、甘藷等の普通畑作物全般の激しい後退が進行していた「農業生産における水利用方式の変化（小林　茂）p115-117」ことを勘案する必要が認められるからである。

　桑園跡地利用を中心に発足したとみられる陸田経営は、その後、1951年の大旱魃を契機に、中川水系上流の自然堤防上や大宮台地上の畑地陸稲栽培地域における旱魃対策として、次第にその範囲を広げていった。北本市史『第二巻通史編Ⅱ p125』でも1950年頃になると、陸田造成と直結する灌漑用井戸の掘削本数が増加することを述べている。井戸の掘削本数は、地下水面の比較的浅い市域東部の中丸地区に1960年代を中心に集中的に増加し、地下水面の深い西部石戸地区には少なかった。ただし30m以深の深井戸本数は明らかに石戸地区が多かった。この頃、桶川、北本などの台地東縁部や台地開析谷頭部に分布する重粘質土壌の「田に畑ならず」の畑地でも、過湿・湛水被害対策として比較的早期の段階から陸田利用が始まっていた『桶川市史　第1

225

第Ⅱ章　経営環境の変転と西関東複合経営農村の逡巡・先進性後退

巻通史編　p607』。同じく上野福男（1972 p28）も中川水系流域上流部の自然堤防帯で「夏期には地下水位が高まり生産力を高めにくかった。水田化への機会を望んでいたことは、今次の陸田ブーム以前にも動力機による揚水を介して水田化を試みていたことからも察せられる」と同様の指摘をしている。

　佐藤俊朗（前掲論文 p35-36）も指摘するように、畑地桑園利用に対して畑地陸田利用が収益性だけでなく肥培管理技術、労働力配分、気象災害、価格変動性などいずれをとっても明らかな有利性を示している。そうであるにもかかわらず、陸田化の進展が緩慢であったことにはそれなりの必然性があるとして、その理由附けを水利条件に求めている。つまり揚水技術が未発達で価格的にも十分経済的段階に達していなかった当時では、減水深の大きい自然堤防上の畑地「農業生産における水利用方式の変化（小林　茂）p131」で陸田を経営することは、用排水路近傍に畑を所有する農家でしかも用排水路の管理主体．水利組合を私物化できる地主層に限られていたのである。場所的にそして最終的には階層的に厳しく普及が制約されていたわけである。

　中川水系流域の自然堤防帯における陸田経営の伸び悩みにカンフル剤の投与が行われる。戦時統制経済の下で推進された再生桑園の普通畑転換と戦後の緊急食糧難時代のヤミ米相場が作りだした陸田の急速な普及発展である。とくに昭和28〜9年頃になると、電動機や石油発動機の他に、動力源として移動が自由な小型耕運機や遠距離送水可能なビニールホースが開発され、陸田の立地範囲は屋敷廻りから一挙に遠隔圃場にまで拡大されていった。高度経済成長期になると米価水準の高止まり、除草剤の開発、高揚程揚水機の開発、深井戸掘削技術の進化、床締めと整地のためのブルドーザー使用の普及、さらに産業間所得格差の拡大と農家労働力の流出等々多くの技術的、経済的、社会的な陸田推進要因が重層的に出現する。

　たとえば、基本法農政下の埼玉県南の構造改善事業実施地域でさえ、その事業効果を展望すると、発生余剰労働力による新規作目の導入と農業所得の増大という事業本来の目的に反して、多くの事業地域で農業労働力の流出が進行し、兼業農家創出策に終わっている事例が報告されている。問題はこの負の事業効果のさらなる補強策として、桶川、伊奈、吉見、騎西等において陸田化が進行したことである（新井鎮久 1970 p140-146）。事業効果として評

226

第三節　迷走する減反政策と陸田経営の動向

価しうる事例地区．騎西でも、新規成長部門の導入農家と労働力流出農家に二極化し、階層分化の様相を深めていった（小林・臼井・伊藤 1964 p20）。

　陸田造成の進展にかかわる諸条件が出そろうのは、ほぼ高度経済成長期を迎えた30年代半ば頃であった（前掲佐藤論文 p37-38）。こうして減反政策が実施される昭和45年段階までに、中川水系流域の陸田面積は上流部を中心に推定10,000ha手前のラインに達することになる。しかも北本市史『（著者執筆）p123-125』によれば、「その後も減反政策下にありながら、かなりの数の井戸が各地で掘られ、陸田面積を拡大していった。とくに深井戸ポンプ（30m以深）の設置が減反政策開始以降に目立っている。陸田造成が減反政策の強行下にかかわらず進行したのは飯米確保、労働力不足のためであり、深井戸ポンプの普及は、浅層地下水位の低下および大規模陸田の造成や台地中央部での陸田造成によるものであった」。

　1961〜63年当時の中川水系流域の陸田用水使用に見られる地域的特徴は、全水系では46.6％が用水利用、32.33％が排水利用、20.3％が地下水利用となっている。地域別にみると上流部の用水利用が目立ち54.4％、中流部34.1％、下流部ではわずか1.6％の用水利用となっている。排水利用の地域性はこれとは全く逆の状況を示し、中下流部での比率が著しく高くなっている（新井鎮久 1972 p18-21）。

　一般的に多くの研究者は、中川水系上流部を中心とする陸田分布理由を自然堤防の発達とともに豊富な用水量に求めているが、佐藤（前掲論文 p38-39）は、一歩踏み込んで葛西用水路の篠会橋上流部における組合費負担ゼロの用水使用権や、見沼代用水路の騎西領用水地域において歴史的に保証された強い発言権が、水系上流部という地理的優位性とともに用水使用型の中核的陸田地帯の成立要因となっていることを改めて指摘している。ただし上流部の用水依存型陸田経営は、葛西用水地域では、過度な取水量も一部は本川に還元されること、および排水反復利用型用水の性格上から下流部との軋轢は生じていないが、見沼代用水地域では、末流水田に用水不足地域が発生し、番水制や揚水機による排水利用・地下水利用が代用水の社会的性格変更の事態を招くまでになっていた。その後、佐藤俊朗（1962 p63-69）によって、1960年度時点で西縁用水路流量の減少と番水制の導入、東縁用水路の番水制

第Ⅱ章　経営環境の変転と西関東複合経営農村の逡巡・先進性後退

の導入、騎西領用水末流部の断水と備前堀からの揚水機導水等が認められ、用水体系の変質と部分的崩壊が生じているという具体的報告がなされている。この問題の詳細については、新井鎮久・野村康子（1972 p13-27）・新井信男「中川水系水田用水の社会的性格 p181-182」・小林　茂「農業生産における水利用方式の変化 p126-136」の論考を参照されたい。

　近代以前からの歴史的ともいえる水田生産基盤重視政策と、戦後の食糧難時代における流通・価格政策の結果、水田米作りの技術的・経済的有利性は、ついに畑地水稲栽培つまり水稲散水栽培（畑地灌漑）や畑地湛水栽培の成立を各地に展開するまでになった。後者がいわゆる陸田の成立であった。その結果、中川水系流域の陸田は1960年頃から急速に増加し、1970年の減反政策の実施段階になってようやく停滞期を迎えることになる。水田面積の20％に及ぶ生産規制は、日本農業発達史の中でもっとも厳しく影響力の大きな生産規制であったことが考えられる

　ともあれ生産調整実施段階までの中川水系流域の陸田成立状況を地域的に見ると、中心地を形成する見沼代用水路、騎西領（新川）用水路、葛西用水路流域の羽生・加須・騎西等の自然堤防帯上の市町村をはじめ、元荒川沿岸に耕地を有する行田・川里・菖蒲・蓮田・岩槻などの自然堤防帯と洪積台地、さらに青毛堀、備前堀、姫宮落等の排水量の多い河川流域の鷲宮・久喜・白岡などに高い割合で分布する。大宮─岩槻─粕壁を結ぶ線以南にはほとんど分布は見られない（図Ⅱ-1）。中川水系流域に分布する陸田について、用水源別地域性を見ると、葛西・見沼代用水の上中流地域の用排水路に沿う陸田地域にそれぞれ用排水利用地域が分布し、元荒川上流部近辺ならびに元荒川中下流部と中川間に地下水利用型陸田地域が挟在する。この地域における地下水利用型陸田の成立は、高水位河川の利根川・荒川からの浸透伏流水が、自然堤防・旧河道経由で春日部辺りまで比較的豊かな流量をもって流下していることと無縁ではないように思われる（新井・野村 1972 p14）。

　小括として減反政策の影響を陸田経営に的を絞って整理しておきたい。前掲論文（1972 p22-26）によると、1970年度の見沼代用水地域における減反政策の推進は、まず農業用水需要に影響を及ぼしたことが考えられる。一つは休耕田の成立に基づく余剰水の発生であり、他の一つは、転作田の成立によ

228

第三節　迷走する減反政策と陸田経営の動向

図Ⅱ-1　中川水系流域の用水源別陸田分布図

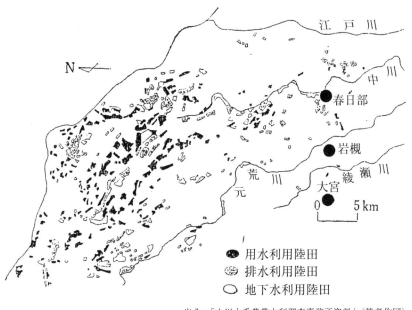

出典：「中川水系農業水利調査事務所資料」（筆者作図）

るものである。このうち転作指定は、もともと汎用水田的性格を持つ陸田に対して格別厳しく適用され、関係市町村の担当者の見解では、転作＝陸田、休耕＝水田とみられていた。このことから、用水事情の旧状回復に近い陸田転作より水田休耕による余水発生の影響がむしろ大きかったとみられた。したがって、1969年次に1,389haの陸田が6.03㎥/secの用水を陸田水稲栽培に取り入れていた見沼代用水地域では、休耕水田化による余水発生量は最大3.161㎥/sec、最小1.853㎥/secと試算された。このことから、陸田化による用水需要の増大分から休耕田の成立で生じた余剰水分を減じた数値を、減反政策成立期の見沼代用水の水収支として単純理解した次第である。

　ここで見沼代用水掛り地域の減反政策の受け止め方を地域別に類型化すると、県南の耕作放棄水田を中心とした休耕型、生産力の低い谷津田を主とした大宮台地南半の休耕型、谷津田の休耕を主とし、洪積台地陸田の転作を従とする大宮台地北半の休耕・転作型（蓮田・白岡・伊奈・上尾・桶川）、自然堤

229

防上の陸田転作と水田の休耕からなる北埼自然堤防地域の転作・休耕型（行田・川里・加須・騎西・菖蒲・久喜）等に大別できた（前掲論文 1972 p24）。

見沼代用水地域の初期の減反対応を拡大解釈すれば、東京近郊農村の減反対応は水田地帯の休耕、陸田地帯の転作に画然と分離し、結果的に耕作放棄水田とともに農業崩壊的性格の強化と近郊農業地域的性格の温存という異なる側面をもって地域展開したといえる。

大宮・岩槻台地北部の陸田成立と都市化・減反政策　大宮台地北半と台地に西接平行する荒川沿岸にも陸田地域が拡大した。南は川口・戸田方面から北は川島・吉見にかけて分布し、なかでも吉見の造成面積は県内屈指の規模（428ha）であった。吉見の陸田は、戦時中の食糧増産政策の下で天水田として発足し、その後は揚水ポンプの導入で普及が進み、「特産吉見苺」の産地形成までの村経済にとって重要な存在となっていた『吉見町史 下巻 p727-728』。地形的には自然堤防や堤外地に多く見られた。

大宮・岩槻台地北部における陸田化の進行は、拙論（新井鎮久 1970 p82-85）によると、中川水系流域農村より数年遅れて1955年頃から普及が始まり、1960〜65年の間に急速な増加期が見られた。陸田の成立・展開の推進力は、北本市農業委員会長の見解（2016. 2.8）にもあるように、労働力不足と米価の高止まりが先行要因と考えられ、その後1965年頃にかけての農業機器と除草剤の普及が加速要因になったと理解することができる。

陸田成立の端緒は桶川の場合、加納地区の五町台と小針領家の水田地帯に隣接する重粘質の畑で始まったとみられる。地形的には、埋積洪積台地や台地の縁辺部あるいは台地開析谷の谷頭部等、過湿と湛水被害の発生で畑作には不適当な土地であった。反面、地下水位が高く容易に灌漑用水を取得できる、いわば陸田造成向きの土地柄でもあった。陸田の分布は、その後次第に台地中央部に向かって拡大し、昭和30年代末期には高崎線を超えて殿山団地付近にまで到達した『桶川市史 第1巻通史編 p607（執筆担当新井）』。こうした「田に畑ならず」型の畑地の陸田化は、栃木県南部陸田地帯の一角南河内村でもみられた『南河内町史 史料編4近現代 p22』。台地の陸田化の発生地点としては、かなり高い頻度で発見できるはずの地形であろう。

一方、大宮台地中央部から南部にかけては、昭和40（1965）年前後から普

第三節　迷走する減反政策と陸田経営の動向

及が始まるが、その増加速度は北部の急増期を上回る激しさを示していた。もっともこの地域の発展動向は、米価政策の変更と作付制限によって十分の展開をみないうちに挫折してしまった。

　その結果、台地上での陸田分布は、台地北半部、とくに北本・鴻巣地区と蓮田・白岡地区では、もはや畑地は家庭菜園と梨園を残すだけとなり、今後増反の余地はほとんどないといわれるまでに拡大した。近年、その梨園も陸田の収益性と労働粗放的性格に圧倒され、老木園はもとより植樹後間もない果樹園まで陸田化される事例（白岡）が見られるほどであった（前掲佐藤論文 1966 p40）。大宮・岩槻台地周辺の陸田化には2方向、つまり北埼玉郡地方から台地北部への南下と戸田地方から荒川自然堤防を北上したものとが見られた。こうした大宮・岩槻台地の陸田分布上の地域性形成要因としては、以下のような点が指摘できる。

　造盆地運動の結果、台地北部は、西部および南部に比較すると一般に傾斜が緩く、水田面との比高も小さい。当然地下水位も高いという水文的特徴を示すことになる。このため陸田造成に際し、台地中央部ではブルドーザーによる整地を必要とするのに対し、北部では耕耘機による地均し、または代掻き作業に組み込んで自力で整地する場合が多かった。

　取水方法も台地中央部では地表面から平均20〜25m下に位置する地下水を深井戸用ポンプと1.9〜2.2kwのモーターによって揚水していた。しかもその多くが、地下2〜3m掘下げたところに揚水機を取り付けて2段階揚水しなければならなかった。ところが台地北部の北本の場合では、地下水を利用する陸田の三分の二（調査井戸数118本）が20m以浅からの揚水であった。ここでは共同灌漑を除けば、浅井戸用ポンプと0.75kwまたは1.9kw以下のモーターで20〜30aの灌水はほぼ足りていた。結局、台地北部では陸田造成費、揚水施設費およびその維持費のいずれも、中央部より割安であり、それだけ陸田化も容易であったといえる。保水力においても北部の陸田が若干優れており、とりわけ埋積台地では床締めを全く行っていない農家もみられた。ただしこの点については、台地中央部でもブルドーザーによる整地の際の床締めと田植え前の入念な代掻き効果が高く、埼玉県農事試験場の試験成績（1968）でも、減水深は1昼夜の平均で5cmにとどまっている。したがって保

第Ⅱ章　経営環境の変転と西関東複合経営農村の逡巡・先進性後退

水力に関する限り地下水や傾斜ほどの地域差はなかったようである。

　台地中央部の大宮、上尾、伊奈等では、北部よりかなり遅れて陸田急増期を迎えている。このことは、それまで陸田化を阻んできた地下水位、傾斜、保水力等の自然条件を、激しい農業労働力流出（労働力不足の発生）と農業用土木機械の普及（整地・床締め問題の解決）という二つの社会的条件の支配力が、急速に上回るようになった結果と考える。いわば、経営条件の変化は、陸田化を含めた省力経営の必要性を一層強めることに機能し、農業土木技術の発達と普及は陸田化に可能性を与えたことになる。この必要性と可能性を結んで陸田化をさらに促進したものが陸田助成金の交付（上尾）、あるいは農業構造改善事業とその際導入されたトラクターの活用（桶川）等の行政効果である。都市化の進展につれ過当気味に激増した土木建設業者の存在も、土木用機器の農業転用を通して少なからず関与したことが考えられた。

　すでに見沼代用水地域における減反政策発足段階の農民対応について、水田の休耕、陸田の転作という類型化を指摘した。このことは大宮、岩槻台地関係6市4町1村の場合にも適用することができる。さらに地域的対応を見ると、浦和以南では減反対象は水田のみで休耕型、大宮周辺では対象は水田が主、それもかつての摘み田を中心とする休耕主体型なっている。対する北部では陸田転作が多く、転換作物は蔬菜類が圧倒的であった。

　以上のように、大宮、岩槻台地関係市町村では傾斜配分方式をともなう高率割当にもかかわらず、引受け希望農家が多く、それも休耕対応が多いことから、わずかの休耕・転作助成金にさえ競合できないような、低い農業生産力と労働力不足の深化が窺える。同時に台地北部を中心にした陸田の休転作と全域的なその後の造成規制から、近郊台地農業の存在形態を規定するとも考えられる重要部門—陸田経営と兼業化の一体性—が後退を余儀なくされたことが考えられる。

　そこで大宮台地北部農村北本における減反政策と台地農業との関係について、陸田をからめながら若干深めた総括をしておきたい。以下、北本市史『通史編Ⅱ　近現代　p741-744（執筆担当新井)』を要約・紹介する。周知のようにコメの年間消費量は昭和37年度をピークに減少に向かう。一方、生産量は昭和40年代に入って反収400kgを安定的に上回り、需給関係を大きく逆転

する。こうして食管会計の維持を建前とする生産調整計画が浮上する。生産調整は、当初3期に分けて、昭和45年度の試験的実施を皮切りに展開を見ることになる。

　生産調整の第一段階は、昭和46〜50年度にかけて推進された「稲作転換対策事業」であった。この段階では減反に重点が置かれ、48年度まで単純休耕も認められた。この段階の減反方式は、その後の一律配分と異なる傾斜配分方式が採用された。北本の場合、減反目標面積22.4haに対し、実施面積が24ha、達成率は107％であった。減反受け入れ水田の内訳は、主として陸田における蔬菜転作4.7haを中心に作付転換田が7.8ha、休耕田が16haであった。休耕受け入れが70％強を占めたことは、北本を含む台地北部農村では、一部の労働力不足による荒らし作りの水陸田が、減反政策に便乗して補助金を得ていたことを暗示するものである。

　第二期として昭和51〜52年度にかけて「水田総合利用対策事業」が実施された。受け入れ面積は前期の24haとほぼ同規模であった。この段階の特徴は、コメの減反とともに食用農産物の自給率向上を目指して、水陸田の有効利用が打ち出されたことである。北本では飼料作物等の助成率の高い奨励作物への転作が目立ったが、十分に肥培管理をして収益を挙げようとする姿勢はみられず、休耕措置が認められなくなった結果としての捨て作り型の転作に特徴が見られた。

　第三期は、昭和50年度からおおむね10年間のスパンで行われた「水田利用再編対策事業」であった。この事業は三期に区分され、その狙いは、前段階の基本方針である特定作物の自給力の向上とコメの生産調整を継承した大型規模のものであった。この状況を反映して、北本の割当面積も昭和53年度が50ha、以後次第に増大し平均割当面積が70〜80ha、達成率で110〜120％、達成面積は51年度を基準にすると市域水陸田の30〜40％に迫るものであった。53年度の生産調整割当率は水田7％、陸田13％、官有地水陸田15％となり、荒川河川敷や台地上に官有地陸田を含む広い陸田分布が見られた北本では、谷津田に比べると転作条件に恵まれていただけに、生産調整の恰好の標的にされたわけである。水田利用再編対策事業における平均的転作状況は、一期査定で10a当たり5万円、と補助額の高かった麦や飼料作物が過半数を占め、

第Ⅱ章　経営環境の変転と西関東複合経営農村の逡巡・先進性後退

表Ⅱ-3　大宮台地北部の農業的土地利用（1976年）

	水田	陸田	陸田率	陸稲	麦類	果樹園	桑園	陸田・陸稲畑率
大宮市	960	270	(24)%	133	261	52		(36)%
上尾市	268	81	(10)	225	130	142	19	(38)
桶川市	267	184	(21)	118	184	75	37	(35)
北本市	156	151	(23)	116	177	57	42	(40)
鴻巣市	1,196	403	(55)	35	459	48	41	(60)
伊奈町	316	44	(29)	33	112	118		(51)

面積ha
出典：「専修人文論集51号（筆者作表）」

　次いで補助額3.5万円の蔬菜を中心にした一般作物が20％、以下、管理預託田、他用途米、永年性作物の順と並ぶ。以後次第に補助率は低下していく。

　いずれにせよ、北本の場合は普通畑作農村の色彩が強かった（表Ⅱ-3）。このため水陸田の多くは飯米自給的性格をもち、食管制度の維持を建前とする減反政策に一部農家は必ずしも従わず、また家計へのダメージも水田単作農村に比べれば弱いものであった。ちなみに昭和59年度の北本市域の転作割当未達成地区は、9農業集落104戸に及び、17％のペナルティをかけられているが、それでも農家の対応は変わらなかった。加えて兼業化の進んだ北本の農家では農業外収入の家計寄与率が高まっていたこともあって、比較的コメ生産調整策の影響は小さかったとみることができる。なお、減反政策が北本の東西両地区の農業の性格に与えた影響は、西（石戸）地区で麦・飼料作物への転換が一貫して目立った以外には、果樹・大豆などの特定作物ないしは野菜・花卉の作付が年度によって入れ替わり、地域的特化傾向は生じなかったといえる。

　これまで台地上の畑作地帯には、地域を対象にした農業施策は実施例が少なかった。経営構造、地形、集落配置等の制約から広範囲にわたる土地改良事業の実施は困難だったからである。そこに、さらに新都市計画法の施行にともなう農政空洞化と減反政策による陸田規制が加えられたことで、台地農業の大勢を占める兼業農家にとって、対応諸条件を合理化し、農業所得水準の維持と兼業所得の向上を図ることが、土地改良投資の進んだ水田単作農村地帯の兼業農家に比べると、これまで以上に困難な状況下におかれることは

234

想定するに難くないはずである。

＊　関東山地東麓荒川・神流川扇状地の陸田地域

　西関東地方の陸田発達地域は、中川水系流域自然堤防帯と大宮台地ならびに隣接平行する荒川流域以外では、関東山地東麓の荒川・神流川扇状地に小規模な分布が見られる。一方、関東山地東麓の鏑川流域も、荒川中部・神流川流域と同様の田畑輪換や畑地灌漑事業が施行されてきた地域であるが、ここでは陸田の成立や陸稲旱魃による苦闘の記録は前2者ほど明確には認められない。

　前者2河川流域とも伝統的な陸稲栽培地域でかつ常習的な旱魃地域であった。とりわけ水田地域を抱えながら、夏期の水量が枯渇する神流川下流域農村では、河川を挟んで群馬対埼玉の水論の発生あるいは用水路の上下間に発生する灌漑期の水争いに、関係農家は長年苦しむことになる『上里町史　通史編下　p852-855』。多くの農家は水不足に対して個別に井戸を掘削して灌漑するか、もしくは児玉開拓畑地灌漑組合のように連帯して国・県に働きかけ県営灌漑事業を導入し対応してきた。それでも不十分な農村地域では、国営農業用排水事業によるダム建設と許可水利権の確立に向けて努力を傾注することになる。こうして実現したのが、神流水系の下久保ダム建設と埼玉北部農業水利事業ならびに荒川水系の二瀬ダム建設と荒川中部農業水利事業の成立であった（図Ⅱ-2）。埼玉北部（神流川沿岸）農業水利事業（工期1967〜73年）の目的は、神流川筋合口用水、身馴川と小渓流、利根川沿岸の湧水帯、台地上の地下水揚水等の大略四つのブロックの水利問題を解消するためのもので、いずれも水源水量が不足し常習旱魃地帯であった『本庄市史　通史編Ⅲ　p1179』。当初計画によると、上里地区の開田317haと畑地灌漑955ha、ならびに旧神流川、上里、児玉各地区に最大8.4㎥/secの水田補給水2,690haが予定されていた。その後減反政策の影響で開田計画は畑地灌漑に切り替えられることになるが、下久保ダムの完成と運用開始を受けて発足した県営土地改良事業が、陸田地域と水田用水不足地域で進行し、222haの田畑輪換圃場と多くの普通畑、樹園地の畑地灌漑および水田補給水地区の造成をみている『前掲上里町史　p991-1005』。

　一方、荒川中部農業水利事業（工期1959〜66年）は、玉淀ダムからダム

図Ⅱ-2　西関東の国営農業水利事業地域

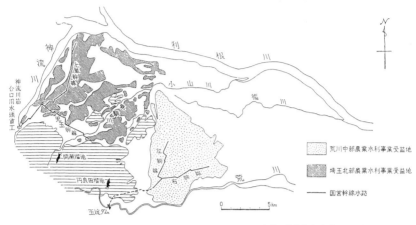

出典:「学術研究第21号（中島峰広）」

アップされた荒川の水（最大9.11㎥/sec）を隧道経由で扇状地上に導水し、櫛挽地区3,829haと本畠地区396haの田畑輪換、大里地区3,472haと元荒川地区906haの水田補給水をそれぞれ予定して事業に入ったが、櫛挽開拓の畑地灌漑面積305ha、同田畑輪換約500haが完成した1970年時点で減反政策に直面し、水田造成は中止され、畑地灌漑に変更されることになった（中島峰広1972 p53-57）。これに先立つ国営農業水利事業施行以前において、水田用水の確保と水田経営の安定を望むことが、地形的にさらには水文状況的に不可能な地域では、畑地陸稲栽培を選択し、頻発する旱魃対策としての陸稲旱干栽培→陸稲灌漑栽培→畑地水稲灌漑栽培を経て、最終的に陸田水稲栽培にたどり着くことになる。

中島峰広作表（1972 p52）の神流川・荒川両扇状地における陸田面積のうち、前者の中心的分布地域は扇状地末端部の上里（旧七本木、長幡、賀美、神保原各村）で、後者では藤沢、花園、川本（旧武川）であった。陸田成立のもっとも早い時期について、中島（1972 p51-52）は、1916年に上里の金久保地区で10mの浅井戸から大型発動機で揚水し、50haの陸田が開かれた、という上里町役場での聞き取り結果の報告をしているが、開田時期が大正5年であることと開田規模の大きさから考えると、開田の時期は明らかに誤植とみ

第三節　迷走する減反政策と陸田経営の動向

られる。ただし佐藤の報告（前掲論文 1966 p36）でも、明治末年、荒川扇状地末端の吹上で湧水枯渇を契機にした揚水陸田化を取り上げていることから、一概にこれを否定することも出来ないが、肯定するには当時としては50haという規模の大きさが逡巡要因となっている。

　神流川扇状地での急速な陸田化は1958〜60年頃とされ、荒川扇状地のそれは1950年代後半と同じく60年代後半に二分される。荒川扇状地の陸田化に見られる1960年代前半の中だるみ現象の明確な理由は不明であるが、察するに川里や花園地区のように1958（昭和33）年の繭価暴落を受けて実施された桑園整理助成策とその跡作として陸田化ブームが到来したと推定される『川本町史 通史編 p1162』・『花園村史 p621』。その後に繭価の上昇期が再来する。この養蚕景気の再来が養蚕王国花園・川本に陸田化の中だるみ期をもたらしたものと考える。事実花園では中だるみの時期に陸田に桑苗を植える農家も現れている『前掲村史 p622』。なお、神流川、荒川両扇状地とも打込み井戸（深さ4〜7m、口径2〜5インチ）からの揚水によって、個人の井戸では10〜30a、共同の井戸では40〜60aの陸田を灌漑していたという（中島峰弘 1972 p52）。

　既述のごとく中川水系流域農村で陸田化が激増期を迎えるのは、揚水のための技術的、経済的諸条件が出そろう1960年頃とされている。隣接大宮、岩槻台地農村にその影響が波及し、顕著な陸田化の進展期が形成されるのは、これより若干遅れて1960〜65年頃とみられていた。一方、西関東畑作農村の陸田地帯は、いずれもほぼ1960年前後にピークに達し、その後も、1970（昭和45）年の減反政策導入期まで緩やかな増加を続けてきた。労働力の流出が先行し、その結果兼業化した農家に省力的な陸田経営が浸透したか、あるいは陸田化の先行で生じた余剰労働力が流出し、兼業農家の増大を招いたかを確定するには問題が多い。ここで言えることは、多くの陸田地域で陸田化の趨勢と兼業農家化の動向がおおよそ同時的であったことである。このことに中島峰広（1972）の論文から、豊里、本庄の蔬菜生産（所得貢献度50〜90％）と児玉、神川、上里、川本、花園の畜産経営（貢献度40〜50％）の部門別生産比を加味すると、農業経営近代化の地域的動向を読むことができるが、反面、美里、川本、寄居を中心とする養蚕経営の高率展開（貢献度30〜40％）

237

は、東関東常総台地農村の着実な蔬菜園芸基地化の動きに比較すると、明らかに状況誤認的な対応といわざるを得ない。ここにも西関東畑作農村の米作願望のしたたかさと養蚕依存の抜きがたい心情が見られ、西関東畑作農村の先進性喪失の一因を知ることができるのである。

　西関東畑作農村は、関東地方の陸田成立地域あるいは畑地灌漑施行地域の中では、渡良瀬川沿岸（藪塚台地）用水等の以下に記載の当時としては数少ない国営（水資源機構を含む）農業用水事業の展開地域で、それも昭和30年代初頭の早期着工地域であった。したがって、わが国の土地改良政策が水田偏重から畑地重視に移行する胎動期において、西関東で推進された群馬用水、鏑川用水、埼玉北部（神流川）用水、荒川中部用水の諸事業は、多分に先行的な事業展開であったといえる。これらの地域が、農業用水事業の先行的な地域として選択された背景は、農政課題が重要かつ緊急を要した地域というだけでなく、事業地域の均等配分という行政執行上の配慮と、許可水利権の確保が比較的容易な水系地域であったこと、さらに水需要の多角化・高度化という社会的な問題提起にも対応したものであった。福田赳夫と荒船清十郎の政治力の成果とする見方も、地元では結構根強く囁かれていた。『上里町史通史編下巻 p855』。

　いずれの地域でも地元農民の意向は、開田（田畑輪換）による水稲栽培の極大化と一部（桑園等）畑地の灌漑であったが、水稲生産の緊急性の喪失とその後の減反政策の導入で事業内容が曲折した結果、最終的には開田（田畑輪換）計画が大幅に後退し、既成水田の補給水と畑地灌漑重視計画の推進で決着することになった。後々、畑地灌漑事業がほぼその目的を達成したのは、深谷妻沼蔬菜園芸地帯の一翼を構成する寄居扇状地の荒川中部用水事業地域と富岡周辺の露地・施設園芸の産地形成であった。なお、藤岡周辺の施設園芸地域の形成は、神流川左岸地域の群馬県営藤岡用水事業の成果であって、埼玉北部用水事業とのかかわりはないことを付記しておきたい。

＊　関東造盆地運動中心部の陸田地域

　関東中央部低地帯には陸田地域が広く分布する。分布を規定する自然条件は、造盆地運動による地盤低下が河川の集中と乱流を引き起こし、自然堤防地帯を形成していたこと、さらに埋積洪積台地の存在が象徴するように、周

囲の台地も水田面との比高が少ない台地地形であったことが重要な要件となっている。結果、農民資本で揚水可能な30m以浅の自由地下水層の賦存地域が、各地に広く分布することになり、このことに前・後述するような技術的、経済的諸条件が重合して、関東地方の主だった陸田地域は形成されたものである。

すでに考察した中川水系流域と大宮・岩槻台地以外で、比較的よくまとまった陸田の分布地域をグルーピングすると、鬼怒川水系中下流域と猿島・結城台地（茨城西部）、渡良瀬川と利根川の合流地域（群馬東部）にまず分類され、次いで那珂川下流域ならびに若干性格の異なる那須開析扇状地に類別することが出来る。

鬼怒川中下流域と猿島・結城台地の陸田化　　茨城県における陸田の成立は、石井・山本「関東地方の台地利用における陸田の意義 p258」によると、霞ヶ浦北岸の出島村とも、県西の五霞村ともいわれている。両地域とも1955（昭和30）年頃のことであった。しかし出島村の陸田化は集団的に開かれたことから、陸田成立過程における個別性にそぐわないとして、上記論文では五霞村の場合を嚆矢としている。中川水系上流域で陸田成立の諸条件が出そろい始めて、ようやく普及が目立つようになる頃の茨城の陸田成立であった。

しかしながら出足の遅れた割にその後の普及は急速で、1955年頃が県下全域で約2千ha、1965年頃にはで約5千ha、同70年代には1万haを超え、以後も急激ではないが根強い増加率を保ってきた（金崎　肇 1977 p112-113）。結果、埼玉と並ぶ陸田県の双璧となった。1972年には減反政策による陸田抑制策で若干減少したもののその後再び増反基調に転じ、1978（昭和53）年には1万4千haのピークを記録するに至った。以後、陸田経営は水田利用再編対策事業の厳しい規制を受けて減少傾向をたどることになる「前掲石井・山本論文 p259」。

陸田化の地域的動向は、鬼怒川中下流域から猿島・結城台地とその北延長線上の宇都宮西台地ならびに鬼怒川東岸の真岡周辺台地にかけての地域、および水戸を中心に那珂川と後背の東茨城・那珂両台地を含めた地域に分布が見られる。駒場浩英（1962 p14）に従って、陸田の地域分布に時間軸をからめて見ると、1960年代の早期段階では、土浦、筑波を含む県南の陸田化が先

第Ⅱ章　経営環境の変転と西関東複合経営農村の逐巡・先進性後退

行するが、1966（昭和41）年には県西地区に追い越されることになる。県南における陸田化は東京の都市化圧にかかわる農業労働力不足に対応したものであり（茨城県県南農林事務所経営普及部）、その点、西関東南部の大宮台地北半の事情と共通していた。県西に見られた1964年以降の急速な増反は、コメの管理価格が高止まりで推移したことから、鬼怒川沖積帯の水田農家が水稲モノカルチュアーを選択した結果としての陸田普及と考えられた（茨城県県西農林事務所経営普及部）。田畑作農家の水稲モノカルチュアーは、過重な資本装備の原価償却に益し、同時に総合農政期の適地適作に対応するものであった。第一種次いで第二種兼業農家の多発傾向の中で、発生不足労働力対策としても有効な選択であったことが考えられる。なお、金崎　肇は茨城における陸田経営の普及理由として、価格変動の大きい蔬菜作にリスクを感じた農家が高止まり価格の米作を選択したと考えている（前掲予稿集 p112）が、陸田普及の時期的・地域的考察を加えることで、若干異なる見解を持つことができたかもしれない。

　鬼怒川中下流域ならびに猿島・結城台地を中心にした陸田地域の多くは、個人資本による畑地からの造成であり、その点では陸田の定義に適合するものであったが、真岡の場合はこの他に山林からの陸田造成も少なくなかった。昭和30年代後半に始まる真岡の陸田化の動向は、同40年頃には300haに達したが、その中には上鷺谷機械揚水組合のように、共同（24農家）で70mの深井戸4機場から25馬力の水中モーターで揚水灌漑する事例も含まれていた『真岡市史 第8巻近現代通史編 p641-642』。市史執筆者は、この事例も陸田として扱っているが、そもそも栃木県内の農業関係者は、県域南部の畑地湛水水稲作を陸田化と呼ぶが、北部の那須野ヶ原地方では畑・山林原野からの水田化を無条件で「開田」と称して疑わない『栃木県大百科事典 p126』。この取り扱い上の曖昧さは、埼玉の荒川堤外地における組織化された開田あるいは中川水系流域の島中用水のような旧河道に共同で引水し、自然堤防上の畑地に揚水灌漑する事例を、いずれも陸田として扱っていることにも見出すことができる。東北地方の農家資本による小規模開田と同質の問題といえる。

　ここで話題を本論に戻そう。駒田浩英の陸田化に関する地域的動向分析を、

第三節　迷走する減反政策と陸田経営の動向

さらに柏雄司（1979 筑波大学卒業論文）の研究を踏まえた石井・山本「前掲論文 p259-261」の考証から補筆しておこう。1968年頃までの茨城県の陸田発達は、主に県西地区に集中していた。当時、陸田率の高かった市町村は五霞村、千代川村、石下町、下妻市、水海道市等であった。これは初期の陸田が、沖積低地帯の微高地やその周辺で地下水位が高く、揚水が容易であった地域で造成されたためである。同じ理由から、水戸周辺では那珂川流域を中心に1960年頃から陸田が造成され始め、第二の集中地域を形成しつつあったという。その後、井戸掘削、揚水、整地の諸技術の向上によって、陸田は洪積台地上にも拡大し、1980年代後半には、図Ⅱ-3（駒場 1992）に示すような時系列を踏まえた地域パターンが成立したという。

　柏　雄司（1979）と石井・山本「前掲論考 p259-261」に従って、1978年当時の陸田率が県平均の2倍ないしそれ以上の市町村を列記すると、東部中央地域には水戸、那珂湊、常陸太田、勝田、茨城、小川、那珂の市町村が分布し、西部地域では古河、豊里、明野、協和、八千代、千代川、総和、三和、

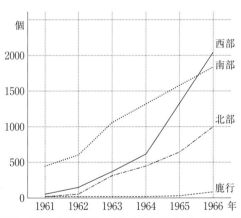

図Ⅱ-3　茨城県における減反政策期以前の陸田の推移

西部　下館・結城・古河・下妻・水海道の各市および　真壁・結城・猿島の各郡
南部　石岡・土浦・竜ケ崎の各市および　新治・稲敷・筑波・北相馬の各郡
鹿行　鹿島・行方の各郡
北部　水戸・日立・太田, その他　上記以外の各市, 各郡

出典：「小山西高校研究紀要　しらかし第2号（駒場浩英）」

241

第Ⅱ章　経営環境の変転と西関東複合経営農村の逡巡・先進性後退

猿島、境の各市町村が挙げられる。これらの市町村は、その多くが平地林の多い普通畑作型地域で、陸稲依存度が高く、旱魃多発地域でもあった。いわば東関東の典型的台地農村では、経営・経済的に不安定な普通畑作農業の保険的機能が大きく期待されて陸田は普及したと考えられ、鬼怒川流域では、水田モノカルチュアーの経営的有利性と兼業機能が結合して広く浸透したことが推定される。残念ながらこれだけでは、陸田普及の要因分析が教条的に過ぎ、農家形態と階層変動、農業経営様式の変質、農村労働力の去就等を視点にした構造的把握が不足している感はぬぐえない。ただし不完全燃焼問題だけは、後述の「鉾田町における陸田の発達とその転用の実態」とくに「農業経営の変化と陸田の意義」で問題意識の相違はさておいて、少なからず払拭されていると理解する。

　そこでこれらの問題点を補完する意味で駒田浩英の総和町の事例研究を紹介したい。1970年の減反政策の施行以降とりわけ1978年の水田利用再編対策施行以後、多くの市町村で陸田面積は停滞ないし減少に転じた。こうした趨勢の中で、陸田率（対水田比）が40％を超える県西の総和町は、その後も増加傾向を維持し続け、隣接の古河市も横ばいで推移していた。総和町で陸田増加基調のもっとも高いところが勝鹿地区と岡郷地区で、両者とも野木町に接する農村地帯であった。こうした強固な陸田存続要因について、駒場浩英（前掲論文 1992 p18-33）は事例研究の中で次のように分析している。以下、新井の文責において要約紹介したい。

　勝鹿地区は伝統的に台地開析谷の湿田経営と、台地上の畑作で陸稲、南瓜、雑穀類を自給作物兼商品作物として栽培してきた。商業的性格の不十分な普通畑作農村では、早い時期から農業外所得依存農家を広汎に成立させていた。高度経済成長期以降の交通条件の整備充実（R4号線バイパス・東北新幹線）と連動して工業団地群（丘里・北利根工業団地と配電盤茨木団地）が町内に進出した。近隣都市古河・野木・小山にも大規模工業団地の進出が相次いだ。一方伝統的普通畑作農村では、1951年の大旱魃を契機に、飯米確保の必要上、農民たちは陸稲干旱栽培から打抜き井戸の揚水を利用する畑地陸稲灌漑栽培へと技術的前進を遂げることになる。しかし動力ポンプ揚水による畦間灌漑やスプリンクラー灌漑と異なり、女性の手労働としてのいわゆる「水くれ」

第三節　迷走する減反政策と陸田経営の動向

が苛酷な作業であることには変わりはなかった。そうした折、五霞村から陸
田水稲栽培が入ってきた。畑地陸稲灌漑栽培は、数年を経ずに一挙に陸田水
稲栽培に転換されていった。除草剤使用をともなう陸田化が、省力経営を媒
介として労働市場と結合するのに時間はかからなかった。同時に水田利用再
編対策事業にかかわる転作田が、連作障害の発生しやすい茄子栽培において
田畑輪換効果を発揮し、一部蔬菜専業農家の経営基盤の安定につながって
いったことは、レタス農家が陸田経営で生じた労働余力を労働集約的なレタ
ス栽培に投入し、規模の極大化を可能にしていることと合わせて見落とせな
い農業問題であった。

　ひとこと補筆するならば、総和町の湿田を抱える農家では「水稲経営は陸
田で」「休耕は水田で」という認識が一般化しており、陸田を休耕する農家
は当時ほとんどなかったという。休耕するのは田畑輪換効果を期待した経営
的な配慮に基づく場合に限られる（前掲論文 p24-25）という。後継者の恒常
的流出をともなう兼業農家に対しては兼業所得と農業所得の両立を可能にし、
専業農家に対してはレタスや茄子の労働集約的経営の導入を担保する重要部
門がともに陸田経営だったのである。

　小括として、茨城県における減反政策の展開過程と陸田を含む水田転作の
実態から、陸田転作の方向と特徴について、前掲石井・山本論文
「p260-261」に従って推論してみたい。1985（昭和50）年の水田転作率が高
いところは、同時に陸田面積の多い地域とほぼ一致する。理由は汎用水田に
必要な乾田化の整備が不十分な茨城では、転作対象が陸田に集中する傾向を
ともなっていたためである。なかには土浦、出島、玉里のように蓮根栽培に
特化した地域、あるいは岩瀬、鹿島、筑波、真壁のように都市化の進行や地
場産業の発達などで、農家の兼業化が進み、結果的に特定作物・省力作物栽
培が多くなっている地域も見られるという。県北の水府・里美や利根川沿岸
の東などのように既成水田に飼料作物がすでに導入されているところでは、
陸田率に比して転作率も高いとされる。一方、陸田面積、陸田率がともに高
く、対する転作率がきわめて低い常澄、岩井、総和や神栖、藤代などについ
ては、駒場浩英の研究ですでに解明されているとおりである。

　最後に1985年段階の陸田率、転作率ともに高い市町村として、那珂湊・勝

243

第Ⅱ章　経営環境の変転と西関東複合経営農村の逡巡・先進性後退

田・内原・東海・旭・大穂・結城・水海道・明野・協和・八千代・石下・五霞・境等を挙げることができる。これ等市町村の農業的特性を、石井・山本論文「p261」は「ある特定作物への特化によって特徴つけられる市町村である」としている。たとえば旭（メロン・食用甘藷）、結城（干瓢）、協和（施設トマト・胡瓜）、八千代（メロン・白菜）、境（キャベツ）那珂湊・勝田（甘藷）を、この段階における特化作物を保有する特産地形成の事例として取り上げていた。いわゆるこれが洪積台地の陸田化と減反政策を契機とするその有効活用が、台地利用の高度化を実現する重要な礎石となったことを示すものであり、その解明こそ、石井・山本論文の趣旨だったと考える。鉾田の事例研究はそのことをより詳細に実証しようとしたものに他ならない、と理解する。

　なお、結城市のように高度経済成長期以降に造成された500haの陸田は、1978年から一段と転作が強化され、37％の転作率となった。転換陸田を抱えた多くの農家では、新しい栽培作物を見出せず、一部には耕作を放棄する農家も出ているという『結城市史　第6巻　p904』。この現象の裏には、基幹労働力の流出をともなう二種兼業農家の苦悩を読む必要があるのかもしれない。

　また、行政的には栃木県に所属するが、地形的には県西台地の連続線上にある小山市では、1966（昭和41）年頃から畑の陸田化が盛んとなり、この3年間だけで430haも陸田化された。その理由は、どこにでも見出せる省力経営と米価水準の高止まりによって引き起こされたものであった。とくに前者については、小山・宇都宮の大規模工業団地造成と進出工場の労働吸引力がプル要因として先行し、その対応策としての陸田造成がさらに労働力流出上のプッシュ要因として作用した結果とみられる。いうなれば兼業農家の合理的対応策であった。小山の陸田化で他県他地域に見られない特色は、陸田小作料をめぐって、この3年間に149件もの苦情が市農業委員会に持ち込まれたことであろう。いかに当時の陸田経営が、専・兼両農家層あるいは賃貸借関係者にとって、経済的な有利性を持つものであったかを、次の数字から窺い知ることができよう。市域では昭和35年から55年までの20年間に、総体的に激しい耕地減少の中で、水田だけが1,022haも増えている。この増加数の主要部分が、畑からの陸田化に依ることは容易に推定できることである。全面

244

第三節　迷走する減反政策と陸田経営の動向

的な畑からの陸田化と断定し得ない理由は、山林転用が若干想定されるからである『小山市史　通史編Ⅲ近現代 p1003-1005』。

　反面、八千代町史『通史編 p1141-1143』によれば、戦前型の米麦主体に雑穀や芋類を配した農業経営が急速に変貌するのは昭和36（1961）年頃からといわれる。具体的には昭和30年代後半から45年にかけて顕著な陸田の増加が見られ、その面積は43年時点ですでに433haに及んでいる。同時にこの間に集約経営の白菜、西瓜、メロンなどの蔬菜栽培が急速な発展を遂げている。町の広報では、いわゆる稲作偏重のモノカルチュアー化と蔬菜、畜産（養豚）、果樹（梨）の選択的拡大三部門への収斂が進み、昭和46年に白菜は1,000haラインに達し、西瓜は500haを記録したことが報じられている。水稲モノカルチュアーが陸田化によって促進され、集約的な露地蔬菜栽培の労働力が、省力的な陸田経営によって創出された労働余力の転用で充当され、優良蔬菜産地が形成されたことは十分考えられることである。もとより、この間に陸田化が創出した労働余力の一部が、折から展開中の近隣市町村の工業団地に流出し、兼業農家の増大（1960年代後半の専業農家の激減と1970年代の二種兼業農家の大量発生）にもかかわっていったことは論をまつまでもなかろう『前掲町史 p1137』。

渡良瀬川・利根川合流地域の陸田化　　群馬県東部の農業開発は、大間々扇状地の場合、平地林開墾による畑地造成で緒に就き、灌漑農法の導入で進化した。一方、邑楽地域では、低湿地干拓による水田化とその後の乾田化ならびに微高地（洪積台地と自然堤防）上の畑地水陸稲の灌漑農法の普及を経て、最終的には陸田化という湛水灌漑技術の成立によって、より高度な土地利用へと進化した。大間々扇状地と邑楽地方における畑地灌漑農業の進化は、前者が一般に組織的かつ自給目的の下に進められ、後者では多分に個人的な対応と商品化を目的に進行した（中島峰広 1967 p21-23）。取水組織の是非にかかわる分岐点は水取得の難易度によって形成され、商品化の度合いについては、両地域の畑地蔬菜作上の歴史的背景の違いによって大きく影響を受けたことが指摘できる（新井鎮久 2004 p13-16）。また邑楽地方の陸田経営をより高度な土地利用とする根拠は、田畑輪換の際の土壌改良効果に負うところが大きい。嫌地現象の発生率が高い茄子をはじめとする果菜類の産地形成が、

第Ⅱ章　経営環境の変転と西関東複合経営農村の逡巡・先進性後退

陸田成立と存続の大きな要因の一つになっている事例は、邑楽地方と古河周辺以外に見出すことができない（前掲新井論文 2004 p15-16）・（駒場浩英 1992 p24-25）。

　群馬県東部の渡良瀬川と利根川の合流地域における畑地灌漑と陸田に関する研究事例は中島峰広（1967 p1-27）の外には見当たらない。1951（昭和26）年の全関東的な大規模旱魃の発生以降、利根—渡良瀬川合流地域の畑地灌漑も他地域の例にもれず急速に発達する。この地域の畑地灌漑が個人的な事業として発展できたことには、打込み井戸で容易に地下水が獲得できたことと排水路の余水を揚水できたことによる。打込み井戸は初期の孟宗竹・鉄管使用から口径2〜3インチの硬管ビニールに替ったことで普及の速度を速めたという。揚水位置は地下15〜20mで掘抜き井戸のような危険もなく掘削作業も容易であった。加えて作業の業者委託方式から市町村役場が削井機を購入し農協に作業を委託するようになって、急速に畑地灌漑は普及していくことになる。畑地陸稲干旱栽培が陸稲灌水栽培を経て水稲 sprinkler 栽培から陸田湛水栽培に進むのに時間は要しなかった。この頃、前掲中島論文（1967 p19）によると、陸田用のものも含めて舘林に2,500本、邑楽村に1,200本、明和村に800本前後の揚水井戸があるといわれた。当然、灌漑面積は、これに台地縁辺部や自然堤防帯の排水や悪水利用圃場も加わることでさらに拡大し、ついに館林周辺町村全域に及ぶ分布状況となった。

　2大河川に南北を挟まれた館林・板倉地域に陸田化が始まるのは、第二次世界大戦中のことであった（都新聞 1942.7. 28版）。ただし中川水系流域の陸田発達の影響を受けて広く普及するようになるのは、高度成長経済期にかかる1960（昭和35）年前後からであり、直後の1965年には一段と増加の勢いを速めていくことになる。多くの陸田は、伊奈良、西谷田、多々良のような畑地灌漑発達地域における灌漑畑からの転換である。とくにこの傾向は中島（前掲論文 1967 p20）によると、舘林より東部の地域で顕著にみられ、現板倉町の西谷田、大箇野、海老瀬、大島などの村々では、ほとんど陸田に替っている。海老瀬村の場合、畑地灌漑を経験せずに陸田地域化しているものもあるという。地下水利用の陸田灌漑は、畑地灌漑より一段深い30m前後から打込み井戸で揚水している。ただしその理由が、浅層地下水の畑灌用過剰汲

第三節　迷走する減反政策と陸田経営の動向

み上げによる滞水層の低下を意味するものかについては、判定の根拠を持た
ない。

　一方、邑楽台地北部の邑楽村の場合、自然堤防上では30m前後の深井戸が
一般的であるが、台地では40～50mの深井戸が多い。ときには70～80mの深
井戸も見られる。口径も4～6インチほどで、畑地灌漑用のものより大きく、
1井当たりの灌漑面積も0.5～2.0haと大きい。深井戸取水のために個人的な
陸田経営は経済的にも困難で、補助金や制度資金を導入して大部分が共同組
織による団地化された陸田となっている。

　邑楽村における陸田即深井戸揚水説に対して、下流の板倉町の場合『板倉
町史　通史下巻　p134』は全く異なる浅井戸揚水説を述べている。以下、抜
粋して紹介したい。「用水路のあるところでは、発動機とバーチカルポンプ
で揚水機場を設置し、共同して電力を導入した。用水量の足りないところで
は、地下水利用の浅井戸が盛んに掘られるようになった。町でも昭和38年に
井戸掘り用ボーリング機械を購入し、これを貸し付けることで陸田化を促し
た。また農民の畑地、山林、原野の開田希望に対して、昭和39年から41年に
かけて、県畜産課のブルドーザーを最大8台も借り受け120haの陸田造成に
成功した。その後も、岩田台地の総合開発として40haの陸田化を始め、各
地で陸田造成と浅井戸が掘られ、用水路からの揚水用を含む陸田小屋の林立
が板倉町の名物になった」。板倉町を群馬県一の米どころたらしめた陸田化
の推進には、二つの意義が認められた。一つは高止まり米価の下での水田モ
ノカルチュアーの経済効果であり、二つ目は畑地の陸田化で生じた余剰労働
力を折から進行中の集約的蔬菜栽培に転用するという経営効果であった（単
複経営論については別稿で検討したい）。

　館林・板倉地域の陸田水稲栽培は、畑地水陸稲栽培の延長線上に成立した
ことに大きな特徴がある。中島（前掲論文 1967 p23-24）も畑地灌漑からの
移行とその際の技術的基盤が陸田経営の背景にあることを指摘している。同
時に陸田への移行過程は、田畑輪換の経営的側面にかかわる本来的な意義に
ついても、評価する必要性が高いとしている。

　農地解放前後の経済状態とその変化に関する調査結果をみると、板倉町の
自作農層の場合は、戦後の統制経済下の生活苦から脱出するために、早期に

第Ⅱ章　経営環境の変転と西関東複合経営農村の逡巡・先進性後退

蔬菜栽培を手掛けた農家と陸田化に取り組んだ農家の立ち直りが早かったという『板倉町史　通史下巻 p215』。戦後、板倉町の蔬菜栽培は、統制解除を待って伊奈良地区の茄子、胡瓜から復活したが、その前に闇米相場に刺激されて表作の陸田水稲作と裏作の白菜が結合して産地復活の兆しを見せていた（新井鎮久 2004 p15-16）。白菜、茄子ともに連作障害が発生しやすい作物である。その後の蔬菜類の生産規模の拡大は連作障害問題を社会化することになっていく。土壌改良効果の高い陸田化と蔬菜栽培の拡大が緊密な関係の下に相互展開する契機となるわけである。結局、桑園の普通畑（蔬菜圃場）化と普通畑の陸田化を早期に進めることのできた農家だけが、増産体制の確立を通して、やがて生活の安定化と農業の近代化を確保することになっていったという『前掲町史 p215』。

＊　那須野ヶ原扇状地の「水田」発達史と開田

栃木県南部の陸田化と北部の「開田」　　栃木県の陸田地域は北部の那須野ヶ原地域を中核にして、これに南部の野木、小山、下野、栃木、佐野、宇都宮等の農村地域を加えて形成された。これまで一般に畑地の水田化を北部では開田といい、南部では陸田と呼んできた。関東畑作農村の全てが陸田と呼称するなかにあって、那須野ヶ原の農民と行政だけが開田とする歴史的根拠は不明であるが、少なくとも実態は東北型の開田である。おそらく那須野ヶ原の場合は、明治以降の開拓組織と那須疎水の階層性をともなう複雑な水利慣行の変遷過程、ならびに開拓農業における畑地生産力の異常な低位性に起因する水田発達の歴史過程に深くかかわるものと考えた。そこで関東畑作地域の陸田の性格と那須野ヶ原の「開田」いわゆる水田化の性格について、『栃木県土地改良史 p74-92』をはじめ大沼幸之助（1955）、『西那須野町の産業経済史⑤』、『西那須野町史』、『大田原市史　後編』、青木眞則「水田単作地帯」、『日本地誌　第五巻関東地方総論』、大田原市農業委員会会長（2016.7.1）等の諸説を参照し、共通点と相違点を整理してみた。

　共通点では、開田に際して床締め、入念な代掻き、堆肥増投などによって減水深の改善に努めたこと、水陸田化は農家の個別的努力で進展したこと等の点であった。また戦前の水陸田化は人力で、戦後はブルドーザーで整地造成するようになったことも取り上げる意味があるだろう。戦前期の那須疎水

第三節　迷走する減反政策と陸田経営の動向

とくに第四分水地域の水田化と関東一般の陸田化が、いずれも畑地の転換で進行したことも共通点であった。

　一方、相違点では、那須野ヶ原の場合、水田化は那須疎水本幹・支線の通水以来のきわめて古い歴史を有すること、さらに用水源は、戦前期が主に第四分水系統内の疎水支線からの分水樋門取水利用であり、戦後は湧水（5m地下水線）線下流における動力揚水利用であったことから、自然灌漑と動力灌漑という性格の異なる灌漑発達史を刻んできた地域であることが指摘できる。開田地域の排水は、土地改良区が成立しているところでは排水路へ、未成立・未整備地区では近隣の小川に排水するが、それも不可能な場合には隣接下流水田へ田越排水することもあるという（大田原市農業委員会会長）。開田された圃場の地目は一律的に水田となり、関東地方一般のように農政、税務、統計各課での不統一と混乱はみられない。那須野ヶ原では開田地区の面的連続性が高い。開田以前の地目をみると、戦前期では第四分水地域を中心とした畑地転換田が一般的で、戦後は、浅井戸揚水灌漑地域における山林原野からの規模拡大につながる転用が卓越していたようである。結果、1968年当時の那須野ヶ原の揚水灌漑用ポンプの設置台数は6,401台、受益水田総面積10,897ha、うち新規開田面積は7,200haに達していた（表Ⅱ-4）。

　対する関東陸田地域の発生史は、ほぼ農村恐慌期以降を嚆矢とすることができること、加えて用水源は当初から用排水利用と地下水利用が混在し、むしろ歴史性より地域的・地形的性格の所産として把握される傾向が強いことである。あえて象徴的な分析をすれば、那須野ヶ原の開田地域が明治以降面的連続性を形成したことに対して、関東の陸田化は高度経済成長期以降に点の集積地帯として形成されたことであろう。なお排水は地下浸透が普遍的にみられ、畑転換田としての陸田の地目名称は、担当部課によって不統一である。転換前地目も畑が圧倒的に多かったことも特徴の一つである。

　結論すれば、那須野ヶ原の場合、地目が水田であること、一部で排水処理がなされていること、連続的な分布形態であること等を考慮すると、戦後の地下水揚水灌漑の水田化は、関東地方一般の陸田化現象とは本質的に異なり、東北地方に広く見られた山林原野からの大規模組織的開田の補助的機能を分担する、農民資本による個別的水田化と同質であることが考えられる。それ

第Ⅱ章　経営環境の変転と西関東複合経営農村の逡巡・先進性後退

表Ⅱ-4　那須野ヶ原の揚水灌漑と新規開田率（昭和43年現在）

	昭和43年段階の揚水ポンプと新規開田率					
	ポンプ設置数（平均馬力）		受益水田面積	同左新規開田率		1馬力灌漑面積
大 田 原 市	2,656台	(4.8馬力)	5,441ha	2,622ha	49%	0.42ha
西 那 須 野 町	1,383	(4.1　)	1,971	？		0.35
塩 原 町 箒 根	192	(5.3　)	272	178	66	0.27
黒 　 磯 　 町	1,285	(6.8　)	1,976	1,751	89	0.23
黒 羽 町 川 西	465	(4.7　)	587	492	84	0.27
湯 津 上 村	420	(5.9　)	681	306	46	0.27
計	6,401	(5.1　)	10,897	(7,200)	(66)	0.33

地域別・年次別ポンプ設置台数					
～昭和20年	21～25	26～30	31～35	36～40	41～43
110台	213台	391台	512台	719台	711台
49	363	389	298	161	123
―	―	2	68	56	66
13	83	239	350	301	299
28	13	24	128	118	154
4	1	6	152	156	101
204	673	1,051	1,508	1,511	1,454

西那須野町の新規開田と既成水田の補給割合不詳
1馬力灌漑面積＝1馬力当たり灌漑面積を示す　開田率合計は概数
出典：『栃木県土地改良史』（筆者作表）

は単なる呼称形式上の違いではなく、明らかに実態としての異質性とくに戦後に活発化する那須野ヶ原の揚水開田は、個別農家の経営耕地規模の外延的拡大—3ha規模を超える水稲単作農民階層の成立と裏作麦との決別—をともなうものであった。この点に那須野ヶ原の水田化を開田と理解し、呼称する地元農家や行政のこだわり、たとえば那須塩原市農業再生協議会職員の見解の根拠「那須塩原市域には陸田は存在しない。地目的にもすべて水田として減反政策に対応している。」（2017.5.10）もここにあると考えた。

那須野ヶ原の水田化過程と揚水開田　　那須野ヶ原開拓は、明治18（1885）年の那須疎水本幹・支線の通水を待って本格化する。配水計画の基本は、1)政府から貸下げられた土地面積の3分の1を灌漑面積とする。2)1の面積に応じ給水量（200個）を配当する。3)1および2によって決定した配水量を支

250

第三節　迷走する減反政策と陸田経営の動向

線に配属させ、支線の総水量とするというものであった『日本地誌　第5巻関東地方総論 p612』。また、印南、矢板等の地元地主は、疎水開設に関する嘆願書の中で次のように記している。「50余ヶ村ノ陸田平林トモ、過半善良ノ水田ト為リ、新21郷ヲ現出スルヤ疑ヲ容レザル処ニシテ、其流末原野四隣110余ヶ村ノ乾田ヲ湿シ、熟田ヲ開発スル」『西那須野町史 p20』。これらのことからも想定できるように、疎水計画は開拓に必要な生活用水の確保と同時に水田開発をも大きく念頭に置くものであった。

　那須疎水本幹・支線が完成し、明治19（1886）年3月「疎水分量表」に基づく配水が開始され、以後第一～第四分水内での水利権移動と分水方法の変更は認められたが、各分水での本幹からの取水量は固守された。本幹の固定性に対して、各支線内部では土地所有権の移動にともなう水利権移動が多発したが、いずれも大農場・大地主間に限定され、移住農民層の水利権取得は、大正期までの自作化過程で若干見られたにすぎなかった。しかもそれらは、いずれも結社組織農場の組織解散過程で生じたものであり、個人経営の農場では移住農民層の水利権取得は見られなかった『栃木県土地改良史 p74-75』。

　昭和初期の移住農民たちへの水利権移動は、昭和10（1935）年の二級議員有資格者（移住民を主とする水利権1個以下の組合員）数からその動向を推定すると、第四分水地域の那須開墾社で207名、第三分水地域の三島農場で95名の二級議員が成立し、水利権の分解が進んだことが明らかである。また第一分水の鍋島農場、第三分水の西郷農場、長井家開墾、第四分水の西郷農場でも終戦前に小作地の解放と水利権の分解が見られ、開田の契機となった。地主支配の強固な個人農場においても、戦後の農地改革によって土地は解放され、先行的な第四分水地域を除く他の分水地域でも水利権の分解が進行した。結果、ついに個人別配水量と一定口幅の樋門を各戸に配置するいわゆる実質的科学的な水量割水利権の確立を見るに至るわけである『前掲土地改良史 p75-78』。

　ともあれ戦前期の那須野ヶ原開拓は、階層性をともなう複雑な土地所有と水利慣行に影響されて、疎水に沿って小規模の水田地区を成立させただけで、大方は畑作地帯の形成に終わっている。このように那須疎水の通水効果は、

251

第Ⅱ章　経営環境の変転と西関東複合経営農村の逡巡・先進性後退

農地と水利権が早期に開放された第四分水流域以外では限られた範囲にしか発揮されず、戦後しばらくは畑作農村地帯として推移することになる。疎水の地域効果は、水路におけるロス浸透の伏流水あるいは河川伏流水が、扇端部の湧水線下流の浅井戸地帯で揚水され、開拓移民念願の水田造成に大きく貢献する日まで待たねばならなかった。

　那須疎水の完成と移住農民の招致で、那須野ヶ原開拓は本格的段階に向かうことになるが、疎水開削に執念を燃やした人たちの最大の目標ともいわれた水田化の動向は、きわめて緩慢であった。理由は農地と疎水をめぐる経営者の寡占状況であり、劣悪な現地の自然条件であった。冬季の風蝕、晩霜被害、分厚い礫層と乏水性、強酸性の軽鬆土等による開拓作業の停滞、耕地維持の困難、低位生産性等々に直面して陸稲・麦の自給にさえ難渋した。福島県安積原開拓で効果を上げた斃死牛馬の投入も試みられたが、劣悪な自然条件に対する克服可能な土地利用方式は、当時としては水田化しか考えられなかった。しかしここでも厳しい漏水問題が行く手を阻んでいた『前掲土地改良史　p81-86』。表Ⅱ-5によると、明治期の三大疎水の中でいかに那須疎水の単位水量当たりの水田灌漑面積が狭小であったかが一目瞭然であり、関連して減水深の大きさと、結果としての那須疎水の水田拡大の遅滞状況が明らかとなる。

表Ⅱ-5　三大疎水の灌漑能力と那須疎水掛り水田の減水深

	三大疎水地域			那須疎水地域（減水深）		
	水量	灌漑面積	平均灌漑面積		床締め無し	床締め施行
那須疎水 （大正2年）	200個	224.9ha	1.1ha	大山農場	152mm	49〜160mm
開墾社配水 （明治26年）	71個22	25	0.35	毛利農場	106	46〜106
安積疎水 （明治27年）	200	4,262.2	21.3	佐野農場	112	40〜63
明治用水 （明治23年）	800	約5,000	6.3	三島農場	165	35〜53

安積疎水の灌漑面積は古田・新田・既墾田の合計値
開墾社＝那須開墾社分　平均灌漑面積＝1個当たり平均
出典：『栃木県土地改良史』（改良史を元に筆者作表）

第三節　迷走する減反政策と陸田経営の動向

　那須野ヶ原開拓において、地下水の揚水灌漑が旧田の補給水として試みられたのは大正年代で、開田に試みられたのは昭和10年代であったが、一般化されたのは戦後それも22年以降であったという（大沼幸之助1955 p34）。ただし青木眞則「水田単作地帯　p259」は、農民の開田意欲は水利権の制約を受けない地下水の揚水という形をとって表面化した。その先駆的試みは明治40年代にあらわれ、大正10（1921）年には石油発動機による揚水灌漑が試みられ、昭和10（1935）年には電力利用の地下水灌漑が始まったという。水田における私的水利用の典型的事例として若干詳細に報告している。

　地下水のポンプアップ灌漑による開田は、戦後になると一段と活発化する。以下前掲青木論文「p260」によると、「高度経済成長期に入ってからの那須野ヶ原の開田は、相対的に有利な米価条件と結びついて水稲作による資本蓄積を可能にし、次のような展開を示した。すなわち、地下水の個別的揚水とブルドーザー整地・トラクター耕起とが結合して、山林原野の開田による規模拡大が進み、全国でもトップクラスの3ha層の分厚い形成を生み出した。これらの稲作上層農は、その後動力田植え機、自脱型コンバインを駆使する中型稲作技術体系の下で、稚苗移植稲作を積極的に取り込み、麦作を眼中に置かない水稲専作経営への道を歩むことになる」。西那須野町内の旧村の場合、昭和23年段階の揚水機台数は134、開田面積は827.5町歩に対して、わずか10年間で揚水機282台、開田面積2,403.5町歩と激増している『西那須野町史　p297-298』。

　戦後の那須野ヶ原の開田は、関東各地の陸田地帯と発生発展過程が若干異なり、戦後まもなく揚水機の普及と同時に急速に進行する。昭和29年までに、開田地域の中心である北那須野地域のうち、開田が集中的に行われてきた西那須野町、狩野村、金田村、東那須野村の開田率は、栃木県全体の87.9%（855.5ha）を占め、鍋掛村、大田原町とともに県下の開田中心地となった。その際、上層農家は比較的まとまった面積の畑地と財力をもって開田に参入し、遅れて中小農家層が交換分合で水田化に必要な一定規模の耕地を手に入れ、開田に参加することになる（前掲大沼論文 1955 p35-36）。陸田化と異なり、開田にはある程度連続性を持つ耕地が水利上からも必須条件となるためである。

253

第Ⅱ章　経営環境の変転と西関東複合経営農村の逡巡・先進性後退

　このように那須野ヶ原地域の水田化の趨勢は、関東陸田地域（1955-60年）より一呼吸早い段階（1950-55年）に上層農家から下層農家にかけて順次展開した。その動機は、戦後農地解放以前では、自然環境の厳しさを背景にして開田欲求の強い多くの上層農民が、浅層地下水の賦存状況に着目し、関東陸田地域に先駆けて動力揚水の先鞭をつけたものである。農地解放以降は、創設自作農層が次第に経済力をつけ開田に加わることになる。それは関東陸田地帯の高止まり米価対応以前の陸田化動向であり、少なくとも兼業農家指向の労働力流出策（省力水田化）とも異なることだけは確かである。むしろこの段階における開田効果は、発生余剰労働力を養畜部門の導入に向かわせたことだという（前掲大沼論文 1955 p38）。

　関東陸田地帯における陸田化促進事業としてこれを組織的に進めた事例は、荒川堤外国有地の陸田化と中川水系流域の島中用水以外に寡聞にしてその例をしらない。一方、那須野ヶ原地域の開田化は、一般に言われているような個人の枠を超えて、集落・市町村レベルの組織的、共同化事業を中心にして各地で多彩に展開されてきた。たとえば西那須野町の場合、栄土地改良区（昭和27〜29年・開田、機械揚水、導水路）、二つ室揚水組合（昭和29年・機械揚水）、西部土地改良区（昭和29年・開田、灌漑排水、機械揚水）、二つ室共同事業（昭和31年・機械揚水）、興農土地改良区（昭和31〜33・灌漑排水）、二つ室大和共同事業（昭和32年・灌漑排水）、上井口共同事業（昭和32〜33年・灌漑排水、機械揚水）、東遅沢共同事業（昭和33年・機械揚水）、那須疎水土地改良区（昭和29〜33年・灌漑排水）などの開田関連事業が、農地解放後の創設自作農の旺盛な営農意欲の下に次々と推進された。

　この状況は関東陸田地帯の個別的陸田化と本質的に異なる点であると同時に、開田の発展期と動機にも明らかな違いがあることを示すものであった。もっともその後基本法農政下に実施されたパイロット・第一次・第二次農業構造改善事業（1962〜）や国営那須野ヶ原総合開発事業（1967〜94）は、地域全体に大きくかかわるダム、水路、道路等の基幹事業として推進され、開田にかかわる揚水機場、農地造成、区画整理、換地計画などは、農政転換と3次に及ぶ計画変更の結果、いずれも当初計画の三分の一にまで圧縮されて実現をみた『西那須野町の産業経済史⑤ p266-272』。計画変更後の農地造

成の具体的内容は、不明だが多分畑地化が主体と見られる。仮に開田が含まれるとしたらきわめて例外的なことで、当然開田事業の量的推進力にはなりえていないと考えてよい。

那須野ヶ原の水田化は、最終的には減反政策がらみの計画変更を見ることになったが、計画変更以前の事業の推移は、組織的な大型事業を導入して山林原野・畑地の水田化を進めた点で、むしろ東北型とくに岩手山麓における「岩手大の破砕転圧工法」を駆使した大規模開田に多くの点で共通するものであった『日本の農業 開田 p6-22』。水田化の目的も単に食管会計下の米価政策に便乗したものではなく、米（開田）と酪農（草地造成）の2者択一の結果としての水田化であり、それは総合農政下の適地適作的作目選択の結果でもあった。

那須塩原市農業再生協議会の開示資料によると、1970年度の減反政策の実施以降、開田を含む水田の減反規模も次第に強化され、1990（平成2）年度には721haに達したが、この間の割当達成率は常時100％台を占めてきた。減反業務を主管する「那須塩原市農業再生協議会」への参加率も高く、3,025戸中の97.4％（2016年度）という数値は、農業外所得機会に恵まれているとは思えない農村にしては協力的な数字であった。減反対応農家の内訳は、生産調整面積402.44ha、うち休耕面積23.24ha、転作面積379.20haとなる。転作面積に占める飼料作物（飼料用米・WCS用稲を含む）の割合は52.4％を占め、なかでも1位のイタリアンライグラスが74.86ha、2位の青刈りとうもろこしが49.50haをそれぞれ占めることから、那須扇状地を主体とする栃木県農業の中核部門酪農経営農家の規模拡大上の有力な推進力となっていることが考えられる。

ちなみに栃木県における飼料用作物の増加は1976年頃から目立つようになり、1978年には県域合計は11,750haに達した。増加は那須、塩谷、上都賀地方を主体に進行し、栽培品種は機械化に適した玉蜀黍・ソルゴーなどであった。水田転換作物に限らず台地畑作物としても著しい増加基調にあったため、関東諸県で蔬菜生産が1位を占める中にあって、栃木県だけは飼料作物と蔬菜の生産が拮抗する状況が認められた。

第Ⅱ章　経営環境の変転と西関東複合経営農村の逡巡・先進性後退

＊　小括──陸田成立の社会的背景と地域性──

　関東畑作地帯の水陸田化（開田）による水田の拡張過程についてまず考え
てみたい。青木眞則「水稲単作地帯　p257-258」によると、戦後、関東畑作
地域では栃木の開田が最も顕著に進展し、34,000haの造成をみた。次いで
茨城が25,000ha、埼玉が12,000haとなっている。上位3県の開田時期と開田
前地目にはそれぞれ特徴がある（表Ⅱ-6）。栃木の開田は昭和20年代後半か
ら40年代前半にかけて集中し、那須野ヶ原の動向が支配的な牽引力を発揮し
てきた。初期は那須疎水流域の畑転換田に、また中後期は、東北地方で戦後
に広く推進された、農民資本主導の山林原野型開田に特徴があり、それは大
規模経営体の成立を示唆する状況でもあった。

　その結果、大田原地方の旧町村別揚水ポンプの普及台数は、1947（昭和
22）年の227台から1955（昭和30）年には698台に急増し、水田面積は
3,447haとなった。この頃（昭和27・28年）、東京電力大田原営業所管内の揚
水ポンプは1,676台、灌漑面積3,183.3haに及んだ。水田の増加はさらに継
続し、1975（昭和50）年には6,711haに達した。この間の畑面積が2,003haも
減少したことから、水田増加分3,264haのかなりの部分が畑転換田であると
推定される。不足分は山林原野からの開田とみることができる。これまで考
えられてきた山林原野からの開田を主流とみることに若干の疑問を覚える数

表Ⅱ-6　関東陸田3県の水田拡張過程（1945～1977年）

	栃木県			茨城県			埼玉県		
	計	開墾等	田畑転換	計	開墾等	田畑転換	計	開墾等	田畑転換
水田拡張面積	34,363	10,644	23,222	25,173	3,287	21,404	12,306	281	11,887
年次別面積率									
1945～56年	3.0	1.0	2.4	2.3	3.5	0.4	13.9	10.3	13.0
1957～60	7.9	1.0	11.1	3.0	11.1	1.9	35.3	3.6	36.5
1961～65	15.3	8.6	18.2	18.3	14.1	19.1	19.3	―	20.0
1966～70	49.3	62.0	44.5	38.6	43.9	38.5	25.6	―	26.0
1971～75	11.5	10.8	12.0	17.5	12.6	18.6	1.9	13.2	1.7
1976～77	13.0	16.5	11.7	20.2	14.9	21.5	3.9	73.0	2.3
計	100	100	100	100	100	100	100	100	100

面積ha　年次別面積率%
出典：『戦後日本の食料・農業・農村　第三巻Ⅱ　（白石正彦・岡部　守）』

第三節　迷走する減反政策と陸田経営の動向

字であった。戦後入植した畑作開墾4地区でも、昭和30年代に畑転換田の造成が進み、53年現在で150.1haを記録している。38％の水田化率であった『大田原市史　p344・388-391』。このようにして那須野ヶ原に畑転換田（陸田）型と山林原野開田型の起源の異なる水田地帯が形成されることになった。

　一方、埼玉の場合は、発生期と普及期が茨城より10年ほど早く訪れていた。茨城、埼玉両県の時差は、高度成長経済の影響の受け方に現れる地域性を象徴するものであった。労働力流出が早期に始まっていた埼玉では、昭和30年代前半に高度成長経済期の到来を待たずに陸田化の一つの進行期が訪れる。茨城ではこれより10年ほど遅れて陸田化の盛行期を迎えることになる。西関東と東関東に見られた陸田成立のタイムラグは、やがて先進地域性をめぐる交代劇を演出する重要な要因の一部を構成することになっていく。

　埼玉、茨城両県に見られた陸田造成上の時差の発生には、西関東の台地・扇状地を中心とする早期段階での兼業農家の発生が関与し、中川水系流域農村では水稲モノカルチュアーの進行を広域的にともなうものであった。これに西関東農村の養蚕経営への拘泥執着期間が加味されることになる。結果、ともに東京の巨大蔬菜生産基地化に向けての産地形成の動向を阻害する要因になったことが考えられる。これに対して茨城では伝統的な普通畑作を踏襲する間に、高度成長経済の展開が農産物需要の高度化大量化と価格上昇期をもたらした。常総台地農民の状況変化への対応は迅速であった。工業団地の進出による地域労働市場の成立―陸田兼業農家の形成―を抱え込みながら台地畑作農民は分解と変貌（蔬菜産地化）を遂げていった。

　埼玉・茨城両県ともに自然堤防帯と隣接洪積台地上での陸田化であったが、少なくとも埼玉では中川水系流域の自然堤防上の陸田化が先に普及期に入り、5年ほど遅れて1960（昭和35）年頃から大宮台地北半の洪積台地上に陸田造成が普及した。おそらく青木眞則のいう埼玉では二つの陸田普及期があるとする指摘『前掲書　p258』は、陸田普及過程の地域性に基づく特徴だったと考える。陸田造成期の違いをもたらしたものは、用排水利用とごく浅い層の地下水利用（利根川から浸透流下する自然堤防経由の自由地下水）『利根川水系における水収支（金子　良）p190』が可能であった前者に対して、20〜30m前後の深層地下水利用上の技術的・経済的開発とその普及を待たねばならな

257

第Ⅱ章　経営環境の変転と西関東複合経営農村の逡巡・先進性後退

かった後者との違いに基づくものといえる。なお、栃木（那須野ヶ原）、茨城、埼玉（中川水系流域）の場合は、耕地の畑利用を否定し、専作的稲作つまり水田モノカルチュアーの系譜を選択した水陸田化という点で基本的に青木の見解（前掲書 p257-258）と共通すると考える。

　関東畑作農村における水陸田化の動向は、生活権の確保という極限状況の中で始められた那須野ヶ原地方や利水条件が著しく優れていた中川水系流域では、1960年以前に発展期を迎えているが、その他の陸田地域は、高米価水準と利水技術の発達という二つの条件に都市化の進展あるいは工業団地造成という労働力の流出要因が加わって、1960年頃を中心にして造成の速度と範囲を急速に拡大していった。陸田化の基本的推進力のひとつと考えられる労働力流出問題が、構造改善事業効果としての発生余剰労働力と陸田化を結合して兼業農家の成立を促したことも無視できない想定外の現象であった。埼玉県南部農村桶川・北本市、騎西・幸手町、伊奈・吉見村等で進行した（新井鎮久 1970 p140-147）行政効果の負の遺産ともいうべき事柄であろう。こうした基本的条件だけでなく、大宮台地縁辺部や開析谷頭あるいは那珂川水系の自然堤防縁りのような「田に畑ならず」地形の畑では、近隣に先駆けて陸田化が進んだ事例も併せて付記しておきたい。

　2015年3～6月に実施した筆者の現地調査結果によると、近年、減反推進の矢面に立たされてきた陸田経営は、有力な商品化作物を見いだせないままに、都市化・工業化の影響も加わって利根・渡良瀬川合流地域、大宮台地全域、荒川下流域、中川水系流域等の市町村で若干の減少傾向がみられた。とくに舘林では、三分の一の陸田が消滅し、加えて、かつて中島峰広（1967 p24）が取り上げた茄子の連作障害の克服を通して園芸農業の発展に果たしてきた役割も、今日大幅に消滅した。

　それでも総括的に見る限り、茨城県西蔬菜園芸地域の事例が示すごとく、転作指導の強化に依って、関東地方の蔬菜作付面積が再度増幅基調に転じ、加えて陸田転作それも少数農家による麦作のための借地型規模拡大傾向が明らかである（JA常総ひかり八千代支店資料）。新たに那須野ヶ原農村等に拡大した飼料用作物生産への転換（表Ⅱ-7）も無視できない数値を示している「農産物の需要形成と地域農業および流通（山口照雄）p122-128」。いずれも

258

第三節　迷走する減反政策と陸田経営の動向

表Ⅱ-7　那須塩原市における稲作転換と飼料用作物

米の生産調整面積	（A）402,439a
不作付面積	（B）23,240
転作面積	（C）379,199
飼料作物	（D）159,517
飼料用米	（E）16,594
WCS用米	（F）22,494
D. E. F/A	（39.6%）
D. E. F/C	（52.4%）
飼料作物1位	ライグラス　74,860（47%）
2位	青刈玉蜀黍　49,495（31%）

出典：「那須塩原市農業再生協議会資料」（筆者作表）

関東畑作農村の蔬菜産地の基盤強化や酪農地域の拡充に関与する部分は小さくなかったとみられる。かつて、荒幡克己『減反廃止 p195-196』が指摘したように、「初期の減反政策は、水稲単作地域まで巻き込みながら全国規模で蔬菜産地形成に大きく寄与した。まさに減反政策下の産地形成と水稲単作からの脱却は、旧農業基本法の選択的拡大の延長線上に位置つけられる状況であった」というが、減反対応の流れは、陸田転作に関する限り、今も大きく変更されたとは考えられない。

　こうした状況の中で、近郊外縁地域の零細兼業農家や台地上の飯米自給型兼業農家の陸田経営は、今も存在理由が失われていない。同時に、減反政策下の陸田転作地域において、総和町（駒場浩英 1992 p25）・鉾田市「関東地方の台地利用における陸田の意義（石井・山本）p266-267」等に見るような連作障害の克服手段としての陸田化、あるいは那須野ヶ原地方（大沼幸之助 1955 p38）・（筆者の今回の報告）のような飼料栽培の拡大を通して酪農経営の大規模化を推進するという、本来的な意味での田畑輪換効果を発揮している農村地域が存在することも見落とせないことである。減反政策下の今日、総和・八千代（茨城）、小山（栃木）、川里・北本・羽生（埼玉）等の陸田横ばいないし微増地域の存在は、上記の現象を反映した結果と考えることができる（表Ⅱ-8）。しかもこれらの市町村はアトランダムに選んだ調査地域であった。

　最後に関東畑作地帯における陸田経営上の諸問題を検討整理する過程で、

第Ⅱ章　経営環境の変転と西関東複合経営農村の逡巡・先進性後退

表Ⅱ-8　埼玉県南部地域の陸田存続状況

	鴻巣市川里地区 （元荒川上流）	北本市 （大宮台地北部）	羽生市 （中川水系上流）
昭和32年	138	0	567
昭和39年	329		817
昭和50年	379	160	909
平成20年	393.6	243.0	932.6
平成22年	385.2	232.8	954.6
平成24年	376.9	231.6	967.4
平成26年	372.1	228.0	973.9

面積 ha
出典：「市町村農業再生協議会資料」（筆者作表）

取り残された課題を指摘して小括に替えたい。

　山本荘毅論文（1962 p6-9）は、栃木の地下水利用水田の特徴を「地域的には那須野ヶ原、栃木市周辺、佐野・葛生周辺に分類し、利用上の最大の特色を集水暗渠にもとめている」が、山本荘毅は地下水灌漑地域の成立過程について、既成水田地域の補給水開発の余力から生じたものか、あるいは山林原野の開田成果ないし一般的理解に基づく畑地転換田（陸田化）なのか一切触れておらず、もっぱら水文学的考察に終始している。このため那須野ヶ原扇状地については、筆者の作業でひとまずの結論を導き出すことができたが、残る南部2地域の実態は知見を得ることができなかった。したがって栃木南部の畑地灌漑や陸田化については、下総猿島・結城台地の延長線上の考察に終わったこと、ならびに前述の陸田微増・横ばい型農村の要因分析に関して、研究者として不完全燃焼の思いを残すことになった。

第四節　西関東中山間地の大規模畑灌（群馬用水）事業計画の策定と推進

1. 米麦養蚕型複合経営農村と群馬用水事業

群馬用水事業の評価と受益農村の農業地域的性格　　赤城南麓と榛名東麓一帯は、近現代における関東・東山地方の養蚕地帯のうちでもとくに米麦Plus養蚕類型の先進的な農村地帯とされてきた。その後、昭和30年代初期

第四節　西関東中山間地の大規模畑灌（群馬用水）事業計画の策定と推進

の養蚕不況を契機に、関東東山地方では、養蚕農家の顕著な経営分解が養蚕
地域の再編成をともなって進行した。分解の結果、養蚕農家は繭価低落を収
量の増大によって補填する方策、具体的には養蚕経営規模の拡大と経営の近
代化で克服しようと試みた。結果、階層的には規模の拡大が可能な中上層農
家への集中が進み、地域的には平場農村における米麦・蔬菜園芸地帯への転
進と、中山間地農村への再編集積をともなう養蚕地帯の構造的変革が進展し
た。しかしながらこの状況も安定的・継続的ではなかった。農政と地域住民
とが連携して構築しようとした養蚕主導型の農業地域の性格は、1985（昭和
60）年頃まで存続しやがて消滅することになる。

　標高130m〜500mの間に立地する赤城・榛名山麓農村は、明らかに中山間
地的性格を包括する農村地帯である。ちなみに中山間地域とは、農林水産省
分類の都市的地域、平地農業地域、中間農業地域、山間農業地域のうち中間
農業地域と山間農業地域の漸移地帯を便宜的に区分した地域名称である。鈴
木康夫『中山間地域の再編成　p21-22』が九州中山間地農村研究で指摘した
ことと共通する事柄でもあるが、一般に赤城・榛名山麓の中山間地域は、緩
傾斜地形の山麓斜面の畑と狭小な谷底平野の渓流水かけ流し水田からなり、
常習的な干害と限定された耕地規模の農村地帯であった。圃場の分散零細性
と傾斜地形に制約され、近年まで土地改良等の生産基盤の整備は立ち遅れて
いたが、反面、地域立法によって、生活基盤の改良整備は比較的良好な地域
となっていた。もっとも社会的なインフラ整備は、必ずしも農産物流通面の
整備として農業発展に直結せず、むしろ労働力の近隣都市への在村流出と一
部別荘地への都市住民の流入を促進することになった。こうした状況の中で、
中山間地農村では米麦養蚕複合型農家群が、繭価と米価の変動に翻弄されな
がら変革期の群馬用水事業の推進と取り組むことになったわけである。

　周知のようにわが国の農業農村投資は、近代以降水田土地改良に集中し、
優良農地の形成を通して、生産力配置の地域的・階層的平準化に貢献してき
た。一方、劣等耕地．畑での国営大型改良投資は、相模原台地・愛知用水・
豊川用水・綾川用水・笠野原台地等の多面的用水需要や大規模災害発生地を
抱える特例的の事業以外に、特記すべき事例を見出すことはできない。畑地
灌漑のための用水事業や区画整理事業が一般化して、国家投資における畑地

第Ⅱ章　経営環境の変転と西関東複合経営農村の逡巡・先進性後退

改良の伸び率が水田を追い越すのは1970年度、シェァで折半になるのは1970年代前半であった。わが国における土地改良史が大きく書き替えられるのは、食糧事情が好転し、農産物需要の大型化・高度化時代が到来する1970（昭和45）年頃まで待たねばならなかったのである。

　1970年代以前の畑地灌漑事業には、西関東養蚕卓越地帯の鏑川、神流川、荒川中部諸用水事業のように、田畑間投資伸び率の拮抗時代到来以前に、田畑輪換を主目的事業として発足したものが、事業半ばで減反政策に直面し強制的に目的変更を迫られた事例も少なくない。事業の規模と目的において西の愛知用水としばしば比肩される群馬用水事業は、その典型といえる存在であった。しかも群馬用水事業は、事業採択の当初目的とその後の変更内容以上に、むしろわが国初の中山間地米麦・養蚕複合型農村における国営大規模畑地灌漑事業地域として、さらに関東内奥部農村という立地条件とともに、大きな意義と興味を抱かせる展開例というべきであろう。

　莫大な公共投資と実験的な手法を駆使した群馬用水の事業効果は、土地改良区や一部研究者の分析成果とは若干の乖離が感じられる内容となっている。これまで見聞する限り藪塚台地、赤城原（昭和村）、荒川中部、さらには霞ヶ浦用水、下総三大畑地灌漑用水のごとく、地域農業と農民に十分の将来展望を与えているとは思えない面も散見される。以下、中山間地の米麦・養蚕複合型農村における農業用水事業にかかわる計画段階と実施段階の変遷過程、事業内容と農民の対応、改良区や農政の指導体制、とりわけ事業効果とその規定要因分析等について順次考証していきたい。

群馬用水事業の成立前史と派生的諸問題　　群馬用水事業の発想起源は古く、1938（昭和13）年策定の「群馬県河水統制計画」の中の赤城・榛名山麓の開田計画500haを嚆矢とする。以下群馬用水事業の成立過程のうち事業の本質にかかわる変更修正事項について、『群馬用水工事誌』・『群馬用水土地改良事業計画概要書』および『赤榛を潤す―群馬用水誌―』から抜粋し紹介する。とくに注記がない限り『工事誌』に依拠して記述する。

　1943（昭和18）年、第二次世界大戦勃発の影響で、群馬県河水統制計画は赤城山麓地帯で900ha、榛名山麓地帯で200haをそれぞれ開田し、既設水田3,500haに用水補給を行うとする拡大計画となるが、戦局の激化で実施は戦

第四節　西関東中山間地の大規模畑灌（群馬用水）事業計画の策定と推進

後に持ち越された。

　戦後県土の荒廃と利根川大水害を背景に総合開発計画が推進され、同時に緊急食糧難対策としての土地改良政策が強力に全国展開されていった。この頃、群馬県内にも畑地灌漑という新灌漑方式が外国から技術導入され、県域東部を中心に普及していった。こうした状況を踏まえて、1952（昭和27）年、利根特定地域総合開発計画の一環として、赤城南麓・榛名東麓土地改良計画の原型つまり群馬用水事業の当初計画が策定される。両地域の開発計画の要旨は赤城南麓・榛名東麓合計で、既成水田用水補給3,317ha、開田2,510ha、畑地灌漑8,273haであった。

　1957（昭和32）年11月、農林省の直轄調査地区に指定され、群馬県も共同調査体制を整えて現地調査に入った。調査の進展にともない以下の理由による計画面積の大幅変更を余儀なくされる。いわゆる第一次修正計画である。1)、渓流河川の流量が少なく、上位部開発面積の確保は不可能であること。2)、事業計画地域内の減水深が意外に大きいこと。3)、渓流沿い既成水田の反復利用率が高く、常習用水不足地域は意外に少ないこと。4)、利根川岩本地点の取水条件が悪いこと。上記理由により計画の一部を変更し、名称を群馬用水事業と改称した。変更計画の要点を以下に示す。農業経営の合理化と安定のため、地目別耕地面積比を水田4、普通畑3、桑園3の理想比に近づけるべく赤城南麓・榛名東麓合計で開田2,400ha、畑地灌漑6,500ha、用水補給500haと設定する。水源は八木沢ダム、取水地点は岩本、取水量は最大19.79㎥/secであった。標高260m以下の耕地には利根川導水をあて、260m以上の耕地には260m以下の耕地が利用していた渓流河川水を転用するものとされた。

　1958（昭和33）年12月、膠着状態の灌漑、発電、水道の三者委員会の下、農林省と群馬県側は、灌漑用水の特定化に必要かつ費用分担能力に見合う開発方法と面積の検討を行った。結果、田畑輪換栽培の導入を柱とする計画内容の変更が決定された。これが第二次修正計画の骨子であった。1958（昭和33）年12月にまとまった修正計画面積は以下のとおりである。赤城南麓・榛名東麓両土地改良地域の既成田補給が500ha、田畑輪換が4,800ha、畑地灌漑が4,600haとなり、開田はすべて田畑輪換方式に改め、畑地灌漑面積をそ

263

第Ⅱ章　経営環境の変転と西関東複合経営農村の逡巡・先進性後退

の分だけ減少させた。田畑輪換は2か年交代つまり4年に2回の稲作とした。

　1960（昭和35）年3月、事業地域内耕地における開発希望面積の一筆調査に基づいて、開発手法と計画面積が決定された。ここに地域農民の意向と許可水利権水量（最大取水量19.676㎥/sec）の枠内での現実的・具体的事業計画が確定される。上位部の開発希望者が多いため、補助貯水池の設置が新たに加わった。第二次修正計画の開田停止のような基本計画にかかわる変更は見られなかった。これが第三次修正計画の概要である『群馬用水工事誌p1-11』。

　この時点で群馬用水の調査計画が完了し、昭和35年度から3か年の期間をもって全体実施計画に入った。所定の期間を経て、群馬土地改良区は受益者18,016人のうち12,553人（69.7％）の同意を取りつけ、39年3月23日に水資源公団総裁に着工を依頼した。翌翌26日に主務大臣から事業計画が認可され、以降、群馬用水事業は、水需給にかかわる大枠内で三転四転する変更渦中に向けて、本格的に始動することになるわけである。計画変更が受益農民に与えた影響はきわめて大きかったが、水資源公団営の幹線工事は比較的順調に進捗し、1964（昭和39）年11月の着工以来5年有余を経て1970年3月にすべての事業を完了し、建設所の閉鎖にこぎつけた。

　同時に公団営附帯県営灌漑排水事業の実施設計が、1964～65年にかけて農林省の全体実施設計に基づいて進められた。たまたま公団側が当初予定の500haまでの灌漑排水事業を100haまで担当するという採択条件の緩和を決定したこと、渓流河川からの予定水量の確保が困難となったこと、幹線水路からの取水がポンプアップに切り替えられたこと等の理由で、県営灌漑排水事業にも変更が加えられ、畑地灌漑4,180ha、田畑輪換3,535ha、用水補給843ha、計8,558haとして実施設計がまとまり、同意率82.6％（12,806人／15,606人）をもって昭和41年7月から本格的な工事に入った『赤榛を潤す―群馬用水誌―　p124』。

　1969（昭和44）年、幹線水路の完成を見ることになるが、翌1970年、減反政策の発足にともない群馬用水土地改良計画にも再び基本的修正が迫られる。結果、田畑輪換計画3,972haは作業過程の半ばに442haで打ち切られ、畑地灌漑と既設水田の用水補給に土地改良の重点が移行することになった。

第四節　西関東中山間地の大規模畑灌（群馬用水）事業計画の策定と推進

　計画変更は、1973（昭和48）年の生産調整にともなう開田抑制、既存水源水量の激減、都市化の進展と農家形態の変化等を総合的に勘案して行われたとされているが、減反対応が最大の理由である点は疑うべくもない事実である。土地改良計画における変更部分は田畑輪換488ha、畑地灌漑4,711ha、用水補給3,042haとなった。今回の計画変更は、規模の縮小以上に受益内容の質的転換として農民に与えた動揺が大きく、養蚕と米麦作の技術と経験しか持たない農民たちは、畑地灌漑農業が目指す蔬菜園芸に展望を失い、脱落者の続出を招くことになった。なお工事計画面では、冬季でも畑地灌漑が可能な上位部調整池増設を組み込み、ここに通年畑灌配水体制が確立された。

　1973（昭和48）年度の根本的な計画変更後における付帯県営事業の実施過程において、地域農業、用水事情に変動が生じた。地域農業の根幹にかかわる開田計画の事実上の棚上げ変更や減反政策の推進という農業情勢の変化に付随する余剰水の発生問題は、やがて昭和52年度の「群馬用水利水高度化計画」の立案に発展する。こうして1980（昭和55）年、修正計画の再変更ともいえる赤城西麓畑地灌漑事業（受益面積2,400ha）の新規採択と農業用水の上水道転用という愛知用水以来の新事態を迎え、以来、この利水高度化計画に沿って、末端開発のための群馬用水事業が推進され、平成元年度をもってすべての建設事業の完成を見ることになった。

事業目的の変転理由とその背景　　これまで述べてきたように、群馬用水事業は、水資源機構の水源工事着工から付帯県営の末端事業完成まで約30年、これに改修事業を加算すると実に半世紀を費やした。群馬用水事業は具体案策定までに3回もの計画修正を繰り返し、その後の実施段階でも再度の大きな変更が加えられる。変更理由は多面的である。そこで重要とみられるいくつかの問題に絞って概観すると、まず基本的事項として、事業期間が長期に過ぎたことであり、その間多くの問題が発生して当然であった。とりわけ産業構造上の激変に直面して農政も短いスパンで変動し、群馬用水事業の進行にも大きな影響を及ぼすことになった。

　具体的変更事項としては、渓流河川の利水能力が想定外に小さかったことと耕地の減水深が大きかったために、計画の修正を必要としたことがまず指摘できる。導水計画の実施に困難をともなう上流部の需要が相対的に大き

265

第Ⅱ章　経営環境の変転と西関東複合経営農村の逡巡・先進性後退

かったことも指摘できる変更要因であろう。三者委員会における多目的水需要との競合と調整も困難な事態であった。同時に「養蚕 Plus 米麦作農村」という伝統的複合型農業の踏襲を、公私がともに前提条件として意識していたことも、手法の選択と面積配分を難しくしていたように考える。

　一言追加すると、水資源機構の基幹事業終了後の付帯県営事業段階において、第二次修正計画で開田割愛と引き換えに導入された田畑輪換が、減反政策の影響でさらに大幅に削られ、畑地灌漑に振り替えられたことも重要な問題点として指摘しておきたい。いわば水田改良を中枢に位置つけることで、山麓台地農民の同意を取りつけて発足した群馬用水事業は、農民が渇望していたとは思えない畑地改良事業に変更されたわけである。

　最後まで養蚕経営にこだわった養蚕 Plus 米麦複合経営型農民の技術と伝統も開発地域の底流を構成し、後々の事業進展に複雑に影響し続けたことが考えられる。農業構造改善事業の近代化施設整備において、養蚕関連の事業が突出していたことを指摘するまでもない。投資効果を上げる間もなく養蚕衰退の波は中山間地にも波及し、営農計画においても蔬菜作等への変更を農家に迫ることになる。利水営農の必要性と有効性がここに来て初めて農民の前に提示されたわけである。こうした計画変更事情とりわけ前者の減反政策がらみの複合要因が、後々群馬用水地域の農民たちと用水とのかかわり方や営農類型の選択方針さらに産地形成にどう影響したか等については、終章で稿を改めて検討したいと考える。

水利事情と農業経営の概況　　　　地域内の水田は4,540ha余りで、その大部分は赤城、榛名、子持山頂から流下する渓流と天水が主要な水源である。棚田が多く集団的な水田は箕郷、高崎、渋川周辺のごく一部に過ぎない。用水系統の確立したものは大沼用水地区、寺沢用水白井土地改良区、中部用水土地改良区だけで、その他は渓流を主水源とし小溜井を補助水源としていた。いずれも取水状況は良好でなく水利権も慣行的で確定したものはない。渓流沿いの水田は用排水の反復利用が一般的で、水量の割に水田面積は多いことに特徴がある。用排水の反復利用地域では植付け期に水不足問題が深刻化する傾向にあるが、植付け後は概して水不足を訴えることは少ない。むしろ集団的水田地域のほうが、栽培期間を通して水不足が深刻である。

266

第四節　西関東中山間地の大規模畑灌（群馬用水）事業計画の策定と推進

　群馬県統計書（昭和25年度）によると、地域内農家戸数は、20,373戸（赤城側10,451戸、榛名側9,922戸）、平均耕作面積は8.4反（赤城側9.2反、榛名側7.5反）に過ぎない。これを地目別に分類すると水田2.1反（赤城側2.7反、榛名側1.5反）、畑6.3反（赤城側6.5反、榛名側6.0反）で経営の主体は畑作にあるといえる。このうち普通畑と桑園の割合は概算2対1となるが、全農家の70％を占める養蚕農家の場合、水田と桑園の面積はほぼ同率を示す。このことから地域内農家にとって養蚕は重要な地位を占めるものと推定されるが、繭価の変動性の大きさから農家経済は必ずしも安定的ではなかった。

　結局、地目構成割合が示すように群馬用水地域の農業は畑作に重心を置いてきたが、地形、地質、土壌の物理的性質に基づく透水性の大きさと地下水位の深さに加えて、群馬町西国分地区のような高崎・前橋近郊の一部蔬菜産地以外では、揚水灌漑の施設整備が明らかに遅れていたこと（耐旱性作物として桑園が卓越する状況は、常総台地農村ともっとも大きな相違点となっている。）が考えられ、常襲的な旱魃地域とされる割には、被害事例は水田水稲作に集中し、畑作では陸稲の旱干栽培時代の被害報告を見るにすぎない『群馬用水土地改良区設立50年誌　p26-35』状況であった（本事業計画書は、群馬用水計画の原典といえる当初計画書に基づくものである。なお注記以外はすべて『赤城榛名（群馬用水）土地改良事業計画概要書　p1-3』を参照した）。

2. 群馬用水受益農村の近代化と行政の地域形成機能

計画変更と農家の動揺　　「狂った農家の思惑」（昭和45年10月6日．朝日新聞）、「水田造成希望農家が激減」（45年3月9日．読売新聞）踊る活字に見るとおり、群馬用水を取り巻く農業環境の変化とりわけ減反政策による開田抑制と水稲作付転換、高止まり米価政策の見直し等の影響をうけて、田畑輪換希望農家が大幅に脱落し当初予定の25％（800ha）に激減した。

　田畑輪換への大幅変更を余儀なくされた群馬県は、1970（昭和45）年度に新規開発計画に基づく「群馬用水地域農業振興計画」を作成し、振興対策を実施することになる。計画作成のための地帯区分は、幹線上位部（ポンプ掛り地区）と下位部（自然灌漑地区）に大別し、さらに分水口、作目構成、指導機関の管轄等に従って16団地に区分し、これを赤城南麓、榛名東麓、子持

267

第Ⅱ章　経営環境の変転と西関東複合経営農村の逡巡・先進性後退

浮石の3地帯に分類して現況分析と計画作成を行うことにした。基準年次は昭和43年度とし、目標年次は末端事業が完成する昭和52年度に設定し作目別の成長計画を策定した。

　以下、計画概要のうち土地利用計画と生産計画について概要を紹介する。地帯別土地利用面積では赤城南麓6.0%、都市化の波及が見られる榛名東麓6.9%、内奥部の子持浮石5.1%の減少をそれぞれ予測した。地目別では水田23%減、桑園5.9%増、果樹30.9%増をそれぞれ策定した。今後の増加作目としては蔬菜、飼料作物、桑、果樹、花木、蒟蒻を取り上げ、水稲微減、陸稲、麦、雑穀、芋類は大幅減と推定している。蔬菜類のうち果菜の大幅増と葉菜の微増が予測され、また赤城南麓のほうれん草、独活、韮の増加も予測されていた。畜産については乳牛・採卵鶏の増加が広域的に見込まれ、榛名東麓を中心に繁殖豚、肥育豚とともに肉用牛・ブロイラーの飼育頭羽数の増加も見込まれていた。

農業近代化過程の課題と対策　園芸特産地形成にかかわる事業施策には、園芸特産物主産地形成事業、地域特産農業推進事業、群馬用水野菜新興産地育成事業があるが、実施されてきたこれら三事業の目的と相互関係はきわめて曖昧で、持ち味を有効に発揮してきたとは考えられない。これまで進められてきた園芸振興対策―営農近代化対策のうち、群馬用水受益農村の農業発展・産地形成にとって一応の評価が可能な事業は、昭和47年に土地改良区に設置された調整課常駐の専門的営農指導員2名の活動、ならびに利水グループの育成とこれを核にした営農活動の地域的展開であろう。本来「土地改良区」の存在理由は、用排水施設設備の維持管理機能に尽きるとみても過言ではないと考える。その点群馬用水土地改良区独自の営農改善指導体制は、すでに田中　修「畑地灌漑と群馬の農業 p165-171」の指摘にもあるようにきわめて独自性の高いものとなっている。

　事業完成後の土地改良区では様々な営農指導上の問題を抱えていた『赤榛を潤す―群馬用水誌― p352-353』。たとえば「行政区域と事業区域が整合性を欠くために系統的指導体制が取れない。このことに関連して、農林業統計値が不整合のため事業効果の正確な把握が困難となり有効な指導体制が確立できない。畑作の基幹作物が利水効果となじまない桑園である。度重なる

第四節　西関東中山間地の大規模畑灌（群馬用水）事業計画の策定と推進

計画変更と変動農政に対する農家の不信感が根強い。自信をもって農家に奨励する作目が見当たらない。」等々の問題であった。

　こうした困難な状況下において、群馬県と土地改良区は部門別に篤農家を選出し、かれらに徹底した濃密指導を加えることで周辺農家への波及効果を期待することにした。具体的な指導は土地改良区と農業改良普及所が担当し、スプリンクラー灌水技術と新しい作目導入を主体に指導体制を固めることになった。これが後に群馬土地改良区の利水営農推進上の中核的存在として、農家の営農活動を牽引する役割を期待された「利水改善グループ」の成立に直結していく仕事となるわけである。同時に近未来の地域リーダー養成を目指して先進地域長期留学制度も発足している。

構造改善事業と県営大規模圃場整備事業の発足　　公団営幹線事業と並行して1964（昭和39）年度から付帯県営事業を発足させた。まず県営灌漑排水事業が、昭和41年度から同意率82.6％を得て本格的に着工される。その後1973（昭和48）年度の減反政策下の開田抑制方針に付随する大幅な計画変更を経て、1978年度に換骨奪胎の事業がようやく完成した。この事業の受益内容は、変更計画段階で田畑輪換488ha、既成水田用水補給3,042ha、畑地灌漑4,711haに変更されたものである。公団営幹線用水事業と重複しながら末端事業の近代化施設整備と土地基盤整備が、団体営農業構造改善事業（昭和41～56年）と県営大規模圃場整備事業（昭和42～平成元年）によって同時進行的に開始された。整備規模は第一次構造改善（41～45年度）で赤城村津久田地区（養蚕・蒟蒻）,吉岡村溝祭地区（養蚕）、子持村上白井地区（蒟蒻と養蚕・蔬菜）、宮城村鼻毛石地区（米と飼料作物）、大胡町堀越茂木地区（養蚕・米麦と酪農）、富士見村原之郷地区（米麦・養蚕と蔬菜）、北橘村八崎地区（養蚕と蔬菜）、粕川村室沢地区（養蚕と蔬菜）の8町村、11地区、708haが実施された。第二次構造改善（45～56年度）では、酪農と畜産を基幹部門に据えこれに蔬菜施設園芸を加味して、吉岡、箕郷、大胡、渋川、北橘の5市町村5地区の事業が施行された。一方、県営大規模圃場整備事業は、水田の土地基盤整備に比重を置いて8団地、5,593haの実施規模となった。

一・二次構の誤算と変更　　実施地区別の性格と目的を端的に示すものは、土地基盤整備と近代化施設整備計画である。このうち土地基盤整備の内容は

269

第Ⅱ章　経営環境の変転と西関東複合経営農村の逡巡・先進性後退

圃場整備と畑地灌漑施設であるが、これらはすべての事業地区に共通するためここでは割愛し、融資単独事業を含む経営近代化施設整備に絞って、第一次構造改善事業の地区別主要実施状況を集計すると、稚蚕共同飼育所（7事業地区）蚕室（4事業地区）牛舎（2事業地区）スプリンクラー（8事業地区）トラクター（8事業地区）バインダー（1事業地区）蒟蒻貯蔵庫（1事業地区）堆肥舎（2事業地区）となる『赤榛を潤す―群馬用水誌 p144-148』。

　第一次農業構造改善事業による施設近代化状況から、当時の群馬用水受益農村に対する行政の育成方向と地域農民が選択しようとしていた営農類型が具体的に見えてくる。まず基本的なことは、整備された土地基盤の上にトラクター等の中型農業機器を稼働して労働生産性の向上を実現しようとしていることである。次いで労働生産性の向上を背景にした余剰化労働力と水利用の汎用化を通して、新たな米 Plus 養蚕部門を核とする複合型農業経営の実現を試みていることである。ついで「二次構」の補助事業と単独融資事業を一括してみると、吉岡村で近代化事業の酪農畜産団地（55棟）の造成を中心にガラス園芸団地（13棟）の造成が進められ、箕郷町では酪農団地（5棟）が造成された。大胡町では施設園芸団地（苺）10棟の設立とガラス温室6棟、パイプハウス6棟が建設され、北橘村では酪農団地10棟と園芸団地（花卉ガラス温室）5棟に花卉温室6棟が造成された。この他北橘村以外のすべてに水田協業施設として経営近代化のための機械器具と施設が導入・建設されたことで、集約的な経営諸部門との有機的・合理的関係の確立を指向する関係当局の指導姿勢が明らかになってくる。少なくとも『一次構』の養蚕重視型近代化事業に比較すると、「二次構」の酪農畜産・蔬菜施設園芸型の経営形態には大きな変化と前進を見出せることだけは確かである。

　複合型農業経営では、水条件を保証された水田米作 Plus 畑地灌漑栽培を基準にして近代的な諸類型が設定された。設定された諸類型の基幹部門、副次部門としての位置つけは、地域によってそれぞれ異なるが、第一次構造改善事業段階で選択された諸類型のうちもっとも多いのが米Plus「養蚕」であり、さらに格差をもってアルファー部門に「畜産・酪農」、「蒟蒻栽培」が位置つけられている。近代化施設整備状況から見た地域農業の将来像を、さらに第二次構造改善事業の目的と計画の概要および後述の利水農家・団体の実

第四節　西関東中山間地の大規模畑灌（群馬用水）事業計画の策定と推進

践報告会や後継者の先進地域留学記録から推定補完すると、やがて物的な近代化施設整備だけでは、十分に見えなかった中堅農家層の施設園芸型農業への意向が次第に明らかにされていくことになる。

　以上換言すると以下のように整理できる。初期段階の構造改善事業で問題となる事柄は、すでに高度経済成長期以降、利根川流域の平場畑作農村では明らかに衰退した養蚕が、近代化の装いをこらしてはいるものの、依然として昭和50年代の後期養蚕不況期到来まで、新しい農村計画の首座に据えられていたことであり、しかも桑園経営には畑地灌漑用水の投入は不可欠性を有しない点である。同時に、少なくとも第一次構造改善事業に関する限り、中山間地域の蔬菜作重視と施設化の思想が、当時の農政・農民ともに欠落していたことも問題点として指摘されなければならない。間もなくこの中山間地農村が抱える短期観測上の誤りは、その後「二次構」の酪農・畜産重視思想の中に蔬菜園芸の施設化として織り込まれ、部分的ながらひとまず軌道修正されることになるわけである。軌道修正は、昭和45年の減反政策で生じた大量脱落農家の発生に動揺した群馬県によって急遽策定された「群馬用水地域農業振興計画」に基づいて行われたとみることができる。「一次構」の終了後のことであった。なお、「一次構」の養蚕指向型の事業展開ならびに「二次構」の畜産酪農主導型事業の推進にもかかわらず、地域波及効果を発揮することなく状況は停滞し、後継者長期研修参加状況からも読み取れるように、農民たちの対応はほぼ施設園芸農業一色に塗り替えられていくことになる。

県営大規模圃場整備事業の大幅修正　　県営圃場整備事業の要旨と目的においても、新里地区の事例にみられるような「耕地の区画形質の改善、大型機械の効率的運用、農業経営の近代化と農産物の選択的拡大」『赤榛を潤す―群馬用水誌― p151』という中山間地域の地形条件から本質的に遊離した抽象的な表現にとどまっていた。県営大規模圃場整備事業の実態は、主として水田基盤の土地改良と中型機械化農業の展開を指向するもので、畑地灌漑計画推進のための畑地基盤整備という群馬用水事業の主流とは若干乖離するものであった。そもそも改良区管内の個別農家の平均的水田所有規模も20.1アールと小さく、事業の波及効果は必ずしも十分期待できるものとは考えられない部分を包括していた。

271

第Ⅱ章　経営環境の変転と西関東複合経営農村の逡巡・先進性後退

こうした現実と若干乖離した土地改良政策は、農民の既成水田整備に対する強い要請に行政が押し切られた結果とみることができる『前掲群馬用水誌p149』。わずかに県営圃場整備事業が新しい開発計画に同調している部分は、狭小な中山間地の水田土地基盤整備と省力技術体系の導入によって創出される余剰労働力を、施設園芸・畜産、酪農等の集約的部門へ投入しようとする経営理念であろう。反面、農家の経営事情によっては、発生余剰労働力が農家の意向次第で兼業農家の創出に連鎖するという二律相反の矛盾を内包する問題でもあった。この問題も含めて、当時ごく限られた時間経過の中で「一・二次構」間に生じた大きな事業目的の変化と、具体的な営農目標が想定されないままに事業対象を変換したと考えられる県営圃場整備事業の姿勢は、農業環境を取り巻く流動的な事態に影響されて、営農指導当局も長期的展望と指導方針の確立が難航していたことを示す状況といえる。この問題についても追って検証したいと考える。

このほかに「県単小規模農村整備事業」が、受益面積は5ha未満、事業費は50万円～3000万円、補助率は中山間地の場合で45%・平坦地で40%の条件のもとに、末端畑地灌漑施設の設置等を内容として土地改良区主管で進められてきた。平成18年度以降24年度までの間に事業採択件数93件、事業費総額2,021万円をもって富士見、粕川、白井、北橘等で実施された（群馬用水土地改良区資料）。地形的な制約で連続性が分断された中山間地では、比較的有効性の高い事業形態と考えることができる。

第五節　西関東中山間地の「米麦養蚕型複合経営農村」の　　　　　　畑灌事業効果

1. 養蚕慣行と経営転換の努力・実績

養蚕経営のしがらみ　　群馬県は、管内農業地域を高冷農山村・農山村・中間農村・平坦農村・近郊農村に区分し、赤城南麓・榛名東麓・子持浮石は中間農村に位置つけている『1975年農業センサス結果概要 p155-157』。このことを踏まえて群馬用水事業地域の農村を以下「中山間地域」として扱う。

1950年代中期に始まる養蚕不況に対して、西関東の中核的養蚕地域では、

第五節　西関東中山間地の「米麦養蚕型複合経営農村」の畑灌事業効果

地域分化と階層分化をともなう再編成の結果、中山間地の相対的大型農家への再集積が進んだ。赤城南麓や榛名東麓はその一角を構成する養蚕地帯となった。しかしながら価格低落分を収量増加で補填するための新技術の導入だけでは、所詮、事態を改善するには至らなかった。養蚕経営の激しい凋落が進行し、ついに養蚕収入1位農家率は、1975年の55.4%から1995年段階では4.4%に、その5年後には2.0%にまで低落する。群馬用水の利水効果が受益農村に反映される1975（昭和50）年以降2000（平成平成12）年までの主要1位部門の変動は、別格の養蚕以外では、第二次構造改善事業の主要対象部門とされた畜産・酪農関係に衰退が見られ、逆に発展部門では露地・施設の蔬菜園芸を指摘することができる。米麦経営の地位は、1975年の16.6（%）から2000年の32.6（%）に上昇し、その地位を相対的に強めることになった。結合関係は不十分ながら、少なくとも米麦養蚕型農村から米麦蔬菜園芸型農村への移行を読むことも可能であるが、土地改良効果としての発生余剰労働力の一部が施設園芸等を忌避して兼業に流れたことも見落とせない事態であろう。

経営転換の努力と足跡　　行政主導の養蚕から蔬菜園芸への経営転換の足取りについては、「一・二次構」の実施状況を通してすでに述べた。この他にも間接的な経営転換促進事業として、1978（昭和53）年12月設立の「群馬用水営農推進協議会」主催の共励会活動を取り上げることができる。共励会の奨励活動は、協議会成立の翌昭和54年から里芋・夏葱栽培農家を対象に発足し、各年度に5〜10名前後の表彰を実施してきた。2015（平成27）年度現在は奨励対象作物が変更され、秋冬葱と露地茄子となっている。今回の受賞者数は両作物合計で16名であった。対象作物の変化や受賞対象数に群馬用水地域の重要作物の変遷を読むことができる。なお共励作物栽培農家表彰とともに、優良農家や優良農業団体の表彰も同時に進められてきた。とくに優良団体の多くは、長年にわたって受益地域の農業発展の推進力となってきた利水改善グループとの相互関係が強い組織体であることも付記しておきたい。

　次いで経営転換にかかわる農家の主体的取組と土地改良区の助成策について、1975（昭和50）年度発足の先進地域での長期宿泊研修実績から展望してみたい。先進地域での長期研修実績は、本来群馬用水受益農村における今後

273

第Ⅱ章　経営環境の変転と西関東複合経営農村の逡巡・先進性後退

の営農方向を推定できる重要なファクターとみてよい。しかしながら研修応募条件に「利水園芸農業を志向する者」という縛りがあって、経営転換を一定の方向に誘導していることは無視できない現実である。この行政の誘導姿勢（蔬菜園芸）と同時期に展開された「一・二次構」の事業目的（養蚕・畜産酪農）との間にズレはなかったか、あったとしたら原因は何に由来するのか、その経緯が気になることであるが、少なくとも表面的には、土地条件に恵まれない中山間地型農村にとって、園芸作物ないし畜産酪農という土地・労働の集約的な部門選択には、特段の過誤はなかったとみてよいだろう。

　ここで長期研修生の派遣実績を一瞥すると、発足年次の昭和50年度から平成元年度までの間に37名の研修生を送り出している。比較的研修生の多い市町村は、赤城南麓では富士見、粕川、新里の3村であり、榛名東麓では榛東村にやや多く見られた。研修先は施設園芸で有名な愛知県一宮町に集中し、その他は分散的であった。研修目的は施設園芸とくに胡瓜を中心とした果菜類の技術習得希望が圧倒的に多く、果樹・花木園芸希望者は少ない。研修生の派遣は、希望者が少なくなったことと予算的な制約（開業資金30万円の助成措置）で、平成19年度をもって終了した。研修にかかわる特徴的な点は、ほうれん草の桑園間作の歴史が長く、露地栽培も比較的広域的な浸透を見せている割に、露地園芸の習得希望者がほとんど見られなかったこと、ならびに高崎近郊群馬町からの研修参加者が皆無であったことの2点である。おそらく露地園芸技術は自給目的の栽培経験ですでに一般化され、また群馬町の場合は高崎近郊農村としての立地条件から、これもまたすでに施設・露地園芸の技術普及が進んでいたことによるものと思われた。

　先進地域長期研修派遣以外にも、組合員またはその後継者が施設園芸を導入するために県から農業近代化資金を借入した場合、土地改良区による利子補給が行われる。利子補給は年率3％を超えない範囲で施行され、昭和51〜58年度までの実施期間の利子補給は、125件、補給総額は2,042万円に上り、園芸施設面積は100haに達した。この施設面積は、平均化すると約400戸前後の施設園芸農家群の成立を予測させる数字である。

　利水事業の整備完了にともなう施設園芸偏向の研修指導体制と施設園芸限定の近代化資金の助成事業展開が、米麦養蚕複合型の中山間地農村を米麦蔬

第五節　西関東中山間地の「米麦養蚕型複合経営農村」の畑灌事業効果

菜複合型農村それも産地形成レベルの農村にまで変貌させる存在になりえた
か否かについては、利水改善グループの活動とこれをかなりの程度まで反映
すると考えられる体験発表会の実績を通して垣間見てみたい。

利水改善グループの成立展開と評価　　減反政策の影響、養蚕経営の挫折、
農産物需要の多様化と高度化、等に見るような群馬用水土地改良区を取り巻
く情勢の激変に対応して、用水事業も水田（既成田と輪換田）灌漑から畑地
灌漑へと大きく転換された。ようやく行政・改良区・農民を挙げて本来的な
利水営農に取り組むことになる。

　営農改善のための地域組織には、1972（昭和47）年設立の運営対策協議会
（群馬用水の効率的運営調整機能）、同年設立の利水改善グループ連絡協議会
（利水技術研修と利水型営農活動の推進）、1978（昭和53）年設立の営農推進協
議会（農協主導の生産・販売一元化）の3群馬用水掛り事業組織があり、なか
でも利水営農推進の中枢的存在としての利水改善グループの活動は、具体
的・直接的な影響を地域農業にもたらした。

　群馬用水の事業効果を分析するためには、いくつかの課題と視点がある。
課題としては、養蚕 Plus 米麦型の複合農業地域における利水営農型農家の
成立およびその地域的集中と広がり、つまり主産地形成の有無と実体を確認
することである。考察の視点は、平場洪積台地農村，茨城県霞ヶ浦用水地域
における普通畑作型農村から蔬菜園芸型農村への変貌過程を歩む東関東先進
的農村地域との対比に設定した。考察のための資料は、農林業センサスの利
用が最も容易でかつ多角的データを提供してくれると考えるが、残念ながら
これは事業空間と統計空間に整合性が少なく、その用途は限定的である。ま
た群馬用水は本邦有数の大規模事業地域のために、個別農家対象のフィール
ドサーベイは、効果的な広域調査では時間と費用が過大となり、しかも限ら
れた空間の個人的調査では、地域的な課題や主産地形成の把握が困難となる。
結局、群馬用水地域の場合は、土地改良区資料「利水営農改善グループの動
向、体験発表会の実績、優良農家・団体表彰、先進地留学研修実績」等に文
献調査や現地調査結果を加味したものが、実用的かつ一定内容の資料を提供
してくれると考え、センサス資料と併せて使用することにした。一方、霞ヶ
浦用水地域、下総三大用水地域、西関東用水諸地域の畑地灌漑効果について

275

第Ⅱ章　経営環境の変転と西関東複合経営農村の逡巡・先進性後退

は、著者がここ数年来に収集した行政資料と先行的な文献資料を多用し比較検討することにした。

　1972（昭和47）年発足の利水改善グループ連絡協議会への参加は、35グループ・580人であった。当初活発に活動していた耕種部会や養蚕部会は、経営条件の変化から次第に衰退し、替って施設園芸や露地蔬菜グループの活動が活発化していった。その結果、1990（平成2）年度にはグループ数で43団体、会員数で1,558人に発展した『赤榛を潤す―群馬用水誌― p357-359』。発展したとは言っても、改良区組合員総数12,615人の12%に過ぎない点線の存在であり、この状況は2016年現在でも変わらず、26グループ、会員数1,645人にとどまっている。ただし団体数の半減と会員数の横ばいが意味することは、微弱な傾向ながら組織の大型化をともなう有力経営部門への選別集中を示唆するものと理解する。ただし利水改善グループが選択した経営部門は、果菜・葉菜に若干の特徴を示すが花卉果樹類の導入も見られ、水利用型作物への特化傾向は依然不十分である。

　事業半ばで水稲生産の展望を失い、末端事業段階の構造改善事業で導入した地域営農の中核部門養蚕経営の近代化施設も日ならずして画餅に帰した。こうした状況の下で、群馬用水通水後の農民たちが選択し、あるいは選択しようとした営農部門の詳細については後程言及する予定である。

　その前に土地改良区における農業用水通水後間もない頃の農家の営農動向を、前掲群馬用水誌（赤榛を潤す）『p381-383』がどうとらえているか、蔬菜、果樹等の商業的性格の強い作物を中心に見ておきたい。土地改良区編集の統計（昭和50～平成2年）によると、水利用の多い胡瓜、茄子、トマト、韮、花卉の増加率は県平均を若干超えるが、蔬菜全般では2.3ha（0.8%）の微増に過ぎない数値である。それも桑園転作や水田転作が関係するとみられることから、どこまでが営農近代化路線に沿った実績なのか、不明確な部分を含むとみる必要があるだろう。蔬菜栽培面積も年度と品目による増減変動が多く、一貫した増加基調（特定部門の定着）を示すものではない。

　蔬菜作付の増加町村は赤城南麓に多く、ほうれん草720ha、以下里芋316、大根301、馬鈴薯224、胡瓜209、白菜160、葱177、生食コーン158、キャベツ136、茄子115等の占める比率が高い。蔬菜作付面積の多い町村は富士見村

276

第五節　西関東中山間地の「米麦養蚕型複合経営農村」の畑灌事業効果

545ha、北橘村277、新里村221等が目立つ。一方、榛名東麓町村で蔬菜作付面積の多いところは、群馬町273ha、榛名町217、吉岡町・渋川市146等であるが、全耕地に占める割合は少ない。理由は都市化・兼業化が進み、畜産・養蚕・果樹農家も多いこと、さらに子持浮石地帯での特産蒟蒻栽培も盛んであること等が指摘されている。なお、榛名東麓果樹農村では、梨、梅の微増と林檎、葡萄の微減を基調に推移している。

　最後に統計的な把握に基づく総括を試みたい。赤城・子持両村の蒟蒻、北橘・富士見両村を中心とした桑園間作ほうれん草と雨除けほうれん草・施設胡瓜、前橋市北部・北橘村・大胡町の花木、宮城・粕川・新里各村の露地・施設蔬菜、渋川市の林檎・施設韮、吉岡町・榛東村の葡萄・茄子、箕郷町の梅と露地・施設蔬菜、榛名町の梨・桃・露地蔬菜、そして近年伸びの著しい北橘村の夏葱等は、利水による産地化への歩みを踏み出しているという。

　とりわけ、かつての上武蔬菜園芸地帯で第二次大戦前・後期にかけて普及したほうれん草の桑園間作が赤城南麓農村でも急速に発展し、昭和57年の約100haから62年には600haに達し、また、62年までに改良区全体で100haのビニール施設園芸が成立している『前掲群馬用水誌　p382・395-396』。100haの園芸施設では、夫婦2単位労働力で平均25a（上武蔬菜園芸地帯の平均が20a）として400戸の茄子、胡瓜、トマト、メロンの施設園芸農家の成立を推定することができる。冬季ほうれん草栽培については桑園間作―ビニールトンネル―ビニールハウスという上武先進蔬菜園芸地帯の発展経過から見て、おそらく今日の赤城南麓農村でも一定規模とレベルの施設園芸地帯化が進行していることが考えられる。この問題は、後述の農家子弟の宿泊研修実績や利水営農実績発表会のテーマからも傍証できることであり、現地巡検からも実感できる。

　そこで視点を変えて、群馬用水通水期以降の農業近代化の歩みを先進的農家の体験発表会（昭和49～平成27年）のテーマから検証し、将来設計については、1975（昭和50）年度から平成19年度の間に実施された農家子弟の長期宿泊研修から検討して両者の整合性をまず確認しておきたい。

　体験発表会要旨から見た利水営農近代化の動きは、赤城南麓、榛名東麓両農村に共通するものとして施設園芸40件、経営改善27件、養蚕経営18件がみ

第Ⅱ章　経営環境の変転と西関東複合経営農村の逡巡・先進性後退

られ、このうち施設栽培の胡瓜、ほうれん草は赤城南麓農村に、苺は榛名東麓の子持村に集中的であった。また花木園芸は赤城南麓の北橘村、大胡町に集中傾向（14件）を示し、榛名東麓農村では養蚕13件・果樹13件と露地園芸10件が卓越していた。これに通水直後から多くの表彰対象優良農家を土地改良区全域にわたって輩出してきた「里芋共励会」や、最近活動が目立ってきた「露地茄子」・「秋冬葱」共励会の活動を加えると、営農推進協議会の重点指導作物や農家の対応の一端を読むことができる。

　将来の群馬用水地域農業の担い手養成とみられる長期農業研修制度の下で、過去15年間に35名の研修生が派遣された。派遣生の経年推移は初期の4年間に27名が先進地域で研修に入ったが、後半以降の11年間ではわずか8名に減少し、2003（平成19）年以降廃止された。研修部門は胡瓜を中心にトマト・メロン、後半はこれに茄子を加えた果菜類の研修希望農家が圧倒的に多くを占めていた。2位の希望部門は大きく水をあけられて花卉園芸が続く。伝統的な果樹園芸、工芸部門、露地園芸等は意図的に研修対象部門外とされ、クローズアップされることはなかった。研修希望者の経年変化の動向が、初期段階での近代的営農に対する受益農民の意欲の旺盛さを示すものなのか、あるいはその後の受益農民たちの意欲低下を象徴するものなのか即断は困難であるが、少なくとも1990（平成2）年当時では、伝統的な養蚕（果樹）と米麦の複合経営型農家の階層分解と地域分化、産地形成の図式的展開は明確には認めがたい状況であった。

　たしかに田中　修「畑地灌漑と群馬の農業　p169」も指摘するように、米麦作・養蚕・桑園間作ほうれん草の複合型の経営から各種園芸・果樹経営への転換が進められ、内実はさておいて施設園芸団地8、花卉園芸団地6、ほうれん草団地（？）600haが生まれ、個別的ではあるが露地園芸の拡大と施設園芸の並立を図る農家も散見されるようになった。しかし土地改良区レベルでは、水田、普通畑、桑園、飼料圃等の複合的な地目構成に妨げられて、個別的にも集落的にも特定作目への特化と主産地形成が十分進まず、さらに果樹園、桑園、水田、露地葉菜圃場などにおける薬剤散布上の相互干渉機能が、一部農家間の摩擦を発生させ、近代的な営農選択と地域特化傾向を阻害する要因となるなど問題もみられた。このため用水事業展開の一つの区切りとし

278

第五節　西関東中山間地の「米麦養蚕型複合経営農村」の畑灌事業効果

て、総合的な報告書『赤榛を潤す―群馬用水誌―』が公刊された平成初期の利水営農の現況は、蒟蒻、韮、ほうれん草、花卉などの一部特産地的成立と果菜を中心とする施設園芸農家の散開的成立を見るにとどまった。

　平成初期段階における群馬用水土地改良区の実績評価（畑地灌漑事業の意義と課題）については、田中　修「前掲書 p170-171」の報告があるが、ここでは、藪塚台地や赤城北麓における畑地灌漑用水の導入が、露地・施設蔬菜の産地形成に効果的に機能し、一方、西関東の中山間地赤城南麓と榛名東麓の群馬用水の事業効果は、半世紀を経た今日、関係者の創意と努力に反していていまだに十分といえる段階には到達していない。米麦養蚕型複合経営からの離脱に手間取り、蔬菜園芸の主産地形成レベルに達していないことだけを指摘しておきたい。そこでこの点を踏まえた本章の総括として、以下米麦蔬菜園芸型複合経営の今日的レベルとその規定要因について、農林業センサスの結果概要・先行文献資料等を用いた比較地域論的視点からの若干踏み込んだ考察を試みたい。

利水開始以降の受益農村の変貌――センサスからの接近――　　西関東の畑作農業は養蚕経営の盛衰を基底にして推移してきた。赤城南麓・榛名東麓の養蚕農村の動向も、農業センサスによるとほぼ10年刻みで養蚕経営の推移を反映しながら大きく変化していく。1975（昭和50）年の養蚕収入はどの村々でも50～60％を占め圧倒的な地位を誇ってきた。10年後の1985年でも依然養蚕収入1位農家率は40％前後を占め、中核部門の地位を他に譲っていない。しかしその後の地位の凋落は激しく、養蚕を1位部門とする農家は平均10％程度に後退し、2005年にはついに1％まで落ち込み、経営対象部門としての地位は完全に消滅する。その間この動きに連動して、桑園面積も基準年度の6,000haから激減が続き、30年後には1,200余haにまで減少する。この減少分が主として蔬菜園芸を中心に花木・果樹園芸用地に転換されていくわけである。

　養蚕経営の衰退にともなう1975年以降の新規導入作目の増勢について、群馬用水受益主要農村の販売額1位部門の農家率（表Ⅱ-9）から概観すると、基準年度では1位部門の養蚕農家類型が8町村の平均で55.4％と別格筆頭を占め、次いで米麦類型の16.6％、酪農畜産類型の15.1％、蔬菜園芸類型の

279

第Ⅱ章　経営環境の変転と西関東複合経営農村の逡巡・先進性後退

表Ⅱ-9　群馬用水受益率高位農村の販売額1位農家率の推移

	（1975年）	（2000年）		
	1位農家率	単一農家率	準単一農家率	1位農家率
養　　蚕	55.4%	1.0%	1.0%	2.0%
米　　麦	16.6	26.1	6.5	32.6
蔬　　菜	7.2	21.1	7.8	28.9
酪農畜産	15.1	11.1	2.0	13.1
果　　樹	2.8	8.0	1.6	9.6
花　　木	—	1.0	0.6	1.6
（計）	（98%）	（67.9%）	（19.2%）	（87.1%）

1位農家率　　　対総販売額比が60%以上農家率
単一農家率　　　対総販売額比が80%以上農家率
準単一農家率　　対総販売額比が60〜80%農家率
出典：「農業センサス・世界農業林業センサス」（筆者作表）

7.2%、果樹類型の2.8%の順に配列する。こうした状況も25年後の2000年には、単一部門の販売額が80%を超えるいわゆる単一経営農家率は米麦類型26.1%、蔬菜園芸類型21.1%、酪農畜産類型11.1%、果樹類型8.0%、花木類型1.6%となり、これに販売総額に占める割合が60〜80%の準単一複合経営農家を高率部門別に挙げると、蔬菜園芸類型9.4%、稲作類型6.5%、酪農畜産類型2.0%、果樹類型1.6%、養蚕類型1.0%、花木類型0.3%となる。この単一経営と準単一複合経営を合算するといわゆる収入の過半を特定部門が占める部門別農家率が明確になってくる。

　結果、群馬用水高率受益農村（市町村総耕地面積に占める事業実施面積率が75%以上の市町村）全体の作目別1位農家率の分布は、米麦類型農家32.6%、蔬菜類型28.9%、酪農畜産類型13.1%、果樹類型9.6%となり、1975年段階に比較すると養蚕類型の集中度がばらけて4類型への分散が進行している。類型別1位農家の実態は、4類型への分化とその中での集中（単一経営農家の高率分布）専門化の高まりを示している。なお米麦類型の相対的地位の上昇は、「二次構」でみたように、水田土地改良という土台の上に推進された水田作の協業効果の一端を示すものと考える。ただしその効果は経済的な米作依存度の高まりというより、発生余剰労働力の集約部門への転用と農業外への放出を可能にしたことに意味があると考える。米麦作の地位の高まりは、

第五節　西関東中山間地の「米麦養蚕型複合経営農村」の畑灌事業効果

とりわけ兼業農家における省力経営の必要から生じた可能性が高い。詳しくは稿を改めて検証したい。

経営近代化資金の利子補給、先進地域研修生の派遣、研修修了者開業資金補助等において施設園芸希望農家に対する土地改良区の指導と助成姿勢は、かなり重層的なものであった。その姿勢は土地改良区本来の業務枠を大きく超え、結果、既述のような反応が多くの場面に現れた。その一つが不十分ながら農林業センサス結果に見るような露地・施設園芸の前進である。表Ⅱ-10によれば、販売目的の露地栽培農家数は、富士見村を筆頭に大胡町、新里村、群馬町等でとくに多い。農家数では8町村合計で1,914戸、面積で

表Ⅱ-10　群馬用水受益主要農村の販売用主要露地作物栽培状況

	ほうれん草		葱		玉葱		大根		キャベツ	
	農家数	面積	農家数	面積	農家数	面積	農家数	面積	農家数	面積
	戸	ha	戸	ha	戸	ha	戸	ha	戸	ha
富士見村	589	13	276	40	143	19	131	11	182	41
大　胡　町	62	6	77	12	24	2	89	21	24	1
宮　城　村	30	2	59	8	11	1	30	2	21	1
粕　川　村	34	3	77	15	25	3	34	4	26	4
新　里　村	65	9	90	14	21	1	67	11	45	5
箕　郷　町	20	2	42	5	12	1	23	1	20	2
群　馬　町	74	5	120	12	164	27	43	1	83	6
吉　岡　町	49	4	132	18	63	7	32	8	60	13
計	923	169	873	124	463	61	449	59	461	73

	露地野菜作付農家総数	0.5ha以上作付農家数	同作付農家率
	戸　　（%）	戸	%
富士見村	670 （40.6）	249	37
大　胡　町	185 （21.2）	57	31
宮　城　村	143 （13.3）	28	20
粕　川　村	169 （16.1）	36	21
新　里　村	207 （19.3）	68	33
箕　郷　町	86 （ 7.4）	14	16
群　馬　町	266 （19.6）	79	30
吉　岡　町	188 （20.3）	38	20
計	1,914 （20.9）	569	30

括弧内数　露地野菜作付農家総数／販売農家総数
出典：「2000年世界農林業センサス　群馬県統計書」（筆者作表）

第Ⅱ章　経営環境の変転と西関東複合経営農村の逡巡・先進性後退

860haとなる。品目的には多岐にわたるが、ほうれん草、葱、キャベツ以外
では子持村の特産物蒟蒻・苺のほかに見るべきものは育っていない。それで
も露地野菜の栽培農家率は、販売用作物栽培農家総数の41.0％を占めるまで
になり、栽培農家数の30％は、50a以上を作付する露地野菜専主義型経営の
成立を推定させる農家群である。ただし県平均の50a以上作付農家率が、
1980年段階ですでに64％を超えていることを考えると、群馬用水受益率の高
い町村における露地野菜栽培の普及率はまだ不十分であるといわざるを得な
い。しかしながら、共励会受賞農家の経営概要（表Ⅱ-11）が示すように受
賞者の多くは中上層農家であることから、この階層の農家の取り組みには前
向きの姿勢を感じ取ることが可能であろう。この状況は、群馬用水土地改良
区の営農指導担当職員の「土地依存型の露地園芸農業を選択する農家には、
中上層農家が多い」という指摘と一致する事柄である。

表Ⅱ-11　共励会受賞者からみた優良露地園芸農家の経営状況

農家番号	住所	経営の概要		土地改良の概要
1	粕　川	労働力3.0人	畑200a・水田60a	補給田41a
2	前　橋	労働力2.0人	畑65a・水田40a	畑灌60a・補給田17a・開田17a
3	前　橋	労働力4.0人	畑280a・水田43a	畑灌43a
4	前　橋	労働力1.0人	畑79a・水田29a	補給田29a
5	富士見	労働力2.0人	畑150a・水田20a	畑灌107a
6	榛　東	労働力3.0人	畑150a・水田5a・施設用地20a	畑灌30a・補給田5a
7	新　里	労働力2.0人	畑140a・水田40a	畑灌140a・補給田40a
計		平均2.4人	平均130.5a・33.9a	
8	赤　城	労働力1.0人	畑120a・水田13a	区画整理70a
9	北　橘	労働力2.0人	畑240a・水田40a	畑灌90a・区画整理120a
10	北　橘	労働力3.0人	畑100a	畑灌80a
11	榛　東	労働力2.0人	畑55a・水田38a	畑灌20a・補給田38a
12	吉　岡	労働力3.0人	畑60a・水田30a	畑灌60a・補給田5a・開田5a
13	前　橋	労働力2.0人	畑80a・水田20a	畑灌20a・補給田74a
14	富士見	労働力2.0人	畑114a・水田73a	畑灌81a・補給田73a・区画整理104a
15	前　橋	労働力3.0人	畑100a・水田34a・施設用地110a	畑灌173a・補給田65a・開田51a
16	高　崎	労働力1.0人	畑100a・水田270a	開田270a・区画整理40a
計		労働力2.1人	平均101.06a・60.8a	

農家番号1～7（露地茄子受賞者）・8～16（秋冬葱受賞者）
出典：「第43回体験発表要旨・表彰者業績概要」（筆者作表）

第五節　西関東中山間地の「米麦養蚕型複合経営農村」の畑灌事業効果

　かつて富士見村の桑園間作ほうれん草以外に、商品作物皆無に近い中山間
地自給的蔬菜作農村としては、嬬恋の高冷地キャベツ、昭和の準高冷地野菜
群、藪塚の果菜・根菜、常総台地の鉾田・旭の根菜・メロン、八千代の葉物
3品、銚子のキャベツ・大根、八街・富里の人参・落花生・西瓜の複合型産
地形成には遠く及ばないが、特産地の核づくりは果たせた感がなくもない。
ただしブランド化に関する限り胡瓜・葱・ほうれん草・蒟蒻以外は著しく遅
れている。なお花卉、花木の露地栽培では宮城村に特産地の芽生えをみるこ
とができる。

　つぎに利水効果の高い施設園芸について触れておきたい。まず全体的な状
況を見る（表Ⅱ-12）と、すべての指標において赤城南麓農村での定着傾向
は目立つが、榛名東麓農村では普及気配は明らかに弱い。表Ⅱ-13によれば、
群馬用水受益率の高い8町村の場合、栽培戸数、栽培面積とも相対的に高い
ところは新里、宮城、富士見、粕川などの町村であるが、普及率は新里村の
20.5％を別格にその他町村は10％前後のレベルである。総括的に見ると果樹
（梅）栽培の普及している箕郷以外は、施設農家率は低位段階で共通してい
る。1戸平均の施設規模は平均20〜30aで夫婦2単位労働力相応の平均値であ
るが、宮城村だけは傑出し50aを超えている。1980年資料に基づく群馬県農
業技術課の分析『群馬の農業 p20』によると、当時すでに県内有数の施設
園芸特化地域として、舘林、板倉などと並び称されていた粕川、新里両村は、

表Ⅱ-12　群馬用水地域の施設園芸農業（2000年）

	赤城南麓農村	榛名東麓農村
施設農家数	598戸	245
施設面積	9,741a	3,277
施設農家率	9.6％	4.5
規模別農家数		
10a未満	222戸	111
10〜20a	120	66
20〜30a	118	47
30a以上	108	21
1戸平均	16.3a	12.9

規模別農家数　施設規模別農家数
出典：「世界農林業センサス　群馬県統計書」（筆者作表）

第Ⅱ章　経営環境の変転と西関東複合経営農村の逡巡・先進性後退

表Ⅱ-13　群馬用水地域の販売用施設作物の栽培戸数と栽培面積

	施設蔬菜		施設花卉・花木		施設農家率
	栽培戸数	栽培面積(平均規模)	栽培戸数	栽培面積	
富士見村	74戸	1,858a （25.1a)	14戸	293a	（ 9.6%)
大 胡 町	33	831 （25.1)	10	266	(10.8)
宮 城 村	42	2,192 （52.2)	17	263	（ 9.6)
粕 川 村	59	1,704 （28.8)	12	233	(13.0)
新 里 村	95	3,411 （35.9)	9	177	(20.5)
箕 郷 町	20	426 （21.3)	2	X	（ 3.5)
群 馬 町	41	927 （22.6)	6	42	（ 8.5)
吉 岡 町	35	566 （16.1)	―	―	（ 8.8)
計	399	11,915 （29.8)	70	1,097	(10.3)

施設農家率　実農家数／販売農家数
出典：「2000年世界農林業センサス　群馬県統計書」（筆者作表)

　今日施設・露地茄子の新里、さらに宮城とともに施設胡瓜の粕川として健在
であるが、この20年間にその地位を飛躍的に向上させている動向—波及効果
による主産地形成—はとくに認められない。むしろ群馬用水地域内の新しい
動きは宮城村における施設経営規模の大型化である。

　そこで宮城村における施設園芸規模の異常値について、群馬県中部農業事
務所の資料と指導の下に検討してみた。結果は、胡瓜専作施設農家20戸・平
均規模30a、小松菜と水菜専作15戸・30〜50a、残りが近年衰退気配の韮専作
農家で平均規模10〜20aの小規模施設経営である。この他に地元農家T家に
よる5haに及ぶ巨大なハウス栽培の展開が見られた。水菜とチンゲン菜専作
のT家の存在が、宮城村の平均的施設園芸規模を押し上げていたわけである。
施設園芸農業の先進地帯東関東にもこれほどの大規模経営体の成立は見られ
ない。T家の雇用労働力は近隣から調達され、東関東園芸農家に普遍的に見
られる東南アジア系農業研修生の採用は認められなかった。ちなみに西関東
における外国人農業研修生の雇用は、内奥部の蔬菜園芸農山村で比較的普及
しているようである。末端受益地区の子持村については重点的な取り扱いは
できなかったが、蒟蒻と苺栽培では特産地的性格を強めていることを指摘し
ておきたい。

行政施策と農村の対応　　以上農林業センサスの結果概要に現地調査結果を

284

第五節　西関東中山間地の「米麦養蚕型複合経営農村」の畑灌事業効果

加えた利水効果の展望であるが、統計主体の把握に次いで、以下利水改善グループと体験発表会の長年の足跡から、利水にかかわる農業の展開過程の傍証を試みておきたい。それは先進地長期研修生の派遣が群馬用水地域農業の将来を予測する可能性を秘めていること、さらに利水改善グループの存在と体験発表は、群馬用水地域農業の展開過程と課題を知る資料になり得ることを評価したからである。

　赤城南麓、榛名東麓農村には、群馬用水の通水開始以前からすでにいくつかの利水型営農集団の成立が見られた。ただし南接する赤堀・東村のような地下水利用施設を整備した利水営農集団であったか否かについての確証はないが、少なくとも現地調査の範囲内では話題になることはなかった。中島峰広の大間々扇状地の畑地灌漑研究でも、赤城南麓農村は畑灌率の最も低い地域として扱われていた。理由としては桑園普及率が高くかつ陸稲依存率が低位レベルの畑作地帯であったことが、畑作における干ばつ被害の発生を緩和し、地下水利用の成立を相対的に遅らせる原因になったことが考えられる。この状況は、西関東の養蚕米麦複合型農村と東関東の普通畑作型農村との顕著な相違点のように思われ、同時に群馬用水地域農業の展開過程を論じる際の重要な視点となるものである。

　ともあれ利水型営農集団の成立過程は、群馬用水が利水効果を発揮し始める暫定的通水期の昭和43年度を軸にしてその前後に区分することができる（表Ⅱ-14）。このうち旧村時代に成立した在来型作物栽培組織を母体にしたグループの成立期を前期として、また桑園間作起源のほうれん草栽培において技術的・組織的近代化を実現した集団が、併行的に葱・胡瓜栽培農家を取り込んで大型グループ化した時期を後期として、それぞれ区分することが可能である。とくに後者の場合では、赤城南麓の北橘、粕川、富士見3村の露地と施設園芸組織の成立から産地形成の胎動を推定することができる。榛名東麓についても、小規模利水営農集団の成立がみられたことも補足しておきたい。利水型営農集団が、土地改良区が期待するような地域波及効果を発揮できたか否かについては、巨大組織化したグループ構成員の員数ならびに農林業センサスの生産規模、農協取扱高の推移等から推定する以外に、実用的かつ有効な方法はないと考える。

285

第Ⅱ章　経営環境の変転と西関東複合経営農村の逡巡・先進性後退

表Ⅱ-14　群馬用水地域利水改善グループ（2015年2月現在）

グループ名称	会員数	主要作物	設立年度
芳賀花・植木園芸組合	40名	花木類	昭和30年度
子持園芸組合	13	苺	昭和30年度
群馬用水上ノ原組合（渋川）	10	苺・トマト・胡瓜	昭和35年度
北橘花卉園芸組合	36	枝物・菊	昭和37年度
北橘椎茸組合	16	椎茸	昭和37年度
久留馬選果場梨部（榛名）	32	梨	昭和37年度
高源地果樹組合（渋川）	9	りんご	昭和40年度
粕川園芸組合	21	露地野菜・茄子	昭和41年度
はぐくみ農協みさと梅部会	287	梅	昭和43年度
ＪＡ北群渋川にら部会	28	にら	昭和44年度
明治園芸部（吉岡）	85	茄子・葱・ほうれん草	昭和47年度
北橘蔬菜組合	100	ほうれん草	昭和50年度
北橘施設園芸組合	5	胡瓜	昭和51年度
北橘ねぎ部会	30	葱	昭和60年度
北橘雨よけほうれん草組合	67	ほうれん草	昭和61年度
ＪＡ前橋粕川支所露地野菜部会	141	葱・ほうれん草・オクラ	平成3年度
榛東村園芸生産組合	9	茄子	平成4年度
ＪＡはぐくみ箕郷野菜園芸部	32	トマト・胡瓜	平成5年度
榛東村下仁田ねぎ生産組合	33	葱	平成6年度
ＪＡ前橋富士見支所園芸協議会	300	ほうれん草・葱・胡瓜	平成9年度
ＪＡ北群渋川ねぎ部会	128	葱・玉葱	平成13年度
ＪＡはぐくみねぎ部会（高崎）	44	葱	平成13年度
計（22グループ）	(1,466名)		

出典：「群馬用水土地改良区資料」（筆者作表）

　ここで利水農業に関する経営体験の発表実績について、前項とは異なる視点から再検討しておきたい。部門別に整理すると、以下のような事項が明らかとなる。なお発表者の指名・選別等に関する関係機関からの意図的な働きかけは、優良農家に対する出場推薦以外にはないという（土地改良区管理課）。発表テーマを見ると、これまでの土地改良区をはじめとする関係当局の積極的な指導、後援姿勢を反映して施設蔬菜園芸類型が格別に多い。これに露地園芸を加えると蔬菜園芸関係の発表者は57件（38％）に達し、また施設蔬菜に施設花卉花木を合算するとこれも左記に同率の高い構成となる。生産組織、経営改善的なテーマも多く38件に及ぶ。具体性を欠く発表類型であるが、資料からは水田協業経営や新しい複合経営の模索の中からまとめられた近代的

第五節　西関東中山間地の「米麦養蚕型複合経営農村」の畑灌事業効果

な生産組織、経営改善の成果であることは理解できる。なお養蚕飼育技術、桑園管理技術関連の発表も目立ったが、平成9年を最後に以後全く見られなくなった。中山間地の米麦・養蚕型複合経営の終焉を知る重要な動きである。

利水実践内容を地域的にまとめると、事例数では赤城南麓農村、榛名東麓農村とも差異はないが、施設園芸（蔬菜・花卉花木）は赤城南麓に、養蚕、果樹園芸は榛名東麓にそれぞれ発表者が多かった。明らかに地域性を形成もしくは反映していた。この問題をさらに市町村レベルに下ろし、経営部門と数値を加味して総括すると、赤城南麓農村では北橘村・富士見村・新里村が施設（花卉花木・蔬菜）園芸地域、粕川村、前橋市が施設と露地園芸地域としてそれぞれ目立つ存在となる。一方榛名東麓農村では子持村が施設（苺）園芸地域、箕郷町、榛名町が果樹、施設・露地蔬菜の複合型園芸地域、その他の市町村が施設と露地の蔬菜園芸地域として括れそうであるが、これに果樹園芸と養蚕がそれぞれ付記されることから、考え方によっては複合型園芸農村とすることも可能である。要するに子持村の苺栽培地域への特化気配を除くと、全体的に各部門への分化が進み、その分地域的特化傾向は弱められ、結果的に従来からの果樹経営も含めて産地強化の兆しもまた微弱な地域ということになる。最後にセンサス結果と行政施策の地域効果を総括すると、両者が補完し合う側面と大筋で共通する側面とが認められることから、少なくとも統計数値が示す重要事項の再確認と行政施策効果の補完的役割は理解できたと考える。

2. 西関東内奥畑地灌漑農村の発展と群馬用水受益農村の低迷

群馬用水地域の利水効果の実態を把握するために別紙のような比較分析表を作成した。対象地域のうち群馬用水地域は、前橋等の近隣都市に併合されず、2005年の農業センサスが利用可能な町村を赤城南麓農村と榛名東麓農村に分けて取り上げ、その他の町村については、県営追貝平土地改良（畑灌410ha）事業地域の利根村、赤谷川沿岸土地改良（畑灌344ha）事業地域の新治村、応桑用水土地改良（畑灌288ha）事業地域の長野原町、片品川沿岸土地改良（畑灌560ha）事業地域の片品村をそれぞれ取り上げる。上記4事業地域のうち3事業は昭和20年代に着工され、いずれも畑灌事業に開田をとも

第Ⅱ章　経営環境の変転と西関東複合経営農村の逡巡・先進性後退

なって推進されたが、応桑地区だけは昭和38年着工のため、群馬用水事業と同様に開田―田畑輪換―畑灌の経過をたどったものとみられる『群馬県耕地事業史（鈴木吉五郎）p202・223-230・235-237』。これに加えて、戦後の開拓地改良事業を始め戦後農政が凝集的に投入展開された結果、西関東内奥農山村における畑地灌漑事業の優等生とされ、嬬恋村と並ぶ近代的模範農村としても衆目を集めてきた赤城北麓の昭和村を比較検討の対象にした『畑地灌漑農業の展開―赤城北麓地区―（群馬県農政部監修）p45-54』。

　西関東内奥の中山間地・農山村の県営畑地灌漑事業に平坦部農村の大間々用水（620ha）、明和土地改良（畑灌分不詳）、坂東合口（二期）（605ha），東群馬土地改良（畑灌分不詳）、中群馬用水（750ha）ならびに国営鏑川用水（886ha）と水資源公社の群馬用水（3,368ha）を総合すると、この頃までに、群馬畑作農業近代化の骨格が形成された「関東農業構造の変動（白岡・岡部）p344」と考えてよいだろう。

　筆者はこれまで千葉、茨城両県に拡がる常総台地の蔬菜生産の展開過程と経営的な特徴を、西関東畑作農村との比較を中心に検討した結果、次のような結論を得た。「第Ⅰ章第五節」の考察と一部重複する個所もあるが、あえて必要な重複と認めて以下に要約する。「近世以降の西関東畑作地域の先進的性格は、西関東農村が1950年代末以降に進行する養蚕経営の衰退に対して地域的・階層的再編成に執着拘泥し、同時に各地の国営畑地灌漑事業地域で、事業目的の大幅変更を挟んで行政と確執を続ける間に、折から進行する蔬菜需要の増大に対応の遅れが生じた。結果、東関東畑作農村に蔬菜産地としての主導権を完全に委譲する破目となる。」

　西関東畑作農村における先進的地域性の喪失は、この他、都市化の進行で埼玉南部の都市近郊農業地帯が急速に衰退消滅し、これに替るべき近郊農業の外縁部への拡散がきわめて微弱で、局所的に終わったことによるものと理解する。東京近郊外延部での近郊農業の機能不全状態は、大宮台地北半部と中川中上流部自然堤防帯で陸田化が進行し、労働力の商品化地帯の性格を強めたことにも一因があると考える。一方、東関東の首都圏80kmに及ぶ外縁部への都市近郊農業の拡散は、貨物自動車輸送の急速な発達と利根川架橋にともなう交通体系の整備によって、本来、近郊立地型の大根・キャベツ・白菜

288

第五節　西関東中山間地の「米麦養蚕型複合経営農村」の畑灌事業効果

などの重量比価の小さい作物が、東京近郊外縁部を飛び越えて常総台地に立
地移動したことで、惹き起こされたと考える。都市と近郊農村の基本的な対
応関係については、農産物市場、労働力市場、土地市場という段階的な変遷
史が考えられる。したがって東京市場向け農産物のこのような飛び地的立地
移動は、この時期の東京中央卸売市場の強力な荷引き能力とその背景となる
巨大消費地東京の需要動向の結果であり、その実現は交通インフラの整備に
負うところが大きいといえる。

　養蚕地域から蔬菜産地への先進地域性の移行は、たまたま東京市場におけ
る青果物需要の急速な増大と高度化・多様化を背景に進行したものであった。
東関東洪積台地農村ではこの状況の出現以前に、普通畑作経営の中ですでに
商品化率75％とされる陸稲畑地灌漑栽培、あるいは養豚と結合した澱粉用甘
藷栽培ならびに食用甘藷栽培、落花生栽培等の商品生産が地帯形成をとも
なって稼働していた。普通畑作における商品生産の経験を基盤に、台地農業
の持つ潜在的な能力をフルに活用して、東関東畑作農業はこの時流にためら
いなく乗ったことが考えられる。

　一方、西関東では蔬菜生産に背を向けて、養蚕経営が中山間地や農山村の
中上層農家を中心に、経営の近代化を梃子に存続の努力を続けていた。養
蚕・米麦以外に商品化の手段を持たない農民にとって、蔬菜栽培の導入には
多くの技術的、心理的障害が存在したことは察するに難くない事態であった。
米作依存も群馬用水事業の展開過程が象徴するように、開田→田畑輪換→畑
地灌漑という一連の農政基調の変更に対して事業縮小、事業変更をともない
ながら根強いこだわりを保持し続けていった。関東畑作がたどるべきもっと
も合理的な対応、つまり東京青果物市場の需要増大に対する産地能力の強化
に一歩の遅れをとったことは疑う余地もないように思われる。

　ともあれ、この時に形成された東関東蔬菜作農業の特徴が、「大規模借地
型園芸農業」であり、東アジア諸国からの農業研修生を核とした「常雇労働
力依存型」農業であった。かつての1年1作型から、年雇用労働力の完全燃焼
の必要性が、東関東畑作を年2作・3作の多毛作経由不時栽培農業の成立に向
かわせ、その集約性が東京中央卸売市場のシェアの獲得を可能にする一因と
なった。筆者はこれまで霞ヶ浦用水事業・下総三大用水事業附帯の大規模畑

289

第Ⅱ章　経営環境の変転と西関東複合経営農村の逡巡・先進性後退

地灌漑の推進にともなう、東関東畑作農村の土地依存型露地園芸および資本・労働集約的な施設園芸の諸側面について明らかにしてきた。以下、その成果を西関東の大型畑地灌漑事業実施農村の分析上の指標と考え、群馬用水事業の利水効果の分析に援用することにした。

　西関東内奥の畑灌農村では、大規模経営体の成立における市町村格差が大きく目立つている（表Ⅱ-15）。とりわけ長野原町は応桑地区を中心に酪農・肉牛飼育農家が多く、飼料自給基盤を高める必要上から耕地面積が大きく、また露地蔬菜栽培も盛んなことから、1戸当り平均経営面積の大きい農村となっている。近年の動向は酪農から蔬菜園芸への移行が目立ち、嬬恋キャベ

表Ⅱ-15　関東内奥畑地灌漑農村における農業経営の実態分析（2005年）

	大規模経営体 （5ha～）	高額販売 経営体 （1,500万円～）	労働雇用状況		経営体 総数
			雇用経営体	延べ人日	
赤城南麓農村	36(1.5%)	229(9.3%)	301(12%)	36,350(121人日)	2,454
榛名東麓農村	26(0.8)	176(5.3)	586(18)	44,318(76)	3,324
長 野 原 町	62(28.0)	68(31.5)	57(25)	44,617(783)	221
利 根 村	35(11.2)	72(23.7)	124(40)	30,255(244)	312
片 品 村	20(8.6)	25(10.9)	49(21)	14,113(61)	232
新 治 村	16(4.0)	17(4.5)	43(11)	5,753(15)	395
昭 和 村	152(23.6)	241(38.1)	391(61)	134,887(420)	643
群 馬 県 平 均	1,270(3.2)	2,939(7.6)	4,902(13)	740,871(151.1)	39,078

経営規模	耕作放棄状況	放棄率	農地流動	
平均経営面積	耕作放棄経営体数 （1戸平均）	耕作放棄農家率	借入耕地	貸付耕地
1.12ha	826(0.32ha)	34%	598ha	337ha
0.97	1,095(0.28)	33	607	212
5.07	65(0.51)	29	226	77
2.37	101(0.52)	32	265	60
1.94	138(0.46)	59	142	35
1.37	208(0.40)	53	249	46
3.66	85(0.21)	13	903	119
1.27	12,077(0.30)	31	13,010	3,720

雇用　常備・臨時雇い合算
赤城南麓　北橘・赤城・富士見・新里
榛名東麓　榛名・箕郷・群馬・子持・榛東・吉岡
出典：「2005年農業センサス」（筆者作表）

第五節　西関東中山間地の「米麦養蚕型複合経営農村」の畑灌事業効果

ツ圏の一環に組み込まれる気配を感じることができる。また土地改良と畑灌施設を整え、中型機械化営農体系を確立した昭和村（赤城原開拓）も、経営規模の大きい準高冷地型の近代的露地蔬菜産地を形成している。赤城原が地形的に恵まれていたことに加えて国の農業投資も重層的かつ効果的に展開されてきた。その結果、緩傾斜面に直交させて区画・整地した耕地には畑灌機能も整備され、典型的近世武蔵野新田に見るような自然諸条件を有効利用した開拓集落が形成された（図Ⅱ-4）。いわば近代開拓農政のモデル農村であった。

　昭和村全体の借地農家数は353戸、借地総面積1,185ha、1戸平均借地規模3.3haとなり、なかでも赤城原開拓農の占める割合は格段に高い。開拓集落を含めた借地農家率は利根郡4町村の56％、同借地総面積の66％を占めている。平均借地規模は昭和村以外の3町村平均は1.6haと昭和村の半分に過ぎない。この状況は沼田市域農家を含めても変化はない『2015年農林業センサス　群馬県統計書』。赤城原開拓における露地園芸の発展の結果、近年、赤城南麓農村への出作による借地型規模拡大農家の発生が見られるようになった。とくに昭和村の冬季気候はきびしく露地蔬菜の生産を制約している。この冬作の制限と規模拡大指向が結合して、赤城南麓へのほうれん草・ブロッコリー・葱・赤紫蘇などの出作り農家の成立が進んだものとみられる。赤城南麓での農地流動性の発生にかかわるプッシュ要因は、農業労働力の流出と老齢化の進行ならびに群馬用水事業に付随する農地と用水事情の改良効果であった（JA富士見支所・群馬用水土地改良区管理課職員談）。

　利根村も露地野菜に畜産（乳牛・肉牛）を加味した西関東内奥の優良農村として、経営規模、高額販売経営体率、その他の経営諸要素ともに優れた数値を示している。いくつかの指標で県平均値を下回るのは新治村だけである。

　以下に述べる群馬用水地域は、もっとも経営基盤が弱く経営実績も低い新治村をさらに下回る状況を示している。極論すれば、群馬用水事業の経済効果言い換えれば産地形成機能は、十分地域に投影されていないといえる。農地流動にみる貸借規模の差や耕作放棄状況は、地域農業の将来を占う要素の一つといえる。その点群馬用水地域は、将来性については最悪の評価を免れているものの、農家1戸平均の経営規模は最小の農村で、全般的に経営内容

第Ⅱ章　経営環境の変転と西関東複合経営農村の逡巡・先進性後退

図Ⅱ-4　群馬県昭和村追分集落土地区画形態

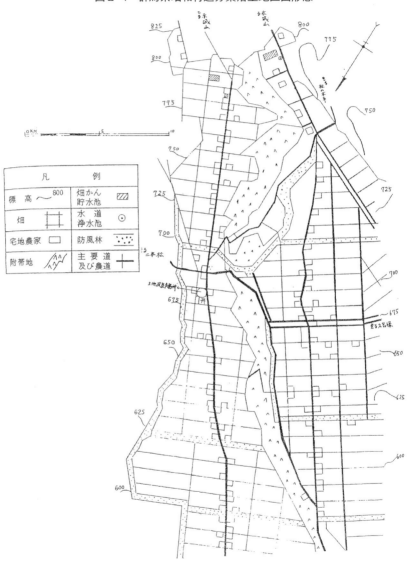

出典：『畑地灌漑農業の展開（群馬県農政部）』

も芳しくない。平均経営規模を反映する問題であるが、労働力雇用農家数と雇用延べ人日から見て、常総台地の畑地灌漑農村では、借地型大規模経営姿勢の中に多分に企業的経営の片鱗を認めることができるのに対して、群馬用水地域の農村では、一部の集落と若干の経営部門を除いて、明らかに伝統的な家族経営を全面的に踏襲しようとしている。耕作放棄の実態から上下階層への分解を予測することも不可能ではないが、農地集積を積極的に促進しようという姿勢は微弱で、しかも常総台地のような開墾可能な平地林も存在しないことから、将来とも大型経営体の成立は考えにくいことである。むしろ村内農家間の遊休農地をめぐる農地流動より、昭和村の露地園芸農家による赤城南麓農村への出作進出が目立っていること（群馬県中部農業事務所普及指導課）こそ、群馬用水事業の象徴的な負の遺産効果の一端であろう。

　土地改良区をはじめとする農政指導関係者が、施設園芸の導入育成にこだわる根拠は、土地依存型農業の成立基盤を欠く中山間地特有の規模的狭隘性と零細耕地片の分散所有というの非生産性の中にあったのではなかろうか。もとより伝統的な米麦養蚕型複合経営の経営的分割矮小化も問題の根は深い。これらのことは、是とせざるを得ない事項であると同時に、群馬用水受益農村の畑地灌漑効果の限界もこの中に包括されていると考える。以上の指摘を踏まえて、さらに主産地形成にかかわる群馬用水の利水効果と限界について以下検証してみたい。

結語　群馬用水事業と主産地形成──制約因子分析をめぐって──

　まず結論から述べたい。群馬用水地域における利水事業は、国、地方自治体、群馬用水土地改良区による重層的な支援体制の展開にもかかわらず、所期の効果を十分に上げていないといえる。赤城南麓農村を中心とする一部地域の限られた品目の蔬菜類が露地および施設で栽培されるようになったが、実態は農家数、規模、所得、銘柄効果等においてすでに地位が確立された先進地域農村に比較すると、明らかにそのレベルに達していない。以下、いくつかの問題点と要因を挙げて、分析と整理を試みてみよう。

　群馬用水受益農村は、県内外を問わず、多くの先進的農業地域に比較して

第Ⅱ章　経営環境の変転と西関東複合経営農村の逡巡・先進性後退

経営耕地規模が確実に小さい。国有地開墾を含めて経営規模の拡大を進めてきた昭和村、嬬恋村、長野原町、長野県の川上村等において「規模の経営」に内在する有利性や気候特性を駆使する高冷地型露地園芸地域、さらに常総台地や那須開析扇状地において平地林開墾で規模拡大を果たした露地園芸、水稲専作、飼料作物型の有力農村地域と比較するまでもないことである。大規模経営体の成立発展動向が、今日、日本農業の先端事情となっていることや基幹的農業政策として農地流動化が「担い手農家」育成のキーポイントのごとく推進されていることなどは、いずれも規模の問題を根源としたものである。その点、群馬用水地域の農業は、発足の当初段階から大きな制約因子を背負っていたことになる。ちなみに群馬土地改良区の施設園芸に固執した指導方針もおそらくこの状況認識からの離脱を画して策定されたものとみる。経営規模の問題は前述したように、地目構成上の複合性とこれに支配された米麦 Plus アルファー作目の複合型農業によってさらに分割矮小化され、主産地形成におけるもう一つの制約因子となって機能してきたことが考えられる。

　群馬用水事業計画の策定と実施に長大な時間を消費したことも多くの問題を抱え込む原因となった。その間、日本農業はエネルギー食品からプロテクティーブ食品生産への変換期に当面する。農産物需要構造の転換期と産業構造の転換期が重複したことで農政と農民の対応を一層複雑にした。事業規模の大きさと首都圏水行政の困難さがこの状況に輪をかけて混乱を増幅した。結局この時間的空費の間に、事業目的の変更と農民の事業参加意欲の低下を背影にして事業地域農村から農家労働力流出が進行し、利水事業の実用化段階到達以前に農家形態は大きく弱体化していったことが考えられる。利水事業の基幹的受益階層の専業農家率は、1975年に県平均を下回り、兼業農村の存立基盤とされる水田地帯の邑楽郡に近い数値まで落ち込んだ。水資源機構営幹線事業の附帯県営水田土地改良や「二次構」の水田協業の推進も、発生余剰労働力を施設園芸に転用する以前に、近隣中核都市に進出した工業団地等への流出促進効果となったことが、1975年の一・二種兼業農家の60%近い恒常的勤務労働者率から推定される。ちなみに、20015年までに成立した群馬用水土地改良区後背圏の工業団地のうち、受益地域中心部から20km以内に

前橋・伊勢崎・高崎安中地区73団地（1,559ha）が立地し、自動車通勤1時間以内という利便性の下に展開している（図Ⅱ-5）。農村労働力のプル機能は十分高い環境である。

　地域農業の成立にとって農産物の差別化の問題も重要な事柄の一つである。差別化の創出には個人的な栽培技術の所産とする側面もあるが、地域の置かれた自然環境に規制されることも大きい。むしろ一般的には個人の努力を超える気候条件にこそ大きな影響力が存在する。関東畑作地域の事例では、嬬恋村における夏期キャベツの生育適温と標高差を巧みに利用した高冷地農業、昭和村の洋菜を特色とする複合型準高冷地農業、通年無霜型の暖地気候を利用してキャベツ3作と大根との輪作体系を確立した銚子や厳寒期平均6〜8℃、暑熱期平均25〜27℃で大根・キャベツ・果菜類産地の伝統を維持する三浦半島の暖地農業等に比べると、群馬用水地域には差別化に利用できる自然特性がほとんど見られない。むしろ中山間地の傾斜地形に影響されて耕地の存在形態は、追って詳述するように、日本農業の伝統的負の遺産ともいえる零細

図Ⅱ-5　群馬用水土地改良区近隣の工業団地分布図（2015年）

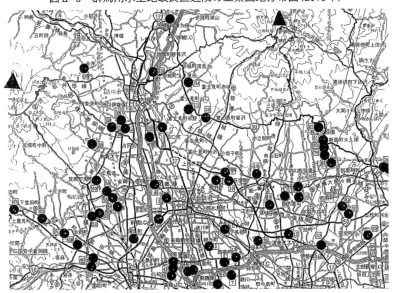

出典：「群馬県主要立地企業分布図・産業団地一覧（群馬県企業局）」（筆者作図）

第Ⅱ章　経営環境の変転と西関東複合経営農村の逡巡・先進性後退

耕地片の分散所有を特徴とする傾向が強かった。かつて常総台地を覆い、今日でもかなりの広さで残存する開墾対象―山間農村の国有林野に相当する平場農村の平地林地帯―もここにはない。

　西関東畑作地域における養蚕 Plus 米麦作の長期にわたる固定的な複合経営と群馬用水事業計画の目まぐるしい変転が、農民の対応を硬直化させ、農政指導者の自信と展望を動揺させて混乱に導くことになったことも、地域農業の負の遺産として指摘する必要があるだろう。近代初期から米麦養蚕型の複合的農業地域としての先進性をひたすら持続してきた西関東畑作農村では、それゆえにこそ養蚕不況と減反政策に直面しても経営転換に逡巡し、模索の時間が徒労をともなって無為に流れたことが考えられる。群馬用水受益農村もその例外ではあり得なかった。農業の将来に容易に展望が持てなかったのは、農民に限らず農政関係者も同然であった。指導当局の混乱は「一・二次構」の目的の変遷（養蚕→畜産→施設園芸）と失敗に現れ、さらに県営大規模土地改良事業の対象が畑地から水田へ変更されたことは、利水効果の発生に影響を及ぼした。経営転換を模索するさなかに、西関東北部の中山間地や農山村では階層性をともなう養蚕経営の再編が近代化を手がかりに進行する。群馬用水地域でも「一次構」における養蚕重視の因習的な硬直姿勢がこの間の事情を物語っていた。

　間もなく生糸相場の凋落で養蚕経営も衰退の急坂を転落していく。利水事業推進中の養蚕経営の蹉跌であった。この状況と並行して「二次構」が発足する。「二次構」は酪農畜産団地建設と水田区画整理に水田協業体制作りをセットにした事業に力点を置いて推進された。ここでも酪農畜産団地建設は点の存在に留まり、地域的な波及効果を見るに至らなかった。「二次構」には園芸施設団地も盛り込まれ、ここから初めて土地改良区と国・県農政が部分的に一致し、経営転換への模索が本格化していくことになる。富士見村の桑園間作ほうれん草以外に、露地蔬菜の生産と商品化の確たる歴史を持たない群馬用水地域の農民たちが、露地蔬菜栽培農家率30〜50%にたどり着くのは、25年の年月を経た2000年頃のことであった。露地園芸の平均的な経営規模も県水準より一段と低いところに停滞していた。地域農業発展の牽引力として期待されてきた施設園芸に至っては、導入農家率がようやく10%台に

結語　群馬用水事業と主産地形成

乗ったところである。群馬用水地域の場合、施設園芸の成立は灌漑施設の整備された畑地以外に、減反転作も絡んで、水田立地も少なくない。経営耕地規模が小さいため露地園芸の採用よりはるかに適性と必要性が高いと考えられる施設園芸の導入が進捗しないのは、生産流通の技術面以上に、何代も継続してきた米麦養蚕複合経営の歴史的固定性が心理的障壁となって、用水事情の改善された米作 Plus 兼業化の途を安易に選択させた結果のように思われる。

以上総括すると、群馬用水の利水効果を制約する条件のうち、もっとも厳しい条件は、中山間地農村固有の自然的諸条件とこれに規制された複合的な地目構成にあると考えた。群馬用水地域の山麓斜面は、随所で耕地の傾斜度

図Ⅱ-6　群馬用水土地改良区富士見地区の改良耕地の形状

黄色：畑整理地　　緑色：水田整理地
出典：「群馬用水土地改良区資料」

297

第Ⅱ章　経営環境の変転と西関東複合経営農村の逡巡・先進性後退

を実感することができる。この特徴は図Ⅱ-6（口絵参照）に示す土地改良区の狭小で非効率的な耕地分布形態とともに如実に表現されている。以下松岡淳他『農業農村基盤整備史 p168-169・286-287』を参考に、群馬用水地域の自然的性格を整理してみた。

　群馬用水地域では等高線は不規則に湾曲し、多様な傾斜を有していることが多い。しかも耕地は渓流の開析作用を受けて樹枝状に細長く配列し団地規模も小さくて分散的である。中山間地農村に共通する問題でもあるが、経営基盤が強く、農業投資能力の高い経営体は多くない。ときに独特の耕地改良方式たとえば「せまちなおし」の成立する由縁もここにあったと考える。こうした状況を基盤にして田畑作型のいわゆる米麦養蚕の小規模複合経営農村が成立した。かつて戦前の東京市東郊の水田地帯で独立自営農民の成立が証明した、自給のための米を担保する水稲 Plus 蔬菜の商品生産は、日本的農業の安全かつ合理的存在形態であった。米麦 Plus 養蚕の群馬用水地域農業もその範疇に入る農業であったが、今はその複合性が小規模農業をさらに分割矮小化し、蔬菜専業農家、水稲作兼業農家のどちらも選択しきれないしがらみとなり、主産地形成上の制約因子になっていることが懸念される。結局、中山間地農村の小規模農業が複合経営を採用せざるを得なかった事情の中に、もっとも大きな主産地形成上の規模的制約が生じていたとみるわけである。

　長い伝統の中で保守的性格を強めた米麦 Plus 養蚕型の複合経営と、常総台地のそれも地帯形成段階―商品化率75％の畑灌陸稲地域（筑西地方）、落花生地域（台地中央部）、副業養豚と結合した澱粉用甘藷地域（沿岸部）―に到達し、当然商業的農業体験をともなう潜在的能力のきわめて高い普通畑作経営とが、東京中央卸売市場のシエアをめぐって競合したとき、勝負の行方は始めから明らかであった。加えて西関東畑作農村のうち南部農村では都市化の進展で近郊農業が壊滅し、やや北寄りの大宮台地畑作地帯では陸田化と麦作が農家労働力の流出をプッシュし、産業間・地域間所得格差の増大が流出のプル要因となって機能した結果、東京近郊畑作農村にも拘わらず、蔬菜の大型産地形成を見ることはついになかった。

　上述の動向と西関東北部の米麦養蚕型複合農村の保守的性格が、関東畑作農村の先進地域性の交代劇を演出する舞台装置となるものであった。そして

結語　群馬用水事業と主産地形成

群馬用水地域の多くの保守的な米麦養蚕型複合経営農家が選択した利水対応こそ、西関東北部農村の対応を本質的に反映した姿であった。その姿を一言で括ると、群馬用水事業は「時間」の操作と「場所」の選択を誤った可能性があるということになるかもしれない。

ただし「二次構」で見られた一部複合経営農家の対応を、中島征夫『地域複合農業の展開論理―地域営農を見つめて― p8』や沢辺恵外雄「地域複合農業の胎動と背景 p6」が指摘するような、個別複合・地域複合という2者択一の枠を超えて、家族経営を支える集団的活動と理解したとき、群馬用水地域の構造改善事業で成立した水稲協業組織や部門を異にする各種営農団地の運営をめぐる集団的対応は、新しい複合経営農村の姿を示唆することが考えられる。このだれでも参加できる集団的対応こそ、実は特定階層による借地型大規模経営体の成立展開に対置され、日本農業の将来を展望するもう一つの選択肢として注目すべきことであった。この指摘と合わせて、近年施設園芸等の近代的経営を選択する農家に新しい流れ―定年退職後継者のUターン就農―が散見傾向にあること、ならびに用水施設整備と土地改良された群馬用水事業地域に資本装備・経営技術の充実した昭和村からの越境耕作がみられること、の2点を指摘して本章の結語としたい。

引用・参考文献と資料

青木眞則（1985）：「水田単作地帯」永田恵十郎編著『空っ風農業の構造』日本経済評論社.

青野・尾留川編（1968）：『日本地誌　第五巻関東地方総論』二宮書店.

赤堀村誌編纂委員会（1978）：『赤堀村誌 上』.

東村誌編纂委員会（1979）：『東村誌』現代書房新社.

新井鎮久（1970）：「首都圏における農業構造改善事業の特色」東北地理第22巻第3号.

新井鎮久（1972）：「中川水系見沼代用水地域における土地利用の変化と水利用」地理学評論第45巻第1号.

新井鎮久（1985）：『土地・水・地域―農業地理学序説―』古今書院.

新井鎮久（2004）：「館林・板倉地域における野菜産地の特徴と流通機構」地理誌叢第45巻第2号.

新井鎮久（2010）：『近世・近代における近郊農業の展開―地帯形成および特権

市場と農民の確執─』古今書院.

新井鎮久（2011）:『自然環境と農業・農民─その調和と克服の社会史─』古今書院.

新井鎮久（2012）:『産地市場・産地仲買人の展開と産地形成─関東平野の伝統的蔬菜園芸地帯と業者流通─』成文堂.

荒幡克己（2015）:『減反廃止』日本経済新聞社.

石井英也・山本正三（1991）:「関東地方の台地利用における陸田の意義」山本正三編著『首都圏の空間構造』二宮書店.

伊佐山悦治（1966）:「水稲の陸田栽培法」農業および園芸第41巻第11号.

板倉町史編纂委員会（1985）:「板倉町史　通史下巻」.

茨城県史編集委員会（1984）:『茨城県史＝近現代編』.

今村奈良臣他（1977）:『土地改良百年史』平凡社.

上野福男（1972）:「陸田の開発─水利用における Appropriation Doctrine versus Riparian Doctrine」駒沢地理第8号.

上野福男（1964）:「土地利用からみた陸田（シンポジュウム発表要旨）」地理学評論第37巻第12号.

大迫輝通（1967）:「松本平烏川扇状地における桑園の水田化」人文地理第18巻第1〜6号.

大田原市史編纂委員会（1982）:『大田原市史　後編』.

大沼幸之助（1955）:「地下水利用による畑地開田と農用地の利用の変化について」宇都宮大学農学部研究報告第3巻第1号.

桶川市史編纂委員会（1990）:『桶川市史　第1巻通史編』.

小山市史編纂委員会（1987）:『小山市史　通史編Ⅲ近現代』.

金崎　肇（1977）:「茨城県地方の陸田」日本地理学会予稿集13.

金子　良（1963）:『利根川水系における水収支』科学技術庁資源局.

川里町史編集専門委員会（1998）:『川里町史　通史編下巻』.

川本町史編纂委員会（1989）:『川本町史　通史編』.

北本市教育委員会市史編纂室（1993）:『北本市史　第2巻通史編Ⅱ』.

群馬県企画部統計課（1975）:『農業センサス群馬県結果概要』.

群馬県蔬菜技術研究会（1987）:『群馬の野菜─栽培技術と経営事例─』群馬県農業改良協会.

群馬県農業総合試験場・群馬県農政部耕地建設課他（1986）:『藪塚台地農業の展開と畑地灌漑』群馬県土地改良事業団体連合会.

群馬県農政部監修（1981）:『畑地かんがい農業の展開（赤城北麓地区）』群馬県農政部.

群馬用水土地改良区（1992）:『赤榛を潤す─群馬用水誌─』.

群馬用水土地改良区（2013）:『群馬用水土地改良区設立50年誌』.

結語　群馬用水事業と主産地形成

駒場浩英（1992）：「茨城県におけるコメ生産調整政策下の陸田の動向及び存続要因」しらかし第2号（栃木県立小山西高等学校紀要）.

駒村正治（2004）：『畑の土と水―湿潤地域の畑地灌漑論』東京農業大学出版会.

小林　茂（1968）：「農業生産における水利用方式の変化」蝋山正道・一瀬智司編『首都圏の水資源開発』東京大学出版会.

小林兼一・臼井　普・伊藤喜雄（1964）：『市町村農政と農業集落』日本の農業23.

新井信男（1970）：「中川水系水田用水の社会的性格」阪本楠彦・梶井　功編『日本農業の諸局面』.

佐藤俊朗（1966）：「利根川流域の陸田の成立と発展」地理11-4.

沢辺恵外雄（1979）：「地域複合農業の胎動と背景」沢辺・木下編『地域複合農業の構造と展開』農林統計協会.

新編埼玉県史編纂委員会（1991）：『新編埼玉県史 通史編7現代』.

戦後日本の食料・農業・農村編集委員会（2012）：『農業農村基盤整備史―第12巻』農林統計協会.

白石・岡部（2014）：「関東農業構造の変動」戦後日本の食料・農業・農村編集委員会『高度経済成長期Ⅱ―第3巻Ⅱ』農林統計協会.

鈴木吉五郎編（1970）：『群馬県耕地事業史』群馬県土地改良事業団体連合会.

鈴木康夫（2014）：『中山間地域の再編成』成文堂.

田中　修（1991）：「畑地かんがいと群馬の農業」高崎経済大学付属産業研究所編『利根川上流地域の開発と産業』日本経済評論社.

玉城　哲（1968）：「首都圏における農業用水」蝋山正道・一瀬智司編『首都圏の水資源開発』東京大学出版会.

玉城　哲他編（1984）：『水利の社会構造』東京大学出版会.

千葉県野菜園芸発達史編纂会（1985）：『千葉県野菜園芸発達史』.

栃木県大百科事典刊行会（1980）：『栃木県大百科事典』下野新聞社.

栃木県土地改良事業団体連合会（1979）：『栃木県土地改良史』.

中島峰広（1967）：「群馬東部の畑地灌漑卓越地域における農業経営と土地利用の発達」人文地理　第19巻.

中島峰広（1972）：「埼玉県北部・利根川中流右岸地域における土地利用の進展と農家経営の変貌」学術研究　総合編第21号.

中島峰広（1980）：「わが国における畑地灌漑の発達」早稲田大学教育学部　学術研究第29号.

中島征夫（2000）：『地域複合農業の展開論理―地域営農を見つめて―』農林統計協会.

西那須野町史編纂委員会（1963）：『西那須野町史』.

西那須野町史編纂委員会（1977）：『西那須野町の産業経済史⑤』.

第Ⅱ章　経営環境の変転と西関東複合経営農村の逡巡・先進性後退

農政調査委員会（1967）:『日本の農業　第50集　開田』.

農林省関東農政局編（1965）:『利根川流域における農業水利の展開と農業発展』
　　農林省関東農政局.

農林省東京農地事務局（1960）:『赤城榛名（群馬用水）土地改良事業計画概要
　　書』.

日本農業研究所編（1970）:「戦後農業技術発達史　第一巻水田作編」.

日本農業研究所編（1970）:『戦後農業技術発達史　第三巻畑作編』.

日本農業研究所編（1980）:『戦後農業技術発達史　続第二巻畑作編（工業原料作
　　編）』.

農業水利問題研究会編（1981）:『農業水利秩序の研究』御茶の水書房.

農林省振興局研究部（1953）:『畑地灌漑に関する研究収録Ⅰ』.

農林省振興局研究部（1958）:『畑地灌漑に関する研究収録Ⅴ』.

農林省農業改良局（1953）:『日本における畑地灌漑の特質』.

農林省農林水産技術会議編（1972）:『畑地灌漑』農林技術出版社.

農水省大臣官房統計部（2016）:『2015年農林業センサス　群馬県統計書』.

本庄市史編集室（1995）:『本庄市史　通史編Ⅲ』.

水資源開発公団・群馬用水建設所（1970）:『群馬用水工事誌』.

南河内町史編纂委員会（1996）:「南河内町史　通史編近現代7巻」.

南河内町史編纂委員会（1996）:『南河内町史　史料編4近現代7巻』.

三橋時雄（1975）:『戦後日本農業の史的展開』ミネルブァ書房.

真岡市史編纂委員会（1988）:『真岡市史　第八巻近現代通史編』.

元木　靖（1976）:「米の生産調整政策下の戦後開田地域」埼玉大学紀要（社会
　　科学編）第23巻.

元木　靖（1977）:「北上山地北部の農民資本型開田」埼玉大学紀要（社会科学
　　編）第24巻.

元木　靖（1979）:「現代における水田開発のメカニズム」埼玉大学紀要（社会
　　科学編）第27巻.

元木　靖（1980）:「わが国における水田開発の動向」西村嘉助先生退官記念論
　　文集.

元木　靖（1981）:「現代の開田に関する覚書」埼玉大学紀要（人文科学編）第
　　30巻.

山口照雄（1985）:「農産物の需要形成および流通」永田恵十郎編著『空っ風農
　　業の構造』日本経済評論社.

山崎・長谷川編（1959）:『畑地かんがい』農山漁村文化協会.

山本荘毅（1962）:「農用地下水利用の現況とその地学的成立」水利科学6巻1号.

結城市史編纂委員会（1982）:『結城市史　第六巻近現代通史編』.

吉見町史編纂委員会（1979）:『吉見町史　下巻』.

第Ⅲ章　東関東畑作の変換点形成と
ポテンシャル
──洪積台地の潜在的可能性と借地型大規模露地園芸──

はじめに

本章の位置つけと研究地域の概要　東関東畑作農村に関する研究は、これ
まで特定年代の特定地域を対象にした課題研究が支配的であった。少なくと
も、東関東畑作の特質と関東畑作の現代的性格を象徴的に具備する常総台地
農業について、近世の開墾から現代の先進的蔬菜産地形成まで一貫して捉え
た研究は、これまでその例をみないと理解する。「茨城県史」・「千葉県の歴
史」あるいは「茨城県農業史」・「千葉県野菜園芸発達史」にしても地域は分
断分割され、必ずしも一体化してみようとしていない。台地農業・農民・農
村に関する課題意識と精力の傾注にも価値観に基づく軽重が見られる。当然、
分析の視角もそれぞれ異なる設定となっている。

　しかも東関東畑作農村をかつての先進的農業地帯の西関東畑作農村に対置
し、さらに両者の変換点を形成する東関東畑作の近代化について、潜在的地
域能力「ポテンシャル」を時系列的に確認する試み、ならびに西関東畑作の
「米麦養蚕型複合経営から陸田・都市化地域（南部）と蔬菜供給基地（北部）
へ」という変貌過程を実証的に見直す試みも、いまだ研究上の空白地帯であ
ると考える。したがって、近現代における東西関東農村の先進性の交代に関
与する東関東畑作農村特有の近代化過程の評価なしには、関東畑作農業史や
地帯形成論は論じきれないものと考える。

　これまで東関東畑作農村の近代化過程に関する議論は、管見する限り、既
刊の山本正三編著『首都圏の空間構造』・永田恵十郎編著『空っ風農業の構
造』・安藤光義『北関東農業の構造』ならびに前掲の県史・農業史でも、改
めて問題を取り上げ論及されることはなかった。ときには問題視する論考も
全くないわけではないが、多くは単に与件として扱われ、東西の地域枠を超
えた構造的な把握を見ることはなかった。そのうえ、関東畑作に関する多く

303

第Ⅲ章　東関東畑作の変換点形成とポテンシャル

の優れた先行研究も個別研究段階に留め置かれ、集大成される機会に恵まれ
ず、したがって普遍化・一般化されることも少なかった。

　関東地方の畑作農村は、東関東では茨城・千葉両県の常総台地および北部
中間帯の栃木県平坦部諸台地と那須開析扇状地にも広く展開し、西関東では
秩父山地前面に配列する武蔵野・入間・江南・櫛挽・本庄等の諸台地と丹沢
山地東麓の相模原・中津・秋留等の台地に成立する。この他に平場畑作農村
として、利根・荒川水系本支流の河岸段丘と本川中流域の沖積低地帯微高地
（自然堤防帯と高位三角州）に散開的な分布がみられるが、これらのすべてを
超えて、常総台地はその広がりと連続性で別格の存在となっている。

　本章では、地理学的・歴史学的・農学的共通性が比較的高いと思われる、
東関東畑作地帯のうちで、現在もっとも先進的かつ代表的とみられる常総洪
積台地の蔬菜作農村を研究対象地域として選定した。東関東平地林地帯の重
要な一角を形成する栃木の河岸段丘性洪積台地と開析扇状地を外したのは、
過去の開発技術で開田可能な地形的特色（必縦谷の形成）以外に、1970年代
以降、乳牛飼料作付率の急速な上昇と連動する借地型大規模経営体の成立が、
常総台地農村をはるかにしのぐレベルで県北地域に進行し、したがって蔬菜
作の比重がその分低い農村地帯であることに拠った結果である。

　近世後期の関東洪積台地農村を概観すると、西関東の場合は、商品作物と
しての煙草・麻・紅花・甘藷・雑穀・ならびに余業としての養蚕・製糸・綿
絹織物・製紙業等の先進的農村地域の評価が定着し、さらに内陸平場沖積低
地帯の微高地上には、綿花・藍・大豆等の商品生産が広く展開した。一方東
関東では、未墾の平地林や林畑が多く、ごく一部の綿花、綿業地域・紅花・
大豆・茶業地域を除いて、商品生産の展開は未熟・未成立状態の地域が広域
的に分布していた。したがって、総体的には平地経済林林業と林畑を含む自
給的穀菽農業が拮抗する農業段階にとどまっていた地域と理解されるところ
であった。

　この東西性コントラストの形成に対して、近代初〜後期になると東関東平
地林地帯（常総台地）では、開墾の進行とそこでの自然特性を考慮した耐旱
性でしかも労働粗放的な根果菜類・芋類・深根性樹木作物類の定着が進み、
出荷組織の設立・出荷手段の革新をともなう高い商品化率とリンクした台地

304

はじめに

農業の近代化が進行する。常総台地の農業近代化は、東京に隣接した下総北総台地で先行し、常陸台地では、一部輸送能性の高い西瓜・芋類・白菜や煙草・茶・蚕繭などの工芸作物を除き、東京市場向け商品生産はかなり遅れて普及した。その間の常総とくに常陸台地畑作は、関東屈指の商品化率75%の水陸稲湛灌水栽培地帯として推移する。その後まもなく、東京の生鮮食料品需要の拡大にともなう生産と流通の大型化と産地指定の結果、常総台地農村はついに東京市場の大型蔬菜供給基地としての地位を確立することになる。

　今日、1960年代以降の東京市場占有率1・2位県千葉・茨城の成立が示すように、低位土壌生産力に規制され相対的に経営規模の大きい常総台地農村では、中型農業機械の普及、土壌改良技術の向上を契機にして大規模園芸農業の成立が進行している。とりわけ借地型大規模露地粗放園芸の技術的基盤は、戦後の関東畑作農業において、当初、十分定着することのなかった中型農業機械化経営技術によってはじめて広域的に確立された感が深い。

　ここで、現今のわが国における大規模営農の形成史を、東関東畑作との比較を視点に総括すると、大規模化の動向は全国的なものである点をまず指摘する必要がある。発生的には、総合農政期以降の農村労働力の激しい流出、中・大型農業機械の普及、農産物需要の高度化・大量化等の総和としてもたらされた。このうち畑作では、十勝平野を中心として飼料作物・穀菽・蔬菜・工芸作物を栽培する道東地域、笠野原台地を中核とする甘藷・飼料作に蔬菜作の参入が進む南九州シラス土壌地域ならびに東関東蔬菜・飼料作地域が挙げられる。道東・南九州と東関東とのもっとも大きな相違点は、前者が売買によって農地集積を果してきたこと、ならびに麦、大豆、甜菜、馬鈴薯などの畑作4品（道東）といわれる政府管掌作物の割合が高いこと「北海道における大規模営農（鵜川洋樹・畠山尚史）p112」と、市場性の低い作物栽培地帯の性格を示していること等である。共通点としては、南北の限界農業地域と東関東の内陸県栃木に飼料栽培の比重が高く、結果、畜産ないし酪農の経営的地位が高いことを明示している。

　近年、南九州畑作の経営的性格は、道東・東関東畑作の中間型を示す傾向を強めている。経営規模の拡大を外延的拡大と内面的充実で併進させている点、あるいは振り荷組織の大型化とかかわるキャベツ・白菜栽培が首都近郊

305

第Ⅲ章　東関東畑作の変換点形成とポテンシャル

中間地帯型の茨城県西域農村にきわめて類似することの2点から推定されるように、蔬菜の産地化を通して、北九州市場を射程圏内に捉えた遠近中間型農業地域を形成したとみられる「府県における大規模畜産・畑作営農（堀口健治）p419-430」。

課題設定とその背景　　本章では、近世関東畑作農村における江戸地廻り経済の展開過程と、現代関東畑作農業の地帯形成を結ぶ中間項として、常総台地畑作農村の発展（近代化）過程を位置つけ、その解明を基本課題とするものである。具体的には、洪積台地の農業的土地利用の特質と土地評価の逆転現象を手がかりに、関東畑作史上の経営的意義について、東西関東の地域性を視点に検討するつもりである。手始めとして、近世以降の常総台地の平地林利用と開発を手がかりに土地利用の変遷過程を考察し、そこから地主制下の洪積台地農業の特質（大規模小作農の成立）を明らかにしてみたいと考える。次いで現代の借地型大規模経営体群の叢生を可能にした農業様式の近代化過程と先進地域性の交代過程の考察を通して、潜在的地域能力（ポテンシャル）の問題にまで筆を進めたいと考える。そのうえで、今日、常総台地農村で進行する借地型大規模露地園芸の実態とその背景について、常陸・下総両台地の地域間比較分析に基づく検討を試み、併せて農民の行動様式に影響を及ぼしたとみられる歴史的社会的背景、ならびに抽象化の危険を含む農民気質についても敢えて言及したいと考えている。

　課題設定にかかわる常総台地畑作の経営史上の意味を考えたとき、いくつかの問題点たとえば先進・後進地域性の交代過程、近代化の具体的内容、農民気質の把握手法などが浮上する。以下このことを踏まえて、課題設定で述べた問題意識をさらに明確化するために、次のような二次的な諸課題に組み替えてみた。1)常総台地の農地開拓史と平地林の機能（平地経済林林業と林畑経営）、2)常総台地農業・農村の近代化過程とその特質（商品生産の進展と近代地主制社会の成立）、3)高度経済成長と養蚕衰退下の東西関東畑作農村の対応と変貌（畑作様式の変遷と先進地域性の交代）、4)常総台地農業の近代化過程の深化とポテンシャル効果の発現（生産手段の高度化・一般化と洪積土壌評価の変更）、5)常総台地農村の借地型大規模露地園芸の実態と地域性の形成（大規模露地園芸の地域的性格と歴史的背景にかかわる農民気質）、以上の五項目

はじめに

に対する検討と解明である。議論の性格上冒頭の考察と重複する部分も少なくないが、問題の構造的把握のための意図を了とされたい。

一般的に言って、明治政府によって進められた農業の近代化は、土地の私有化と売買の自由、地租金納、田畑勝手つくりを主な内容と考えられてきたが、実際には近世末期の実態のなし崩し的法制化に過ぎないという性格を内包するものであった。したがって本論では、明治政府の農業近代化政策の下での常総台地農業について、1)洪積土壌地帯における近代的大地主制社会の成立、2)低位生産力土壌帯での労働節約的大型経営の普及、3)商品生産の発展と農産物流通組織の発達、4)農業の機械化・省力化によるスケールメリットの追求と労働生産性の向上、以上4項目をこの時代における近代化の主要メルクマールと考えた。

言い換えれば、維新政府の開発方式および開発推進主体の社会的性格に規定された近代地主制社会の成立と、その桎梏の下での低位土壌生産力を補う大規模小作経営の展開とは、大型経営から必然的に派生する雇用労働・省力技術・省力作物の導入、乏水性土壌に対応する耐旱性作物選択、基幹作物への集中特化と商品化率の上昇、農産物市場の選択と共同出荷組織の設立等諸々の農業生産と流通上の問題をともなって進行し、結果、近代前期的社会において、規模の経済を一義的に追及せざるを得ない大規模小作農家の粗放畑作経営様式の商品生産が、ここに展開することになるわけである。

経済成長を契機とする蔬菜作主導型の東関東（以後とくに必要性がない限り常総台地と呼称する）畑作農業の発展は、西関東における養蚕、製糸・織物産業の衰退と交差し、1960年代を分岐軸とする東西先進地域性の逆転とこれにともなう主幹的経営部門の変遷を果たすことになる。いわば西関東畑作農民が、養蚕衰退期の不況からの脱出を田畑輪換、田畑転換（陸田化）、養蚕経営の地域的・階層的再編によって執拗に模索し逡巡する間に、西関東北部農村の工業化および南部農村の陸田化と都市化が進展し、労働力流出による兼業農家の大量発生と近郊蔬菜農業の顕著な後退が進行する。とりわけ大都市近郊兼業農家の存在形態を規定する中川水系自然堤防帯と大宮台地における陸田の発達は著しく、西関東畑作農村の蔬菜産地形成に対する負の影響は少なくなかった『近郊農業地域論（新井鎮久）p145-164』・『自然堤防（籠瀬

307

第Ⅲ章　東関東畑作の変換点形成とポテンシャル

良明）p144-157』・（新井鎮久　1970　p83-85）。

　近年、常総台地の借地型大規模園芸農家群は、借地による規模拡大、雇用労働力の大量採用、耐旱性・労働粗放的作物の採用、資本装備の充実、巨額の生産物販売実績などをもって、関東畑作農業はもとより日本畑作農業の指導的地位を構築しようとしている。しかもこの借地型大規模露地園芸の成立は、明治の地主制社会にその淵源を見出すというきわめて歴史的な存在でもある。大規模経営農家群の成立は全国普遍的な現象であるが、東関東畑作農村のような歴史的背景をもって成立展開した地域は必ずしも多くない。今日、東関東畑作農村では、兼業化の進行にともなう遊休農地の発生を捉えた規模拡大指向経営体（農家）群が、平成21年施行の改正農地法の精神を先取りしたきわめて先進的な農業・農村地帯の形成に向けて動き出している。

　なお、常総台地の自然改造計画ともいえる国営農業用水事業附帯県営畑地帯総合整備事業とくに畑地灌漑事業の実施効果と限界、ならびに将来台地農業推進力の一端を形成することが予測される株式組織の法人展開については、借地型大規模経営指向農家との遊休農地や農産物市場をめぐる競合関係の発生を中心に問題提起の範囲内で取り上げ、詳細については稿を改めて考察したい。

第一節　近世常総台地の平地林分布と土地利用

1. 常総台地の地形・土壌・植生分布の概況

常総台地の地形と土壌　　近世以降広く平地林に覆われていた常総台地は、利根川を挟んで、北部の茨城県側に分布する常陸台地と南部の千葉県側に拡がる下総台地に分けられる。台地は成田層と第四期関東ローム層からなり、ロームの層厚は3～10mに及ぶ『角川日本地名大辞典　p529』。台地の標高は、常陸台地の場合、北西端の古河付近で15m前後、東端の鹿島市宮中で約40mとなる。下総台地の場合は北西部の東葛で10m内外、南部の房総丘陵前面で100mに達している。全体的に見ると、常総台地は関東平野の中心部五霞地方に向かって緩やかに傾斜する造盆地地形をつくっている『角川日本地名大辞典　p529』。常陸台地は多くの大小河川によって浸食され、東茨城・那珂・

308

第一節　近世常総台地の平地林分布と土地利用

結城・猿島・鹿島・行方等の台地に分割されている。一方、下総台地には大河川の浸食開析が見られず、結果的に台地原型面が広く残され、習志野原・下志津原・八街周辺・三里塚周辺等の平坦面と台地に貫入する開析谷からなっている。

　下総台地の平坦地形面は、第四紀後期の地殻変動によって形成された八街隆起帯、習志野隆起帯、飯岡隆起帯と重なる。また茨城では鹿島隆起帯、行方隆起帯が特徴的な地形原面を形つくっている『下総境の生活史　地誌編 p7』。茨城の場合、隆起軸に並走する沈降軸の存在と非必縦谷を含む大小河川の台地分断が自然水系の成立を拒絶し、人工用排水河川の建設を困難にしている。また千葉では隆起帯による分水嶺の形成が利根川水系からの導水を拒み、台地上でのスムースな用排水の流れを阻害することが予測され、歴史的に用排水事業の展開を阻む重大な原因となってきた。五霞地方を中心とする関東造盆地運動の支配下に置かれてきたことが、常総台地の地形発達と水文事情に及ぼしてきた影響はきわめて大きい。

　両台地の土壌学的特性は、火山起源のクロボク土が圧倒的に多く、地域によっては80〜90％を占めている。香取・印旛両地区では褐色森林土の分布がめだつ『千葉大百科事典 p758』。クロボク土は高い燐酸固定力と小さい仮比重、高い腐食含量で特色付けられる。「のつち」と呼ばれる異母材の混入がないクロボク土は、燐酸吸収係数が1,900以上ととくに高い。台地周辺部に分布する「まつち」は、河川等の影響で砂などが混入し，燐酸吸収係数は1,500〜1,900と「のつち」より低く、比較的燐酸肥沃度が高い（千葉県農耕地土壌の現状と変化 p7）。台地の土壌は一般に水分供給力が弱く酸性土で、風食・霜害もうけやすい。土壌の豊土化が進むまでは、土壌改良剤として石灰や堆肥などの投入が不可欠であった。当然のことながら、地形発達と土壌分布の相関度はきわめて高いことが明らかである（図Ⅲ-1）。

　近世以降、栽培作物も耐旱性品種と自給用主雑穀類に限定され、生産力と作物選択範囲の両面を制約された苛酷な台地農村の生活史が長く続くことになる。近代とくに第一次世界大戦以来、耐旱性作物甘藷と迂回結合した養豚経営ならびに低生産力土壌に対応する規模の経営が、小作開墾と地主制の成立を促進する一因となっていく。同時に畑地生産力の低さが地代水準の低位

第Ⅲ章　東関東畑作の変換点形成とポテンシャル

図Ⅲ-1　千葉県の地形と土壌分布(平成27年)

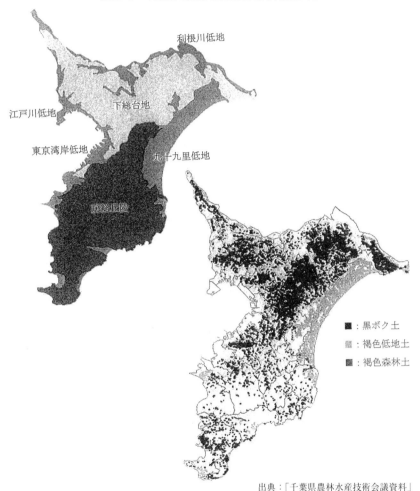

出典:「千葉県農林水産技術会議資料」

性とこれに起因する小作・自小作型の大規模粗放的な商品畑作農業の成立を促すことになった。この粗放的な商品畑作の大規模小作経営こそ常総台地における象徴的なそして近代的な農村経営の姿であった。したがって、常総台地において畑作農業の近代化が確立するのは、失業・窮民救済開墾期以降の茶園・養蚕経営の浸透期を超えて、第一次世界大戦後のことであったとみる

第一節　近世常総台地の平地林分布と土地利用

ことができる。このことは台地農業の初期的・生物学的適応（耐旱性・深根性作物選択段階）からランクアップされた経営学的適応（低地力土壌帯での規模の経済と有機的耕畜経営選択段階）への質的転換をともなう重要な変化であった。

常総台地の平地林　　常総台地の平地林に関する近世の定量的史料は、管見する限り不詳である。むしろ存在しないとみるべきかもしれない。あえて『石岡市史　下巻』記載の明治42（1909）年の茨城県郡別表から山地・丘陵のない郡の山林原野率を平地林分布率とみなして取り出すと、猿島34.5％、北相馬26.0％、結城28.1％、稲敷39.9％、鹿島58.3％、行方47.1％、東茨城47.0％となり、北相馬、結城以外は畑地率を平地林（山林原野）が大きく上回っていた。立石友男らが地形図から算定した平地林の樹林地面積も属地的で有効な資料といえる（図Ⅲ-2）。しかし山林原野率の分布以上にきわめて重要な事項が木村隆臣によって指摘されている（表Ⅲ-1）。彼によると戦前の平地林開墾は、その多くが耕作放棄され再び山林に復帰していることである。立石友男も指摘するように、いわゆる切替畑利用がかなり行われていたことを示すものである「関東地方における林地とその開発　p24-27」。戦前の定量的平地林把握の困難さはこのためでもあった。

　戦後最古の平地林資料（昭和27年度現在）によると茨城8万4千町歩、千葉7

表Ⅲ-1　茨城県の平地林開墾と復帰（耕作放棄）率（昭和元年～20年）

年　度 year	開墾面積 cultivated forests	復帰面積 abandaned field	復　帰　率 percentage
	町chō	町chō	％
昭和元年～5年 （1926～1930）	2,949	5,243	178
昭和6年～10年 （1931～1935）	5,323	1,738	33
昭和11年～15年 （1936～1940）	8,651	1,039	12
昭和16年～20年 （1941～1945）	3,663	2,087	57
計 total	20,586	10,107	49

出典：「茨城県林業試験場研究報告第4号（木村隆臣）」

第Ⅲ章　東関東畑作の変換点形成とポテンシャル

図Ⅲ-2　関東地方における樹林地の分布（10階級区分）

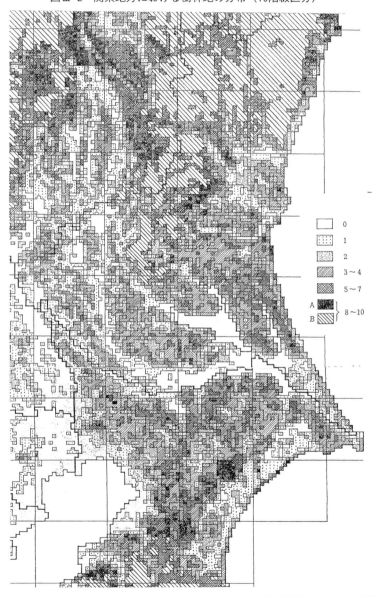

A　平地林地域　　B　山地林地域
出典：「日本大学地理学科50周年記念論文集（立石友男・澤田徹朗）」

万2千町歩、栃木5万8千町歩となり3県の平地林面積が突出している（表Ⅲ-2）。分布地域のほとんどは、土地生産性が低く旱魃常襲型の洪積世の台地・段丘で占められていたが、戦後の緊急食糧難対策や農地改革の際の未墾地解放運動で広く開墾され、関東全域で戦後7年間に5万町歩が農地となった。農地開墾はその後も緩慢に進められるが、昭和30年あたりを境に平地林地帯の用途が大きく変更され、高度経済成長期以降になるとゴルフ場・工業団地向けの非農業用転用で平地林減少が進行することになる「前掲書（立石友男）p26-27」。農業生産力の低い耕地、広い林地の残存、農家分布の希薄さ等どれをとっても他目的転用買収が容易な地域であった。昭和35年〜55年にかけての関東の平地林減少はおおよそ10万haに達した「関東畑作農法の構造と平地林の機能（木村伸男）p62-71」。

　千葉県の平地林分布状況も、栃木県東部丘陵寄りと茨城県霞ケ浦周辺とともに、下総台地の中央部上総寄りに高密度地域が見られた。全体的な分布は下総台地のクロボク土地帯、台地地形の分布地域と見事な相関関係を見せながら展開する。かつての幕府馬牧地帯、終戦前の軍用地展開とも少なからず合致し、今日の工業団地やゴルフ場の分布模様とも多分に一致している。なかでも新東京国際空港と筑波研究学園都市・鹿島臨海工業地帯の建設は、平地林地帯の地域的性格とその利用を典型的に表現したものである。

表Ⅲ-2　平地林と戦後開墾面積

	平地林面積（町）	平地林率（%）	戦後開墾面積（町）	耕地面積（町）
東　京	3,357	4.3	3,022	36,123
神奈川	7,245	6.5	4,552	61,414
埼　玉	21,482	18.4	4,554	148,113
千　葉	72,437	47.4	11,417	180,261
栃　木	58,680	15.6	10,119	135,683
茨　城	84,098	39.1	11,994	204,800
群　馬	28,186	7.2	9,078	117,624
合　計	275,489	19.2	54,736	884,018

平地林　傾斜15度以下とする
開墾面積　昭和27年度までの累計とする
出典：「農林省農技研報告H15（林健一）」筆者改訂して作表

2. 近世常総台地（平地林地帯）の開墾と限界

　17世紀の中頃、下総台地の村々は、台地の内部に向かって分岐しながら延びる開析谷に沿って立地し、前面に水田を拓き背後に台地平地林を背負って展開するのが一般的であった。村々は台地上に拡がる林野の一部を「内野」として確保し、耕地・秣場・林地などに利用してきた。内野の外方にはいわゆる「外野」呼ばれる林野が広がり、多くは幕府直轄の馬牧とされていた。時代が下るにつれ、「内野」における林野の一部は、平地経済林価値の発生と農民・領主の社会的政治的要請を受けて開発対象と考えられるようになっていく。この他に自村もしくは数ヶ村の共用地としての入会林野の形成もみられた。17世紀後半を中心に、封建領主たちも城下町造営用の用材濫伐と「尽山化」対策として、御林・地頭林と呼ばれる林地を囲い込んでいった。

　近世の農民および封建領主と洪積台地・平地林とのかかわり方は、常陸台地の場合は農民の開墾・入会地利用と封建領主の直轄林「御林・地頭林」の取込みが普遍的に進み、両総台地の場合は幕府直轄の小金牧・佐倉牧・嶺岡牧等の馬牧が広大な面積を占有し、農民たちの私的・共同体的利用を制約していた。結果、農民の林野開発はもとよりその利用まで大きく限定され、野銭上納と引き換えに、私領の林野と幕領馬牧の落葉や下草の使用が認められていたにすぎなかった。幕藩体制の確立と小農自立を背景にして、近世前期の寛文年間（1661-73）の隠田禁止や新田開発を推進する法度が出され、広く廻村が行われた。こうして関東地方では各地で新田開発が活発化することになる。いわゆる前期開発時代の成立であった。東関東の九十九里平野と椿海の開発も廻村後に着手され、以下に述べる下総台地の馬牧をめぐる開発も、このときの開発政策の一環であった、と佐々木克哉「近世前期における下総台地の野と牧場 p86」は指摘している。

　寛文～延宝年間（1661-81）における下総台地の幕府牧を含む「外野」は、新田開発の対象となり多くの新田が成立した。新田には各地から農民が入植し、原地の耕地化が進められたが、本来、農耕に不適な台地上での生活は困難をきわめ、耕作を放棄し脱落する農民が続出した。延宝年間開発は、小金5牧の一つ印西牧の開発が最も大きいもので、惣深新田を中心とする7つの村立新田と10の持添新田からなる17新田の成立がみられた。その後印西牧近辺

第一節　近世常総台地の平地林分布と土地利用

には、上野牧・庄内牧・中野牧・下野牧等を含めて多くの原地新田が村請・持添新田として成立する。牧の縮小をともなう幕領新田の成立であった。『元禄郷帳』によると延宝年間までに成立した新田は36か村に達した『千葉県の歴史　通史編近世1　p790』。

　下総台地における享保年間（1716-36）の開発は、享保改革の主柱の一つとして推進された。本来、農業史的には享保期の開発は、近世前期の水田開発を主とした小農自立策に対して、畑新田開発を主体に小農自立の完成を意図したとされるものであった。こうした歴史的位置づけの下に行われた開発にもかかわらず、幕府牧小金・佐倉を中心にした開発では生産力が低く、多くは林畑として検地を受けることになる。つまり享保期の原地開墾は、高入れされたという事実だけが先行し、実態は林畑・芝地のまま放置され、結果的に31か新田で「開野」とされ以後牧地に復した「幕府の牧支配体制と原地新田の開発（中村　勝）p351」。このためほとんどの新田が無民家でかつ本村に所属する持添新田とされ、下総台地の多くの村に数石から数十石程度の幕府領が散在することになった『千葉県の歴史　通史編近世1　p791-792』。代官小宮山杢之進が推進した佐倉・小金両牧の原地開墾はこうして失敗に帰し「幕府の牧支配体制と原地の開発　p363」、新田村々の荒廃を招くことになる。

　土地生産力が共通する常陸台地の開発でも林畑が多く、地域生産力を大きく伸展する開発ではなかったと思われる。小農自立策の仕上げ効果も期待できなかったとみるべきであろう。もはやこの現象は、農業開発というより後述の菊地利夫・立石友男両者の見解が示すように、林畑経営の中でも林業生産により比重がかかった姿と考える。幕末安政期の薪炭・木材の商品化と流通圏の確立を背景に、水戸物・高浜物が市場の建値として重視される事態が、林業地域としての常総台地の有力な立場を証明している。常総台地で推進された唯一ともいえる平地林地帯開発の限定的成果—低生産力地帯の林業地域化—のなかに、実は東関東畑作農村の後進性という評価の本質を見出すことができる。

　下総台地の馬牧開発過程は1)寛文・延宝期、2)享保期、3)幕末〜明治期に要約できる。1)の開発では、小金牧のうちの庄内牧と印西牧の三分の二が消

315

失する大規模開墾であった。2)の開発では、上述の林畑という劣悪な評価が示すように、小金・佐倉両牧の開発を失敗と結論つける先行論文が多かった。しかしそこでの植林と薪炭林利用から、平地経済林経営の成立と評価する向きも見られ「享保期佐倉牧における新田開発の特質（高見沢美紀）p72-73」、一概に失敗と速断できない側面も持っていた。3)では慶応2（1866）年の開墾奨励策を明治政府が窮民授産策として引き継ぎ、一部を除いて牧地は大幅に縮減された。

　ここで小金・佐倉両牧の新田開発を前掲書（高見沢美紀）で総括すると、新田合計高は8,611石という小規模なものにすぎなかった。この現実は、同時期に開発された武蔵野新田が82ヶ村で11万2千石余、飯沼新田が31ヶ村で1万4千石余と比較したとき一層明らかとなる。田畑の開発割合は田1.3%、畑・林畑98.7%であった。中央部の馬牧周辺に開かれた持添新田の性格、林畑評価にみられる低生産力、開発規模に対する石高の低さ等の問題が、後々常総台地畑作の近代的性格の基礎をかたちつくる自然的・歴史的要因に転化していくことを注意しておきたい。

3. 常総台地の平地経済林林業と林畑

常陸台地の新田開発と平地経済林林業　　木村隆臣（1970 p12）の報告によると、幕藩体制下の常陸台地の平地林地帯では人口が少なく、明治5（1872）年になってもその数値は84万人にすぎず、いたるところに森林があったという。その後においても全く同様の記述が見られるなかで、とくに茨城県南部の平地林林業について松材薪（東京市場占有率70%）を例にその重要性を指摘している。県・市町村史を管見すると、常陸台地の平地林地帯から江戸に向けて積み出される木材・薪炭類は、穀萩・地域特産物とともに領主流通時代からの重要な荷物となっていた。その結果、前述のように19世紀中葉には薪炭・木材の商品化と流通圏の確立につれ、江戸市場で常陸北部産の水戸荷物、常陸台地産の高浜荷物が建値として重視されることになる『茨城県史＝近世編 p402』。林産物の広域的な生産と流通圏の確立にともなって、居藪・山などといわれた平地林が田畑同様に商人資本によって集積され、山林地主の基盤が確立していった『前掲県史 p402-403』。

第一節　近世常総台地の平地林分布と土地利用

　近世中期以降、商品貨幣経済の農村浸透が激しさを増していく中で、常総台地とりわけ南部平地林地帯のように、利根川・鬼怒川をはじめとする大小河川水運と霞ヶ浦・北浦等の湖沼水運ならびに消費市場江戸（東京）に恵まれ、平地経済林林業が成立する地域では、農村人口の相対的寡少問題も絡んで、地元農民を主体とする平地林畑開墾の機運は必ずしも十分醸成されていたとは考えにくいことであった。その後、松を中心とする林相から推定すると、おおむね現在の平地林の様相を呈するようになるのは、明治後期の開拓入植以降であると思われることから、「常陸台地の平地林地帯で開発が大きく進行するのは明治の後期である。」とする前掲木村論文（p12）の指摘に改めて合点がいくことになるわけである。

　次に水戸藩および近隣諸領の平地林と新田開発全般の展望を通して、常陸台地の平地林開発の歴史的過程を特定してみよう。水戸藩の新田開発は主に近世前期に行われ、享保改革時の幕府の新田政策の影響はほとんど受けていなかったといえる。また寛永検地の前後に開発の中心地域が久慈・多賀両郡から那珂・茨城両郡に移行している『茨城県史＝近世編　p124-126』。総じて山間部開発と水田開発に軸足が置かれていたようであるが、後者については確たる史料は見ていない。近世後期になると、水戸藩最大級の新田開発といわれる行方郡延方村と那珂郡飯田村の開発が進行する。前者は開発改高1,509石余の田方開墾であった。後者の514石余の新田については、地形と土地利用の現況から畑方と思われるがこれも確証はない。この他に荒廃村落の起返しとして天保6（1835）年、那珂川下流で実施された藩営秋成新田も異色の開発として特筆すべきかもしれない。

　平地林密度の高い常陸西部（猿島・結城台地）と常陸南東部（鹿行台地）地域でも開発が推進されてきたが、ここは天領・藩領・旗本領が相給をともなって複雑に交錯し、開発過程の定量的把握は困難な地域とみられている。そこで定性的な考察をすると、伊奈氏2代の実績とりわけ福岡堰・岡堰・江連用水・飯沼干拓等が象徴するように、水田開発に傾注していたことが明らかである。この地域では権力を背景にした大規模開発より、農民あるいは町人層という下からの力を結集した開発が主流であった『茨城県史料＝近世社会経済編Ⅱ　p3031』。さらに水戸藩領の場合と同じく、平地林の畑地開発は

第Ⅲ章　東関東畑作の変換点形成とポテンシャル

既述のように明治期まで改めて取上げる必要がない状況が続いたと考えてよいだろう。むしろこの間（近世中後期）の常陸台地の開発は、激しい農村荒廃期における手余地の「起返し」、つまり復興のための再開発こそ地域性を帯びた大きな社会・経済・政治上の課題だった筈である。これら一連の起返しを含む新田開発の史的動向は、菊地利夫も指摘するように、東関東の村落経済と人口動態を直に反映したものであった『日本歴史地理総説　近世編　p256-258』。

　なお、鹿島台地でも町人資本による太田・須田・柳川3新田が開かれた。このうち太田新田は宝暦13（1763）年の検地で総反別三百十一町五反余、漁場肥揚場百二十町余、石高三百十二石余と評定された。後々、鹿島半島独特の農業景観となる堀下田と堀上畑を創出した開発であるが、造成地の7割は林畑が占め、さらに多くの土地を漁場肥揚場が占めるという農業生産性のきわめて低い開発であった。平地林地帯における畑作経営の性格とその要因分析を通して、東関東畑作農村の近代化過程を明らかにしようとする本論にとっては、鹿島半島の新田開発は若干異色の対象地域であった。結局、常総平地林地帯の土壌学的・地形学的特性を共有する鹿島灘沿岸地域も、鰯曳網漁業の衰退期以降、下総馬牧の新田とともに、常総平地林地帯の典型的農村の一角に組み込まれていくことになる。

　近世の常陸台地の畑地開発には、特筆するほどの規模で進められた形跡はなく、多くは農民の手になる持添え的な新田が主流であったことが考えられる。近世中期以降の西関東畑作地帯の先進性・優位性を象徴する武蔵野台地の開発とそこでの主穀商品生産の展開に比肩される状況を、東関東平地林地帯に開かれた数少ない畑新田の農業経営の中から見出すことはなかった。西関東における享保期新田開発の展開を、自作小農制の完成期ととらえる見方『新田村落　p20』がある中で、東関東の場合は、もっとも広大な開発対象地—常総台地—の開発規模は、下総台地の幕府牧開発を除けばいずれも狭小で、造成された耕地の多くは下下畑以前の林畑が少なくなかった。結果、新田開発効果は持添開発的性格と、後進的な主雑穀の自給的生産の枠内にとどまり、小農自立の条件を具備した新田村の成立に至るものは限られていたようである。いわば苛酷な地形・土壌条件と市場条件の制約のもとで、当時の耕種農

業の技術段階を反映して表面化した開発限界―林畑化と持添え新田―を明示するものであった。

常総台地開墾と平地経済林林業地域の成立　菊地『房総半島 p66・208』・立石（1972 p18）によれば、両総台地の平地経済林は、近世早期にすでに成立していたことが想定されている。さらに「両総台地の古村は近世前期に人口増加が激しく、過剰人口が生じて新田開発に移行した。中期からは人口が減少して新田開発の力もなかった。この傾向は常陸台地でも同じで、関東の東北地方といわれる性格（状況）が東関東一帯に発生した。これに対して西関東一円では近世前期はもちろん、中後期にも人口増加傾向が現れて新田開発・産業発達が見られたことは、（東関東の場合と）対照的であった。」という菊地利夫の指摘「前掲書」を基本にして、立石友男（1972 p19）は、近世中期以降の東関東農村では、新田開発ではなくむしろ薪炭林林業の方向をたどったのではないかという推論を試みている。ちなみに木村茂光『日本農業史 p231』は西川林業地域の成立展開期を17世紀後半とし、常総の平地林地帯が薪炭・用材供給地となるのは18世紀以降とみている。

　明治9（1876）年から10年にかけての1年間の「東京市中輸入元國分表（科学技術大系）」によると、木材10%、炭7%、松材薪にいたっては実に70%が常陸産となっている。常陸薪の産地は、安永9（1780）年の「薪百歩一の取立反対運動」の奥川薪荷主惣代とその住所から特定すると、下総国葛飾・香取を中心にして埴生・印旛・猿島・結城・相馬の各郡、常陸国河内・真壁・新治・茨城・鹿島・行方の各郡、下野国都賀郡が挙げられる『千葉県の歴史 通史編近世2 p114』。薪荷主たちは、下総の江戸川筋・下利根川筋・印旛沼・飯沼川筋の河岸荷主が多かった『千葉県の歴史 通史編近世2』。茨城の薪炭生産量が鉄道輸送の発達する大正初期までに8分の1に、用材生産量も10分の1に激減していることから、それまでの輸送は水運の便に大きく支えられていたことが考えられる。このことから水運に恵まれた常陸南部と下総地方の平地林地帯では、平地経済林林業―薪炭林林業地域化―の成立発展動向を容易に推定することができる。下総の平地林林業については、左記史料とともに、常陸・下総・武藏三国とも江戸（東京）市場の上位5か国を常に占めていたこと、幕府牧の新田開発後の高入れで林畑評定が異常に大きいこと、

319

第Ⅲ章　東関東畑作の変換点形成とポテンシャル

開墾面積にほぼ等しい林地化つまり切替畑が広範に見られることなどを総合的に勘案すると、ここでも平地経済林化が進行したことは明らかである。

　補足的であるが、立石友男（1972 p19-20）は、林　健一（1955 p65）の見解を引用しながら、平地経済林化の経済効果を畑地の生産性と同程度のものとみるきわめて重要な指摘を試みている。ただしこの件については、問題の単純化と実証資料の提示に少々の懸念がないわけではない。それでも立石の試論は、以下の見解「西関東の平地林は農用林としての性格を強く持ち、東関東の平地林は経済林としての性格に農用林的利用が付随的になされてきた」ことを示唆し、同時に西関東の木炭・東関東の薪に見られる地域性を、労働生産性視点から取り上げていることは傾聴に値する指摘である。前者が付加価値を捨象している分だけより粗放的な、したがってより初期的な林業様式であることは言うまでもないだろう。

　これまで述べてきたように、常総平地林地帯の開発は必ずしも耕地の増大に直結せず、結果として、畑新田の成立を数（新田数・新田石高）と質（持添新田・無住戸新田）の両面で大きく限定することになった。同時にこの状況の中に看過できない重要な二極化問題が介在している。一方の極では開発農民の離脱退転が生じ、他方の極では林産物の商品化を通して林地を田畑同様に財として集積する商人層や上層農民が発生肥大化していったことである。とりわけ平地林地主階層の肥大化と並んで、幕府牧解体後の開墾会社の設立と窮民入植策の破綻処理をめぐって成立した開墾大地主層および地租改正と松方デフレを通じて形成された（自作農層の滑落をともなう）近代的地主制は、常総台地農業の展開史において重要な論点となるものであった。常総平地林地帯には土地所有にかかわる社会的不平等が重層的に展開し、そこに小作開墾の一般化による借地農層の広汎な成立が加わり、結果、第二次世界大戦後の農地改革に際して、常東農民組合による激しい平地林解放闘争が繰り広げられることになるわけである。

第二節　近代の平地林開墾と畑作農業近代化の黎明

　近現代における常総台地の平地林開墾は、明治前期の士族・窮民授産政策

第二節　近代の平地林開墾と畑作農業近代化の黎明

と殖産興業策の一環として進められたものと、第二次世界大戦後の緊急食糧
難対策と農地改革のための未墾地開拓事業として進められたものとに大きく
時代を分けて進行した。茨城県の場合、士族授産政策が本格的展開をみるの
は、明治10年代中頃からのことであった。開墾事業がようやくその実を上げ
始める近代中期以降、常総台地の一部とくに下総台地中西部一帯は、富国強
兵策とその後の帝都防衛拠点として次々に軍用地に編入され、近世の幕府牧
と同じく農民を容赦なく締め出すことになる。その後、日中戦争開始以降の
平地林開墾は、昭和4年〜同11年までに畑地面積だけで1万6千269町歩の耕地
拡張を達成するが、第二次世界大戦の開戦以後は、戦時下の労働力不足に影
響されてほぼ大部分（1万3千250町歩）が林野に戻ってしまった『茨城県史＝
近現代編　p642-643』。

1.　常総台地の開墾と近代的地主─小作制の成立

常陸台地の士族授産開墾と地主制　　茨城県史『＝近現代編　p128』による
と、士族授産政策が茨城県においてとくに重要な意味を持つのは、二つの理
由、一つは過激な旧水戸藩士対策であり、他の一つは茨城県には広大な未墾
地─平地林に覆われた洪積台地─が残されていたことである。士族授産策と
しての払下げ面積347.4町歩余、貸下げ面積5,926.1町歩余の合計6,273.5町
歩余に達し、全国の総反別2万755.8町歩余の30.2％を占めていた。

　士族授産開墾の主な成果を羅列すると、新治郡の樹芸社開拓（401町歩）、
信太郡の土浦藩主開拓（120町歩）、鹿島郡の波東農社開拓（700町歩）、行方
郡の弘農社開拓（770町歩）、新治・信太・河内3郡の津田農場開拓（1,209町
歩）があり、この他にも旧水戸藩士の就産社、有恒社、開墾義社や旧山形県
士族の鈴木農場等の開墾実績が加えられることになる。これらの開墾社をそ
の性格や目的から分類すると、1)豪農の開墾である土田農場、2)士族救貧策
の開墾義社、3)士族の救貧策以上の積極的な資本家的経営を目指した波東農
社・就産社、これにやや近い性格の弘農社・樹芸社、4)左記のタイプを持ち
ながら、さらにこれに独自の性格を加味するその他のグループということに
なる『茨城県史＝近現代編　p130-131』。

　各開拓農場の経営内容を改めて見直すと、近世新田開発における小農自立

321

第Ⅲ章　東関東畑作の変換点形成とポテンシャル

を目的とした伝統的開拓は見当たらず、地元有力者の出資による資本制大農場や牧場経営を導入しようとする機運が先行していた。しかも作目の選択では、樹芸社開墾・君島村開墾・阿見原開拓等々で軒並み見られたような、伝統的でしかも土地条件を無視（せざるを得ない）した大麦・小麦・陸稲・菜種・蕎麦・落花生・甘藷・馬鈴薯・蔬菜類等の穀菽型が多く『茨城県史料＝近代産業編Ⅰ　p285-303』、購入肥料・自給肥料の投入にもかかわらず、経営の多くは失敗に帰し解散の憂き目をみることになる『石岡市史 下巻 p951』。土地条件を的確に把握し，泰西農法による綿羊を中心にした耕牧大農経営さえ「収支相伴わざる危機」の下で小作経営に変更され、明治29年、ついに目的と存在意義を失い解散している『茨城県史＝市町村編Ⅲ p195-198』。この状況と軌を一にして、近隣の農民に土地を割り当てて開墾を勧めたり、直営農場から借地小作制農場に経営転換をする結社も続出するようになる。折からの養蚕ブームに乗って桑園経営に転換する結社も少なくなかったが、その多くは養蚕経営の技術がなく、土地条件を的確に捉えたブドウ園経営など一部を除き、事業は存亡の危機に直面することになる。こうして多数の開墾結社が解散し入植農民の多くは四散していった。わずかに阿見原農場のように農場の土地を耕作者に分譲して自作農への道を開いた開拓が生き残ることになった。

　結局、弘農社・阿見原農場をはじめ近代初頭の士族授産開墾の多くは事実上の失敗に終わり、開墾地の処理をめぐって豪農・豪商・上級士族・戸長等の関係地元有力者に開墾地主化の契機を与えることになった『茨城県史＝近現代編　p134-137』・『茨城県史＝市町村編Ⅲ　p339』。この傾向を一段と助長したのが松方デフレの影響であった。松方デフレにともなう自作農層の滑落は、近代的地主制の骨格形成に反映され、やがて常総台地の畑作農村に小作開墾をともなう借地型農業の普及と激烈な農民運動の歴史を開く遠因となるものであった。

　なお、補足すれば維新期開墾と第二次世界大戦後の緊急食糧難対策・農地改革の際の大規模開墾との中間には、大正期の開墾助成法による零細農家の小作開墾と地主層の投資開墾ならびに昭和恐慌期の農産物価格の暴落を生産量の増大で補填しようとした農村恐慌期開墾を見出すことができる。とくに

第二節　近代の平地林開墾と畑作農業近代化の黎明

茨城県では大地主たちがその投資先を鹿行・結城・猿島・稲敷台地等の平地
林開墾に向けた事例が目立ったという『茨城県史＝近現代編　p313』。

下総台地の窮民救済開墾の挫折と近代的巨大地主制　　旧水戸藩士を主対象
とする士族授産型の常陸台地開墾に対して、下総台地の開墾は、維新の変革
で無籍・無産となった窮民救済のための授産と東京の治安維持を目的に、幕
府牧小金・佐倉一円を対象にして東京府主導のもとで発足する。しかし間も
なく東京府開墾局は基本方針の整備をほぼ済ませた段階で、中央政府の民部
官に移管されることになる。移管の根拠は、窮民授産の原野開墾に印旛沼通
船と海岸干拓事業を組み合わせ、殖産興業策として大きく展開しようとした
ことにあった。

　下総開墾事業の実務は開墾会社の手で進められ、会社役員は殖産興業策を
推進するために三都の豪商たちを組織した通商会社と為替会社の多くのメン
バーが兼任した。役員組織は総頭取、頭取、頭取並に肝煎を加えた総計131
名が開墾会社の役員となった『千葉県の歴史　通史編近現代1　p384』。役員
の出身地は大半が東京の豪商たちであったが、京都9名、近江9名、伊勢6名、
河内5名なども加わり，東京商人・大阪商人・松坂商人・近江商人と豪華な
顔ぶれでスタートした。

　開墾会社は第三セクター方式で発足するが当初の入植条件の変更等で開墾
事業は難航し、最終的に政府は明治4年、開墾事業からの撤退を宣言した。
明治5（1972）年、開墾会社の所有地は解散の際の精算過程で、三井八郎右
衛門他131名の開墾会社社員に分割支給され、以後、常総平地林地帯の近代
的畑地大地主成立の骨格を形成することになる。この時政商三井家とともに
清算事務で中心的な役割を果たしたのが、後の開墾大地主西村家であった。

　開墾会社の解散で問題が大きく残されることになる。地租改正の過程で開
墾地の所有権が開墾会社の社員に限定して認められ、東京豪商35人の社員に
対する大地主化の特権的契機が与えられたことである。このことに加えて、
1880年代の農村では、地租改正による所有権の確立とその後の松方デフレに
よる自作農層の滑落で、寄生地主の成立をともなう一部の大地主と多くの小
作人が生まれていった。改めて詳述するように、この二つの土地所有にかか
わる社会関係の激しい変動が、常総台地の農村と農業を後々にわたって特徴

323

第Ⅲ章　東関東畑作の変換点形成とポテンシャル

つける地域性となるわけである。

下総開墾地域の社会階層と特殊性　佐賀藩主鍋島家が旧藩士授産を目的に開いた開墾地は、永沢社の手で開墾実務が管理運営された。開墾実務の運営人たちは、特別百姓と呼ばれ、自己の耕作地以外に特別貸付地20町歩程を鍋島家から相場以下で借り入れ、「又貸し」を行って差額を取得した。いわゆる中間地主的立場の特別百姓であった。この間、鍋島家は八街村随一の小作制大農場の不在地主となり、上述のような組織形態のもとに運営された。八街村では西村・鍋島家以外にも旧開墾会社の関係者が地主として村の一角に居を構え、さらに不在地主の代理人が中間地主として存在していた。

八街村開墾地区の階層関係を整理すると、地主—小作人の基本的関係の間に中間地主が挟在し、さらに小作人の下部に村内最下層の単身移住者が存在していた。かれらは有力小作人の下で住み込み労働者として開墾に従事していた。開墾地区の階層関係は地主と小作人とに峻別され、自作農がほとんど認められない状況の農村社会であった。八街村に繰り広げられたこの状況は、隣接富里村をはじめ下総台地中央部を占める印旛郡にも広く共通してみられる姿であった（表Ⅲ-3）。八街村の農業経営上の特徴は、比較的大きな面積を耕作する小作農家主導型の商業的農業が発展したことである。3町歩以上を耕作する農家が10%以上も存在し、その大半は小作と自小作農家であった。いわば一般の大地主たちと異なる農村経営・小作経営理念を持った西村家と有力小作農民との相互依存関係の中から生まれた特殊な性格を持つ農民層で

表Ⅲ-3　八街村の耕作規模別農家戸数

面　　積	1909年（戸）				1911年（戸）		
	自　作	自小作	小　作	計	本　業	副　業	計
50反以上	—	5	14	19	19	—	19
50～30	4	31	90	125	143	4	147
30～10	8	203	390	601	747	25	772
10～5	129	53	109	291	192	54	246
5反未満	71	24	181	276	62	218	280
合　計 （構成比%）	212 (16.2)	316 (24.1)	784 (59.8)	1,312 (100.0)	1,163 (79.2)	301 (20.6)	1,464 (100.0)

出典：『千葉県の歴史　通史編近現代1（渡辺　新）』

第二節　近代の平地林開墾と畑作農業近代化の黎明

あった『千葉県の歴史　通史編近現代2 p560・564』。

　西村家では小作農経営の発展策の他に昭和7（1932）年、有力小作農に対する宅地・畑の三分の一分譲を実施した。さらに千葉県自作農創設維持資金を利用して自作地取得を希望する西村家小作人には、自作農創設記念資金を無利子で融資し、条件を満たしたのちにこれを贈与するというものであった。こうした西村家の小自作農創設制度の狙いは、小作農家の経営安定化と地主の小作収入の確保にあったとみられるが、この結果創設された小自作農家は、貸し付けを受けた29人のうち4町歩以上の経営が1人、3〜4町歩が6人、2〜3町歩が8人も含まれていた。西村家の小作経営に見られた近代化は、必ずしもすべての常総畑作農村地主に共通する小作経営姿勢ではなかった。下総台地農村の場合、大地主たちは基本的に西村家に同調する姿勢を示したが、大鐘家に象徴される中小地主たちは、これと一線を画した厳しい小作経営姿勢を崩そうとはしなかった『千葉県の歴史　通史編近現代2 p560-564』。

　八街村の村落構造は、伝統的村落秩序を有する古村地域と地主的土地所有に基づいて行政区画が編成された新興開墾地域からなっていた。農業経営も近世以降の自給的穀菽生産から離脱し、比較的大きな面積を耕作する小作農主体型の農村が形成されていった。この頃の農業を千葉県史『千葉県の歴史　通史編近現代1 p436』は、「商業的畑作農業の発展」と捉えているが、茶園・養蚕以外はまだ漸く黎明期に入ったばかりであり、流通にいたっては商人資本の牛耳るがままの段階であった。その後、茶園経営は発展期を迎えるが、やがて静岡茶に圧倒され衰退していった。『房総半島（菊地利夫）p138-139』。

　茶園に代わって桑園開発が下総台地と九十九里平野に広がった。房総半島の桑園面積は約1.8万町歩となり、その半分は下総台地の内陸「下総地域」に成立した。明治中〜後期の千葉県における養蚕の発達は、地域差を形成しながら発展したが、後年第二次世界大戦中の食糧増産政策や戦後の化学繊維の普及に押され激減することになる。茶園・桑園とも耐旱・深根性作物として、また有機質の少ない台地農業に耐えうる作物として植物学的には定着したが、経済的理由から駆逐される運命にあった。それでも東関東平地林地帯にとっては、水運と結合した近世型林業生産物の商品化に代わって、土壌条

325

第Ⅲ章　東関東畑作の変換点形成とポテンシャル

件に適応した畑地商品作物の生産がはじめて常総台地全域に展開した。いわば近代化の黎明期ともいうべき画期的な状況であった。こうした茶園化、桑園化の顕著な動向は、立石・澤田の指摘「関東地方における林地とその開発p16・26』する切替畑化や次項で述べる農地改革段階での平地林の残存状況を勘案すると、明治末期以降、常総台地の耕地化が大きく進行したとみる木村隆臣（1970 p12）の見解には、慎重な検討が必要であると考える。おそらく木村は、東関東に多く成立した中小地主層が、大正8（1919）年の開墾助成法に付随する助成金目当てに小作層に開墾させた状況に着目し、耕地化の進行と理解したものであろう。立石はこの状況も併せて林畑の温存理由と捉えている『前掲論文集 p15』ことを付記しておきたい。

2. 近代的地主―小作制の展開と小作争議の発生

茨城県の地主支配と洪積台地農村の農民運動　　明治初期における地主制の展開を全国レベルでみた場合、小作地率の平均的数値は全国36.2％、近畿40.2％、関東35.2％に対して茨城は27.4％と低く全国平均・関東平均にも達していなかった。茨城県の小作地率が上昇するのは20世紀に入ってからであり、全国水準への到達期は1900年代に入ってからであるという。同じ頃（1905）、千葉県では下総台地を中心に小作地率70％以上の高率帯が形成されていた。一方、この時期から全国的な小作地率のピーク期を迎え、以後、数値は次第に低下していく。こうした全国動向に対して茨城県では一貫した上昇傾向が続くことになる。結果、農地改革直前（1945年）には全国平均の45.9％に対して、茨城県では54.8％と大きく逆転している『茨城県の歴史p328-330』。小作地率の高まりを茨城県下の地域的動向として捉え直すと、そこにはかなり顕著な地域性がみられた。

　小作地率に現れた地域性は県北・県央の畑作地帯で低く、県南米作地帯と県西畑作地帯が田畑ともに高率であった（表Ⅲ-4）。同一郡内でも小作地率の著しい地域差が生じていた。鹿島台地の鉾田町82.9％、徳宿村74.6％、巴村70.0％のような高率を示す村々もあれば、新宮村31.8％のように小作地率の低い村も存在した。問題はこうした小作地率の高い村々では、小作争議の発生、厳しい未墾地解放闘争の展開とともに、今日の大規模借地型園芸農業

第二節　近代の平地林開墾と畑作農業近代化の黎明

表Ⅲ-4　茨城県郡別・田畑小作地構成比(明治42年)

	田の小作地(%)	畑の小作地(%)	合計小作地(%)
東　茨　城	36.6	37.8	37.4
西　茨　城	26.3	25.5	25.9
那　　　珂	32.5	38.1	36.3
久　　　慈	36.6	34.6	35.5
多　　　賀	47.9	36.1	42.8
鹿　　　島	47.2	55.8	52.1
行　　　方	58.3	54.4	56.9
稲　　　敷	55.6	52.1	54.2
新　　　治	53.0	50.2	51.5
筑　　　波	49.5	49.9	49.8
真　　　壁	42.8	43.7	43.3
結　　　城	52.3	55.2	54.1
猿　　　島	43.4	46.8	46.0
北　相　馬	52.1	48.3	50.3
(県計)	(46.3)	(45.0)	(45.6)

出典:『千葉県の歴史　通史編近現代1(渡辺　新)』

　の推進、外国人研修労働力の大量採用、高額農業所得経営体の多数成立等々の際立つた状況を示す農村地帯の形成が見られ、そのいずれも深い相関関係を持つ存在であったことが、後述の千葉・茨城の県民性の比較においても明らかにされている。

　明治43(1910)年当時の茨城では、個別農家の経営規模の構成比は5反歩未満層が26.3%、0.5〜1町歩未満層が27.5%、1〜3町歩未満層が40.2%をそれぞれ占めていた。全国比でみるとそれぞれ38.2%、33.7%、25.1%であった。両者の対比から茨城の分厚い中規模農家層の存在を指摘することができる『茨城県の歴史 p327』。この経営面積広狭別農家数と同年の自小作別農家構成(自作31.7%、自小作42.2%、小作26.1%)とを比較検討した結果、中規模経営農家層の一部に少なからぬ自小作層が存在することを佐々木寛司『茨城県の歴史 p327』は併せて指摘している。この農家構成上の数値から、1)70%近くの農家が、すでに何らかの形で地主小作関係の中に取り込まれ、階層分化の進行を物語っていること、2)同時に反収の低さをカバーするために、自作農家の一部に小作地借入れによる経営規模拡大指向農家が存在する

第Ⅲ章　東関東畑作の変換点形成とポテンシャル

ことも析出されている『前掲書 p327』。とくに2)の指摘事項は近現代の八街農業で確認され、さらに現代の下総台地や常陸台地の先進的農家群にもみられる新しい借地形態としてきわめて重要な特徴となっている。

　茨城県史によると、昭和21（1946）年4月現在（農地改革開始時）の茨城県農業・農村の階層・規模別構成の概要は以下のとおりである。茨城県の小作地率は昭和恐慌後も増加を続け、昭和4年の49.7％から同20年の56.1％まで上昇している。この動きは東北地方で典型的に見られたものである。ではなぜこのような恐慌後の地主・小作関係の拡大の動きが東北と茨城に現れたのか。大正中期から昭和3年頃までは畑の自作地化が進行し、小作地は減少したが、これは大正期に畑作を中心に商業的農業の発展が見られ、このことが小作地の自作地化をもたらしたためである。これに対して昭和恐慌の打撃は畑作における商業的農業の発展を挫折させ、小作地の増大に結び付いたことによるものである。小作地率56％は同時点の全国平均46％を大きく上回るものであった。昭和期の地主小作関係では、3町歩以上の中小地主と50町歩以上の大地主は昭和3年以降一貫して減少し、1～3町歩所有の自作地主層は増加した。既述の地主小作関係の拡大は、この自作地主層の増大によって生じたものであるという『茨城県史＝近現代編 p534-535』。しかも一般的に言って、中小地主層の小作農家に対する取立ては厳しく、その分、茨城県の小作農家の農業発展は厳しい制約を受けることになった『茨城県史＝近現代編 p450』。戦後の激烈な未墾地解放闘争を醸成する一因となるものであった。

　1970年の世界農林業センサスでは「農地改革前における主な土地所有形態別集落数」を調査している。それによると、茨城県下の戦後開拓集落を除いた農業集落数3,770について、改革前の土地所有形態別集落数を見ると「ほとんど小作農」の集落が58.0％で、北海道を除く全国平均の42.2％に比べはるかに高い数値を示し、この「ほとんど小作農」の集落について地主の大小を調べた結果、5町歩以上の大地主が支配的な集落数は、全体の集落数の12.8％で全国平均の8.4％より明らかに高い。中小地主の支配的な集落数も45.2％で全国平均33.8％より明らかに高い値である。また中小地主の在村集落数は全体の集落数の25.7％で、これまた全国平均の18.0％よりかなり高い。

328

第二節　近代の平地林開墾と畑作農業近代化の黎明

このように茨城県における地主制の農村支配状況は圧倒的な重みをもっていたことが明らかである。それ故にこそ農民運動も一層激しいものとなり、農地改革をめぐる紛争も県農地委員会の中立委員の選出段階から波乱の経過をたどることになった『茨城県史＝近現代編　p715-716』わけである。

　地主対小作の圧倒的な力関係の差は、市町村農地委員会委員長選出にも表れ、小作出身委員長98（26.8％）、同地主出身138（37.2％）、同自作出身133（35.8％）となり、保守層の厚い勢力分布を明示していた。当然こうした状況が小作農家をさらに硬化させ，常東農民組合を先鋒とする烈しい解放闘争に駆り立てていったことが考えられる。想定の域を出ないが、おそらく「日農県連」が常東農民組合委員長山口武秀を県農地委員会中立委員として強力に推薦した経緯のなかにも、その動きを読むことができるだろう『前掲茨城県史　p714-715』。

　農村恐慌期の小作料率の上昇をともなう農産物価格の暴落は、新規滑落小作農民に従来からの小作農民を加えた大きな社会的勢力となった。結果、常陸台地のなかでもとくに養蚕経営の比重が高かった県西部の猿島・結城台地あるいは鬼怒川沖積微高地帯の農村で小作争議が激化していくことになる。一般に茨城県の小作争議の高揚期は昭和恐慌期に対応するといわれる。高揚期は昭和3～6年頃の南部米作地帯に現れ、次いで7年以降は中西部畑作地帯が高揚期を迎える。北部畑作地帯が高揚期に入るのは昭和13年頃以降とされている『茨城県史＝近現代編　p536-537』。3地帯のうち、もっとも激しくかつ多くの小作争議を経験するのが中西部畑作地帯であった。茨城県では小作争議が西部畑作地帯の農村を巻き込んで集中的に発生したが、とりわけ結城郡大生村・同郡安静村の争議は養蚕地帯の争議として象徴的であった。いわば養蚕というきわめて商業的な農業経営を通して体得した近代的な感覚が、小作争議の確固たる推進力になったことが考えられる。その点、東北地方の小作争議に占める土地取上の割合が60～70％に達していたことから、茨城の小作争議も東北型とする見方もあるが、養蚕地帯での集中的発生を考えると、単純には判定できない問題である。

　小作争議の原因は、地主の土地取上によるものが昭和4年の22％、5年の39％、6年の65％へと農村恐慌を画期に急増している。明らかにこの時期を

第Ⅲ章　東関東畑作の変換点形成とポテンシャル

境に小作料減免闘争から耕作権をめぐる闘争へと争議の性格は様変わりして
いった『茨城県農業史　第三巻　p530』。急増の背景は、中小地主たちが、恐
慌による小作収入の減少を土地取り上げで自作しようとしたものとみられて
いる『前掲県史　p537』。

　一方、茨城県下の大正期以降昭和恐慌期にかけての養蚕地帯は、結城・筑
波・新治・真壁・稲敷・東茨城各郡が中核地帯であった。いわゆる常陸台地
と鬼怒川沖積地帯の微高地がこれに相当する地域である。これらの地域では
昭和恐慌期以降14年まで桑園面積は増大を続け、養蚕経営の拡大によって恐
慌を克服しようとする姿勢が明確に現われていた。結果、収繭量の上昇は昭
和4年の100に対して同8年には141に躍進している。西関東農村の場合と同様
に、繭価の55%暴落（昭和4年対6年比）に対して生産量の増大でこれを補填
しようとしたわけである『茨城県史＝近現代編　p532-533』。生産量の増大
＝桑園面積の拡大は、茶園からの転作によって推進された。このため茨城の
茶産地は猿島1郡のみに凋落した。

　ここで茨城県西部農村と八千代町の農民運動の軌跡について整理しておこ
う。結城台地の一角を占める八千代町は、東部稲作地域と西部畑作地域で構
成されている。東部の水田地域は「あくと」と呼ばれる肥沃な鬼怒川沖積帯
を開いた豊かな地域であり、西部の畑作地域は火山灰土壌の洪積台地を開い
た地力的にも劣る「のがた」地域である。「あくと」と「のがた」と呼びな
らわされてきた両土壌は、近世以降現代までの八千代をはじめ、猿島結城台
地農村の農業様式・地域性・農民意識等を広範にわたって規制する存在で
あった。戦前の八千代町を代表するのは肥沃な水田地帯（あくと）に君臨し
た大地主制支配であり、戦後のそれは菜物3品に象徴される近代的露地野菜
産地（のがた）の粗放的大規模生産であろう。前者は農村恐慌期における小
作争議の集中的発生地帯として、後者は近世の一揆強行地域としてそれぞれ
史上に名をとどめてきたところである。『茨城県史＝市町村編Ⅱ　p581』。

　常陸における近世期の百姓一揆は、圧倒的に西部地方に多い。ここでは畑
方商品作物を中心に生産力が高く、鬼怒川・利根川の水運も発達し、かつ藩
領と旗本の相給地が碁盤上の布石のように錯綜し領主権力の強力な一元支配
が不可能であったという特徴が、一揆・騒動発生件数の多さに現れたという。

第二節　近代の平地林開墾と畑作農業近代化の黎明

この場合の農民たちは、凶作・飢餓のために絶望的に一揆をおこすというより、自己の経営の成長を阻もうとする権力に対して強い抵抗の表現として一揆をおこしたと考えられている『茨城県史＝市町村編Ⅱ　p588』・『茨城百姓一揆　p234-237』。なお昭和恐慌期の小作争議は、既述のように養蚕・製茶・煙草等の商品生産が、近代中期以降すでに普及していた県西部の畑作農村ならびに穀菽類に甘藷を加えた普通畑作農村の行方台地と鹿島台地北部で激しく展開した。農業の近代化を養蚕経営の確立を通して成し遂げた県西地域の小作争議は、その性格を地権闘争に大きく変えながら畑作地域を巻き込んで拡大していった。

千葉県の地主―小作関係の展開と特質　　1881年の松方デフレの影響で多くの自作農民が小作農民に転落し、他方、没落農民の土地を集積して土地所有を拡大するいわゆる近代的地主層が形成された。近代地主制は松方デフレと地租改正を通してその骨格を形成していった。地主の土地集積は小作地の増大として表面化する。千葉県の場合、1884（明治17）年に早くも全国平均を上回る39.4％を示し、松方デフレ後の1887年には43.4％となった。小作地の増大はさらに進み、1900年には49％に達し、以後このラインで横ばいをすることになる。これらの推移から千葉県の地主経営は1890年前後に形成され、1900年前後に確立したといえる『千葉県の歴史　通史編近現代1　p424-425』。小作地率の動きを茨城県の場合と比べると、千葉県の小作地率の上昇はかなり著しく、松方デフレ期には茨城の27.4％はもとより全国平均の36.2％をも超えて39.4％を示していた。また茨城が全国平均に到達する1900年代初頭には、千葉ではすでに49％に達し地主経営の確立期に入っていた。茨城県が小作地率49％をマークするのは1929（昭和4）年頃のことであった。千葉県における小作地率の高さと進行の速さは、多分に開墾過程に内在する構造的事情に影響されていると考える。

　この時期の千葉県における小作地率の増大を農民層分解の視点で捉え直すと、1883（明治16）年の松方デフレ期に52％を占めていた自小作層を分解基軸にして、一部の自作農への上昇と多くの小作農への転落が進行し、1909（明治42）年にはついに自小作農家層は41.8％にまで減少した。結局、自小作農家を含む小作農家層は70％に達し、以後、農地改革までこの状況は継続

第Ⅲ章　東関東畑作の変換点形成とポテンシャル

されることになる『前掲県史 p426』。ただし近代前期段階における地主成立は、利根川・養老川・小櫃川などの流域水田地帯に集中し、畑地率70%以上の台地農村とは内容的に異なる面を持っていたことに留意する必要がある。維新期の幕府牧開墾における出資商業資本の巨大地主化は、台地中央部の開墾地帯では本流であったとしても千葉県全体としては部分的状況であり、一般的には台地畑作が自給的性格を脱して商品生産の導入に移行するまでは地代水準が低く、地主─小作制の成立は水田地帯に比べると若干遅れたとみるべきであろう。投資対象として畑作地帯は魅力を欠いていたとする理解も一つの総括であろう。

　明治末期における関東地方の農業は、全国平均に比べて、1)耕地に占める畑地率が高い、2)穀菽農業（普通畑作）と養蚕の産額が大きい、3)地主小作関係の成立が遅れていた、などの点を特徴としている。これに対して千葉県の農業は水田率が高いこと、甘藷・大根などの商品化率が高いこと、養蚕の比重が低いこと、地主的土地所有が進んでいること、などの点が大槻　功（1974 p37）によって整理されている。しかしこの両者のコントラストも大正期を過ぎると次第に接近し鮮明さを失ってくる。それは千葉県における養蚕を含む畑作農業の発展と、関東地方農業における地主的土地所有の急速な展開によってもたらされた傾向であることを大槻は指摘している。

　ここで明治末期から大正後期にかけての千葉県農業の発展動向について、大槻　功（1974 p34）に従って特徴的把握を試みておこう。これによると養蚕・畜産等の非耕種部門の顕著な発展と蔬菜類の緩やかな発展ならびにその他諸部門の低落傾向が明らかであるという。さらに補足すれば、畑地面積の顕著な増大の上に陸稲・桑・甘藷・青芋などの栽培面積が伸びたことである。耕種部門と養蚕の伸びは下総台地の開墾の成果を背景にして東葛飾・千葉・海上・印旛・山武・匝瑳の諸郡に展開したことは推定に難くない。ただし近郊農業の成立を示す葉菜・果菜類の生産は3%未満の状態で、産地形成の気配はまだこの段階では見られなかった。

　次に明治末から大正期における千葉県農業の発展過程を下総台地農業に的を絞って検討してみたい。問題とするこの期間に、台地の農業がどのような変遷の軌跡を示しているか。以下、大槻　功に従ってたどってみた。大槻は

332

第二節　近代の平地林開墾と畑作農業近代化の黎明

農業経営を直接的に反映する指標として経営規模別農家戸数の推移に注目し、
推移の検討に当たって、明治末期の小作地率の地域的分布ならびに耕作規模
別農家比率の地域的確認を通して、規模別農家の存在を規定する諸要因の解
明に迫っている。彼の手法によって得られた成果は下記のように纏められる。
1905（明治38）年の千葉県における小作地率の地域分布をみると、70％以上
の高率分布地域は、比較的内陸部の県北部と県中央部とに顕在する。南部の
房総丘陵地域や東部の九十九里平野では小作地率は明らかに低い。町村ごと
の水田比率との明確な対応関係は見られず、また農業の郡別地域区分との統
一的関連も見られないという。大槻　功はこの2点から、千葉県における地
主的土地所有が水田地帯に限らず、畑作地帯においてもかなり高度の発展を
遂げていることを指摘している。大槻のいう畑作地帯が下総台地とほぼ一致
していることは明らかな事実である。なお、水稲反収量の地域分布と対比す
ると、反当収量の高い諸町村と低い諸町村とで小作地率が低いという負の相
関性の存在も確認している。この関連性は、地主的土地所有の展開が生産力
の絶対的な水準の高さに依拠するのではなく、むしろその不安定性に依拠す
ることを反映している、というきわめて重要な指摘をしている（前掲大槻論
文 p44）。もっとも水稲の場合と異なり、生産力形成条件の地域性が比較的
均質な台地畑作の場合では、小作地率の高低が意味する地主小作関係の成立
動向は、多分に商品生産の展開いかんにかかっていると考える。いわば明治
末年の小作地率70％を示す下総台地それも内陸部農村の商品生産は、零細農
民を捉えて深く浸透していたとみることができる。

　小作地率の地域性の検証に次いで、経営規模別農家数の問題に移行する。
明治44（1911）年当時の史料を用いた大槻　功の研究成果を要約すると、零
細耕作農家の分布は下総台地農村ではきわめて少なく、ほとんど20％に満た
ない。とくに内陸部では10％未満の町村も散見される。零細耕作農家率の高
いところは、県南の房総丘陵地帯とりわけ外房の沿岸部町村に限られる。高
率地域は同時に水産・林業の副業機会に大きく依存する地域であり、零細農
家群の存立基盤としての副業の影響力の大きさは副業農家率58.6％に如実に
表れている。この外に野田の醤油醸造業が多数の零細農家＝半プロ農家を成
立させている。零細農家と半プロ農家は東京近接地域でも特段の発生は見ら

第Ⅲ章　東関東畑作の変換点形成とポテンシャル

れなかったという。これらの考察を通して大槻は、千葉県における農民層分解に起因する半プロレタリア農民の形成が部分地域的で、かつ著しく立ち遅れていたことを明らかにしている（大槻　功 1974 p47）。小規模耕作農家の分布地域は、基本的には零細耕作農家層の場合と同じく、下総台地農村には少ないという傾向を示していたが、反面、蔬菜栽培の発展していた東葛飾・千葉・海上諸郡と小作地率の低い地域に比較的多いことを大槻　功（1974 p47）は指摘している。

　全農家比の4.1％を占める3町歩以上の大規模耕作農家は、千葉県のなかでも耕作規模はかなり大きい農家層で、下総台地の畑作農村を中心に分布が見られた（図Ⅲ-3）。大規模耕作農家層の分布が8％以上を占める地域について、大槻　功（前掲論文 p50）は開発の歴史が新しい開墾地・干拓地・低湿地に加えて未熟な生産力地帯であるとしている。したがって大規模耕作農家の高率分布を規定する条件として、未熟な低生産力性にこれを求めている。とりわけ洪積台地における土壌生産力の低さに基づく大規模耕作の歴史は、下総という地域性、地主小作関係という階層性を背景にして、これまでも多くの場面で見出されてきた常総台地農村に共通する農業経営上の一般的性格として留意する必要がある。なお、大槻は5町歩以上の大規模耕作農家率の高い地域として下総台地東部の印旛・山武・匝瑳3郡をあげ、ここは養蚕業の発展した地域であると結んでいる。

　さらに大槻は大規模耕作農家の分析（前掲論文 p52-53）において、「明治44～大正5年までは畑の借り入れによって耕作規模の拡大がなされ、大正5～10年にかけて進行した耕地減少はその返却によって生じた。すなわち借地による経営規模の拡大は、第一次世界大戦期の商業的農業（とくに養蚕）の発展の中で消滅してしまった。」という指摘とともに、むしろ小規模耕作農家の増加をもたらしたこと、そしてこの変動の中心となったものは、自小作農と小作農の動向であったという2点を明らかにしている。この時の経営階層の変動要因として、賃金上昇による雇用労働力獲得の困難性とならんで、畑作における小農自立の条件拡大にともなう雇用労働者や家族労働者の自立による労働力減少という要因が大きく作用しているとみている。大槻の分析内容を抄訳すれば、農村労働市場の変動要因の一つは、多分に労働集約性と

334

第二節　近代の平地林開墾と畑作農業近代化の黎明

図Ⅲ-3　明治末期・千葉県の3町歩以上耕作農家率

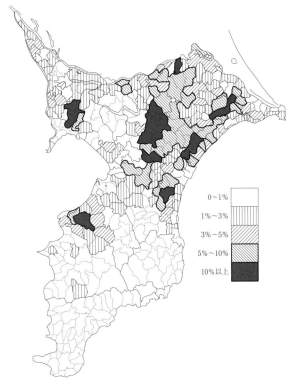

出典：「土地制度史学　第62号（大槻　功）」

労働生産性の高い養蚕経営の浸透が、大規模耕作農家の経営スリム化と小規模耕作農家の自立と増加を通して、下総台地の養蚕地帯にもたらしたインパクトの所産であり、同時に第一次世界大戦以降の好況に乗った低生産力土壌帯での周期性を帯びた、しかし象徴的な地域現象であったと考える。

　農村において、戦後の農地改革まで土地所有を性格つけたのは地主―小作制であった。下総台地農村を含む千葉県の地主小作関係をみると、1900（明治33）年の時点で自小作農を含む小作農家率は70％を超え、1912（大正元）年には小作農家が自作農家数を上回ることになる。以後、第二次世界大戦後の農地改革まで自作農家が小作農家数を上回ることはなかった。その間、昭

第Ⅲ章　東関東畑作の変換点形成とポテンシャル

和恐慌期の米・繭価格の暴落を契機とする小作争議の発生によって現物小作料徴収額が減少すると、地主経営は次第に苦境に立たされることになる。こうした危機的状況を背景に一部地主層の取り組みが始まる。八街村の千町歩地主西村家では、小作人との近代的・合理的関係を構築するべく自小作農家育成策を提示し共存を模索した。印旛郡本埜村の吉植家は、耕地整理組合の設立と岡山県藤田村を範とする資本制大農経営の導入で、不況の克服と近代的農法の確立を試みた。自作地主が分厚く存在する香取郡多古町の鈴木家は、米穀依存から甘藷・養豚という商業的農業への経営転換で、恐慌期の自作地主経営の限界を乗り越えている。海上郡の水田地帯（椿の海）で小作制大農場を経営した岩瀬家の取り組みも、「小作是」・「小作者待遇等級選択」という独特の小作経営方式には見るべきものがあった『千葉県の歴史 通史編近現代 p423-441』。

　昭和恐慌下の小作農民たちも生存権をかけて地主との対決姿勢を鮮明にしていった。1917（大正6）年～1941（昭和16）年にかけての小作争議発生件数を関東地方の府県別でみると、栃木県が2,000件を超え、群馬・埼玉・茨城3県は1,400～1,600件であった。これに対して千葉県では茨城県のほぼ半数831件にとどまった。歴史的に小作地率が高く、したがって地主制の重圧下に置かれていた筈の千葉県小作農民の異常ともいえる争議発生件数の少なさについては、県民性以外に真実を的確に語る文言に触れたことがない。あるいは広大な幕府牧における巨費投入開墾事業の失敗と事後処理をめぐる巨大地主の発生ならびに周辺古村農民の入耕作の大量成立過程、さらには地主小作関係にみられた特殊な性格の中に小作争議事情の一端が内包されていたことも考えられるが、語るべき史料と研究業績に触れる機会にはいまだ恵まれていない。

　千葉県の歴史『通史編近現代2 p620-622』によると、小作争議の原因と農民側の要求は、昭和4（1929）年頃までは小作料の高さを原因とする争議が多く、農民側の要求も小作料の値上げ反対や減免を求めるものであった。1928（昭和2）～1929年の争議では103件中99件が不作にともなう一時的な減免要求であった。ところが恐慌期に入ると小作地引き上げを原因とする争議が激増し、1931（昭和6）年以降は耕作権にかかわる要求が小作料減免要求

を上回るようになっていった。地主側の小作地引き上げ要求は、「自作」・「新地主による引上げ」・「小作料滞納」が主たる理由であった。恐慌下で中小地主が経営を維持するためには、小作経営から自作経営への切り替え、あるいは土地の売却という現実逃避もやむなき仕儀だったようである。昭和恐慌下の農民組合140組織のうち56組合は全農系統で、うち18組合が右派の「全農総本部派」に所属し、印旛・香取の大地主地帯で一部地主を対象に激しい小作争議を展開した。小作争議の対象にされた大地主は西村分家と鍋島家であり、中小地主では大鐘家であった。とくに大鐘家との争議はその激しさと長期に及んだことで後世に名を残した『前掲県史 p626-628』。19世紀末葉の農村荒廃に激しく巻き込まれることもなく、また農民一揆の波に飲み込まれることもなく、万事穏健で保守的とも思われた千葉県の農民気質からすると、大鐘家との交渉はかなり異質で限定的な感がなくもない。

第三節　戦後の緊急食糧難対策・農地改革と平地林開墾

　第二次世界大戦後の引揚軍人・軍属・民間人を対象にして、棄民政策と呼ぶに等しい苛酷な条件と展望のもとに緊急食糧難対策としての開墾事業が発足する。間もなく、農村民主化政策の一環としての農地改革が、GHQによる政府の一次案拒否を経て、GHQの意向を強く反映した内容の下に着手されることになる。

　茨城県の場合、買収すべき小作地は、1)不在地主の小作地全部、2)平均1町1反歩を超える在村地主の小作地、3)在村地主の所有小作地と自作地の合計が平均3町7反を超えてはならないこと、以上3点であったが、中央農地委員会の定める規定二号（1町）、三号（3町）に比べると明らかに買収規定が緩かった。県域の中南部第四・五区でこの傾向は顕著であった。理由としては、生産性の低い洪積台地上の畑作地帯を多く含むことが考えられる。この点については、とくに3町7反の保有限度に既耕地と開墾地の生産力格差が考慮され、茨城県の場合は4町6反と定められた『茨城県史＝近現代編 p719・731』。下総台地の小作地買収条件もこの状況と特段の違いはなかったはずである。現代常総台地農業の大規模借地経営体の成立とも深くかかわる重要な注意事

第Ⅲ章　東関東畑作の変換点形成とポテンシャル

項である。

　地主層の圧政に耐えてきた千葉・茨城の小作農民たちは、小作地面積と未耕作地とりわけ残存平地林と軍用地面積が格別に大きい常総の台地で、未墾地解放要求を掲げて激しい闘争を組むことになる。なかでも鹿行台地の常東農民組合の未墾地解放運動は歴史に残る熾烈な戦いであった。

1. 緊急開拓事業の展開と下総台地農村の農地改革

　緊急開拓事業実施計画によると、用地取得目標面積として旧軍用地7,463町歩、民有地3,537町歩が割り当てられた。これを郡別の民有地に限ると印旛郡・819町歩、東葛飾郡・758町歩、鹿取郡・620町歩等々の平地林地帯に集中していた。開拓対象は民有地以外に旧軍用地や利根川遊水地・三里塚牧場などの国有地開放も含まれていた。千葉県では旧軍用地解放の比重が高く全体の50％を占め、次いで民有地買収が35％を占め、昭和22（1947）年以降の15年間の買収実績は4,684町歩に達した。なお、民有地買収にかかわる法制度は、農地改革の際の未墾地買収が適用され、農地改革事業の一環として位置づけられ処理された。

　千葉県戦後開拓の特徴は、昭和39（1964）年度末の未墾地売渡実績1万1千町歩のうち、6千5百7町歩の軍用地開墾が全国第5位の位置にあったことである。これらの軍用地跡に高野台（柏飛行場）・東台（国府台東練兵場）・北習志野（陸軍習志野演習場）・佐倉（歩兵第57連隊）・下志津原大日（陸軍下志津原演習場）等をはじめ42開拓農業協同組合が設立された。軍用跡地の土壌は表土が攪乱され心土が露出したきわめて生産力の低いものであった。当然、開墾農具も不十分な開拓農民の近世的な開墾技術では、長い苦難の道と向き合うことになった。軍用跡地入植の場合は、農地改革に関する法制に従って発足した開墾事業地域と異なり、旧軍人たちの既成事実としての開墾入植が先行し、戦時中の被軍用地買収農民との間に厳しい対立・訴訟問題が発生した（神田文人 1993 p90）。

　軍用地と並ぶ国有地開墾の特殊例として三里塚御料牧場がある。ここでは牧場用地1,444町歩のうち、財産税として物納された925町歩が開墾対象になった。入植開墾は、印旛郡遠山村・冨里村、山武郡二川村・千代田村、香

338

第三節　戦後の緊急食糧難対策・農地改革と平地林開墾

取郡昭栄村の地元農家の入植を中心に、元宮内庁職員や県外からの入植も加わって進められ、最終的に27開拓農協の設立をみた。しかし開拓農家の多くは、後に成田空港建設にともなう農地の再買収を受け、営農を放棄せざるを得なくなっていくことになる。

　民有地開墾の対象地は、農地改革の際に開拓適地として取得したもので、面積は4,496町歩に達する。このなかには戦災者・疎開者の食糧確保のための闇開墾、あるいは村当局の供出対策として、大地主の山林原野を許可を得て開墾させていた土地を開拓政策に乗せて用地取得したものも含まれる『千葉県戦後開拓史　p21』。しかし平地林の多い香取、東葛飾、印旛などの台地上の諸郡の多くは、緊急食糧確保のための未墾地買収の対象となり、印旛郡では半分以上の平地林が開拓地になったといわれる『千葉県の歴史　通史編近現代3　p460』。

　開拓地に入植した人たちは、海外からの引揚民間人・復員軍人・戦争被災者・地元農家の次三男などであった。昭和20（1945）年～47年にかけて、千葉県内の入植者は延べ4,790戸、うち70％は昭和20～21年入植であった。開拓地での営農は、農業経験の欠落、低生産性土壌、肥料の欠乏等の厳しい条件の下で開始された。加えて仮設住宅での生活条件の苛酷さから離農する入植者も多く、その数は867戸を記録している。離農者の跡地には農家の次三男が新規の選考入植者として参入してきたが、過半数のものは金銭の授受による相対継承入植であった『千葉県戦後開拓史　p27』。この他に地元農家の増反者も少なくなかった。昭和20年以降47年までの増反農家総数は2万4千289戸に達していた。この数字（昭和26年7月現在）は、茨城県増反農家数1万3千511戸に比べるとかなり大きな特徴と思われる。

　高度経済成長や産業構造の変化を反映して、昭和47年以後の開拓農政は次三男入植と地元農家の増反に軸足が移行することになる。一方、入植者たちの開拓地営農でも、初期段階の自給型主雑穀生産から徐々に脱却し、酪農・畜産経営を模索する動きが広範に醸成されていった。さらに昭和30（1958）年頃には、落花生・西瓜・甘藷のような地域特産商品作物の産地形成に成功する開拓農協も出現して、ようやく前途に光明を見出すようになっていった『千葉県の歴史　通史編近現代3　p214-216』・『千葉県戦後開拓史　p41』。この

339

第Ⅲ章　東関東畑作の変換点形成とポテンシャル

動向を加速したのが、高度成長経済の進行にともなう農産物需要の質量的増大であった。高度経済成長期の到来は、開拓地営農の将来展望に道を開くことになったが、反面、軍用跡地はもとより民有地も圧倒的に多くの土地が下総台地の東葛飾、印旛・香取三郡に分布していたことから、都市化・工業化の影響を強く受けて、昭和47（1972）年度末までに県下開拓地の約半数2,060ヘクタールが都市的土地利用にその姿を変えていった『千葉県戦後開拓史　p27』。

　千葉県における農地改革の歴史的性格は、茨城県の場合と大きく異なり、「改革の実施は、ほとんど地主側の抵抗もなく進められた。これは小作地開放をめざした戦前の農民運動の歴史的蓄積と同時に、食糧増産のために自作農・小作農を優遇する戦時統制で地主に対する農林官僚の力が強まっていたこと、GHQ の絶対権力の存在があったからできたことである」とする千葉県史関係者の見解『千葉県の歴史　通史編近現代3　p204』および千葉県最大級の地主西村家当主の［時の流れに従うだけ］『前掲書　p202』という姿勢のなかに端的に現れているとみることができる。ただし千葉県史の見解の一部（農林官僚と GHQ の存在）は、茨城県農地改革においても共通する条件として捨象すべき事柄と考える。

　一般に農地改革で問題になるのは地主と小作農民との利害対立に基づく諸問題であった。しかし千葉県の場合は、茨城県の場合と大きく異なり、むしろ階層間の問題以上に東京近接県特有の地主対農地委員会の対立ないし自治体内部の都市行政をめぐる不協和音となって表面化した。争点は都市計画区域の指定如何によって用地買収価格が時価または公定価格となり、両者の間に214倍以上の差が生じたことである。さらに都市計画区域指定地域内の買収において在村地主と不在地主の間に時価対公定価格という200倍にも達する差をつけた。在村地主に対する特別価格（時価）の適用は市川・船橋で行われた。他方、君津地方事務所では「地主の土地取り上げによる宅地化」対象用地に対して、特別価格による買い上げ通達を出し、都市近郊在村地主に有利な取り計らいをしている。多分に東京近郊という地域性を帯びた買収上の問題点であった『千葉県の歴史　通史編近現代3　p203-204』。

　千葉県における近世以降の零細農民による激しい階級闘争の歴史は、昭和

340

第三節　戦後の緊急食糧難対策・農地改革と平地林開墾

恐慌期の八街村大鐘争議以外に寡聞にして例をみない。また農地改革におい
て明確な形での階層間対立が見られなかっただけでなく、むしろ先の君津地
方事務所の都市近郊在村地主寄りの通達、農地委員会による自作地主の小作
地取上げ問題にかかわる地主側有利の裁定『千葉県の歴史　通史編近現代3
p202』、あるいは千町歩地主西村家等に見られた小作農民の経営安定対策を
地主経営の安定手段と捉えた近代的大地主の存在などは、少なくとも下総台
地農村の性格を反映すると同時に、東京近郊の地域的性格が、行政と農民意
識の形成に何らかの影響を及ぼしてきたことも考えられる。

　これに対して茨城県の農地改革は、戦後農地改革史上に名を残した常東農
民組合による熾烈な階級闘争をともなって進行した。対地主未墾地解放闘争
に象徴される農民組合と地主層との抗争は、あまりの激しさからついに軍政
部による農民組合傘下の青年行動隊の解散命令を呼び込むことになり、また、
保守系委員が支配的な茨城県農地委員会に対しては、農林大臣の解散命令が
発せられるという一幕もあった『茨城県史＝近現代編　p731-734』。

2. 緊急開拓事業の展開と常陸台地農村の農地改革

　立石友男の報告によると、昭和40年代の下総台地とならび称される常陸台
地は、繰り返される開発事業の展開にもかかわらず、依然台地の30～40％を
占める広大な平地林地帯であった「関東地方における林地とその開発　p22」。
理由は林畑経営の存続であった。台地周辺地域の人口圧が不十分で耕境の前
進が緩慢であったこと、開析谷の発達が悪く水場の確保に難点があって台地
内部への居住地の進出が難航したこと等が考えられるが、生産性の低い洪積
土壌にも一因があっての林畑経営の成立と考えることもできる。このほかに
水運に恵まれた薪炭供給地域としての平地経済林利用価値も、近代における
平地林存続の歴史的理由として一考すべき問題であろう。

　ともあれ平地林地帯ゆえの土地生産性の低さは、軍部の着目するところと
なり、下総台地に次ぐ多くの軍用地利用が推進されることになる。結果、戦
後の農地開放で買収対象となった軍用地は友部・阿見両飛行場をはじめ16地
区を算し、さらに国有地2地区、民有地6地区の総計面積は8,863町歩に及び、
農地開発営団等の手で順次開発が着手された。以下、茨城県史料『＝農地改

革編 p185』によると、開墾の高いうねりが続いた戦後7年間の成果は次の通りである。

*茨城県開拓計画

開拓可能未墾地面積	75,000町歩
開拓用地取得計画面積	26,000町歩
自作農創設目標戸数	
入植者	9,266戸
増反者	20,744戸

*茨城県開拓実績（昭和26年7月1日現在）

開拓用地取得実績	16,564町歩
開墾済面積	9,734町歩
開拓用地売渡実績	6,799町歩
入植者現在戸数	5,165戸
増反者現在戸数	13,511戸

　開墾対象の民有未墾地や旧軍用地は、そのほとんどが常陸台地南部および西部に集中的に分布していた。その結果、江戸向け薪炭供給地としての平地経済林利用、あるいは地力脊薄な洪積土壌帯での林畑利用の継続で、近世以降の長年の開墾努力にもかかわらず消滅することのなかった平地林の多くが、山林（平地林）所有地主の林野を除いて、農地化されることになった。開拓事業開始以降の7年間の用地取得面積は、開拓可能未墾地の22%、取得計画面積の64%であった。広大な広がりの下に平地林地帯が取り残され、多くの旧勢力が温存されたことを示唆するものである。同時にこのことが、高度経済成長期以降の工業団地の簇生に象徴される産業資本の平地林地帯経由農村への浸透を招くことになっていくわけである。

　茨城県農事試験場の調査結果によると、開拓地土壌の特質とその割合は、火山灰質洪積土壌（82.7%）、山間古生層土壌（2.6%）、沖積土壌（14.7%）となり、火山灰質土壌が突出して多くを占める。この土壌は営農上次のような対策を要するという。1)風食防止対策、2)堆厩肥の増投、3)石灰の適量投入、4)リン酸肥料の施肥改善などである。つまり酸性が強く燐酸欠乏の低位

第三節　戦後の緊急食糧難対策・農地改革と平地林開墾

生産性土壌では、熟畑化が先決問題であり、そのためには2)3)4)の投入が必須の条件であった。具体的には土壌改良剤としての炭酸カルシウム・燐酸肥料を投入し、さらに土壌生産力向上のための厩堆肥の投入を図る必要があったのである『茨城県史料＝農地改革編　p197-201』。ただしここでは軽鬆土壌に対する霜柱対策や旱魃対策は指摘されていない。茨城県農業試験場が指摘した洪積台地の土壌特性とその改良策ならびに地力向上策は、千葉県の下総台地開拓においても変わることはないと考える。

　ところで洪積台地の畑作経営に内在する低位生産性については、経営規模の大型化という明瞭かつ重要な解決策が考えられる。この問題を踏まえて取り組んだのが、茨城県の場合、常東農民組合の未墾地解放闘争であり、千葉県の場合、近代巨大地主制の下で生産力の低さに規定された地代水準の相対的低位性を逆手にとって成立した小作大農たちであった。

　常東農民組合の未墾地解放闘争の成果を指導者山口武秀は「解放された山林は1万町歩に及び、各地に次三男、疎開者による開拓者の集団、既存農民の増反組合が生まれた。戦後、農村への人口流入と農地改革によって、全国的に農業経営の零細化が生じたのであるが、ひとり常東地域において、農家1戸当たり耕作面積が増加しているのは、そうした闘争の結果である」『戦後の農民運動（山口武秀）p24』と総括している。もっとも、軍用跡地解放は食糧増産政策の基本方針であり、また1万町歩の未墾地解放も基本的には「自作農創設特別措置法」に基づいて進められた解放成果であって、その数字の解釈には注意を要するという『茨城県史料＝農地改革編　p210』。ここで一点指摘をしておきたいことがある。現在、行方や鉾田地域の10〜20ヘクタールに達する大規模借地経営の成立基盤が、実は未墾地解放闘争の歴史的事実の中に一部胚胎していたことが考えられる点である。

　今、常東農民組合の未墾地解放闘争（昭和21〜27年）の具体例を山林に限って掲げれば、東茨城郡橘村をはじめ総計18か町村にわたる闘争史として捉えることが出来る。大きいところでは農地改革開始以前の昭和21年9月、行方郡要村のいわゆる「要争議」を突破口にして獲得した7,000町歩があり、山林以外では鉾田飛行場跡地の300町歩が成果として記録されている。既述のように未墾地解放闘争の成果を山口論文だけで確定することには異論があ

343

第Ⅲ章　東関東畑作の変換点形成とポテンシャル

る。しかし昭和22年の「幡仙交渉」の成果とその後の対地主闘争に与えた影響を考えると、常東農民組合の活動には評価すべき点が少なくないとみるのは妥当な見解であろう。結果的に解放後における常東4郡の被解放農家の土地所有規模の相対的底上げ効果の意義は大きい。それにもかかわらず、町村によっては未墾地解放面積を上回る売り逃げが行われ『茨城県史料＝農地改革編　p212』、未墾地解放運動の詰めの甘さを露呈していたこともまた無視できない問題といわざるを得ない。

　昭和27年3月末現在の「開拓財産地区別実態調査」（農林省農地局）から未墾地解放の統計的考察をしてみたい。これによれば常東4郡の未墾地解放面積は、合計8,375町歩、うち軍用地3,494町歩、国有地286町歩、民有地4,596町歩であって、茨城県全体の46.6％とほぼ半分を占めていた。入植は2,424戸、増反は6,683戸であった。このうち昭和28年2月現在の常東4郡の郡別入植者数と1戸当たり平均耕作面積を見ると、東茨城郡1,031戸・1町2反4畝、鹿島郡621戸・1町4反6畝、行方郡524戸・1町3反4畝、西茨城郡283戸・1町6畝であった『茨城県史料＝農地改革編　p210』。この数字は改革前（昭和21年）の茨城県全農家の平均耕地規模1町1反を明らかに上回る数値であり、自作農の平均耕地規模2町6反5畝との中をとる値であった『茨城県史＝近現代編　p716』。

　未墾地解放闘争の成果がもっとも高かったとされる鹿島郡巴村菅野谷部落の未墾地買い受け状況を見ると、地元増反の場合は5反未満、入植の場合は7反以上の買い受けが圧倒的に多かった。農地改革時の地元農家の階層構成は、1町未満耕作の小作層が大部分を占めていた。このことは、未墾地解放効果を最も大きく享受したのが貧農層であったことを示すと同時に、耕作規模の相対的に大きい入植農家群を形成する一因にもなったことが推定される。それでもなお、改革後における貧農層の土地要求は農村問題の基本的課題とみられていた『茨城県史料＝農地改革編　p213』。

　これらのことが、今日の行方・鉾田地方に顕在する借地型大規模露地園芸の展開と決して無縁であるとは思われない。むしろ農地改革による耕地規模の相対的増大と土地生産性の低位性を基底に据えて形成された農民たちの経営選好は、その後の農業労働力の流出で余剰化し流動性を帯びてきた畑地を

借地して、後述するような経営規模の拡大を図ってきたことが考えられる。もちろんこの場合、農民たちの対応をプッシュしたのが高度経済成長にともなう農産物需要構造の質量的変動だったことは論をまたない。結局、耕種農業の近代化黎明期に下総台地中央平坦部農村において、規模の経済を一義的に追及する大規模小作農家の粗放畑作経営様式の商品生産が、一部小作農家で異例の労働雇用をともないながら展開することになる。同時にこの歴史的経験は、戦後の農地改革における激しい解放闘争を背景に獲得した相対的に有利な解放農地やその後の農村工業化—兼業化—の進行にともなう農地流動化とともに、鹿島（鉾田市・旭村）、行方（行方市）、結城（八千代町）諸台地農村の大規模借地型露地園芸農業成立の歴史的遠因と基盤になるものであった。

第四節　東関東畑作の展開過程と近代化

1. 常総台地畑作の特質と近代化

維新期の常総台地開墾と商業的農業の成立・展開　　常総台地が本格的に開墾対象になるのは、明治維新政府の開墾政策の展開以降のことである。享保期開墾以来、野馬牧への復帰と鹿狩りの場として温存されてきた小金・佐倉両牧は、東京の窮民救済対象地に選ばれ、東京府の指導と政商たちの拠出した資金をもとに、第三セクター方式で開墾事業が発足する。間もなく維新政府の殖産興業策が加味され、窮民開墾と大規模毛羊牧場の開設が同時進行することになる。前者窮民救済開墾は事業の完成前に解散し、政商たちの拠出金額に応じて比例配分された開墾地では西村・鍋島家等の巨大地主群が成立する。開墾の中心地八街村には、在村・不在地主の居宅や小作地分布を反映した独特の村落社会が形成された。村落社会の構造的特色とともに、小作農民の中に3町歩を超える大規模農家が10％以上も形成され、商業的農業発展の推進力となっていった。

　一方、常陸台地の開墾は、旧水戸藩士の失業救済開墾の性格の下に、地域社会の有力者の参加と拠出資金で開墾結社を結成して発足した。国及び府県レベルの下総台地開墾に比べると、著しく規模は小さいがその数は多かった。

345

第Ⅲ章　東関東畑作の変換点形成とポテンシャル

結社の性格と目的も多様であった。明治以降、開墾地に導入され一挙に普及する商品作物は茶と桑であった。自給的性格の強い麦・陸稲・蕎麦・甘藷・馬鈴薯・落花生・菜種などの穀菽型作物栽培から、きわめて商品化率の高い製茶と養蚕への転換は、台地農業が土壌特性に適合する深根性樹木作物の導入を通して、近代化の黎明期を迎え入れたことを明示するものである。同時に一部の開墾結社の性格・目的に見られる特徴にも近代化の思潮を読むことができるだろう。なかでも士族授産策を超えて、積極的に資本制直営大農場の成立を目指した開墾結社の動向あるいは大規模の官営毛羊牧場の設営が、常総農村社会に与えた心理的影響も大きく、経営組織面で台地農業に新しい時代の到来を暗示ことになったといえる。

　菊地利夫の『房総半島 p138-139』によると、下総台地で近代化の先駆けとなった茶園の経営面積は、最盛期の明治24（1891）年頃の千葉県総面積1,440町歩の約70%を占め、小規模経営が主導的な地位を確保していた。なかには佐倉藩士族授産結社の佐倉同協社のように、100町歩の茶園から年産2万斤をあげる企業的な生産組織もみられた。しかし茶園経営の最盛期は短く、まもなく静岡茶に圧倒され、さらに横浜港の貿易商人に買いたたかれ、急速に衰退していった。入れ替わるように生糸市況の高騰を受けて養蚕地域が成立する。1890年代初頭の下総台地では、山武郡に次いで台地内陸部の印旛・香取両郡が中心的な地域となった。この3郡だけで千葉県全体の繭生産総量の56%を占め、養蚕経営がかなり明瞭な地域性をもって展開したことを物語っている。明治末期以降、鉄道の開通の影響を受け、一部の養蚕地帯は野菜や甘藷栽培地域に変貌するが、この状況変化に対応して「下総地域」への一層の集中と、九十九里平野での新興養蚕地域の形成が、農家経済上の比重を高めながら進行した（前掲大槻論文 農産物価額比表）。

　大槻　功（前掲論文1974 p50-53）はこの時期の養蚕事情について、「第一次世界大戦期における養蚕業発展の最大の成果は、零細小作副業農家の本業農家化にあった」ことを指摘し、さらに八街村における明治末期から大正期の農業発展の在り方のうち、養蚕業とその他の商業的畑作物が農業に及ぼす影響の違いについて明らかにしている。それによると「養蚕業以外の商業的畑作物が、ともかくも特産地を形成し耕作規模の拡大と一部の農家経済の向

第四節　東関東畑作の展開過程と近代化

上をもたらした。これに対して養蚕業の発展は、経営の集約化によって零細小作農の本業化をもたらしたが、小規模耕作農家の増加にとどまり本格的な農家経済の改善に結びつかず、むしろ第一次世界大戦後の不況に農家経済を巻き込む要因となった」という認識を示している。

　昭和初期の千葉県の桑園総面積は1.8万町歩となり、千葉県養蚕発達史の中で最大の面積となる。この半分が「下総地域」に集積していたという『房総半島 p139』。なお、最盛期に全国11位の繭生産量を示した千葉県だが、製糸業では日露戦争後に業者の成立が頭打ちとなり、急速に衰退していった。零細業者が淘汰された結果の後退現象であった。このため県内産の繭は製糸王国長野に送られ、処理されることになったのである『千葉県の歴史　通史編近現代1 p454-455』。昭和初期の台地畑作を席巻した養蚕経営は、その後まもなく、食糧増産政策の推進にともなう抜根と化学繊維の普及による価格低迷で衰退の途をたどることになる。

2. 下総台地畑作の特質と近代化過程の深化

基幹作物栽培の成立基盤と流通　　　下総台地に繰り広げられた茶・繭生産の盛衰期の後には、大正期末期の落花生栽培が海上・匝瑳両郡から印旛郡へと移動し、さらに昭和恐慌期以降の桑園衰退と入れ替わるように甘藷栽培の展開が海上・匝瑳両郡や香取郡南部で進行した。収穫された甘藷は成田線各駅から北関東や東北地方の各県にまで出荷されていった『千葉県の歴史　通史編近現代2 p514』。加えて従来からの陸稲・麦の自給的基幹作部門以外に、落花生（輸出）・玉蜀黍（北海道）・里芋・牛蒡のような遠隔地向け商品作物も栽培規模を拡大していくようになる。これらの作物はいずれも耐旱性粗放栽培作物であり、同時に輸送能性の高さから限界地立地型の性格を持つ作物群であった。こうして下総台地の一角に土地条件を踏まえた商品生産が拡充され、洪積台地農業の近代化をさらに一歩前進させることになった。

　この頃の遠隔地向け大量取扱商品は、出荷形態の個別化・出荷組織の未成立状況の下で、八街村に集積する10指内外の大手商人と傘下の仲買人によって仕切られていた。明治末期から大正期にかけて成立展開した商業的農業の生産物は、市場の遠隔性と限定性から大手商人の流通支配（大槻　功 1974

第Ⅲ章　東関東畑作の変換点形成とポテンシャル

p56-57）を通して新たな農村収奪の途を開くことになる。それは地主的土地所有と結合して形成された米麦流通機構や製糸資本の支配下に組み込まれた繭流通機構とは形式的に一線を画すものであった。

　当時の台地農村の階層関係と経営状況を印旛郡の事例でみると、経営規模の比較的大きい小作農家の比率が高いという特徴が明らかであった。小作農家鵜沢家の農業経営に見るような落花生やトウモロコシの栽培に重心を置く粗放作物の粗放的大型経営が普及していたと考えられる。このような規模の粗放経営を可能にした条件は、低生産性土壌帯における相対的に低い地代による大型化であった『千葉県の歴史　通史編近現代2　p516-518』。その点、当時の八街村の大規模借地経営の成立と共通する状況であり、同時に現代の借地型大規模経営の歴史的背景となるものであった。

下総台地の落花生と甘藷栽培の社会経済効果　　第一次世界大戦以降第二次世界大戦前までの間に、下総台地に導入された落花生と甘藷のうち前者の落花生栽培は、千葉県史（前述）の考証よりかなり早い明治20年頃すでに始まっていたとみられる『千葉県らっかせい百年史　p16』。「下総台地の開墾地は水利が悪く、まったく無肥料の状態であったが、落花生が未熟土でよく育ち、かつ栽培管理にあまり人手がかからなかったことから、急速に栽培が伸びた。とくに1戸当たりの開墾畑面積が広い八街・富里地域には、明治28年頃総武鉄道工事の労働者が種子を持ち込んだといわれ、以後の栽培の伸びには目を見張るものがあった」という『前掲百年史　p16-17』。八街村での落花生栽培の発展は、当時300町歩もあった葉藍の生産が化学染料に押されて衰退し、その代替作物として急速に普及した結果である『房総半島（菊地利夫）p141』。

　落花生栽培は投機的性格を持つことから価格・作付面積の変動をともないながら右肩上がりの展開を取り続けた。結果、明治44（1911）年には両総台地を中心に3,035町歩、大正5（1916）年には5,714町歩へと作付面積を拡大していった。価格騰貴の結果、落花生の価格指数（100）を超えるのは甘藷（113）のみで、陸稲（80）がこれに続く以外、他には見るべき作物は存在せず、まさに落花生と甘藷は台地の代表的作物となった『千葉県らっかせい百年史（落合正雄）』。その後、昭和恐慌期に顕著な衰退傾向が進行することに

348

なる。主な理由は、中国産落花生の輸入や競合作物（西瓜・南瓜・胡瓜等の果菜類）の普及の影響を受けるようになったことによる。さらに落花生本来の貯蔵性と輸送能性の高さから商人の投機対象とされ、価格変動幅も大きいという商品特性を持っている。このため端境期まで持ちこたえられるか否かで販売利益が左右される危険性も高く、結果的に小農の栽培参加意欲の減退に連動したことも無視できない理由の一つとなった。

　しかし恐慌期後半には甘藷・落花生は小麦・特用農産物とともに回復が進み、恐慌離脱の牽引力の役目を果たすことになる『千葉県統計書各年版』。ちなみに昭和恐慌期の農産物価格の下落に対して、関東各地の平地林地帯では、価格低下による減収分を開墾による生産量の拡大で補填しようとする動きが普遍的に見られた。とくに西関東平地林地帯では桑園と麦畑が拡大し、東関東では地主開墾経由の小作地で甘藷（夏作）、小麦（冬作）が地味不良の開墾土壌での合理的作型として評価されたようである（森鴫　隆 1955 p61）。同じく陸稲も開墾後日の浅いところで栽培面積を拡大し、陸稲を食べて水稲を売るといういわば迂回生産作物として評価される存在となっていた『茨城県史＝近現代編 p270』。

　その後、落花生栽培は変動を繰り返しながらも、第二次世界大戦直前には5,000haの大台を回復した。しかし嗜好食品的性格の強い落花生は、国家総動員法に基づく特殊農産物指定を受け、次第に甘藷・玉蜀黍と入れ替わっていった。第二次大戦中も2,000～3,000haを上下してきた落花生栽培面積は、昭和26年の作付統制解除とともに一挙に8,000haまで拡大した。八街町は戦前の旭町に替る落花生の集散地として多くの商人が集積し、流通を掌握することになる。増加の趨勢は続き、昭和36年には戦後最高の26,400haに達した。戦後、茨城県の常陸台地農村の追い上げで落花生栽培のシエアーは若干低下するが、千葉県の指導的地位は変動することがなかった。商品作物の変動気運にもかかわらず、落花生の商品作物としての重要性は台地畑作農民の間で継続的に認識されてきたことを示していた。

　戦後の復興期から高潮期にかけての落花生栽培地域は、下総台地の印旛・山武・香取・千葉の4郡で80％以上を占めてきたことから明らかなように、戦後の急激な発展が産地の地域的拡大によったものではなく、主産地栽培農

第Ⅲ章　東関東畑作の変換点形成とポテンシャル

家の作付率の拡大つまり専作傾向の深化によってもたらされたことが推定される。平地林開墾耕地での連作障害防止効果を持つといわれる落花生栽培である『千葉県の歴史 通史編近現代3 p216』が、極度の過熱状態は、さすがに顕著な連作障害を主産地農村に発生させることになる。この事態に対して、千葉県農業試験場では新品種の創出と普及に努め、良品質多収穫生産を推進するとともに、「種マルチ同時作業機」による作業の高能率化の指導を進めた。農家も土壌消毒や肥料の増投でこの事態に対応した。しかし伝統的な主産地八街・富里では、基幹部門の落花生から根・果菜類の露地栽培に作型を移行する農家が目立つようになっていった『千葉県らっかせい百年史 p18-19』。こうして昭和35（1960）年以降、畑作物の中で甘藷をしのぎ県下第1位となった落花生栽培（26,400ha）も、平成10年代には8,000haを割り込む状態『八街市の落花生 p2-3』となり、下総台地畑作の経済作物から八街の地域特産作物へと移行することになるわけである。

　この間の常陸台地における落花生栽培の動向を主産地稲敷台地農村の岡田・朝日地区の場合でみると、昭和23（1948）年には甘藷の作付率（64％）が圧倒的に高かったが、10年後には穀菽類・甘藷の衰退と入れ替わって落花生がこの地方の重要作物に転じた。鹿島台地でも甘藷・落花生栽培の地位は高く、ここでは澱粉用・搾油用などの工業原料として栽培されていたが、稲敷台地では東京・東北市場向けの生食用に供される存在であった（桜井明俊1960 p6）。この状況から、交通条件の未発達な当時にあっては、鹿島台地と稲敷台地の場所的限定性は、遠距離限界地型産地と近県中距離型産地ほどの相違を生じていたことが考えられる。

　次いで、下総台地で落花生が盛衰の歴史をたどる間の甘藷栽培の推移を見てみよう。菊地利夫『房総半島 139-140』は台地畑作の王者として甘藷栽培が広がったのは、終戦直後から高度経済の初期段階の頃としている。以下、『千葉県野菜園芸発達史』の記述に基づいて若干補足しておこう。これによると千葉県の甘藷栽培の歴史は、青木昆陽の県内試作地のうち幕張での成功に端を発するという。天明の大飢饉の際、甘藷の効用が認識され以後急速に栽培が広まっていくと同時に販路も拡大し、江戸をはじめ北関東から相馬・仙台地方まで出荷されていった。この時期の甘藷の主産地は東葛飾・印旛・

350

香取・海上・匝瑳にみるように下総台地北部一帯であった。

　その後、明治30（1897）年頃には、すでに千葉県内で12,000ha前後の作付がみられ、主な産地は千葉・東葛飾・印旛・香取などの旧幕府牧開墾地帯に集中していた。栽培目的は生食用出荷で、販路は北関東から東北・北海道に拡がっていた。同じ頃、千葉市を中心に澱粉工場が相次いで設立された。これに連動して甘藷栽培目的も変化し、明治40（1907）年頃には澱粉加工原料用甘藷の占有率は30％を超えるまでになった。大正期に入ると澱粉工業の立地は海上郡をはじめ各地に波及し、昭和初期には生食用と加工用の比率は互角になった。

　甘藷栽培地域の拡大は、千葉市を変換点とする栽培地域の分化をともなって進行した。具体的には千葉市を境にして北西の台地農村一帯では食用の「千葉赤」が主として栽培され、南東部台地農村では澱粉用甘藷が多く栽培されるようになっていった。異なる産地の分布を反映して、稲毛・幕張・津田沼・船橋等の各駅から主として食用甘藷が鉄道貨物便で東京・東北・北海道方面に仕向けられ、他方、千葉・本千葉両駅からは焼酎原料用の甘藷が木崎（群馬）・市川両駅に向けて積み出され、さらに四街道・佐倉両駅からは澱粉用甘藷が千葉・幕張・蘇我の各駅に向けて発送されていった。鉄道貨物便の他に、津田沼や幕張では船便が土物・甘藷澱粉の移出用に活躍していた。出荷先と出荷目的は必ずしも固定的ではなく、澱粉相場に影響されて数量的な消長を来すことが常であった『近世・近代における近郊農業の展開（新井鎮久）p104-109』。

　昭和初期の核心的甘藷栽培地域は、下総台地西部と東部に二分され、前者は近世の小金牧開墾地帯に相当し、後者は椿海を取り巻く香取・海匝地域と重なっていた。両者は第二次世界大戦後、下総台地中央部における核心的落花生栽培地域の旧佐倉牧開墾地を大きく挟んで東西に分布域を形成している（図Ⅲ-4）。ちなみに常陸台地では臨海地域に甘藷、内陸部西域に陸稲、中央部南寄りに千葉の落花生産地の延長地域、北寄りに栗栽培地域の成立傾向をそれぞれ強めていった。昭和10年代から20年代にかけて澱粉工業の発展を背景に「沖縄100号」・「農林1号」などの新品種が開発され、澱粉用甘藷栽培の最盛期を迎えることになる『千葉県野菜園芸発達史 p323-325』。澱粉用甘

第Ⅲ章　東関東畑作の変換点形成とポテンシャル

図Ⅲ-4　千葉県の主要商品作物の分布（1950年）

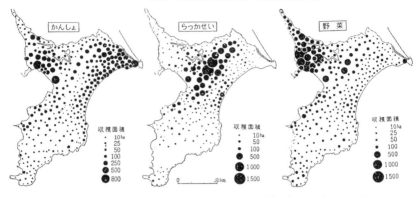

出典：『日本地誌 第8巻（白浜兵三）』

藷栽培の発展期は、同時に副業経営に発する養豚業の展開期に連動していくことになる。小括すると、常総台地の耕種系商品作物の分布形態は、基本的に臨海甘藷地域の養豚を含めて上記の如く共通性が高かった。他方両県の西域に形成された対照的な相違点は、東京市場に対する立地条件の相違を反映して、近郊圏千葉の蔬菜と外縁農村圏茨城の穀類となって端的に表現されていた。

甘藷栽培の歴史は、甘藷栽培普及の原点、「下総地域」とこれに隣接する九十九里平野北部を中心に展開されてきた。しかし昭和24年の県全域の栽培面積31,000haをピークにして、その後は昭和38（1963）年の粗糖の輸入自由化とコンスターチの輸入増加で澱粉用甘藷栽培は次第に減少し、昭和50年代には6,000haにまで落ち込むことになる。それでも6,000haの60％は「下総地域」に集中し、中核産地の体裁は維持していた。こうした甘藷栽培地域の衰退は、とくに東京隣接の東葛飾・千葉両郡で顕著に見られたが、反面、海上・印旛・香取各郡とりわけ香取郡の甘藷栽培面積の減少率は低く、昭和45年の作付は3郡合計で3,744haを維持していた。結局、この状況が以後の食用甘藷型主産地形成上の基礎となるわけである。この頃になると、「台地畑作の王者としての甘藷の座はすでに落花生に移行していた」と菊地利夫は述べている『房総半島 p139-140』が、正確には一時的な王座の交代劇であっ

た。ちなみに甘藷と落花生の比重の交代は、千葉県北西部型を示す茨城県稲敷台地農村でも進行していた（桜井明俊 1960 p6）。

その後、食用甘藷栽培は昭和40年代後半の「紅赤」、50年代の「紅小町」、そして現在借地大規模栽培の対象とされている「紅東」へと堅調を維持しながら推移することになる。その結果、千葉県産食用甘藷の東京市場占有率は、昭和30年代（10～15％）、45年（40％）、54（1979）年以降は60％近い数字を示すまでになった。主要産地としては東葛地域の後退を受けて香取地域が存在感を高めている。香取地域（大栄・佐原・栗源・多古）の作付面積は県域総面積の50％を占め、その他の産地としては印旛・君津地域が挙げられ今日に至っている『前掲園芸発達史 p324-325』。

ところで常総台地における甘藷栽培の歴史には、食品生産以外にも重要な経済的社会的な意義があった。一つは甘藷を原料とする澱粉工場の叢生であり、このことに派生する水飴工場の進出であった。甘藷加工関連工場の成立には、甘藷価格の維持機能と農村余剰労働力の雇用というきわめて重要な社会的機能があった。もう一つは澱粉製造過程で排出される絞り粕利用による養豚経営の成立であった。副業としての養豚が当時の農村労働力の完全燃焼と家計維持に果たした経済効果は大きいものがあった。なお、甘藷栽培にかかわる澱粉加工・製飴工業の展開と養豚経営の普及のうち、前者は付加価値の創出と輸送能性の強化を通して遠隔限界地型農業の成立を示すものと考えられ、後者養豚経営の成立は、食肉流通上の限界地ならびに大都市近郊外縁部ないし中間地帯型畜産経営の形成をも意味するものと考える。こうした異なる農業地域の性格を併せ持つところに当時の常総台地畑作農業の特徴が存在したといえるだろう。

3. 常陸台地畑作の展開と近代化

商品作物の導入と展開　茨城県は千葉県と並ぶ全国有数の畑作地帯である。畑地の多くは洪積台地上の平地林地帯の開墾を経て成立した。これを反映して、明治末期の米の単収水準が全国平均の最下位段階に低迷するなかで、大小麦や陸稲などは全国平均を上回っていた。この時期の畑作農業の推移を要約すると、作付面積がもっとも大きく伸びたのは桑で、次いで陸稲・葉煙

第Ⅲ章　東関東畑作の変換点形成とポテンシャル

草・甘藷が続く。反対に目立って衰退したのは綿花で、これに粟・大豆・裸麦・里芋が続くが、紅花・藍・菜種・輸出用の茶等の工芸作物を主とする商品生産も、輸入品や工業製品との競争に敗れ消滅していった。このように茨城の畑作農業は有力商品作物綿花を失った後に、桑・栗・煙草・陸稲・甘藷等の新たな商品作物を見出して発展したといえる『茨城県史＝近現代編p267-269』。麦・菜種と裏表の作型を形成する重要農産物大豆は、菜種栽培の衰退で作型・作付体系に若干の変更を来すが、明治期にはまだその自給的・商業的性格上の重要性を失うことはなかった。大豆の凋落が急速に進行するのは満州産大豆に圧倒される大正期以降のことであった。

　上述の成長部門作物は、いずれも加工原料作物であった。これらの作物は商品化率が高いこと、販売に先立って施設整備と加工作業を必要としたこと、生産と加工に多くの労働投下量と熟練した技術を必要としたこと等の特徴があり、その栽培は地域的に限定されることになる。とりわけ煙草栽培にはこの傾向が強くみられたことから、主要産地は、耕地面積が少ないしたがって相対的に余剰基幹労働力を抱える久慈・那珂両郡の北部畑作農村や水田の乏しい西部台地農村の猿島地方が、近世以降の特産地となっていた。本来的に煙草作は平均経営規模1.5町歩、平均家族労働力3人の茨城県農業では、後述するように階層と地域を超えて深く・広く浸透する商品作物にはなりえなかったのである。

　ともあれ、近代常陸台地の重要商品化作物の一部であった煙草栽培は、経営的な条件付きながら、明治初期に常陸太田や那珂湊に多数の刻み加工工場が設立されたことを契機に急速な発展過程を踏み出すことになる。その後、明治15（1882）年の重課税政策と松方デフレ政策で一時的な生産停滞期に直面するが、明治20年代には回復し、栃木・鹿児島と栽培面積・生産量で首位を争うまでに発展する『茨城県史＝近現代編　p272-273』。明治31（1898）年、専売制度の実施で生産販売環境を有利に整えた煙草栽培は、東茨城・多賀・真壁・北相馬等の隣接諸郡に拡がり、洪積台地農村に近代化をもたらす重要畑作部門として発展を遂げることになる。煙草の栽培は土地生産性が高いので零細農家層でも収入増加の余地は大きかった。反面、多肥・多労働経営のために資本効率や労働の生産性は低かった。加えて嫌地化が激しいため輪作

可能な一定規模以上の農家層以外は、栽培規模の維持・拡大が困難であるという階層的な限定性を持っていた。この低位労働生産性の側面が、重要商品作物煙草栽培を洪積台地農村の近現代化として承認することをためらわせる要因となっている。

　常陸台地における主要農業部門として見落とせないのが養蚕経営である。明治中期以降、地主支配下の農村が米と繭の経済に再編成されていく過程で、茨城県では県西部の結城・北相馬郡ならびに県央部の稲敷・新治・筑波各郡の洪積台地上に養蚕地帯が広がった。茶・栗・桑はともに旱魃常襲型地域の自然条件に適応する深根性作物だったことも普及の一因であった。とくに結城種と呼ばれる蚕種の産地を形成した鬼怒川中下流域の沖積微高地を中心に、中部養蚕地帯の一角に組み込まれるほどの養蚕地域が成立する。

　一方、栗園経営も常陸台地の樹木園芸として全国レベルの実績を長期にわたって保持してきた。新治台地を中心に北接する東茨城台地にかけて、経営規模の相対的に大きい農家の専業経営として、また労働力流出の進行した農家の兼業対策として広く両階層に採用されていった。まさに東京近郊の兼業農家の存在形態を規定する水田耕作のような機能をもって、常陸台地の水戸〜土浦の中間地帯に広範に定着していった。高度経済成長期以降の工業団地進出を先兵とする首都近郊圏の工業化は、広域的な土地需要の発生以前に広範な農村労働力流出を先行させ、結果的に村落内部に兼業農家群を叢生させることになった。労働節約的な栗園経営の成立は、労働集約的な園芸農業の導入と結合することなく、大勢として兼業農家の成立と存続の支持基盤の役割を果たすことになったといえる。

　昭和初期の猿島・結城台地農村では、西瓜と白菜の商品栽培が始まり、仲買商人によって東京出荷が行われるようになる。昭和20年代後半になると、八千代村の畑作農民たちは輸送能性が高く技術革新の進んだ西瓜（接木技術）と白菜（練り床栽培）つくりを館林・板倉地域の台地農民から習得し、果菜と葉菜産地形成の基盤を作った（新井鎮久 1998 p5-7）。関東北部の洪積台地農村に二毛作体系を普及させた革新的な栽培技術の導入は、結城郡八千代町という地域枠を超えて、常陸台地畑作農業の作物編成を現代的な姿に向けて大きく前進させる原動力になった。とりわけ筑西地方における昭和40年頃

第Ⅲ章　東関東畑作の変換点形成とポテンシャル

の作物編成上の現代化は、穀萩農業と引き換えに陸田造成の展開ならびに葉
物三品とメロン・西瓜栽培の発展をもたらすことになる『八千代町史　通史
編　p1142-1143』。

　陸田モノカルチュアーの経営経済的合理性は、所得向上と省力効果に基づ
く蔬菜生産の導入拡大を促がし、関東畑作農村有数の蔬菜産地形成に貢献す
ることになる。反面、陸田経営にともなう余剰労働力の析出は、芽吹き大橋
経由で進出した内陸工業団地群と結合して、筑西農村の農民層分解の契機と
なるものであった。ちなみに平成初期における茨城県西部園芸農村の露地と
施設園芸の主要商品（葉物三品とメロン）流通は、産地市場を拠点とする産
地仲買人によって東日本一円に配荷され、その荷引き力は農協扱い高をしの
ぐ勢いであった。仲買人の出身地は、地元・近隣市町村にとどまらず、群馬
県境町や東京からの参入も見られた（前掲新井論文 p14-16）。

　常陸台地に成立した商品作物群が盛衰を経る間に、昭和30年代初頭から第
1～3次産業間所得率の逆転が進行し、同36年には第1次産業（28.7%）は2次
産業（36.4）と3次産業（34.9%）の両者から所得率の逆転を受けることにな
る。第一次産業所得率の低下は、農業の停滞・農民階層の分解とスパイラル
の関係の下に進行した。結果、農業からの後退離脱の対極に経営規模の大型
化が進み、40～45年頃には分解基軸の上昇と2ヘクタール以上層の集積が目
立つようになる『茨城県農業史　第六巻 p16』。言い換えれば、常陸台地に
おける大規模経営農家群の成立は、この頃から既に始まっていたとみること
ができる。

甘藷栽培および澱粉工業と養豚経営　　綿花栽培の消滅に象徴される近世型
農業の終焉以降、近代農村に新たに成立した農作物のうち、とくに常陸台地
農業の近現代化過程を特徴的に示すものが栗園経営であり、その後の甘藷と
メロン栽培であった。後者の甘藷は大規模借地型露地園芸作物として、メロ
ンは集約的施設園芸作物として、それぞれ常陸台地の畑作農業を代表する商
品化作物である。次ぎに規模の経営にかかわる甘藷栽培と栗園経営の経営的
性格とその推移を通して、地域農業の近現代化過程を検証してみよう。

　戦後の茨城県農業地帯を代表するのは文句なしに中部畑作地帯である。と
くに東部から南部にかけて延び海浜に接する辺りは、茨城県農業の一方の極

を代表する半農半漁の甘藷作地帯である。ここはかつて窮乏農村を背景に立ち上がった5.15事件の震源地であり、戦後は未墾地解放闘争と甘藷価格闘争で全国に名をとどろかせた常東農民組合の活動空間であった。貧困からの離脱を悲願に掲げた行動的な農村地帯の歴史的性格が、その後の先進農村地帯形成の原動力になったことが考えられる。

茨城県中部畑作地帯は畑地率60〜70％の火山灰質の洪積台地で、南部に稲敷台地が、また西部には結城・猿島台地が分布し、それぞれ独自の農業地域空間を作りだしてきた。中部畑作地帯の代表的作物は甘藷で、"茨城一号"こそ茨城県農業の象徴とみる向きは多い。甘藷と同じ性格を持つ作物が陸稲と麦であり、さらに1970年頃を契機に国策で普及の道を閉ざされる陸田水稲作であった。小麦―甘藷の作型は地味不良の開墾土壌帯における合理的作物編成（森鳰　隆 1955 p61）とされ、陸稲も開墾直後から数年間は無肥料栽培が可能である『茨城県史＝近現代編 p270』といわれてきた。養蚕の盛んな地域では、陸稲の後作は一般に桑園となった。

「陸田米・陸稲・麦の他にも当時、主産県1位の作物として果樹では栗、野菜では白菜、畜産では豚がある。どれもこれも人と技術を選ばぬ作目、高度な技術を要せぬ作目として、茨城農業を代表するにふさわしい取り合わせといえよう」『茨城県農業史 第6巻 p12-13』。これらの作目は基本法農政下の選択的拡大再生産の対象とされた作目、いわゆる成長3部門の代表的作目であった。甘藷を含む成長部門の経営展開は、土地所有規模の相対的に大きい低生産力土壌地帯では、必然的に大規模粗放的露地園芸を指向することになる。しかも規模の拡大は諸般の事情から借地方式に依存せざるを得なかったし、また依存することの容易さが存在していた。つまり借地方式の実現には、農地解放を免れた平地林が耕地拡大の予備軍となったこと、農業労働力の急速な流出で農地に流動性が発生していたこと等の理由が追い風になったことである。

茨城県における甘藷栽培は、米麦とならぶ重要食品作物として早くから重視されてきた。昭和10（1935）年頃の洪積台地の甘藷栽培面積は、およそ1万町歩に達していた。当時の甘藷産地を国営アルコール会社の誘致運動から推定すると、およそ次の地域を取り上げることが可能である。誘致活動の口

第Ⅲ章　東関東畑作の変換点形成とポテンシャル

火を切ったのは茨城県産甘藷の70％を占める鹿島郡の中心地鉾田であった。ほかにも那珂郡湊町、久慈郡太田町、水戸市、石岡町等も猛烈な誘致運動を展開するが、最終的に石岡町が近隣20町村2,400町歩の甘藷栽培の実績と豊富な工業用水の賦存が評価され、本命の鉾田町を抑えて誘致に成功する『石岡市史　下巻（通史編）p1191-1194』。この時の誘致運動から甘藷の産地を推定すると、那珂・東茨城・鹿島の諸台地農村を取り上げることができる。

　茨城県の甘藷はその後も順調に増作され、昭和20年に2万9千町歩、同24年には最多の3万640町歩にまで拡大した。しかし翌25年には甘藷統制解除の影響で2万2千910町歩に急減し、以後、この衰退傾向と数字が継承されていくことになる。この間、甘藷栽培地域は東茨城・那珂・鹿島・行方の諸郡、言い換えれば常陸台地の東部一帯で顕著な増加が進み、逆に西茨城・結城・猿島の西部台地諸郡で大きく減少し『茨城県農業史　第6巻　p541-544』、甘藷栽培地域の再編成と主産地化が進んだ。西部台地諸郡での甘藷栽培の衰退に替る作物が、技術革新を経てコラボレートした西瓜（接木技術）と白菜（練り床栽培）の産地化であり、その後の葉物三品の大規模露地園芸とメロンに代表される施設園芸の揺籃期の形成を示すものであった。

　茨城県甘藷の核心的産地とされる鹿島台地農村では、大正末期、西瓜が換金作物として重要な地位を占めていた。しかし昭和恐慌期を境に栽培は停滞し、さらに日中事変頃からその影響を受け、生産は一段と減少する。以来、商品作物の中心は甘藷栽培に移行することになる。戦後23年頃から落花生の導入と西瓜栽培の復活の兆しが見られたが、定着以前に新規作物の煙草栽培に大きく傾斜していった。一方、神ノ池周辺の古期砂丘地帯では早くから養蚕が普及し、最盛期には農家の半数が飼育していたが、西瓜と同じく昭和初期から桑園改変が始まり事変当時には大幅な停滞期を迎えていた。ここでも桑園にとってかわったのは甘藷作であった（中村・青木 1956 p65）。桑・西瓜・甘藷栽培のいずれの場合も、洪積台地や古期砂丘地帯の比較的経営規模の大きい開墾農家としては、それなりに合理的作物選択であると考える。落花生や煙草を含むこれらの作物群は、輸送能性が高く限界立地型作物であるという点で鹿島地方の後進性を代弁すると同時に、商品化作物栽培の模索を通して農業近代化への参入姿勢を感じさせる一齣でもあった。

第四節　東関東畑作の展開過程と近代化

　鹿島台地とくに台地南部の甘藷栽培の歴史は、資料的な制約で草創期に遡ることはできないが、昭和11年頃には甘藷栽培の発展期を迎え、19（1944）年には440町歩（作付率75％）の作付規模に達し、10年後の29年でも370町歩の作付を維持していたという。この間の栽培品種は、食糧事情や軍需・澱粉需要の変遷によって大きく変動してきた。戦前の食料用（太白）、戦時中のアルコール原料（茨城1号）、戦後の澱粉原料（沖縄百号）がそれぞれ時代を背負う県域共通の基幹品種であった。

　戦後の一時期、甘藷栽培の発展を大きく支えた澱粉工場の動向を鹿島南部に限ってみると、昭和20年代の後半に集中的に立地している。これは24年11月の甘藷統制の解除が重要な契機になったものである。澱粉工場の経営組織は1)農協と農民組合、2)商業資本、3)個人の3形態に分けられる。工場の生産規模を原料の消費量から推定すると、年間消費量3万俵を分岐点にして以下が10工場、以上が9工場となり総じて中小規模経営である。原料の入手は中小工場の場合、地元仕入れが一般的であるが、若干大手の工場になると東茨城郡や鹿島郡北部からの集荷もみられた。原料甘藷の仕入れ方法は工場と生産農家の相対交渉で行われ、下総台地農村のような「商人資本の介在は認められない」とする中村・青木の報告（前掲論文 p69）に対して、常東農民組合の甘藷価格闘争記録には「仲買人の切り崩しにも屈せず結束を守った」『茨城県史＝近現代史 p747』とあることから、現実には仲買人の存在したことを認めるべきであろう。また澱粉製造業者間で買い取り価格協定を行ったこともあるが、常東農民組合の団体交渉でご破算にされた経緯もある。なお雇用形態では家族労働力のみが3工場、家族労働力に雇用者を加えたものが6工場、雇用労働力のみが10工場であった。地場産業の成長がなく兼業機会に乏しい限界地的集落においては、澱粉工場の立地はきわめて貴重な就業機会となっていたことが考えられる。

　昭和31年当時の茨城県の甘藷生産は、鹿島郡25.6％、行方郡6.3％、東茨城郡9.5％となり、3郡で県内生産量の41％を占めていた。生産量の地域分布を反映して、澱粉工場の分布も鹿島郡109工場、行方郡15工場、東茨城郡9工場の3郡で県下160工場の実に83％を占有していた『茨城県史＝市町村編p208』。ここで核心的甘藷栽培地域における澱粉工場と養豚農家の結合の実

第Ⅲ章　東関東畑作の変換点形成とポテンシャル

態ならびに両者の有機的結合関係がもたらす近代的な経営効果について、茨城県農業史『第六巻 p565-567』を中心に現地での聞き取り結果を加えて以下に略述する。

茨城県の養豚経営は、畜産諸部門のうちでもとくに特産甘藷の飼料化を通して洪積台地農村との関係が深く、両者の歴史は多分に併進的であった。戦後に限ってみると、昭和21（1946）年が最低で飼育戸数5,415戸、飼育頭数6,348頭であった。平均飼育頭数が1戸当たり1頭程度のまさに副業段階の養豚経営であった。その後飼育規模は年々増大し、甘藷統制解除年度の24年には飼育戸数、飼育頭数ともに3万台になる。27年以降は飼育戸数の増加率より飼育頭数の増加率が上回り、結果、1戸当たりの平均飼育頭数の増加が進行した。なお飼育頭数の増加を地域的に見ると、東茨城・那珂・鹿島・結城の各郡において目立っていた。

昭和30年代に入ると、豚肉需要の増大を背景にして飼育頭数は飛躍的に増大し、34年に18万頭、39年には35万頭を超え全国1位になった。これに対して、飼育戸数は33年の8万戸をピークに年々減少が続き、40年には4万戸台となった。いわゆる多数農家の小頭飼育型から少数農家の多頭飼育型に移行し、専業養豚農家の増加傾向を強めていった。しかし他方では、需要の減退にともなう澱粉工場と水飴工場の不況撤退も進行し、養豚農家の飼料基盤の崩壊と購入飼料依存度の高まりから養豚経営と甘藷栽培との関係も大きく後退していった。

耕種農業と畜産経営を迂回結合する飼・肥料化という経営間の有機的な関係も過去のものとなった今では、「耕畜連携は市の農政基本方針である」とする香取市の具体的施策イメージも浮かんでこない。近年の養豚経営は、飼育衛生管理上の規制強化で広域的に零細業者が脱落し、反面、個別農家の飼育形態と規模は専業化と大型化の度合いを一段と強めている。ただし甘藷―養豚の伝統的核心産地における「鹿行豚」の流通は、ローズポークとしての認定制度の下での商品化にもかかわらず、市場評価は未確立段階のようである。なお、下総台地での養豚経営は海匝・印旛地区を中心にして推進されてきたが、経営の展開過程については常陸台地の場合とほとんど相違は見られなかった。

栗栽培地域の展開要因と現代的評価　　栗園経営の全国動向をみると、昭和
25（1950）年の上位8県に茨城（1位）、栃木（5位）、神奈川（7位）が含まれ、
同39（1964）年には茨城（1位）、栃木（8位）となり、順位変動は見られたが
茨城の1位県の地位は不動であった。この間の栗を始めとする果樹全般の栽
培動向をみると、いずれの果樹も増加趨勢にありその増加率はほぼ4倍であ
あった。とくに高度経済成長期にかかる昭和35年から39年にかけての時期で
は、主要果実中で栗園が最も高い増加率を示した。

　端的に言って、当時の栗園経営の粗収益は主要果樹の中では最低であった
が、生産費も相対的に低かったことから桃・林檎に比べても収益性に遜色は
なかったという。さらに単位時間当たりの労働報酬でもジベレリン処理の葡
萄と同額の高い生産性を挙げていた。これに対して茨城県の場合は、栽培面
積・生産量とも1位であったが土地・労働の生産性ともに低く、8位以下に低
迷していた（元木　靖 1969 p150-151）。問題はこの実態の中にあった。つま
り栗の主要生産県のなかでもっとも産業間の労働力移動が顕著に存在し、も
ともと粗放的・単純労働的性格の強い栗園経営が、より一層粗放的に経営さ
れていたことが考えられる。おそらく関東内陸県のうちで日立・多賀・勝田
あるいは水戸・土浦を擁する中・北部茨城は、高度成長経済期の最も先行的
な都市化・工業化地域と考えられ、その分、労働力の農業外流出も顕著な地
域であったことが推定される。

　そもそも茨城の栗栽培上の立地条件は、上記都市化・工業化地帯や近隣工
業団地への安定就業、開発初期段階の鹿島・筑波への不安定就業に見られる
農村労働力の流出を除けば、多くの点で優れていた。たとえば茨城の栗園は
新治郡を中心に比較的まとまって集積する。また他県での傾斜地栽培に対し
て、茨城では傾斜度5度以下の平坦台地上に園地の90％以上が成立し、肥培
管理・収穫と搬出作業を容易にしている。また常陸台地の痩せた酸性土壌は、
耕種農業には不利の条件として作用するが、栗は酸性に強く燐酸吸収係数も
高いことから比較的有利な作物とみなされてきた（兵藤直彦 1957 p1-10）。
その意味では、下総台地の茶・桑の導入に遅れはしたが、本来、台地の自然
条件とくに旱魃に対応できる重要な深根性樹木作物として、東関東畑作農村
に近代化の黎明期をもたらすものであった。さらに火山灰土壌は、幼木の徒

第Ⅲ章　東関東畑作の変換点形成とポテンシャル

長を速めて凍傷・胴枯れ病を誘発し、栽培上の負の条件となる半面、土中の
保水・通気性などの物理的性質が良好で、成長に好影響を与えるといわれる
（茨城県農業試験場資料・前掲元木論文 p153）。以上のことから茨城の栗園経営
上の負の生産性問題は、少なくとも自然条件に関する限り、確たる根拠に乏
しいといえる。この見方を是とすれば、残る問題は社会的条件とりわけ急速
に変貌する工業化社会の進展と後追い的に社会化する農村労働力の劣化現象
（若年人口流出）を、生産性にかかわる問題解決上のキーワードとして認めざ
るを得ないだろう。

　ここで元木　靖（1969 p150）の指摘「栗栽培農家の経営的性格は、他の
果樹栽培地域のそれとはかなり異なる性格を持つことが考えられる。このこ
とから栗栽培地域の考察は、日本の農業地域の分析にも一定の効果を有する
ものと思われる」が重要な意味を持つことになる。以下、元木の見解を援用
しながら、近代以降、栗栽培の特殊性が常陸台地の農業・農村にいかなる影
響を与え、農民の行動をどのように規定してきたかについて明らかにしてい
きたい。

　導入・確立期の栗栽培のうち、丹波栗系の栽培は新治郡千代田村での1898
（明治31）年の開墾地への植え付けをもって嚆矢とする。その後、凍害によ
る枯死防止策として高接苗生産技術が村内篤農家によって開発され、明治か
ら大正期にかけて村内外で普及期を迎える。この段階の栗園面積はまだ60町
歩程度に過ぎなかった。この時期の普及は上層農家や地主層によって推進さ
れたことに特色が見られたが、この他に栽培地が丘陵・台地の両方でみられ
たこと、流通が仲買人との相対交渉で成り立っていたこと、林地から園地栽
培への転換が見られたこと等々、いくつかの前期的残像とともに進展も見ら
れた『第26回全国栗研究大会報告書 p20-25』。茨城県における本格的な栗
栽培の発展は、地主層主導による農村恐慌対策としての「茨城県クリ出荷組
合連合会」の設立以降のことであった。安藤万寿男『日本の果樹 p61-73』
の見解にもあるように「地主層を形成核にした農会の活動が流通面にまで及
んできた」ことを示すものであった。結果、昭和17（1942）年には大規模か
つ商業的栽培への移行を背景に生産量は4,219トンにまで達し、栽培面積・
生産量ともに全国1位の座を確立することになる。

362

第四節　東関東畑作の展開過程と近代化

　第二次世界大戦の影響で一時生産低下を来した栗栽培は、昭和23年以降の
3ヵ年間に再び増加傾向に転じ、普及期を迎える。農地改革によって栗の開
墾小作地が解放され、創設自作農層による小規模な栗園経営が一般化した。
同時に県内に広く残存する平地林所有者たちが、未墾地解放要求対策として
造成・管理の容易な栗園経営を選択した結果であった。いわば栗園の経営が
上層農家から中下層農家まで巻き込んで進行し、従来の栗園経営の階層性に
大きな変質が生じたことを意味することであった。
　農地改革による果樹栽培農家の増大と折からの経済成長にともなう需用の
増大とが、新たな需給関係を成立させ、いわゆる栗園経営の発展段階を迎え
ることになった。従来から東京市場の90％を占めてきた茨城産栗は、クリタ
マ蜂被害による減産と経済成長期の需要拡大が重なって価格の高騰を迎える
ことになる。この状況に耐虫性品種の開発が加わって、栗栽培農家の地域的
拡大と「普及期」に続く中下層農家の参入が進行し「茨城県出島村における
栗栽培地域に形成と変貌（大八木・石井）p278」、全層的な発展期の形成をみ
るに至った。
　当時の茨城県の栗栽培地域を元木　靖（前掲論文 p154-158）の設定指標と
考察結果に従って類型化すると、核心・発展・新興・周辺の4地域に区分で
きる。総括的に描出すると、高度経済成長期における栗栽培は、茨城県栗栽
培史の中でもっとも発展の著しい時期であり、栗園の成立は桑園・普通畑・
平地林の減少と引き換えに進行した。栗園の地域的展開は洪積台地農村新治
郡千代田村（栗園率20～25％）を地域核とし、これを取り巻くように東側の
発展地域（栗園率10～20％）と西側の発展地域（栗園率5～10％）が配列する
（図Ⅲ-5）。発展地域の北東部に東茨城台地が、また南東部に稲敷台地がそれ
ぞれ新興地域として分布した。このうち粗放的商品作物としての共通性から
東茨城台地では甘藷栽培との競合が、さらに稲敷台地では落花生との競合関
係の成立がみられた。
　核心地域における栗園経営の経済的意義は、かつては養蚕・穀菽生産とと
もに水田水稲作の補完的機能を担っていたが、高度経済成長期に入ると、所
要労働量の大きい養蚕や所得機能の低い麦作から栗園経営に転換する農家が
増えた。このことから将来の核心的栗栽培地域の経営形態について、元木

第Ⅲ章　東関東畑作の変換点形成とポテンシャル

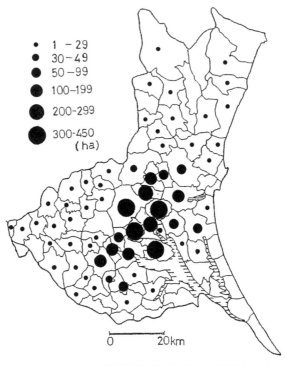

図Ⅲ-5　茨城県における栗園の分布(1965年)

「東北地理21巻3号（元木　靖作図)」による
出典：「東北地理21巻3号（元木　靖）」

靖（前掲論文 p155）は労働粗放的でかつ所得機能の高い「水田水稲作プラス栗園経営」に移行することをすでに読んでいたと思われる。この水田と栗園の結合形態は、それぞれの農家が経営的に上限の栗園を営むことが可能であり、同時にもっとも農村労働力を流出させ易い、いわば都市近郊水田農村に共通する兼業農家の象徴的な存在形態であったとみることができる。

　一般に労働節約効果の高い作物の導入は、経営面積規模の拡大、労働集約部門の新規導入、労働力析出のいずれかを狙って設定される。新治台地千代田村周辺の栗栽培地域の場合は、粗放的作物の粗放的経営として定着した。当然余剰労働力の発生が考えられた。しかしこの地域では余剰労働力を投入して労働集約的作物の導入普及は見られず、多くは農業外に流出していった。

第四節　東関東畑作の展開過程と近代化

核心地域千代田村の動向に対して、隣接出島村の場合は、1960年代の量的拡大傾向の進行では特段の相違は見られなかったが、他方で土地生産性が高く、労働集約的な部門としての苗木栽培が急速に高まっていった。

　出島村の苗木栽培は、栗苗木の自家生産の伝統の下に栽培・流通の両面で技術定着の一般化が見られたこと、とりわけ栗・水稲・苗木の3部門の労働配分上の合理性は、当時、兼業化の歯止め効果を持つとまで言われ、広く普及した集落も見られた「前掲大八木・石井論考　p279」。この状況も、1990年頃までに苗木の生産過剰から将来展望を失い、以後、霞ケ浦町（旧出島村）では、伝統的な栗・水稲に蓮根・青刈り玉蜀黍・菊・甘藷・落花生・陸稲などを加えた作物が特段の作型や地域特化傾向を形成することなく導入されていった。これらの作物は、主幹部門、副次部門を問わず労働粗放的な作物構成に特徴が見られ、労働力流出の深化を象徴していた。一方、千代田町でも従来からの栗園と水田経営に新しく梨と柿が加わり、労働力配分や所得形成上の安定性はそれなりに一部農家において維持されていた（茨城県県南農林事務所経営課資料）が、蓮根が水田転作制度によって他律的に持ち込まれたように、また労働力流出の進行を示唆する低専業農家率13％（2010年）に見るように、地域農業全般の営農意欲の低落は、積極的な栗園専業経営農家の新規成立を期待することすら不可能に近い状況を示すものとなっていた。

　結局、栗の核心的産地においても見え隠れする重要な問題は労働力の流出であり、この栗栽培と台地農民との関係を象徴的に実現したのが粗放的樹木作物の粗放的経営であった。粗放的樹木作物の導入の必要性が、平均的経営規模の大きさおよび限定的技術水準の下での低生産力土壌と乏水性の台地地形にあったことは、下総台地の茶園と桑園の歴史をみれば敢えて説明を必要としない筈であろう。さらに栗園拡大については先に兼業化要因として指摘した労働力流出問題が考えられ、付記するならば堅調な栗価格水準の持続によるところも大きかった。当時の栗園の拡大と労働力の流出事情は、「超低樹高密植並木植え栽培」の技術開発によく表れている『第26回栗研究大会報告書　p19』。

　ここで栗栽培地域における栗栽培の経営経済的な考察から、栽培史的な流れの問題に移行することにしよう。高度経済成長期の需要動向の変化を反映

365

第Ⅲ章　東関東畑作の変換点形成とポテンシャル

して急速に産地と生産量を拡大した栗園経営は、昭和37（1962）年の果樹農業振興特別措置法の制定を契機に、平地林開墾の新植と桑園からの改植が進んだ。その後も増加を続けた栗園面積も、昭和60（1985）年頃から伝統的な仲買人による流通市場支配、生栗の需要と価格の低迷、高樹齢化と老廃園化の進行などで全県的な減少傾向に転じた。それでも茨城の核心的産地の栗栽培意欲は高く、低樹高栽培の普及や観光栗園・直売等の流通努力も一部では図られてきた。時世の流れに抗しきれず、この地域が明らかな停滞期に入るのは、平成初期の頃からであった。この半世紀の間の茨城栗の推移を栽培面積でみると、1960年（3,240ha）、1970年（6,550ha）、1979年（6,810ha）、2006年（4,130ha）、2010年（3,940ha）のごとく倍増から半減への歴史であった『第14回全国栗研究大会記念誌 p4-5』。

　昭和55（1980）年頃の茨城県の栗栽培は、平坦な洪積台地を活用して全国1位の栽培面積を誇っていたが、いくつかの問題点を抱えて、生産・出荷量とも1位の座は愛媛に明け渡していた。問題の一つは、栗園経営に対して省力作物としての認識が根強く、労働力流出後の農地保全策、つまり兼業農家の存続目的として栽植されることが多かった点である。高度経済成長期の大都市近郊農村の存在形態を規定する水田農業と同一視されていたわけである。栗栽培地域では、放任園や老木園が目立ち、適正な管理下で良質な栗を生産していたのは一部の専作農家に過ぎなかった。栽培農家数は1万5千700戸に及ぶが、平均経営規模は43アールと零細であった『前掲大会記念誌 p15・20』。主産地には5ha以上を経営する農家も多いことから、両極分化の傾向をたどっていたことが想定される。

　二つ目の問題は流通面に存在した。生産者組織の生産・出荷組合が少なく、流通面にも問題が多い。農協等の系統出荷体制がようやく整備されてきた段階であるが、共撰共販率は44％にとどまり、規格の統一を通して銘柄の確立を図るうえで障害となっていた。兼業農家の生産者意識も低調で産地の結束上の問題点となっている。いまだに個人・仲買業者出荷が残存するのもこうした低調な生産者意識に胚胎する現象とみることができる。昭和54（1979）年度の出荷先は京浜地区が50％、次いで東北16％、北海道4％、北関東3％、北陸2％で、この他に加工向けが13％であった。

第五節　東・西関東畑作農村の農業様式の変遷と先進地域性の交代

　平成初期以降、茨城の栗栽培は生栗需要の低下、価格の低迷、高樹齢化などの理由で栽培面積・生産量とも減退期に入った。この状況は全国的なものであった。その結果、まず産地の変動が生じた。1970年の場合、県南地域3,790ha（58％）、県北地域2,310ha（35％）の両者で茨城県の栗栽培地域はほぼ網羅されていた。しかし平成16（2004）年には県南地域1,840ha（43％）、県北地域2,210ha（52％）となり、県南地域の大幅な減少の結果、両者の比重は拮抗というより逆転とみるべき状況となった『第26回全国クリ研究大会報告　p2』。

　平成16（2004）年の栽培面積は4,250ha、出荷量は国内出荷量の32％に相当する5,290トンになった。衰退期初頭の平成2年に比べると栽培面積は25％の減少を示した。これらの数値は放任園、老木園、零細園の整理が進んだ結果と考えられるが、依然高樹齢園や荒廃園も少なくないという『前掲大会報告　p12』。それでも老木・荒廃園の整理結果を反映して、1979年の栗園経営農家の平均経営規模43aに対して、平成16年の平均は75aに拡大した。反当収量も151kgから153kgへと若干の増加を示した。とくに平均経営規模の拡大は、常総台地の各地で進行する粗放的大規模経営の趨勢に同調すると考えられる重要な事項である。ただし内容的には、中生種が59％を占めて労力配分上に偏りを残し、省力高品質栽培を目指した低樹高栽培の普及も800haの実現にとどまり、宿題を残している。それでも茨城県中央部常磐線を地域軸とする粗放的樹木作物栗園の粗放的経営は、洪積台地の低劣な自然条件と農村労働力流出の続く社会条件に順応しながら、依然確かな存在を主張している。

第五節　東・西関東畑作農村の農業様式の変遷と 先進地域性の交代

1. 蚕糸業地帯の衰退と蔬菜生産地帯の発展

　近世後期以降の西関東農業の先進性が、養蚕・製糸・織物産業の発展に主導されたことは周知の事実であろう。第二次世界大戦後、かつての養蚕経営の核心的農村地帯・関東東山地方では、蚕糸業復興五か年計画、同振興五か年計画、蚕糸価格安定法等の政策的支援を受けて生産回復の気配を見せるよ

第Ⅲ章　東関東畑作の変換点形成とポテンシャル

うになる。しかし糸価の安定は1954（昭和29）年までで、1958年には価格の暴落に見舞われ、蚕糸の生産調整（桑園減反・生糸生産抑制）・養蚕農家の減少という事態に追い込まれることになる『群馬県史 近現代2 p767-768・794-795』。糸価の暴落が養蚕農家に与えたインパクトは大きかった。

しかし群馬・埼玉の養蚕農家は、高度成長経済〜低成長経済への移行に影響されながらも、基本的には価格低落を生産量の拡大で補填すべく、ひたすら養蚕技術の開発と経営努力を傾注してきた。赤城南面の緩斜面農村一帯から埼玉県北部の児玉・大里郡一帯にかけて展開した田・畑・桑園の複合経営地帯において、養蚕が顕著な衰退を示すようになるのは、群馬県の養蚕農家率が50％を割り込む昭和50年頃以降のことであった『前掲県史 p794-795』。結果、養蚕経営は、地域的・階層的再編過程たとえばと平場農村から稲作の経営的比重が小さい地域や農山村の劣等地への縮小移動と、中上層農家層への生産集中をともないながら生き残りをかけた道を歩むことになる「地場産業の生成・発展と現段階（矢口芳生）p95・98」。筆者の生家・利根川支流広瀬川河畔の皆畑農村地帯から桑原が消滅して蔬菜の平畑化するのは、これより若干早い1970年代初頭の頃であったと記憶する。

関東東山農業試験場研究報告14号（1959 p22-25）では、主として洪積台地上に展開する関東畑作農村を普通畑作地帯と養蚕畑作地帯に大別している。後者は前述の赤城南面から埼玉県児玉・秩父・大里郡一帯を核心とする養蚕畑作地帯で、別称米麦養蚕型複合経営農村にほぼ相当し、かつて関東先進農業地帯といわれた伝統的養蚕地帯である。これに対して前者普通畑作地帯が、本章で取り上げる常総洪積台地ならびに那須開析扇状地上の穀菽農業プラス甘藷、落花生、煙草、酪農等の商品生産を含む後発的農業地帯であった。養蚕畑作地帯には、秩父山地東麓の武蔵野台地・青梅扇状地、同じく丹沢山地東麓の相模原台地・中津川台地・秋留台地なども含まれるものと考える。これらの台地の多くは、かつての平地林地帯であると同時に、戦前期に重要な地位を占めていた養蚕が、戦後復活することなくあらかた姿を消したところである。その後普通畑作地帯の中核を形成する穀菽 Plus 甘藷栽培型の農村地域では、昭和24（1949）年甘藷、27年麦類、28年雑穀の統制廃止がそれぞれ実施され、これを契機に原料用甘藷と麦価の下落に見舞われ、試練の波に

第五節　東・西関東畑作農村の農業様式の変遷と先進地域性の交代

さらされることになる「複合生産地帯（佐藤　了）p211」。

　危機的状況に直面して常総台地農村では、蔬菜・果樹・畜産への転換と市場対応の体制つくりなど近代化への先駆的な試みが次々と打ち出され、1960年代後半には露地蔬菜の主要生産地帯に変貌した「複合生産地帯 p212・279」『猿島町史 通史編 p1022・1032-1036』『八千代町史 通史編 p1136-1138・1177-1187』。千葉県の蔬菜粗生産額が全国順位4位県から1位県に躍進したのもまさに高度経済成長期の1960～65年の間であり、その急速な成長は指数397という数字に如実に表されていた『千葉県の歴史 通史編近現代3 p12-13』。なかでも高度経済成長期の指数397という飛躍的発展の基盤として、戦後の露地栽培、1950年代半ばのビニールトンネル栽培、1960年前後の静岡型木骨ビニールハウス栽培を経て、1960年代中葉の温風暖房機の普及をともなうハウスの大型化が促進され、果菜類の周年安定栽培の確立が果たした意義は大きい『千葉県野菜園芸発達史 p154-155』。同様に1950年代後半には、深井戸畑地灌漑による蔬菜栽培技術が確立し各地に普及した結果、蔬菜栽培の発展は一段と加速されることになった。なお小括すれば、千葉県の蔬菜栽培は東葛地区において戦後ただちに復活し、その他の地区でも1960年代初頭から蔬菜作への転換に踏み切っている『前掲発達史 p80・592-593』といわれる。いわば高度経済成長期以降の蔬菜需要の拡大期以前に、千葉県の蔬菜生産のレディネスは、かなりの程度に整っていたことが考えられるのである。

　ここで茨城県における蔬菜生産動向を作付面積からみると、戦後一貫して1.7～1.8万ha間で微弱な増減を繰り返してきた作付面積は、1960（昭和35）年にようやく20,013haとなり1965年には27,800haまで増加する。増加の趨勢は千葉に劣るが、ともかく指数139となり高度成長経済の波に乗ったことだけは確かな動きであった。この頃の蔬菜の占める地位を農業総産出額の構成比でみると、昭和30（1955）年5.2％、35年9.9％、40年15.3％を示し、畜産とともに堅調な伸び率をたどった。『茨城県農業史 第6巻 p13・549』。なお一般論として、筑西地方における露地蔬菜の発展理由の一つに、しばしば利根川芽吹大橋（昭和33年）と境大橋—関宿橋（昭和39年）の架設効果が指摘されることも付言しておく必要があるだろう。

第Ⅲ章　東関東畑作の変換点形成とポテンシャル

　こうした一連の結果を受けて、東西関東4県の蔬菜作付面積も大きく増大した（表Ⅲ-5）。1950（昭和25）年の作付面積を指数100とした場合、1970年の蔬菜作付面積と指数は西関東群馬（20,730ha）157・埼玉（27,800ha）143・東関東千葉（39,014ha）253・茨城（31,173ha）189となり『世界農林業センサス県別統計書』、東関東2県が明らかに蔬菜産地化の著しい進展を示している。この早い段階での以下に述べるような東関東2県における経営転換の努力の違いが、後々養蚕の継承と開田（田畑輪換・陸田化）に固執する西関東畑作農村との間に蔬菜作付面積の大きな差をもたらし、関東の蔬菜主産地形成の流れの中で主導的地位を確立することになったのである。

　養蚕経営の斜陽化に対する西関東畑作農村の反応は遅く、しかも必ずしも的確ではなかったと思われる。むしろ高度経済成長期における生糸の内需拡大に支えられて、かなり執拗に養蚕存続の道が追及された。それは劣等地への産地移動を含みながらも、養蚕経営の副業的性格から脱却し主業的養蚕農家としての存続を指向するもので、多分に階層性をともなう動きであった「地場産業の生成・発展と現段階（矢口芳生）p98-100」。

　米麦・養蚕重視の状況は、1970年代中頃の関東畑作農村の中でも模範的といわれ、広く注目されてきた赤城南麓木瀬村における地域複合農業経営の中にも見出すことができた。中小農家にとっては兼業経営のための米麦作が重視され、一方、中上層農家では地域的に複合化した選択部門の一つとして、

表Ⅲ-5　東西関東4県の蔬菜作付動向の推移

年　度	群馬県	埼玉県	茨城県	千葉県
1950	13,230ha (100)	19,445ha (100)	16,531ha (100)	15,400ha (100)
1960	(112)	(125)	(135)	(183)
1970	(157)	(143)	(189)	(253)
1977	(173)	(117)	(214)	(262)
1998	(149)	(73)	(176)	(209)
2008	(123)	(61)	(150)	(180)
2013	(123)	(63)	(151)	(163)

1950～1977年資料は農水省『農林水産累年統計』（香辛蔬菜等すべて含む）
1998～2013年資料は農水省『野菜生産出荷統計』（主要蔬菜28品目）
括弧内数字は指数
（筆者作表）

第五節　東・西関東畑作農村の農業様式の変遷と先進地域性の交代

畜産、酪農、蔬菜と並ぶ重要作目の養蚕が依然その地位を保っていた。地域複合経営の再編成は、機械化組合に米麦作を委託することで創出した労働余力の投入によって実現された。米麦作の重要性は農家経済・経営にとって階層を超えた重要部門であることには変わりがなかった『地域複合農業の構造と展開（沢辺・木下）p52-73』のである。米麦・養蚕型複合経営を基盤に、当時としては、より一段と現代化された地域複合経営の実践で注目を集めた市町村として、高崎市郊外玉村町・伊勢崎市豊受地区・前橋市桂萱地区等を取り上げることが出来る。一方、この頃、東関東とりわけ千葉県下総地方の畑作農村では、畑地灌漑の普及を背景にすでに露地もの蔬菜産地の地位が確立していた。

　こうした養蚕継続を前提にした地域的・階層的対応動向に対して、経営転換を図る一部の例外的農村、たとえば利根川右岸豊里村、左岸境町・尾島町等の伝統的蔬菜産地（上利根川中流域上武農村）では、生産と流通のノウハウを学習し産地拡大の動きが進んだ。1970年代の関東北西部における地場消費力の小さい、しかも販売組織の未確立な農村での蔬菜産地形成には、生産市場と産地仲買人の流通機能に依存することが不可欠であった。ここには当時すでに複数の産地市場が活発に稼働していた『産地市場・産地仲買人の展開と産地形成（新井鎮久）p85-133』。

　たまたま1950年代後半にコメの生産が必要不可欠性を失い、土地改良投資の歴史的空白地帯の畑作農村に、畑地灌漑を導入する事業が農政課題として浮上する。しかしながら多くの畑作農村＝米麦養蚕複合型農村では、支持価格で高値安定した米作への開田指向が強く、鏑川・1958-71年（桑園灌漑・田畑輪換）、荒川中部・1959-66年（田畑輪換）、埼玉北部・1967-80年（桑園灌漑・梨園灌漑）、渡良瀬川沿岸・1971-84年（蔬菜・飼料畑灌漑）等の国営用水事業や水資源開発公団営の群馬用水事業（1963-69年）地域では、反対運動が発生した。結果、限られた用水利用の極大化を実現するための手法として、上記田畑輪換方式をともなう畑地灌漑事業が採択されることになる。しかもこの西関東型畑地灌漑方式は食糧管理会計の見直しで、事業計画段階あるいは事業半ばで大幅に修正され、その多くが開田を中止し、畑地灌漑と既成水田加用水を主体とする事業として発足完成することになる。群馬用水事業

（畑地灌漑・田畑輪換）の場合も、受益農民の主張する開田と農政当局の意向（畑地灌漑）との妥協の接点ともいうべき田畑輪換が決定された『土地・水・地域（新井鎮久）p44-47』・（関東農政局 農業農村整備事業概要図付録資料）。

群馬用水事業では、当初（昭和39年1月）の土地改良区臨時総代会の決定事項に対する変更を経て、さらに1973（昭和48）年5月には受益農民の意向に反する用水計画の大幅変更を余儀なくされている。最終的な事業形態は、畑地灌漑型に集約されたものであった。変更部分は輪換面積を大幅に削り、畑灌面積を微増させ旧田補給水面積を著増したことである『赤榛を潤すp124-136』。最大の変更理由はコメの生産過剰対策であったが、減反政策の開始後まで変更が繰り返されたことは、受益農民の強い米作意識が最後まで底流にあったためと考える。

水稲生産が不可欠性を失い、養蚕経営が衰退の一途をたどる中での水資源開発公団の事業展開は、工期の完了を待たずに1970年代の米作付調整期にずれ込むことになり、1958年の事業開始時には早くも生糸相場の暴落と繭生産抑制期を迎える破目に陥っている。西関東畑作農村における経営転換対応上の展望の欠落にとどまらず、農政の指導姿勢にも見識の欠如が存在したことを指摘せざるを得ない事態であった。結局、西関東養蚕農村が村ぐるみ階層を超えて蔬菜栽培に踏み切るのは、1970年代後半における養蚕農家率の半減と、首都機能の過集積による生鮮食料品需要の質量的増大と価格高騰を背景とする社会的要請を待ってからであった。

2. 養蚕衰退期と高度経済成長下の西関東畑作農村の基本的対応

周知のように養蚕経営の急速な衰退と、高度成長経済の展開にともなう工業化・都市化社会の成立が、ほぼ同一の時期1960年代に進行する。農業経営環境の激変に対して、西関東北部畑作農村は、養蚕経営への執着と公営大規模用排水事業（田畑輪換）を導入して価格水準の高い米作に活路を見出そうとした。しかしながら、食糧管理会計の破綻・減反政策の課題化を目前にした農政当局と大規模水利事業予定地農民との意向調整は難航遅滞し、その後の事業期間の停滞も長期に及んだ。その分、蔬菜生産の導入は一呼吸の遅れが生じた。一方、1950年代後半の西関東南部畑作農村では、養蚕不況に対し

第五節　東・西関東畑作農村の農業様式の変遷と先進地域性の交代

て、陸田造成で農業所得バランスの回復を指向し、さらに養蚕経営の衰退で
生じた余剰労働力と、同じく伝統的な麦・甘藷栽培と陸田経営にともなう余
剰労働力の発生分を、折から新規需要発生中の都市労働力として放出する農
家が増加することになる。兼業農家の急速大量発生と農業外所得依存度の高
まりを示す状況が進展した。

　開田とくに陸田化の進行状況を青木眞則「水田単作地帯　p257-258」も以
下のように小括している。「戦後、栃木で3万4,000ha、茨城で2万5,000ha、
埼玉で2万2,000haの開田が行われた。栃木の開田は昭和40年代前半に集中
し、しかもそれは、それ以前の田畑転換型に対して開墾型の比重増加を特徴
としていた。これに対して埼玉（西関東南部畑作農村）は、昭和30年代前半
が一つのピークをなし、40年代前半の全国的な開田進行期に再び増加してい
る。田畑転換が96.6％を占め、その実態は畑の開田つまり陸田造成を示すも
のであるとしている。茨城は昭和40年代前半にピークをなし、埼玉とは約10
年のズレをもっている。田畑転換が85％を占め、開田は陸田が主体である」、
と結んでいる。青木の小括でもっとも重要な点は、埼玉（西関東南部畑作農
村）の陸田化が高度経済成長期以前に進行していたことである。陸田化―労
働力流出―兼業化―農業後退の図式がすでに胚胎していたことを示す事態に
他ならない。

　ここで先進地域性後退の重要な背景になった陸田経営の地域性について触
れておきたい（詳細は次項で論及予定）。西関東南部農村における陸田化の普
及は、陸田化自体に内在する省力経営的性格とともに水田経営用の資本財の
転用を通して、農村労働力のさらなる流出を加速したことである。同時にこ
の現実は、西関東農村が、京浜市場の蔬菜供給基地化という関東畑作農業の
大きな潮流に乗り遅れたことを印象付ける事態でもあった。一方、東関東で
は、西関東ほどの養蚕経営上の歴史と技術的蓄積もなく、経営意欲も家計依
存度も低かったことに加えて、地形傾斜に逆行する逆縦谷型地域が広く分布
する常総台地農村では、水稲作のための組織的大規模開田の可能性も欠落し
ていた。このことが逆に幸いし、鬼怒川流域と猿島台地ならびに那珂川流域
での陸田造成の動向は、一部の水稲モノカルチュアー指向農家を除いて、た
めらうことなく北総地域や筑西地域を中心に蔬菜生産とのコラボレートに集

373

第Ⅲ章　東関東畑作の変換点形成とポテンシャル

中し、その後の発展の基盤を固めていくことになる。

　陸田化の動向把握にはいくつかの要点が考えられるが、鬼怒川流域以西の陸田造成の場合は、西関東の陸田化に比較して5〜10年ほど遅れ、昭和30年代に始まり53年にピークを迎えていることもその一つであろう。その後61年になっても特段の減少は見られなかった（駒場浩英 1992 p16-17）という。このことは作付制限をともなう転作指導や米価保障制度の後退にもかかわらず、依然陸田経営が衰退の気配を示していないことを物語っていた。この現実は、厳しい経営環境下におかれてもなお陸田経営には、それなりの継続理由が存在していたことを示唆するものである。

　筆者は、茨城県西部における芽吹大橋（昭和33年）・境大橋（同39年）の架設による工業団地群の進出と昭和45年頃から50年頃にかけての進出企業の全面的操業開始が、筑西地域の農家労働力を大量に流出させ、代表的蔬菜農村の八千代町の事例が象徴するように、専業農家率が57.4％（40年）から23.6％（45年）に激減していることに、一つのしかし重要な答えが用意されているとみる。このことに専業農家の激減とうらはらの第二種兼業農家の高水準横ばい成立を重ね合わせると、そこには自ずから工業団地進出等にともなう兼業農家の労働力流出対策として陸田存続の意義が浮かんでくる筈である。駒場浩英（前掲論文 p22-32）は、1990（昭和65）年以前の古河市・総和町における陸田経営の目的を兼業対策、労働集約的な蔬菜作の導入拡大手段、蔬菜作農家の連作障害対策、課税対策に絞り、なかでも兼業農家の労働力流出対策を筆頭要因に挙げていることに加えて、支持価格制度下における最大の陸田化要因とみられてきた所得対応は、もはや存在しないことを指摘している。注目すべき点である。

　結局、高度経済成長期の八千代町を中心にした古河・境・猿島・岩井等の筑西地方では、戦前期成立の歴史を持つ西瓜、白菜、煙草、茶の商品生産が、一定の経営基盤をすでに形成していた。とりわけ昭和33年の芽吹大橋と39年の境大橋・関宿橋の架設効果は大きく、高度経済成長期の蔬菜需要の構造的変化以前の西瓜の接木技術・白菜の練床技術の開発と並行して、常陸台地畑作における蔬菜産地化を推進する強力な起動力となっていった『八千代町史 p1177-1187』。いわば高度経済成長期の農村労働力流出による破壊的影響を

374

第五節　東・西関東畑作農村の農業様式の変遷と先進地域性の交代

受ける前に、あるいは影響を受けながらも、一部の上層篤農家層は蔬菜生産基盤を固め、経済成長期以降の東京市場の蔬菜需要の高度化、大量化に対応した生産基地として早くも昭和45年頃までには、関東畑作農業の指導的地位を確立していくことになるわけである。明らかに西関東畑作農村の経営転換期対応に比較すると、東関東台地農村とりわけ筑西地方の対応は、下総台地の畑地灌漑の普及状況とともに、順調であったことが推定できる。

　その点、高度経済成長期以降の東西関東畑作における単なる先進性の逆転問題だけではなく、近世関東畑作と近現代関東畑作における変遷史上の変換点つまり穀菽農業プラス養蚕から穀菽プラス蔬菜を経て蔬菜専業型経営への変換点に立つのが、常総台地農業の近代化とその後の借地型大規模園芸農業の成立であったとみることができる。したがって経営転換期の西関東畑作農村の逡巡と迷走は、この問題を考える場合の重要な前提＝与件として理解する必要があると考えた。もとより、東関東（常総台地）畑作農村が先進性を獲得する根幹的な条件は、土壌生産力の低位性に由来する経営規模の相対的な大きさと、近年の土壌改良技術と完熟肥料の投入ならびに畑地灌漑の普及を核にした肥培管理技術の高度化による洪積土壌地帯のポテンシャル「潜在的地域能力」の発現効果が大きいと考える。同時に潜在的地域能力の発現には、利根川架橋、広域農道、高速道路などの社会的生産・生活基盤の整備充実が果たした間接的な影響も無視できない存在であった。しかも常総平地林地帯に見られる近世以降の農業変遷の姿は、平地経済林林業→切替畑経営→自給的穀菽農業→自給的穀菽 Plus 蔬菜園芸農業→施設型もしくは借地型大規模蔬菜園芸という極度に商品貨幣経済化した経営に到達した。

　一方、1950年代後半当時の西関東南部畑作農村では、高度成長経済期以降に関東畑作農村を大きく巻き込んで進行する蔬菜供給基地化の動きも、関西市場・東京市場仕向け根菜類仲買業者の出荷活動を契機に成立した武蔵野台地北部農村（朝霞・和光・上福岡・大井・所沢等の入間郡南部）、並びに同じく産地市場群と仲買人の集積する伝統的な上武蔬菜産地における限定的な産地形成に過ぎなかった『産地市場・産地仲買人の展開と産地形成（新井鎮久）p85-182』。

　群馬県史『通史編8 p742・751』によると、蔬菜粗生産額の伸びが養蚕収

第Ⅲ章　東関東畑作の変換点形成とポテンシャル

入を追い越すのは1970（昭和45）年頃とされ、しかもそれ以前の昭和40年前後から農村に工場が誘致され、生産要素の農業外流出が進行したことを指摘している。蔬菜の生産が、衰退部門の養蚕に替るべき成長部門になる前、いわば対応遅滞の間に、西関東北部農村では工業団地の造成が急速に進行する状況となった。わけても高度経済成長期を中心とする工場進出は著しく、群馬県の場合、昭和37年以降60年（1962-1985）までの工業団地造成だけで59団地、用地面積で1,549haに及んだ。この間（1958～1983年）の工場誘致政策の推進にともなう工場新増設は総計2,015社、従業員数で159,000人に達した。

　この頃の西関東南部（大宮―本庄）の工業団地進出を概括すると、高度成長期から安定成長期（1961～70）にかけて埼玉県内に立地した企業総数は4,050社、敷地総面積は2,903haに達した。立地企業の地域的動向は、都心30ｋm圏内の中川低地帯、川口低地帯、武蔵野台地上に多く展開し、50km圏以遠では東武伊勢崎線と国道122を控えた羽生ならびに高崎線と国道17号に通じる熊谷・本庄地域の立地集積も多かった。結果、埼玉県は国内有数の内陸工業県に変貌を遂げることになった『新編埼玉県史　通史編7　p834-839』。しかし問題はむしろ工業化以上に、次項で述べるような、当時、都市化がほとんど及んでいない大宮以北の陸田造成が象徴する粗放的な農業的土地利用の展開こそ、西関東畑作の先進性の後退にかかわる注目すべき負の現象だったのである。

3. 西関東南部畑作農村の都市化と陸田発達

　1960年代以降、埼玉県南部の中川水系流域自然堤防帯と大宮・岩槻台地では、養蚕の衰退と入れ替わるように陸田の造成が急速に進行する。労働節約効果の高い陸田造成は、台地北部で1955年頃から導入が始まり、1960年代前半には急増期を迎える。つまり高度成長経済の農村浸透期に陸田化は急ピッチで進行することになる。この頃（1960年）、北本の専業農家率は1950年比で54.8％に急減している。この二つの状況を重ね合わせると、陸田の急増期以前に農村労働力の流出（兼業化）が進行していたことが考えられる。その点、青木の指摘内容を考慮すると、因果関係の特定には困難な問題をともなうが、大宮台地北部農村での聞き取り調査と専業農家の激減をみる限り、い

376

第五節　東・西関東畑作農村の農業様式の変遷と先進地域性の交代

わゆる陸田化の進行で創出された余剰労働力が流出し兼業農家の多発を見た
わけではなく、労働力流出が先行し、陸田化がこれに追随したと考えること
ができる。もとより、このプロセスの背景には、陸田水稲作の経済的有利性
が確立していたことは論をまたない。なお、北本市農業委員会会長によると、
少なくとも大宮台地北部では労働力流出が先行し、後追い的に陸田化が進行
したこと、およびその際、昭和40（1965）年頃の農業機器と農薬の普及が陸
田化の加速要因になっていたという。筆者の展望を傍証する見解であった
（2016.2.3現地調査）。

　大宮台地中～南部では、台地北部農村に比べると一呼吸遅れて、1965年頃
から陸田造成が始まり、やがて台地北部をしのぐ速度で普及していった。陸
田成立の地域性は、台地北部に高率で展開し、南下につれて低率となり川
口・浦和の台地では皆無となる。この動きとは別に、荒川左岸では川口方面
からの陸田化の波が北上していた。大宮台地北部の鴻巣・北本（37%）・蓮
田・白岡（34%）の陸田率は、中川水系流域自然堤防帯と同様にきわめて高
く、果樹園と家庭用菜園を除くと、陸田増反の余地はほとんどなくなり、
1969（昭和44）年時点の関係市町村資料によると、陸田面積は1,747.8haに
達していた（新井鎮久 1970a. p83）。ちなみに中川水系流域自然堤防帯にお
ける陸田面積は、中川水系農業水利調査事務所資料によると、1961年当時で
5,376.68haに及んでいた（新井鎮久 1970b. p18-19）。

　戦後の大宮台地北部畑作農村の穀桑型農業は、高度経済成長期の到来を契
機に、米麦、芋、雑穀型から脱却し、「米麦 Plus 養畜・養蚕」型農業を経て、
1970（昭和45）年頃には「米麦 Plus 養畜、施設園芸、果樹」型農業へとプ
ラスアルファー部門に地域性を反映させながら進化し、多様化していった。
しかし成長部門の普及も1970年代中頃には頭打ちとなり、その後は栽培面積
の全般的減少と養畜部門の緩やかな後退が進行していった『近郊農業地域論
（新井鎮久）p162-163』。

　拡大再生産部門が定着できなかった理由は、一般論的には産業間所得格差
の増大、都市化の想定外の波及速度、兼業の深化等に影響された結果と考え
るが、それ以上に個別農家の経営転換はそこそこに進行したものの、地域的
まとまり、つまり集団的な産地形成にまで至らなかったことが、以下に述べ

第Ⅲ章　東関東畑作の変換点形成とポテンシャル

る大宮台地北部とくに北本市原地区や下石戸下地区の事例が示すように、都市化圧に圧倒され、商標効果の不発に終わった主因であると推定した。桶川市江川地区の場合はさらに否定的な状況であった。江川流域水田地帯の農業構造改善を目的に巨額の国・県費を投入して進められた事業にもかかわらず、水田の基盤整備や耕運機の導入で生じた余剰労働力が、予定された選択的拡大部門の露地蔬菜と養豚に向けられず、多くは農業外に流出していった。江川地区の構造改善事業効果は、農業後退を超えて都市化の助成策という想定外の結果に終わっている。『桶川市史　通史編　p610-611』。1970年代初頭の新都市計画法の施行以前に、集中的な果樹（梨）園地帯を形成した小田急線伊勢原駅近隣の田中地区農民の強靭な都市化抵抗力に比べると、まさに対照的な都市化対応の姿であった『近郊農業地域論（新井鎮久）p119-144』。

　大宮台地北部畑作農村では、大都市近郊農村の立地特性を無視して、一部の果樹・畜産関連の構造改善事業施行地域を除く、大方の農村で基幹部門を米麦作に設定してきた。とくに高度成長経済期以降の米麦作は、陸稲と裏作麦ならびに陸田水稲作に支えられたものであった。近世以降、甘藷とならぶ「中山道麦」の栽培は、埼玉県農事試験場北本分場（畑作試験場）の研究指導と幅2km、南北15kmにわたる荒川泥土（ヤドロ）の運搬客土（どろつけ）によって、生産力と商品価値を歴史的に維持しながら今日に至ったものである『近郊農業地域論　p146』・『北本市史　自然原始資料編　p45-46』・『桶川市史　通史編　p456-457』。

　ここで問題にすべきことは「中山道麦」の評価や伝統ではない。大宮台地北部で、依然として経営の中核を米麦作が占めていたことである。つまり大宮台地の支配的土地利用は表の陸田水稲作と裏の麦作であった。この労働節約型土地利用は、労働力流出を象徴する兼業農村の姿であり、同時に労働力流出をさらに加速するスパイラル構造下の農村地域の実態であるということができる。高度経済成長期の大宮台地北部の農村は、農産物需要構造を始めとする経営環境の急速な変化に対応する態勢を確立する以前に、というよりも多くの農家が、新規導入部門の経済効果を確認する段階を迎える前に、都市化・労働力流出に巻き込まれたことが推定される。

　このことは、1992（平成4）年、北本駅から2km余り南西に離れた、北本市

第五節　東・西関東畑作農村の農業様式の変遷と先進地域性の交代

域としては農村的性格の濃厚な原集落（市街化調整区域）の農業調査結果にも明瞭に表れていた『近郊農業地域論 p158-163』。原集落の調査農家18戸の就業状態は、まさに市街化区域の第二種兼業型農村の姿を彷彿させるものであり、農業専従世帯主の多くは、明治・大正生まれですでに労働年齢を過ぎていた。当時、60歳前後の昭和生まれの世帯主専業農家はわずか3名に過ぎず、農業専従の後継者に至っては皆無の状況であった。

さらに主要作物の延べ栽培農家数と延べ面積では、陸田水稲作が9農家・5.31ha、陸稲栽培が7農家・2.38ha、小麦栽培が5農家・2.93ha、蔬菜栽培が12農家・1.06ha、芋類栽培が8農家・0.40ha、果樹栽培が6農家・0.83ha（北本市農業委員会資料）が示すとおり、陸田を中心にした米麦作型普通畑作農村であり、労働節約的作物栽培が農業労働力保有事情の劣悪な第二種兼業農家群の存続を支える、基本的経営条件となっていることが考えられる。

このうち蔬菜については、市内下石戸下地区の農業構造改善事業の奨励作物に果樹と蔬菜が指定されていたことから、高度経済成長期直後の総合農政期の重点作物であったことが十分に想定される。にもかかわらず原集落では、蔬菜栽培農家数が多く、しかも作付面積がきわめて少ないことから、自給レベルの栽培とみられ商品化を考える余地は全く認められない。おそらく果樹と同様に、高度経済成長期に伝統的な台地作物米麦・甘藷からの脱出を試みたころの残像であって、将来への展望を示すものではないと思料する。

米価保障政策の後退した今日の原集落型の普通畑作農村では、米麦の経済的比重は低下したが、兼業農家の流出労働力は6名の公務員・団体職員を含む会社員で構成され、比較的安定就業である。したがって大宮台地畑作農村の生活は、食生活の自給を基盤とする相応に恵まれた農村地帯であると考えられ、それを可能にしたのが普通畑作（穀菽）型兼業農家の経営内容であったとみることができる。この経営的評価は、1960年代後半を隣接上尾市内の高等学校に勤めた筆者の体験的見解でもある。その頃の陸田景観は、50余年を経た2015年の今日でもほぼ当時のままで継承され、存在価値を主張している。市街化調整区域の縛りをかけられた大宮台地北部農村の多くは、当分、第二種兼業農村的な陸田型米麦作地域として推移することが考えられる。

なお、中川水系流域自然堤防帯の陸田化は、近世・近代初頭の自然堤防帯

第Ⅲ章　東関東畑作の変換点形成とポテンシャル

下流地域の近郊蔬菜産地化と異なり、さらに大宮台地の陸田化とも若干異質の、水・陸田融合の水稲モノカルチュアーの成立を示唆するものといえる。その点、那須野ヶ原や鬼怒川流域の陸田化における総合農政期の適地適産対象作物として性格的に共通するものであった。一方、大宮台地農村の陸田経営は、大都市近郊兼業農家の存在形態を規定する水稲作と性格的に共通していた。ともあれ、東京隣接地域とくに北武蔵野台地以外の西関東南部畑作農村では、都心から同じ位置にある下総台地西域（冨里、成田、八街以西）の蔬菜産地化の動向と異なり、歴史的にも現況的にも空間的なまとまりをもつ蔬菜産地の成立を見ることはなかった。

　陸田化と内陸工業団地の造成は、結語で触れるように常陸台地でも激しく進行した。とりわけ芽吹大橋（昭和33年）と境大橋—関宿橋（39年）の架設で、利根川経由国道4号線に結ばれた筑西地方への工業団地の進出は旺盛であった。高度経済成長と工業化の進展は、猿島・結城台地農村に大きなインパクトを与えた。農業・農村環境の激変に対して、猿島町では、昭和35（1960）年3月「猿島町建設基本計画」を間髪を入れずに立ち上げた。達成目標は余剰人口対策と所得水準の向上であり、そのための具体的方策は、農業経営の多角化と工場誘致であった。農業多角化の内容は、猿島台地畑作農村の伝統的主穀生産から脱却し、畜産と園芸農業の振興を通して首都圏農業地域の形成を目指すものであった。この「建設基本計画」は、歴代町長の町政として継承され、昭和37（1962）年には第一次農業構造改善事業地域の指定を受け、施設園芸の導入による都市近郊農業の実現に向けた動きが始まる。引き続いて42年には第二次農業構造改善事業が、圃場整備と畑地灌漑事業を中心に導入され、農業協同組合の合併と相まって猿島町農業の近代化体制が樹立される『猿島町史　通史編　p1032-1036』ことになる。

　この頃の農村労働力の流出状況を産業別就業者構成比の推移からみると、昭和30（1955）年対35年比の第一次産業従事者率は、3％の減少率に過ぎなかったが、40年以後の5年刻みの数値はほぼ10％の高い減少率の下に平成期まで推移する『猿島町史　通史編　p1022』。結果、昭和40年度後半には農業後継者問題が顕在化し、後継者育成事業の発足をみることになる。

　農業労働者の流出は八千代町でも進行する。昭和35（1960）年あたりから

第五節　東・西関東畑作農村の農業様式の変遷と先進地域性の交代

徐々に始まった専業農家率の低下は、40年から45年にかけて一挙に進行し、57.4%から23.6%に急減する。45年度以降の専業農家率の減少は横ばいで移行するようになる。一方、増大する兼業農家の流出労働力の職業とその質的変化は、昭和35年から45年までは土木・建設部門の日雇い人夫が主体であったが、50年には職員・工場労働者などの恒常的専門的勤労者が過半数を占めるようになり、第1種兼業から第2種兼業率の増大を示唆する状況が進行する。猿島町を含めた筑西地方の激しい農村労働力の流出は、昭和37年分譲開始の総和町配電盤工業団地をはじめとするあいつぐ工業団地進出によって引き起こされた『下総境の生活史　図説境の歴史　p271』現象であった。

　上記の諸資料を整理すると、以下のような点が明らかとなる。昭和34年後半の高度経済成長に直面した筑西地方の一部地方自治体の行政対応は迅速・的確であった。その後、40年頃にかけて顕著になる第一次産業従事者率の減少割合が示すものは、この頃から農業・農村は激しい再編期に直面していくことを物語るものである。次いで45年度以降の専業農家率減少の横ばい現象は、農業環境の急速な変化に対応する地域農業の方向付けと地域農民の経営姿勢の確立を背景にして、農民層の分化・分解が一段落し、一応の安定期に入ったものと考える。当然、兼業農家の流出労働力の土木・建設などへの不安定就業は、工場・工業団地の建設段階需要に基づくことが考えられ、昭和50年以降の恒常的安定就業者の増大は、進出企業が操業期に入ったことを示す状況と考える『八千代町史　通史編　p1136-1138』。

　結局、高度経済成長期以前にすでにかなり顕著になっていた産業間所得格差の増大に対して、たとえば八千代村の新農村建設基本方針に見るごとく、行政当局の対応は農業対策に終始し、雇用対策や雇用機会の創出には全く具体性と展望を欠いていた。近隣の猿島町の建設計画に比較するとかなり基本方針に違いが見られた。その点、八千代町の産業計画は主穀農業からの脱出にとどまり、状況認識の甘さを感じさせるものであった『八千代町史　資料編Ⅱ　p414-422』。

　それでも高度経済成長期には、八千代町をはじめとする古河、総和、三和、境、猿島、岩井等の筑西地方の農村では、戦前期成立の歴史を持つ西瓜、白菜、煙草、茶などの商品生産が、一定レベルの生産・販売技術基盤をようや

第Ⅲ章　東関東畑作の変換点形成とポテンシャル

く形成しつつあった。とりわけ芽吹・境大橋の利根川架設効果は大きく、高
度経済成長期以前の西瓜の接木・白菜の練床技術の開発と並行して、筑西地
域畑作における蔬菜産地化を推進する起動力となっていた『前掲町史
p1177-1187』。

　いわば、高度経済成長期の農村労働力の激しい流出によって破壊的影響を
受ける前に、あるいは受けながらも、一部の上層農家層は蔬菜生産基盤の確
保・充実を図り、早くも1970（昭和45）年頃までには、東京市場の蔬菜需要
の高度化、大量化に対応する生産基地として、関東畑作農業の指導的地位を
確立していくことになる。明らかに西関東畑作農村の経営転換期対応に比較
すると、東関東洪積台地農村とりわけ筑西地域（猿島・結城台地）と鹿島台
地農村の対応は、比較的短期間のうちにスムースに展開したといえる。

　これに対して、1960年代における養蚕経営の衰退期と高度経済成長期のほ
ぼ同時進行に直面して、西関東北部複合畑作農村では、養蚕と米つくりに拘
泥している間に蔬菜導入に停滞が生じ、他方、東京近郊の西関東南部畑作農
村では、農村労働力の急速な流出による兼業農家の発生および陸田の普及を
ともなう米麦生産が継承され、蔬菜栽培の展開が明確に地域化されることは
なかった。大都市近郊地域における普通畑作が、兼業化の深化と抱き合わせ
で継続的に進行していたことになる。その間、東関東台地農村では、蔬菜作
が東京卸売市場のシエアーを支配するという状況変化が生まれていたわけで
ある。

　以上の状況から、高度経済成長期以降の東西関東農業における先進県とし
ての地位の逆転だけでなく、近世関東畑作農業と近現代関東畑作農業におけ
る養蚕から蔬菜作への変遷史上の変換点にあるのが、常総台地農業の近代化
とその後の借地型大規模園芸農業地帯の形成であったとみることができるわ
けである。当然その前提条件＝与件は、西関東畑作農村における養蚕衰退期
の逡巡（北部）と高度経済成長期以降の兼業化と強固に結合した労働節約的
な陸田経営の導入・展開（南部）であり、このことが西関東畑作農村をして、
京浜市場に対する蔬菜供給基地化という全関東畑作農村的な大きなうねりに
後れをとる重要な要因になったことも留意すべき事項であろう。もとよりこ
の場合の陸田経営の主要な意義は、導入当初段階の所得選好型から、米価政

382

第五節　東・西関東畑作農村の農業様式の変遷と先進地域性の交代

策の後退以降は兼業選好型に底流移動が見られたことを理解する必要があると考える。

4. 畑地灌漑事業展開の東西地域性と蔬菜産地形成

　関東畑作地域における畑地灌漑は、戦後耐旱栽培の不確実性を克服するための畝間灌漑とその後のスプリンクラー灌漑によって関東各地に広く展開することになる。1968（昭和43）年当時の主たる灌漑対象作物は水陸稲で、関東全灌漑圃場面積12,208haの約50％を占め、地域的には茨城が格段に多く灌漑総面積の44％を占めていた。さらに茨城では、灌漑畑面積に占める水陸稲作付率も70％と高く、この段階における栃木、茨城の水陸稲商品化率75％が示すようにきわめて重要な商品作物であった『戦後農業技術発達史　第3巻 p386』。茨城の灌漑面積の大きさとその後の蔬菜栽培への転用は、間もなく、生鮮農産物需要の高度化、多様化をともなう需要増大期と価格上昇期を迎えて、千葉県下総台地と並ぶ東関東畑作屈指の核心的蔬菜産地形成の基底条件の一つとなるわけである。

　一方、千葉県下総台地の畑地灌漑の展開過程は関東他県と異なり、水陸稲と蔬菜の灌水栽培がほぼ並行的に進行したことである。このことは北総台地農村の蔬菜栽培が、近代早期から東京の屎尿と塵芥利用によって産地化の芽生えをすでに育んでいたことに深くかかわる事柄であった。昭和20年代から40年代前半にかけて進められた下総台地農村の灌漑事業は、深井戸揚水を中心に県営、団体営、構造改善事業によって概算3,000haの実績をもたらした。その後は減反政策の推進で水陸稲栽培は停止され、蔬菜栽培を中心に普及していくことになる。同時に他の関東諸県が畑地灌漑から陸田経営と蔬菜栽培に分化していく傾向の中で、唯一陸田の成立をみなかったのが下総台地であった。その分蔬菜産地の基盤が順調に強化されていったことは推察に難くないことであろう『戦後農業技術発達史　第三巻畑作編　p438-439』。

　東関東（常総台地）畑作農村にみられた灌漑農業の進行と特徴に対して、戦後、西関東では、群馬県南東部の大間々扇状地と邑楽台地に灌漑率の高い畑灌地域が、個人的あるいは集落の組織的努力によって成立する。扇状地上の畑地灌漑はその後一部がビニール水田地域に進化し、一部は大根、西瓜の

383

第Ⅲ章 東関東畑作の変換点形成とポテンシャル

露地栽培から後に果菜類の施設栽培地域に発展することになる。後者の邑楽台地の畑地灌漑は、西方の陸田地域と東方の陸田ならびに白菜・西瓜の露地栽培を経て、今日、胡瓜の施設栽培地域にそれぞれ分化し発展をとげ、いずれも茨城県西地方に比肩される関東屈指の園芸農業を展開することになっていく。この間（昭和20〜30年代）に西関東内奥部には県営畑地灌漑事業として、片品川、赤谷川、追貝平、赤城北麓、大間々、応桑の諸事業が展開する。事業地域の多くは、農産物需要動向の変化を反映して、当初の陸稲の安定収穫目的からプロテクチーブな飼料（酪農）、蔬菜生産へと変貌していく。西関東内奥部畑作農山村に断続的に成立する蔬菜園芸地域は、高度成長期以降とくに総合農政の展開を契機に始動したものとみられる。

　東関東畑作農村で個人ないし共同事業として水陸稲中心の畑地灌漑が進行していた頃、西関東の米麦養蚕複合型農村では、生糸価格の変動凋落にともなう基幹産業養蚕の衰退に対応して、国または水資源開発公団による大規模な畑地灌漑事業が発足する。1960年当時の西関東農村を先駆けとする畑地灌漑事業の採択には、優良農地（水田）投資から劣等農地（畑地）改良への農政の軸足移動と養蚕不況という重大な地域課題とがかかわりあった結果であることは想定に難くない。このとき西関東の火山山麓、河岸段丘、洪積扇状地等の劣等地に展開した国営畑地灌漑事業は、群馬用水（昭和38〜44年）、鏑川（33〜46年）、埼玉北部（42〜55年）、荒川中部（34〜41年）で、後に大きく遅れて緑資源機構の利根沼田が加わり、事業量（畑地改良面積）は概算1万ha（Plus緑資源機構3,260ha）に近い関東初見の巨大プロジェクトであった。これら4事業の計画段階における事業目的は、開田と桑園整備を柱に据えたものが多く見られたが、養蚕不況の一層の深化、食糧管理会計の破綻で事業半ばに大幅な目的変更が続出し、畑地灌漑と既成田補給水で最終決着する。畑地灌漑の目標も水陸稲生産から蔬菜や飼料栽培に全面的に移行することになるが、米作に固執する受益農民との確執は避けようのない問題となった。

　このため事業計画の遅滞、変更、受益農民の脱落（群馬用水）、計画地域の縮小再編（鏑川）、事業の中止（県営碓井川沿岸）等の事態が出来し、受益農民の動揺と営農意欲の低下をもたらすことになった。このため群馬用水、鏑川、埼玉北部（神流川）などの事業地域では、「1・2次構」の導入に見ら

第五節　東・西関東畑作農村の農業様式の変遷と先進地域性の交代

れるように養蚕経営の近代化、合理化にこだわる農民が多く、蔬菜産地形成の動きは緩慢で、むしろ水田基盤整備や補給水の確保による水稲省力経営の確立と安定化をバネに、折から進行中の工業団地造成と結合した労働力流出が一部の中上層農家をも巻き込んで進行した。結果、畑地灌漑をめぐる地域効果として、これらの地域には蔬菜産地化と兼業農村化という二極分化傾向の進展を見ることになった。二極分化傾向が東京中央卸売市場のシエアー配分において、東関東の進出に一歩の遅れをとる一因になったことも、言及するまでもない事実である。

　こうした一般的状況の中で、荒川中部用水事業地域（藤沢、岡部、花園、本郷）では蔬菜産地形成が比較的堅実な展開を見せてきた。理由は有力な産地市場群に恵まれた伝統的な蔬菜産地の一角を占め、戦後まもなく西瓜、大根産地としての地位を築いてきたことに加えて、戦後の平地林開墾による桑園の拡大とその後の養蚕衰退期に、これら新開地が蔬菜産地発展の推進力になったことも無視できないことである。ただしこれらは例外的事例とみるべきものであろう。

　東関東における国営大規模畑地灌漑事業の展開は、西関東に比較すると大よそ10年ほど遅れて着工される。関東農政局管内国営農業基盤整備実績（関東農政局企画調整室・茨城県農地局）によると、茨城の場合は、鹿島南部（昭和42年着工）、石岡台地（45年）、霞ケ浦用水（54年）、那珂川沿岸（平成4年）の4事業地域総計15,143haとなり、対する千葉の場合は北総東部（昭和45年着工）、成田用水（46年）、東総用水（49年）、北総中央（62年）の4事業総計9,277haとなるが、平成13年に緑資源機構の安房南部事業（2,288ha）が遅れて追加される。国営幹線事業の付帯県営・団体営畑地灌漑事業は、幹線事業発足ないし終了を受けて数年後には着工され、間もなく順次通水を見ている。

　その結果、関東畑作は以下のような注目すべき問題に当面することになる。昭和30年代に畑地灌漑事業が計画施行される西関東畑作農村では、事業半ばに食糧事情や農政の基調変化にともなう事業方針の基本的変更によって、受益農民の離脱と計画の縮小等が発生し、さらに指導機関と農民の将来展望の欠落が加わって事業展開はいくつかの障害を迎える事態となる。養蚕不況という政策課題を抱えた西関東での畑地灌漑事業の早期展開も少なくとも蔬菜

385

第Ⅲ章　東関東畑作の変換点形成とポテンシャル

産地の早期形成に貢献することはなかった。穀桑地域における米麦養蚕複合経営からの離脱は容易ではなかったと思われた。一方、食糧管理会計の破綻が明確になってから、換言すれば米生産調整政策導入以降の農政基調の確定期に発足する東関東畑作農村の畑地灌漑事業は、特段の摩擦を農民との間に生じることなく、多くは所定の期間に所定の内容で推進されたとみてよい。このため普通畑作農業から利水をともなう蔬菜園芸農業への移行は、比較的スムースに進行したことが考えられる。

第六節　東関東畑作農村における借地型大規模露地園芸の展開

1. 借地型大規模露地園芸の成立史

　これまで東関東における洪積台地の農業は、地域的にあるいは時代的にいくつかの特徴をもって営まれてきた。このうち、地域の自然的性格を合理的に取り入れ、歴史的な性格を典型的に反映して成立したのが、常総台地の借地型大規模露地園芸である。借地型大規模露地園芸といっても、常陸台地と下総台地では経営規模と雇用労働力面で比較的明瞭な相違が見られ、また過去の歴史性についても、地主・小作制の展開過程や大規模借地経営成立の有無において相違が見られる。以下、借地型大規模経営体の経営規模・作付体系・作物編成・労働力構成・農産物販売額等を通して、両総・常陸両台地畑作の特質と背景の比較考察を表Ⅲ-6（参照）に依拠して試みたい。使用資料はとくに断りがない限り「2010年世界農林業センサス　千葉県・茨城県統計書」に基づくものである。また、本文中において農家数と経営体数を同義として使用している場合もあるが、正確には経営体数とは法人化していない個人経営体いわゆる農家を中心に、株式会社・農事組合法人等の各種法人ならびに地方公共団体等を加えた合計数である。原則的には後者を採用した。

　千葉県下の畑作地帯の市町村のうち、経営耕地規模で5ha前後以上の経営体が全農家の5％を超える市町村は、冨里市（8％）成田市（7％）、旭市（6％）であり、以下5％台の香取・佐倉・匝瑳各市が続く。両総洪積台地上の畑地卓越型市町村における5ha以上農家層の概算総計は、2,000経営体前後の数値を示す。下総台地の畑作地帯には20ha以上を経営する巨大規模経

第六節　東関東畑作農村における借地型大規模露地園芸の展開

営体（農家）30余戸の存在も推定される（2010年世界農林業センサス千葉県統
計書）。下総台地を中心に展開する大規模経営体の多くは、地域核の露地蔬
菜園芸と地域副次核の施設園芸のいずれかを主として採用し、借地依存度と
雇用労働力依存度の高い経営の下に高額農業所得を実現している。それでも
借地型大規模経営農家の成立は、常陸台地に比べるとその数も規模も劣り、
東南アジアからの研修労働力の雇用事情も相対的に低調である。

　下総台地における借地型大規模経営の成立史は近代と現代に二分される。
近代の借地型大規模経営は、明治維新期の旧幕府牧の窮民救済開墾の蹉跌と
開墾結社の解散を契機に成立した巨大地主制の影響が大きかった。下総台地
中央平坦地形の西村・鍋島両家の所有地はきわめて生産性の低い土地であっ
た。このため小作地は低地代契約の下に多くの農民たちに貸し付けられて
いった。低生産力地帯での借地経営は、地代捻出と生活費獲得のためにより
多くの借地が必要であった。しかし小作農民の栽培作物は、主雑穀主体のい
わゆる穀萩農業であり、その商品化は窮迫販売の域を抜け出るものではな
かった。入植という歴史的背景と低生産力・低地代という自然的・社会経済
的基盤の上に初期の借地型大規模経営が成立する必然性が存在したわけであ
る。

　その後明治末期（1905）の八街町の主要農産物みると、作物の種類は多様
化し、大小麦・落花生・桑・陸稲を中心にこれに玉蜀黍・里芋・甘藷・大豆
等が続く。これに同調して商品化率も著しく上昇し、自給的性格の強い陸
稲・大豆以外は、いずれも商品化率60〜90％を超えていた。明治末期に落花
生が主要作物として定着し、さらに第一次世界大戦期には養蚕が基幹部門と
なるが、なおも作付面積は激しい変動を繰り返していた。こうした多種に及
ぶ作物選択とその変動性について、大槻　功（1974 p56-57）の考察に若干の
私見を加えて以下のように整理してみた。1)地力の低い開墾地では、生産力
が不安定なため収量の変動が著しいこと、2)農産物市場・流通機構が未成熟
なことから生産物の価格変動が激しいこと、3)農民の貧しさが投機的な経営
態度となって表れること、以上の3点である。つまり農民の多くは無資力で
肥料商＝穀商の前貸し支配下に置かれていた。したがって価格変動（収入不
安定化）対策としては、作付面積の弾力的対応がもっとも有効かつ容易な収

387

第Ⅲ章　東関東畑作の変換点形成とポテンシャル

入確保の途であったと思われる。このことが結果的に投機的な経営態度と
なって小作農民の行動を規制したと考える。

2. 借地型大規模露地園芸の実態と特質

現代下総台地の借地型大規模露地園芸の経営内容と特質　　明治維新以降の
地主制社会に成立した初期大規模借地農業に対して、今日の下総台地農業の
特質と考えられる借地型大規模露地園芸の成立因子について、以下順次考察
を試みてみたい。上記のごとく、近代の借地型大規模経営は下総台地の中央
部・旧幕府牧が設定された地域を中心に展開する。以下、現代史上の借地経
営の前提条件から整理してみよう。戦後の農地改革の結果、旧地主制社会の
遺産を背負って成立した新生農家群は、規模的にほぼ均質に近い状態で発足
した。高度経済成長期以降、都市化地域以外の台地農村では、借地経営の成
立基盤とされる農地の流動性は、貸借両者の信頼関係に基づく相対契約の成
立、もしくは農地法第20条に基づく賃借権の設定をともなって市町村行政の
指導下に進行することになる。農地法第3条該当の売買（所有権移動）による
農地集積は、新都市計画法の施行以来、底値安定を維持してきたとはいえ、
脆弱な農民資本で対応できる普遍的な規模拡大手段ではなかった。なお、借
地型大規模露地園芸の成立がもっとも早いとされる茨城県西八千代町の場合、
昭和41（1966）年の秋冬白菜の「指定産地」指定を受けたころからといわれ、
借地出作り地域は東方に向けておよそ20km圏であった『八千代町史　通史編
p1167』。

　下総台地を中心とする市町村別借地経営体の借り入れ状況は、前出の経営
規模別経営体の趨勢と正比例し、銚子（426ha）、成田（558ha）、八街（334
ha）、富里（294ha）、香取（620ha）、多古（381ha）などに目立っていた。一
方、これら市町村の経営体貸付耕地面積は、借入耕地面積の20〜40％にすぎ
ず、明らかに借り入れ超過、言い換えれば借地による規模拡大経営体（以下
農家と読み替えることもある）が多数存在することを示している。しかも少な
くとも成田市大栄地区のように、借り入れ農地を含む若干の圃場を休閑する
甘藷専作農家が増えているという（後述H農家談）。ただし農政当局者の見解
は、掘り取り後に緑肥を播種して鋤き込む農家や作りきれないから休閑状態

第六節　東関東畑作農村における借地型大規模露地園芸の展開

にしておく農家は見られるが、積極的な経営方策として休閑制度を採用している農家は、まだ大栄地区としては希少段階であるとみているようである。ここで改めて指摘しておきたい状況が進行している。それは借地経営による規模拡大農家群の中に、農事組合法人以外の株式会社組織の法人を筆頭に各種団体や会社等の法人が急速に台頭してきたことである。彼らの農地集積力は今や一般農家の規模拡大を制約する存在になろうとしている。

　農地流動化を促進した要因の一つは、農業労働力の激しい流出と老齢化にともなう手余り農地の大量発生であり、もう一つは農産物消費構造の変貌を背景とする省力技術体系の進展とその上に展開した大規模経営指向農家を含む経営体群の発生である。左記の両者はプル要因としてまたプッシュ要因として農地流動を地域的・階層的に拡大する存在となっていった。同時に歴史的な負の条件を現代的なプラス要因に転化した洪積台地（平地林地帯）の土地利用にかかわる舞台回しの仕掛け人としての役回りを見落とすことはできない。

　ここで大規模借地型経営体が導入した基幹作物とその取り扱い方について必然性・有効性を吟味しておきたい。下総台地の農村で普遍的に見られるのが露地野菜の単一経営である。これに準単一複合経営を加えると、柏・野田・佐倉・習志野・八千代等の都市化進行地域の経営組織グループが抽出される。この露地野菜の単一経営に果樹栽培をセットすると市川・船橋・松戸・鎌ヶ谷・白井の伝統的な梨産地兼近郊農業地域が括れる。野田以外は両者ともに大規模な借地型農業の展開は低調である。最後に指摘する類型群として、芋類・豆類と人参・大根・キャベツなどの露地野菜の単一経営に準単一経営を加えた成田・八街・富里・香取・多古・栄・銚子を指摘することができる（2010年世界農林業センサス　千葉県統計書）。

　この最後の類型が、下総台地の土地条件を象徴する典型的な経営組織と作物編成を示す農業地域である。具体的には落花生・甘藷・冬人参・秋冬大根・山芋などいずれも乾燥によく耐え、粗放経営が可能な根菜類の産地である。近年、甘藷・人参の基幹作部門の評価が一段と上昇傾向をたどる中で、これを補強しているのが平成8年以降の人参掘取機（キャロベスター）の普及による労働節約効果である。また表作の甘藷と裏作の人参・大根との作付体

389

第Ⅲ章　東関東畑作の変換点形成とポテンシャル

系の成立も労働力配分とその完全燃焼を実現するものとなっている。結果、これらの作物群とその組合せにみるとおり、栽培上の粗放的性格と作期が大規模経営とうまく噛合い、広く下総台地農村の基幹作部門として定着したといえるだろう。

　上述のように2014年当時、基幹作部門はほぼ確立されたとみられるが、副次部門の成立は難航している。冨里では花卉栽培に失敗し、八街では水菜栽培に失敗した結果、現状は西瓜・里芋・抑制トマト・大根が横並び一線状態である。多古でも大根と大和芋が競合状態を呈している。また借地経営も近隣農家の手余り地・耕作放棄地の借り入れが若干見られる程度で、茨城県西部・東部の一部農村のように遠方他市町村にまで出作りするほどではない。むしろ酪農経営農家の自給飼料基盤確保のための借地経営が目立っている。外国人農業研修生の受け入れは大規模経営体を中心にみられるが、海匝地域のように特定の作型への特化傾向は認められない。現況以上に規模拡大を推進しようという気配は農業経営者および行政当局にも見られない。

　次に下総台地農業の典型的な経営組織と作物編成の下に経営される成田ほか6市町村の農産物販売金額を下記資料から見ておこう『2010年世界農林業センサス　千葉県統計書』。常陸台地農村の分析において、経営規模5haを超える農家の構成割合が5％以上の市町村を借地型大規模経営農村として選定し、さらにこの5％を若干超えることを基準にして、総農家数の5％を超える販売額1,500万円以上の農家を高額販売農家とみなして市町村別に考察を試みることにした。結果、構成割合がもっとも高い順にあげると銚子360戸（33％）、冨里182戸（20％）、香取462戸（11％）、八街119戸（9％）、多古106戸（9％）、成田129戸（6％）となる。千葉県全体の高額販売農家率は6％であり、いずれも県平均値と同一またはかなり大きく超えている。ちなみに施設園芸で名高い旭も621戸（24％）ときわめて高く、1億円以上を売り上げる農家（正確には経営体）も62戸に及んでいる。

　借地を含む経営規模の大型化は、粗放作物の導入と粗放経営の採用はもとより、雇用労働力の多用も考慮すべき問題とみてよいだろう。そこでこの問題について統計書と現地調査の両面から検討してみた。『前掲　千葉県統計書』によると、芋類・豆類に露地野菜の単一経営（首位部門収入8割以上）と

第六節　東関東畑作農村における借地型大規模露地園芸の展開

準単一複合経営（稲作に次ぐ2位部門収入6割以上〜8割未満）を加えた成田市ほか6市町村型地域では、雇用実経営体数の合計2,755（21%）、実人数13,952名（22%）、延べ人数547,399名（22%）となる。雇用実経営体数で実人数と延べ人数を割ると1経営体当たりの雇用実人数は5.1人、雇用延べ人数は198.6人であった。これに対して、千葉県全体では1経営体当たり4.8人、延べ人数は190.4人となり、その差はほとんど認められない。つまりこれらの借地型大規模経営の多い農村地帯では、特段の雇用労働力依存経営は行われていないことが明らかである。結論すれば、粗放作物の粗放経営（省力機械化体系の成立）で大規模借地経営が推進されていることになる。

　なお、茨城県の常陸台地農村に多く見られた外国人研修生労働力も、下総台地農村では導入実績が明らかに少ないようである。市町村の農政担当者に尋ねても全く把握していない状況である。わずかに八街市役所で198名の技能実習生が把握できたにとどまる。むしろ外国人研修生の多くは施設園芸の盛んな旭を中心とする海匝地区に集積が目立つという。ちなみに旭の場合、雇い入れた経営体数は926、雇用実人数は5.8人であるが、延べ人数は364人となり、成田ほか6市町村累計の1.8倍に達している。旭の延べ人数だけが突出して高いのは、年間労働配分の季節的変動性が絡むためと考える。

　これに対して隣接銚子の場合は、雇い入れた経営体数は335（30.3%）、1経営体当たりの雇用実人数は3.0人、同延べ人数は226人であった。この数値は成田ほか6市町村および千葉県合計に比べると1経営体当たりの雇用実人数が少なく、延べ人数では若干多い。それでも隣接施設園芸型農村旭に比較すると実人数・延べ人数とも格段に少ない。加えて銚子の農業経営体のうち販売額1,500万円以上層の経営体数が360（33%）を占め、しかも5ヘクタール以上規模の経営体数は43（4%）と少ない。これは県平均の高額販売額農家率6%、同大規模経営体率3.6%に比較した場合、おおまかに言って、銚子の農業は高額販売経営体数が多く、反面大規模経営体数は県平均値並と少ないことから、決して成田ほか6有力農業市町村のように大規模経営体によって支えられた農業地域ではないことが明らかである。換言すると、自己の所有耕地と自家保有労働力を中心に、市域東部の場合、無霜気候を利用したキャベツの不時栽培により、また西部の場合、大根を基幹部門としこれにキャベ

第Ⅲ章　東関東畑作の変換点形成とポテンシャル

ツを副次的に配した複数回作付で、露地園芸型の高額所得農業を実現した非
常総台地的な農業地帯であるといえる。畑地借入農家率55％、1経営体当た
り平均借入面積0.7haもこの指摘を傍証するものである。ちなみに大規模経
営体の成立が少ない理由は、地域農業の構成主体である中規模農家層の営農
意欲がきわめて高く、農地に流動性がないためであるとみられている（千葉
県生産振興課園芸振興室）。

成田市大沼地区農家の経営展開過程の事例研究　　検討課題の一つ、経営耕
地の拡大過程・生産と流通・労働力構成・販売額等の具体的様相については、
借地型大規模経営体である成田市大沼地区のH家の実態調査報告をもって考
察に替えたい。現在、少々の前栽畑を除く、6.5haの経営耕地すべてを甘藷
栽培に投入するH家の場合、祖父が現在地に分家して新宅を構えたのは、第
一次世界大戦後の不況期の頃であった。周辺地域には大沼と俗称される水場
を控え、地下水位も数mレベルの下総台地としては異例の高さであった。地
名から考えると、かつては谷頭・崖端の浸透水が溜まってできた沼地があっ
たと思われる。沼地の下流部に水田が開かれた形跡が見られないことから、
表流水を形成するほどの水量はなかったものと考える。近代に入るとこの沼
地は消滅する。おそらく大正時代の乾田馬耕体系の確立のための排水改良が
奏功し、地下水位の低下を通して沼地の消滅を惹き起こしたものとみる。大
栄地区の場合、平均的地下水位は30～50mともいわれることから、大沼周辺
の地下水面の浅さは、乏水性の下総台地のなかでは集落立地条件に恵まれた
異例の地域であったと考えることができる。

　H家の農地集積の過程は、第二次世界大戦後の農地改革で50aの小作地解
放と処理過程不明の30aを処分した結果、残余の自作地3ha余からスタート
することになる。その後、昭和48年30aを購入、同50年20aを購入、同年20a
を借地（翌51年返却）、同51年40.5aを借地、同53年借地30.5aを購入、同54年
1.2haを借地、平成初年30aを借地、平成17年40aを借地、平成26年6.5aを借
地し、最終的に借地を含む約6.5haの大型経営体となった。この間の農地集
積状況は、世帯主の結婚の時期あたりから急速に進行していく様子がみられ
る。農地改革期から昭和48年頃までの間に農地集積の痕跡が見られないのは、
この時期のH家の農業経営の主導権が先代の手に握られていた結果と考えら

392

れる。当主と先代の経営姿勢のコントラストは、世帯主の経営感覚が農業・農村の変質要因つまり地域形成上の決定要因として、ときに経済的自然的条件をも左右する役割を果たすことを示唆している。

　H家の農地集積上の特徴は、身内・親戚・ごく親しい知人という多分に地縁血縁的関係者との相対契約ですべて処理されてきたことである。農地改革の際、農地の貸借関係が持つ重大な社会的意味と大地主制社会を経験してきた下総台地農民にしては、農地流動対応は比較的おおらかな姿といえるだろう。行政が関与して制度的に進めている「農地利用集積円滑化事業」による貸付け面積を見ても、県下でもっとも実績をあげている香取市でさえ、平成19年度以降26年度までの畑地の貸借実績は、合計しても58.7haに過ぎない（香取市農業委員会資料）。少なくとも下総台地農村では、畑地の流動性は役所の仲介を忌避して相対契約主導で進行していることが考えられる。ただし一般的に言って、3ha以上の耕地所有農家でなければ、少々の地縁血縁性があっても契約は成立しないといわれている。平均的な農家では、設備投資をすると簡単に返却してくれなくなる恐れがあるためという。ちなみにH家の耕地は畑地帯総合整備事業によって、所有地2.5haすべてに配管配水設備が整えられ畑地灌漑機能は万全であるが、灌漑施設を毎年活用するとは限らないという。

　H家の家族構成は世帯主68歳、配偶者65歳、後継者42歳の3単位労働力からなり、年間の甘藷生産、集出荷労働のすべてが賄われている。最近3年間の平均甘藷販売額は1,700万円近傍であるという。通年の労働力配分は採苗・定植期および収穫期に若干集中するが、家族3単位労働で処理可能となっている。機械装備はトラクター3台（マルチング用・耕耘用・掘取り用）、洗浄機1台、軽トラック1台である。降霜前に収穫を終わらせる必要があるため、10〜11月は多忙をきわめるが、H家では8〜9月収穫の早掘り甘藷を2ha栽培し、作業ピークを前倒し分散させている。地力維持と連作障害対策としての休閑地三分の一を除いた残りの圃場から、10〜11月にかけて収穫した甘藷を貯蔵し、市況をみながら7月頃まで順次出荷していく。労働配分は通年化され、甘藷の保存性を生かしたかなり合理的な経営を行っていることが考えられる。甘藷の保存管理には湿度90％と温度15℃程度が保たれた貯蔵庫を

第Ⅲ章　東関東畑作の変換点形成とポテンシャル

利用している。市況対策と労力配分にとって甘藷の貯蔵技術は重要な意味を持つ。そこで収穫と貯蔵をセットにして整理すると1)収穫後貯蔵施設利用なしで出荷する期間（11月15日頃まで）、2)簡易な貯蔵施設または冷蔵施設のないところで貯蔵可能な期間、3)地下貯蔵施設または冷蔵施設があるところで貯蔵する必要のある期間の3種類に分けられる。あえてシンボリックに類型化すると1)のパイプハウス利用、2)の溝穴貯蔵、3)の深穴貯蔵の3施設を取り上げることができる。

　現在、H家の甘藷栽培には2点の注目すべき動向が見られる。一つは、日本的農業にとってはかなり斬新な経営管理方式、つまり三分の一休閑地制度である。ただしこの農業様式は、発生的には萌芽的段階の現象というべきであり、その評価も十分の年月を経てなされる必要があると考える。したがって、拙速を承知でこの現象を取り上げたのは、下総台地の甘藷栽培農家の大勢が連作、単調な施肥、土つくりの省略などの伝統的肥培管理方式に固執し、専作に内在する経営矛盾と危機感が希薄であると考えたからにほかならない。いわば問題提起の意義を評価したからである。

　洪積台地における地力維持と連作障害対策としての休閑地方式の採用は、大陸氷河の消長によって形成された低生産力土壌帯ならびに冷涼な西岸海洋性気候に覆われた北西ヨーロッパの有畜・休閑地制を取り入れた三圃式農法と基本的に共通する側面を持つものである。一見、洪積土壌の農業的ハンデイキャップを克服したかに見えた現代農業にも所詮越えられない障壁、沖積土壌帯に比べると相対的に劣る土壌学的欠陥を改めて認識することに、この発想の原点があると考えた。そのことをいち早く感知したのが大規模借地型それも単作型の甘藷栽培農家であり、その対策—緑肥・米糠投入と休閑地導入—の成果が反当収量の増大と品質の向上をもたらすことに注目したものと推定する。もっとも、有史以来、沖積地帯における零細な水田水稲作を基本にしてきた日本農業発達史の中で、明治44年、茨城県では広大な洪積台地を開墾し、5ha規模の畑地に休閑をともなう2年3作体系の主穀栽培を実施するという「茨城県模範農場計画」の推進実績がある『茨城県農業史　第三巻 p25-29』。ここにはすでに洪積台地の土壌特性と経済性について、部分的ながら理解した茨城県当局の先見的経営姿勢を認めることができる筈である。

第六節　東関東畑作農村における借地型大規模露地園芸の展開

　もう一つが減農薬・減化学肥料農業として各地で胎動を始めた個人ないし
民間組織レベルでの運動を行政が組織化する動きと，それへの甘藷栽培農家
の参加の芽生えであろう。現状をみる限り「ちばエコ認証」制度が市民レベ
ルで広く消費者に承認され、その反映として認証農産物が相対的な高水準価
格で流通する気配も保証も不透明である。そこには印旛農業事務所・風戸治
子氏が示唆するように、認証制度の導入によってもたらされる生産総量・販
売総額の変動ならびに個人出荷・直売等の隘路をともなう流通方式と大量生
産の折り合いをどうつけるかという難問が見え隠れする。この状況を拒否し
て共選・共販のJAに販路をゆだねると、優良品生産農家の品質価値とくに
味覚のような形状以外の商品価値を、生産者のポリシーとして追及し生きが
いとするH農家などの努力は、価格的に十分報われないことも考えられる。
結論的に言って、H家等の「ちばエコ農産物」認証運動への参加が、消費者
運動に共鳴する生産者農家の新しいうねりになるかどうかも含めて、その有
効性は時間をかけて見守りたい。いまのところ認証制度の成否を握る鍵は、
当事者たちの努力以上に行政の積極的な啓蒙運動の展開に大きくかかってい
る段階であると考えるからである。

現代常陸台地の借地型大規模露地園芸の経営内容と特質　　大規模経営農家
数と構成率、基幹作物、雇用労働力、農産物販売額、畑地借入状況等の諸側
面を共有するいわゆる借地型大規模露地園芸農村は、茨城県南東部鹿行台地
と西部の猿島・結城台地に集中的に分布展開する。同時にこれらの市町村は、
湖岸・台地開析谷・河川低地帯に若干の水田を経営する農村でもある。した
がってここに記述された数値には、近年の水田地帯の経営的性格とくに大型
受委託経営も若干含まれる可能性があることを予め付記しておきたい。

　茨城県の大規模借地型露地園芸の諸側面を考察する前に、千葉県との比較
を試みておく必要がある（表Ⅲ-6）。ただし下総台地分の表記については、
紙面の制約で掲載を割愛した。まず大規模経営体は、千葉の3.6%に対して
茨城では4.3%の成立がみられる。両県とも経営体総数の10%を超える市町
村はみられない。耕種農業では露地園芸の実数・割合ともに千葉が先行し、
施設園芸では逆に茨城が盛んである。ただし落花生と甘藷では千葉県の下総
地方が卓越している。これらの状況から見えてくるものは、千葉県の伝統的

395

第Ⅲ章　東関東畑作の変換点形成とポテンシャル

表Ⅲ-6　常陸台地主要優良農村における農業経営の概要

	大規模経営体	野菜販売農家		高額販売経営体		畑地借入	労働雇用状況	
	5ha〜	露地	施設	芋豆類	1500万円〜		雇用経営体	延べ人日
土 浦 市	58 / 4%	302 / 29%			104 / 7%	195 / 122ha	280 / 19%	53,453 / 190人日
結 城 市	86 / 7%	295 / 31%			168 / 13%	360 / 556ha	296 / 24%	83,591 / 282人日
神 栖 市	42 / 4%		598 / 61%		212 / 19%	90 / 156ha	769 / 27%	190,922 / 248人日
小 美 玉 市	139 / 7%	169 / 13%	122 / 9%	41 / 3%	214 / 10%	389 / 794ha	518 / 25%	216,837 / 419人日
筑 西 市	242 / 7%		244 / 9%		174 / 5%	527 / 969ha	636 / 17%	116,295 / 183人日
行 方 市	171 / 6%	284 / 15%	257 / 13%	203 / 10%	273 / 9%	653 / 955ha	769 / 27%	190,922 / 248人日
鉾 田 市	228 / 8%	174 / 9%	985 / 49%	267 / 13%	721 / 24%	1,064 / 1,944ha	1,203 / 41%	593,135 / 493人日
かすみがうら市	99 / 5%	176 / 13%	23%		81 / 4%	254 / 226ha	388 / 20%	69,290 / 179人日
八 千 代 町	122 / 9%	373 / 37%			233 / 18%	414 / 1,112ha	425 / 32%	177,094 / 417人日
茨 城 町	124 / 6%	59 / 4%	173 / 19%	40 / 3%	137 / 7%	298 / 415ha	452 / 22%	141,661 / 313人日
境 町	33 / 3%	229 / 32%			86 / 9%	256 / 272ha	155 / 16%	28,950 / 187人日
県 　 計	3,130 (4.3%)	4,643 (8.9%)	2,965 (5.7%)	1,237 (2.4%)	3,767 (5.2%)	10,906 (43.5%)	14,262 (19.9%)	3,039,803 (213.1人日)

「延べ人日」以外の無名数の単位は，すべて「経営体数」である
野菜販売農家率は，野菜販売金額が全販売金額の80％以上を占める農家の割合を示す
主要農村の選択基準は，原則として5ha以上の経営体率が県平均値を超える市町村とした
出典：「2010年世界農林業センサス 茨城県統計書」（筆者作表）

な耐旱性露地園芸の健在傾向と人参等の新規普及であろう。下総台地東部の
キャベツ・大根の不時栽培の盛行を加えるとこの性格はさらに明確なものと
なってくる。近年、畑地灌漑事業効果の一面とみられる軟弱蔬菜栽培の進行
を捉えて、千葉県農業というよりは下総台地農村を首都圏内帯型に位置つけ
る傾向が見られるが、実態はそう単純ではない。むしろ内帯型と中間地帯型
の混交地帯と理解すべきかもしれないし、あるいは下総台地を一体視するこ
と自体に問題があるのかもしれない。

　高額販売農家率では、茨城の5.2％に対し、千葉では6.1％とやや高い数値

第六節　東関東畑作農村における借地型大規模露地園芸の展開

を示している。両県経営体の畑地借入率は、茨城が43.5%、千葉が38.1%と
なり、1経営体当たりの借り入れ畑地面積は、茨城の125アールに対して千葉
は73aに過ぎない。借地型大規模経営農村の性格は茨城により明瞭に現れて
いることが指摘できる。なお、労働雇用状況を見ると、経営体の雇用率は茨
城の場合が19.9%、千葉は23.7%で若干高い。1経営体当たりの年間雇用延
べ人日は、茨城の213.1人日に対して千葉は190.4人日とわずかに低い。結局、
茨城の場合、低めの雇用普及率ならびに1経営体当たりの年間雇用延べ人日
の少々高めの事実は、施設園芸の普及を示すものと考える。具体的に言えば、
茨城の施設園芸経営体数（2,965）は、千葉の場合（1,516）のほぼ倍数を示
し、主位部門の構成率で前者が5.7%、後者が3.8%を占めたことを反映した
ものと考える。

　ここで表中の個別事項について具体的に考察すると以下のとおりである。
5ha以上の主として畑作を経営する大規模借地型農家（経営体）は、行方市
が171戸、全経営体比6%、20ha以上の巨大経営体は7戸である。同様に鉾田
市で228戸、8%、17戸、同じく八千代町で122戸、9%、21戸をそれぞれ占め
ている。この他に結城市・小美玉市・茨城町の数値もほぼ全項目にわたって
高く、大規模借地型園芸農家の経営展開がめだっている。以上の諸農村のう
ち経営規模が大きい台地農業の性格を特徴的に実現しているのが、甘藷・露
地蔬菜・施設蔬菜に均分特化している行方市、1970年以降の陸田跡地利用で、
施設蔬菜を筆頭に露地蔬菜・甘藷に分化している鉾田市、葉物三品とメロン
の露地栽培に集中特化した八千代町などである。いずれも蔬菜の単一経営
（首位部門の販売金額が8割以上の経営体）農家群の高率展開を特色とする農業
地帯である。土浦・古河・結城・猿島郡境町も経営規模が大きく特定露地作
物に特化した農村の姿をのぞかせている。また鉾田では準単一複合経営（稲
作の収入が60〜80%を占める経営体の2位部門）は施設蔬菜と露地蔬菜に特化し、
行方では露地蔬菜、施設蔬菜の順に首位を占めている。いずれにせよ、これ
らの市町村における農業が依然土地依存型の性格を強く維持していることは
注目する必要がある。反面、農産物販売額と雇用経営体の占有率は高いが、
畑借入状況と露地栽培率が低く、非土地依存型の施設園芸に偏向した一部地
域も見られた。

第Ⅲ章　東関東畑作の変換点形成とポテンシャル

　次いで経営の規模拡大に借入れ耕地がどの程度かかわっているかについて
検討してみた。結果は、行方市農家の借入れ畑面積は955ha、鉾田市で
2,026ha、八千代町で1,122haとなり、借地農家の規模拡大に借入耕地が大
きく貢献していることが考えられる。この数値を千葉県における相対的に高
レベルの大規模借地型農村の平均規模500haに比べると、かなり大きな借地
規模であることが明らかとなる。一方、いずれの場合も貸付畑面積は借入れ
畑面積の20～40％に限られ、地域全体でみても他市町村からの借り入れに依
存した借地型規模拡大農村であることも自明である。なお、借地型大規模経
営体の成立は、八千代の場合、「農地中間管理機構」いわゆる農地バンクや
千葉県農政にみられる「農地利用集積円滑化事業」のような行政指導の成果
ではなく、すでに昭和41（1966）年の秋冬白菜の「野菜指定産地」指定を受
けたころからめだち始めていた。地元農家の耕作放棄地借入が困難なことか
ら、規模拡大農家が近隣の谷田部・谷和原・関城・水海道・下妻等に借地出
作りするようになった結果である『八千代町史　通史編　p1167』。これら3自
治体以外で借入れ規模の大きいところは、ほとんど県西台地と鹿行台地北部
の市町村に集中しているが、一部では水田借入れ規模が大きいことから、水
稲大規模借地経営ないし経営権の委譲をともなわない作業の受委託関係の成
立を考えておく必要があろう。

　経営部門別の経営規模は、地域農業の地位を評価する上で重要な指標とな
るが、販売金額の大小は、それ以上に大きな経営経済的な意味を持つ問題と
いえる。以下、単位自治体の総農家数に占める5ha以上農家の割合が5％な
いしこれを若干超える市町村のうち、1,500万円以上を売り上げる高額販売
農家について実態を考察した。結果、鹿行台地の場合、陸田跡地の有効利用
による甘藷・人参を基幹部門に据えた露地蔬菜、並びにメロン・トマト・
苺・ほうれん草の施設蔬菜が、地域的階層的に分化して鉾田の高額販売農家
（経営体）数717戸を形成し、実に全農家の24％を占める存在となっている。
なかんずく旭地区では、5ha以上農家層の生食用甘藷栽培、3ha前後農家層
の甘藷Plus施設園芸、2ha以下農家層の施設園芸という階層性を反映した経
営の分化が認められる『旭村の歴史　p750』。同じく露地・施設園芸に分化
した行方でも、甘藷を中心とする根菜類、葉菜類、工芸作物の煙草の栽培に

398

第六節　東関東畑作農村における借地型大規模露地園芸の展開

よって272戸（9％）の高額販売経営体が成立している。白菜・レタス・キャベツの伝統的葉物三品の露地栽培に集約される結城台地の八千代でも高額販売農家が多く、同じく232戸（18％）に達していた。高額販売経営実績では隣接八千代町に大きく水をあけられている境・坂東も葉物3品に葱を加えた露地栽培型の産地として実績をあげている。

　これまで述べてきたように、土地依存性の高い粗放的農業が借地をともなう大規模経営で推進されるところに常総台地農業の現代的特徴の一端を認めることができる。同時にこのことは歴史的事実として過去の開墾時代にもその片鱗を見ることができた。とすれば、この特徴を現実化した推進力はどこに求めることができるのか。回答の一つが、乏水性の火山灰台地における低生産力・低地代を背景にした大規模借地型経営の採択と耐旱性の強い根・果菜類と深根性樹木作物の導入であったと考える。選択された作物はいずれも粗放的経営に適応するものであった。これらの伝統的作物群の大規模導入を可能にしたものが、省力技術体系の普及と安価な雇用労働力の採用であり、必要としたものが生産力の低い自然条件であった。2010年の世界農林業センサス茨城県統計書によれば、上述の3自治体では雇用経営体数（農家数）425、雇用実人数11,197名、延べ人数961,151名を算している。この数字は、全県下の雇用経営体数のわずか3％の経営体が県計延べ人数の32％を導入し、きわめて高い雇用労働依存度を示すものとなっている。

　上記の数値が「在留外国人技能実習生」いわゆる外国人研修労働者を含むか否かについては定かでないが、筆者の現地調査によると八千代町で716名（平成24年10月現在）、行方市で726名（平成24年10月現在）、鉾田市で2,129名（平成25年12月現在）の外国人研修労働者をそれぞれ算定することができた。一般的に見て東南アジア系の人々は農業労働力として、また中南米系の人々は工場労働力として入国しているケースが多いようである。この理解がほぼ正しいとすれば、茨城県内で外国人労働者数10位までの都市のうち土浦・水戸・つくば・神栖の商工業都市とブラジル人の集積する常総市を除く5都市が、鹿行・猿島結城台地の一角に展開し、多くの東南アジア系外国人農業労働者を集めている。結論すれば、大規模借地型粗放園芸の成立と雇用労働力の集積は、常陸台地南・西部（筑波西部）の農業景観として特筆すべき存在

399

第Ⅲ章　東関東畑作の変換点形成とポテンシャル

であるといえる。

第七節　借地型大規模露地園芸の比較地域論的考察

1. 常総台地の借地型大規模露地園芸の比較分析成果と要因

自然的・歴史的背景に関する検討　　巨大消費都市東京市場への青果物出荷で常に1・2位を争ってきたのは茨城・千葉両県であり、その生産を支えてきたのが中核産地の常総台地畑作農村であった。常総台地の洪積土壌は保水力・リン酸吸収係数・酸性度に問題があり、地下水位の深さとあいまって肥沃度の低い旱魃常襲型の農業地帯を形成してきた。開墾によって防風機能を失った軽鬆土台地での冬季の麦作は、とりわけ風害に悩まされることになった。結局、近世以降常総台地の農作物は、耐旱性の強い深根性作物大根・人参・里芋などの根菜類と茶・桑・栗のような樹木類の一部に限られる傾向があったわけである。貨幣経済が台地農村に浸透するまで、主要農作物は旱魃や風霜被害に弱い穀菽類の自給栽培に限定され、農民たちは不作・貧困との戦いに明け暮れしなければならなかった。こうした自然条件とその上に展開されてきた農業的土地利用と日常生活は、常陸台地・下総台地のいずれも共通類似したものであった。

　この頃、常総台地農民の商品経済を支えたのは、むしろ利根川・霞ケ浦等の水運と結合した平地経済林と薪炭類の江戸出し経済効果であったと思われる。水戸・高浜荷物が江戸薪炭相場の建値となって重要視されたことは、常総台地産薪炭類の影響力の一端を示すものであろう。18世紀後半以降、商品経済の農村浸透が進行する。常総台地の場合、商品経済の進行は林産物が先行し、台地全般としては平地経済林林業と開墾による林畑化いわゆる切替畑とが、長期的・広域的に拮抗する状況が続いた。この状況に関しても、常陸・下総台地では特段の地域相違は認められなかった。また、台地農家にとって、今後の経営耕地規模拡大の可能性を左右すると考えられる平地林の残存状況を展望すると、第二次世界大戦後の開墾で耕地化され、消滅した林野面積は大きい。それでも茨城県の優良農村の私有林分布状況（表Ⅲ-7）と木村伸男の平地林算定結果（表Ⅲ-8）に従うと、まだかなりの残存面積に達

第七節　借地型大規模露地園芸の比較地域論的考察

表Ⅲ-7　常総台地主要農村の平地林面積・平均経営耕地面積・
専業農家率

	私有林(ha)	平均経営耕地面積(a)	専業農家率(%)
土　浦　市	1,322	169	27.2
結　城　市	256	218	24.2
神　栖　市	2,992	137	33.3
小 美 玉 市	2,140	219	20.0
筑　西　市	966	252	20.5
行　方　市	3,574	182	29.2
鉾　田　市	4,903	241	44.9
かすみがうら市	1,897	169	22.8
八 千 代 町	210	295	24.8
茨　城　町	1,898	187	26.3
境　　　町	229	165	19.7
（茨城県計）	（139,605）	（174）	（23.2）

出典：「2010年世界農林業センサス茨城県統計書」（筆者作表）

表Ⅲ-8　昭和末期の関東地方の平地林分布状況

（単位：ha，%）

	全面積 (A)	林野面積 (B)	平地林面積 (C)	経営耕地 (D)	B/A	C/A	C/B	C/D
茨　　城	608,999	209,720	101,549	180,244	34.4	16.7	48.4	56.3
栃　　木	641,379	356,561	41,847	135,067	55.6	6.5	11.7	31.0
群　　馬	635,561	410,598	5,033	85,006	64.6	0.8	1.2	5.9
埼　　玉	379,932	128,391	18,545	100,040	33.8	4.9	14.4	18.5
千　　葉	513,259	168,780	93,637	133,987	32.9	18.2	55.5	69.9
東　　京	215,433	79,426	9,598	12,413	36.9	4.5	12.1	77.3
神 奈 川	239,708	94,088	14,544	26,632	39.3	6.1	15.5	54.6
計	3,234,271	1,447,564	284,753	673,389	44.8	8.8	19.7	42.3

注　1）　平地林とは、平野部および都市近郊に所在し、通称平地林あるいは都市近郊林と呼ばれる
　　　 もので、具体的には標高300m以下、傾斜15度未満の土地が75%以上を占める市町村に賦存
　　　する森林とする。
　　2）　林野庁『平地林施設推進調査報告書』（昭和56、57年）、ただし千葉については58年調査の
　　　ため、木村伸男が農業センサスによって求めた。
出典：「空っ風農業の構造（木村伸男）」

することが明らかである。屋敷林・台地斜面林を差し引いても耕地化の余地
は少なくない。千葉県の数値もいずれの項目とも茨城県とほぼ同様である。
　明治初期の開墾事業は、常陸台地の士族授産開墾と下総台地の旧幕府牧を

401

対象にした東京の窮民救済開墾として発足する。両台地開墾とも難航し、多くは開墾結社の解体あるいは事業主体の移管が繰り返され、開墾農民の退転と入れ替えが行われた。当然、農業地域としての成立と発展が遅れると同時に、開墾の混乱・収拾をめぐって地主制社会の成立が進んだ。なかでも下総台地八街村の大地主西村家と鍋島家は千町歩地主といわれ、比較的穏健な小作管理方式で他の多くの中小地主と対置される存在であった。一般に地主小作関係の成立は、水田社会や商品経済の進行した畑作地帯に多く見られるといわれるが、平地林が広域的に残存し維新期開墾の対象に選ばれた常総台地では、開墾の初期段階に地主小作関係の成立が進み、近代中ごろには下総台地の中央部や常陸台地の南部に小作農家率80％の農村が見られるようになる。要約すると、地主小作関係の成立過程に若干の地域性は存在したが、歴史的にみる限り本質的な相違点は存在しなかったとみてよいだろう。

商品生産と流通組織の近代化に関する検討　維新期開墾が困難と失敗を経験している間に、近世末期から導入された製茶・養蚕・煙草栽培の一部は輸出産業として急伸し、明治前期にかけて急速に産地と生産量を拡大する。自給的性格のきわめて高い穀菽型農村における商品化作物の導入発展は、明らかに農業近代化の黎明を示す実態であった。この事態を農村近代化の黎明とし、あえて確立として認知することを逡巡する最大の理由は、流通における近代化の動きがまだ表面化していなかったからである。この時期の生産物流通は、自給的性格の米麦・雑穀類の窮迫販売をはじめ茶・繭・煙草・落花生・甘藷等の商品作物の多くが、問屋配下の仲買商人による農村巡回型の個別直買い—いわゆる端穀買いに象徴される方法—で集荷されていった。農産物流通の近代化を示す生産者の組織化と共同出荷体制の確立は、生産量の増大、鉄道輸送の発達、消費市場の確立等の諸条件が形成されてからのことであった。

　常陸台地の流通組織と流通機構のうち鉄道輸送の発達は、近距離輸送手段としての馬車・荷車の急速な普及とセットで進行した。国鉄・私鉄網の充実は、封建的な水運機構の解体過程を意味すると同時に、交通資本を包括する産業資本の確立過程でもあった『茨城県史料＝近代産業編Ⅱ　p47』。この間、茨城県の交通運輸政策は、明治10年代の水運固執の人見県政から20年代の鉄

第七節　借地型大規模露地園芸の比較地域論的考察

道重視の安田県政に移行し、鉄道社会の形成を加速することになる。

　茨城県における鉄道建設は、南線派と北線派の激しい対立を経て、明治22（1889）年、水戸—小山間を結ぶ北線派の水戸鉄道会社案の許可から動き出す。明治18年に開通していた東北本線経由で水戸鉄道は東京に接続され、その後、29年には水戸—東京間を直結する鉄道が開業の運びとなる。常磐線の全線開通は1889〜1897年にかけて段階的に実現し、水郡線は大正7（1918）年から順次延長し昭和9年に完成した。一方、私鉄路線網は大正期から昭和初期にかけて県内各地に張りめぐらされていく。結局、茨城県において鉄道路線網の今日的骨格が形成されるのは農村恐慌期のさなかであった。路線網の中には東北と結ぶ水郡線、県内では珍しい観光路線の鹿島参宮線、水浜電車、筑波山ケーブルさらに通勤路線の日立電鉄等が含まれていた。

　鉄道の輸送荷物は、国鉄扱いでは石炭・鉱石・石材・砂利などの鉱・砥産資源と木材・薪炭・米麦・繭・煙草が多く、私鉄扱いでは農林業関係に限った場合、水戸鉄道（木材・肥料・穀物・煙草）、常総鉄道（肥料・穀物・煙草・繭）、竜ヶ崎鉄道（米・肥料）、鹿島参宮鉄道（米・雑穀・木材）、茨城鉄道（野菜・木材・雑穀・煙草）、湊鉄道（鮮魚・魚介・肥料）などがそれぞれ目立っていた『茨城県史＝近現代編　p521-522』。そこには私鉄路線設立を取り巻く社会経済的背景が見事に映し出されていた。巨大消費都市東京から中間距離ないし遠距離の産地形成のための輸送条件、つまり生産と輸送を結ぶ農業近代化の舞台装置は整ったわけである。

　農業・農村近代化にとって生産と流通の同時進行は車の両輪である。そこで生産と対の機能と考えられる農産物出荷組織の成立について整理を試みてみた。ただし産地農家と鉄道駅を結ぶ交通手段と出荷生産物を示す具体的文言は「茨城県史・千葉県史、茨城県農業史・千葉県野菜園芸発達史」のいずれにも見られなかった。わずかに明治中期に八街芋が駅まで馬車で運ばれ、最盛期には1日10車以上も総武鉄道経由で東京市場に向けて輸送された記録『大八街建設回顧六十一年史　p48』を見るにすぎない。近代の東京近郊農業地帯における馬車・荷車の利用状況『近世・近代における近郊農業の展開（新井鎮久）p95-110』などから、辛うじて広域的な普及を推定するにとどまる。

403

第Ⅲ章　東関東畑作の変換点形成とポテンシャル

　近代中期以降、京浜地帯の産業集積を背景にした人口の集中は、千葉・茨城に対する農産物需要を高め蔬菜産地の成立を促した。ここでは茨城の先進的農業地域猿島・結城台地農村を例示しよう。販売方法は、昭和5年に設立された境町農産物出荷組合の手を経て、筑西地域産の西瓜・南瓜・白菜、促成物の茄子・胡瓜等が、古河駅経由東北線で東北・北海道・京浜地帯に移出される場合と、船便で京橋の商店に送り込まれる場合の二通りがあった（新井鎮久 1998 p5-6）・『下総境の生活史 図説境の歴史 p240-241』。これより以前、明治後半には境―東京間の外輪蒸気船の就航を利用して、自給的農産物の余剰部分や茶・真綿・水油などの地域特産商品が運ばれ、さらに昭和初期には利根川と江戸川に船橋が架設され、不充分ながら白菜・高菜・西瓜などがトラックで架設橋を渡って浅草に向かった『前掲生活史 p192・236-237』。

　トラック輸送では白菜を主体とする八千代町産蔬菜の搬送記録が比較的多く、農村恐慌期には安静地区だけでも推定を含む8出荷組合の成立が報じられている。戦後の20年代後半に白菜と西瓜の革新的栽培技術が導入され、高度経済成長期の到来を待たずに、貨物自動車による東京出荷が進展する。生産量の増大に呼応して、出荷組合の再編新設が進み、11出荷組合の活動が見られるまでになった。一方、生産量の増大で青田買いが増え、昭和37年、ついに仲買業者による産地市場の設立を迎えることになる『八千代町史 通史編 p1173-1185』。

　農業的な後進地域鹿行台地農村でも大正末期の西瓜、昭和初期の甘藷が商品作物として重視され、さらに第二次世界大戦後間もない頃の北浦では、津澄園芸組合が発足してキャベツ、葱、人参、波稜草、玉葱、茄子等の露地・施設園芸が広がった『北浦町史 p626-627』。これらの状況は多くが点の存在で、後述の千葉県の生産と輸送状況の進展に比べるとかなり遅れていたことが明らかである。こうした状況の中で、わずかながら古河駅利用農民たちの動向には、新しい時代の波を感じさせる事態が含まれていた。古河駅利用の蔬菜移出関係者は郡農会・生産者の共同出荷組織・仲買業者の3様であった。このうち生産者農民の主体的活動としての流通の組織化・共同化は、移出量・移出期間等の定量的資料をともなうものではなかったが、それでも常陸台地農村に農業近代化の訪れを確認させる重要な出来事となった。

404

第七節　借地型大規模露地園芸の比較地域論的考察

　貨物自動車と鉄道輸送体系の確立基盤となった下総台地中東部農村における生産者の共同出荷組織体の成立状況に比較すると、茨城における出荷組織体の成立は、商品生産の後進性を反映して、多分に立ち遅れたものであった。出荷団体の成立状況は、地域農業における商品（蔬菜）生産段階を比較的正確に反映することが考えられる。金融恐慌期直前。大正14（1925）年の農産物出荷団体調査結果（帝国農会）によると、千葉県367団体、茨城県44団体と両者の間には大きな隔たりが見られた。埼玉497団体は別格としても茨城の44団体は、神奈川101団体、東京88団体、群馬77団体にも比肩できない産地形成の初期的な成立状況である。出荷団体の取扱品目は、千葉県が鶏卵（118）、甘藷（63）、葱（47）、里芋（40）、西瓜（31）と並び、茨城県では葱（10）、梨（9）、鶏卵（9）が主な商品別出荷団体数である『神田市場史　上巻p1093』。この後間もない農業恐慌期には、作目部門数と出荷団体数は一段と増加することが想定される筈だが、まだこの段階では東京中央卸売市場法区域内39市場のうち、千葉県産蔬菜出荷22市場に対して茨城県産蔬菜出荷が見られたのはわずか3市場に過ぎなかった『東京における青物市場に関する調査　p32-33』。したがって茨城県、言い換えれば常陸台地農村における名実そろった農業近代化が実現するのは、恐慌期以降まで待たねばならなかったと思量される。

　筑西地域において、流通組織の共同化つまり農民の自主的な出荷組織の結成を契機に、昭和5（1930）年、猿島郡農会内にも野菜出荷組合連合会が結成され、古河駅積み出しで秋葉原駅着そこから神田、江東、京橋、千住の中核市場に配荷されていった。輸送手段は基本的には船便と貨車便の併用であったが、戦中戦後の混乱期には船便が多用された『前掲生活史　p241』。ちなみに筑西地方の船便輸送は、陸運事情に強く影響されながら消長するが、砂利や下肥のような重量比価の低いないし無償の商品は、長い期間もしくは河川上流部まで稼働範囲が拡大した。また煙草の事例でみると、境専売局出張所で集荷された葉煙草の移出が、古河駅経由の鉄道貨物便に託されて東京へ、一方、岩井主張所に集荷された葉煙草は、利根運河経由の船便で東京に移送された『猿島町史　通史編　p783』。このことから近現代の一時期、筑西地方では、岩井～境間に輸送手段の分岐帯が成立していたことが推定される。

第Ⅲ章　東関東畑作の変換点形成とポテンシャル

　下総台地では、商品生産の発展とともに流通組織・形態にも変化が生じた。台地農村の農産物流通形態には、下総北西部地域の個別対応型流通をまず取り挙げる必要がある。近世起源の伝統を持つ東葛・千葉両地域にみられる個別対応型には、主に基幹労働力による近在産地市場ならびに直近府下の千住・江東両中継市場等に個人出荷をする場合と、千葉・印旛両郡市・茨城県北相馬郡の鉄道各駅を拠点にして、婦女子労働力を中心に展開する東京行商『青果配給の研究 p112-120』があった（図Ⅲ-6）。前者市場出荷型農村は、江戸屎尿と東京塵芥の投入で生産力を高め産地形成に貢献したことで知られ、後者東京行商地域は、関東大震災を契機に成立し、昭和恐慌期から戦時食糧

図Ⅲ-6　昭和初期の東京行商人分布

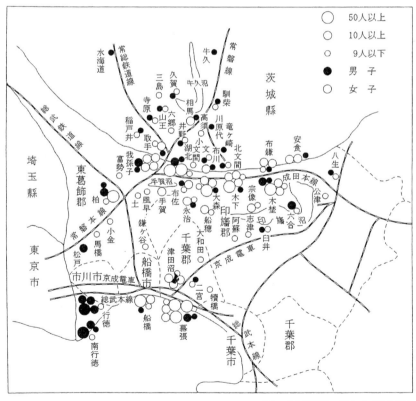

出典：『青果配給の研究（石川武彦）』

第七節　借地型大規模露地園芸の比較地域論的考察

難時代にかけて、人情込みの営業で東京市民に親しまれた存在であった『近世・近代における近郊農業の展開（新井鎮久）p95-120』。ちなみに主な行商輩出地域と蔬菜の主要鉄道発送地域は明らかに対応していた（図Ⅲ-7）。

　下総台地西部の個別対応型流通に対して、台地中・東部農村では、巨大消費都市東京からの遠距離に支配され、近代中後期の輸送手段（自転車・荷車・馬車等）をもって、生産物を目的地まで送付することは物理的に不可能であった。当時普及半ばの貨物自動車の使用も経済的に問題があった。残る手段はたまたま当時発展途上にあった鉄道の貨物便輸送であった。

　千葉県における鉄道網は、明治27（1894）年の私鉄総武線の本所（錦糸町）

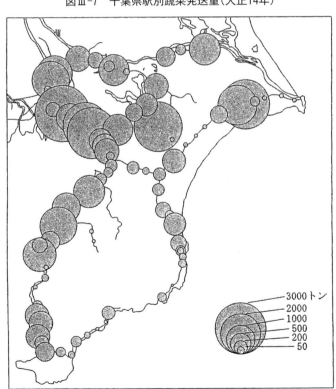

図Ⅲ-7　千葉県駅別蔬菜発送量（大正14年）

出典：『千葉県史　大正・昭和編』

第Ⅲ章　東関東畑作の変換点形成とポテンシャル

―佐倉間、29年の蘇我―大網間、30年の佐倉―成田間、成東―銚子間の延伸と開通をはじめ、30年代に常磐線各駅開業と房総線の数次にわたる延伸が進む。その後も大正1（1912）年の房総西線の木更津―上総湊への延伸、5年の流山鉄道の開通、10年から昭和2（1827）年にかけての相次ぐ京成電車の延伸で、千葉県の鉄道網の骨格が形成される。国電が千葉まで開通したことで、物流に加えて人的移動の動脈が確立することになる。昭和10（1935）年のことであった。

　近代中後期の鉄道網の整備で千葉県とくに下総台地農村の東京市場への蔬菜供給圏域は大きく拡大されたが、その効用は品目的には甘藷と穀類、地域的には千葉・印旛郡にやや偏向するきらいがあった。その他の商品作物は穀商＝肥料商人の手で総武線（大槻　功 1974 p56）・常磐線「都市化と貨物自動車輸送（北原　聡）p133」などを通じて移出されたという。蔬菜類が鉄道貨物として表面化しないのは、有力供給地の東葛・千葉産蔬菜が、地元産地市場や東京市域東部の江東市場・千住市場等へ、農家個人および船橋・松戸の仲買業者（投げ師）の手を経て出荷されたためである。なお、明治30（1897）年の総武線開通によって、下総物流の近世幹線利根川水運はその命脈を絶たれ、新河岸川水運と同様、鉄道輸送に交通動脈の座をあけわたすことになる。

　鉄道網の形成に関する限り、千葉・茨城には路線密度・形成期ともに著しい質量的相違は見られなかった。ただし農産物流通では、茨城の場合は鉄道貨物便・船便・貨物自動車便に三分化され、千葉の場合は近郊農村型の個人出荷と中間距離型の鉄道貨物便出荷に二分されていた。東京隣接県と近隣県の地理的差異は、当時の交通手段の採用に決定的な影響を及ぼしていたといえる。ともかく全面的な鉄道貨物輸送依存型にしても部分的な依存型にしても、日本的農業の生産単位の零細性は、大型輸送手段の採用において出荷組織の共同化と組織化が必須の前提条件となる。その後まもなく実用化される貨物自動車の利用（詳細については後述予定）においても状況は同一であった。以下、商品生産の拡大を支える千葉県下総台地農村の出荷組織の共同化と組織化の動向について検討する。

　水運利用で商品流通を図ってきた千葉県では、明治30年代の初め頃、寒川

第七節　借地型大規模露地園芸の比較地域論的考察

湾・銚子港・佐原河岸等の水運の比重が移出総額の32%、移入総額の40%を占めていた。この傾向は明治30年代後半の鉄道発達以降もしばらく継続されたという『千葉県野菜園芸発達史　p336』。水運からの切り替えが予想外に遅れた一因は、東京以外の最大の移出先東北・北海道方面への鉄道移出経路が、原発駅―新小岩―金町―田端経由東北線利用という煩雑なルートをとっていたことを忌避された結果である。それでも明治末期から大正期にかけて穀類・蔬菜類・甘藷・落花生等の農産物が房総鉄道経由で積み出されていった。下総台地農村からの蔬菜出荷は、房総鉄道に限らず各地の鉄道駅を利用して行われた。個人出荷卓越型の東葛地域産蔬菜が、総武線津田沼駅を中心に近隣各駅から移出されているのは、東北・北海道向け甘藷の仲買人出荷の比重が高かったことによるものと考える。東葛地域以外の主要出荷駅は、印旛・香取・海上・匝瑳各郡の蔬菜産地を後背圏とし、出荷団体を組織した地域に立地したものが多かった。出荷団体の地域的・時系列的配置は下表のとおりである（表Ⅲ-9）。

　以上の考察からも明らかなように茨城・千葉の比較検討の結果は、農業の近代化を補完する流通事情に関する限り、かなり顕著な相違が見られた。一定規模の政治経済都市水戸、商・工業都市の土浦・日立・勝田以外にまとまった消費人口の集積が見られない茨城では、農産物等の一次産品の多くを、農村恐慌期までに骨格が形成された鉄道網と伝統的な水運に依存して県外移出することになる。水陸いずれの輸送手段に依存するかは、当然地域農村の

表Ⅲ-9　出荷団体の組織時期と地域的傾向

	市原	千葉	東葛	印旛	香取	海上	匝瑳	その他
明治44〜 大正3年			1 (32)	1 (25)				3 (775)
大正4〜 大正7年			2 (36)	1 (227)	1 (36)	4 (126)	2 (117)	3 (39)
大正8〜 大正11年	32 (867)	5 (230)	4 (245)	2 (42)	10 (448)	3 (104)	16 (529)	8 (1,055)
大正12〜 大正14年	9 (257)	4 (158)	2 (102)	5 (178)	21 (702)	7 (216)	3 (67)	9 (1,281)

上段：出荷団体数　下段（　）内：参加農家数
出典：『千葉県野菜園芸発達史（永江弘康）』筆者改訂して作表

第Ⅲ章　東関東畑作の変換点形成とポテンシャル

立地条件によって異なる。水運条件がよくしかも鉄道路線から外れた猿島・結城等の利根川・鬼怒川流域農村では、新設の利根運河経由で、明治期まで農産物・肥料・生活物資を搬出入し、その後も木材・砂利などの重量品を戦中期まで運び続けた『下総境の生活史　図説境の歴史　p192-193・234-237』。

　鉾田町史『通史編下　p344-345』によると、水運から鉄道への移行の際に両者が並走する場合でも、水運が直ちに衰退したわけではないという。開業当初の鉄道は、運賃が高値に設定され利用者は限定されていた。したがって利用者は用途に合わせて両者を使い分けていたという。その後、鉄道運賃値下げもあって常磐線利用者が顕在化するのは明治末期頃とされている。利根川水系では高崎線・常磐線、東北線、成田線、総武線等との舟運競合が見られたが、輸送速度、定刻運航、大量・遠距離輸送などの点で鉄道の優位は圧倒的であった。その結果、利根川水系舟運も明治末年にはついに終末期を迎えることになる。駄目押しの事態は、明治43年の利根川水系大洪水に対応する河道工事の影響で、船便の就航が一段と物理的困難を増したことである。終末期に入った水運は、生き残る途を重量比価の安い商品輸送や鉄道未敷設地域の開拓に求めた。その点、鉄道とリンクしなかった大型河岸鉾田では、舟運のピークを大正期まで引き延ばすことができたし、鉄道から外れた境河岸でも、第二次大戦後の一時期まで、重量比価の安い商品に的を絞って営業を継続した。だが所詮、鉾田河岸の存続と舟運の展開はここまでであった。昭和期の鹿島参宮鉄道の延伸で物資の集散機能を失った鉾田河岸は、常磐線の開通で存在価値が低落した土浦河岸の後を追うことになったのである。

　明治以降、利根川・霞ケ浦等で隔離され、東京に向かう橋が無いに等しい茨城県では、陸上交通に依存する余地はきわめて限定されたものであった。かつて湖沼・河川水運で繁栄した近世の常陸は、近代陸上交通社会の到来とともに逆に水路によって東京と分断され、孤立地域化の悲運にさらされることになった。県境を形成する利根川の架橋は、三国橋（R.4号線）、大利根橋（R.6号線・昭和5年）、水郷大橋（昭和7年）、茅吹大橋（昭和33年）以外は高度経済成長期以降に漸く建設され、それも有料橋を含むものであった。それまでの橋梁は、木橋・船橋等の仮設的なものが多く、大正8（1919）年の道路法の制定に基づく国道の舗装、関東大震災を契機とする貨物自動車輸送の普

第七節　借地型大規模露地園芸の比較地域論的考察

及発達「都市化と貨物自動車輸送（北原　聡）p129」にもかかわらず、渡れ
る橋が極度に限られ、このため茨城県の農産物流通の近代化にとってきわめ
て不遇な時代が続くことになった。

　一方、千葉県の場合は、東京に隣接し、近世以来、江戸への蔬菜搬出の歴
史とともに成立した農民と仲買業者による近郊個人出荷型産地、ならびに下
総台地中央部・東部の鉄道ないし水戸街道と千葉街道を利用する貨物自動車
輸送とその前提となる出荷団体の組織化を条件とする中間距離型産地が成立
する。千葉、茨城ともに鉄道網の骨格形成は農村恐慌期とされるが、その他
の流通事情のすべてが、以下に述べるとおり千葉の先行性を明示していた。
当然、農業の近代化においても千葉は茨城に先行したことが明白であった。

　戦間期の東京市は、産業資本の集積と人口の集中が進み、隣接五郡82町村
の合併を経た昭和10（1935）年には人口590万人に達した。同時に都市化の
波が郊外に波及し、近郊農業地帯の埼玉・千葉への拡散をもたらした。他方、
大正末期に東京の屎尿汲み取りが有料化された結果、汲み取り農民の増加と
その利用地域が広域化していった。近郊農業はこの側面からも拡大すること
になった。以下、北原　聡「都市化と貨物自動車輸送　p131-136」を参照し
ながら、下総台地農業と貨物自動車輸送の問題について若干考えてみたい。
北原によると、昭和6（1938）年当時の東京市中央卸売市場の蔬菜取扱高か
ら東京近郊農業地域のウエイトをみると、東京府22.3%、埼玉県19.0%、千
葉県16.8%が上位3府県を占め、この段階では茨城の出番はまだなかった。

　昭和19（1935）年段階の千葉県の蔬菜産地の分布は、下総台地西部3郡の
東葛（29%）・印旛（17%）・千葉（10%）を中心に両総台地を経て安房郡に
まで及んでいたという『昭和10年・千葉県統計書』。千葉県産蔬菜の輸送は
明治後期以降、総武線・常磐線などの鉄道が利用されたが、戦間期になると
貨物自動車輸送がその特性を評価されて盛んに行われるようになっていく。
自動車輸送の特性は、低廉な運賃、機動性、迅速性、積み替えの省略、輸送
時間の短縮等であった。その結果、昭和元（1926）年の全国の貨物自動車輸
送量は73万トンから1930年には357万トンに急増する。これを輸送距離別に
分類すると50km未満の輸送が74%、100km未満になると全体の93%に達し、
近距離輸送の利用度の高さと適性を示している「都市化と貨物自動車輸送

第Ⅲ章　東関東畑作の変換点形成とポテンシャル

（北原　聡）p129」。

　1930年代の自動車輸送には二つの側面があった。その一つは屎尿輸送における活躍である。昭和4（1929）年の場合、東京市内の1日の排出量1万2千石から3千石のうち、4千500石は千葉県の農村に、3千石は埼玉県の農村に、2千500石は東京府下の農村にそれぞれ配給された『大東京（中村瞬二）p357』。千葉県の屎尿搬出先は、東葛、千葉、印旛3郡と市川市で、搬出元は浅草、下谷、本郷、および麹町区であった。屎尿輸送は伝統的に舟運が利用されてきたが、昭和期にはいると自動車輸送量が増加し、昭和11（1936）年の東葛飾郡の場合、3千石のうち2千石（67％）が自動車で搬入されていた。1938年の埼玉県でも屎尿配給量7千737石のうち61％が貨物自動車で運ばれていた。

　このように近郊産蔬菜の輸送と屎尿輸送の主役は貨物自動車であったことが判明したが、その効用には千葉郡農会の見解「手押し車では遠すぎ、鉄道を利用するには近すぎる」が示すように経済距離的な限界が存在していたことが考えられる『千葉県史　大正昭和編　p325』。結局、蔬菜栽培の発展要因としての屎尿輸送範囲の拡大とこれを推進した自動車利用の普及、ならびに近郊外縁部にまで拡大した蔬菜産地からの自動車搬送の発達は、いずれも戦間期の蔬菜生産と輸送における千葉県の先行性・有利性を実証する重要な状況であったといえる。なお下総産蔬菜類の東京市場出荷については、石川武彦『青果配給の研究』・新井鎮久『近世・近代における近郊農業の展開』に詳述されている。参考にされたい。

洪積台地の畑地灌漑と近代化過程の深化に関する検討　　常総洪積台地の自然的属性は多面的な性格を持つが、農業的土地利用にとってもっとも重要な意味を持つ属性は、土壌特性としての通水性（旱魃発生傾向）と豊度（低生産力）上の問題である。近・現代間の自然的属性に関する農業経営上の評価の逆転現象についてはすでに述べてきた。ここでは経営評価上の転換問題としてではなく、台地土壌そのものの質的転換、つまり人工的改変効果の問題として畑地灌漑事業展開の地域的傾向と経年変化を中心に千葉・茨城両県を比較検討しておきたい。その前に常総台地における洪積土壌の農業生産力について述べておきたいことがある。

　これまで長期にわたって事あるごとに指摘されてきた洪積土壌の低生産性

第七節　借地型大規模露地園芸の比較地域論的考察

が、農業経営上の与件として支配的意味を持っていたのは、高度経済成長期以前の事であったと考える。1960年代以降、エネルギー食品生産から蔬菜生産に向けて舵を切った常総農民たちは、土壌改良問題のクリアーにひき続いて豊土化の試行錯誤に取り組むことになる。需要動向の質量的変化に対応すべく官民挙げての努力の結果、「有機発酵肥料の投入で土壌は柔軟となり、1メートルの金属棒が容易に挿入できる（茨城県鹿行農林事務所農業振興課）、軽鬆土だが比較的肥沃である（千葉県農林部耕地一課）、長年の地力豊潤化の努力が作物の選択範囲を広げた（千葉県香取市役所農政課）、堆肥と化成肥料の投入で生産を挙げている（JA旭・茨城県鹿行農林事務所経営課）、火山灰土だが肥沃な台地である（千葉県印旛農業事務所）」等々低生産力土壌問題は、上記のような農政当局の行政文書に示される見解を見るまでになった。地力が低下しやすい土壌であること、土壌保水力が急激に低下しやすいこと（千葉県耕地一課）等の問題は残るようであるが、昨今の地力維持効果はかなり好転していると考えて大過ないであろう。

　さて、土壌保水力の物理的性状とも関連する畑地灌漑の発達過程を、千葉県野菜園芸発達史『p592』でみると、畑地灌漑の発生史的展望はかなり古く、昭和10（1935）年の安房郡千倉町で風車に手押しポンプを取り付け、用水堀の水を畑に畝間灌漑した事例を嚆矢とすることができる。この方式が戦後、西船橋の農家で利用され、はじめて野菜の畑地灌漑栽培の歴史が始まることになる。この方式は小型の移動式施設機器であったが、まもなくこれに対して大規模、本格的な灌漑が共同方式で実現する。事業は昭和26～7（1951～52）年に関宿町～海上町間の5町村を対象に各5haの圃場で千葉県営補助事業として行われた。その後の3地区を加えて、昭和20年代に8地区342.5haの畝間灌漑が表流水のくみ上げを中心にして成立をみたが、いずれも下総台地の町村で施行されたこと、陸稲の安定収穫が狙いで野菜栽培は付随的なものに過ぎなかったことなどから、洪積台地農業県ならびに当時の食糧事情を反映した畑地灌漑事業の性格を如実に物語っていた。

　昭和30（1955）年、一世を風靡したスプリンクラー灌漑が一宮町の47haで着工された。その後30年代前半にかけて小規模な畝間ホース灌漑が普及した。設置費用、地形変化、灌水効率等の面で効果的であるとされた方式である。

第Ⅲ章　東関東畑作の変換点形成とポテンシャル

一方、この時期は深井戸揚水によるスプリンクラー灌漑が、新農村建設事業の一環として多古、千葉、佐倉等の下総台地を中心に陸稲・露地野菜の作付を目的に47ヵ所、828haの規模で県下全域に推進された（表Ⅲ-10）。前掲園芸発達史『p592』によると、千葉県畑地灌漑事業発展の基礎はこのステージにおいて確立されたとみている。なお、表Ⅲ-10と千葉県野菜園芸発達史の両者の数字には、計数過程で生じたと思われる微小な誤差が一部含まれている。

　30年代後半は高度成長経済の展開と連動する農業基本法農政の下で農業構造改善事業が発足する。構造改善事業の具体的施策内容としての畑地灌漑事業が、畑水稲を作付ローテーションの中枢に据えて、ここでも下総台地の八街の3工区、375haを中心に、62ヵ所、1,194haで展開していくことになった。昭和30年代後半までの畑地灌漑事業は、陸稲・畑水稲を主要目的に設定するものであったが、この段階以降、千葉県の畑地灌漑は蔬菜栽培の発展に向けられていく。とりわけ40年代中期の稲作減反政策の影響と京浜・京葉地区での工業化・都市化の進展で惹き起こされた蔬菜需要の拡大によって、畑地灌漑事業即蔬菜産地形成一色の景況となっていくことになる『前掲野菜園芸発達史　p592-594』。

　以上のように下総台地では昭和20年代～30年代後半にかけて、表流水灌漑から深井戸揚水灌漑へと用水方式が大きく前進し、灌漑目的も陸稲の安定栽培から畑地水稲作に移行した。同時期、埼玉、栃木、茨城で広く展開する陸

表Ⅲ-10　千葉県の年代別・郡別畑地灌漑実施面積表

（昭和）	千葉	市原	東葛	印旛	香取	海匝	山武	君津	その他	計
26～30			277	12	29	5				323
31～35	76		142	243	37	240	14	4	72	828
36～40	218	14	223	400	62	21	35	34	56	1,063
41～45	24	90	263	369	38	129	79	251		1,243
46～50	15		4	24	15					58
51～57	4			94			13			111
計	337	104	909	1,142	181	395	141	289	128	3,626

単位：ヘクタール
小数点以下一位を四捨五入した
出典：千葉県畑地灌漑地区連合会編『千葉県における畑地灌漑事業』筆者改訂して作表

田水稲作は、下総台地の場合、伝承としても文献上でも皆無に等しい状況であった。文献不在にとどまらず、水稲生産調整の担当者も把握していない（香取市農政課）、陸田の存在を見聞したこともないしその必要もとくにない（JA千葉みらい八街経済センター）、陸田の存在はもとよりその知見もない（千葉県農林水産部政策室）、管内で指導対象になることはないが、北総地域の陸田経営の事例を仄聞したことはある（印旛農業事務所改良普及課）等々、県市町村農政担当者にも陸田の存在はほとんど知られていないようであった。

理由について考えてみた。そもそも関東地方の陸田水稲栽培は、戦後まもなく水掛りの悪い鬼怒川、小貝川、桜川、中川低地帯等の自然堤防上の畑を中心に桑・陸稲・綿花等の衰退を受けて成立展開したという『自然堤防（籠瀬良明）p144-157』。立地要因は、支持価格制度下の高価格水準ならびに自然堤防帯における浅層地下水の広域分布と浅井戸揚水機普及とのマッチングであった。埼玉県の場合、昭和30年代後半から40年頃にかけて、深井戸ポンプの普及が進み、これと同調して陸田地域も自然堤防帯から地下水位20〜30mの台地中央部にまで拡大していった。昭和44（1969）年の大宮・岩槻台地の陸田面積は1,747.8haに達していた（新井鎮久 1970 p77-88）・（新井鎮久 1993 p123-125）。埼玉の洪積台地の陸田造成は、深井戸用揚水機2機を地表と地下3mほどの位置で接続して汲み上げるものであった。

下総台地の場合、水掛りの悪い自然堤防上の畑地は利根川流域では見当たらない。このため他の関東諸県に見られたような陸田の成立・発展過程をたどることも出来ないが、その代わりに、昭和30年代末期から40年代にかけて、行政主導型（農業構造改善事業）の畑地水稲栽培が急速に浮上することになる。スプリンクラー灌漑方式による畑地水稲栽培は、62事業地区1,194haという規模の大きさからみて、ときに100mに達する深井戸からの事業用大型揚水機使用で実現したと考えられる。少なくとも個人用深井戸技術は、この段階ではまだ普及していなかったと思われる。結局、下総台地近辺では、陸田造成上の適地とされる自然堤防帯の発達が見られなかったこと（浅井戸用ポンプ揚水が可能な浅層地下水層が存在しなかったこと）と台地地下水層の深さから、陸田造成の盛んな茨城県西部や埼玉県中川低地帯に近接した野田・関宿方面の一部を除いて、その後も陸田水稲作は不発に終わっていたことが推

第Ⅲ章 東関東畑作の変換点形成とポテンシャル

定される。

畑地灌漑事業地域の分布が、乏水性の下総台地に集中していたことはすで
に再三指摘してきたとおりであり、このことが後々、千葉県とくに下総台地
をして関東屈指の蔬菜生産地帯に押し上げる原動力の一部となったことは、
下記のデータを見るまでもなく間もなく明らかになっていくことである。た
とえば新農村建設事業が昭和30（1955）年代に、また農業構造改善事業が昭
和30年代後半から40年台前半にかけて、それぞれ集中的に畑地灌漑計画を推
進する。この二つの事業地域も前者が90.2％を、また後者は72.4％を下総台
地6郡に展開したのであった『前掲園芸発達史 p593付表』。この後、40年代
後半から50年代にかけての畑地灌漑事業の停滞期を経て、国営付帯県営畑地
灌漑事業の展開期を迎えることになるわけである。

蔬菜栽培における畑地灌漑効果は、干害防止・収穫安定と増収効果・品質
向上などの直接的なものから経営計画の策定に至るまで多くの実績が指摘さ
れている。畑地灌漑効果は、すべての畑作蔬菜に均等に成果をもたらしたわ
けではない。とくに効果の大きい作物を挙げると里芋・生姜・大根・白菜・
ほうれん草・こかぶ・玉蜀黍などであるが、左記の露地ものに対してメロ
ン・苺・トマトなどの施設栽培でも灌水効果はよく知られている。これらの
作物群と栽培方式に西瓜と畑地灌漑水陸稲を組み合わせた輪作体系の導入普
及で、「水稲 Plus 蔬菜栽培」を確立した昭和30〜40年代の下総台地農村では、
経営的な安定と同時に蔬菜産地の比重も一層強化されていったことが考えら
れる。

新農村建設事業、農業構造改善事業さらに減反政策にかかわる転作指導が、
千葉県とくに下総台地畑作農村に蔬菜産地の性格を急速に加重していた頃、
利根川水系に水源を求める国営農業水利事業が動き出していた。成田用水・
北総東部用水・東総用水の畑灌型3事業いわゆる北総3大用水事業の展開であ
る（表Ⅲ-11）。千葉県の核心的園芸農業地帯を形成する海匝地区を対象にし
た東総用水は、昭和49（1974）年着工、同59（1984）年に通水を開始、北総
東部用水は昭和55（1980）年に国営基幹事業が完成している。

これに対して成田用水だけは他の2用水地域と異なり、新東京国際空港建
設の推進という特殊な政治的性格の下での事業展開となった。用水計画の策

第七節　借地型大規模露地園芸の比較地域論的考察

表Ⅲ-11　千葉県営畑地帯総合整備事業実績一覧表

地区名	関係市町村	工　期	受益面積ha	畑灌面積ha	用水事業名
畑灌名古屋	下総	S48〜	70	70	（成田用水）
畑総多古	多古・柴山	S48〜	251	251	（成田用水）
畑総柴山	柴山	S48〜	620	620	（成田用水）
畑灌成田	成田	S48〜	183	183	（成田用水）
成田	多古・柴山	S51〜H06	477	381	（成田用水）
東総一期	銚子・東庄	S55〜H16	282	182	（東総用水）
東総二期	銚子・東庄	S55〜H16	164	114	（東総用水）
東総三期	銚子・旭	S55〜H16	283	197	（東総用水）
東総四期	銚子・旭	S56〜H16	187	186	（東総用水）
東総五期	旭	S57〜H16	60	54	（東総用水）
北総	香取・旭・多古・東庄	H02〜H07	1,421	768	（北総東部用水）
北総二期	成田・香取・多古	S52〜H18	866	517	（北総東部用水）
北総中央一期	冨里	H6〜H27	600	476	（北総東部用水）
北総中央二期	冨里	H8〜H27	557	557	（北総東部用水）
（計）		S48〜H27	6,021	4,556	

農道・区画整理・暗渠排水・水田用水各事業を同時施工
出典：「千葉県農林水産政策課・耕地課資料」（筆者作表）

定は、昭和41年7月の空港建設の始動と連動して、畑地灌漑を中心に4,300haの農地を対象に進められた。昭和48（1973）年水資源開発公団による事業開始、同55年に幹線水路の試験通水を経て、以後、順次4工区において畑灌受益予定面積1,123haの計画に従って工事は進行した。今日、多くの下総台地農村が畑地灌漑用水の利用段階に入っている。

　千葉県の畑地灌漑事業の展開は一貫して下総台地に集中的であった。しかしながら具体的な数字は計画段階あるいは実施途中で少なからず変更され、正確な実態把握が困難な面もみられた。得られた資料の範囲内で畑灌事業規模を総括すると、3大事業の総計は4,556haに達する。畑灌事業は平成初期採択の県営畑地帯総合整備事業の一環として行われ、多くの場合、農道整備・区画整理・暗渠排水・水田用水等の事業をともなうことが一般的である。これらの事業地域の指定条件が、限られた地域の限られた農家階層つまり意欲的な農家層が地域的に集積した地区を対象とする、土地条件の整備改良事業であったとしても、この事業が下総台地農村の生産力向上に果たした意義は、基本法農政下の農業構造改善事業と同じく、以下に述べるように限定的

ながら大きい。

　栽培方法は露地から施設へ、栽培作物も根菜類から葉・果菜類へとその幅を広げた。生産計画も旬の栽培から反復不時栽培へと質的変化を可能にした。労働力配分の適正化も部分的ながら実現した。それでもなお、台地農業の中核は依然として耐旱性作物群である。理由は伝統的作物が生産と流通においてこれまでに獲得したノウハウのもとで依然安定的に存続していること、ならびに畑地灌漑事業が点の存在として台地を広くカバーしきれていないという規模の限界、つまり「担い手育成事業」という選別枠の限界農政下に置かれていることによるとみることができる。少なくとも普及拡大と経済効率・投資効果との接点を再検討してみる価値はあるかもしれない。

　生産力形成条件の整備を通して農家がもっとも関心を寄せているのは用水方法である。用水方法はその目的によって若干異なるが、ときにローテーションをともなうスプリンクラーの間断灌漑やチュウブ灌漑・ビニールホース灌漑が普及し、かつて国営畑地灌漑事業第一号の相模原台地灌漑でみられたような畝間灌漑は、地形的制約と用水効率の面から全く見ることはできない。用水範囲は単に圃場灌漑だけでなく、野菜洗浄器使用水・ブームスプレイヤーによる薬剤散布用水等にも活用されている。なお、畑地灌漑効果や実施上の課題についての指導当局の研究も進んでいるが、この問題については、1980年代以降の千葉県の蔬菜生産実績が語りつくしていると考え、敢えて以下の報告書『北総3大用水地域の畑地かんがいと営農改善方向（畑灌調査結果報告 平成4年）』の紹介にとどめた。

　一方、常陸台地における畑地灌漑の発生史的把握は、下総台地の場合ほどは定かでない。理由の一つは北総東葛地域のような江戸・東京の近郊・外縁地帯としての地理的性格を持つ地域が存在しなかったことにもよると考える。この地理的性格は、江戸市場を対象にした水需要型促成栽培・施設栽培に象徴される集約的・商業的農業地域の成立と無関係ではあり得なかったからである。

　茨城での畑地灌漑は、陸田の普及とともに成立し広まっていった。しかし石井・山本「関東地方の台地利用における陸田の意義 p258」によれば、水稲を陸稲のように栽培する水稲畑灌栽培といわれた漸移型も多かったという。

その後改良され、今日見るような畑地灌漑による陸田が成立するのは1967年頃とされる。茨城の陸田の創設期は1955年頃の出島村と五霞村の事例が考えられているが、後者の場合が形態的に適格と目されている。以下、石井・山本「前掲書 p259」に従って茨城の陸田の推移を展望すると、1961年550ha、1966年5,000ha、1971年10,000ha、1978年14,000haでピークに達する。対水田比は実に13.4%を占めるに至った。時系列的な動向に対して地域的な動きは、陸田集中地域に限ると陸田率30%前後の高率分布地域が水戸周辺と県西地域に二分され、その他の地域では、小面積ながらほぼ全県的な分布が見られる。

　陸田の成立には地域性があるが、茨城の集中的成立地域の場合は、かつての陸稲卓越地域・畑地率の高い地域と重なることに加えて有利な商品作物を持たない地域であることなどを総合的に勘案すると、皆畑型農村における飯米自給的性格以上に、価格保証制度で支持された米価の経済性が高く評価されて生産農家が急増したものとみられる。陸田経営は、畑方農村の経営安定に大きく寄与することになっただけでなく、田畑複合型農村にとっても、当時急速に普及していた農業用機械とくに米作関係の機械器具の使用範囲を広げ、機械化貧乏が社会化する状況の中で、減価償却に果たした意義も大きい。ただし駒場浩英（1992 p31-32）は減反政策期以降の陸田分析において、粗放的な陸田経営に内在する特徴的な性格から、周辺での労働市場の集積と対応する兼業農家の維持機能と専業的蔬菜作農家における労働集約部門の維持機能を抽出し、結果としての専・兼農家の存続効果を指摘している。

　ここで問題としたいのは陸田経営の経済的評価ではない。必要なことは減反政策以降の陸田の行方つまり蔬菜栽培にどう影響を及ぼしたかである。灌漑施設を個別に併設するだけに、干害常習型の洪積台地を中心にした陸田転作の影響は無視できないと考えるからである。前記石井・山本の論考に従って結論だけ紹介しよう。転作作物の選択は、地域、農家の属性、陸田の土地条件などによって多様性を帯びている。兼業化率の高い都市近郊での省力作物選択、水田化以外の用途が見出せない休耕田選択、特化作物栽培地域での延長選択、新規創出の商品作物選択、補助金支給額次第の選択などである。このうち蔬菜生産の地域的拡大にかかわってくるのは、特化作物の延長選択

第Ⅲ章　東関東畑作の変換点形成とポテンシャル

と新規商品作物の創出と考える。以下、特化作物への専門化傾向を示す市町村について簡潔に整理してみる。旭（メロン・甘藷）、結城（干瓢）、協和（施設果菜）、八千代（メロン・白菜）、境（キャベツ）、那珂湊・勝田（甘藷）などがとくに目立つが、その外にも茨城（落花生・メロン）、笠間（栗）、鉾田（メロン・牛蒡・甘藷）、小川（韮）、岩間（花卉）、大子（蒟蒻）、波崎（ピーマン・花木）、北浦（芹）、玉造（苺）、牛久（梅）、下妻（梨）、岩井（葱・レタス）、総和（南瓜）、真壁（西瓜）などが挙げられている「前掲．関東地方の台地利用における陸田の意義　p261」。

　これらのすべてが陸田転作の結果とは言えないが、石井・山本はおよそ三分の一が陸田転作に由来すると推定している「前掲書 p260-261」。水田・陸田の如何を問わず、蔬菜産出総額に及ぼす転作の影響は小さくないとの考え方に異論はない。その点、前掲書は「鉾田町の台地利用の高度化は、陸田の転用を重要な契機として実現されてきたと考えることができる。」とし、さらに「陸田の性状、投資の背景等から収益性の高いメロンなどの施設園芸や、施設園芸との組み合わせ作物（前者集約部門・後者粗放部門）としての甘藷・牛蒡の栽培に転用された」と結んでいる。両者とも鉾田の代表的作物群であり作型である。

　この考察から受ける印象は、1978年以降の水田利用再編事業による水田転作の効用が、一面的把握にとどまっていることへの懸念である。たとえば筑西地方の場合で考えてみたい。筑西の陸田農村における支配的な経営類型は、価格的に高値安定し、労働力投入量とその配分も比較的合理的な「陸田経営プラス蔬菜作」ないし労働節約効果が高く、装備資本の減価償却でもより経済的な「陸田経営プラス水田経営」の二つの類型に括ることができると考える。あえて大まかに区分すれば、前者は畑方農村の専業的農家群であり後者は田方農村の兼業的農家群であるということも可能であろう。

　これに対して、水稲減反政策期以降の水陸田の強制的転用は、従来型の経営を後退させ、かつての白菜専作農家の轍を踏み越えて蔬菜専業経営農家への転身を選択するか、あるいは多数派と考えられる兼業収入に一段と傾斜した農家経営への選択を迫ることになったみることができる。このことに関連して、永田恵十郎も、猿島台地の陸田造成を所得機能と兼業化機能の視点か

420

第七節　借地型大規模露地園芸の比較地域論的考察

ら考察し、その際30年代前期と後期の陸田評価は大きく変質し、兼業機能を
さらに強めていることを猿島台地の事例で指摘している「地帯別に見た関東
東山農業の構造と課題 p262」。こうした重大な選択を経て、八千代に代表
される筑西地方の借地型大規模露地園芸農村は成立したと考える。この場合、
借地大規模露地園芸農村成立の陰に、規模拡大農家の借地要請を受け入れ
た中小農家層で兼業化の深化、換言すれば工業団地の造成→農村労働力の流
出→遊休農地の発生を象徴的契機とする経営階層の現代的分化が、一段と進
行したことを見落とすことはできない。石井・山本論文を一面的把握（表
現）として懸念する理由の一端である。

　一方、那珂川流域の沖積微高地に成立し、水戸近隣に普及拡大した県北陸
田地帯は、筑西地方と同様に陸稲栽培地域でもあった。発生初期段階では恵
まれた水利条件と経済性に自給的評価も加味されて地帯形成をみたと考えら
れるが、その後急速に進んだ都市化と兼業機会の増大にともなって、労働力
流出に見合う畑地利用方式としての陸田化を選択する農家も少なくなかった。
支持価格制度で高値安定していた米作りには、相応の魅力があった点も助長
要因の一つになったことが考えられる。当時は陸田化による発生余剰労働力
を労働集約的な施設園芸や露地栽培の拡大に振り向けようと考える農家は、
水戸周辺の農村では限られていたようである。当然、減反政策にともなう転
作指導も蔬菜栽培技術と販売経験を欠く地域では十分実を結ぶことはできな
かったことが想定される。むしろ水戸の経済圏に包括された那珂川流域農村
地帯での転作による陸田経営の崩壊は、農家経済の維持と労働力の完全燃焼
のために労働力の一部を農業外へ放出させる結果となった。平成初期に始
まった那珂川沿岸用水事業の展開と付随する県営耕地整理や畑地灌漑事業も、
都市化にともなう農地の蚕食で、勝田・那珂湊の事例でみるように、甘藷以
外の作物に地帯形成を進展させるほどの将来展望を期待することは、困難な
事態と思われる。甘藷栽培が用水需用を必須条件にするとも考えられない。
この点については、下総台地成田市大沼地区における甘藷専作農家での聞き
取り調査ですでに確認されている。

　個人的あるいは集落レベルの組織的事業として畑地灌漑や陸田化が展開し
ていく間に、遅ればせながら蔬菜生産と畑作基盤強化のための行政の動きが

第Ⅲ章　東関東畑作の変換点形成とポテンシャル

表面化していた。昭和36（1961）年3月、農業基本法案の策定審議を機に茨城県でも茨城県総合振興計画（大綱）を作成した。その際、第二部　産業振興策の項で、「本県は東京都の至近距離にあって、農林産物の大市場を手近に控えているため、県南西部の一部地域においては、近郊蔬菜・果樹などの生産が割合多くみられるが、全県的には、米麦などの穀作中心の農業が行われていて、園芸作物・畜産などの集約的生産部門は、相対的に立ち遅れている。」と高度経済初期段階の茨城県農業を総括している。さらに生産対策として「従来は、ややもすれば、水田を中心に米の増産に直接結びついた事業に重点を置く傾向が強かったが、今後は田畑輪換を含め畑地灌漑など畑地の改良も積極的に進め、畑作の進行に資するものとする。」『茨城県農業史　第七巻　p157-161』。この一文から明らかなように茨城県の置かれた農業的地位を直視し、そのための努力目標が初めて現実と嚙合う形で提起されたといえる。とくに注目すべきは野菜生産のための畑作重視と畑地灌漑の実施が、県政史上初めて行政課題化された点である。画期的な方針表明であった。

　この大綱策定に関連して同36年に「農業協同組合合併促進の基本方針」が作成され、そのなかの生産対策として「昭和55年度までに、県西部、霞ヶ浦周辺台地、那珂川沿岸台地等に見られる水源不足状態を解消し、大規模な畑地灌漑を導入するとともに体系的な圃場整備事業を全面的に実施する。」『前掲農業史　p245』ことが打ち出され、畑灌緊急必要地域の事業計画が具体化されることになった。その後、昭和末期から事業化された霞ヶ浦用水事業地域を始め、ほとんどの地域が事業対象として網羅されていく日を迎えることになる。

　ここに昭和42（1967）年から平成30（2018）年までの4国営用水事業地域内の計画を含む茨城県営畑地灌漑事業（総計1,904ha）が稼働を開始した。下総台地における事業規模に比べると半分にも満たない状況である。表と整合しない箇所を含むが、茨城県営畑灌事業の具体的内容は鹿島南部が1事業区432ha、石岡台地が3事業区69ha、霞ヶ浦用水が23事業区1,139ha、那珂川沿岸が6事業区264haである（表Ⅲ-12）。最大規模の霞ヶ浦用水事業は、霞ヶ浦の湖水をポンプアップして筑波山地を暗渠で送り、さらに北条から結城に西送する。その間数条の支線で南流させ事業区を灌漑する大事業である（霞ヶ

第七節　借地型大規模露地園芸の比較地域論的考察

表Ⅲ-12　茨城県営畑地帯総合整備事業実績一覧表

S42～S63		H01～H05		H06～H10		H11～H15		H16～H20	
波崎西部	432								
岩間南部	13								
安静	89	関本	92	逆弁	32	菅生	33	中結城	48
豊里中部	22	豊里東部	42	谷田部北部	43	寺久・三	65	西生子	12
下結城	141			借宿生子	92	江川新宿	19	尾崎北部	62
上野沼北部	122								
岩井北部	79								
		飯富岩根	78			東中根	29	下伊勢畑	23
								三美	14

H21～H25		H26～H30		国営事業名
				鹿島南部
東成井西部	28			石岡台地
上小岩戸	28			
鴻野山	17	坂東二期	39	霞ヶ浦用水
坂東中央	37	富田	37	
柳河	89	山田	46	
栗山	37			
半谷・沓掛	43			
		荒谷	31	那珂川沿岸

数字は事業規模を示す　単位：ヘクタール
地名は施工地区名を示す
出典：「茨城県農林水産部農地整備課資料」（筆者作表）

浦用水事業計画一般平面図）。

　畑地灌漑事業の地域展開状況は、陸稲栽培率と陸田率がもっとも高い県西地域への集中傾向がきわめて濃厚である。ここは野菜販売金額が全販売金額の80％以上を占める野菜農家のうちでもとくに露地野菜販売農家率の高い八千代・坂東・境・結城・土浦を擁するいわゆる借地型大規模粗放園芸地帯の一角に相当する近代的農村でもある。一方、主として鹿行台地に展開する鉾田・行方・神栖・茨城・かすみがうら・筑西・小美玉等では、施設園芸農家の比率が高く、ここも茨城の近代的農村地帯となっている。なかでも核心的施設園芸地域の鉾田（メロン・甘藷・牛蒡・軟弱野菜）、旭（メロン・甘藷）、

423

第Ⅲ章　東関東畑作の変換点形成とポテンシャル

神栖（ピーマン）では、施設園芸農家率が50％前後を占めている。また鉾田、行方、小美玉等では借地型大規模露地園芸農家の成立も多く、一般に労働粗放的性格の濃厚な甘藷を基幹部門にして後作に牛蒡・人参・大根等の根菜類が副次部門として結合される。

　ここに一つの懸念される地域がある。行政主導の畑地灌漑事業の展開例を波崎西部地区以外に見出せないことである。波崎西部地区を含む鹿島南部用水事業は、成田用水事業と同様に、明らかに鹿島開発促進対策事業の一環である。結果、農業生産活動の活発な鹿行台地は、畑地灌漑事業の空白地帯となっている。鹿島臨海工業地帯開発との関連に基づく農業投資の棚上げとしたら認識不足も甚だしい事態である。用水需要を必須条件とする施設農業地帯としては、「らしからぬ」皆無の状況を呈しているが、その分、陸田成立期の灌水施設と過去の個別的導入実績が有効に機能していることも考えられる。

　それでも鹿行台地の露地園芸は、いずれも耐旱性の強い作物選択によって干害発生の回避に努めている。施設園芸では、メロンの後作にトマト、隠元、長芋・軟弱野菜などが配置され、年間労働力配分の合理化と所得増収効果を実現している『旭村の歴史 通史編 p744-755』。施設農家と露地農家は、経営耕地規模の差による「棲み分け」傾向を認めることができる『前掲村史 p750-751』。労働集約的な施設園芸と労働粗放的な露地園芸の同時経営を、巧みな作物選択・労働配分と東南アジア系農業研修生雇用によって実現している農家も見られ、規模の差に基づく対応パターンの成立を指摘することができる。この指摘は行方の場合にも一層明瞭に存在し、1）甘藷（大規模型農家）、2）露地蔬菜園芸（中規模型農家）、3）施設園芸（中小規模型農家）、4）養豚の4類型に区分することが容易であるという。農業研修生は、1）と3）に比較的多く配置され、両部門とも労働力配分の合理化と研修生の年間雇用にロスが少ない経営内容であるとされている（JA茨城旭村・JAほこた・鹿行農林事務所経営課）。

　経営規模別の対応パターンの成立は、畑地灌漑を基本とする綿密な営農計画の策定によって可能となる。しかし農家の多様化と地形的制約で、灌漑事業規模が狭小でかつ受益農家も限定的である、という現実がこれを阻んでい

るのもまた確かなことである。その点、近年、葉菜や花卉栽培の進行を支える下総台地の畑地灌漑事業実績も、新東京国際空港がらみの政治的配慮に負う部分が少なくないという現実を直視する必要があるだろう。なお、茨城県の畑地灌漑効果に関する報告は、茨城県霞ケ浦用水事業推進事務所作成資料「逆井地区、借宿生子地区、安静地区」・那珂川沿岸農業水利事業推進協議会他作成資料「畑地灌漑営農事例 "露地型"」・茨城県西農林事務所作成資料「畑地灌漑実証の成果」・茨城県農地課作成資料「うるおいの畑」等に粗密混成で記載されている。畑地灌漑推進事業の普及啓蒙資料とはいえ、負の効果も地域農業・農民のために正確に記録されたいものである。

2. 常総台地農村の借地型大規模露地園芸の相違点と農民気質

常総台地における農業的土地利用の特徴的性格　　常陸台地と下総台地の農業的な主要共通点を箇条に挙げると、1)開析谷の水田利用以外に、近世の土地利用は平地林地帯の林畑経営と薪炭主体の平地経済林林業が目立っていたこと、2)近代では、維新期の過酷な開墾過程とその後の地域性をともなう穀菽農業プラス甘藷栽培・養豚経営・製茶・養蚕等の商品生産がみられたこと、3)近現代については、維新期開墾と表裏の関係の下に成立した開墾地主小作制ならびに松下デフレ下に多発する近代的地主小作制の進行下に置かれてきたこと、4)多数農家の小頭飼育いわゆる零細副業的な養豚経営を切り離して蔬菜生産を選択したこと、5)借地型大規模露地園芸と施設園芸からなる日本屈指の蔬菜園芸地帯が形成されたこと等である。

　一方、著しく異なる点としては、近世の百姓一揆が常陸台地なかでも水運に恵まれ、畑方で商品生産の進んでいた県西地方に集中的に発生し、昭和恐慌期の小作争議も同じく養蚕が進展していた県西地方と甘藷中心のきわめて貧しい鹿行台地北部で激しく展開した。対する下総台地では、中小地主大鐘家をめぐる激しい争議と大地主鍋島家・西村分家をめぐる小作争議以外に特記するほどの事例を知らない。東関東洪積台地農村県のうち、栃木2,000件、茨城1,500件に対して千葉はわずか831件の争議件数にとどまっていた。また商業的な蔬菜生産では、下総台地農村が近世末期に製茶業を展開して以来、東京市場出荷のための出荷組織の共同化をはじめ鉄道・貨物自動車利用等生

第Ⅲ章　東関東畑作の変換点形成とポテンシャル

産と出荷の両面で、一貫して常陸台地農村に先行することになる。近世期、水運に恵まれた常陸台地の村々は、近代化の中で逆に水の隔離機能で孤立化し、高度経済成長期の架橋実現まで東京出荷と蔬菜産地形成を阻害されることになる。

　さらに補足すれば、常陸・下総両台地の自然条件には相違はほとんど見られないが、土地利用の歴史的過程では下総台地が首都との近接性から幕府牧や軍用地帯として収容され、近郊農業地帯としての発展を長期・広域にわたって停止されることになる。反面、常陸台地では、高度経済成長期の筑波研究学園都市開発や鹿島臨海工業地帯建設が、また下総台地では、中央平坦部での新東京国際空港建設が推進されるなど、それぞれの立地条件が評価された結果としての事業展開がみられた。

常総台地農村の借地型大規模露地園芸の異質性　　常総両台地農村における借地型大規模園芸について総括すると、以下のように纏めることができる。ただし、ここでは両県の畑地面積の大部分が洪積台地に分布するものとみなし、2010年世界農林業センサスに従って総括した。まず台地農業を展望すると、1戸当たり平均経営規模の比較では常陸台地農村が若干多く、専業経営体率では下総台地農村がやや上回る。このことを単純に解析すると常陸台地農村では土地依存型農業つまり借地型大規模園芸農業の進展が考えられ、下総台地農村では、都市化の浸透と近郊農業の展開が相対的に早く、したがって農業経営基盤の後退も進んでいることが推定される。この傾向は大規模経営体率の下総台地3.6％、常陸台地4.3％にも微弱ながら反映されている。高額販売経営体率では両者とも特段の相違は認められない。違いはむしろ畑地借入状況と労働力雇用状況に判然と表れてくる。

　そこで両台地畑作経営における労働力の雇用状況についてまず確認しておきたい。結論的に述べると、常陸台地農村では労働力を雇用する経営体率は下総台地の場合より若干少ないが、反面、一経営体当たりの雇用者数は多い。のみならず、東南アジア系研修労働者の採用数もかなり多い。この二要素に常陸台地農村の露地栽培農家率が若干低いことと施設農家率がやや高いことを考慮すると、1980年代の常陸台地農村（茨城）が施設園芸型産地で、下総台地農村（千葉）が露地園芸型軟弱蔬菜産地の傾向を示すとする見解ならび

第七節　借地型大規模露地園芸の比較地域論的考察

に前者を首都圏中間地帯型農業県とし、後者を内帯型農業県とする類型化の試み「農産物の需要形成と地域農業および流通（山口照夫）p122-128」は、30有余年を経た今日でも一応有効であるということになる。

　しかし問題はこの数字のマジックの向こう側に存在する。問題とはこうである。常陸台地主要11市町村における借地経営体数4,500（41.3%）と借地面積7,531ha（68.0%）の実数を大規模経営体の実数1,344（42.9%）とつき合わせて直視すると、そこには軽視することのできない質量をもって、借地型大規模露地園芸地帯の性格が浮上してくる（括弧内は対県比率）。ちなみに下総台地主要9市の数値は借地経営体数3,693（47.3%）、借地面積3,338ha（42.8%）、大規模経営体数969（48.5%）である。さらに1借地経営体当たりの借地面積を見ると常陸台地農村の1.67haに対して、下総台地農村ではほぼ半数の0.90haとなる。ここで初めて相対的な数値だけでは把握しきれない両台地農村の絶対的な違いが、1経営体当たりの借入規模の差を通して明らかにされたことになる。

　同時にこのことから、神栖・鉾田等の施設園芸依存度のきわめて高い農村地帯を以って、常陸台地農業を一般化するような地域認識に対して再考する必要があると考える。換言すれば、常陸台地農村を施設園芸に特化した農村として捉えるだけでなく、雇用労働力の導入をともなう経営規模の外延的拡大指向の強い、したがって借地型大規模露地園芸農業地域として、常陸台地農村こそ東関東洪積台地農業を象徴する農村地帯であると理解することが出来る。

　この見解を傍証するのが一経営体当たりの高い延べ雇用労働力の採用者数（常陸台地農村316.1人日、下総台地農村223.2人日）であり、東南アジア系研修労働力の採用状況である。加えて下総台地農村における畑地借入の多くは、近隣農家との地縁性に基づく相対関係によって成立する傾向が強いことに比較して、常陸台地農村では鉾田市旭地区や八千代町に見るごとく、ときには隣接市町村を飛び越えたところまで出作り圏を拡大している。この積極性に裏付けられた常陸台地農村とりわけ鹿行北部地域・筑西地域対下総台地農村との相違はどこに起因するのか。この一点について、千葉・茨城両県の農政関係当局（本庁農林水産部・出先農林事務所・市町村農政所管部局・JA営農指

427

導課）の職員にあらゆる機会をとらえて質問を試みた。多くの答えは不明ないし県民性に起因するかもしれないという漠としたものであった。そこで農民気質について以下の検討を試みた。

常陸台地農村の借地型大規模経営の積極的展開と農民気質　　常陸台地農村とくに鹿行台地北部地域と筑西地域における借地型大規模露地園芸の積極的な展開要因について考えてみた。一つは下総台地の農村では都市化の波を受けて農業生産要素の流出と営農基盤の弱体化が進行し、結果、相対的に常陸農業の地位上昇—大規模化の進行—が顕在化したと考えた。この仮説は、現地調査が進むにつれ、北総台地と臨海部に限定された地域現象であって、下総台地の主要農業地域は健在である、という実感のもとに経済的分析はひとまず棚上げされた。残る条件は、平地林の存続と開墾事情ならびに県民性・農民気質に関与する歴史的背景と心理特性の検索と証明をクリアーすることであると考えた。

　まず歴史的背景から検索をしていこう。常陸台地の筑西地方は、水戸藩の一国支配地域と異なり「概して小藩が多く、これに幕府領・旗本領が複雑に混在し、いわゆる相給地が通常のことであった。俗にいう主権統治の貫徹が困難な非領国的な地域が形成されていたわけである。こうした支配形態が300年近く続いた結果、政治・経済・文化の上でそれなりの地域性が出てくるのは当然のことあった。なかでも「第一節3項」では、筑西地方の近世農業開発の多くが農民・町人層によって推進されたことから、農民層の社会的・経済的主体性と自立性の形成を指摘し、さらに「第二節2項」では、近世の筑西地方の百姓一揆について、他の多くの一揆が凶作・飢餓を原因として発生しているのに対して、自己の経営発展を阻む権力に対する抵抗の表現いわば反権力闘争の性格が見られることを取り上げた。こうした農民たちの自立性や反権力的な性格が、以下に述べる近世農村荒廃期の筑西一揆の動因にも共通している点には、十分留意する必要があると考える。

　明治期を迎えると鬼怒川流域を中心とする筑西地方に自由民権運動の活発な展開がみられるようになる。自由民権運動の展開は、言論活動を通して、経済活動あるいは東京方面との文化交流も盛んに行われたことを物語っている『茨城の歴史 県南・鹿行編 p1-2』。近世中期以降、筑西地域では、大地

主・大商人のほか数多くの文化人・知識人を輩出した。この地方固有の地勢や歴史を背景とする農民的商品生産や農業生産の高まりによって土地や資産の集積が進み、物資の流通を通して中央文化の流入による地方文化の向上など多くの要因と結果が生まれた『茨城県の歴史　県西編　p4』。さらに茨城県史『近現代編　p69-70』でも県西（筑西）地域について、「早くから利根、鬼怒、小貝川の水運が開け、東京との結びつきが深く物資の流通、文化の流入も盛んで、県下ではもっとも進歩的な地域である。とりわけこの時期広大な養蚕地帯を形成しつつあり、したがって農村は商品経済、貨幣経済の波に洗われていた」、とその地域性を述べている。

　その結果、県西南地域では、「敏捷で進取的な気風が育まれていた」ことを指摘し『前掲県史＝近現代編　p21』、さらに恐慌下の争議多発についての分析で「西部畑作地帯では養蚕を中心とする商業的農業が発展する中で、農民の自覚が成長した」ことを認めている『茨城県史＝近現代編　p537』。

　以上いくつかの茨城県史指摘事項を整理すると、地域性の成立を歴史的事実としてまず肯定し、そのうえに県西地域の農民意識を形成し支配する社会的・経済的・文化的特質について論及している。要約すると、県西（筑西）地域では、近世以降の水運の便と自由民権運動の高揚を通して経済的文化的発展を成し遂げ、県下でもっとも高度な政治的自覚と経済的社会的行動力のもとに敏捷で進取的な気質を体得している。昭和恐慌期の小作争議も、養蚕地帯の県西地域と貧しい甘藷作地帯の鹿行台地北部にことのほか激しく展開した。いわば自小作農の上昇によって形成された中農層と自作地主層によって農民階層の主部が構成され、彼らによって商業的農業活動の中枢が担当されてきた筑西地域『茨城県史＝近現代編　p531』に比較すると、鹿行台地北部農村では、かなり大きな経済力格差が生じていたことが考えられる。

　この性格の異なる地域において、かたや成長した農民の自覚と高められた階層意識に基づいた小作争議が発生し、かたや貧しさを背景に生存権をかけた小作争議が多発することになる。後者において貧しさの中に芽生えた階級闘争意識、言い換えれば貧困からの離脱を悲願に掲げた行動的な農村地帯の歴史的性格（第四節3項）は、やがて戦後の農地改革における常東農民組合主導の苛烈な未墾地解放闘争となって全国にその名を轟かせ、同時にその後の

先進的農業地域形成の原動力になったたことは推察に難くない成り行きであろう。この相異なる上向意識を育てた地域の性格が、高度経済成長期以降も存続し、少なくとも借地型大規模露地園芸地域の成立に向けて、指導的機能の一端を発揮することになったものと考える。

　一方、戦間期の関東都県の小作争議の発生件数をみると、栃木2,053件、群馬1,635件、茨城1,518件、埼玉1,405件に対して千葉はほぼ半数の831件にとどまっている。神奈川も千葉に準じた数値である。その争議発生件数の推移は、いずれも昭和恐慌期の激増を経験している『茨城県農業史 第三巻 p11』。茨城県西部における昭和恐慌期後半の小作争議は、小作料減免から耕作権をめぐる闘争に変質していった。当然闘争は激化の一途をたどった。たしかに当時の茨城には中小地主が分厚く存在し、結果、農地改革後も彼らの支配力は根強く残り、農村民主化の著しい妨げになるほどであった『茨城県農業史 第六巻 p9』。いずれにせよ小作争議の変質は、小作農家の意識レベルと無関係ではない筈である。

　他方、常総台地最大の千町歩地主西村家の基本的小作管理方式は、小作農家の経営安定、生活安定を地主経営の安定策として内部化するというきわめて穏健な姿勢であった。その後、農地改革に際して「時の流れに従うだけ」という一言を残し沈黙を守った西村家当主の態度が象徴するように、千葉県の農地改革は、茨城と異なり「改革の実施は、ほとんど地主側の抵抗なしに進められた」のであった『千葉県の歴史 通史編近現代3 p202』。千葉県農村の穏健性は農地改革に限らず、戦間期の小作争議件数の少なさにも認められる。こうした茨城・千葉両県農村における対応の差が、相異なる上向意識（競争心を前面に押し出した前進型社会と横並び一線的な漸進型社会）を形成する社会的要因の一つとなったものと推定される。具体的には階級闘争における常総台地農村社会の対応の差が、その後の借地型大規模露地園芸の展開に際して、前者常陸台地西部・東部の積極的前進型社会と下総台地の漸進型社会の成立基盤となったものと考える。

　農民意識、県民性という人間の考え方や行動規範を通して、社会的事象を証明することは、一般的に大きな困難をともなうことである。そこで階級闘争の中にみられた対応の差─異なる上向意識─に次いで、下総台地農民の生

き方や考え方を通して上向意識を規制する心理特性の補完的考察を試みてみよう。

千葉県教育百年史『第4巻 p93-97』を瞥見すると、昭和14年当時の千葉県民性に関する小学校校長会の報告書に、長所の一部として「明朗快活・淡白で物事に拘泥せず」「概して素朴単純なり」「常識に富み、包容性を有し、術策なく、社交的なり」という指摘がみられ、短所として「積極的発展的なる気力に乏しく、堅忍持久力なし」「生活安易なり、雷同性強し」等の文言を見ることができる。

三浦茂一・長谷川祐次（1982 p54-59）論文では、大正6年の千葉県中等学校校長会作成の風習改善案から、「進取的気性の涵養に努めること」・「刻苦勉励堅忍持久の気風乏しきこと」等の改善目標の抽出が見られ、また同論文所収の佐倉連隊連隊長から山県有朋に提出された報告書には「付和雷同萍草然たると存じ候」・「土地豊饒にして産物多し、人口に比して面積多大、皆小成に安んずる気味あるがごとし」・「細民も割合と少なきと、生活の容易なるとにより、破壊的の危険思想社は見聞せざるところに候」などの記述がみられる。なお『千葉県の歴史 県史12 p8』には、宮城音弥の見解が引用され「生え抜きの千葉県民の気質は分裂質で、性格は弱気、性格の特性は保守的、理想家肌、悲観的、礼儀正しくない。」などの指摘がなされている。併せて同書では、千葉の県民性について「半島であるが故の開放性と閉鎖性」も取り上げ、千葉県民性の一般化の難しさにも触れている。

以上千葉県に関する近現代の県民意識論を、下総を含めた一般論として取り上げたものであるが、東葛地域や京葉地域以外の農村部では県外からの移住者は少なく、したがって戦前の農村社会・農民意識は著しい崩壊変質を免れ、基本的には現代まで存続しているという理解と前提の下に本論稿はまとめられたものである。結果、両論併記的な見解もあったが、千葉県教育百年史の分析結果と印旛農業事務所普及指導員の言葉「突出することは好まず、横並び一線的な行動を選択する傾向がある」が、本質的に共通することから、下総台地農民が大規模営農展開過程において、常陸台地農民に若干水をあけられていることに対するもっとも説得力のある見解の一つと考えた。同時に近世以降の歴史的に形成された社会的性格の差、つまり常陸台地農村社会の

第Ⅲ章　東関東畑作の変換点形成とポテンシャル

積極的前進型と下総台地農村社会の漸進型もそこに暮らす人々に影響を及ぼし、上述のような上向意識を規制する心理特性を作りだしたことも理解できることである。

　最後に多くの資料が、下総台地農民を含む千葉県人の性格や意識形成は、東京の強い影響下に置かれてきたことを抜きにしては語れないこと、ならびに豊かな自然に恵まれて生活も比較的暮らしやすい土地柄であったことを、異口同音に指摘していたことを付記して小括としたい。

結語　東関東畑作農村の近代化と後進性の逆転

【常総台地畑作の近代化過程】

　近世後期～明治初期までの常総台地農村では、主に穀菽類・根菜類・樹木作物が栽培されてきたが、商品経済の浸透に対しては、農産物の窮迫販売以外に恵まれた水運を利用し、平地経済林林業の所産としての薪炭類の生産で対応する傾向が見られた。農業近代化の曙光は常陸・下総両台地ともに彼方の存在であった。

　明治維新期、士族授産と東京の窮民救済のための常総台地開墾が各地で推進されたが、事業は難航し、入植者たちの離脱退転が後を絶たなかった。その後、事態の収拾と解散処理をめぐって開墾会社や開墾結社の社員・指導者の地主化が随所で進んだ。一方、開墾地主の成立に加えて、地租改正と松方デフレ政策を契機に土地を集積した地主層が、常陸台地中・南部と下総台地中央部を中心に農民の半ばを小作層として把握し、地主社会を形成することになる。台地農村社会にとって負の遺産となる近代的地主―小作関係の成立と一般化を意味するものであった。なかでも下総八街村の徹底した地主制社会の形成と大規模小作農家の出現は、当時の台地農村を象徴する社会的状況であると同時に、後者の農業形態には現代常総台地農業の原型母体の発生を垣間見ることができる。いわば大規模小作経営の姿から、低位生産力台地における農業近代化の先駆的・本質的状況を推定することが可能となった。

　近世末期に製茶・養蚕・煙草栽培等の商品生産が、輸出事情を背景にして急速に進行するが、一般に言われるような農業近代化の確証としてこのこと

432

結語　東関東畑作農村の近代化と後進性の逆転

を認定するには、流通面での桎梏の存在がこれを阻んでいると考える。端穀
買いや問屋傘下の仲買人による巡回集荷流通は、依然、前近代的な段階にと
どまるものであり、生産と流通の跛行的進行を近代化とするには、状況は未
成熟な段階というべきであった。この状況は後述のように、陸の孤島の常陸
台地農村にことのほか根強く残存することになるが、下総台地農村では東京
近郊農村的色彩を帯びるにつれ、農産物流通の近代化は比較的早期段階に訪
れることになる。

　明治中後期以降の常総台地畑作の近代化は、京浜地帯における産業資本の
集積と東京市部の人口集中にともなう農産物需要の急速な増大によって高度
な展開を遂げていく。生産的な側面における近代化は、この時期から農村恐
慌期にかけて千葉・茨城での鉄道網の骨格形成と貨物自動車の普及で加速さ
れ、流通的側面における近代化は、近代的輸送手段と産地農家を結ぶ組織的
出荷団体の形成を媒体にしてその機能を高め、東京市場からの中距離近郊外
縁型地域での産地形成に少なからず貢献することになった。なお、茨城と千
葉では鉄道網の普及発達過程には特段の相違は見られないが、茨城の自動車
普及はかなり後発的とみられ、それまでの農産物流通は鉄道・水運利用の県
内外折半需要型を推定するにとどまっていた。

　昭和初期の地元産地市場ならびに府下・市内市場へのリアカー・馬車・鉄
道・貨物自動車等による農産物輸送実績を1938（昭和11）年の東京中央卸売
市場蔬菜取扱高からみると、東京都22.3％、埼玉県19.0％、千葉県16.8％が
示すように、千葉が3位で茨城は名前も浮上してこない。このことは両県と
も鉄道交通体系はほぼ同レベルで整備されたと見ることには異存はないが、
茨城の農産物移出県としての相対的地位は低く、当然、常陸台地の蔬菜栽培
も発展期に達していないことを示していた。茨城では千葉の場合でみたよう
な農産物出荷団体の成立も特段見られず、他地方への出荷団体経由の移出例
も農村恐慌期に県西地方の一部農村が東北線利用で移出した記録を見るにす
ぎない。産地形成が遅れた理由の一つは、利根川・霞ケ浦等の河川湖沼の地
域分断作用によるところが大きく、自動車輸送の隘路となったことがしばし
ば指摘されている。茨城のおかれた千葉の外接圏という時間的・経済的距離
のハンディキャップも当然考えられる。その点この時期千葉では、東京の下

433

第Ⅲ章　東関東畑作の変換点形成とポテンシャル

肥配給を利用して、埼玉とともに北総を中心に蔬菜栽培が活発に展開され、近郊蔬菜供給地域の地位を確立していった。

そもそも千葉の蔬菜生産は明治中後期に総武線・常磐線で、また戦間期には貨物自動車でそれぞれ東京出荷が成立しており、茨城のようなローカルな蔬菜流通ではなかった。産地の性格も東京市場からの距離に応じて、北総の個別対応型、下総中東部の鉄道対応型、中間の千葉周辺の貨物自動車対応型に分類でき、さらに東葛地方の個人的市場出荷・東京行商出荷に分けることができる。常総台地の蔬菜園芸発達史の中でもっとも大きな特徴は、下総台地に一日の長が認められたことであろう。

その後、戦後～昭和30年代前半までの台地農業では、食糧難を反映して陸稲・麦類・雑穀類・芋類・豆類等のエネルギー食品主体の普通畑作型農業がもっぱら行われるが、高度経済成長期に入ると、需要の増大と基本法農政下の選択的拡大再生産政策に乗って、台地農業の軸足は完全に蔬菜生産に向けられていった。常陸台地の蔬菜生産が急速にその地位を高めるのもこの段階であったが、蔬菜栽培の発展を支えた芽吹大橋（昭和33年）と境―関宿大橋（昭和39年）の架設効果は顕著であった。こうした利根川架橋効果は二つの面で茨城県の孤立的性格を変革することになった。一つは農産物搬出における閉鎖的環境を解除して蔬菜生産の発展をもたらし、他の一つは産業資本の急速な浸透が相次ぐ工業団地の進出となって表面化した。結果、東京都中央卸売市場への蔬菜出荷シエアーも1位千葉・2位埼玉・3位茨城と順位を入れ替えていった。

「はしがき」の「研究課題」認識で詳述したように、昭和30年代は、養蚕の不況を主因として西関東の先進農業地域がその地位から後退するときである。養蚕の後退はかなり長い日時をかけ地域性・階層性をともないながら進行した。西関東の核心的養蚕地帯は、本来的に田、畑、桑園からなる複合経営地帯であった。この経営形態を反映して、養蚕農家の一部には養蚕不況対策として開田（支持価格制度下の有利な米つくり）を指向する動きも少なくなかった。この時期（1960年代）に施行された鏑川・神流川（埼玉北部）・荒川中部などの西関東国営農業用水事業の目的に田畑輪換と桑園灌漑が据えられ、地域農民の短期観測的な農村将来像を反映するものとなっていた。高度経済

結語　東関東畑作農村の近代化と後進性の逆転

成長期以降の関東畑作を象徴する蔬菜産地化の動きは、この段階ではまだ西関東に明確には見られず、生糸価格の低落にともなう養蚕経営の将来に危機感を抱く気配も十分浸透したものではなかった。

1971（昭和46）年施工開始の渡良瀬川沿岸農業用排水事業の一環として、藪塚台地畑地灌漑事業が具体化する。この段階に来て初めて、養蚕農家の経営転換対象として蔬菜栽培が農政の中で明確に位置つけられ、その後の蔬菜産地形成の重要な契機になる事業となった。1960〜70年代にかけての蔬菜生産の積極的導入が、伝統的蔬菜産地．上利根川流域農村の生産市場と産地仲買人の流通機能と結合して、深谷・妻沼・境・世良田ほか周辺数ヵ村に進展を見たのも、この時期に対応する初期的産地形成期を示すものであり、その後に連続する蔬菜産地の拡大は、ようやく養蚕から決別した寄居扇状地や大間々扇状地から赤城南面の村々にまで波及し、西関東蔬菜産地の後期段階を出現することになる『産地市場・産地仲買人の展開と産地形成　p124-29・138-39・142-43』。利根川沖積帯から後背洪積台地にかけて蔬菜産地化が進行したのは、おそらく西関東畑作農村では、荒川溢流部太井村（現熊谷市）とともに例外的に早い事例と思われる。

入れ替わるようにというより西関東に比較すると一足早く、東関東台地農村では露地型粗放畑作経営が脚光を浴びることになる。こうした関東地方における昭和30年代以降の主要作目の入れ替えと主産地の交代は、関東畑作史上のきわめて大きな歴史的変革を示すものであった。実はこの変革―常総台地農村の蔬菜産地化―が、明治維新期開墾と戦後の未墾地開墾によって徐々に熟成（耕地拡大と熟畑化）され、高度経済成長期の農業内外の変革で結実した果実そのものであった。とりわけ工業団地の造成を契機にした農村労働力の析出は、兼業農家群を一方の極に創出し、他方の極に規模拡大を指向する専業的な蔬菜農家群を広汎に創出していった。

戦後の農地改革によって成立した農民階層の平準化傾向が崩れ、首都近郊県千葉はもとより準内陸県茨城においても、中規模農家層の全層的落層たとえば茨城の場合、戦後農業の第二期（昭和25〜30年）の分解基軸は1.0ha、次の30〜35年段階では分解基軸は1.5haに上昇、その後第五期の40年以降の分解基軸は2.0haにまで上昇する。この分解線から滑落する農家数が多くなり、

435

第Ⅲ章　東関東畑作の変換点形成とポテンシャル

上昇する農家層の上昇圧は弱まっている、という指摘『茨城県農業史 第六巻 p16』も見られる。しかも1980年調査以降に増加が目立ち始めた3ha以上層及び2010年から厚みをつけだした5ha以上層の動きが千葉で1,998経営体（3.6％）、茨城で3,124経営体（4.3％）に達し、近年進行の速度を上げてきた『世界農林業センサス』。何よりも大きな変動は、千葉で基準年度（1860）の18.1万戸の農家が2010年に5.5万戸（30％）に減少し、茨城で同じく20.9万戸が7.1万戸（30.4％）に減少したことである。

　この間、千葉・茨城では3haを分解基軸にして、基軸以上層で実数・構成比の顕著な増加が見られ、以下層ではともに実数は激減したが構成比には変化が少なく近似的数値を共有している。以上のことから、常総両台地農村における農家階層の変動は、農民層の分解という首都圏内農村に共通する変動（農家減少）と栃木の酪農家型動向を含む3ha以上農家層の増大からみて、基本的には、東京との位置条件の差から生ずる両者の特段の地域性は、対栃木でみられる以上の相違を認めることが出来ないと推定され（1960～2010世界農林業センサス千葉・茨城県統計書）、山口照夫「農産物需要形成と地域農業および流通 p122-128」の農業地帯形成論とも、またこれを補正した筆者の地帯論とも異なる両蔬菜園芸台地共通の地域の性格が類型化されることになる。

　現代の階層分解は、かつての分解と異なり、土地の所有権と利用権が峻別され、多くは職業の移動を内包するなかでの経営権移動に基づく分化分解現象であった。視点を変えれば、戦後自作農体制の崩壊でもあった。その多くは所有権の移動をともなわない農地流動性の発生であり、戦前の小作農化と本質的に異なる在村兼業化・離農現象であった。それは借地大農の形成と土地持ち非農家や中規模兼業農家の発生というきわめて今日的な農村の変質を示唆するものであり、いわゆる現代関東畑作農村の地域的、階層的再編の序曲となるものであった。上記問題点の指摘と変換点の解明こそ本章の狙いと一致する重要な部分であった。

　小括として関東畑作農村における蔬菜産地化の動きの中に見られた東西性の問題について、作付面積の推移を中心に、戦後農業技術発達史『続第二巻畑作工業原料作編』も参照しながら検証しておきたい。西関東2県のうち埼

436

結語　東関東畑作農村の近代化と後進性の逆転

玉では、武蔵野台地北部と県北の深谷・妻沼周辺に蔬菜園芸の成立が進み、養蚕衰退後の蔬菜産地形成の動きを複雑にしてきたことが考えられた。このため西関東の蔬菜作付面積については群馬の資料を中心にして言及し、埼玉については参考にとどめたい。赤城南面一帯を中心とする群馬の米麦養蚕の複合型農村地帯が、蔬菜作付面積を拡大し始めるのは昭和45年頃からであり、高度成長経済の展開にはまだほとんど反応していなかった。反応が微弱だけでなく蔬菜栽培面積も指数も小さい。したがって左記の考察から蔬菜産地化における群馬の養蚕農家のためらいと出遅れを読むことが出来るはずである。出遅れの理由は養蚕不況対策としての開田指向と執拗な養蚕再建方策の模索にあった。一方、立地選択範囲の限られていた普通畑作農村の東関東では、食糧事情の好転にともないエネルギー食品生産から蔬菜類栽培にためらいなく切り替えていった。この選択の推進力になったのが東関東畑作におけるポテンシャル効果であり、このことが後々の先進地域性の交代と農業変遷史上の変換点をここに刻印することになるわけである。

　関東諸県における蔬菜栽培面積のピーク期の成立は昭和52年以降であり、その後の栽培面積の減少傾向は4県に共通するものであった。理由は福島をはじめとする東北諸県と北海道の新興蔬菜産地形成、都市化・工業化による農地潰廃、農民層の分解流出、統計処理方式の相違等に基づくものと思われる。一方、普通畑作地帯千葉・茨城では、群馬と異なり、高度成長経済期から蔬菜栽培面積が明らかに増加を示し、昭和52年頃の高潮期以降かなり高い指数のまま今日に至っている。

　木村伸男「関東畑作農法の構造と平地林の機能　p71-73」によると、この間、東関東をはじめ関東全域で蔬菜生産の比重が高まり、特化係数は1.8となる。これに対して東北では普通畑の大幅減少と牧草地の顕著な増大が進行した。特化係数では飼肥料作物3.1、煙草2.0となる。南九州では樹園地の拡大と飼肥料作物の増加が特徴的であり、特化係数は1.7に高まる。いわゆる遠隔地域の畑作の粗放化と畜産関連の比重の高まりを予測することができる。この状況に関東畑作農村の近郊農業地域化（葉果菜と市乳酪農）を対置すると、農業生産活動における地域分担の強化いわゆる主産地形成が一段と鮮明化してくる。

437

第Ⅲ章　東関東畑作の変換点形成とポテンシャル

　最後に洪積台地の自然改造ともいうべき「水の獲得」＝畑地灌漑の変遷を通して、常総畑作の近代化過程の深化を展望しておこう。常総台地農業を積年にわたって特徴付けてきた商品作物は、耐旱性の甘藷、落花生、里芋、大根等の根菜類と若干の深根性樹木作物類であった。下總台地のうちでもとくに近郊蔬菜産地の色彩が色濃く見られた北総地域では、葉菜をはじめ新鮮な蔬菜類の生産が産地市場や行商を介して広く流通してきたが、その生産と流通は陸稲栽培と同様に必ずしも順調に展開したわけではなかった。

　下総台地の畑地灌漑は、大まかに言って昭和20年代～30年代にかけて陸稲栽培の安定化から始まっている。昭和30年代になると農業構造改善事業の一環として、深井戸揚水の畑地灌漑水稲作が実施されるようになる。茨城の場合も1970年の減反政策の強行を一つの契機にして、千葉と同じく畑地灌漑対象は畑地水・陸稲から蔬菜に転換するパターンであった。この段階以降、常総台地の畑地灌漑事業は米から蔬菜に大きく方針を変え、千葉・茨城農業の今日的基盤が造成されることになるわけである。

　結果、1960→1964（昭和39）年当時の東京都中央卸売市場への蔬菜主要出荷県シェアーの変動は、1位千葉県17.6→17.6、2位埼玉県18.0→16.8、3位茨城県9.1→11.6であった。その後、高度経済成長期に茨城・千葉の急増が進み、1975年頃から1985年にかけて最盛期を迎えるが、以後、労働力流出や農地改廃の影響を受けて蔬菜作付面積の減少期が続くことになる。一方、西関東の埼玉・群馬では経済成長期の伸びは緩慢で、1970年代には漸減（群馬）ないし凋落（埼玉）に向かい、蔬菜需要の大量化や高度化という需要環境の激変にも栽培面積・東京卸売市場占有率とも明確な反応を示していない。2012（平成24）年の産出額で比較すると1位千葉県1,653億円，2位茨城県1,626億円、3位埼玉県982億円となり、一貫して耕地面積の若干少ない千葉の生産力が茨城を超えていた。比較単位が異なるために微調整が必要であるが、東京都中央卸売市場の蔬菜シェアーで比較すると、ここ10年間（平成16～25年）は茨城県の1位が続き、首座の入れ替えが確実に進行したことを示している『東京都中央卸売市場年報・野菜生産出荷統計』。

　洪積台地農村の近代化の深化を示すメルクマールの一つは、「農業用水の獲得」であると考える。そこで千葉県の畑地灌漑事業を総括的に展望すると、

438

結語　東関東畑作農村の近代化と後進性の逆転

3大農業用水事業附帯の県営畑地灌漑事業は、下総台地に集中的に展開され
てきたことが明らかとなる。洪積台地（クロボク土地帯）と蔬菜園芸地帯と
が見事に一致する。一方、茨城県の場合を見ると、霞ヶ浦・那珂川からの揚
水を利用してほぼ県下全域に事業展開しているが、なかでもかつての陸稲栽
培卓越地域で、その後陸田が集中的に造成された鬼怒川流域（県西地域）な
らびに同様の栽培歴を持つ水戸近辺に、ややまとまって畑地灌漑事業地域が
展開する。茨城県内の農業研究者の中には、特化商品作物が存在しない地域
に集中するという捉え方もみられるが、この問題はそれほど単純ではない。
なお、畑地灌漑事業の展開が、鹿行台地では波崎西地区以外にみられないこ
とに違和感を覚える。ここは現在県内屈指の優良農業地域となっているが、
かつてはこの上なく貧しい甘藷依存の寒村であり、それゆえにこそ未墾地解
放闘争では全国にその名を馳せた城東農民組合の重点的行動圏でもあった。
鹿島工業開発との関係で、畑地灌漑事業採択地域から政治的に除外されたと
すればきわめて遺憾な状況である。

　ともあれ旱魃常襲型の台地にもたらされる揚水効果は軟弱蔬菜・花卉の栽
培から不時栽培の導入まで可能にした。その意味では常総台地農業は近代化
レベルを超えて農業の現代化まで獲得しようとしている。ただし用水事業の
実施基準を見ると明らかに投資効率という名の下に進められた選別農政であ
り、結果、安定的な生産力形成条件を確保した限定上層農家群と灌漑地域の
分布形態は、断続的なパッチ状分布を示すことにも目を向ける必要があると
考える。

　今日、常総台地上の多くの優良農村・農家は、依然として甘藷・人参・大
根・里芋・西瓜・メロン・白菜・キャベツ・レタス等の伝統的かつ耐旱性根
菜類・芋類・果菜類を主体に借地型大規模経営を指向し中（大）農技術を駆
使して、小農技術の粋・施設園芸と対置される農業経営を展開している。し
かしながら現代農政の本質として、基本法農政下の農業構造改善事業の発足
以来、対象地域と対象階層にかかわる選別基準を通して、畑地灌漑事業はも
とより、地域的・階層的に限定された農業発展と引き換えに、多くの一般農
民を農業から切り離そうとする側面を認めることができる。現代農政の本質
はやがて負の遺産化を通して、関東屈指の常総畑作農業と農民を委縮後退さ

第Ⅲ章　東関東畑作の変換点形成とポテンシャル

せることが懸念される。工業団地の旺盛な進出と戦後自作農体制を否定し大
規模借地農の成立を促す農地流動化政策の推進が、その加速要因・プル要因
になっていることは、可否はさておいて論をまたない歴史的現実であろう。

【常総台地畑作の特殊性と生産力の逆転現象】

　大規模営農の形成史は、日本の農村全体において展開する汎地域的状況で
あると同時に、わが国の三大畑作地帯と水田地帯において集中的に推進され
てきた問題である。このうち畑作地帯では、とくに道東と南九州において経
営体率・経営規模の両面で顕著な展開を見ることができる。左記の二つの限
界地型大規模畑作農村では売買によって農地集積を果してきたが、関東東山
地域畑作農村では、一般に兼業農家から耕作放棄地を借り入れて規模拡大を
進めてきた。前者は市場性の若干低い畜産酪農用の飼料栽培または政府管掌
作物を中心に大規模営農を繰り広げていった。

　常総台地農村の蔬菜生産力は関東畑作の牽引力にとどまらず、北海道・愛
知・長野の農村とともに今日、日本的レベルの核心的産地に発展している。
常総台地農業の特色は再三指摘してきたように、中（大）農技術を駆使した
借地型大規模露地粗放園芸と小農技術の極致といえる施設園芸に二極分化し、
ある場合にはそれぞれが独立的に経営され、またあるときには両者が個別経
営体内部で有機的に結合しながら個別農業と地域農業を成立させている。同
時に現今の借地型大規模経営は、多くの台地農村で規模拡大傾向をさらに強
めようとしている。

　借地型大規模露地粗放園芸（以下借地型大規模露地園芸と略称する）の成立
史は、維新期の馬牧開墾後に形成された八街村巨大地主西村家の小作経営策
の中に萌芽的発生を認めることができる。穏健派地主とみられた西村家は、
小作経営の要として優良小作農家に私有地所有を認め、自小作農家として
3〜5haを経営する中堅小作層の育成をもくろんだ。借地型大規模露地園芸
農家群の端緒的成立であった。同じ頃失業武士救済策として進められた常陸
台地開墾でも、県政レベルの大規模開墾農家育成策が県内外から多くの見学
者を集めて始動するが、技術的・人間的蹉跌から廃止の運命をたどることに
なる。ちなみに前者の借地型大規模小作農のその後の動向については、詳細
を知る手がかりはないが、おそらく労働力配分上の繁忙期を持つ製茶と養蚕

440

結語　東関東畑作農村の近代化と後進性の逆転

の普及が大規模経営の足かせとなり、家族労働力に見合う経営規模に縮小し落着をみたものと考える。

借地型大規模露地園芸の今日的発展の基礎は、高度経済成長期の「規模の経済」信奉に根ざすものと考える。そもそも常総台地農村では土地生産力が低く、この低生産力に規定されて小作料も相対的に低地代で小作農たちに貸し付けられていた。しかも明治以降農村恐慌期までの台地農民の半数に迫る小作農たちは、家族労働力に見合う1町余反の小作地借入れで好況下の養蚕経営に参入し、生計を維持することができた。大槻　功の指摘「第一次世界大戦当時の養蚕業の効果は、零細副業的養蚕農家を本業水準にまで高めたことである」にみるとおりであった（第二節2項参照）。

農村恐慌期、生糸相場の暴落は養蚕農家を奈落の底に投げ落とすことになる。このときの台地畑作農民の不況対策は、伝統的な穀菽農業 Plus 落花生・甘藷・里芋・玉蜀黍等の耐旱性労働粗放作物群の採用であった。当時の農産物流通は、前期流通的な仲買人巡回集荷営業で仕切られていた。いわゆる落花生や雑穀類の端穀買いである。その点甘藷栽培は、澱粉工業（澱粉粕）と迂回結合した養豚経営とともに、多くの台地畑作農村で経営の合理性が評価され、導入されていった。この頃の台地畑作農村一般では、まだ明治期の八街村に成立したような小作農の10％を占める3町以上経営層の継承と地域的拡大傾向は目立つことはなかった。むしろ多数農家による小頭飼育型畜産と結合して、副業的有畜経営を指向する農家が本流のようであった。終戦後の食糧難時代も、前期からの穀菽類に芋類を加えたエネルギー食品型農業が踏襲され、陸稲栽培では旱魃被害に悩まされながらも闇価格で不作を乗り越え、農地改革期を迎えることになる。

戦後の農地解放を契機に一部地域に土地所有規模の底上げが進んだ。とりわけ常東農民組合に指導された常東4郡では、激烈な未墾地解放闘争が組まれた。結果、8,375町歩が解放され小作農民や入植農民たちの経営規模は、他郡に比較して「Plus α」の農地を獲得することになった。平均1町3〜4反歩が取得規模であったが、この数字は茨城県平均1町1反歩に比べるとかなり恵まれた規模といえる。なお自作農の県平均は2町6反5畝、自作地主は3町7反歩まで保有耕作が認められた。利根川沖積低地の肥沃土壌地帯の地主が3

441

第Ⅲ章　東関東畑作の変換点形成とポテンシャル

町を限度に認められていることに比べてみると、洪積土壌の地力差がある程度理解できるが、実態としての地力格差はもっと大きい筈である。

高度経済成長期以降、台地畑作農業は一挙に規模の拡大に向かって動き出す。もっとも大きな外部条件の変化は、成長経済の進行に付随する農産物需要の高度化・多様化・大量化・規格化であり価格の上昇であった。この需要動向の激しい変化に対応して政府も供給体制を整備（蔬菜指定産地制度の制定）し、蔬菜流通の近代化のために中央卸売市場の建値市場化とそこを拠点とする集散市場体系の構築を図った。さらにもう一つの農業外部条件の変化つまり農地潰廃を含む工業団地の進出によって、農村労働力の激しい流出がはじまる。加えて産業間所得格差の拡大と農村生活水準の上昇で農業からの労働力流出は一層深化の度を増幅していった。農工間所得格差の増大が、農村労働力流出のプッシュ要因、プル要因として相乗的に作用した結果の流出であった。

農業生産要素の流出を促進する主要契機は工業化であり、なかんずく工業団地の造成は、しばしば系列下請け企業の立地誘導を併発し、農業崩壊に向けてダイナミックな影響を及ぼす存在となる。昭和34年後半以降今日までの間、千葉・茨城両県における団地の成立状況は、図Ⅲ-8のようになる。千葉県下の工業団地造成状況は、立地要素の不十分な房総丘陵地帯と政治的配慮が働いたと考えられる下総台地中央部の空港周辺をのぞいて、ほぼ万遍なく県域をカバーしている。内陸工業団地が造成中を含めて97地点・所要面積6,068.7ha、臨海工業団地が24地点・所要面積8895.7haをそれぞれ占めている。このうち農業生産要素の喪失（農地潰廃）に直結するのは内陸工業団地造成であるが、平地林潰廃も比較的多く含まれていたことは常識的な事実である。もちろん臨海工業団地の造成が漁業権保障にかかわる海面埋め立てに限らず、農地潰廃も含むことは言うまでもない。茨城県の工業団地造成も北西部の八溝山地と鹿島開発の推進を斟酌したと思われる南東部鹿行台地周辺を除いて広く展開し、なかでも筑西地域と北部臨海部の立地が目立つ。北部の立地は既成の企業集積効果を評価した結果と思われる。工業団地総数は131地点、所要面積の総計は8,233.7haで、農地潰廃量は千葉県と大きな違いはない。

442

結語　東関東畑作農村の近代化と後進性の逆転

図Ⅲ-8　茨城・千葉両県における工業団地の分布概況

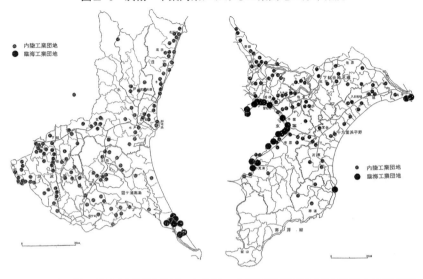

出典:「茨城県誘致企業総覧(平成24年現在)・千葉県産業地図(平成26年現在)」(筆者作図)

　農産物需要動向の変化と農業生産要素の流出現象は、戦後の農地改革が創出した自作農体制を分解して、常総台地農村に規模拡大指向の専業農家群と営農意欲を喪失し農業外所得依存度を高めた兼業農家群を作りだしていった。この状況は関東地方の農村のほとんどすべてに共通する問題であった。しかし一つの大きな相違点が常総台地農村に見られた。兼業農家の耕作放棄された農地が、専業農家の経営拡大に比較的スムースに借地されていった点である。兼業農家の急増と専業農家の経営拡大傾向のすすむ間に、遊休農地を挟んだ両者の関係は、高度経済成長期から半世紀を経た今日になっても、特段変質する気配はない。むしろ平成21年の農地法改正に基づく非農業資本とりわけ株式会社組織の経営参入こそは、関東全域でみた場合、6年間で250経営体から1,060経営体に急増し、状況は過熱化する気配を示している（関東農政局農地政策推進課資料）。

【大規模営農の形成史と洪積台地のポテンシャル】
　現在、地域ぐるみに近いレベルで中型農業技術体系を取り込んだ茨城県の

第Ⅲ章　東関東畑作の変換点形成とポテンシャル

鉾田・八千代・小美玉・結城・筑西・行方さらに千葉県の成田・旭・冨里・香取などでは、多くの耕地を出作りし、あるいは雇用労働力を多用し、高額販売実績をあげている。そこで中（大）型農業技術体系を駆使する常総台地畑作農業の成立基盤について整理してみた。総括的に表現すれば、最大の理由は農家の階層分化が進み、農地に流動性が発生したことであろう。しかも流動性を帯びた農地が実際に移動し、規模拡大の基本的要因となった点である。ただし関東における農地移動は、首都圏農地という特殊性に規制され、道東や南九州畑作地帯の売買流動と異なる借地形態の下に所要農家に集積されたものである。

　これまでのところ、常総台地の比較的スムースな経営権移動の条件として、1）常総台地農村は成立の歴史が比較的浅く、田畑について「先祖から委譲され子孫に譲渡すべき不動産」と考える保守的農家は必ずしも多数派でないこと、2）切れ目のない工業団地の立地と兼業機会の遍在、3）平成21年施行の改正農地法の精神「所有と利用の分離」・「遊休農地の解消と円滑な農地集積」に立脚した行政施策効果の3点を考えることができる。ただし実態は借入希望農家数に対して貸し出し農家が少なく、必ずしもマッチングは順調とはいえない状況である。なお、常総台地畑作農村では、すべての専業経営指向農家が借地型の大規模経営を指向しているわけではない。上記優良農村ではかなり高度な小農技術レベルを駆使した施設園芸農家も無視できない数値を示している。雇用労働力の採用状況や高額販売実績でも借地型大規模経営と比較して遜色は認められない存在であった。

　繰り返し述べてきたように、常総台地の畑作は土地生産性の低さにすべての問題が内在し、あるいはそこから派生している。問題を構造的に整理してみよう。開墾当初から台地の低位生産性洪積土壌は、保水力の欠落で旱魃被害を加重する傾向が強かった。当然この低位生産性と旱魃被害の発生に対して、農家は経営規模と耐旱性作物選択で対応することになる。たまたまこの耐旱性作物の多くは同時に労働粗放的性格を持つ作物群であった。このことが大規模経営の必要性に可能性を付加するという重要な意味を持つことになる。

　ともあれ低位生産性土壌と大規模経営との相関度の強さは、近代の八街村

結語　東関東畑作農村の近代化と後進性の逆転

巨大地主西村家が実施した3町歩を超える小作大農の育成策、大槻　功（前掲論文 1974 p50）の「開発の歴史が新しい未熟で生産力の低い地域に大規模経営農家が多く分布する」という指摘、常総台地優良農村の多くが、県平均経営耕地規模を大きく超えていること等がその証明である。戦後の台地農民の一部は、未墾地解放闘争の成果として土地所有規模を拡大し、あるいは広域的に残存する平地林を開墾して、次第に耕地所有規模を大きくしていった。その後高度経済成長期以降、兼業農家からの遊休農地借入によって、一部の農家が経営規模を大きく広げ現在に至っているわけである。

　永田恵十郎編著「空っ風農業の構造 p342-344」によると、関東農業の担い手として個別的に規模拡大を追求する借地型大規模経営体群と専・兼業農家群を組織化した営農集団活動経由で規模拡大を進める農家群の二類型が指摘され、彼らによって地域農業は維持されるとしている。このうち後者について永田恵十郎は、関東農業が持つ自然的・歴史的・構造的個性を生かしながら将来を展望したとき、地域農業を総合的に発展させる可能性を色濃く持つ地域的営農集団であり、地域農業の未来を求めることができる集団である、とまとめている。他方、前者の個別的な借地型大規模経営体群には、今後とも分厚い借地型上層農の成立を期待することがむづかしいとみている。

　ただし専・兼業農家群の地域的組織化に基づく経営規模の拡大については、筆者は、水田水稲作における経営受委託関係の成立に限定した時はじめて将来展望が開ける手法であると考える。西関東米麦・養蚕型複合経営農村にとって、歴史的な背景を持つこの問題は、喫緊の解決課題でもあった。農林省農事試験場も「地域複合経営」の研究に総力を挙げて取り組み、16名執筆の報告書『地域複合農業の構造と展開（沢辺・木下編）』の公刊も見ている。当時、地域複合経営の実践で注目を集めた市町村には、高崎市郊外玉村町・伊勢崎市豊受地区・前橋市桂萱地区・木瀬地区等があったが、少なくとも、2018年4月の筆者等の群馬県央平場複合経営農村巡検の結論では、すでに限界を見たといっても大過ないであろう。

　西関東では、伝統的に多様な地目構成を基盤とした複合経営が多く、このため内延的規模拡大が主流をなしていること、平地林が開墾しつくされていることがこの傾向をさらに助長していること、地代形成力が総じて低い畑が

445

第Ⅲ章　東関東畑作の変換点形成とポテンシャル

多く外延的規模拡大を指向する経済的条件が乏しいこと等の理由から、その将来性を評価することにためらいを感じる。その点、東関東畑作農村の場合は、これまで詳細に述べてきたように状況が異なり、むしろ借地型上層農の増加見込みは、問題含みながら進展の余地があると推定する。

たとえば耕作放棄地の発生状況は、千葉県の場合、平成22年度現在で経営耕地総面積の9％に当たる9,000haを占め、この他に非農家の耕作放棄地が8.700haも存在する。また茨城県の場合では、耕作放棄地は平成2年の7,676haから20年後の平成22年度には21,120ha、放棄地率14.6％に増加している。なかでも県北の放棄地率が高く、県西のそれは格段に低い。農業地域としての発展状況を反映して多分に地域性をともなって展開している。遊休農地の発生量はかなり大きいが、存在の仕方に地域性があることは、借地型大規模経営体の成立にとって隘路になることが考えられる。出作りと遊休農地多発地域内での新規需要発生で、どこまで耕作放棄地の地域的限定問題に迫れるか、状況は不透明で不確定要素も多い。

耕作放棄地の流動性に関する農家の心理的障壁にも越えがたい部分が残存し、障壁となっている。問題の解決は改正農地法の理解をどこまで浸透させることができるか、という行政の努力に大きくかかっている。いずれも東関東畑作農村の厳しい農政課題と考えるが、大規模借地経営成立の余地を認めることは可能であろう。ひとこと補足するならば、今日の常総台地の畑作経営が、外延的規模の拡大を通して相対的に高い地代水準を達成しつつあることにも留意する必要があるだろう。

最後に一つの問題提起をして東関東洪積台地農業の近世から近現代への移行過程に関する考察の結びとしたい。問題提起のポイントは洪積土壌の低位生産性に内在する積極的な側面つまり潜在地域能力（Potential）の発現についての考察である。近世常総台地農業は、収穫量が少なく干害発生率も高いため作物選択範囲が大きく制約されていた。ここに大きな経営規模を必要とする基本的原因があった。しかしながら大きな経営規模といっても、戦前の小農技術と家族労働力の範囲ではおのずと限定されることになる。大規模化の限界は3町歩までと推定された。それでも個別農家の平均的経営規模は、沖積農村に比較すると格段に大きかった。この状況は農地改革後も変化はな

446

結語　東関東畑作農村の近代化と後進性の逆転

かった。既述のようにむしろ「Plus α」の規模拡大の余地をともなうものであった。

　その後、生産力の低かった開墾地土壌は、農民の努力で次第に豊度を高め生産力を挙げていった。一方、高度経済成長期以降の台地農村では、生産資材の改良進歩と肥培管理技術＝土壌の豊土化など農業を取り巻く生産環境に劇的な変化が進行した。その結果、広くて貧しい耕地は広くて豊かな耕地に変貌した。常総台地畑作の生産力評価に大きな転換期が訪れたことになる。一方、高度経済成長期以降、産業資本＝工業団地の広汎な進出を契機にして農業労働力の流出（＝兼業農家の発生）が進んだ。発生した兼業農家の遊休農地を取り込んで成立した洪積台地の大規模経営は、いくつかの方法を組み合わせて農業経営の現代化に向けて発進することになった。

　広大な畑地経営のために常総台地農村が採用している経営的な特徴をあげると、1)中（大）型農業用機器の稼働率の高さを指摘できる。少なくとも関東蔬菜作農村で中大型農業技術展開を実現した希少事例の一つであろう。2)雇用労働力の積極的採用も重要な選択であった。東南アジア系の農業研修労働力の年間有効燃焼には作付体系の改善で対応し、短期的労働ピークの発生には、ハローワークを利用し地元婦女子労働力採用で臨んだ。3)さらに大規模経営に適性を持つ作物選択を心がけた。たとえば粗放的な栽培管理が生産物の質量を大きく左右しないような落花生、甘藷、人参、大根、キャベツ、白菜、西瓜等の耐旱性根・果菜類の選択は、無視できない経営条件の一端を形成する。このことは労働節約効果だけでなく、収穫の安定性を保証する重要な側面でもあった。同時に今日では、畑地灌漑の普及で軟弱蔬菜の生産が増大し、近郊農村的性格も各地で見出されるようになってきた。反面、水利用の停滞をその陰に散見することも否めない現実的状況であるが、この現実は台地畑作の耐旱性作物選択が多分に経営的・経済的合理性を依然として維持していることの証左でもある。

　以上ひとまずここで小括すると、東関東畑作農村を中心とする1960年代以降の蔬菜生産の顕著な進展は、先進的農業地域の地位を西関東米麦養蚕型の複合経営農村、いわゆる穀桑型農村から東関東普通畑作の流れを汲む蔬菜作農村に移行交代させるという大きな変化の推進力となった。推進力の根源が、

447

第Ⅲ章　東関東畑作の変換点形成とポテンシャル

洪積台地の低生産性に起因する大型経営とこれを背景に進行した近現代の豊土化（完熟堆肥投入）と休閑・輪作を含む合理的な作付体系の構築ならびに灌漑用水の獲得によって生じたいわゆる潜在的地域能力（ポテンシャル）の発現に負うところが大きいことは、多言を要しないことである。

【東関東畑作の今日的課題と非農業資本の農業進出】

　新田開発と検地によって幕藩体制の支持基盤に位置つけられた自立小農制は、18世紀後半の在方商業資本をはじめとする諸要因によって崩壊し、地主制社会成立の基底要因となる。一方、戦後の農地改革によって政策的に創出された自作農制も、高度経済成長期の基本法農政、これを弥縫する総合農政、その後の改正農地法の制定ならびに工業団地造成を楔機とする産業資本の農村進出等で、崩壊への途を歩みだすことになる。

　こうした歴史的推移の中で、関東畑作の西高東低型地域バランスは大きく逆転する。具体的には、1958年の蚕糸価格の暴落を契機とする養蚕不況が、商業的農業の先進地域西関東の優位性を後退に向かわせ、しかも不況対策として、赤城南面から埼玉北部にかけて展開した米麦養蚕型の複合畑作農民たちは養蚕継続に強く執着し、経営環境の大きな変化に括目しようとしなかった。さらに一部地域の養蚕農民たちは米作への転換を試み、鏑川・神流川（埼玉北部）・荒川中部・群馬用水等の国営農業用水事業の展開方式（田畑輪換・畑地灌漑の導入）をめぐって農政当局と対立し、一部の計画変更や事実上のなし崩し的変更も見られた。その間、生産性の低い後進的な東関東主雑穀地域では、後述のように畜産を切り離し、1960年代から蔬菜栽培への移行を選択した結果、今日、日本屈指の巨大な蔬菜園芸基地としてクローズアップされる畑作農村に変身した。

　かつて戦後日本の主要畑作地帯の動向について、木村伸男「関東畑作農法の構造と平地林の機能　p71-73」は以下のように述べている。論旨を要約すると、「戦後30年代前半の関東畑作を東北（岩手）、九州南部と比較した場合、3地域とも穀菽・芋類の普通畑作で共通していたが、高度経済成長期を迎えると、まず関東畑作が蔬菜中心の経営に変化し、特化係数は1.8に高まる。対する東北は飼料作物と煙草が大幅に増加する。結果、特化係数は前者3.1、後者2.0となる。南九州では樹園地と飼肥料作物が増加し、特化係数が1.7に

448

結語　東関東畑作農村の近代化と後進性の逆転

高まる。こうした土地利用上の再編成には、以下のような問題、つまり戦後
の30年代前半にはいずれの地域でも多数養豚農家の小頭飼育が見られたが、
蔬菜作化、飼肥料作化を反映して昭和50年代には家畜飼養農家率は関東畑作
地帯が7％、東北・南九州畑作地帯が40％と大きく地域分化することになっ
た」のである。常総台地の畑作農村が零細な家畜部門を切り離し、蔬菜単作
に踏み切った状況そのものを示唆する文言であった。この蔬菜単作化（モノ
カルチュアー）が、やがて関東畑作をさらなる平地林の耕地化に向かわせ、
結果的に規模の論理を危惧する木村論文の主旨構成内容となるわけであるが、
同時に1960年代以降の常総台地農村を日本的レベルの蔬菜産地に押し上げた
推進力になるものであった。

　もっとも木村論文の少品目大量生産体制以外に東関東畑作、読み替えれば
常総台地畑作にも問題がないわけではない。それは伝統的な耐旱性作物依存
から脱却しきれていないこと、ならびに特定作物栽培と地力低下問題の多角
的解決の必要性等である。前者については、近い将来、蔬菜栽培のための畑
地灌漑事業の進展が、花卉・軟弱蔬菜の導入ならびに不時栽培の普及等を通
して、一定レベルのそして限定された地域内での総合産地化の実現をもたら
すことが期待されている。他方、後者は、1960年代以降における蔬菜産地の
地位確立過程で、多くの平地林地帯が消滅したことに由来する問題である。
1960年以降の近々20年間に茨城・千葉両県の私有平地林は、146,361haから
91,830haへと40％も減少し、その後も消滅の歩みを止めていない。消滅の
理由は都市的土地利用への変更と耕地拡大によるものであった。その結果、
伝統的に継承されてきた地力維持と平地林利用の結合関係のうち、移植苗つ
くりにおける「踏み込み温床」は電熱温床によって、また地力維持は化学薬
品と化学肥料の多投によってそれぞれ根底から崩壊されていった「前掲木村
論文　p69・83」。

　木村伸男「p82-85」あるいは井上和衛『高度成長期以後の日本農業・農
村　上　p3-5』が指摘するように、これらの諸問題は「機械化・施設化、化
学肥料・農薬の多投化を前提に、規模の論理のみを追求することから生み出
される技術的矛盾であり、その結果は土壌悪化、地力低下、連作障害等の生
産力破壊や畜産公害さらには健康障害の多発に集中的に示されている」とい

449

第Ⅲ章　東関東畑作の変換点形成とポテンシャル

う。問題解決の手法は「稲・麦わら等の残渣物や平地林から供給される粗大有機物と家畜糞尿を混合堆肥化したうえで施用する」ことであるといわれ、この技術は、常総台地農村でもすでに普及段階に入っている有機発酵肥料の投入である。結局、平地林利用をめぐって展開されてきた東関東畑作農村の近代化は、まさに「諸刃の剣」という現実を関係者に突き付ける問題だったのである。

　もう一つの懸念される問題は、農業参入法人の中に株式会社組織の経営体が少なからず含まれていることであるが、改正農地法の施行以降の進出株式会社の影響力はまだそう大きくはない。しかしこれまでに成立・進出した株式組織の総数を2010年世界農林業センサス結果から見ると、千葉県で459法人、茨城県で406法人に達している。彼らの一部には農業経営能力がきわめて高い法人が含まれ、常総台地の優良畑作農村にその多くが展開している。なかでも下総台地の旭・銚子・富里ならびに常陸台地の八千代・行方・鉾田に目立つ。これらの農村は借地型大規模経営体が多く、遊休農地の借り入れをめぐって、将来、地元優良農家と対立することが懸念される。

　遊休農地の流動化が、行政努力にもかかわらず停滞基調にあることにも、優良農家と株式会社の借り入れをめぐる競合を将来的に激化させる要因の一つが潜んでいる。たとえば2014年度の「農地中間管理機構」（農地バンク）の実績は千葉県では達成率0％に終わり（毎日新聞2015年・5月20日）、茨城県の貸付達成面積は347.5haに過ぎなかった（茨城県農業経営課資料）。原因としては千葉県の場合は県独自の「農地利用集積円滑化事業」で貸借関係が処理され、また一般論的には兼業化の深化が、かつての中堅農家層にまで及んでいることと無縁ではないように思われる。貸し手農家の逡巡理由として、基幹労働力の退職後の農業回帰と貸付農地返還問題を懸念する声が聞かれる。

　今後、常総台地畑作における一般農民による大規模経営の新規立ち上げや現況以上の規模拡大には、当初段階とは若干異なる困難をともなうことも予想される。なお、株式会社の農業参入についても、近年、人件費上昇が大きな経営課題化していることから、先行きは不透明な部分を含んでいるのが現況である。

　なお、本書執筆の最終段階において、借地型大規模露地園芸に関する以下

のような新聞記事―不法就労者が農業の人手不足を補っている実態―が明らかとなった。読売新聞（2018年・2月4日）によると、「就労資格のない中国人を雇い、借地10haの大規模営農による過去5年間の販売総額約3億円の収益を隠匿し、組織犯罪処罰法違反で逮捕された夫（日本国籍）と妻（中国国籍）は、この他にも別の農家に不法就労者を仲介したことを認めている。農協幹部でさえ複数農家が不法就労者を雇ったことを肯定していた。それほど農家の人手不足は深刻だ。国が合法的に外国人を雇える対策を講じないと、人手不足で農家は立ち行かなくなると懸念している。不法農業就労者は2012年比3.7倍の2,215人に増加し、茨城が最多の1,443人（65％）を占めていた。外国人技能実習生の採用も（千葉・茨城）では重要な戦力になるが、（通年雇用のため）複数の農家は繁忙期だけ採用できる不法就労者―大半は派遣先から失踪した技能実習生―の方が、（技術経験を有し）使いやすいことを指摘している」。上記の人件費上昇問題も絡めて、この問題が、借地型大規模露地園芸の先行き懸念材料となっていることもまた確かなことである。

引用・参考文献と資料

青木正則（1985）：「水田単作地帯」永田恵十郎編著『空っ風農業の構造』日本経済評論社.

旭村史編纂委員会（1998）：『旭村の歴史 通史編』.

阿部良玄（1931）：『大八街建設回顧六十一年史』.

秋山邦裕（2015）：「㈲新福青果および㈱さかうえの形成と展開」戦後日本の食料・農業・農村編集委員会『大規模営農の形成史』農林統計協会.

新井鎮久（1970a）：「近郊台地農業の変貌とその特色」人文地理第22巻第5・6号.

新井鎮久（1970ｂ）：「中川水系, 見沼代用水地域における土地利用の変化と水利用」地理学評論第45巻第1号.

新井鎮久（1982）：「利根川中流右岸農村における青果物産地市場・産地仲買商と産地形成」歴史地理学第119号.

新井鎮久（1985）：『土地・水・地域』古今書院.

新井鎮久（1993）：「東京近郊・大宮台地北部農村の米麦作とその経営的意義」専修人文論集第51号.

新井鎮久（1994）：『近郊農業地域論―地域論的・経営論的接近―』大明堂.

新井鎮久（1998）：「茨城県猿島・結城台地における産地市場・仲買業者とその業者的性格」専修人文論集第62号.

第Ⅲ章　東関東畑作の変換点形成とポテンシャル

新井鎮久（2010）：『近世・近代における近郊農業の展開』古今書院.

新井鎮久（2011）：『自然環境と農業・農民』古今書院.

新井鎮久（2012）：『産地市場・産地仲買人の展開と産地形成』成文堂.

安藤万寿男（1964）：『日本の果樹』古今書院.

石井進・宇野俊一（2000）：『千葉県の歴史　県史12』山川出版社.

石井英也・山本正三（1991）：「関東地方の台地利用における陸田の意義」山本
　　正三編著『首都圏の空間構造』二宮書店.

石岡市史編纂委員会（1985）：『石岡市史　下巻（通史編）』.

石川武彦（1939）：『青果配給の研究』目黒書店.

稲敷郡町村農地委員会協議会編（1951）：『稲敷郡農地改革小史』.

井上和衛（2003）：『高度成長期以後の日本農業・農村上』筑波書房.

茨城県史編集委員会（1985）：『茨城県史＝近世編』.

茨城県史編纂近世史第2部会（1976）：『茨城県史料＝近世社会経済編Ⅱ』.

茨城県史編集委員会（1984）：『茨城県史＝近現代編』.

茨城県史編纂現代史部会（1977）：『茨城県史料＝農地改革編』.

茨城県史編纂市町村史部会（1981）：『茨城県史＝市町村史Ⅲ』.

茨城県農業史編纂会（1963）：『茨城県農業史　第一巻』.

茨城県農業史編纂会（1968）：『茨城県農業史　第三巻』.

茨城県農業史編纂会（1971）：『茨城県農業史　第六巻』.

茨城県農業史編纂会（1970）：『茨城県農業史　第七巻』.

茨城県農地整備課編（2011）：国営事業推進室資料（霞ヶ浦用水事業計画一般平
　　面図）

茨城地方史研究会（2002）：『茨城の歴史　県南・鹿行編』茨城新聞社.

茨城地方史研究会（2002）：『茨城の歴史　県西編』茨城新聞社.

今井隆助（1974）：『北下総地方史』峯書房出版.

鵜川・畠山（2015）：「北海道における大規模営農」堀口・梅本編『大規模営農
　　の形成史』農林統計協会.

大槻　功（1974）：「明治末～大正期における千葉県農業の展開過程―商業的畑
　　作農業の発展と限界―」土地制度史学第62号.

大八木智一・石井英也（1991）：「茨城県出島村における栗栽培地域の形成と変
　　貌」山本正三編『首都圏の空間構造』二宮書店.

籠瀬良明（1975）：『自然堤防―河岸平野の事例研究―』古今書院.

角川日本地名大辞典編纂委員会（1983）：『角川日本地名大辞典8 茨城県』角川
　　書店.

神田文人（1993）：「千葉県下の軍事施設及び演習場」千葉県史研究創刊号.

神田市場史刊行会（1968）：「神田市場史　上巻」.

関東東山農業試験場（1959）：「関東東山における農業生産構造の地域的特質と

農業地域区分方法に関する研究」関東東山農業試験場研究報告14号.

菊地利夫（1958）：『新田開発　下巻』古今書院.

菊地利夫（1982）：『房総半島』古今書院.

北浦町史編纂委員会（2004）：『北浦町史』.

北原　聡（2002）：「都市化と貨物自動車輸送」中村・藤井編『都市化と在来産業』日本経済評論社.

木村　礎・伊藤好一（1960）：『新田村落―武蔵野とその周辺―』文雅堂書店.

木村隆臣（1970）：「関東平野における林業に関する研究」茨城県林業試験場研究報告4号.

木村伸男（1985）：「関東畑作農法の構造と平地林の機能」永田恵十郎編著『空っ風農業の構造』日本経済評論社.

群馬県史編纂委員会（1989）：『群馬県史　通史編8近代現代2』.

群馬用水土地改良区編（2015）：『赤榛を潤す（復刻版）』.

駒場浩英（1992）：「茨城県における米生産調整政策下の陸田の動向および存続要因」しらかし第2号　栃木県立小山西高等学校.

境町史編纂委員会（2005）：『下総境の生活史　図説境の歴史』.

佐藤　了（1985）：「複合生産地帯」永田恵十郎編著『空っ風農業の構造』日本経済評論社.

佐々木克哉（2012）：「近世前期における下総台地の野と牧場」関東近世史研究会編『関東近世史研究論集1　村落』岩田書院.

桜井明俊（1960）：「台地農業の地域構造―阿見・牛久地域について」茨城大学文理学部紀要．社会科学⑽.

猿島町史編纂委員会（1998）：『猿島町史　通史編』.

沢辺恵外雄・木下幸孝編（1979）：『地域複合農業の構造と展開』農林統計協会.

高見沢美紀（2011）：「享保期佐倉牧における新田「開発」の特質」地方史研究協議会『北総地域の水辺と台地』雄山閣.

第14回全国栗研究大会実行委員会編（1981）：『第14回栗研究大会記念誌』.

第26回全国栗研究大会実行委員会編（2006）：『第26回栗研究大会記念誌』.

立石友男（1972）：「関東平野における平地林の分布とその利用」日本大学地理学会機関誌「地理誌叢」第13号.

立石友男・澤田徹朗（1975）：「関東地方における林地とその開発」日本大学文理学部地理学教室編『日本大学地理学科50周年記念論文集』古今書院.

千葉県教育百年史編纂委員会（1972）：『千葉県教育百年史　第四巻』

千葉県史編纂委員会（1967）：『千葉県史　大正昭和編』.

千葉県史料研究財団（2007）：『千葉県の歴史　通史編近世1』.

千葉県史料研究財団（2008）：『千葉県の歴史　通史編近世2』.

千葉県史料研究財団（2002）：『千葉県の歴史　通史編近現代1』.

第Ⅲ章　東関東畑作の変換点形成とポテンシャル

千葉県史料研究財団（2002）：『千葉県の歴史　通史編近現代2』.

千葉県史料研究財団（2009）：『千葉県の歴史　通史編近現代3』.

千葉県戦後開拓史編集委員会（1974）：『千葉県戦後開拓史』.

千葉県農林水産技術会議（2015）：「千葉県農耕地土壌の現状と変化」.

千葉県農林水産部（2014）：『千葉県農林水産業の動向』.

千葉県農林部農産課（1976）：『千葉県らっかせい百年史』.

千葉県野菜園芸発達史編纂会（1985）：『千葉県野菜園芸発達史』.

千葉県総務部統計課（1935）：『昭和10年．千葉県統計書』.

千葉県運輸事務所（1924）：『管内駅勢要覧』.

千葉日報社（1982）：『千葉大百科事典』千葉日報社.

東京市役所（1927）：『東京における青物市場に関する調査』.

中村瞬二（1929）：『大東京』大東京刊行会.

中村　勝（1985）：「幕府の牧支配体制と原地新田の開発」小笠原長和編『東国の社会と文化』梓出版社.

中村宗敏・青木千枝子（1956）：「茨城県鹿島南部における経済地理学的一考察―甘藷澱粉加工業について―」経済地理学年報2.

永田恵十郎（1985）：「地帯別に見た関東・東山農業の構造と課題」永田恵十郎編著『空っ風農業の構造』日本経済評論社.

日本農業研究所編（1970）：『戦後農業技術発達史　第三巻畑作編』.

日本農業研究所編（1980）：『戦後農業技術発達史　続第二巻畑作工業原料作編』.

農林水産省（2012）：『2010年世界農林業センサス　千葉県統計書』.

農林水産省（2012）：『2010年世界農林業センサス　茨城県統計書』.

長谷川伸三他（1997）：『茨城県の歴史　県史8』山川出版社.

林・南「農業経営の林野依存に関する一考察」農林省農業技術研究所報告H第2号.

林　健一（1955）：「平地経済林の経営経済的意義」農林省農業技術研究所報告H（経営土地利用）第15号.

兵藤直彦（1949）：「栗園経営の体験」農業および園芸24号.

兵藤直彦（1957）：「茨城県の栗の栽培」山林6月号.

鉾田町史編纂委員会（2001）：『鉾田町史　通史編下巻』.

堀口健治（2015）：「府県における大規模畜産・畑作営農」戦後日本の食料・農業・農村編集委員会『大規模営農の形成史』農林統計協会.

三浦茂一・長谷川祐次（1982）：「地方改良運動と千葉県民性」千葉県の歴史第23号.

元木　靖（1969）：「茨城県における栗栽培地域」東北地理第21巻第3号.

森嶌　隆（1955）：「甘藷の経営経済的研究」農業技術研究所報告H第15号.

矢口芳生（1985）：「地場産業の生成・発展」永田恵十郎編著『空っ風農業の構

造』日本経済評論社.

八街市・印旛農業改良普及センター他（発行年不詳）:『八街市の落花生』.

八千代町史編纂委員会（1987）:『八千代町史 通史編』.

山口照夫（1985）:「農産物の需要形成と地域農業および流通Ⅰ」永田恵十郎編
　著『空っ風農業の構造』日本経済評論社.

山田洋文・平石　学（2015）:「北海道における大規模畑作経営の形成と展開」
　戦後日本の食料・農業・農村編集委員会『大規模営農の形成史』農林統計協
　会.

著者紹介

新井鎮久 （あらい やすひさ）

1932年　群馬県に生まれる
1958年　埼玉大学教育学部卒業
1970年　日本大学大学院博士課程修了
理学博士
(元)専修大学文学部教授

著書(単著)

『開発地域の農業地理学的研究』大原新生社　1975年
『地域農業と立地環境』大明堂　1977年
『土地・水・地域─農業地理学序説─』古今書院　1985年
『近郊農業地域論─地域論的経営論的接近─』大明堂　1994年
『近世・近代における近郊農業の展開─地帯形成および特権市場
　と農民の確執─』古今書院　2010年
『自然環境と農業・農民─その調和と克服の社会史─』古今書院
　2011年
『産地市場・産地仲買人の展開と産地形成─関東平野の伝統的蔬
　菜園芸地帯と業者流通─』成文堂　2012年
『近世 関東畑作農村の商品生産と舟運─江戸地廻り経済圏の成立
　と商品生産地帯の形成─』成文堂　2015年

関東畑作農村の近代化と商品生産
──その変遷と動因──

2018年10月20日　初版第1刷発行

著　　者　　新　井　鎮　久
発 行 者　　阿　部　成　一

〒162-0041　東京都新宿区早稲田鶴巻町514番地

発 行 所　　株式会社 成 文 堂

電話　03(3203)9201(代)　Fax 03(3203)9206
http://www.seibundoh.co.jp

製版・印刷　藤原印刷　　　　　　　　製本　弘伸製本
Ⓒ2018　Y. ARAI　　　　　Printed in Japan
☆乱丁・落丁本はおとりかえいたします☆
ISBN 978-4-7923-9272-7 C3025　　　　検印省略

定価（本体8000円＋税）